● 钟金虎 编著

录音技术基础
与数字音频处理指南

清华大学出版社
北 京

内 容 简 介

本书模拟与数字录音理论并重，强调理论与实践结合。全书共分为 9 章。第 1 章为声音的物理特性及声波在闭室中的传播；第 2 章为声音的主观感受及声音信号计量；第 3 章为乐器、音乐和语言的声学特性；第 4 章为声音的拾取——传声器原理及其使用；第 5 章为调音控制系统；第 6 章为声处理设备原理及应用；第 7 章为电子计算机数字音频工作站；第 8 章为数据存储、传输与同步；第 9 章为 MIDI 原理。

本书适合电影和电视（包括多媒体和舞台扩声）等录音及扩声工作的专业技术人员、MIDI 制作人员和艺术大专院校相关专业的学生阅读，可供相关大专院校作为教材选用，也是业余录音爱好者从了解到精通录音的学习书籍。

图书在版编目（CIP）数据

录音技术基础与数字音频处理指南 / 钟金虎编著. —北京：清华大学出版社，2017（2024. 8重印）
ISBN 978-7-302-45052-8

Ⅰ. ①录…　Ⅱ. ①钟…　Ⅲ. ①录音-技术-指南 ②数字音频技术-指南　Ⅳ. ①TN912-62

中国版本图书馆 CIP 数据核字（2016）第 218543 号

责任编辑：夏兆彦
封面设计：张　阳
责任校对：胡伟民
责任印制：杨　艳

出版发行：清华大学出版社
网　　址：https://www.tup.com.cn，https://www.wqxuetang.com
地　　址：北京清华大学学研大厦 A 座　　邮　　编：100084
社 总 机：010-83470000　　邮　　购：010-62786544
投稿与读者服务：010-62776969，c-service@tup.tsinghua.edu.cn
质量反馈：010-62772015，zhiliang@tup.tsinghua.edu.cn
印 装 者：三河市铭诚印务有限公司
经　　销：全国新华书店
开　　本：185mm×260mm　　印　张：26.25　　字　数：660 千字
版　　次：2017 年 2 月第 1 版　　印　次：2024 年 8 月第 8 次印刷
定　　价：59.00 元

产品编号：037798-01

前　言

编写本书的主要目的是为正在从事和利用声学空间进行音频的录制、后期处理以及后期缩混的音频工程师和录音、编辑制作人员，以及相关专业的在校学生，提供录音方面的各类基础知识和录音应用技术方面的基本指导。

编写本书的一个宗旨是从最基本的物理声学和心理声学入手，让读者通过阅读本书，可以较为全面地、系统地获得录音专业方面的理论知识。同时，本书还较为详细地介绍了当今最先进的录音设备及其器材的基本理论和操作方法，即大家常说的理论与实践相结合的基本学习方法与工作理念。

录音专业的属性告诉我们，录音既是技术性很强，又是对艺术性要求较高的一门跨专业学科，它是技术与艺术相互融合、相互渗透的一门综合性学科。可是，无论过去或是现在，在录音行业内普遍存在忽视技术而重视其艺术属性的倾向。一些录音从业人员基本上不重视对录音技术及其基础理论的学习，也有些录音制作人员相当程度地存在只重视实际技术操作而轻视理论学习的倾向，即使是刚从专业院校录音专业毕业的大学生，也存在不能把在学校里学到的录音理论知识自觉运用到自己的工作中去的普遍现象，以至于他们完全沦为一个录音匠人的境地。其实，在实际的工作当中，结合录音技术的特点，运用录音技术基础理论知识的地方比比皆是。任何录音设备和应用软件都是根据录音技术的基本原理和需求而研制生产的。一个认真的录音工作者应该随时随地主动地运用这些基本理论来指导自己平时的专业工作，才能使工作做到有的放矢、有根有据，才能达到举一反三、事半功倍的效果。

按知识内容划分本书实际存在三个版块。本书的前三章为第一版块，主要介绍了一些声学的基础理论，包括声音的物理特性及对一些相关物理量的定义和计算，还介绍了人类对声音的主观感受及一些计量方法，概略地介绍了各类声源的声学特性。第二版块由第4~8章组成，基本上是按照录音工艺流程，用了相当大的篇幅重点介绍了在录音和音频效果处理与后期缩混工作中常用的设备、器件及声音效果处理设备，包括效果软件和插件的原理及其使用方法，还包括大量在实际工作中积累的有用操作数据。为了让读者能紧跟数字录音时代的步伐，了解和熟悉当代最流行的数字录音原理，这部分还系统地介绍了当今最先进的数字音频录音编辑工作站的相关知识和操作方法。众所周知，在数字音频处理时代，除了对模拟声音信号进行采样和量化外，还离不开数据存储和传输技术，也离不开数字设备间的信号同步，为此本书还专门辟出了一章对这方面的知识做了一些介绍。第三版块为第 9 章，对 MIDI 原理及其相关的国际协议、标准和规范进行了详细介绍和阐述，它是本书的重点章节之一。

在编写本书时，笔者查找了一些国内外有关学者、专家等发表的学术著作和资料，除在书末“参考文献”中标明外，更要借此机会在此对这些学者、专家一并表示感谢！

因编者才疏学浅，对许多问题的认识难免挂一漏万，可能会出现一些谬误，敬请有识者不吝指教，本人万分感谢！

编者

目　录

第一部分　声学理论基础

第一部分　声学理论基础

第 1 章 声音的物理特性及声波在闭室中的传播

与画家希望了解油画颜料的特性一样，录音工程师和音乐家也应该掌握声音的特性及产生与传播的知识，还应该掌握影响人耳主要听觉特性的物理声学、心理声学等方面的基本原理。所有的录音工程师和音乐家都在与声音打交道，都应该用声音的物理特性、客观量度和更多的主观感觉等方面的理论和规律去指导工作。

从本质上来说，声波其实就是由机械振动或气流的扰动而引起周围弹性物质产生振动的现象，因此声波也可称为弹性波。引发声波的物体称为声源，声波所遍及的空气范围称为声场。

声波既可以在空气中传播，也可以在固体或液体中传播，因而声波具有一切波动现象所具有的物理特性，如声波的反射、绕射、折射和干涉等现象。

本章主要研究声音的物理特性和有关声音的物理度量，并对声音在自由场和小房间的传播规律进行一些探讨。

1.1 声音的传播

人们生活在地球大气层的底部，空气如同大海一样，离海面愈深密度愈大，对人们的压力也愈大。度量空气压力有许多不同的单位，但是大多数人熟悉的是大气压力单位，标准单位为帕（Pa）。

正是由于大气压压力高低差异及相互作用的能量变化，才能引起空气分子从密集（比较高的压强）向比较不密集（较低的压强）的方向波动。当分子被推动得相互靠近的时候叫做压缩，当它们被拉开的时候就叫做稀疏。

假如一个振动的物体或振动的表面足够大，那么由于它的振动会把能量传递给它周围的空气，于是就产生了声音。再进一步说，由于声波是弹性波，所以声源的振动能策动弹性介质质点往返振动并互相推挤而形成声音。空气压力来回波动引起人的耳膜振动，使人感觉到声音的存在。一般地说，可以给声音下这样的定义，即它是高于或低于正常气压的压力变化。这些通常在大气压方面的微小变化称为声压，并看作为声波压力的波动。

声音的传播必须要有介质存在，否则声音就不能从一个地方传播到另一个地方。声波仅存在于声源周围的介质中，没有空气的空间里不可能有声波存在。声音不仅可以在空气中传播，也可在水、土、金属等物体内传播。

通过空气传播的单谐振动声波，将会在空气中引起类似正弦曲线的压力变化，如图 1-1 所示。空气中的声波是纵波，在那里空气分子的波动是按声波的传播方向运动的。随着声波的通过，在声音的传播方向上空气分子往返运动，这就是纵波的特性。经过物理学者用斯莱克（Slinky）模型证明，在该模型内的一端快推活塞，将会引起空气在它的长度方向上按纵波传递。

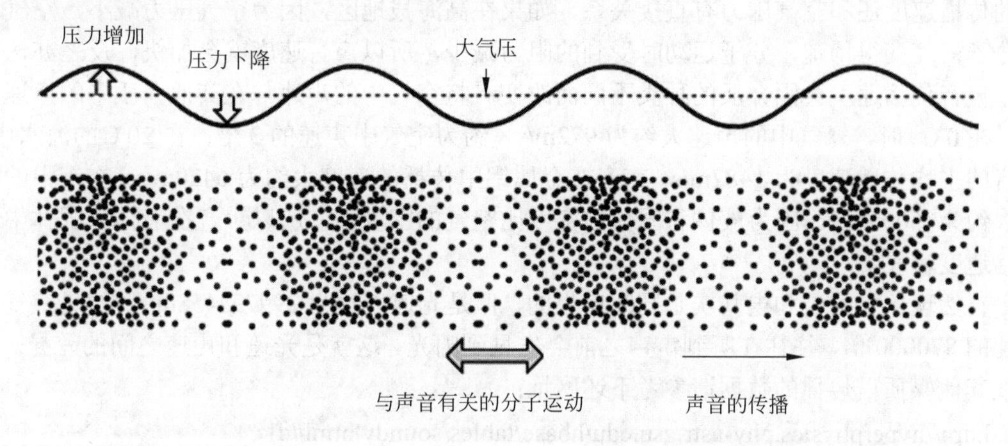

图 1-1　通过空气传播的单频声波会在空气中引起类似正弦曲线的压力变化

声波中的任何空气分子实际上并不会向远处移动，而只是在它们的最初位置附近振动，从而向邻近分子传播它们的运动能量，如同一个台球撞击另外一个台球一样。声波也是进行波的一种形式，在被声源扰动的空气中，未必每一个空气分子都会撞击你的耳膜，但是它们总会把自己的能量传递给邻近的其他分子。

事实上，声音经过空气或其他介质传播时的确切特征是极为复杂的，它会形成各类不同的声场，从而产生不同性质的传播类型和特征。

1.2　声音的传播速度

任何波动现象都具有以下几种最基本的物理特性，即波的传播速度、周期与波长、波的频率以及波的振幅和两个或多个波间的相位关系等特性。

声音在空气中的传播速度——声速，是由空气自身条件决定的。可用（1-1）式大概计算在海平面上干空气（即不考虑湿度）中声波传播的速度。

$$C=331.4+0.6\,Tc \tag{1-1}$$

式中，C 为声音速度（m/s）；Tc 为摄氏温度。

例：用式（1-1）计算温度为 20℃时的声速。

解：

$$C=(331.4+0.6\times20)\ \text{m/s}=343.4\ \text{m/s}$$

同样可计算出，温度在 15℃ 时，其声音速度为 340m/s。在其他温度下声音速度是多少，请到下面的网站利用其提供的计算工具自行计算：

http://hyperphysics.phy-astr.gsu.edu/hbase/sound/souspe.html#c1

从上面的计算可以得出这样的结论：温度升高，空气分子运动速度加快，传递声音能量的速度加快，所以声速加快；温度降低，空气分子运动速度就会减慢，传递声音速度减慢，所以声速就会下降。

介质的形态（固态、气态或液态）、密度和运动速度直接影响到声波传播的速度。声音的传播速度还和空气压力有直接关系，如果在高海拔地区，因为空气压力减小，空气内的分子密度变得稀疏，分子运动时受到的阻力减少，所以声音速度就会加快，反之亦然。

声音传播速度会因介质的种类不同而改变。将空气中的声速与在其他介质中的声速比较，在 0℃ 时，氦气中的声速大约为 972m/s，约为空气中声速的 3 倍；在 20℃的海水中，声音的平均传播速度为 1482m/s；声音在金属铝中传播的速度大约为 6420m/s；在钢中的声速大约为 5000m/s。因为液体和固体的密度比空气的密度高，所以声音在液体和固体中的传播速度较快。

自然现象中的雷和电其实是同时产生的，但是光速大约为 299792458m/s，约是空气中声速的 870000 倍，往往在听到雷声之前会先见到闪光，这就是光速和声速之间的差异。声音在其他媒质里传播的数据请参考下述网址：

http://hyperphysics.phy-astr.gsu.edu/hbase/tables/soundv.html#c1

1.3 周期与波长

常用 4 个基本品质来表示声波的基本物理特性，即频率、振幅、波形和相位。声波是一种非常复杂的振动波形，要了解声波的特性，有必要从简单的波形开始学习。

简谐振动的波形就是数学上的正弦波曲线，它是一种最简单的振动，是唯一能产生单谐频率的波形。这种振动可以通过弹簧球的上下跳动，或者是具有适当匀速位移的钟摆在摆动时的自然运动来解释。如图 1-2 所示，这是一种周期运动，周期运动也可以看作是一个点沿圆周做匀速运动时在一个匀速运动的平面上的投影。

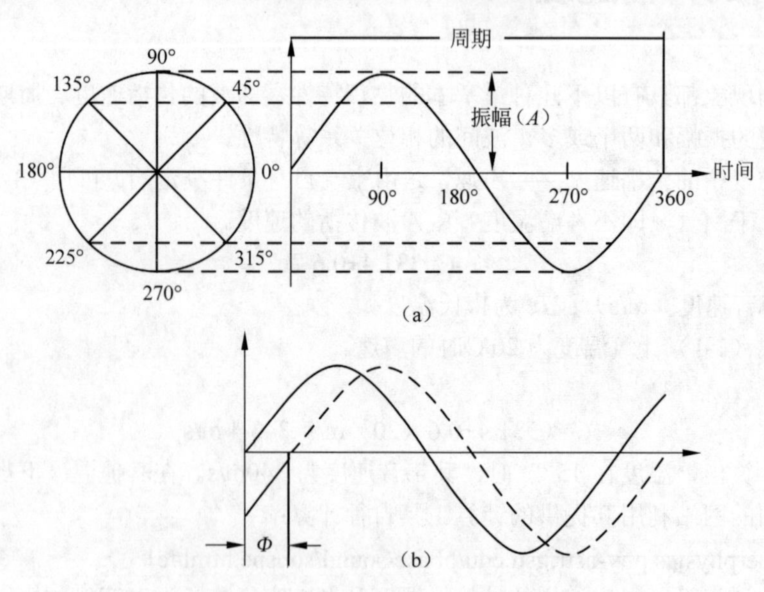

图 1-2 正弦波的产生、振幅和周期

正弦波的一个周期构成了一个完整的 360º 圆周。正弦波的一周所需要的时间称为周期（T）。与其相关的一个术语是频率，它表示在单位时间间隔内正弦波的周期数。例如，一个正弦波的周期是 1/2s，即 T=0.5s，那么它的频率是 1/T，即每秒 2 周。可以看出频率即为周期的倒数，赫兹（Hz）是每秒多少周的频率单位。由于正弦波的周期起点是可以变化的，即正弦波上的任意一点都可作为一个周期的起点，于是将正弦波相邻两个周期起始点之间的距离定义为波长。

一些声波（周期波）是有周期的，即从原点（通常大气压下）到最大振幅，然后返回到原点，再变为负的最大振幅，直到返回到原点，这样一个重复过程。这种从起点到终点的往返振动称为声波的一周。

正弦波在电气工程中使用非常普遍，如市电就是频率为 50Hz 的正弦波。其在音频界也有许多特定的用途，如声学工程测量、录音设备校验和电子合成器中的音色合成等。

1.4　频率与波长

1.3 节已经介绍，每单位时间内的周期数称为频率（f 为它的代表符号，如图 1-3 所示），通常是按每秒多少周或周期数来度量频率的。频率代表了物体振动的快慢，通常是指在单位时间内物体的振动次数。为了方便，过去是按每秒的周期数（cps）来表示，现在规定频率的度量单位为赫兹（Hz），是用 19 世纪物理学家赫兹的名字来命名的。常把 1000Hz 记为 1kHz（千赫），在录音行业中只简单说“1k”。

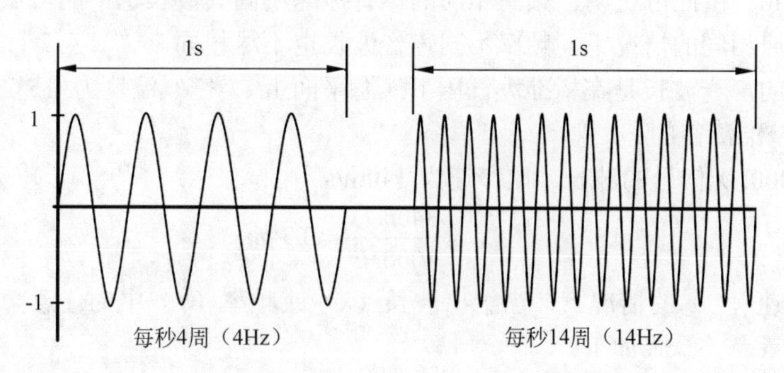

图 1-3　两个不同频率的正弦波的波形

人耳的听觉范围是有一定限度的，不是任何频率的声音都可以听得见。一般来说，年轻人的听觉频响范围大约为 20Hz~20kHz，随着年龄的增长能听到的最高频率会降低，60 岁左右的人最高能听到 16kHz 已是相当不错的了。

与人类相比，许多鲸和海豚能产生并且感觉到 175kHz 的声音；蝙蝠能发出并响应的声音频率更高，它使用自身的微波回声位置系统探测食物。

人耳听觉的频率范围也普遍地用在计算机音乐演播室中。对音频频带的主要划分如表 1-1 所示。

表 1-1　三类音频范围的划分

<20Hz	20Hz~20kHz	>20kHz
次音频	音　频	超音频

在合成器中，次音频信号常被用来产生类似震音这样的综合控制效果（因为人耳听不见它们）。一种名叫 lowest 32 的管风琴能够在人耳可听到的基本频率范围以下发声，其最低频率为中央 C 下面 4 个八度，频率为 16.4Hz，如此低的频率已经超过了人类能听到的频率范围的下限。人耳不能直接听见这样低的频率，但是经研究证明，人可以用身体或听音经验感受到如此低频的声音。

与频率直接相关的另一个术语是波长，常用希腊字母λ（Lambda）表示。从声音的角度讲，声音波长是其频率的一个完整周期的空间距离。与正弦波一样，声音的波长是它的频率的倒数与声速的乘积。人耳能够听到的声音频谱波长在 0.0172~17.2m（20Hz~20kHz）范围之内。

在已知声速的条件下，计算声音在该声速下波长的公式为：

声音波长（λ）=声速（C）/频率（f）

即

$$\lambda=\frac{C}{f} \tag{1-2}$$

式中，λ为声音波长（m）；C 为声速（m/s）；f 为声音频率（Hz）。

由式（1-2）可以发现，较低频率的声波有较长的波长。如果假定声速是 340m/s，100Hz 的声波波长就是 3.4m，1000Hz（即 1 kHz）的声波波长就是 34cm，而一个 20kHz 的声波波长仅为 1.7cm。由此可说明，频率相同的声音声速不同其波长也不同，从另一个角度考虑，即使在声速相同的情况下，频率不同声音波长也不尽相同。

通常所讲的声音波长是在标准大气压下（海平面上），空气温度为 15℃，重力加速度以北纬 40° 为基准测得的。

例：求 1000Hz 信号的波长，取声速为 340m/s。

解：
$$\lambda=\frac{340m/s}{1000Hz}=0.34m$$

在已知声速（C）的情况下，当给出波长（λ）或频率（f）中的任意一个量时，就可以求出另一个量，关系式如下：

$$\lambda=\frac{C}{f}，\ f=\frac{C}{\lambda}$$

计算声音的波长或频率时要注意声音速度和波长应为相同的单位制，否则会得出错误的计算结果。

一个 A 440Hz（许多管弦乐队按此频率校音）音调的声音，假定在海平面上，湿度为 0 %、温度为 20℃的房间内会产生一个波长为 0.78m (343.6m/s÷440Hz=0.78m) 的声音。如果声速由于温度、湿度和海拔高度改变或传导介质发生改变，波长也将会作出相应改变。

其他例子，可以在下述网站中很快得到计算结果：

http://hyperphysics.phy-astr.gsu.edu/hbase/sound/sound.html#c1

当声速变化时频率也跟随着变化的现象称为多普勒效应或多普勒频移。读者或许有这么一个经验，当警车或火车高速经过你的身旁时，你会听见一个改变了音调的警笛声或汽笛声。事实上，由于声源在空气中相对速度的变化，来自一个移动声源的声波在声源前面的波长会被压缩变短（频率升高），而在声源后面的波长又被扩大加长（频率下降），产生了比其实际静止声源频率先变高然后变低的现象，如图 1-4 所示。在科学上，把这种听到的音调与移动发声体固有音调不相同的现象称为“多普勒效应”。这与天文学家将光的波长变化现象用于计算后退星体移动速度和距离的道理相同。当星体向远处移动时人们接收到的光波频率比其固有频率低，即光谱线向红端偏移，因此叫做红移。

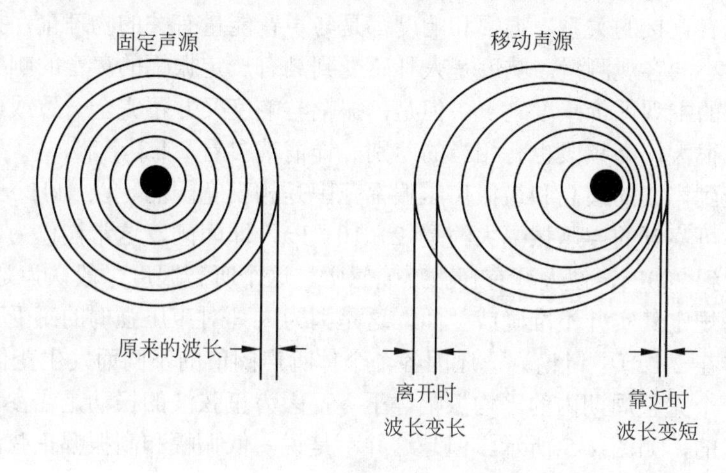

图 1-4　多普勒效应示意图

声源接近时的频率计算公式为

$$f_{observed} = \left(\frac{v}{C+v_{source}}\right) f_{source} \tag{1-3}$$

声源离开时的频率计算公式为

$$f_{observed} = \left(\frac{v}{C+v_{source}}\right) f_{source} \tag{1-4}$$

式中，$f_{observed}$ 为人们感知到的频率；f_{source} 为声源频率；v_{source} 为声源接近或离开速度；C 为静止声速。

例：在 20℃时声源速度为 343.7m/s。一个双簧管吹奏者乘坐在以 29m/s（104km/h）行驶的汽车上演奏一个 A440 的音。当汽车向人们开来时，人们听到的是一个 480.5Hz 的双簧管音；当汽车途经人们并向远处移动时，人们会听到双簧管发出的是 405.8Hz 的音。

感兴趣的读者可打开下述网址去自行计算：

http://hyperphysics.phy-astr.gsu.edu/hbase/Sound/dopp2.html

1.5　振幅

在同一海拔高度的静止空气中有着均匀的大气压强。当声波在介质中传播时产生愈量压强称为声压。声压振幅是描述由声波所引起的在声源附近的大气压力（空气分子向正的或负的方向压缩和稀薄）变化程度的客观物理量。较大的声音振幅将会使大气压力从低压到高压方面发生较大的变化。振幅这个物理量总是一个相对量，因为在最低振幅点（原点，无声）被压缩或变成稀薄的分子数量有限，一些空气分子始终还有向着最高点（正的或负的方向）运动的趋势。

在电子电路中，可以通过放大器改变振荡电流的变化程度来改变振幅。一个木管乐器演奏员可以通过提高对空气管的吹奏力来增加它的声压振幅。

振幅与响度有直接的关系，振幅和响度都是与声音能量有关的物理量。振幅是声音对某处施加压力大小的客观测量。响度是人耳感受到具有一定振幅的声音的响亮程度，它是人耳对声音强弱的主观评价尺度之一。但是，振幅与响度又并不完全一致或成正比，在音频的低频段相差很大，高频段也有相当的差别。详情请参看 2.1.2 小节。

人耳能感受到声波的最高和最低声压振幅范围是相当宽阔的。以 1kHz 纯音为实验基础，年轻人最小可察觉的声压振幅大约是 2×10^{-5} Pa，即闻阈，这常被作为人耳的基准阈值。声音振幅达到 200Pa，使人耳有轻微疼痛感觉，这个听音限度一般认为是痛阈。但是，对这两个阈值的规定其实并不准确或全面，这是因为人耳对声压强弱的感受不仅与频率有关（这个问题将在 2.1 节中讨论），还因各个个体听声阈值的不同而发生变化。

正弦波在一个完整周期内的平均振幅等于零，因为正弦波的振动是在参考零点上下对称地上升和下降的，如图 1-5 所示。但是这并不是说，低振幅和高振幅正弦波在振幅上相等，图 1-6 为两个振幅不等的正弦波振幅大小的比较。

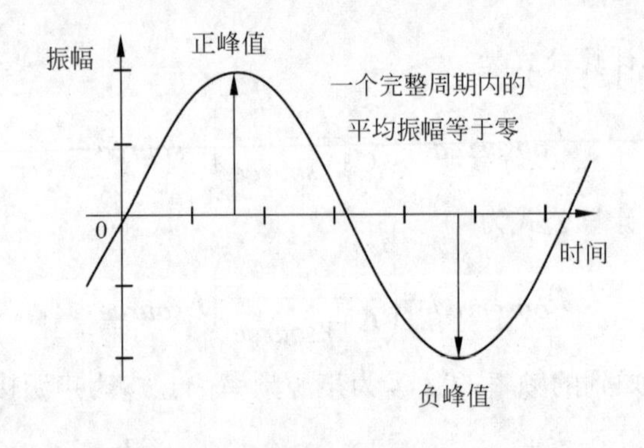

图 1-5　正弦波的峰值振幅与平均振幅

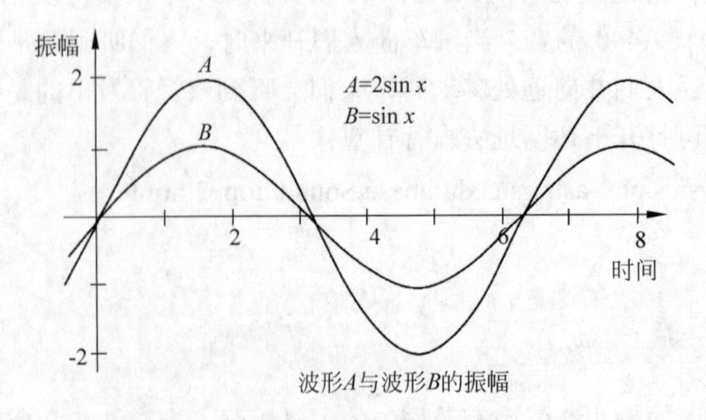

图 1-6　两个正弦波振幅大小的比较

一种比较有意义的测定和计算振幅的方法叫做均方根法。直流电路中，电压或电流的定义很简单，但在交流电路中，其定义就较为复杂，有多种定义方式。均方根值是定义有效电压或电流的一种最普遍的数学方法，详情介绍请参看 2.11.1 小节。

在一个阻抗由纯电阻组成的电路中，交流电的均方根值通常称为有效值或等价直流值，即用与交流电信号相同功率的直流信号来代表的数值。比如，一个 100V（均方根值）的交流电源连接着一个电阻器，并且其电流产生了相当于 50W 的热量，那么对于 100V 直流电连接着的这个电阻器来说也会产生 50W 的热量。

如图 1-7 所示，假设一个正弦波的峰-峰值为−1～+1，那么根据正弦波的知识得出，有效值为峰值振幅的 0.707 倍、为峰-峰值的 0.354 倍。据此可以推导出有效值（均方根值）= 0.707×峰值振幅，即峰值振幅=1.414×有效值。家用交流电压是以有效值或均方根值表示的，所谓 220V 交流电，根据上述推导其峰值约为 311V、其峰-峰值约为 622V。

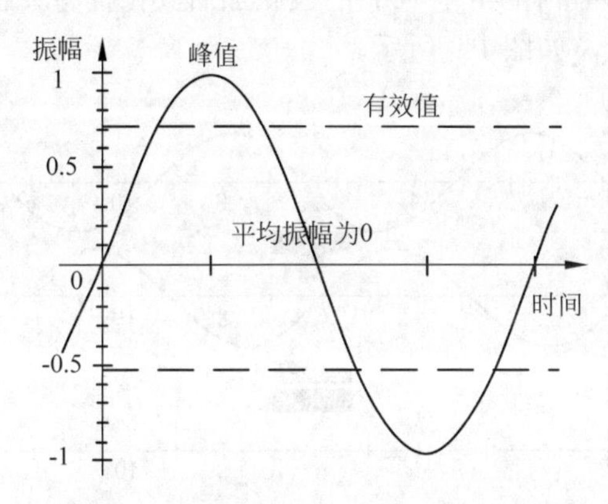

图 1-7　正弦波峰值与均方根值的关系

与正弦波一样，声压幅度大小可以用瞬时声压、峰值声压、有效值声压来表示。声音信号的有效值代表声音波形瞬时值的均方根值，即用与声音信号相同功率的直流信号来代表的数值，具体介绍请参看 2.11.1 小节。

1.6　相位

相位是指频率相同的各个正弦波（声波或电波）之间，在相同的时间点上振动角度间所产生的相对位移，以角度为度量单位。在听觉上或电子电路中，一个波与另一个波相互影响过程中相位是非常重要的因素。虽然波形相同，但相位不同或振幅不一致的任意波形组合时，它们彼此相互干扰，把它们的瞬间振幅（考虑正负值）逐一相加，从而产生一个新的复合波。假如用电子电路来演示，这是一个非常简单的过程，但是当发生下面情形的时候，在听觉声音领域里就显得很复杂。对于不同的周期波，它们峰值之间的相位也是不同的。频率和相位相同的两个波组合，能产生一个较大振幅的单个声音波形，这叫做相长干涉，如图 1-8 所示。

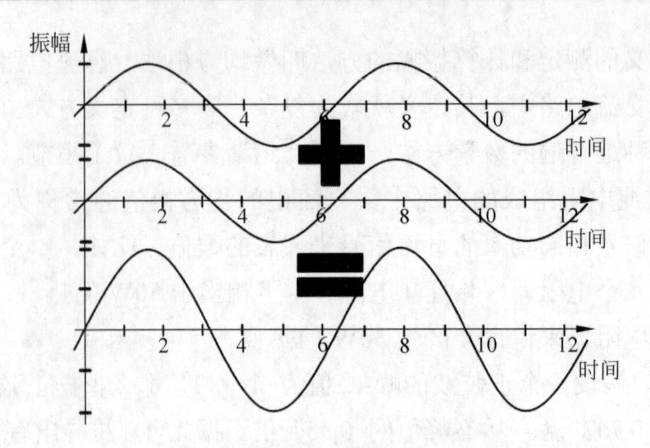

图 1-8 频率和相位相同的两个波叠加

两个频率和振幅相同但相位相差 180° 的波相加后其振幅将会相互完全抵消，这种作用称为相位抵消或相减干涉，如图 1-9 所示。

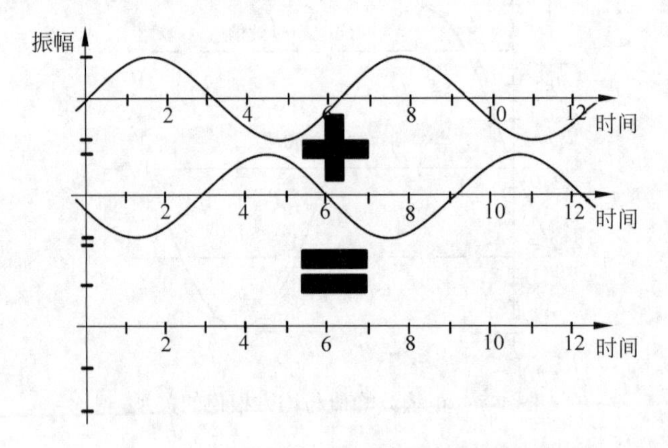

图 1-9 频率相同和相位相反的两个波叠加

时常存在如图 1-10 所示的两个具有相等振幅和频率，而相位不同的正弦波混合发生相减干涉和相长干涉的现象。请注意，合成后的结果呈凹凸形态，而且最大振幅比其中任何一个都大，而最小振幅比其中任何一个都小，这就是二者的相位差导致的结果。在真实的声学环境中，相长和相减干涉的发生是与房间的声学环境和其他因素有关。事实上，声源和反射波二者的干涉是产生驻波的关键。有时在房间内，演员哪怕向侧面迈出一小步就可以完全改变声音的音质特性，这是由于改变了声源和它的反射波的相位关系。不正确地放置传声器（单只或多只）也可能会无意地导致某些频率有害的相位抵消。

两条音调完全相同的钢琴弦，同时弹奏它们时可以感觉到是一个声音，当把其中一根弦稍稍拉长或缩短时，就会产生频率稍有不同的两个声音。这时，两个波的相位就会发生细微变化，因而产生相长和相减合并干涉，从而导致波的振幅脉动，这个脉动就是著名的拍频现象。产生脉动或拍频现象的两个波的频率是不同的。倘若把一根弦调谐到 440Hz 并把另一根弦调谐到 441Hz，将会产生每秒一次的脉动。

通常合成器或测量用的正弦波形其实是余弦波，它的形状与正弦波完全一样，而且听起来与正弦波也完全相同，但事实上，它是把正弦波相位移动 90° 或振幅从+1 处开始振动，而不是从零开始的。

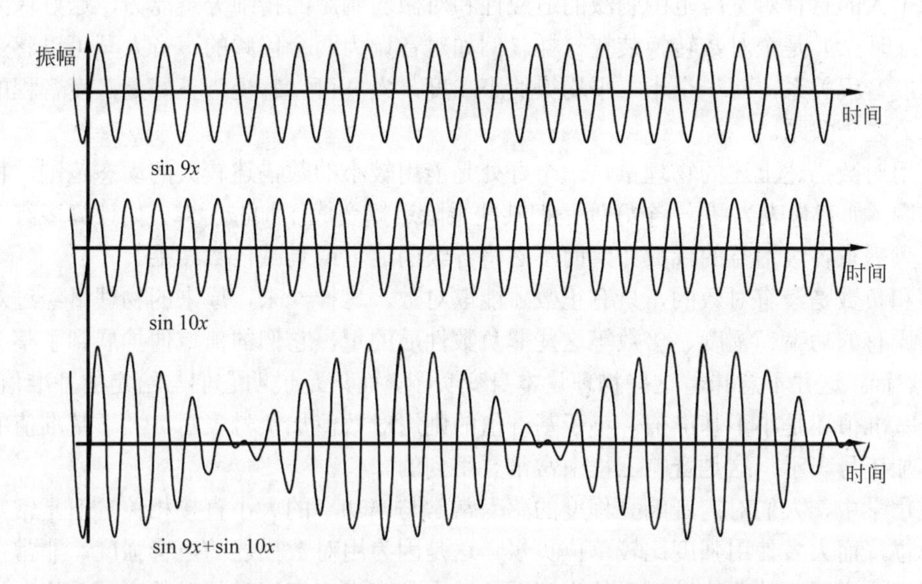

图 1-10　相等振幅和不同频率的正弦波混合后发生相减干涉和相长干涉的现象

声波的相位是按下述原则确定的：当声压的压强变化使介质的总压强比静态压强（即没有声音传播时的大气压压强）大时，其声压相位规定为正，反之则为负。因此，正的声压意味着该处介质密度增高（变密），负的声压意味着该处介质密度减小（变疏），如图 1-1 所示。

1.7　分贝

1.7.1　对数基本知识

定义：

若 $a^x = b$（$a>0$，$a \neq 1$），则 x 叫做 b 的以 a 为底的对数，记作 $x=\log_a b$。对于 $\log_{10} b = x$，可以想象 10 的 x 次幂的结果为 b。例如：$\log_{10}100=2$，因为 $10^2=100$。

它也可以表示负数的对数，例如：$\log_{10}0.1=-1$ 和 $\log_{10}0.000000000001$，因为 10^{-1}=1/10=0.1 和 10^{-12}=1/100000000000=0.00000000001。

当 $a=10$ 时，$\log_{10}b$ 记作 $\log b$ 或 $\lg b$，叫做常用对数。

1.7.2　韦伯定律——分贝及其计算方法

在日常生活和工作中离不开自然计数法，但在一些自然科学和工程计算中，对物理量的描述往往采用对数计数法。从本质上讲，在这些场合用对数形式描述物理量是因为它们符合人类的心理感受特性。这是因为，在一定的刺激范围内（如声波），当物理刺激量呈对数变化时，人们的心理感受是呈线性变化的，这就是心理学上的韦伯定律和费希纳定律。它揭示了人的感官对宽广范围刺激的适应性和对微弱刺激的精细分辨能力，这好像人的感受器官（耳朵）是个对数转换装置一样。例如对音调为两个倍频的声音人耳可以感受为是一个八度音程关系，而一个十二平均律的小二度，人耳可以感受为正好是八度音程的对数的十二分之一关系。

采用对数描述上述的物理量，一个好处是能用较小的数描述较大的动态范围，特别有利于作图（如音量表）。另一个好处是把某些乘除运算变成了加减运算，如计算多级电路的增益，只需求各级增益的代数和，而不必将各级的放大或衰减倍数相乘。

零和负数是没有对数的，只有正数才能取对数，这样一来，原来的物理量经过对数转换后，原有的功率、幅度、倍数等这些非负数性质的量，它们的值域便扩展到了整个实数范围。然而，这并不意味着这些物理量本身变负了，而只是说明它们与给定的基准值相比，是大于基准值还是小于基准值。小于基准值的则用对数值加负号表示，大于基准值的则用对数值加正号表示，这是音响工程中常常要用到的。

在声学中，人们对声音响亮程度的感受常常与声功率的大小直接相关，但是常常不用功率单位，而大多使用强度比较单位贝尔。这是因为用对数描述的声音强度，非常接近耳朵对声音响亮程度的非线性感受的生理现象，它是声音响度感觉的对数度量单位，也是用来比较两个听觉声强（或电子信号）比率的度量单位。贝尔（Bel）是没有量纲的对数计量单位。

功率比取常用对数贝尔的定义为：

$$\text{贝尔}=\lg\frac{P_1}{p_0} \tag{1-5}$$

如果指定 P_0 的数值为 1W，P_1 的数值为 2W。那么：

$$lg\frac{2}{1}=0.3\ \text{（贝尔）}$$

可见，2W 与 1W 的比率就为 0.3 贝尔。

由于贝尔这个单位太大，取对数后的值太小，使用起来实在不方便，于是把贝尔的单位减小为分贝，常用 dB 来表示。分贝的英文为 decibel，意思是十分之一贝尔，即 1 分贝 =1/10 贝尔。分贝一词于 1924 年首先被应用到电话工程中。

2W:1W 的功率比是 3dB。实际上任何 2:1 的功率比都是 3dB，例如 20W 比 10W，60W 比 30W，6000W 比 3000W 等。可以用以下两种方法之一来指明两个功率的对数比率：1W 比 2W 小 3dB，或者说 2W 比 1W 大 3dB。分贝表示法的主要价值在于能够在较小的数值范围里来讨论和表示数值范围很大的物理量。

按照上面计算，4:1 的功率比取对数后应为 6dB。可以根据经验估算，因为 2:1 代表 3 dB，4:2 又代表另外 3dB，合起来就是 6dB。

把 10 比 1 的功率比化为分贝：

$$10\lg\left(\frac{10}{1}\right)=10\times1=10\text{dB}$$

任何一个 10 比 1 的功率比的分贝数都是 10 dB，如 50 比 5、1 比 0.1 等。

在工程设计中，常常用事先设计好的专用诺模图来简化计算。图 1-11 提供了一个非常实用的诺模图，用这个诺模图能很快地求出功率比的分贝数。

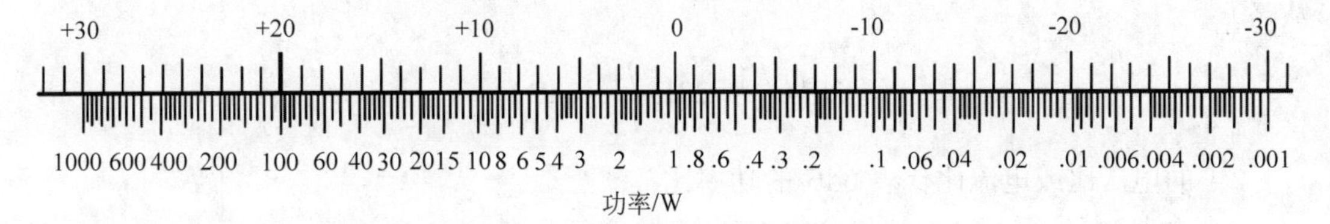

图 1-11　直接求功率比分贝数值的诺模图

例：求 20W 和 1000W 之间比率的分贝数。

在下面一排数字上找到 20W，在上面一排对应的数字上读出是 13；然后在下面一排数字上找到 1000W，在上面一排对应的数字上读出是 30。再把从上面一排读出的两个数字相减，即 30 减去 13 得出 20W 和 1000W 之间功率比的分贝数为 17dB。

测试声功率或电功率是一个比较麻烦的事情，而且它们的测试仪器也不易获得。相反测试声压和电压或电流相对来说又是十分容易的事情，因此有必要推导出一些用声压或电压、电流来表示声功率或电功率之比的公式。

瓦（W）是功率的单位，它代表功率源做功的速率或是能量扩展的速率。对电气来说，电功率是负载两端的电压与流过该负载的电流的乘积，即：

功率（P）=电压（V）×电流（I）

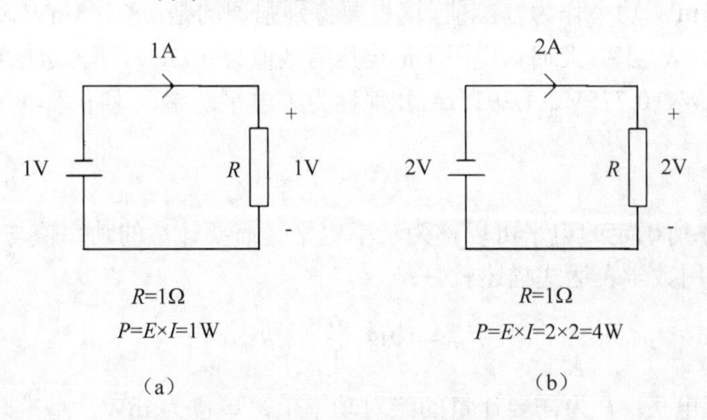

图 1-12　简单直流电路中的功率关系

在图 1-12（a）中，一个 1V 电池与一个 1Ω的负载电阻串联。在 1Ω电阻上产生 1A 电流，并且在电阻上得到的电功率为 1W。图 1-12（b）中，当电源电压增加到 2V，根据欧姆定律，电流会增大到 2A：

即：
$$I=\frac{E}{R}=\frac{2\text{V}}{1\Omega}=2\text{A}$$

因此，功率为：$P=E\times I=2\text{V}\times 2\text{A}=4\text{W}$

对于一个固定负载，可以把以分贝表示的功率比以电流比或电压比来表示。由于负载两端的电压增大会引起电路中的电流增大，所以可以说，消耗在负载上的功率与电压或电流的平方成正比。用另一种形式来表达：

$$P=E^2/R=I^2R$$

因此，根据对数基本性质，用电压比或电流比以分贝表示的功率比的表达式为（推导从略）：

$$20\lg\frac{E_1}{E_2}=20\lg\frac{I_1}{I_2}\ \text{（dB）}$$

2:1 的电压比或电流比代表 6dB 的功率比：

$$20\lg\frac{2}{1}=20\times0.3=6dB$$

10:1 的电压比或电流比代表 20dB 的功率比：

$$20\lg\frac{10}{1}=20\times1=20dB$$

1.8 分贝在音响工程中的应用

在我国测量海拔高低的基准点是位于青岛的黄海水准点，测量温度高低的基准点是纯水在一个大气压时的结冰点，这些基准点都是人为规定的。测量电信号（功率、电压、电流）的基准点也是人为选择的特定基准，暂且把这个基准叫做“零电平”，即 0dB。特定的功率基准就是取 1mW 功率作为基准值，这里要特别强调的是：这个 1mW 基准值是在 600Ω 的纯电阻上耗散 1mW 功率，此时该电阻上的电压有效值为 0.775V，所流过的电流为 1.291mA。取作基准值的 1mW、0.775V、1.291mA 分别称为零电平功率、零电平电压和零电平电流。

1．功率电平

利用功率关系所确定的电平可以称为功率电平（需要计量的功率值与功率为 1mW 基准功率作比较），用数学表达式描述就是：

$$P_m=10\lg\left(\frac{p}{1}\right)\ dB_m \tag{1-6}$$

式中，P_m 为功率电平；P 为需要计量的绝对功率值，单位为 mW，基准功率为 1mW。式（1-6）表示以 1mW 为基准的功率电平的分贝值。不同的绝对功率值所对应的以 1mW 为基准的功率电平的 dB_m 值如表 1-2 所示：

表 1-2 绝对功率与功率电平对照表

绝对功率	dB_m	绝对功率	dB_m	绝对功率	dB_m
1pW	-90	1mW	0	1W	30
10pW	-80	2mW	3	2W	33
100pW	-70	4mW	6	4W	36
0.001μW	-60	5mW	7	5W	37
0.01μW	-50	8mW	9	8W	39
0.1μW	-40	10mW	10	10W	40
1.0μW	-30	20mW	13	100W	50

续表

绝对功率	dB_m	绝对功率	dB_m	绝对功率	dB_m
2μW	-27	40mW	16	1000W	60
4μW	-24	50mW	17	10kW	70
5μW	-23	80mW	19	100kW	80
8μW	-21	100mW	20	1000kW	90
10μW	-20	200mW	23		
20μW	-17	400mW	26		
40μW	-14	500mW	27		
50μW	-13	800mW	29		
80μW	-11	1000mW	30		
100μW	-10				
1000μW	0				

2．电压电平

利用电压关系所确定的电平称为绝对电压电平，简称电压电平，用公式表示：

$$P_V = 20\lg\left(\frac{U}{0.775}\right)\text{dBm} \tag{1-7}$$

式中，Pv 为电压电平值；U 为需要计量的绝对电压值，单位为伏（V）。零电平电压为 0.775V。

这里需要特别注意的一点是：根据上面“电压电平”的定义，其零电平电压必须是 0.775V 有效值，不能随意用其他电压值作为基准来定义，否则容易引起混乱。

3．功率电平和电压电平的关系

功率电平和电压电平之间有着非常密切的关系，从实质上讲，它们是一致的。功率电平和电压电平之间可用下面公式来换算：

$$p_m = p_V + 10\lg\left(\frac{600}{z}\right)\text{dBm} \tag{1-8}$$

式中，功率电平 P_m 的计量单位是 dBm，电压电平 Pv 的计量单位是 dB。

当阻抗 z=600Ω 时，$10\lg\left(\frac{600}{z}\right)=0$，此时 P_m=P_v，即功率电平与电压电平相等。当 z ≠ 600Ω 时，即使是同一功率，用功率电平表来测量，读数是 P_m，用电压电平表来测却是 P_v，两者读数是不相等的。看表 1-3 更直观一些。

表 1-3　功率电平与电压电平间的关系

功率	1mW	1mW	1mW	1mW
阻抗	600Ω	300Ω	75Ω	50Ω
电压	0.775V	0.548V	0.274V	0.224V
功率电平读数	0dBm	0dBm	0dBm	0dBm
电压电平读数	0dB	–3dB	–6dB	–10.79dB

我国现在使用的测量仪器中，有以 1mW 功率为零电平刻度的功率电平表，也有以电

压 0.775V 为零电平刻度的电压电平表，在使用这些测量仪器时，要留意这一点。对于同样是以 0.775V 为 0dB 来刻度的电压电平表，在测量时（测量调音台输出电平、校对音量表等）还要注意仪器的测量端子与被测设备、电路端口的阻抗是否匹配，否则会产生反射损耗，引起测量误差。这些测量仪器的面板上或挡位上常常标有 600Ω、300Ω、150Ω、75Ω、50Ω 等不同阻抗，这是提供在阻抗匹配的条件下作终端测量时用的，其仪表面板的读数都是电压电平。

音频录音系统和设备常常采用 600Ω 的输入/输出端口，无线通信系统和设备的平衡输入/输出端口常常采用 300Ω 的阻抗，电视、图像、视频系统的输入/输出端口常常采用 75Ω 的阻抗，无线通信系统和设备的射频不平衡输入/输出端口往往采用 50Ω 的标称阻抗。

图 1-13 中的诺模图可把电压比或电流比转换成用分贝表示的功率比。请注意其使用限制是：两个电压或电流必须是同一个负载的，不同负载上的电压或电流不能用此图。

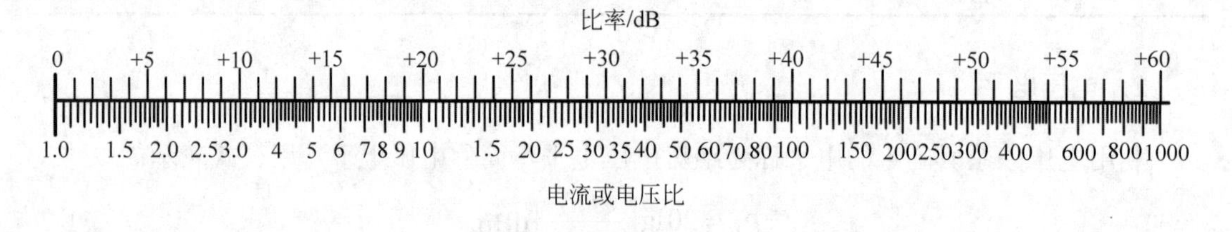

图 1-13 直接求电压比或电流比分贝数的诺模图

例：求 5A 和 70A 之间用分贝表示的比值。

在下面一排数字上找到 5A，在 5A 上面一排对应的数字上读出是 14dB；然后在下面一排数字上找到 70A，在 70A 上面一排对应的数字上读出是 37dB；再把从上面一排读出的两个数字相减，即为 5A 与 70A 之间用分贝表示的比值，即 37dB–14dB=23dB。

在看任何音频设备技术资料时，一定要注意在 dB 后面是否还标注有一个附加的符号。假如说，在 dB 后面没有标注任何符号，这是表示任意两个量之比取对数的分贝值。如果有了特定的标注，说明它是指在某一基准值以及不同源阻抗和负载阻抗下的电平分贝度量值。例如：①dBu，表示源阻抗为低阻、负载阻抗为高阻（600Ω），参考电压为 0.775V（电压有效值）的电平单位。通常用来描述专业音频系统范围内的信号电平。②dBv，表示在任意阻抗下参考电压为 1V。通常用来描述消费类电子产品的信号电平。由于它们写法太简单，以至于 dBu 与 dBv 看起来很容易混淆（注意前者在 dB 后面跟着的是小写字母“u”，后者在 dB 后面为小写字母“v”），而且二者的值并不相等。由于 dBv 值比 dBu 大 2.2dB，所以将 dBv 换算为 dBu 时应在 dBv 的数值上再加上 2.2dB 才是 dBu 的值。这个说法很拗口请仔细理解。③dBm，表示源阻抗=负载阻抗=600Ω（功率=1mW），参考电压为 0.775V 的绝对功率电平单位。④dBr，是相对参考电平单位，常用于描述电声系统的幅频特性。⑤dBFS，为全刻度 dB 的缩写。数字信号电平单位，其特点是最高刻度为 0dB，0dB 以下的读数均为负数（将在 2.11.3 小节中讨论）。

这个网站提供了将上述各种分贝类型的数值互换的计算表：

http://www.sengpielaudio.com/calculator-db-volt.htm

或 http://designtools.analog.com/dt/dbconvert/dbconvert.html

有关电压和功率与分贝间的关系如图 1-14 所示。基准功率为 1mW，基准电平为 0.775V。

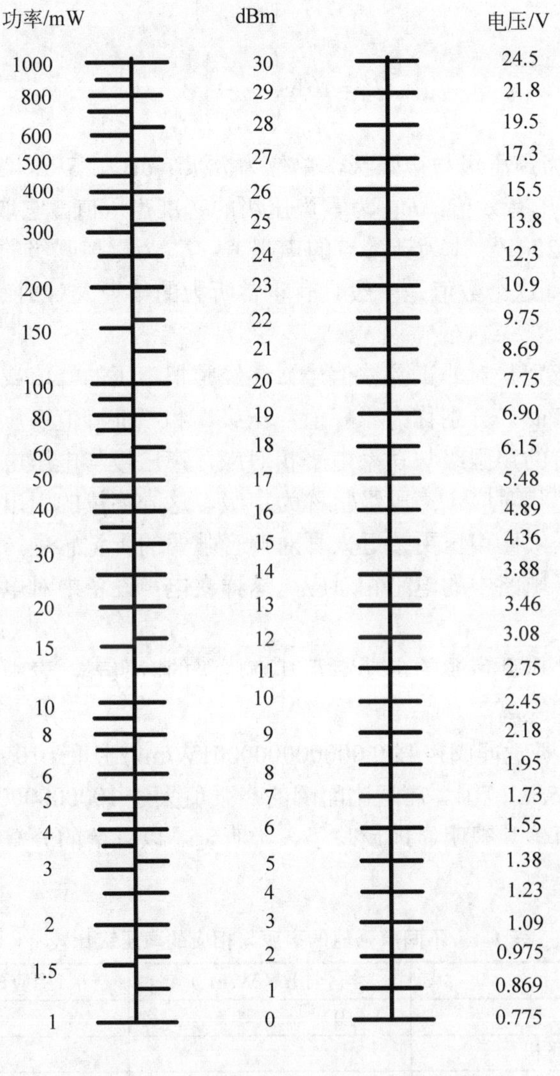

图 1-14　电压和功率与分贝间的关系图

1.9　声音的声压级和声强级

在声学中，某一个量的“级”的定义常常是用这个量与同类基准量的比的对数。对数的底，基准量和级的类别必须加以说明。

为了适应人类对声音强弱的感觉大体上与声压有效值（或声强值）的对数成比例这一听觉特性，同时也为了计量方便，在音频和声学中经常分别把待测声压的有效值或待测声强值与基准声压或基准声强的比值分别取对数来表示声音的强弱。这种表示声音强弱的值叫做声压级或声强级，单位为分贝（dB）：

$$SPL = 20\lg\left(\frac{P_{rms}}{P_{ref}}\right) \tag{1-9}$$

$$SIL = 10\lg\left(\frac{I}{I_{ref}}\right) \tag{1-10}$$

式中，*SPL*，*SIL* 分别为声压级与声强级，单位为分贝（dB），*SPL*、*SIL* 也可分别记为 L_p、L_I；P_{rms} 为计量点的声压有效值；P_{ref} 为零声压级的基准声压值。它取与 I_{ref} 所对应的声压有效值=2×10^{-5}Pa，即 20μPa。I 为计量点的声强值；I_{ref} 为零声强级的基准声强值，国际协议规定等于 10^{-12}W/m^2，这个数值是一般具有正常听力的年轻人对 1kHz 的简谐声音信号刚刚能察觉到的声强值。

在实际工作中（特别是对非正弦波信号）还经常把声压的峰值或准峰值折合成声压级（基准声压仍取 2×10^{-5}Pa），分别称为“峰值声压级”和“准峰值声压级”。

在声电转换中声音的声强级与功率电平相对应，声压级与电压电平相对应。声强级和声压级均与听觉强弱感相对应。声压级常称为声级，这一参量的引出给电声工作者带来了很大的方便，因为声压级比声压更接近人耳对声音强弱的听觉感受，而且由于在声电的转换过程中声压级与电子电路中的电平相对应，这样在电声设备中对电信号强度的控制就有规律可循。

表 1-4 列举了一些典型声源的声功率及其声压级的对照表，表中的数据要依赖许多因素，包括听者离声源的距离等。

由表 1-4 可见，从听觉闻阈声强 0.000000000001W/m^2 到痛阈 10W/m^2 的声强的对数刻度，大约为 0～130dB *SPL* 范围。痛阈比闻阈的声强值大过 10000000000000（十万亿）倍！声压值相差大约 100 万倍！很明显地反映了人类听觉难以置信的分辩能力和如此灵敏的听觉与对大音量的适应能力。

表 1-4 不同声强值的声源与相应的声压级比较

声　源	声强值/（W/m^2）	相应的声压级 *SPL*/dB
痛阈	10	130
150m 外的喷气式飞机.	1	120
中等音量的摇滚音乐会	0.1	110
圆盘锯	0.01	100
纽约地铁	0.001	90
15m 外起重机汽锤	0.0001	80
4.5m 外吸尘器	0.00001	70
普通会话	0.000001	60
30m 外城市夜晚交通	0.0000001	50
温和会话	0.00000001	40
1.5m 外耳语	0.000000001	30
平均水平的安静室内	0.0000000001	20
微风	0.00000000001	10
年轻人的闻阈	0.000000000001	0

1.10　声压级的测量

测量声压级用的标准基准声压 P_{ref} 被定为 2×10^{-5}Pa，大多数声压级都是指比这个数值高多少分贝。此基准声压的确很小，它已接近听觉正常的人在 1~3kHz 范围内刚能听见的听觉的门限。

测量声压级的标准工具是声压级计，简称为声级计。它是一种能直接读出声压级分贝数的装置。它包括一个全指向性传声器，已校准的衰减器、计权网络、放大器、检波网络、指示电表等。该仪器的特性规范最初是由美国国家标准学会制定的，后经国际电工委员会（IEC）参照其标准重新制定成为国际标准。典型的声级计如图 1-15 所示。

图 1-15　一种现代新型数字式声级计

声级计特性规范中包括了表头的冲击动态特性或动态动作参数、计权网络的精确度及绝对校准精确度。标准声级计的计量表头有快、慢两种特性，快的响应适合于脉冲式噪声读数；慢的响应适用于测量比较连续的噪声或音乐声音的读数。

图 1-16 绘制出了三种（A、B 和 C）计权网络的标准曲线。计权网络在测量噪声干扰电平时是很重要的。

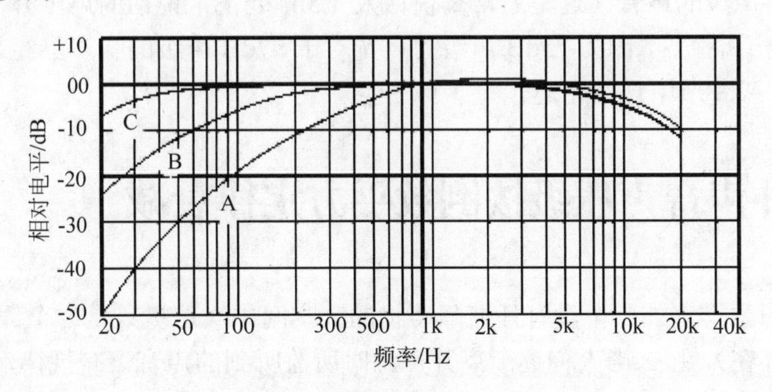

图 1-16　声级计的三种计权曲线

1.11　以分贝表示的声压级加法

在声学工程中常常需要把几个声压级相加，但并不是把声压级简单地相加。假如把两个分别是 60dB 和 60dB 声压级的声音合起来听，并不会感到声压级变成了 120dB 的，而是只感到声音增加了一倍，即 3dB。因此，如果按照人耳的实际听音状况，就不能够简单地把用分贝表示的几个声压级加起来求出合成声压级。假设两声源都能够产生 60dB 的声压级，那么根据实际听声效果，因为两声压级相同，两者相加，总声压级将只增加 3dB。其总声压级为 60dB+3dB=63dB，而不是 60dB+60dB=120dB。图 1-17 所示的诺模图可求出两个都以分贝表示的声压级相加时的合成声压级。求以分贝表示的声压级之和时，先把两个声源的声压级相减，在诺模图上方找出两声压级相减值后所对应的读数 D，再将 D 值对应于该图下方的读数加到较高的那个声压级电平上，以求出总声压级。

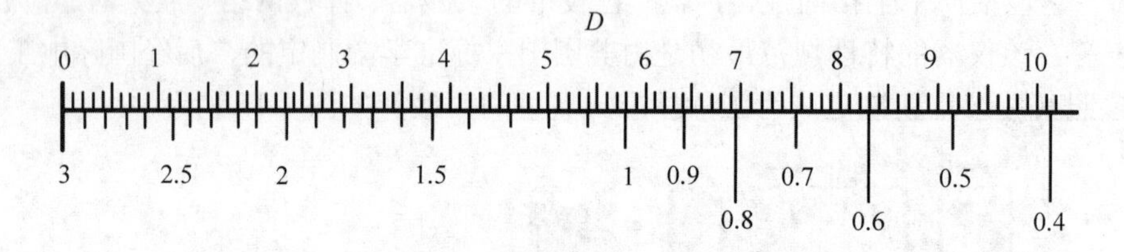

图 1-17　求以分贝表示的声压级之和的诺模图

例：求 80dB 声压级和 86dB 声压级两者相加后得到的声级。

解：*D*=86dB–80dB=6dB。在图 1-17 中的下面的读数近似为 1dB。

用两个声压级中的较大者，因此，总声级=86dB+1dB=87dB。

观察图 1-17 不难得出，任意大小声压级的两个声音相加后的增加值不可能大过 3dB。只有当声压级相同的两个声音相加，增加的声压级才可能达到最大值 3dB。假如两个声压级之差超过 10dB，那么它们之和与其中较小的一个数值相比较，后者就显得无关紧要了，这与人们对声音的正常听测结果是一致的。

一个 75dB 声级的声音（这是通常离说话人 1.3m 处正常说话的声压），将几乎被一个 97dB 声级的噪声所掩盖，因为 75dB 声级的声音对于 97dB 声级的噪声已经是微不足道了。这个问题还将在 2.8 节中详细论述。

1.12　室外声音声压级按倒数平方定律衰减

假如某声源位于室外一个没有任何障碍物的大空间中（这里只是一个假设，理想的自由场实际并不存在），那么当人们逐渐离开声源时所监听到的声音衰减规律，可以用一个比较简单的方式来描述。在图 1-18 中，以半径为 2m、4m、8m 围绕一个声源建造许多假想的球面。假设该声源能产生一恒定的声功率，那么，在距离声源 2m 处就有相同的声功率透过球面，此球面的面积为 $4\pi\times2^2$，即约 50.25 m^2。在此距离两倍的地方，即 4m 处，同样的声功率却要透过 $4\pi\times4^2$ 的球面，即约 201m^2 这样大的面积。这时，由于半径为 4m 的球面积为直半 2m 的球面积的 4 倍，所以在距离 4m 处的球面上，1 m^2 的面积中透过的声功率电平只有在 2m 处的 1m^2 面积中透过的声功率电平的 1/4。因此，在 4m 处的声压级会比在 2m 处的声压级低 6dB。如果再移动到 8m 处，这儿的面积为 $4\pi\times8^2$，即 804 m^2；这又是半径为 4m 的球面面积的 4 倍，于是观察到在 8m 处的声压级又比在 4m 处的低 6dB。

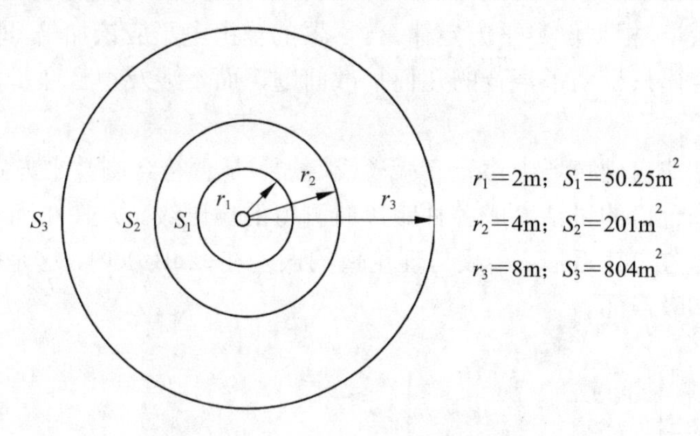

图 1-18　在自由声场中声音在不同半径的球面上的分布情况

根据上面的讨论可以看出，每当离开声源的距离加倍时，声压级就下降 6dB，这种关系叫做倒数平方定律。其方程式为

$$\text{按倒数平方定律声压级衰减的分贝数}=10\lg\left(\frac{r_1}{r_2}\right)^2 \ \text{(dB)} \tag{1-11}$$

式中，r_1 为声源到第一个测试点的半径；r_2 为声源到下一个测试点的半径。此方程可以求出在任意两个 r 值之间衰减或增加的声压级。

例：求出离声源 3 m 和 30 m 之间观察到的声压级倒数平方衰减分贝数是多少。

根据题意 r_1 为 3 m，r_2 为 30 m，那么：

$$\text{按距离声压级衰减的分贝数}=10\lg\left(\frac{3}{30}\right)^2=-20dB$$

像先前用分贝表示电量一样，也可以用图 1-19 这个简便的诺模图来表示按倒数平方定律计算声压级衰减的分贝数。

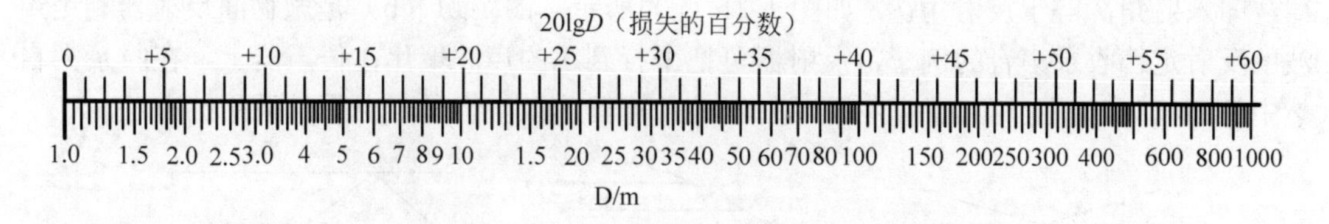

图 1-19　以分贝为单位直接求倒数平方定律关系的诺模图

例：用图 1-19 的诺模图，求 3m 与 30m 间按倒数平方定律所衰减的声压级。

在下面一排数字上找出 3m，在对应 3m 的上边一排数字中读出为 9.7dB；使用同样的方法在下面一排数字里找出 30m，在 30m 的上边读出为 29.7dB。于是，29.7−9.7=20dB。与上面的计算结果是一致的。

在自由声场中，声音的声压级基本上是按倒数平方定律衰减（或增加）的。对于自由声场有这样一个假设，在这种声场中基本上没有能以任何一种确实有效的方式阻碍或反射声音的大物体。在自由声场中，每当离声源的距离加倍（或减半），声压级就要减少（或增加）6dB。每当这个距离增大（或减少）10 倍，声压级就要减少（或增加）20dB。如果传声器到声源的距离减半，根据倒数平方定律，传声器的输出电平应该加倍，即振幅增加 6dB。值得一提的是，该定律只说明了声音的几何扩散问题，而不涉及声音在扩散过程中所带来的传输损耗。

下面观察声音在非自由声场中声音衰减（或增加）是否符合倒数平方定律。图 1-20 标出了在与某露天剧场台口的讲话人成各种距离时测得的声压级。从图中可以看出，所测得的声压级只与倒数平方定律近似，一般与理论值的误差在±2dB 以内，这是因为在室内声源附近有许多反射面和吸声面。

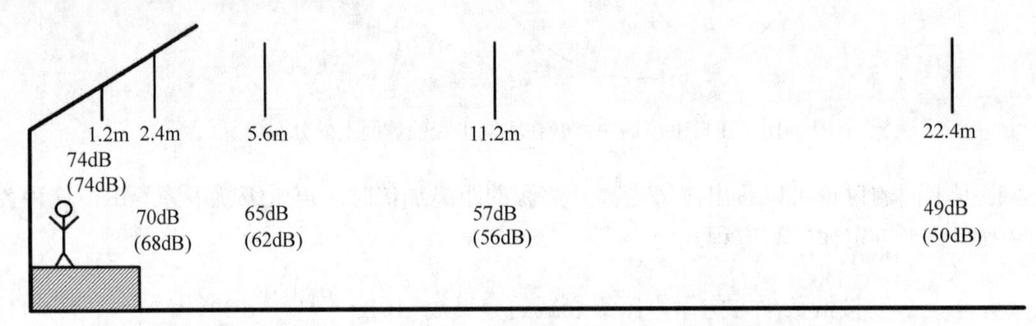

图 1-20 剧场内的实测值与倒数平方定律的偏差。括号内为按倒数平方定律的计算值

欲按平方反比定律计算从声源点到空间某一点声功率的衰减量请到下述网站计算：http://hyperphysics.phy-astr.gsu.edu/hbase/Acoustic/invsqs.html

1.13 声音的反射

声波的反射波离开物体表面与台球弹离台边是一样的方式，反射声遵循光波反射定律，即入射角θ_1等于反射角θ_2，如图 1-21（a）所示。图 1-21（b）是抛物面反射器利用声波的反射定律收录声音的例子，反射器可把平行到达的声波聚焦在传声器上，在收录大自然中的鸟鸣声时，利用加了抛物面反射器的传声器收录声音是一个最常采用的办法。

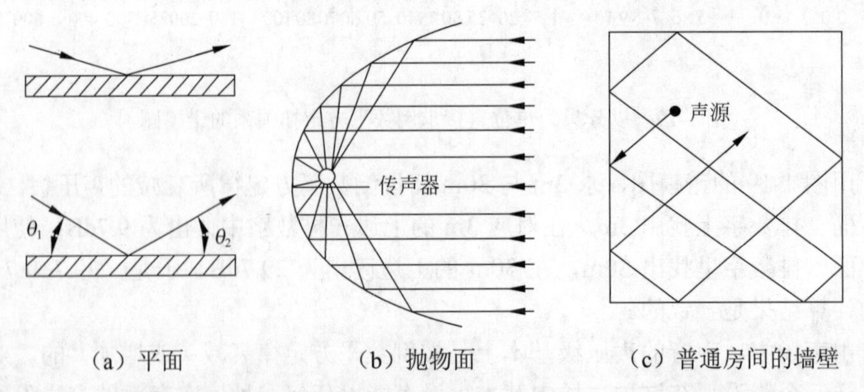

图 1-21 声音从一个表面上反射时，入射角θ_1等于反射角θ_2

图 1-21（c）表明一条声波的声线在一个封闭结构的房间中是如何一次次反射的。一

束声线所能反射的次数取决于在每次反射中声能被吸收的多少。一般地讲，反射波能干扰波源，产生相长或相减干涉，由于相位抵消原理它能增加或降低声源波的振幅。在一个典型的听音环境中，人们听到的是经众多物体和表面反射的声音，它们自己的反射又干扰了其他声音的反射。

听音环境中反射面的角度和材料特性决定声音是否反射或反射量是多少。由于反射面的粗糙程度或吸音率特性不同，不同的材料对某些声音频率的反射比其他材料更有效。举例来说，演播室墙体上安装的声学吸音材料，它不反射或少反射声音频谱中较高的频率，但是它在低频方面的吸音效果就很差，所以常常还要安装一些叫做“低频陷阱”的声学构造来吸收低频声反射的能量，以达到演播室在整个听音频带内均匀吸收与反射的目的。

正如彩色光波是由其频率来确定反射或不反射的道理一样，物体反射声音的一个起码条件是反射物的线度要大于被反射声的波长，如通常大小（26cm×18cm）的书，就能很好地反射 10kHz 的声音（波长大约为 3.4cm）。人类可听闻声谱低端的 20Hz 的声音（波长约为 17m），它会跨过书和看书读者的身体，好像人和书对它根本不存在似的。

1.14　声音的吸收

声音在室内外两种界面间传播的具体过程如图 1-22 所示。当室内声源声音撞击任何墙壁时，有一部分声音得以反射回原来的室内空间，但总有另一部分声音能透过墙壁，在墙壁的另一边空间继续传播。墙壁也会吸收掉透过墙壁的部分声能，致使穿过墙壁的声音的能量有所衰减。从空气中进入墙壁的声音还会产生折射（与两种光学介质折射光的效果一样），而在墙壁的另一面，当声音重新进入空气后又被折射回原来传播方向上。折射作用并不产生衰减而影响声音的强度。

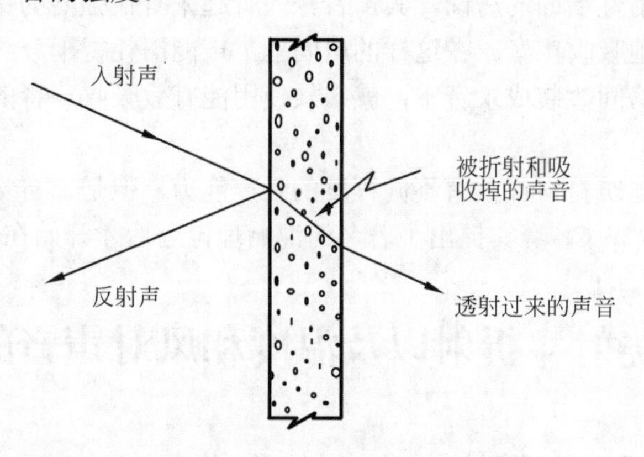

图 1-22　传到墙壁上的声音的一部分被反射掉，在墙壁中传播的部分声音改变了方向（被折射）。在墙壁中没有被吸收的那部分声音在墙壁的另一面沿入射的方向继续传播

被吸收的声音能量和入射声的能量的比值称为反射面的吸声系数。砖石、玻璃、混凝土等是坚硬的密质材料，这些材料的光滑表面的吸声系数小于 0.05，即它们所能吸收的声能小于入射声的百分之五。相反，那些软质、多孔材料允许声波渗透，声能在其内部急剧衰减，因而它们的吸声系数往往很高，有的甚至可达到或接近 1.00，这些材料基本上能百

分之百地吸收入射声能。

从微观上考虑，声音透过墙壁时由于空气微粒受到墙壁粗燥土质分子的阻碍而产生摩擦转化为热能耗散掉了，所以墙壁对吸声方面能提供足够的贡献。不仅是墙壁，包括地毯、布帘、玻璃纤维棉、吸声石膏板等，对于频率比较高的声音都有较好的吸声性能。这是因为声音要在纤维和小孔中进行多次振动和反射，而每一次振动和反射都要引起能量消耗。

吸声系数（α）代表了吸声材料的吸声性能（也可以说代表了它的反射能力），它是由吸声材料或吸声体结构的本身性质决定的。尽管几乎所有建筑材料都有大小不同的吸声能力，严格地说，它们都可作为吸声材料使用，但习惯上把吸声系数大于 0.2 的材料才称为吸声材料。

材料的吸声系数决定了当声音撞击它时有多少声音被它衰减掉了。假如用 E 来表示某一声波撞击吸声系数为 α 的材料时所具有的初始能量，那么会有 $E\alpha$ 的能量被吸收，而有 $E(1\text{-}\alpha)$ 的能量会被反射出来，如此反复反射和吸收若干次之后，犹如图 1-23 所示的能量衰减梯次。

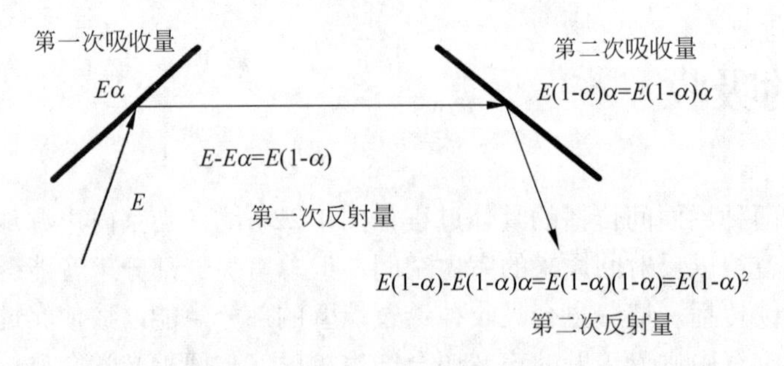

图 1-23　连续多次反射引起的声能损失

一种具有坚硬反射性墙面的房间，其声音令人听起来有很强烈的嗡嗡声并含混不清，这样的墙面不能很好地吸收声音。在这样的房间里，声能消耗得十分缓慢，声音余音拖得很长。如果将这样的房间改装成录音室，就必须使用能有效吸收声音的吸声材料和一些吸声构造。

尽管几乎所有的建筑材料都具有不同程度的吸声能力，但是，自觉地利用它们的这一特性，还是在 1900 年 W. C. 赛宾提出了著名的混响理论之后才开始在建筑声学中运用的。

1.15　声音的绕射、折射以及温度和风对声音的影响

图 1-24 为在自由场中声音绕射过大物体的情形。从这个图可以看出，声音绕着界面的角走，甚至在声音经过狭窄的开孔时，也趋于均匀地扩散开来。一般地说，波长较长时（低频率）比波长较短时（高频率）的绕射现象更为明显，所以在一个房间的角落附近更能够听到较低频率的声音。由于这种绕射作用，较长波长的声音比较难于辨别它的传播方向，这就是为什么能把超重低音扬声器放置在除了自己身体下方之外的房间的任何位置的原因。

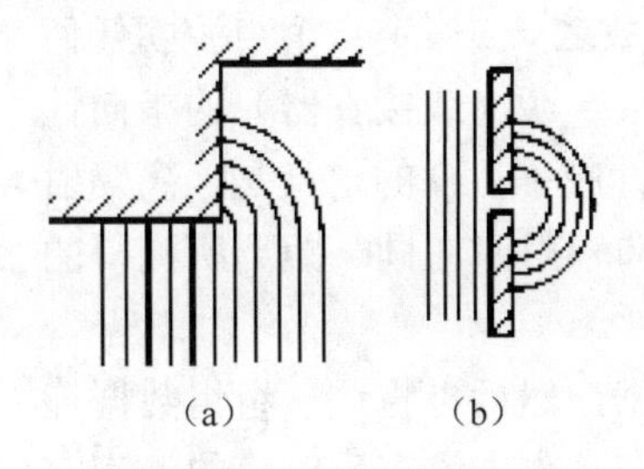

图 1-24　声音的绕射

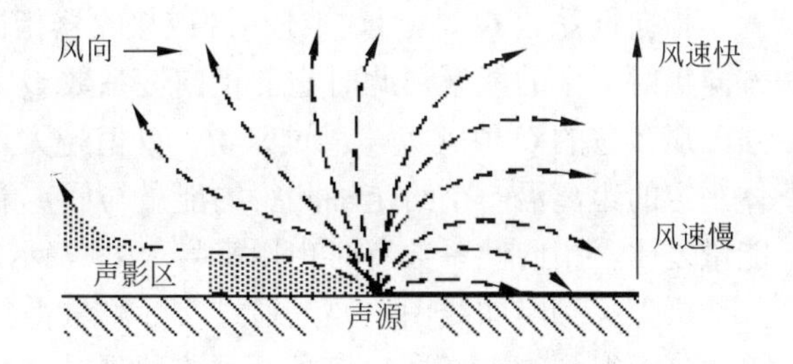

图 1-25　风对声音传播的影响

声音进入两种不同介质时会产生折射。折射定律是：

$$\frac{\sin\theta_1}{\sin\theta_2}=\frac{C_1}{C_2}=\eta \qquad (1\text{-}11)$$

其中，θ_1为入射角；θ_2为折射角；C_1 为第一介质声速；C_2 为第二介质声速；η为折射率。

在室外，风对声音传播的影响就好像温差的影响一样。此时，声速等于声音在静止的空气中的速度加上某一固定方向上的风速。和风的影响很小，但强风能在相当大的距离内影响声音的分布，这种影响效果见图 1-25。

当声音经过不同的温度区域时，根据式（1-1）波速要发生改变，就会产生折射或改变方向。如图 1-26 所示，（a）图表示在温度随高度递减时，声线向上弯曲。在“声影区”声波无法透过，假如一个人站在声影区内，即使他可以看到声源也不能听见声源的声音。（b）图中，白天当温度随高度增加而递增时，声线是向下弯曲的。

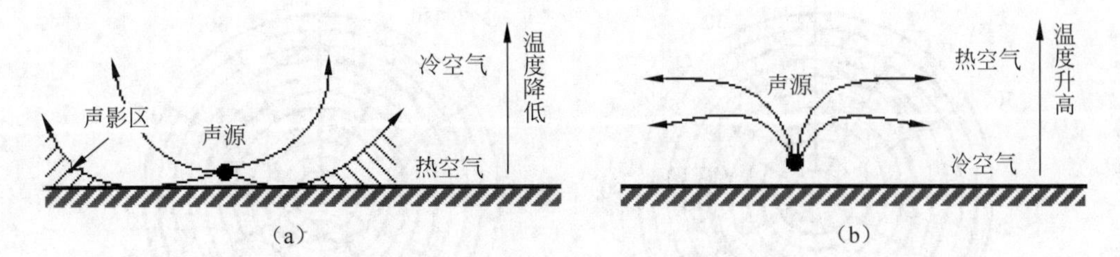

图 1-26　因为温度的变化而引起声音折射

1.16　声源和接收器的指向性

为什么人们要面对面地讲话？为什么听任何声音都要把头部转向声源方向？为什么狗耳朵会不停地旋转方向？这么多个为什么究竟是为什么？其实道理很简单，世界上任何声源发出的声音都具有指向性传播的特点。聆听声音的工具，例如耳朵、传声器等接收器也都具有其接收的指向性。

露天音乐会扩音师需要仔细地选择扬声器的辐射角度，以使观众区的音量达到最大，别处的音量最小。录音师安放传声器时也要求传声器的接收主轴方向对准声源上一个主要的方向拾音，而不是拾取所有方向上的声音。

指向性系数 Q 是定量描述声源或接收器指向性的重要参数之一。假定一个声源朝任何方向辐射一样的能量，此时它的指向性系数 Q 就等于 1。如果声源（或接收器）的指向性强，那么它的 Q 值就大，反过来说，Q 值越大说明它的指向性越强。Q 的定义是，离辐射体一定的距离沿一个给定轴测得的能量与假定能量是按全方向辐射时在同一距离所测得的能量之比。指向性系数有时也用符号 $R\theta$来表示。

极坐标频响曲线图主要是通过实际测量得到的一组组数据，然后再将这一组组数据连接起来而得到的，如图 1-27 所示。这种测量一般是在户外或在基本上没有反射声的消声室内进行的。

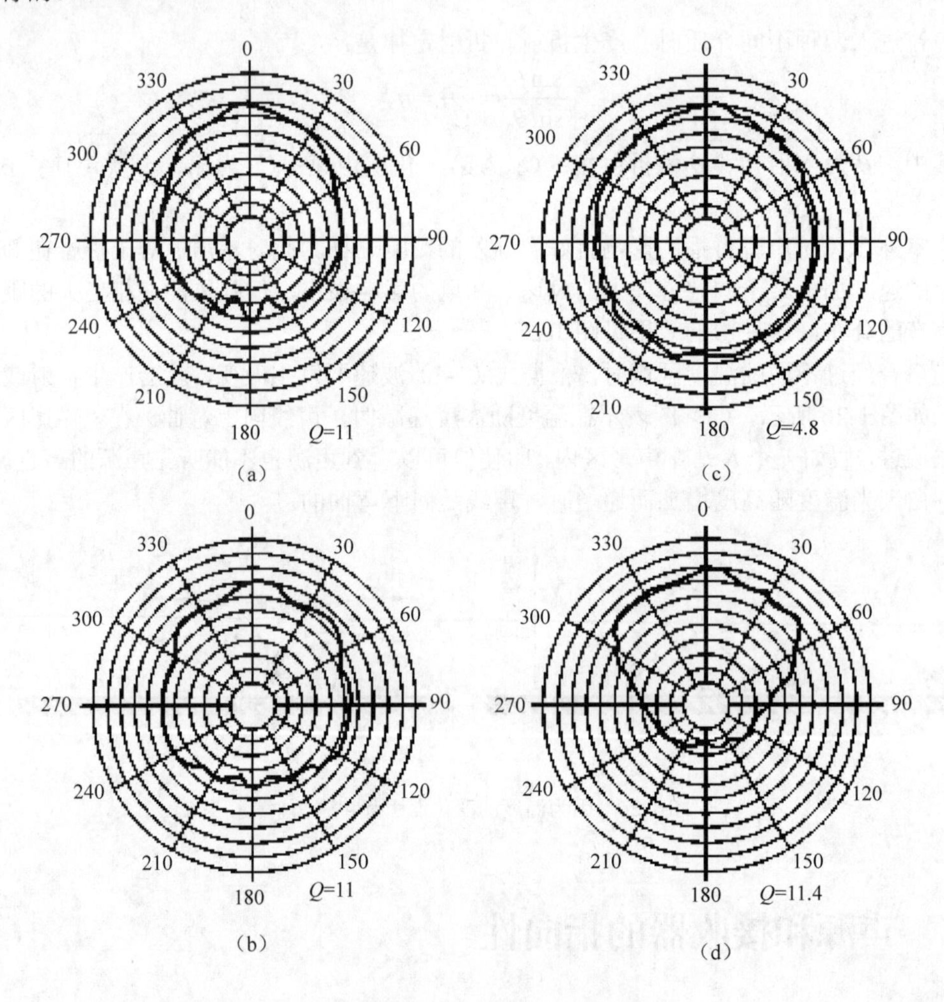

图 1-27　扬声器典型极坐标频响曲线

前面已经讲过，无论作为声源也好，还是作为声音的接收器也罢，它们都有其传送或接收声音的指向性。极坐标频响曲线图就是代表了声源向空间不同方位辐射声能的能力，同时也表示了接收器对空间不同方位接收声音的灵敏度。不言而喻，作为接受器的传声器也有其明确的极坐标频响曲线图，图 1-28 示出了传声器常用的三类极坐标曲线图形。人们还将在第 4 章详细讨论传声器的指向性问题。

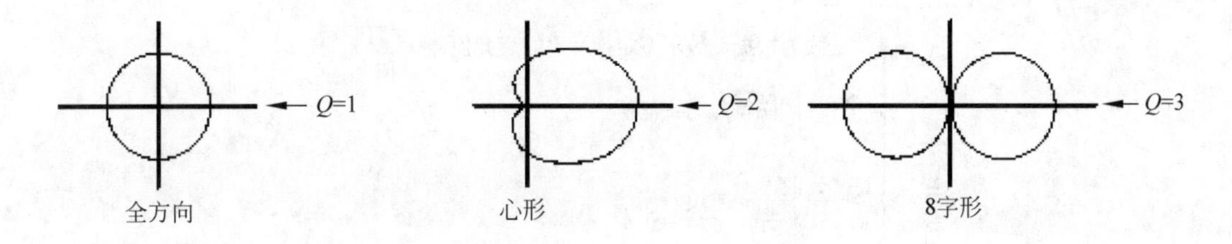

图 1-28　典型的传声器指向性图

表 1-5 列出了几类声源的典型 Q 值。

表 1-5　一些常见声源的典型 Q 值

声　源	指向性系数 Q
说话人	2.5
高低音同轴扬声器（安装于平面障板内）	5
纸盆低音扬声器	4~5
多格号筒扬声器	5~7
扇形号筒扬声器	9~10
叠式号筒扬声器阵	10~25

1.17　近声场和远声场

可以这样定义，只要有声波传播的空间就称为声场。而声场可分为自由声场和混响声场，本节讨论声音在这两个声场中传播的一些特征。

前面讨论了声音在传输过程中所遵循的倒数平方定律，并指出，在自由声场中离开或接近声源的距离每变化一倍，声压级就增加 6dB。这种情形适用于离声源比较远的位置。实际上，当移近到离声源仅有一定距离时，就可观察出实际的效果已经明显地偏离这个倒数平方定律。图 1-29 表示一只 30cm 口径扬声器在近声场和远声场上的声压级变化的实际情形。这里值得注意的是，当移动的距离近到小于声源本身尺寸的数量级时，与倒数平方定律的偏差就变得十分明显。实际存在着称为近声场和远声场的两部分声场，近声场是声场的一部分，在这部分声场中，倒数平方定律不再适用。当距声源的距离等于波长或等于发声体的尺寸的 3 倍这个范围之内，都属于所谓的近场区。声场中近声场以外的那一部分就是远声场，在远声场中倒数平方定律是有效的。

近声场与远声场在频率特性上有不少区别。众所周知，空气是有弹性的，当纸盆前面一定距离内的空气刚刚被纸盆的动作摇动时，这种摇动的力量尚未超过空气本身的弹力。只有当距声源的距离超过上述近场区的限制后，这些频率的声音才会超过空气的弹力，使空气分子向前推进。例如，一个 100Hz 频率的声波，它的波长是 3.44m，所以要离开纸盆 3.44m×3=10.32m 之外，听到的才是真正的这个 100Hz 的声音。如果按 100Hz 来计算，离开纸盆的距离还没达到 10.32m 就应视为 100Hz 的近场区，而超过 10.32m 才是 100Hz 的远场区。

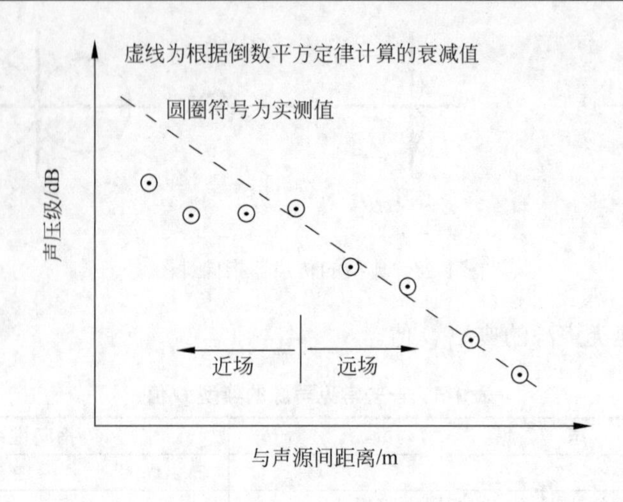

图 1-29　近场与远场现象

从另一角度来讲，声源在近场区域中辐射时，靠近声源的瞬时声压和质点速度不同相；而声源在远场区域中辐射时，靠近声源的瞬时声压和质点速度是同相的，因而产生上述区别。近场的特性远比远场的特性复杂。一般讨论的辐射指向特性总是指远场特性。满足远场的条件是辐射器的线度应小于距离 r，并且 r >>λ/6，这里 λ 为波长。

为什么要了解远、近声场呢？很多时候乐队中的电贝司手往往并不了解近声场产生的效果，而在电贝司音箱上，有一个写着贝司（Bass）的均衡旋钮。电贝司手通常会站在离电贝司音箱不远的地方演奏，如果它站在近声场范围内，有时会觉得低音不足，他就会把这个 Bass 均衡旋钮尽量调大，这样一来，处在远声场区域的听众在他们的位置上就会听到很强烈的低音，这就会给听众造成低频过多的效果。这些强烈的低频声也会串入歌手的传声器，如果调音师觉得歌手的声音电平不够时，就会把歌手这一路声道的音量电平提高，但也同时把串入传声器内的电贝司的低音电平提升了，这对整个乐队声部的平衡非常不利。电贝司的最低 E 弦是 41Hz，但因为传声器是放在弦的末段，所以 41Hz 第一个谐音 82Hz 才是主要的电贝司低频频率。82Hz 的波长是 4.2m，所以差不多要离开电贝司音箱 10m 左右才是 82Hz 的远声场。由于电贝司手不会站在离开音箱这么远的距离上，所以他听到的只是电贝司近声场的声音，而不是与听众所听到的相同的远声场的声音效果。

当说到扬声器的远近声场时，最主要的是要注意到声波的频率及它的波长，而不是单纯地看离开音箱多远才是远声场或近声场。另外，要很好地欣赏音乐时，应当处在远声场，而不是在近声场的位置。

1.18　室内声音的反射与衰减

声音在大房间里的反射和衰减现象的实际情况异常复杂，要研究它必须涉及到若干门类的学科，并且由于科技发展水平的限制，直至今日人们对它的研究仍然处于初级阶段。从古至今对于科学问题的研究都是由浅入深，由表及里，去伪存真，最后揭露出它们的真相。对于研究室内声场这样的问题，人们可以从复杂问题中抽出其精髓，从提出合理假设入手进行研究。这里，就需要对要讨论的空间声场做出许多假设并简化之。即①声场是一个完整的空间；②声场应是完全扩散的。

在房间内发出一个单次脉冲声，在房间的某个位置处聆听。当室内声场达到稳定时，让声源在 t=0 的时刻突然停止发声。由于声源与听者存在一定距离，所以在稍后一点时间才会听到直达声部分。再稍后一点时间，房间内的较早的单次反射声和多次反射声会陆续到达听者位置，起初这些反射声会很少很稀疏，但随着时间的延续反射声会越来越密集。过一会儿，许多反射声会密集到这种程度，即它们可作为声音的连续衰减形式出现，也就是形成了所谓的混响。图 1-30 形象地反映了上述混响过程。混响时间是指当声源在房间内停止发声后，残余声能在房间内往复反射，经吸声材料吸收，声音能量衰减到原始值的百万分之一所经过的时间量度，如果以分贝表示，平均声能自原始值衰减 60dB 所需的时间，称为混响时间，习惯用 T_{60} 或 RT 表示。混响现象是所有封闭空间声场的一个重要特征，混响时间与声源性质无关，它是表示房间内声音衰减特性的一个客观物理量。

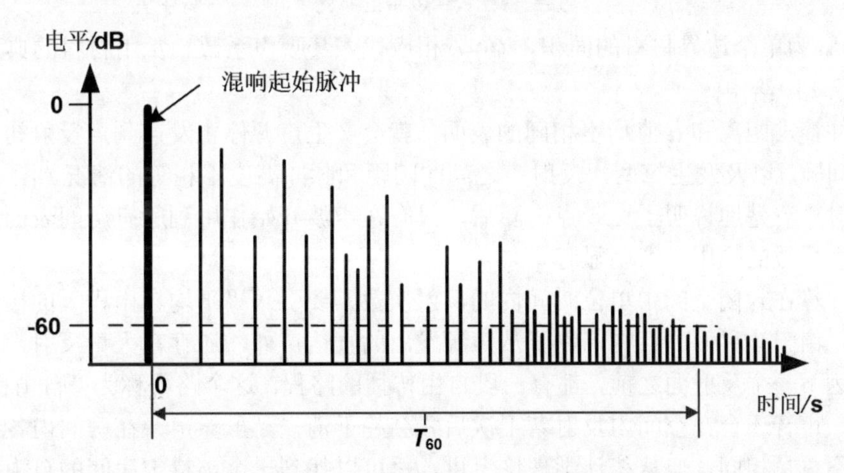

图 1-30　一个室内脉冲声音的反射声的总体

经常听见别人说一个房间“活”、“湿”（Wet），实质上体现了这个房间的混响时间较长且反射声声能密度较大，说一个房间“死”、“干”（Dry），实质上体现了这个房间的混响时间较短且反射声声能密度较小。

混响时间的长短可以用仪器测得，也可以用混响时间方程式来估算。混响时间方程式最初是从实验得出的，后来是用数学推导出来的。混响时间 T_{60} 可由下式比较准确地计算出来：

$$T_{60} = 55.3\frac{V}{SC\ln(1-\overline{\alpha})} \tag{1-12}$$

式中，V 为房间容积（m^3）；S 为室内各边界面的总面积（m^2）；$\overline{\alpha}$ 为平均吸声系数；C 为声速（m/s）。

若取声速 C=340 m/s，上式可简化为（即著名的艾润公式）：

$$T_{60} = 0.163\frac{V}{\text{-S}\ln(1\text{-}\overline{\alpha})} \tag{1-13}$$

如果房间各边界面的平均吸声系数$\overline{\alpha}$<0.2 时，式(1-13)可进一步简化为（赛宾公式）：

$$T_{60}=0.163\frac{V}{S\,\overline{\alpha}} \tag{1-14}$$

请注意，式（1-14）只有在房间各边界面的平均吸声系数$\overline{\alpha}$<0.2 时才适用，这就是著名的塞宾（W.C.Sabine）公式。在应用这个公式时，必须注意其应用范围，否则误差较大。

在实际中，一般房间各边界面，甚至同一边界面的不同部分的吸声系数α都不尽相同，为此就要对室内各边界面的吸声系数进行平均计算，从而得出该房间的平均吸声系数。平均吸声系数代表了房间内的全部吸声材料对声能的平均吸收能力。

计算$\overline{\alpha}$是一项令人烦恼的工作，但这是在录音室和观众厅设计阶段必须有的计算过程，好在现在可以用计算机编制出程序进行计算，工作效率得到了极大地提高。其数学式表示为

$$\overline{\alpha}=\frac{s_1\alpha_1+s_2\alpha_2+\dots+s_n\alpha_n}{s_1+s_2+\dots+s_n} \tag{1-15}$$

式中，$S_{(1-n)}$为单个边界材料的面积，$\alpha_{(1-n)}$相应代表其吸声系数。常用材料的典型α值在书末的附录I中给出。

声脉冲撞击距离和α值均不相同的表面，就会产生声源停止发声到声反射初期的一段段的时间间隙，以及发生每两次反射声之间的间距和脉冲高度不相等的情况。图1-30中的初期的反射声清楚地说明了这一点。随后，只有在声波开始作用到所有房间表面之后，才使平均吸声系数的作用变得明显起来。

为了计算在封闭空间中单位时间内的反射次数，要引入“平均自由程”的概念。在封闭空间内，由于边界面的存在，除了从声源发出的直达声外，还存在大量反射声。这些反射声在到达下一个反射面之前，都有一段自由传播的路程，这个路程称为“自由程”。当声源消失后，声音还会在空间内反射若干次后才会趋于消失。虽然声音在房间内各次反射的自由程并不总是相同，但从统计学理论上讲，总可以找到一个该特定房间的自由程的平均值，即反射声在与室内边界面一次反射之后，到下一次反射所经过的距离的统计平均值，在一般形状的室内，平均自由程$d=\frac{4V}{S}$。d的单位为米（m），V为房间容积（m^3），S为房间的内总表面积（m^2）。

式（1-14）描述的计算混响时间的塞宾公式对于体积不大的房间来说，由于平均自由程很短，在单位时间内声波的反射次数就会很多，这样一来边界面对声波的吸收一般都比空气对声波的吸收大很多，因而空气对声波的吸收往往可以忽略不计，此时用赛宾公式的计算值与实际测量值非常相近。但在体育馆、剧场或大型录音室等平均自由程相当大的房间内，声波在空气中的传播路程相当长，这时空气的吸收影响就不能忽略不计，必须加上空气吸收的修正值。因而，按照混响时间定义，经过一系列的数学推导得出了考虑空气吸收时的混响时间公式(1-16)，这就是著名的艾润-努特森（*C.F.Eyring-V.O.Knudsen*）公式。它是目前声学工程中计算大房间混响时间的常用公式：

$$T_{60}=0.163\frac{V}{-S\ln(1-\overline{\alpha})+4mV}=0.163\frac{V}{-S[2.3\log(1-\overline{\alpha})]+4mV}\ \text{(s)} \tag{1-16}$$

式中，V 为房间容积（m^3）；S 为室内各边界面的总面积（m^2）；m 为空气吸收系数；$\overline{\alpha}$ 为室内平均吸声系数。

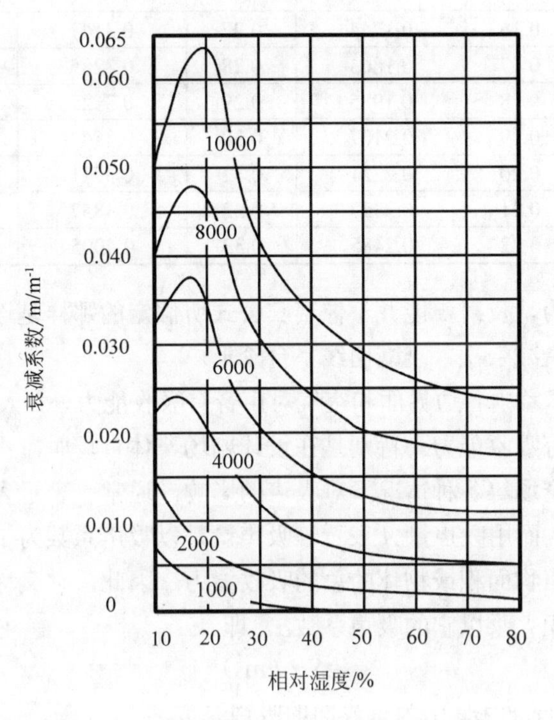

图 1-31　空气的吸收系数 m 与相对湿度之间的关系

在计算时一般是从 1kHz 起开始计算空气对声音的吸收值。表 1-6 给出了空气吸收系数的 $4m$ 值。为了计算方便可直接从表 1-6 查得 $4m$ 值。

表 1-6　空气吸收的 4*m* 值（室温为 20℃时）

频率/Hz	室内相对湿度			
	30%	40%	50%	60%
2000	0.012	0.010	0.010	0.009
4000	0.038	0.029	0.024	0.022
8000	0.127	0.095	0.077	0.065

式（1-16）比赛宾公式更接近实际情况，从表 1-7 可以看出，特别是在 $\overline{\alpha}$ 值较大时，例如 $\overline{\alpha}$ 趋近于 1 时，则 $-\ln\left(1-\overline{\alpha}\right)$ 趋近于∞，T_{60} 趋近于 0。当 $\overline{\alpha}$ 较小时（<0.2），$-\ln\left(1-\overline{\alpha}\right)$ 与 $\overline{\alpha}$ 相近，此时，用赛宾公式与用艾润公式计算的结果近似。

表 1-7　$\overline{\alpha}$ 与 $-\ln\left(1-\overline{\alpha}\right)$ 换算表

$\overline{\alpha}$	$-\ln\left(1-\overline{\alpha}\right)$	$\overline{\alpha}$	$-\ln\left(1-\overline{\alpha}\right)$	$\overline{\alpha}$	$-\ln\left(1-\overline{\alpha}\right)$	$\overline{\alpha}$	$-\ln\left(1-\overline{\alpha}\right)$
0.01	0.0101	0.12	0.1278	0.23	0.2614	0.34	0.4155
0.02	0.0202	0.13	0.1393	0.24	0.2744	0.35	0.4308
0.03	0.0305	0.14	0.1508	0.25	0.2877	0.36	0.4463
0.04	0.0408	0.15	0.1625	0.26	0.3011	0.37	0.4626

续表

$\bar{\alpha}$	$-\ln(1-\bar{\alpha})$	$\bar{\alpha}$	$-\ln(1-\bar{\alpha})$	$\bar{\alpha}$	$-\ln(1-\bar{\alpha})$	$\bar{\alpha}$	$-\ln(1-\bar{\alpha})$
0.05	0.0513	0.16	0.1744	0.27	0.3147	0.38	0.4780
0.06	0.0619	0.17	0.1863	0.28	0.3285	0.39	0.4943
0.07	0.0726	0.18	0.1985	0.29	0.3425	0.40	0.5108
0.08	0.0834	0.19	0.2107	0.30	0.3567	0.41	0.5276
0.09	0.0943	0.20	0.2231	0.31	0.3711	0.42	0.5447
0.10	0.1054	0.21	0.2357	0.32	0.3857	0.43	0.5621
0.11	0.1166	0.22	0.2485	0.33	0.4005	0.44	0.5798

艾润的理论还认为，反射声能并不像赛宾公式所假定的那样是连续衰减的，而是声波与界面每碰撞一次就衰减一次，衰减曲线呈台阶形。

实际情况是，除了室内各边界面和空气对声音有吸收能力外，人的衣服、皮肤、家具、设备等物品都对声音有吸收能力。特别是在设计剧场、体育场时，不得不考虑观众及座椅在满场、半场，甚至空场等各种情况下对吸声的影响。通常，表示人及物体的声音吸收不用习惯上的吸声系数，而用吸声量 A 表示。吸声量是以吸声系数为 1 的吸声物面积大小来量度与此相当的某吸声物面积或物体的总的吸收能力，因此，它又称为等效吸声面积。因而吸声量等于它的面积 S 乘以它的吸声系数 α，即

$$A=S\alpha\ (\mathrm{m}^2)$$

式中，S 为某一吸声物表面积；α 为该表面的吸声系数。

例如，某一吸声物的表面积为 $20\mathrm{m}^2$，其吸声系数为 0.35，那么，它的吸声量 $A=20\times 0.35=7\mathrm{m}^2$。对于人或物体而言，吸声量就等于人或物体进入室内某处后室内总吸声量的增加值。需指出的是，在观众厅内，观众和座椅的吸声量实际有两种计算方法：一种是将观众或座椅的个数乘其单个的吸声量，另一种是按观众或座椅所占的面积乘以单位面积的相应吸声量。

1.19 自由声场与混响声场

如前所述，混响的产生涉及到整个房间内的声波反射和声能衰减，这种反射趋向于在该房间内建立比较均匀的声能量密度。大家应该有在非常大的混响包围下（如在寺庙大殿里或在大建筑物里）聆听声音的经验。当离开声源时，似乎觉得声音的衰减起初是符合倒数平方规律的，但在一定距离以后，声音的衰减就不像开始离开时衰减得那么厉害，再往后声音就保持较为稳定的音量。进一步讲，当室内声源持续发声时，声源连续不断地向这一空间辐射能量，同时这些能量又不断地被室内各边界面和空气吸收。当声源辐射的声能与被吸收的声能相等时，室内的声能密度就达到一个相对的稳定状态，这时的室内声场称为稳态声场。

可是实际情况并非如上所述。为了便于分析研究，可按照声场性质的不同将室内声场

分为两类声场区：一个是当声源辐射时未受到任何形式阻碍的声场，称为自由声场；另一个是经过室内各边界面一次或多次反射后形成的声源声场，称为混响声场。在实际的声场中只能近似地把一部分声场区看作自由声场；对于后者，由于直达声以不同的角度向四周辐射，可以认为，反射声几乎以相同的几率沿所有方向传播，因此，它具有扩散声场的性质。实际声场可以看成是由直达声场和混响声场两部分叠加而成的。

图 1-32 表示了两种不同类型（比较“活”的和比较“死”）的房间中声音是如何衰减的。从实验得出，在直达声场与混响声场相等的点上合成的声压比两个声场之一的要高出 3dB，说明它们在此处是两个相等的声级。两声场能量相等的距离称为临界距离或混响半径，通常记为 r_0。描述室内衰减曲线的公式为

$$\text{按距离损失的分贝数}(r)=10lg\left(\frac{Q}{4\pi r^2}+\frac{4}{R}\right) \tag{1-17}$$

式中，S 是总边界面积；$\overline{\alpha}$ 是平均吸声系数；Q 是声源在观察者方向上的指向性系数；r 是离开声源的距离；R 称为房间常数，单位为平方米(m^2)，由下式给出：

$$R=\frac{S\overline{\alpha}}{1-\overline{\alpha}}\ (m^2) \tag{1-18}$$

根据式（1-13），在临界点，即 $r=r_0$，此时直达声压等于混响声压。

$$\frac{Q}{4\pi r_0^2}=\frac{4}{R}$$

根据式(1-17)则有：

$$QR=16\pi r_0^2$$

故

$$r_0=\sqrt{\frac{QR}{16\pi}}$$

就有

$$r_0=0.057\sqrt{\frac{V}{T60}} \tag{1-19}$$

可见 r_0 与房间常数 R 有关，在声学工程中，r_0 被称作混响半径。

由式（1-18）得出，当室内平均吸声系数 $\overline{\alpha}$ 很小时，房间常数 $R\cong S\overline{\alpha}=A$，这样根据塞宾公式就有

$$r_0\cong 0.14\sqrt{QR} \tag{1-20}$$

式中，V 为房间体积（m^3）；$T60$ 为该房间的混响时间（s），Q 是声源在观察者方向上的指向性系数。如果假设声源的指向系数为 1，上式还可进一步简化为：

$$r_0=0.14\sqrt{QR}\cong 0.14\sqrt{\frac{0.16QV}{T_{60}}}=0.057\sqrt{\frac{QV}{T_{60}}} \tag{1-21}$$

所以只要知道了一个房间的体积和它的混响时间就可大致估算出它的混响半径，这样对于扩声或录音时正确摆放传声器有很大的帮助。

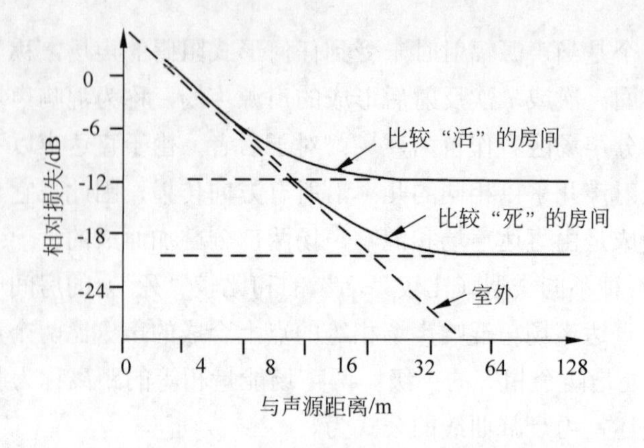

图 1-32 室内声音的衰减模式

图 1-33 给出了以房间常数 R 和与声源中心距离 r 为参数的相对声压级跟随变化的曲线族。以 R=100m² 为例，从图 1-33 中所对应的曲线看出，当距声源 1m 以内（即 r≤1m）时，声压级与理想声场的情况非常接近，声压级与其差值小于 1dB。但是，当与声源中心的距离 r 大于 6m 时，声压级衰减基本保持不变，并与距离 r 的大小基本无关。在这一区域内，声压级的大小主要由房间常数 R 决定。结论是：距离声源越近，直达声所占比例越大，而且声压级的衰减基本合乎倒数平方定律；与声源的距离越远，房间的混响声对直达声的比例越大。当与声源距离达到相当程度时，房间中混响声场的影响转化为起主要作用。顺着这样的思路可以推导出，在每个不同的室内声场中，一定存在着这样一个点，从这一点起混响声场的作用与直达声场的作用始终相等，那么从声源到这一点的距离称为临界距离，这就是式（1-19）表达的临界距离。

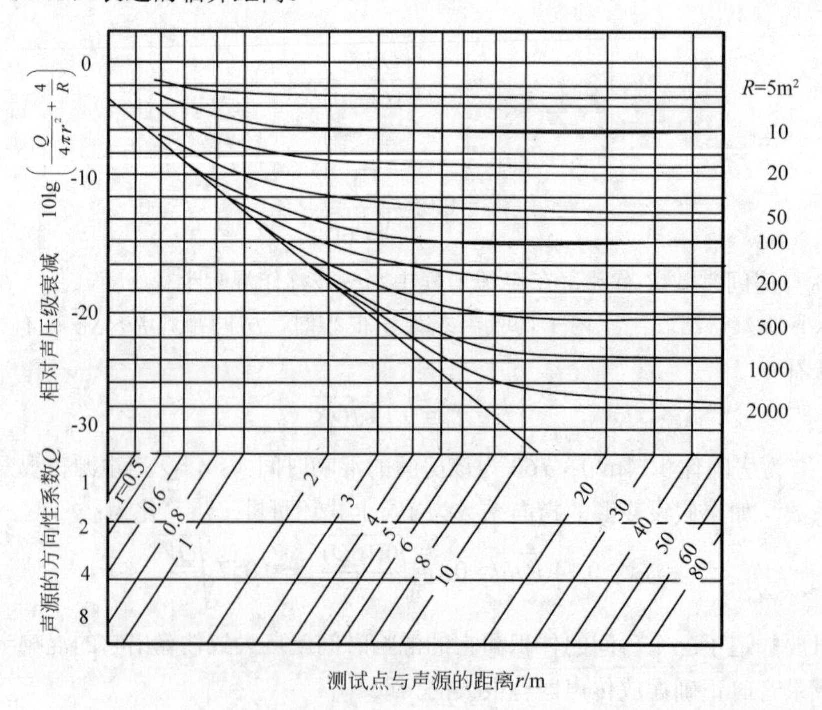

图 1-33 对于不同的房间常数 R，室内相对声级随距离 r 的变化情况

如图 1-34 所示，当与声源中心距离 $r<r_0$（即临界距离或混响半径 r_0）时，直达声占主要地位；当 $r>r_0$ 则转化为混响声起主要作用。图中自由声场左边斜线区域表示，即便直达声起主要作用，但仍避免不了房间混响的影响，其声压级变化仍不能完全遵循倒数平方定律。在混响声场，主要受房间常数 R 的影响。

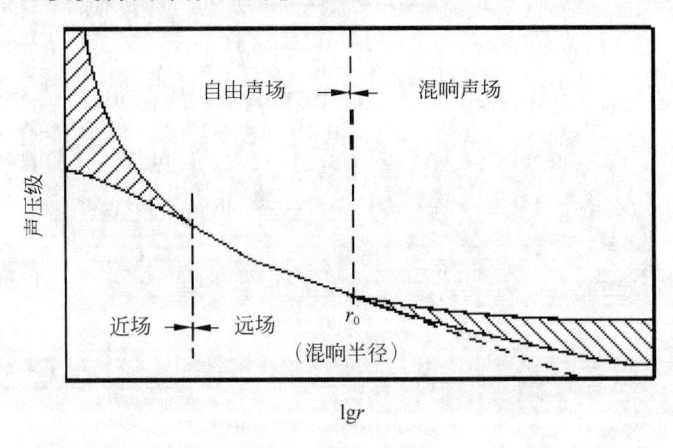

图 1-34　室内声压级的变化与距声源中心距离之间的关系

1.20　声音在小房间内的传播

1.20.1　驻波现象及房间声学模式

对声音在大房间里的传播特点的分析和计算，主要是采用统计声学和几何声学的方法（1.18 节），并用其对大房间的声学效果做出预测，其预测数据与实测结果相当接近。然而对那些较小型的对白录音室或小型录音室中出现的声染色现象，由于小房间中存在的谐振或驻波作用，严重影响了室内声能分布的均匀性，因此用常规分析方法几乎无法解释，而且所做出的计算和预测与实测数据相距甚远。在这种情况下，过去只有从声音的波动理论和声线分析的方法中寻找答案。而现在计算机技术的不断进步，能清晰观察和测量室内振动现象的软件大量出现，使驻波现象的研究受益匪浅。

图 1-35 是一个典型的听音房间的低频响应的计算机三维测量图。在振幅轴（Y 轴上标为“振幅”）上，可以看到一个非常不规则的房间响应。在时间轴（Z 轴标有“时间”）上，可以看到共振波在一定时间长度内延续。有些书中将这类共振称为振铃效果，而有些房间可以轻易表现出较长的振铃时间。

从物理学的波动理论中得出：两列具有相同频率、固定相位差的声波叠加时会发生干涉现象（参见“1.6 相位”的有关部分）。当两列波以同样的相位到达空间某一点时，则两列波相互加强，合成振幅为两波振幅之和，当两列波以相反的相位到达空间某一点时，则两列波相互减弱或完全抵消，合成振幅为两波振幅之差。在反射波串中，它们的相位正好与入射波相差 180°，该反射波与入射波相加产生相长干涉。

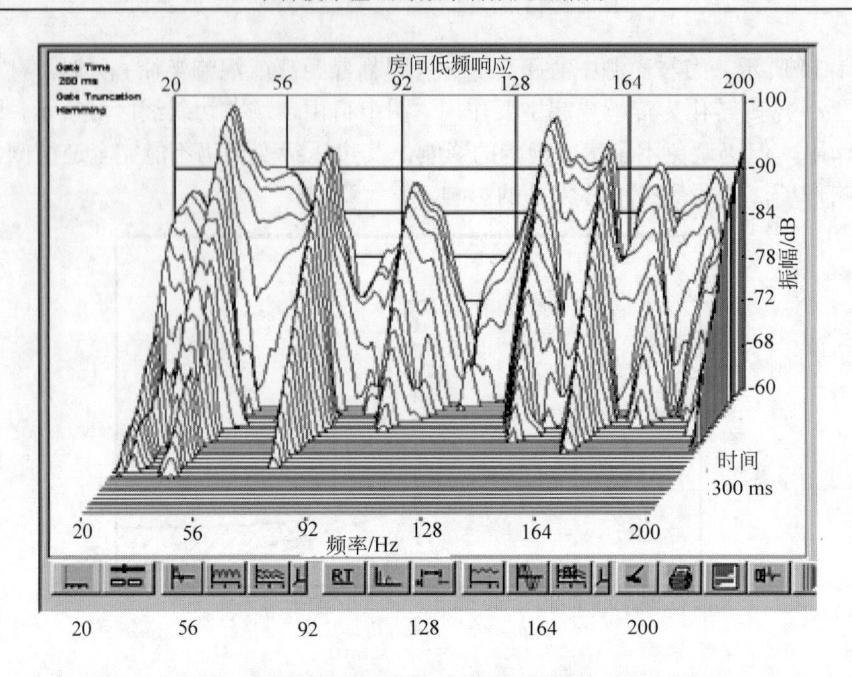

图 1-35　典型听音房间的低频响应的计算机三维测量图

还有一类发生相长干涉的振动波，它的波形随时间而变化，但不向任何方向移动，好像永驻不动似的，这类波就是驻波。驻波是一种由两列频率相同，以相反方向传播的波叠加而成。驻波是一种分段振动的特殊干涉波，它有波节和波腹。形成驻波过程中，在空间始终静止不动的那些点称为波节，振幅最大的那些点称为波腹。两相邻波节间的距离为λ/2，即等于 1/2 驻波波长。驻波的能量只在波腹和波节之间周期性地转移，而不会向前传播，其波形也不会向前传播。

根据上一节关于室内声场的划分理论，声源激发后那些往返传播（多次反射）的反射声形成了混响声。正因为存在着这些来回反射的声波，根据驻波形成机理，它们在封闭的室内空间不可避免地存在驻波现象。在声学中把室内的这种驻波现象看成是由各个房间的“房间声学共振模式”（Room Acoustical Resonance Mode），简称房间模式（Room Mode）决定的。简单地说，房间模式是房间中的声源，如发声的扬声器，激发了房间中存在的所有共振波的全部集合。大多数房间中 20~300Hz 范围内的驻波频率，对房间模式影响最大，这些房间模式主要影响到房间里的音响系统的低频和中低频的频率响应，并成为声音准确再现的最大障碍之一。这些驻波频率与矩形房间的一维或多维尺寸有关。

参见图 1-36，假如有一声源 S 向一对相互平行的硬壁面连续辐射某个频率的声音，当此声源辐射的声波频率（或波长）满足一定条件时，参见式（1-22），入射波与反射波相互叠加后才能形成驻波，如图中实线所示即为入射波与反射波一起合成后形成的驻波。只有声波波长（频率）与所计算的刚性壁面宽度相符合时，即：

$$L = n\frac{\lambda}{2}\ （n\ 为正整数） \tag{1-22}$$

才可能在两个壁面间形成驻波。由下式（1-23）确定的这些频率称为驻波频率。

$$f_n = \frac{C}{\lambda} = \frac{nC}{2L}\ （\mathrm{Hz}）（n\ 为正整数） \tag{1-23}$$

式中，f_n 为简正频率；C 为空气中的声速；L 为两平行壁面间的间距。

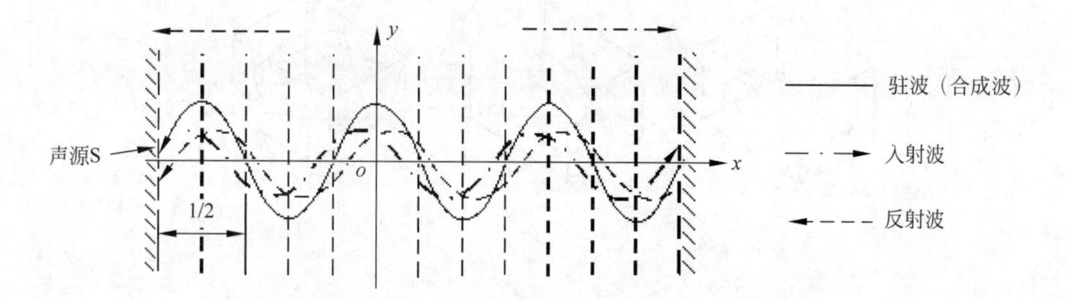

图 1-36　声音在平行壁面间的声传播以及驻波的形成

驻波的动画演示请参考下列两个网址：

http://faraday.physics.utoronto.ca/IYearLab/Intros/StandingWaves/Flash/standwave.html 和 http://219.229.249.7/kj/physics/大学物理 flash/flash1/驻波的特征.swf

当矩形房间的长、宽、高尺寸一旦确定，其房间模式也就确定了。在一个确定的房间内可能出现无限多个并不连续的频率。如当 $n=1$ 时的频率：

$$f_1=\frac{C}{2L} \tag{1-24}$$

式（1-24）计算出来的就是该房间的最低驻波频率，此外该房间中还分别有 $f_2=\frac{C}{L}$，$f_3=\frac{3C}{2L}$ 等无限多个不连续频率存在。

实际上，在封闭空间里，声波不仅存在垂直于两个平行壁面的轴向模式，即轴向波传播方式，而且还分别存在切向和斜向模式。在图 1-37 中，声源 S 位于一间长方形房间的南墙上，它构成了三个房间驻波模式。先考察图中南墙和北墙间的反射模式，假设此时声波的反射运动与它们是垂直的，所以东墙、西墙、地面、天花板之间都无声波反射，这就是如图 1-37（a）所示的轴向模式；同理，切向波的分布只与两个表面（即图 1-37（b）中的地面和天花板）平行，其余的四面墙全起反射作用；第三种房间模式是所有的六个壁面都在进行反射，这种房间模式就是如图 1-37（c）所示的斜向模式。

以上的几类声音传播及反射机理看起来很复杂，其实由于切向房间模式和斜向房间模式的传播路程一般都较长，因此它们的基本共振频率较低，并且因它们反射次数较少其振动频率的最终振幅较小，而不会被人耳察觉。另外，对于具备合理的吸声表面的小型录音室和播音室来说，轴向模式比其他两种模式更为重要。当然，凡是有可能存在的房间模式都会对房间的声学结构造成影响，所以有时候切向方向和斜向方向模式对房间的不利因素也不可忽略不计。

事实上，在一个室内封闭系统中存在着三对如图 1-37（a）所示的轴向房间模式，即南墙与北墙、东墙与西墙，以及地面和天花板之间形成的房间模式。当这三个房间模式同时作用时，就会使得情况变得复杂。因此，在实际设计小型录音室或演播室的时候，应该分别研究和评估每个轴向模式的驻波对声音造成的不利影响，并做出相应的对策来。

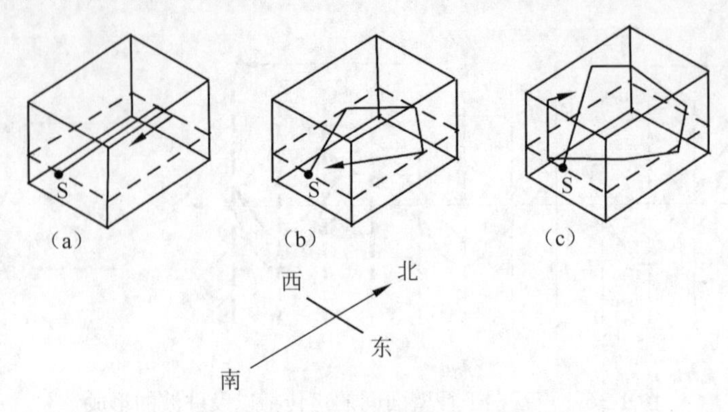

图 1-37 房间中存在的三种房间模式

1.20.2 房间模式频率间隔研究

由驻波形成的房间模式，可能会导致三类声学问题：即在整个声音频谱范围内，某些频率的声级有所提高；其他频率的声级有所下降；而相同（共振）频率的声音的持续时间会变长。以上三类问题导致房间内的声音出现严重的“声染色”现象。这种声染色通常使得人声在某些频率上表现得非常不自然或使其在某个或某几个频率上声压得到加强，从而使音色变得生硬、刺耳、声音变“扁”，甚至产生拖尾现象。室内声染色毫不例外也会影响音乐，但由于人耳对音乐声的音色的可重塑性，且大多数音乐声比较起来延音较长且频率成份复杂，所以这种声染色现象人耳较难分辨出来。另外，与音乐相比较，一般听众对人的语言更为熟悉，因而人们对讲话声的染色效应更为敏感。驻波一类的声学现象，在有孔洞又缺乏气密性的小房间内可以引起共振的低频声，导致系统低频的频率响应受到很大影响。小房间内 300Hz 以下的驻波频率对人们听声影响最大，而高于 300Hz 的驻波频率往往非常密集，人耳因自身对声音分辨能力的限制，要分辨它们一般是很困难的。

声染色对小型监听室和播音室的音质影响很大，因而人们设计的主要任务就是要在一间屋子里从数百个频率中找出那些有可能产生声染色的频率，然后加以修正或消除。

即使在最好的房间也存在驻波，这是不可避免的，但是可以最大限度地减少这个问题的影响。一种方法是在声谱中重新分配这些驻波频率的位置，使它们相互之间不要太靠近，否则它们可能产生叠加兼并现象，如果在室内的同一个听音点，这些频率的振幅就会变得很高。更重要的是，它们彼此之间又不能离得太远，因为可以在系统频率响应中引起“孔隙”效应，造成个别频率段缺失。影响房间共振频率分布的因素是房间体积大小及其长宽高的比例。

那么，究竟驻波频率之间应有多大间隔才能避免声染色呢？C.吉尔福特（Christopher Gilford）主张，轴向房间模式驻波频率的间距不应小于 5Hz 且不超过 20Hz。

通过数学计算和实验，人们发现如果两个相邻频率之间的距离大于 20Hz，这种声染色人耳很容易地就会分辨出来。虽然这时它不会受其邻近频率的干扰，但它却能从信号中选出和自己频率相同的声音成份产生干涉波，使这个成分的声波振幅得到不合理地大幅度增强，可使一些特殊频率的声音音量提高 8~10dB。

间隔小于 5Hz 甚至零时也可能出现问题。零间隔意味着这两个或两个以上的房间模式重叠在一起，而这种重叠往往过分地加强与这些频率一致的信号成分。

1.20.3　矩形房间内的房间模式

轴向模式是由垂直于两个界面的反射声引起的。不过房间里仍存在有切向和斜向模式，本书不再对此讨论。从对轴向模式的分析中，人们有可能找出问题所在，并优化房间的尺寸，以获得更好的轴向分布模式。

所有的房间，不论大小都有一定的房间模式存在，一个密闭房间的驻波频率与其容积大小、形状尺寸比例甚至墙面材料的特性息息相关。这里人们仅以矩形的硬墙面房间为例探讨矩形房间的房间模式的特点。

从波动理论可求出一个矩形硬墙面房间的共振频率的公式：

$$f_N=\frac{C}{2}\sqrt{\left(\frac{n_l}{L}\right)^2+\left(\frac{n_w}{W}\right)^2+\left(\frac{n_h}{H}\right)^2} \tag{1-25}$$

式中，f_N 为第 N 个共振频率（Hz）；C 为空气中的声速（m/s）；L、W、H— 房间内的长、宽、高（n_l、n_w、n_h）为可以分别选择的正整数。

假如一个内部尺寸为长（L）×宽(W)×高(H)=5m×4.1m×2.7m 的矩形房间，声速 C 取 344m/s。可由式（1-25）求出该房间的共振频率分别为 34.45Hz、41.85Hz、62.78Hz、68.90Hz、83.70Hz、103.35Hz、125.56Hz、125.56Hz、137.8Hz、167.41Hz、172.26Hz、……，用线性谱绘于图 1-38 中。研究这些数据可以发现该小型矩形房间模式频率的分布特点：在较低的频段上，共振频率之间的间隔较大；随着频率的逐渐增高，共振频率的分布密度便逐渐增加，甚至有几对频率发生重叠兼并现象。

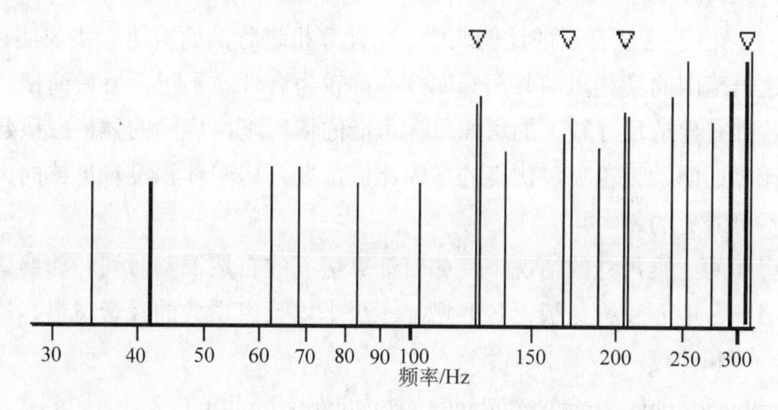

图 1-38　一个矩形房间（长×宽×高=5m×4.1m×2.7m）的房间模式（图中带▽的频率有兼并现象）

一个矩形房间，一旦其长、宽、高确定，房间模式也就确定了。严格地讲，如同指纹和眼睛一样，世界上找不出两个房间模式完全相同的房间。从共振频率的计算公式可以看出，当房间的长、宽、高相等或它们之中有两两相等或互为倍数关系，或者房间体形过于狭小的情况下（如上例），将会出现几个共振方式具有同一个共振频率的情况。举例来说，若有一正方形房间，其长、宽、高均为7m，容易算出，它在最低频率振动时的10种简正振动方式所对应的共振频率如表1-8所示。

表1-8 7m×7m×7m正立方体房间的10种共振方式对应的共振频率值

房间模式	1,0,0	0,1,0	0,0,1	1,1,0	1,0,1	0,1,1	1,1,1	2,0,0	0,2,0	0,0,2
共振频率/Hz	24	24	24	34	34	34	42	50	50	50

从表1-8中可以看出，在上述10种除（1,1,1）外的简正振动方式中，分别存在着几组重叠的共振频率，如24Hz、34Hz和50Hz，这就是所谓的简正频率“简并化”问题。房间的简正频率分布不均匀，声音的扩散效果就很差。简正频率一旦出现简并化，声音 的某些频率的声压就会得到极大地升高，这样就会出现声染色。因此，为了保证房间有 很好的声学扩散效果，就必须保证简正频率的分布密集均匀和无规，否则肯定将出现简并现象。

为了避免简正频率简并，并使驻波和其他反射声分布均匀，房间形状不应过分规整，异形的房间可以得到意想不到的声学效果。体形简单的矩形房间，更应避免采用相同尺寸或成整数比的长、宽、高。研究指出，对于矩形房间而言，取长（*L*）、宽（*W*）、高（*H*）之比为下式计算的比例范围比较合适：

$$\mathrm{L:W:H} = \left(\sqrt[3]{2}\right)^2 : 1 : \left(\frac{1}{\sqrt[3]{2}}\right)^2 \tag{1-26}$$

根据声学房间的理论推导和设计实践认为，三者之间的比例为无理数（近似地等于5:3:2）时，简正频率分布最为均匀。除了上面介绍的房间长、宽、高比例以外，许多声学专家还提出了其他各种不同的房间比例，如“黄金分割”法（近似为1.618:1:0.618）、“根式比例”法（$1:\sqrt{2}:\sqrt[3]{2}$）。理查德.H.布尔特提出的一种实用比例图就是一个典型的代表，图1-39中的曲线标出了这些合适的比例范围。用计算机进行的研究进一步表明，位于这个范围内或接近这一范围的某些点的共振频率分布都较为合理。不过，要最简便、最根本地解决驻波问题，唯有建造尺寸较大的房间。在可能的情况下，房间的体积应该建造得足够大。经计算机计算证明，无论哪种优良的房间比例，要是房间体积没有足够的大，简正频率简并化则是不可避免的。

已知自己房间的三维尺寸的情况下，如何计算房间的自然混响时间？如要调整房间的混响时间，在墙壁、地面和天花板上各要增加多少平均吸声系数的吸音材料，读者可以到下列网站地址了解和计算：

http://hyperphysics.phy-astr.gsu.edu/hbase/acoustic/revtim.html#c2

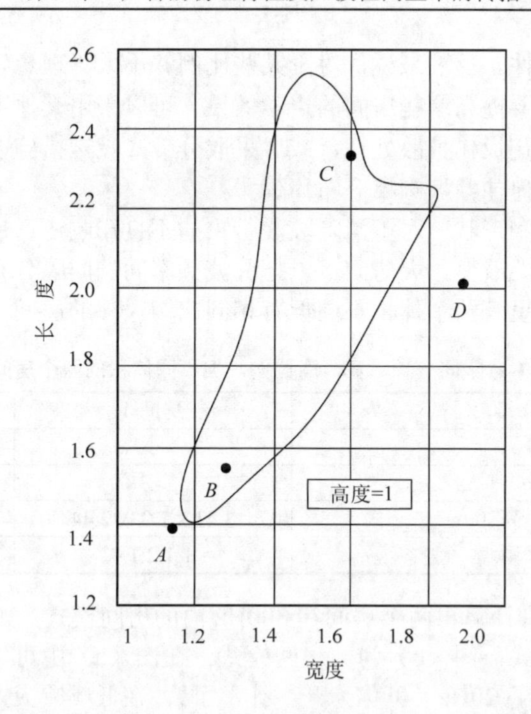

图 1-39　用数学方法从波动声学中推导出来的较好的房间的高、宽、长的比例。利用这些比例，可使简正频率得到合理的分布

表 1-9 标出了图 1-39 中可使简正频率得到合理分布的 A、B、C 三个点的比例数据。

表 1-9　较好的房间尺寸比例

	A	*B*	*C*
高	1.00	1.00	1.00
宽	1.14	1.278	1.60
长	1.39	1.54	2.33

表 1-10 是按照表 1-9 三个点的比例设计的两种不同高度房间的长、宽、高尺寸。

表 1-10　具有较好声学效果的房间尺寸

房间高度为 2.59m			
	A	*B*	*C*
高	2.59	2.59	2.59
宽	2.95	3.33	4.15
长	3.59	4.00	6.04
房间高度为 3.05m			
高	3.05	3.05	3.05
宽	3.48	3.90	4.88
长	4.24	4.70	7.10

然而，应当指出的是，比例合适的房间并不一定就有良好的声学效果。在过去，按照这些所谓“理想”比例建造的播音室，有许多实际效果并不太理想。一位美国声学专家曾经说过：“理想”的声学比例并不是获得良好声学效果的唯一途径，但合适的比例却是追求

声学效果的一个起码条件。反过来说，对于某些比例并不太“理想”的房间，其声学效果也不一定就很差，如果要提高这些房间的声学效果，可以采用其他手段加以改进。比如说可以对房间的墙面或天花板作扩散处理，或者采取分散式吸声措施以及将相对的墙面处理成非平行面等方法，来促使共振频率分布均匀。

仅仅注意房间比例和形状，对于消除驻波带来的不良影响还远远不够。房间体积的大小直接影响到房间模式的改变，大房间可以把驻波频率间的间隔分布得均匀适中，尽最大可能地消除声染色。这里有两个体积不同但有相同比例尺寸的房间，其数据见表 1-11：

表 1-11 同一长、宽、高比例，但不同体积的两个房间

	房间 1	房间 2
尺寸	小	大
体积（m^3）	24.38	47.66
长、宽、高（m）	3.41 x 2.93x 2.44	4.27x3.66x3.05
长宽高比例	1:1.2:1.4	1:1.2:1.4

利用式（1-25）分别计算出两个房间在 300Hz 内的房间模式，如图 1-40 所示。其中图（a）为小房间的房间模式，图（b）为大房间模式。在图（a）中可以看到，有几个房间模式频率之间的间隔超过了 20Hz（可称为开“孔”了）。在低频响应方面，因为有这些“孔洞”存在，出现声染色则不可避免。这是因为较小的房间尺寸，相应提供的频率间的间隔更大，这是小房间的典型特点。较大的房间的尺寸，这样问题就较少。在一般情况下，作者推荐一个听音室的最小体积应不小于 42～57m^3。

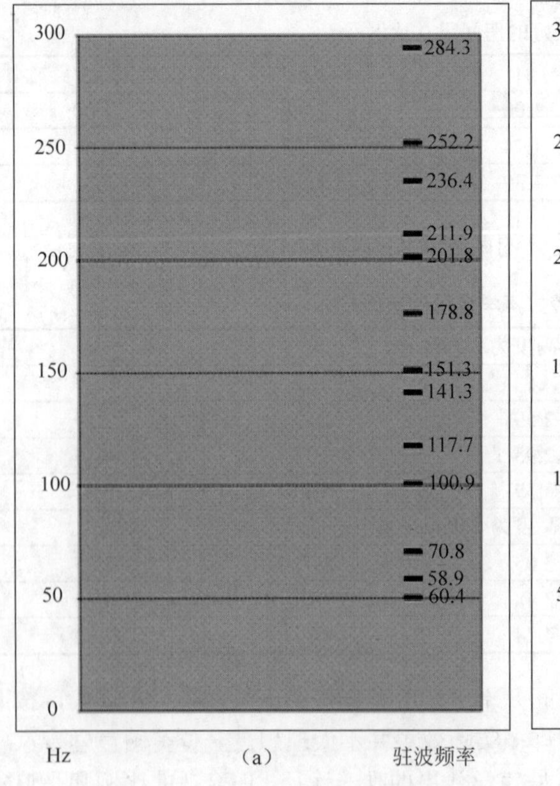

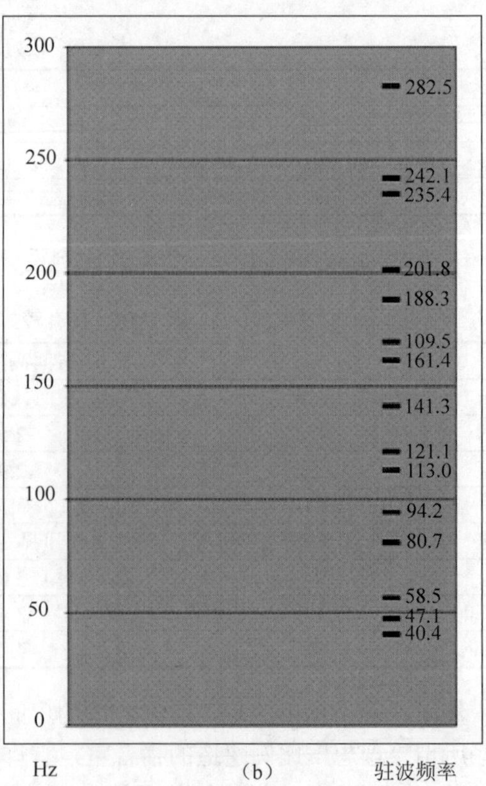

图 1-40 两个体积不同但有相同比例尺寸房间的房间模式

下面介绍的是一个计算房间模式较好的网站，感兴趣的读者可以去计算检测一下自己的录音室房间模式是否优良，否则应加以改造，甚至重新设计装修：

http://www.bobgolds.com/Mode/RoomModes.htm

1.21　推荐的最佳混响时间

设计、测量和评价一个声学房间（如录音室、听音室、影剧院等）有很多相关指标和方法，如最佳混响时间、最佳混响时间频率特性曲线、隔声量和室内噪声级、声扩散及其对音质的影响、侧向早期反射声的均匀性和强度，以及房间对语言可懂度的影响等。这些指标大多与混响时间有着直接或间接的联系，因此混响时间是一个非常重要的房间声学指标，应当加倍地重视。

经过大量的研究与实践发现，不同用途、不同节目、不同录音方式或扩声规模，以及不同房间体积的录音室或厅堂的最佳混响时间应该是不同的。最佳混响时间的选择还与人们的主观感觉有关，并受声源的民族风格的影响，其数据都不尽相同，下面简单介绍一些有关标准。

1. 厅堂及音乐录音室

厅堂分为有扩声系统的与无扩声系统的两种类型。有扩声系统的厅堂情况比较复杂，这里不作介绍，以下仅介绍无扩声系统厅堂和音乐录音室及演播室的不同时期，不同单位和专家推荐的混响时间与房间体积的关系。

图 1-41 中①~⑥是努特森与哈里斯（V•O•Knudsen-C•H•Harris）于 20 世纪 30 年代推荐的各种厅堂的最佳混响时间；曲线⑦则是白瑞纳克（L•L•Beranek）于 20 世纪 50 年代建议的音乐录音室最佳混响时间；曲线⑧及曲线⑨和⑩分别由英国广播公司和日本广播协会提出的。

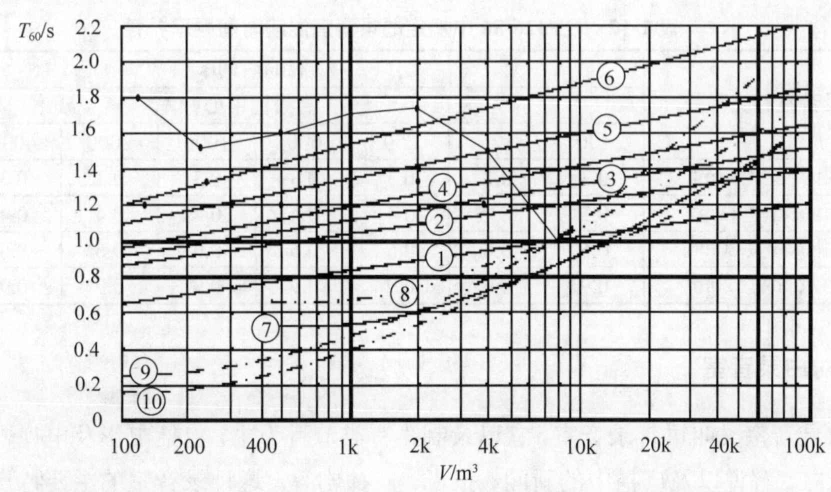

①讲演用 ②电影院 ③室内乐队 ④学校礼堂 ⑤一般音乐 ⑥教堂音乐 ⑦白瑞纳克值 ⑧英国广播公司建议值 ⑨和⑩是日本广播协会建议的音乐录音室和演播室标准

图 1-41　以音乐为主的房间的最佳混响时间（中频）与厅堂体积的关系

从图中可见，早期对混响时间的要求一般都较长，越往近现代走，对自然混响时间的要求就越短。除了人们更加追求音质的清晰度这个原因以外，更深层次的原因可能是由于早期的录音室设备简陋，只能依靠录音室的自然条件而获得混响。而随着近现代电子科技水平的提高，新器件不断涌现，电子和计算机控制的混响器的问世，使得录音制作不只是单单依靠自然混响，而出现了人工混响与自然混响相结合的录制手段。

所谓混响时间的频率特性是指混响时间是根据频率特性的频段变化而变化的，一般情况下应保持为一条平线，以求得混响声“干净”而不附加任何“声染色”的作用。但是，许多专家与音乐人认为，音乐用的厅堂其低频混响时间应略长于中、高频，以使音乐听起来更加“丰满”、“厚实”，以获得震撼人心的效果，其频率特性如图 1-42 所示。

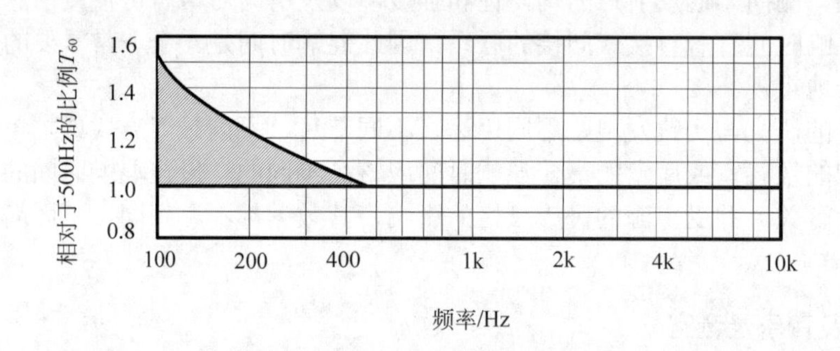

图 1-42　推荐的混响时间的频率特性

我国于 20 世纪 80 年代颁布了 GYJ26-86《有线广播录音播音室设计规范和技术用房技术要求》，要求中规定了 2 类（音乐和语言）4 种体积录音室的混响时间频率特性，见表 1-12 所示。其中 80m^2 音乐用录音室和 120m^2 音乐用录音室在 GYJ26-86 中分别要求的层高为 4.5m 和 5.5m，折算出来它们所对应的体积为 360m^3 和 660m^3。这两种体积录音室的中频混响时间与图 1-41 中的白瑞纳克曲线数据基本相符。

表 1-12　GYJ26-86 中规定的录音室混响时间频率特性

录音室种类	混响时间/s							
	1/3 倍频程中心频率							
	100	125	250	500	1000	2000	4000	8000
语言用录音室 12m^2	0.3	0.3	0.3	0.3	0.3	0.3	0.3	
语言用录音室 16m^2	0.3	0.35	0.4	0.4	0.4	0.4	0.4	
音乐用录音室 80m^2	0.6	0.6	0.6	0.6	0.6	0.6	0.6	0.6
音乐用录音室 120m^2	0.9	0.9	0.9	0.9	0.9	0.9	0.9	0.9

2．对白录音室

对白录音室又叫语言录音室，它以录制语言类节目为主，包括电影及电视剧中的对白、旁白、独白、解说以及广播中的新闻、报告、广播剧等。这种录音室的主要特点是体积小、混响时间较短，一般的体型比较简单规则，除地面外，墙面吸声处理通常采用分散式均衡布置方式。

图 1-43 中的曲线 1 为白瑞纳克提出的不同体积的语言录音室及会议室的最佳混响时间；曲线 2 和 3 则是我国建声专家提出的推荐值，我国国标对广电系统提出的以平线表示的最佳混响时间与此推荐值基本吻合，见表 1-12 所示；日本广播协会于 1961 年提出的混响时间曲线推荐值如曲线 4 和 5。

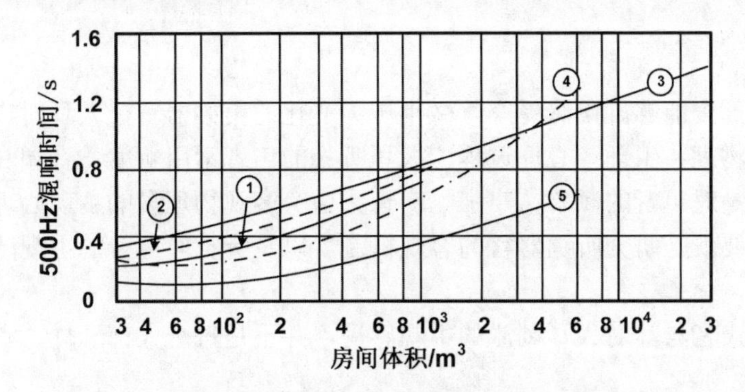

图 1-43　以语言为主的房间最佳混响时间与房间体积的关系

根据汉语发声的特点，对白录音室混响时间的频率特性，应随频率的提高而逐渐加长，其频率的低频段、高频段与中频段的比例为 0.875:1:1.125 比较适宜。要规定这个比例，首先是为了保证语言的清晰度与明亮度，并减小录音室内的低频嗡声出现的可能性；高频混响时间适当地加长，有助于增加语言的明亮度，并加强辅音的能量。不过有些专家建议混响时间的频率特性应尽可能保持平直为好。

第 2 章　声音的主观感受与声强计量

人的耳朵是一个能够准确感受空气微小压力变化的美妙器官，人耳对声音的听觉感受则是一个复杂的物理—生理—心理过程。人耳听见的声音常用响度、音调和音色三种量来描述，这三种量是对声音的频率、声强、声音频谱等客观物理量的主观心理反应。生理声学和心理声学主要就是研究听觉器官的客观机制，以及听觉对声音的主观感觉与声音客观参量之间的关系。

客观存在的声音与其对人耳刺激的主观感受，并不是每个人都一样，它还受到下列诸多因素的影响：

（1）听音人的文化程度、艺术修养及审美情趣；

（2）听音人一直受到的训练和对新的听音环境的适应能力、个人经验；

（3）听音人所特有的某些基础水平、听音习惯；

（4）听音人当前的身体状况。

由于人耳听觉系统非常复杂，迄今为止人类对它的生理结构和听觉特性还不能从生理学的角度完全解释清楚。所以，对人耳听觉特性的研究目前仅限于在心理声学和语言声学等方面。

人耳对不同强度、不同频率声音的听觉范围称为声域。在此声域范围内，声音的听觉心理的主观感受主要有响度、音高、音色等特征和掩蔽效应、声像定位等特性。其中响度、音高、音色可以在主观上用来描述具有振幅、频率和波形频谱三个物理量的任何复杂的声音，故又称为声音“三要素”。而在多种音源共同存在的场合，人耳掩蔽效应等特性更为重要，它是心理声学的基础。

本章主要研究有关物理声音刺激与生理感受和心理判断之间的关系，其中主要研究的对象包括响度、音调、音色、声音掩蔽、双耳听音定位等问题；还将仔细讨论声音在闭室内的直达声、混响声、前期反射声等在听感中的作用；在本章的最后几节还将讨论对声音信号计量等方面的有关问题。这些概念是本书以后各章将要讨论的许多录音技术的基础。

2.1　声强的主观感受——响度

2.1.1　响度

一个声音在听觉感受上有多么响，并不与这个声音的物理强度成线性关系。所以在普通声学中，除了有一套物理量度量外，与之对应的还有一套心理量，用以表示声音在主观感受上的响亮程度。一个声音在听觉感受上有多响，除了与它的物理强度大小有关外，还与它的频率高低有关。根据世界上许多国家对不同种族的大量正常人所测得的响度级与声压级和频率的关系，描绘出一个称为等响度曲线的曲线簇。在物理声学中常常用响度这个术语来代表人耳对声音强度大小的主观感受或响应。响度被定义为“宋”（Sone），“宋”是一个无量纲单位，即对声压级为 40dB 的 1000Hz 的纯音，人耳对其主观感受到的强弱规定其响度为 1 宋，即 40 方（“方”为响度级单位，请参看 2.1.2 小节）为 1 宋（Sone）。按照这个规定，2 宋比 1 宋响 1 倍，3 宋比 1 宋响 2 倍，4 宋比 1 宋响 3 倍，等等。

听觉正常的人能够辨别响度变化最小等级其对应的声压级值大约是 1dB。响度与声压级或响度级并不成正比，响度级每增加 10 方，响度增加 1 倍，人耳才有响度加倍的感觉。响度级的差值决定了相应的响度大小，如 70 方的声音比 60 方的声音响 1 倍，40 方的声音比 30 方的声音响 1 倍，相差 20 方的声音响度则相差 4 倍（2×2 倍）。

2.1.2　人耳听觉的非线性——等响曲线和响度级

人们对声音大小即响度的感觉完全是因人而异的，因声音的频率而异，因声音的声压级（用声强表示也可）而异。根据抽样试验大部分人感觉到，1000Hz、100dB 声压级的正弦波声音听起来与 100Hz 同样声级（即声压级，下同）的声音感觉是一样响的。但是，对于同样这部分人他们感觉 1000Hz、40dB 声级的正弦波会比同样声级的 100Hz 声音要响约 20dB。不过，有的人可能会感觉只有 10dB 的差别，也可能还有人会听出有 25dB 甚至 30dB 的差别。事实上，要找到两个听觉感受同样声级完全一样响的人是完全不可能的。这就证明了，两个声级相等，频率不同的正弦波纯音，听起来响度并不一样，声级加倍也不是加倍地响。相反，两个频率和声级都不一样的正弦波纯音，反而有时听起来响度一样，这表面上相互矛盾的现象充分说明了人类的听觉特性是非线性的。

为了反映人类听觉系统对声音刺激的非线性感受特点，要引入一个半主观量：响度级。它表示了响度级与声压级之间，以及耳朵听觉灵敏度与声音频率间的复杂的非线性关系。因此定义为：任何声音的响度级，等于等响的 1000Hz 纯音的声压级分贝值，其单位为“方”（Phon）。

为了更全面地表示人类的听觉频响特性，常常采用“等响曲线”表示法。弗莱彻与芒森（Fletcher H & Munson W A）曾经做过这样一个有名的测试，他们在测试时以 1000Hz 纯音的某个响度作为基准，把很多组听觉正常的人请去比较其他频率（20~15000Hz）的音量与 1000Hz 纯音的音量间的差别，并调整这些被测试频率的音量，直到被测试人自己听起来与 1000Hz 基准纯音响度一样，随即记下这些音量差别数据，并把这一组组测试所得数据的平均值求出来，从而绘制出了类似图 2-1 这样的，著名的“弗莱彻与芒森等响曲线图”。图中每条曲线是人们听起来响度感觉一样的各个单频声音的声压级的连线，也即图中每一条曲线上对应的各个频率的声音强度人们听起来是等响的，因此称为等响曲线。图中每条曲线代表不同响度的等级，习惯上以曲线在 1000Hz 时的声压级数定为该曲线的响度级数，并用“方”作为响度级的单位。这样就把听觉器官对声音的主观感受（响度）与声音的实际强度（声压级）联系起来了。这里要注意的是，这些数据只是反映了许多参试者的统计平均值，这个等响曲线并不实际代表每个人，它会随着人的年龄、性别、种族、生活经历及听音素养等多种因素的影响而表现不同，从而使该曲线对某些人会出现或正或负的偏差，这是实际使用时要注意的地方。

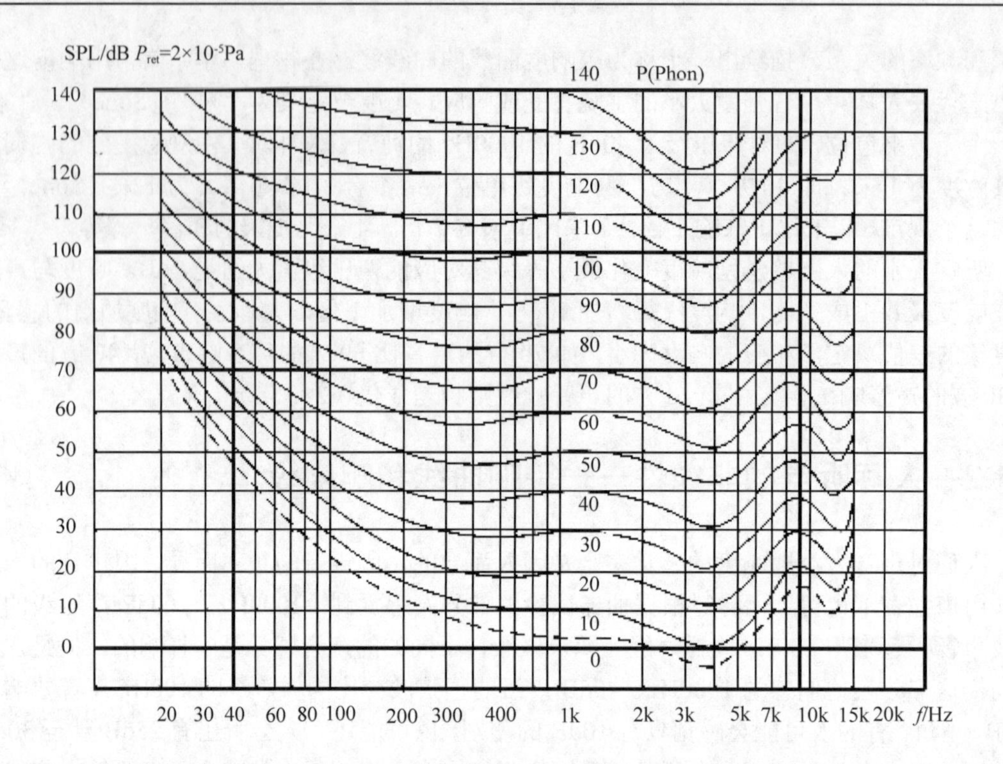

图 2-1 根据国际标准化组织（ISO）推荐的标准 R.226 的规定作出的等响曲线

图 2-1 是国际标准化组织（ISO）在弗莱彻与芒森等响曲线的基础上推荐的标准等响曲线，它是人耳对声压级不同的纯音所做出的主观反应。它是响度级与声压级和频率间的关系曲线，也反映了人耳在不同声压级时对各频率声音反应的灵敏度。等响曲线说明了响度级和声压级与频率之间的关系：①响度级与声压级有关，响度级随声压级而变，声压级越高，响度级也相应增大；②声压级不是决定响度级的唯一因素，声压级可以相等，但响度级却不尽相同；③频率也是影响响度级的因素，频率不同声压级即使一样，响度级也会不同；④对于人耳的听觉频响灵敏度而言，不同的频率，响度级的增长率各不相同。随着响度级的增大，等响曲线随频率变化的声压分贝值逐渐减小，即等响曲线逐渐趋于平直，这就充分说明了不同频段的声音的响度增长率不同。

对这个曲线簇的某些曲线段根据人耳对不同声压级的响度反应，还应作如下划分：人耳恰能听见的响度规定为 0，但响度级不为 0 而是 4.2 方，所以该等响曲线称为闻阈曲线（图 2-1 虚线所示）；当声音响度级超过 120 方以后，大多数人耳则会感到痛痒难耐，所以 120 方曲线可称为“痛阈”（有的文献把 130 方确定为“痛阈”）；再者，随着声音声压级的降低，人的听觉频响会相应变差，其中尤以低频为甚。对于高于 18~20kHz 和低于 16~20Hz 的声音，不论声压级多高，这两个音频范围内的声音一般人都听不到，可以认为 20Hz~20kHz 是人类的听觉频带，因此称 20Hz~20kHz 为“声频”（Audio），高于 20kHz 的声音称为“超声频”（Supersound），低于 20Hz 的声音称为“次声频”（Subaudio）。从该曲线簇中还可看出，不论声压级高低，人耳对 3~5kHz 频带内的声音最为敏感。

国际标准化组织（ISO）推荐响度与响度级之间的关系如图 2-2 所示。它们之间的关系也满足：

$$\lg S（宋）= 0.03P（方）-1.2 \tag{2-1}$$

式（2-1）在响度级为 20～120 方内成立。

把图 2-2 用表格的形式表示如表 2-1 所示。

表 2-1　响度级 P 与响度 S 的关系

P/方	40	45	50	55	60	65	70
S/宋	1.00	1.41	2.00	2.83	4.00	5.66	8.00
P/方	75	80	85	90	95	100	105
S/宋	11.3	16.0	22.6	32.0	45.3	64.0	90.5

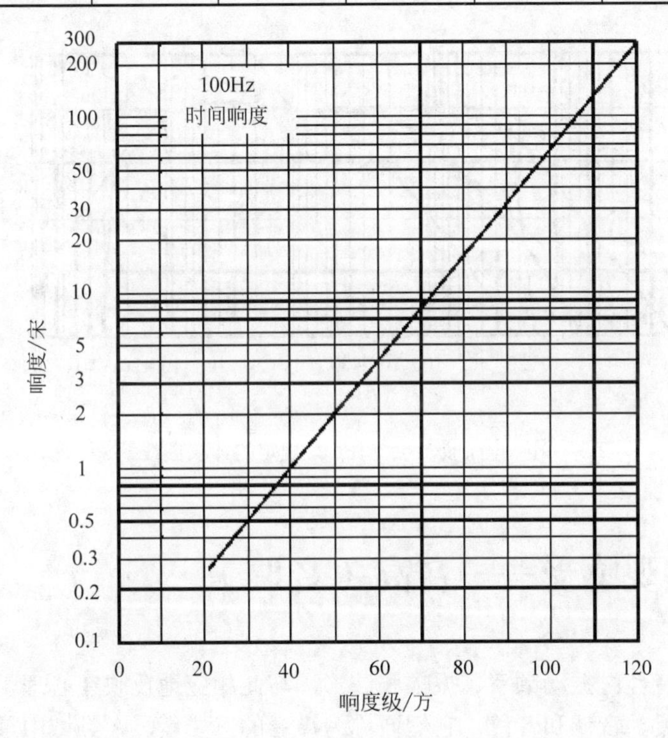

图 2-2　根据 ISO 推荐标准 R.131(1959)响度 *S*（宋）与响度级 *P*（方）之间的关系

2.1.3　计权网络

从上述可知，人耳对同样强度但频率不同的声音主观感觉的强弱是不尽相同的，也即人类听觉的频率响应曲线是不平直的，它的特点是声压级不同时人的听觉频响也不同。为此，如果要用仪器测量声音的响度级，必须插入一种能较为真实地模仿上述人耳的听觉频响特性的计权网络，所测得的数据才是真实有用的。计权网络是把具有线性响应的仪器按图 2-3 所示曲线改变，使之测得的数据与人的主观感受达到某些近似。根据上述响度级的定义可知，“响度级计”应由测量声音声压级的“声（压）级计”再插入模仿人耳听觉频响的计权网络组成。由于人耳的等响曲线异常复杂，使得听感上的响度在不同声级时随频率变化的趋势有很大的差别。要想精确模仿这种听觉上的主观感受几乎是办不到的事情，因此，为了简化测量设备，一般只选取三种计权特性来代表人的听觉频响特性。国际电工委员会（IEC）就规定了如图 2-3 所示的 A、B、C 三种计权曲线。其中，*A* 计权是模仿声压级在 0~30dB 时人耳的听觉频响；*B* 计权是模仿声压级在 30~60dB 时的听觉频响；*C* 计权为 60~130dB 时的计权曲线。近年来为了表征飞机噪声在听觉上的反映，又新规定了 *D* 计权特性，见图 2-3 中的 *D* 曲线。此外，声级计还备有一档“线性”（Lin）计权，它是在 22.4Hz~22.4kHz 频率范围内保持平直的，而在此频带之外急剧下降的一条计权曲线，见图 2-3 中的“Lin”。这条曲线是为了在测量时不受超声频和次声频信号影响而设立的，所以也称为“宽带计权”。注意：宽带计权测量所得到的数据是声音的声压级而不是响度级。

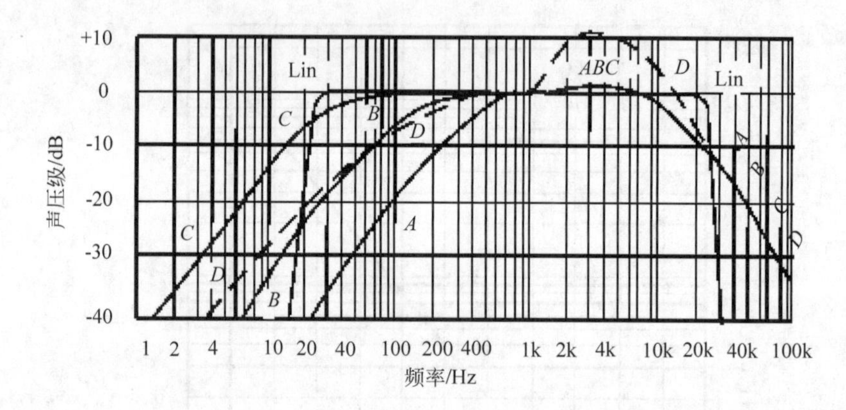

图 2-3 国际电工委员会（IEC）规定的计权曲线

2.2 频率的主观感受——音高（音调）

声波的三种物理特性：振动频率、振幅和波形，与此相应地反映在心理学上的听觉感受也有三种特性：响度、音调和音色，它们通称为声音的三要素。在频域中最主观的听音感觉就是音调，像响度一样，音调也是一种物理量在听觉上的心理感受。它是听觉判断声音音调高低的属性，根据它可以把声音排列成由低到高的序列。正如响度的大小主要依赖于声音振幅一样，音调的高低主要依赖于声音的振动频率，但实验证明，声音的频率也不是决定音高的唯一因素，声强和波形对音高也有相当大的影响。音调高低的心理标度单位为“美”（mel）。它是以 1000Hz、40 方的纯音的音调作基准，定为 1000 美。要是一个纯音听起来比它高一倍，即为 2000 美，要是低一半就是 500 美，以此类推。

经过研究证明，人耳对音高的感觉大体上与声音频率呈对数关系，为了能反映人耳听觉的这种音高规律，同时也是为了计量方便，频率坐标则是采用常用的对数坐标刻度表示。实际上音乐里的音阶（音律）就是按频率的对数取等分来划分的。

当两个声音信号的频率相差一倍时，也即 $f_2 = 2f_1$ 时，则称 f_2 比 f_1 高一个倍频程（即一个八度）。图 2-4 绘出了目前世界上通用的十二平均律（或称十二平分律）等程音阶的基频频率与五线谱的对应关系。十二平均律算法最早是在我国明朝时期由朱载堉提出的，与现在通用的平均律算法完全相同。

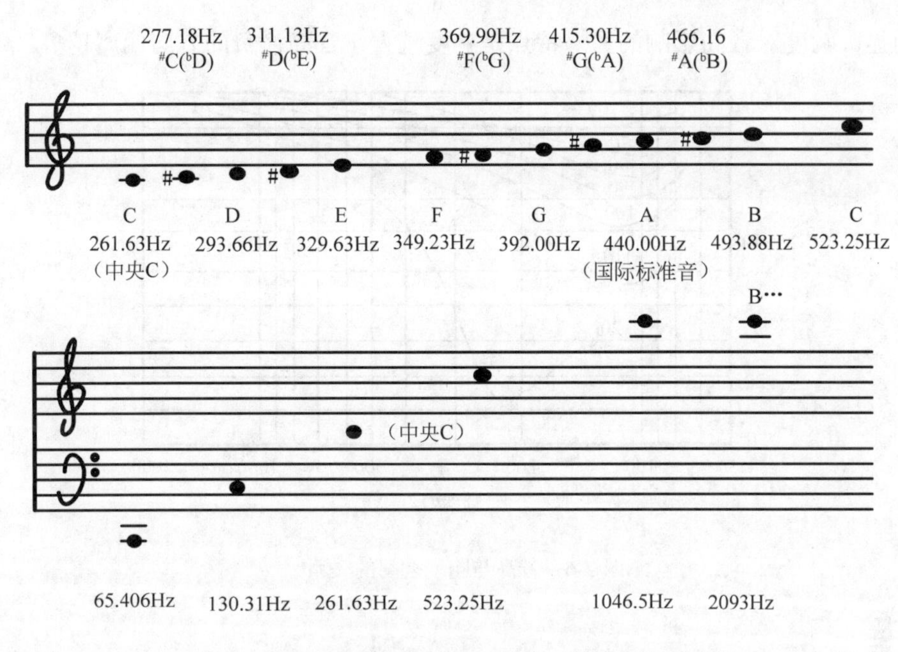

图 2-4　音乐等程音阶基频频率与五线谱的对应关系

图 2-4 的第一个 C 音的频率（261.6Hz）到第二个 C 音（高八度）的频率（523.2Hz）刚好差一倍，由此可以得出，音乐上每增高或降低一个“纯八度音”（即“八度音”），正好是声音频率增加或降低一倍。而十二平均律等程音阶正是在一个倍频程的频率范围内，把频率按对数等分成十二个音阶的，如图 2-5 所示。十二个音阶中任何两个相邻的音称为半音（等于 100 音分，它们的频率比为 $\sqrt[12]{2}:1\approx1.059463:1$），相隔一个音，即两个半音的总和为一个全音（等于 200 音分），从中央 C 到高八度 C 正好 1200 音分。在音乐里只对十二音阶中的七个音起名为 C、D、E、F、G、A、B 来代表固定音高的音名，每个音名间的音高为一度，剩下的五个音按升半音或降半音记名，由此得出一个倍频程为八度音。

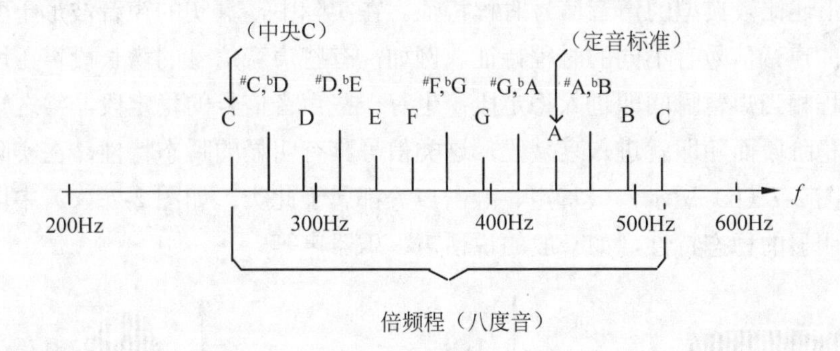

图 2-5　在频率的对数坐标上十二平均律等程音阶的对应位置

应当指出，由于人耳听觉的复杂性，人耳对声音音高的感觉与声音的响度大小有关。音高与响度之间的关系如图 2-6 所示。分析该图可知，响度对音高变化的影响主要集中在 1kHz 以下，高于 1kHz 时影响不大，高于 2kHz 时影响可以忽略不计。在 1kHz 以下，响度越大，对音高的影响越显著。响度对音高的影响仍然不成线性关系，特别是 120Hz 附近影响最为明显。响度对音高影响的另一特点是响度越大，音高往负的方向偏离越多。

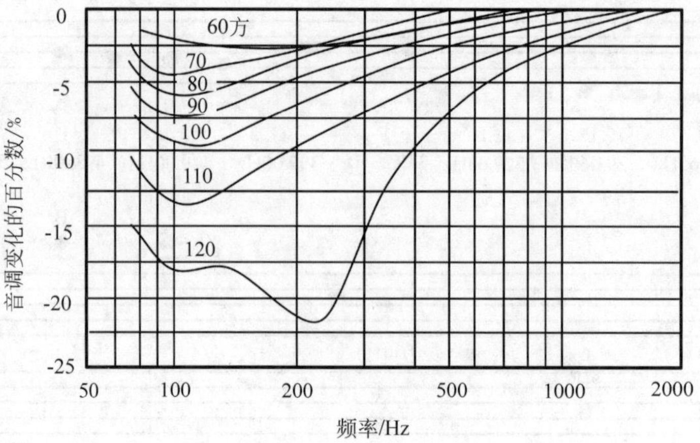

图 2-6　音高与响度之间的关系

2.3　声音信号波形的特点

2.3.1　声音信号的时程特征

声音信号的波形结构决定了声音的音色属性，不同音色的声音则有不同的波形。要研究声音信号的波形就一定要研究声音信号的时程特征和它的包络频谱。声音信号的波形从时间进程与声压关系的角度上看大致可分成增长、稳定和衰减三段时程。从信号频谱包络角度大致可分成上升（Attack）、保持（Sustain）和下降（Release）三段包络段。图 2-7（a）展示了上述比较典型的声音信号时程特征。在实际中，真实的声音波形千变万化无一雷同，不同的声音信号有不同的时程特征。例如，有些声音信号的增长段声压增长非常急促，这段时程相当短暂瞬间即进入稳定段；也有一些声音信号的稳定段非常之短，几乎没有明显的平稳阶段而随即就进入衰减段，这类信号具有明显的瞬态特性，在实际中会有很多例子，如图 2-7（b）所示，鼓掌声、敲击声等都属于此类；如图 2-7（c）中段，其稳定段较长具有明显的稳态特性，如一般的说话声、乐器声等。

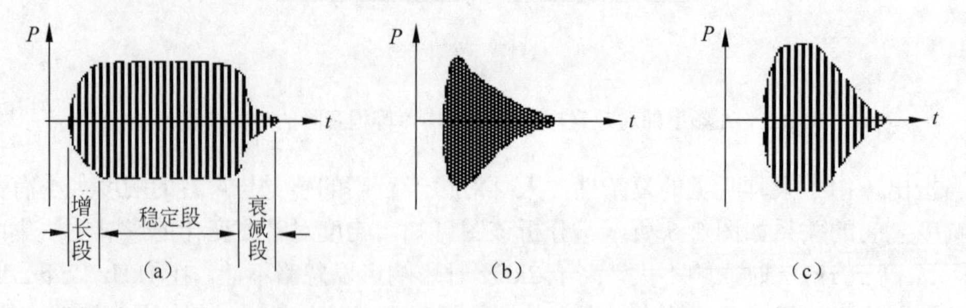

图 2-7　声音信号的时程特征示意图

2.3.2　声音信号的频谱特点

声音信号（在一定时长内，特别是信号的稳定段）可以分成周期信号与非周期信号两大类。18 世纪中叶，一位叫做约翰·傅里叶的数学家指出：

（1）所有复杂的周期波均由一系列正弦波组合而成，如图 2-8 所示；

（2）这些波是所有基频的谐波；

（3）每个谐波有它自己的振幅和相位。

根据傅里叶（Fourier）变换原理，声音通常是由基波和许多不同频率、不同强度的谐波迭加而成的。不同的声音，其含有的频率成分及在各个频率点上的分布是不同的，这种不同频率成分与能量分布的关系称为频谱。将声音信号的强度（声压级）按频率顺序离散地展开，使其强度成为频率的函数，这种频谱叫做线状频谱，简称线状谱。

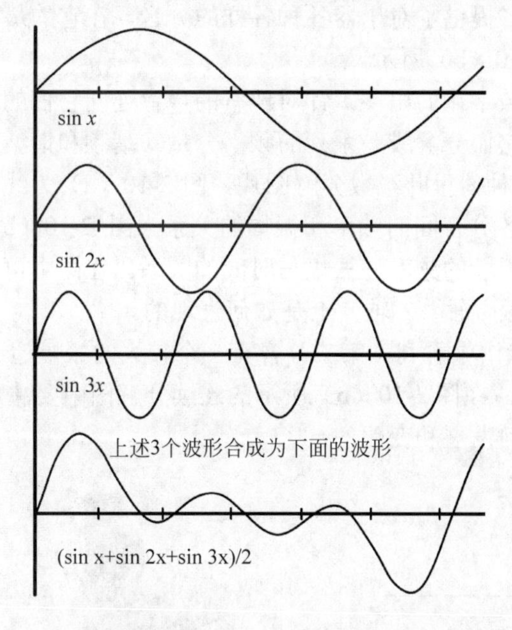

图 2-8　所有复杂的周期波均可以表示成一系列正弦波的和

线状谱是最能直观表示周期信号基频及其多次谐波分布关系的一种坐标图形。汉语中的所有韵母、音乐中的各个音阶的器乐声和歌唱声等都可以用它来表示。图 2-9 表示了汉语韵母 A（啊）在某一时刻的波形和它的线状谱。这些线状谱的声音信号在听觉上的特征是具有明确的音高，这是因为根据傅立叶级数，它们的频率间是按与基频分量成倍频关系的规律组成的，因而在听觉上可以把每一个频率分量所反映的音高感在听觉神经中有规律地合成起来，使整个声音产生一个明确的音高，这就是人耳神奇之处。声音的音高主要取决于线状谱中那个声压较大，频率分量最低的频率值，因此把这个最低频率分量称为基频分量，简称基频（又称基音，下同）；而那些比基频还高的频率，并与基频成倍数关系的分量则称为谐波分量（又称分音，下同）。经分析多个线状谱后表明，在整个声音的频谱中基频分量的幅度一般是较大的，但并不一定是最大的，如图 2-9（b）所示。

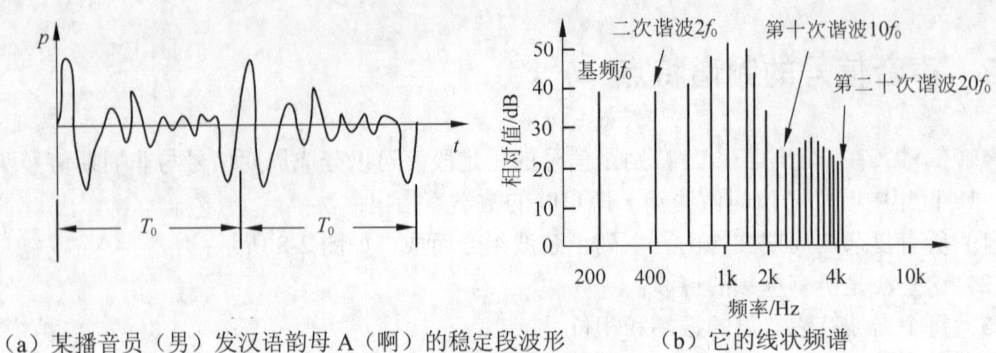

（a）某播音员（男）发汉语韵母 A（啊）的稳定段波形　　（b）它的线状频谱

图 2-9　语音的稳定段波形和它的线状频谱

根据图 2-9（a）和图 2-10（a）的线状谱表示法，可以将真实声音的基频和各谐波分量的振幅表示出来。也可在时间轴上，按声音进展的细节产生一个三维立体连续序列的快速傅立叶图形。这种图形提供了对乐器各种各样的分音，在它的最初的起始几毫秒内是如何进展的细节，如图 2-10（b）所示。

由于计算机和音频数字化的出现，针对现有的声音连同它们的特定振幅，让计算机执行傅立叶级数分解，把它们分解成一系列的频率分量（基频和谐波分量）已经成为现实。图 2-10 是双簧管音符两种傅里叶级数分解图片。图 2-10（a）为线状谱，表示双簧管音符某一特定时刻的基音与各分音间的频率和振幅的关系。图 2-10（b）说明了在三维图形中一个双簧管音符的增长阶段的频率、振幅与时间的关系。在图中可以观察到，音符分解序列在时间轴（Y 轴）和振幅轴（Z 轴）上是如何表现的。

从图 2-10（a）线状谱中看到，第二分音有一个较大的振幅超过了基频，并且 9 号和 13 号分音在频谱中缺失。在图 2-10（b）所示的连续分解图中要注意，在 X 轴上各种不同的分音在时间轴上是如何发展和变化的。

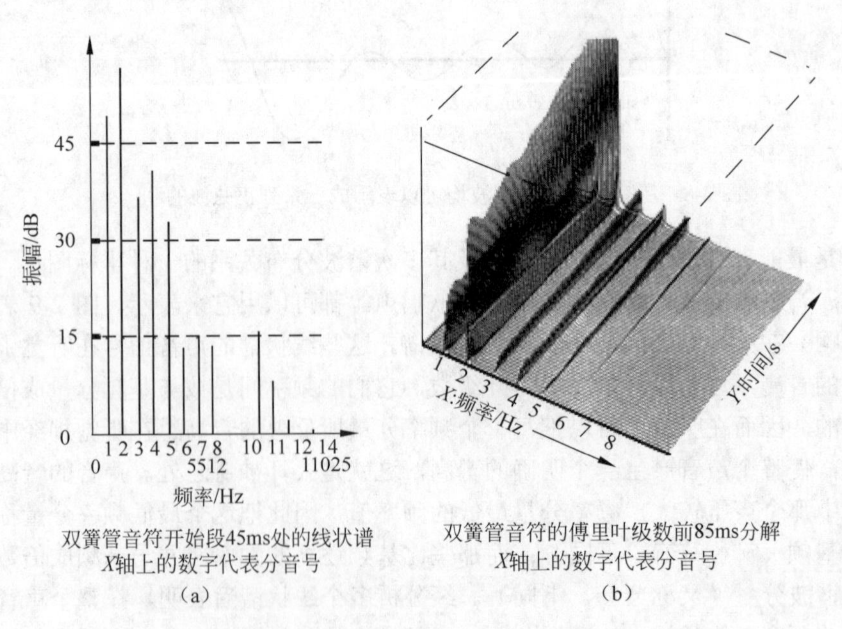

双簧管音符开始段45ms处的线状谱
X轴上的数字代表分音号
（a）

双簧管音符的傅里叶级数前85ms分解
X轴上的数字代表分音号
（b）

图 2-10　双簧管的线状谱及其三维谱图

2.3.3 声音信号波形的不对称特点

声音信号的波形除了前述的时程特征和频谱特点以外，还有一个明显的特点就是，很多声音信号的波形正负半周瞬时值不像正弦波那样是完全对称的，这从图 2-9（a）所示的例子可以明显看出，也可以在音频编辑软件上的音频波形窗口上得到证明。图 2-11 所示汉语元音波形就是一个典型例子。

对声音信号波形分析表明，虽然其波形存在正负半周不对称的特点，但它们一般都不含直流分量；从波形的角度上讲，波形上正、负半周的瞬时值所包围的面积是相等的，这意味着正、负半周的能量也是基本相等的，更意味着声音信号没有直流分量存在，也即它的正负平均值为零，如图 2-12 所示波形的斜线区域。

声音信号不含直流分量这给电声设备带来好处，使得电声设备无须记录、播放和处理这部分直流分量，也不会对电声设备电源造成过重的负担。在现代数字音频工作站中，由于声音文件多次拷贝、转移、传输，造成了波形文件中直流偏置点从中心点位移，从而产生直流分量。假如声音波形中出现了包含直流分量的情况，软件中专门设计有消除该直流分量的插件，即 DC Offset（直流偏置）处理。经过该插件处理后，波形中就不会包含直流分量了。

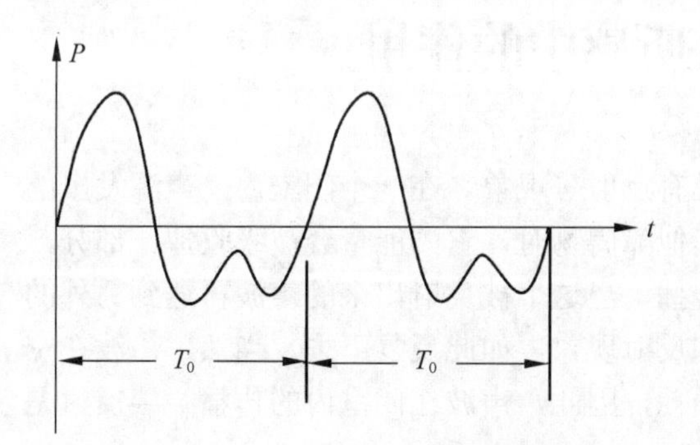

图 2-11　汉语韵母 U 所具有的典型不对称波形

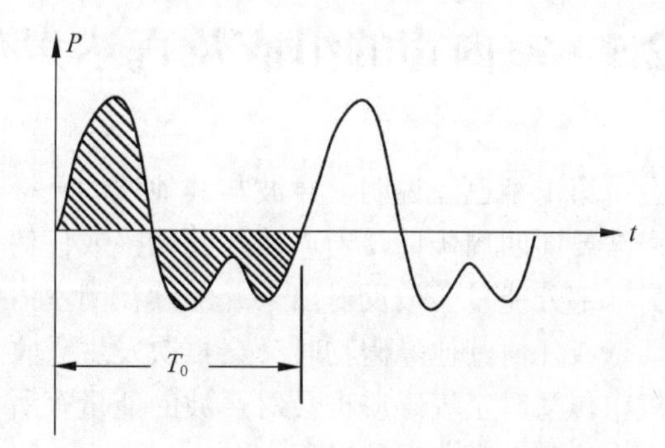

图 2-12　声音信号不含直流分量的图示

2.4 波形的主观感受——音色

音色又叫音品，它与音高（音调）和响度构成了声音属性的三大基本要素。任何声音都可以用这三个基本特性加以描述。它们都是声音的客观属性在人的主观听感中的反映。不同的人或不同的乐器在发同一音高时，人们会感到他们的“音色”不同，这是由于他们的基频频率虽然相同，但还与他们的其他频率分量（谐波）的有无、频率分量的具体位置及其振幅大小和比例密切相关。从波形时间特性的角度来看，它们的波形具有相同的周期，但各有不同的具体形状。

简言之，声音的音色主要是由声音波形的谐波频谱和包络所决定的，音色受制于声音的谐波频谱，也可以说是声音的波形确定了该声音的音色。经研究表明，任何随时间变化的复合声的波形（可由电子示波器上看到）绝大多数都不是简单的正弦波，而是一种复杂波形。分析表明这种复杂波形，都可以分解为一系列的正弦波，这些正弦波中有基频 f_0，还有与 f_0 成整数倍关系的谐波 f_1、f_2、f_3、f_4 等，如图 2-9（b）所示。它们的振幅之间有特定的比例，这种比例赋予各种声音以特有的“色彩”——音色。如果没有谐波成分，纯粹的基音正弦信号单调乏味、毫无生气。因此，各类声音特别是乐器乐音的频率范围，决非只是其基频的频率，而应把声音的各次谐波都包括在内，甚至很高次数的谐波对声音音色的影响也很大。为了确保不失真地录入和重放声音，高保真录放声系统要十分注意让各次谐波都能正确地录入并能重放出来，这就使录入与重放声音频率范围至少要达到 15000Hz，要求更高的甚至应达 20kHz 或以上。另外，语言的谐波频率也可达 7~8kHz。

波形产生的许多频率的集合就称为频谱。对于一个周期波来说，声波的形状不只是由谐波分音的频率确定，而且也与分音的数量和振幅有关，这也是决定音色的重要因素之一。简言之，波形直接关系到它的频谱内容，诸如频率分量、振幅和它的相位构成。频谱内容是人们感觉音色或音品的主要因素。人们常见的一种情况是当白光被适当地折射时，能分解成彩色分量，这就是彩虹。复杂的声波犹如白光（光波），它也是由多个频率的复合形态构成的。

2.5 室内声的组成及直达声在听感中的作用

第 1 章已经说明，声波与其他波动一样具有反射等现象。在一个闭室内，声源发出的声波要向四周传播，当声波传到墙壁或任何其他障碍物时，它的能量会被吸收掉一部分，另一部分能量会被反射出来并继续在闭室内传播，当这个被反射出来的声波再遇到另外的墙壁或任何其他障碍物时又会再次发生吸收和反射现象，如此反复下去。当然，声波在空气中传播时空气媒质也会对声波的能量有所损耗，因此，声波在闭室内的传播——反射是一个能量逐渐衰竭的过程。

在建筑声学中，为了研究问题方便，常常将室内的声音分成直达声、早期（前期）反射声和混响声，其时间序列如图 2-13 所示。严格来讲，纯粹的自由声场是不存在的，即使在室外非常空旷的空间中，除了直达声外还不可避免地存在着反射声。因此，在任何实际声场中的任一点听到的声音（或传声器拾取到的声音信号），都可以看成是由声源发出的直达声和声场中一系列众多逐渐衰减的反射声两大部分组成。由于反射声的传播路程总是长于直达声，所以这一系列反射声，将在直达声以后一定时间内到达听者（或传声器）处。

仔细分析室内反射声不难发现，那些先到达听者耳朵（或传声器）的反射声，都是直达声后房间墙壁或室内物品的早期反射声，其特点是反射方向比较明确，彼此间时间间隔较为稀疏，再加之人耳的听觉延时效应，这些紧跟在直达声后面来到听者（或传声器）处的反射声与直达声叠加融合在一起，由于人耳的分辨率有限，在听感上不可能把这些反射声与直达声分开。而那些比早期反射声还要后到的反射声，则差不多是经过墙壁或室内物品的多次反射来到听者（或传声器）处的，它们彼此之间的时间间隔是异常之小，以至可以认为在同一时刻各个方向上的反射声是以差不多的概率到来的，故混响声没有携带有声源的方位信息。当然从听觉延时效应来看，这些较晚的延迟声人们会将它与直达声区别开。鉴于这些情况，在专业中可将这些室内的反射声进一步划分为：那些早到的、一般能判断出方向的、时间间隔又较为稀疏的反射声称为“早期反射声”（也称为“近次反射声”或“前期反射声”）；那些迟到的、差不多从各个方向上以相同的概率来到的较密集的反射声称为“混响声”。在室内声学中，对直达声而言一般将延时不超过 50ms（也有学者把 100ms 甚至 150ms）的反射声看作早期反射声。

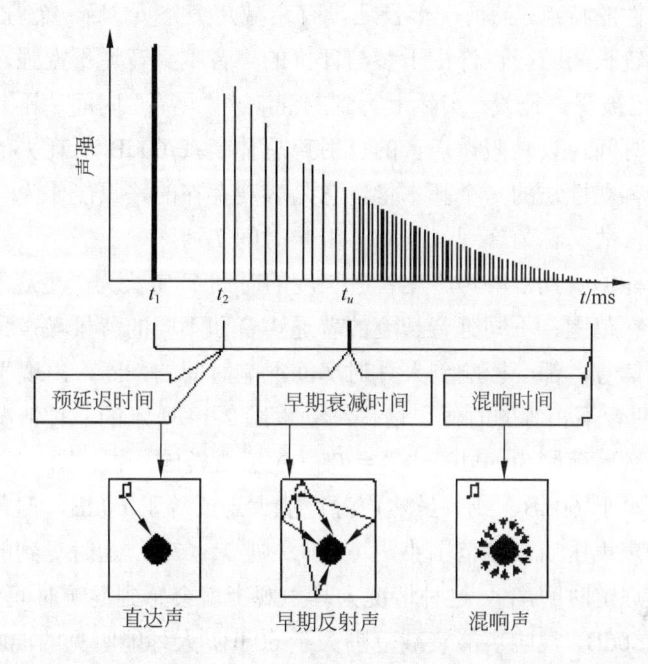

图 2-13 室内声的组成及直达声、前期反射声和混响声时间序列示意图

从对声音整个传播过程的微观分析发现，室内的这三部分声音总是经过从分离到混合在一起再到分离的听感过程，这是一个相当连续的听感过程，一般情况下人耳不可能把它们清晰地分辨出来。不过，从音质分析角度看，它们对听觉所起的作用有所不同，分析研究它们在听感中所起的作用，可以为录音、扩声以及音色效果处理提供必要的理论依据。

直达声是从声源经直线形式直接到达听者耳朵的声信号。在听感上，直达声的主要作用有以下几点：

（1）直达声直接传递声源音色、响度和音调信息，它是受声学环境影响最小的声音信号；

（2）直达声提供给听者声源方位、距离、高度和声源宽度信息；

（3）直达声的时程特征与声源的时程特征完全相同，声源的瞬态特性决定了直达声的瞬态特性；

（4）直达声与混响声的比例大小直接影响声音的清晰度；

（5）直达声与前期反射声的比例大小，在一定程度上会影响混合后声音的响度感。

2.6 混响声特性以及在听感中的作用

当初规定声源发声达到稳定状态后关掉声源，到反射声衰减 60dB 这段时间范围作为室内混响声音总体评价量是没有什么根据的，含有一定任意性的成分。人们常说某房间的混响时间为 *T*s，实际上并非每个声音听者都能感受到有那么长时间的“尾音”存在。根据语言和音乐发声连续性的特点，当前一个音还没有衰减几个分贝，后一个音又接踵而来了。即使在两个音之间有较长间隙，也许由于参与评价的声音本身音量不太强，或是背景噪声较高，一部分尾音早已被噪声掩没，实际上听到的混响声“尾音”时间达不到 *T*s 这个长度。所以通常所说的混响时间，只是假设声音的反射声总体衰减 60dB 所耗去的时间。它是表征封闭空间（房间）客观性质的一个基本量，它是客观存在的，只能作为一个评价室内音质的客观标准来看待，故又称为客观（绝对）混响时间 T_{60}。

假如把人耳实际能够听到混响声“尾音”长度的时间 T_s 定义为“主观”或“相对”混响时间，那么不同动态范围、不同延音长度的普通声音和不同的背景噪声种类及其不同的背景噪声电平的掩蔽信号，都会影响到人耳对房间混响时间的判断，出现主观混响时间 T_s 和客观混响时间 T_{60} 两者不相等的时候。请仔细观察图 2-14 所示的三种情况：图（a）中，当声源实际混响声能衰减范围为 60dB 时 $T_s=T_{60}$，主客观混响一样；图（b）中，当声源实际混响声能衰减范围小于 60dB，或者虽然声源声能大于或等于 60dB，但背景噪声较大，声源声压减去背景噪声声压后衰减范围小于 60dB，则 $T_s<T_{60}$，这时听到的混响尾音时间 T_s 就会小于客观混响规定时间 T_{60}，这种情况人耳主观上就会感到混响时间变短了；图（c）中，当声源声压大于 60dB，混响声能衰减范围大于 60dB，人耳能听见的混响尾音 $T_s>T_{60}$，此时主观混响时间感觉变长了。这种主客观混响时间的不同，就会让人误认为房间物理混响时间并不是固定不变的，而是随着声音的实际情况随时在变化着，尤其是最常见的图 2-14（b）的情况，即 $T_s<\mathrm{T}_{60}$。

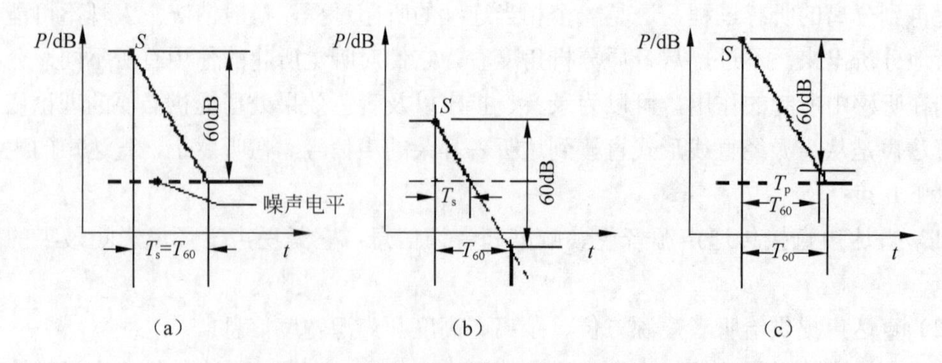

图 2-14 不同衰变范围下的主观混响时间 T_s 和客观混响时间 T_{60} 之间的关系

需要强调的是，尽管主客观混响时间时常表现得不一致，但并不影响人们对声音信号的总体混响感觉，因为人耳的混响感只与反射声的衰减率有关，这个结论很重要！现在来分析如图 2-15 所示的两种情况：图（a）中曲线 1 和 2 分别代表动态范围不同，但衰减率相同的两个混响声，那么就有主观混响时间 $T_{s2}<T_{s1}$，但如果从衰减率来看，它们又有一样的客观混响时间，即 $T_{60\text{-}1}=T_{60\text{-}2}$。试验表明除了主观混响时间不同外，听者根本区分不出它们之间在混响感方面有什么差别；图（b）中曲线 1 和 2 的衰减率不同，客观混响时间 $T_{60\text{-}1}<T_{60\text{-}2}$，但它们的主观混响时间相等，即 $T_{s1}=T_{s2}$，可是人们还是会听出两者的混响感明显不同。因此，声音在一个房间里的混响感主要与该房间反射声的衰减率有关。

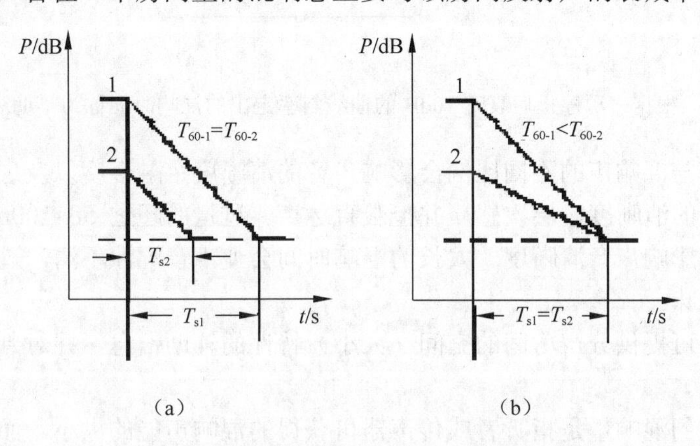

图 2-15　影响混响感的主要因素是反射声的衰减率

在现实中，许多声学场所在声场扩散方面并不能达到理想条件（参见 1.19 节），许多房间实际的反射声衰减曲线并不是呈直线下降，而是成折线变化的；另外，在对每个声学房间实测混响时间的过程中，由于各种条件的影响，往往直接得不到干净的衰减到 60dB 的混响时间曲线，这样对实际计算 T_{60} 带来不少麻烦。那么究竟取哪一段衰减曲线的斜率，作为计算整个房间的 T_{60} 依据呢？大量的数据证明，最初开始衰减下降的 10dB 的这段斜率对混响声的主观感受最为重要。所以，通过衰减斜线最初的 10dB 推算到衰减 60dB 的衰减时间作为评价指标，这是建筑声学设计师们经常采用的手段。不过要注意的是，这个曲线初段与衰减曲线中断或后段所决定的衰减时间，随着房间特性的不同有可能不同。因此为了区别起见，人们把这段混响时间取名为“早期衰减时间”EDT（s），如图 2-16 所示。这个早期衰减时间在一定程度上可以代表整个房间的客观混响时间，但使用时一定要注意，其他各段的衰减曲线斜率的下降趋势不可偏离 EDT 斜率太多，否则计算出来的 T_{60} 误差太大。

在任何空间，只要有反射面存在总会形成反射声。从根本上讲，房间的反射声都是直达声经过房间修饰了的产物，它来源于声源又区别于声源。按照前面对反射声的进一步划分，可分成前期反射声和混响声。这样的划分也仅仅是为了研究问题的方便而人为设定的，其划分的时间界限不一定合理有时甚至相互矛盾，甚至还存在着争论。然而在实际中，声音信号在反射过程中的不同时间阶段，也确实存在着人耳听感的不同反应和影响。

概括起来混响声对听感的影响有以下几个方面：

（1）适当大小的混响量能适当提高听感的响度，使直达声更加丰满、厚实；

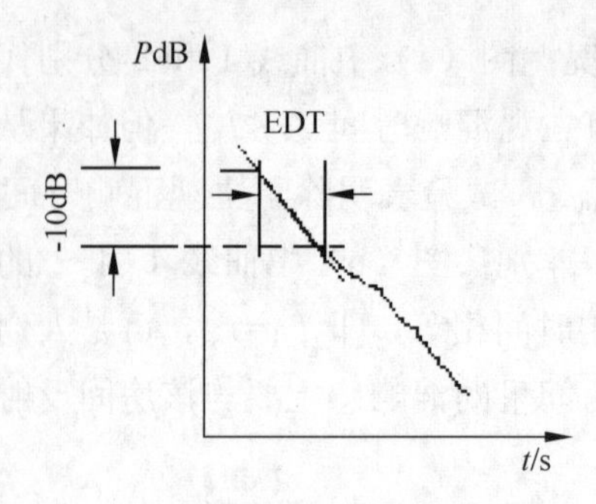

图 2-16 根据声源停止后衰变 10dB 的曲线斜率定出的混响时间称为早期衰变时间

（2）直达声与混响声的不同比例会影响声音的清晰度、融合度以及层次感。过量的混响声会降低声音的清晰度、层次感，并掩蔽直达声。过量的超过 50~100ms 延时混响声会形成回声，严重影响声音清晰度。太长的混响时间会使声音混浊不清，过小的混响量会使声音感到干涩无味；

（3）混响声可提供分辨房间的空间（大小）特性的辅助信息，并对判断听者与声源的距离起一定作用。

上面所涉及的混响量是指听者或传声器可获得的混响声能的大小。而混响感则是一种主观感受，是客观存在的混响声在主观听感中的反映，它包括了对房间大小、混响量、混响频率响应和混响时间长短等心理感受。

2.7 前期反射声的特性以及在听感中的作用

紧跟在直达声后面，由室内墙面或室内物品反射后首先到达听者的，能判断出方向的少数反射声信号称为前期反射声，它是由房间内反射面本身特性决定的一种延时反射声。而当声源停止发声到早期反射声刚形成之时的这段时间，称为预延迟时间，如图 2-13 所示。

早就有人提出，单凭混响时间一个指标来评价房间的音质是远远不够的，因为人们已经认识到混响时间只能说明声场衰减的总趋势，还应该分析混响过程中的其他结构细节。即在混响时间相同的情况下，因反射声序列的形成时间、强度、数量乃至它们反射方向的不同组合，对音质效果的影响也不尽相同。在声源停止发声后的早期阶段（约在 50ms 以内），来自与声源不同方向的反射声只有少数几个存在，随着时间的推移而逐渐增多起来；在它后期（50ms 以后）的反射声数量不断增多。这些反射声还会延续一定时间才逐渐消失，其延续时间可以用混响时间来描述，如图 2-13 所示。

在室内，由实际的或间接重放的声音引起听觉上的自然空间印象中有两个影响印象的听觉因素存在。第一个因素是 2.6 节已经介绍过的“混响声”，它是由时间上延后的反射声和环境声一起混合产生的听觉效应。第二个因素是“空间广阔感”，它是指听觉感受的空间扩散特性。仔细研究前期反射声在听感中的作用会发现，室内前期反射声的一个重要作用是给予听者对听音房间空间大小感觉的暗示，而这一作用是与直达声一起形成的。影响人耳空间广阔感最重要的时间段是在直达声之后大约 10~80ms 时间内（最佳延时范围为

15~25ms）的从侧面方向到达听音者耳内的早期反射声。

根据研究表明，听觉的空间广阔感效应依赖于反射声的建立时间。如果与主侧面反射声到达相比，要是早期侧面反射声建立时间短，则可以得到准确的声像定位；如果早期侧面反射声建立时间长，则声像被展宽。对于具体的房间特性，早期侧面反射声使两耳的输入信号发生一种相应的双耳相关作用，从而引起特定的空间广阔感。广阔感的强弱取决于早期侧面反射声的延时时间、声级、入射角度和音色频谱。而且，侧面反射声能量与直达声能量之比像反射声能量一样与广阔感有极强的关联度。

虽然室内较长的前期反射声的预延迟时间能清楚地表明它是一个较大的房间，但是，人们在比较直达声和反射声中得到这一听感反应时，还要借助于其他有关信息，如该房间的空间声学条件、反射界面的声学性质，以及声源与听者的距离等，这些都会引起反射声频谱（音色）的改变。

在距声源很远的混响场内，听者主要借助于混响声的各种特性来判断房间的空间信息。但要强调的是，判断听音空间大小的基本因素还是前期反射声及其预延迟时间的作用。

前期反射声的一个重要作用是提高直达声的响度。只要把加入的直达声控制在适当的范围（与直达声的时间间隔和加入的反射声电平）内，就能让加入的反射声能量与直达声的能量成正比。这就是在音质加工处理中，可以利用延时器取得响度“加倍”效果的基本依据。对于音乐来说，适当强度的前期反射声在不减少乐章的细节的情况下能增加声音的响度，使音乐的音量得到加强。适当强度的前期反射声，能使声音听起来亲切而又清晰。

2.8　人类听觉的掩蔽效应

在某些情况下，一个清晰可闻的声音可以被另一个声音掩盖。例如，如果一个响亮的巴士车从公共汽车站开过去，此时你要想听清楚你的朋友在车站上的谈话几乎是不可能的。这就是较弱的声音将被存在的一个响亮的声音掩盖。又如在安静的室内，双方都能听清楚对方音量极低的耳语声，但在车水马龙的大街上，人们不得不提高对话的音量，以避免对话声被掩没在嘈杂的街道杂声之中。这种由于其他声音的存在，听觉的灵敏度下降的现象称为听觉掩蔽或掩蔽效应。存在的干扰声称为掩蔽声。

一个声音对另一个声音的掩蔽值规定为：由于掩蔽声的存在而使得被掩蔽声的闻阈必须提高的分贝值。有掩蔽声存在时的闻阈称为掩蔽阈限，而有掩蔽声存在时的闻阈与该声音的闻阈之差称为掩蔽量（即差阈）。因此，听觉掩蔽可以用掩蔽阈限表征，也可以用掩蔽量表示。上面所说的掩蔽声和被掩蔽声都指的是纯音。

被掩蔽声单独存在时的闻阈分贝值，在安静环境中能被人耳听到的纯音的最小值称为绝对闻阈。实验表明，3~5kHz 绝对闻阈值最小，即人耳对该频段的微弱声音最敏感；而在低频和高频区要求的绝对闻阈值要大得多。在 800~1500Hz 范围内闻阈随频率变化最不显著。值得注意的是，对于纯音、和声和不同类型的噪声，上述各个有关掩蔽量的值都不尽相同，要分别对待。

掩蔽效应是一个较为复杂的生理和心理现象。大量的统计研究表明，一个声音对另一个声音的掩蔽值与许多因素有关，如与两个声音的声压级（各自的声压级和声压级之差）有关，与它们的频谱有关，与它们的相对方向有关，与它们的持续时间有关，甚至还与音乐和声写法、全曲走势及所用的乐器等有关。

通过人耳的掩蔽效应所建立的人耳听声声学模型，是当今许多数字音频领域里关于数据压缩、传输和存储的重要理论基础之一，在目前的数字音视频产品中已经得到了非常广泛的应用。

在许多影视节目中，台词或解说词被音乐声掩盖的情况屡见不鲜，究其原因就是，作曲者、录音师或音乐编辑们没有考虑到两个或多个声音的上述掩蔽机理。特别是在我国，在影视节目制作水平还普遍不高的情况下，整个创作集体内，对作品的艺术、技术等方面没有一个全面的创作构思和统筹，往往是各自为阵。例如，作曲家只考虑到他的作品如何结合节目的主题和情绪，而对如何适应电影电视等的技术要求考虑甚少，或根本不懂得还有这方面的问题要顾及，因而他们写的并演奏出来的作品，虽然在艺术方面表现非常好，可是与台词或解说词在整体构成的表现方面，完全是两张皮，录音师非常不好处理。

2.9 空间域的主观感觉——双耳听音定位

人们可以用一只耳朵感受到除了声源的方向或对声源定位以外的诸如声音的音调、响度、音色等的属性。如同两只眼睛可以感受到立体景物一样，两只耳朵就可以感受到声源的方向或对声源定位。人们用双耳听声音，这种双耳听觉和单耳听觉相比，其灵敏度高、听阈低，对声音有方位感，并且具有较强的抗干扰能力。双耳定位是双耳听觉中判断声源位置的属性。听力正常的人通过双耳听声可以毫不费力地确定声源的位置，精确度可达在水平面的几度以内。双耳听音一是可以用耳机在声压条件下获得，但更多的是在空间声场，或立体声条件下通过扬声器获得。这两者之间的空间感觉效果是不同的。在空间声场中听到的声音位于周围环境之中，而从一对耳机中听到的声音位置是在头脑内部，所以两者之间是有严格区别的不可混淆。为了区别这两类空间感觉，把前者称为空间定位（Localization），后者则称为脑内定位（Lateralization）。这里我们只讨论双耳听音空间定位问题。

双耳听音定位最早是根据哈斯效应的理论，哈斯效应是一种心理声学效果，赫尔穆特·哈斯博士（Helmut Haas）在他的一篇论文中已有描述。

20 世纪 40 年代，布尔（K. de. Booer）对有关双耳听音定位问题做了成功的试验，并阐述了它的基本原理。他的试验装置布置如图 2-17 所示。

（1）将两只扬声器同时输入两个声级相等（声级差为 0dB），没有时间差的，也没有相位差和音色差的完全相同的声信号，此时由于听者与两只扬声器的距离完全相等，所以他并不能分辨出声音是分别从这两只扬声器发出的。他只感到仅有一个声音，而且“声像”（Panoramic）位于他的正前方（声像偏移角度为 0°），就好像这两只扬声器连线中点上还有一个“虚声源”（或“幻象”）扬声器在发声一样，如图 2-18 所示。

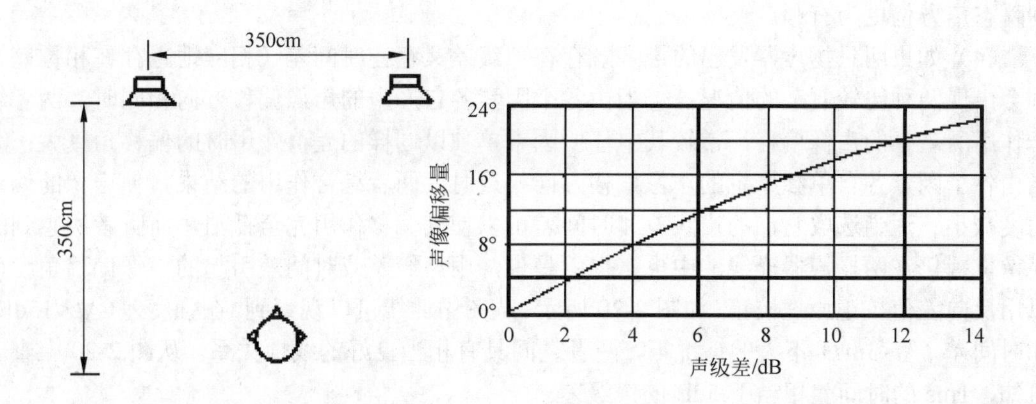

图 2-17 双扬声器实验示意图　　图 2-18 声像偏移量与声级差之间的关系

（2）假如这两只扬声器同时发出与第一个试验相同的声音信号，而将其中一只扬声器的音量逐渐加大，那么听者发现扬声器的声像位置逐渐向音量加大的扬声器方向偏移。另外，由于人头对声音的阻挡作用，虽然两耳之间的距离相隔并不远，但声音到达两耳的声级毕竟不一样，存在着不小的声级差。当声级差接近 15dB 时，声像偏移角度大约为 24º，这时声像就固定在声级较高的那只扬声器位置上。其偏移角度与两只扬声器间的声级差的关系如图 2-18 所示。

（3）让两只扬声器发出与第一个试验同样的声音信号，而将其中一只扬声器的信号延时，随着这两只扬声器信号之间的时差逐渐加大，声像将跟随着如图 2-19 所示的偏角大小，逐渐移向另一只信号未延时的扬声器那一边。当时差超过 3.5ms 后，声音就保持在声音较先发的未延时的那只扬声器上。

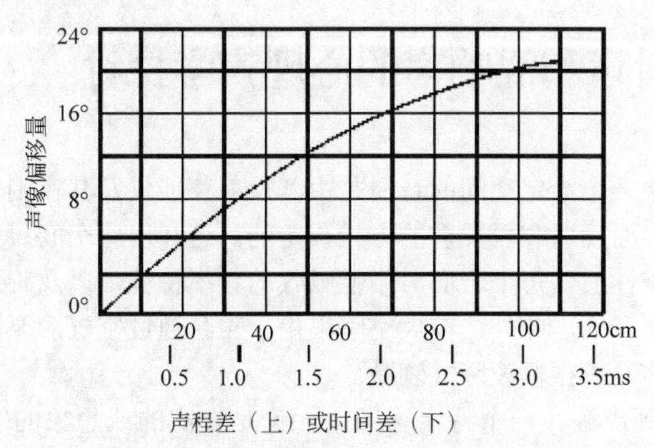

图 2-19 声像偏移量与时间差或声程差之间的关系

图 2-19 为声像偏移角度与时间差或声程差之间的关系图，横坐标上有两个刻度，一个是用“cm”刻度，表示两只扬声器前后错置摆放时的声程差，也相对于它们与听者之间的实际位置之距离差值。这个距离差相当于紧靠横坐标下的以“ms”为刻度的某一只扬声器信号对应延时值产生的声像偏移角度。

时间差可以提供比声级差更多的方向信息，是双耳听觉定位的主要依据，尤其是对判别瞬态声方位更为有利。

（4）如果两只扬声器发出的声音既存在声级差又存在时间差（相应地也存在相位差），则会出现两种比较复杂的情况：①当由各个因素各自产生的声像偏移方向相同时，两者综合作用所产生的声像偏移，常较其中任一因素单独以同样的差值作用时的偏移角度大；②当由各个因素各自单独产生的声像偏移方向相反时，两者综合作用的结果将使声像的偏移角度减小。适当选取它们的声级差和时间差可以使其偏移作用完全抵消，而听者所感到的声像位置仍在两扬声器连线的中央，也就是说，由声级差或时间差引起的声像偏移角度可以用反向差值校正原理校正，如图 2-20 所示。从图中曲线可以观察到，在强度差（ΔL<15dB）和时间差（Δt<3ms）不大的情况下，两者之间具有相当良好的线性关系。从图 2-20 上查表可知，1ms 的时间差相当于 5dB 的声级差。

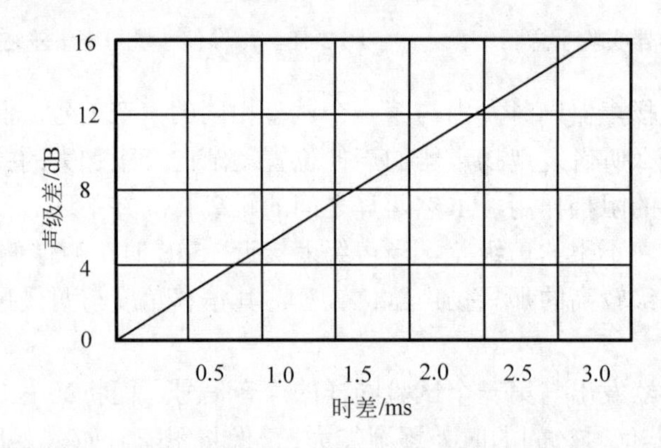

图 2-20 声级差与时间差之间的相互校正关系

2.10 关于反射声和混响声的心理声学探讨

一些研究者认为，一个给定空间的音质是由其反射声能量及其在围合空间中的反射声模式，即声音从每个界面反射和再反射的方式决定的。这和房屋空间尺寸、墙面装修结构的复杂性或表面的平坦性质，每个表面对声能吸收的频率特性，以及听众与每个表面的距离和方向的影响是分不开的。此外，在大空间里由于声音通过空气后要被吸收掉一部分能量，因而会造成反射声高频振幅滚降式衰减。

原则上可能获取到声源在一个特定空间，无论是真实的或想象的空间的能量反射模式，而且在当代已经可能通过 5 只或更多的扬声器阵列重现这一模式。再者，在现实空间中，总是希望从一个特定的声源点到一个特定的接收器位置的反射声模式是可以测量、预估和重现出来的。

可是幻想和希望在现实中并不总是那么容易实现的。人们对现实声学空间的认识本身，仅仅是对世间存在的所有声学空间的一种近似与折衷。小房间趋向于为音乐提供一种融合和疏远感，但很少提供温暖和环绕感，而且往往会使声音染色或模糊；大房间可以为听众提供环绕感，但往往声音太过明晰和直观，乐器声好像卡在扬声器里一样。

更糟的是，在一个真实空间里的每位听众与其他听众，在头脑里建立的各类声学空间的反射声模式都不尽相同，也许完全不同。推而广之，每位听众与其他听众之间在各自头脑中，也许对某一特点声学空间也有不同反射声模式存在。此外，如果不同的听众各自占用同一房间的同一位置，通过扬声器阵列再现的声场，对于听者来说对声音的感受都是各不相同的，但他们又各自认为他们建立的反射声模式才是唯一合理的。

在一个演唱会的空间，如一座音乐厅声音的传播是非常复杂的。在这类空间里人们把听到的一个声音事件称为一套声音包，其中包括了直达声、各种早期反射声和最后的混响声尾巴。从演奏者直接到达听众的声音包告诉人们，声源的水平方向（也有可能含有垂直方向）上的反射声，给予人们确定声源距离的暗示信息，并给予人们另外一些关于该音乐厅的其他空间信息。

可是，经过一些学者多年的研究表明，用直接声、早期反射声和混响声这样经典的关于混响的声学术语言来描述声学概念，从人类对声音的实际感知角度看完全是一种误导。经研究证明，这种情况只有当声源为一个很短的，如手枪射击声等短脉冲声音情况时，这种直接声、早期反射声和混响声的划分才具有一定的意义。实际的声源产生的声音事件持续时间是有限的，乐音的时值通常长于直达声和早期反射声之间的时间长度。特别是当乐音时值长度由于混响声而延长时，这将会极大地改变人们对该乐音的实际声学感知。短乐音的功能之一主要是激励早期反射声，而长乐音则激励稍后的混响声。

在一个真实的房间里，直达声主要是让人耳感知突现的声音事件。当声源发声后的短暂瞬间，以及在它消逝或被反射声能量淹没之前，可以听见这个独立的直达声。在这短暂的间隔时间，耳朵可以明辨出声源的方向，有时也可感觉到声源的高度。虽然乐音已被延长，但有时也可察觉到它们的位置和音色的变化，但通常最影响感知的时刻是在乐音结束之后。有时听到这些反射声是在乐音之间的间隔中，这往往只是作为音符时长加长的一种感知，它告诉人们听到乐音的时长比它们实际发声的长度还长。在乐音结束之后，无论是在乐音间的空位，还是在完整乐句末尾总是会听到混响声。反射声改变了人们对声源判断的实际方位感、距离感，以及房间的形状感。这些感觉还取决于乐音的持续时间、复杂程度和乐音间隔的性质等方面。

2.9 节已经阐明人耳对声源在水平方向上的定位感知主要是依靠声音到达两耳的强度差和时间差来判断的，而人耳对声源的纵向距离定位的感知和判断能力，主要依靠直达声和早期反射声及混响声的感知比例来判断。

实际上，人耳对声音的感知比仅仅是方向、距离、房间形状等方面的感知更为复杂。本质上，方向定位并不是目的，它仅仅是一个工具，可以帮助人们对多声源系统中各个单独声源分别定位、位置上相互分开，对增强各个声源的清晰度和辨别能力有一定好处，从而帮助人们在头脑中正确建立和还原音乐现场氛围。

本质上，人耳聆听音乐时，对空间感并不是特别关注。在一个混响时间很短的歌剧院内聆听拨奏大提琴和贝司的低音弦时，感受到每个乐音毫无生气。但当对其乐音添加一些环绕混响后，每一个乐音立即获得了它自己新的生命。好像渐弱的乐音延音一直萦绕在人们周围，并用欢乐或悲哀拨动人们的心弦。

距离感也有类似的情感效果。当直达声太强劲时，语音和乐器声好像被卡在扬声器前面或贴在聆听者的脸颊上一样。当把人声放置在中央扬声器中时，声音会有扑面而来的感觉。这种把声音突出在最前面是心理学上的重要感觉，假如要有意要利用它就应十分谨慎。其实，有时把某些声音元素靠前放置，这种感觉效果仅仅是制作者自己的一厢情愿。一般人在持续聆听这类声音靠前节目一段时间以后也许会感到疲倦，并在心理上会感到声音在逐渐往后退。经过统计研究表明，大部分聆听者似乎更能接受在中央位置并没有实际存在的扬声器，而声音又靠前的幻象方式。难怪，许多工程师提出宁要双声道立体声的幻象中心，也不要一个真实的硬式声像中心。

人耳很大一部分是通过声音的反射声强度和时间特性来感知距离的。在一个典型房间里，直达声通过多次反射而衰减。如果到达耳朵的反射声时间足够短，利用耳间时间差和耳间声级差的暗示，人耳就能够确定声源的方向。试验表明，要是反射声经过 10ms 或更多时间才开始到达听者位置，这个时间差和声级差将对声音定位产生困难。人的大脑能够利用声音定位性的降低作为距离的暗示，即当乐音开始发声以后，人耳精确定位被降低的程度也是对房间大小和吸声材料种类的一种暗示。

除来自声源方向的直达声以外，几乎来自任何方向的各种不同延迟时间的反射声都可以产生距离感。但是，还存在最佳方向和最佳时间区别的距离感特性。其中，最佳方向与声音的频率有关。当声音频率低于 700Hz 时，感受到侧面的最佳方向是从正面看的 90º 方位；当声音频率在 1500Hz 左右时最佳方向是从正面看的+/–30º（标准的前置扬声器的角度）。对于最佳时间来讲，从直达声起，比大约 15ms 还早到达的反射声可能会干扰定位，并能引起梳状滤波效应和音质改变。反之，在直达声之后超过 50ms 到达的比较强烈的反射声，很容易让听众听到一些反射声作为单独的声音事件（如回声）出现，这很可能导致声音，特别是语音的清晰度下降的问题出现。

假如把问题纳入环绕声重放系统来考虑，如果添加反射声到前左、前右扬声器和后左、后右扬声器中，并调整这些反射声的延迟时间，当这些反射声出现在 15~50ms 之间时，主唱声可以在中置扬声器中前后移动，主唱声有可能被推到靠后于前面扬声器阵列的空间中。通过添加反射声到除中置扬声器外的所有其他扬声器，这就达到增加对中置扬声器声源的距离感的目的。感觉很神奇吧！其实这就是非常简单的心理声学原理。

在一般的房间里，人们根本单独感觉不到分离的反射声，只能感觉到它们有扰乱直达声定位能力的倾向。因为在直达声方向上的反射声，人耳对它们并不能有实际的距离的感知（有时也用“房间感”这个术语），如果直达声来自中置扬声器，即使从前方和后方来的反射声声强相等，“房间”印象也将集中在聆听者前方空间。如果将直达声切换到左后扬声器，即使反射模式没有任何改变，“房间”效果也会随之切换到左后扬声器上。为了建立“房间感”或“深度感”，在扬声器中那些与声源不在同一方向上的反射声才是主要的，而且每个扬声器中的反射声的时间延迟应该是不同的。

所谓的“早期反射声”只在乐音开始后才能听得见。强烈的早期反射声模式，提供了房间大小及其特质的初步暗示，它们的频率内容因它们遇到的反射界面不同而变化很大。在某种程度上，这些反射声也将会再次和多次被反射和扩散，所以每次反射实际上形成了一串反射群，而非一个单独事件。

2.11　声音信号的计量

在自然界里，除了简谐信号外，绝大多数声音信号的频谱表现都是异常复杂的，因此对声音信号的计量也与对简谐信号的计量方式有很大的不同。首先，对于复杂波形的声音信号，应该用可以表示复杂波形声音的计量方式来对它们的声压或电压强度计量。然后，对于时刻改变着声音强度的信号，计量仪表应该采用特别的时间动特性来适应对声音信号检测。

2.11.1　声音信号强度的计量以及声音信号的峰值因数与峰平比

为了在计量声音信号的强度时，能充分反映出声音信号的波形特点，需要从波形的五个方面对其强度计量。在将声压折算成声压级，以及将电压换算成电平时也涉及这五个计量值。五个计量值的大小与声音信号的复杂频谱成分或波形形状有关。这五个计量值中前三个是基本的计量值，它们的定义如下：

1．峰值

信号在一个完整周期内或一定时长间隔内的最大瞬时绝对值，即为声音信号峰值，常用符号 U_p 表示。对声音信号电压而言，其峰值的定义式为

$$U_{\mathrm{p}}=\left|u(t)\right|_{\max}\ (-\frac{T}{2}\leqslant t\leqslant+\frac{T}{2})\tag{2-2}$$

式中，U_p 为声音信号电压在 $-\frac{T}{2}\sim+\frac{T}{2}$ 时长区间内的峰值；$u(t)$ 为声音信号电压的最大瞬时值；T 为计量的信号周期（周期信号）或定长的时间（非周期信号）。

2．有效值（或称均方根值）

声音信号瞬时值平方积分的平方根值，即为均方根值，也称有效值，其数值等于与被测信号功率相同的直流信号强度所表示的数字，常用符号 U_{rms} 表示。声音信号电压的有效值定义式为

$$U_{\mathrm{rms}}=\sqrt{\frac{\int_{-\frac{T}{2}}^{+\frac{T}{2}}u^{2}(t)dt}{T}}\tag{2-3}$$

式中，U_{rms} 为声音信号电压在 $-\frac{T}{2}\sim+\frac{T}{2}$ 时长区间内的有效值；$u(t)$ 为声音信号电压的瞬时值；T 为计量的信号周期（周期信号）或定长时间（非周期信号）。

3．整流平均值（简称平均值）[①]

在一个完整周期内或在一定时长内，声音信号瞬时绝对值积分的平均值即为整流平均

① 声音信号的平均值一般为零，即声音信号通常不含直流分量，这里所谓的“平均值”一词是“整流平均值”的简称，由于单纯的正弦波平均值为 0，所以这种简称只适用于复杂的声音信号。

值，它是将信号经全波整流后的直流分量的绝对平均值，常用符号 U_{avg} 表示。对声音信号电压而言，信号平均值的定义式为

$$U_{avg}=\frac{1}{T}\int_{-\frac{T}{2}}^{+\frac{T}{2}}|u(t)|\,dt \tag{2-4}$$

式中，U_{avg} 为声音信号电压在 $-\frac{T}{2}\sim+\frac{T}{2}$ 时长区间内的整流平均值。

在电声测量中还常使用下面两个导出的计量值，它们是用声音信号的相关计量值与其相同的简谐信号的有效值导出的计量值。

4．准峰值

准峰值是用与声音信号相同峰值的稳态简谐信号的有效值表示的数值，常用符号 $U_{q\text{-}p}$ 表示。其中，$U_{q\text{-}p}$ 下标中的“q”代表英文单词“quasi”，意即“准”之意（下同），$U_{q\text{-}p}$ 下标的“p-q”即“准峰值”之意。其定义式为

$$U_{q\text{-}p}=\frac{1}{\sqrt{2}}U_{p}\approx 0.707U_{p} \tag{2-5}$$

式中，$U_{q\text{-}p}$ 为声音信号电压的准峰值。

5．准平均值

准平均值是用与声音信号相同平均值的稳态简谐信号的有效值表示的数值，常用符号 $U_{q\text{-}a}$ 表示。其定义式为

$$U_{q\text{-}a}=\frac{\sqrt{2}\pi}{4}U_{avg}\approx 1.11U_{avg} \tag{2-6}$$

式中，$U_{q\text{-}a}$ 为声音信号电压的准平均值。

对于具有简谐信号特点的正弦波形，它的峰值、准峰值、有效值、平均值、准平均值之间的固定比例关系为

$$\frac{U_{p}}{U_{rms}}=\sqrt{2}$$

即

$$U_{rms}=\frac{1}{\sqrt{2}}U_{p}\approx 0.707U_{p} \tag{2-7}$$

$$\frac{U_{p}}{U_{avg}}=\frac{\pi}{2}$$

即

$$U_{avg}=\frac{2}{\pi}U_{p}\approx 0.637U_{p} \tag{2-8}$$

$$\frac{U_{rms}}{U_{avg}}=\frac{\sqrt{2}\pi}{4}$$

即

$$U_{rms}=\frac{\sqrt{2}\pi}{4}U_{avg}\approx 1.11U_{avg} \tag{2-9}$$

根据前述准峰值与准平均值的定义可以看出，简谐信号的准峰值、准平均值都等于其有效值。根据准峰值和准平均值的定义，它们与峰值和平均值有如下关系：

式（2-5）~（2-9）说明，简谐信号的五个计量值相互之间有其固定的比例关系，用图

2-21 可以说明这一点。但是，对于复杂的声音信号波形来说情况就大不相同了。如图 2-22 所示的声音信号（实线）与简谐信号（虚线）的有效值（点划线）相同，但它们的峰值各不相同，所以声音信号的峰值与其有效值之间不再是简谐信号 $\sqrt{2}$ 的固定比例关系了。同理，声音信号的峰值与其整流平均值之间也不再是简谐信号 π/2 的固定比例关系了。因而，前述的式（2-7）、式（2-8）和式（2-9）只对简谐信号适用，而对声音信号并不适用，所以这三个关系式在电声测量和计算中千万不可乱用！

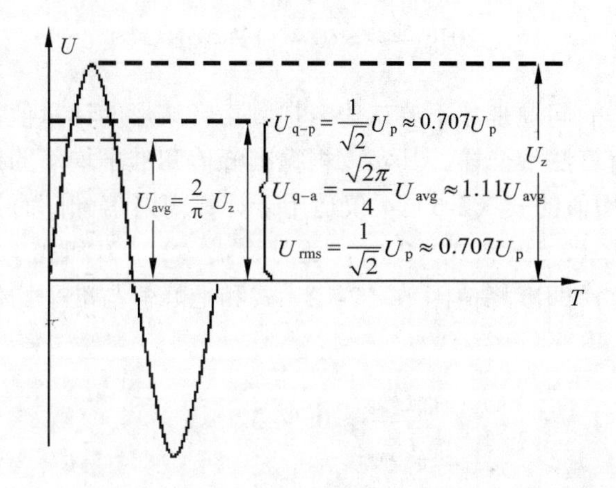

图 2-21　简谐信号的五个计量值之间的固定比例关系

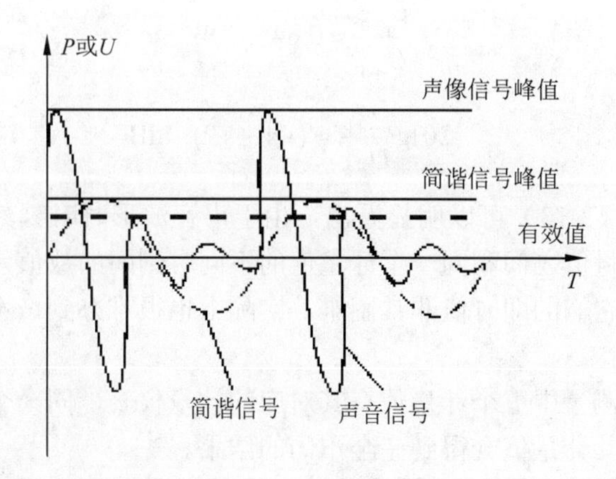

图 2-22　有不同峰值的声音信号可以有相同的有效值

多变的声音信号比简谐信号的波形复杂得多，因而不可能用简谐信号的计算公式得到声音信号的计量值，而只能采用一种统计的方法来得到近似的统计值。为此，声音信号的峰值与有效值也不再是有如简谐信号这样固定的比例关系，而是不同的声音信号有不同的比值，这个比值就称为峰值因数。经过大量的测量统计研究发现，声音信号的峰值因数大多数在 1~5 这个范围区间。声音信号峰值对其平均值之比的计量值，叫做“峰平比”。经测量统计得出，大多数声音波形的峰平比在 1~4.4 这个范围内。因此，根据上述声音信号的峰值因数和峰平比的统计数据，再对式（2-7）和式（2-8）作如下修正：

$$\frac{U_{\mathrm{p}}}{U_{\mathrm{rms}}} \approx 1 \sim 5$$

或按分贝表示为

$$20\lg\frac{U_{\mathrm{p}}}{U_{\mathrm{rms}}} \approx (0 \sim +14)\ \ \mathrm{dB} \tag{2-10}$$

$$\frac{U_{\mathrm{p}}}{U_{\mathrm{avg}}} \approx 1 \sim 4.4$$

或按分贝表示为

$$20\lg\frac{U_{\mathrm{p}}}{U_{\mathrm{avg}}} \approx (0 \sim +13)\ \ \mathrm{dB} \tag{2-11}$$

一个容易引起误解的问题是，不要认为一提到声音波形的计量值算法，在任何情况下都与简谐信号的计量值算法不一样。其实，根据准峰值和准平均值的定义，计算准峰值的式（2-5）和计算准平均值的式（2-6）不仅适用于计算简谐信号，而且对于计算任何声音信号也都适用。根据式（2-5）和式（2-6），还可将式（2-10）和式（2-11）进一步推演得到准峰值与有效值之比，即准峰值因数（2-12）式和准峰值与准平均值之比，即准峰平比（2-13）的关系式：

$$\frac{U_{\mathrm{q\text{-}p}}}{U_{\mathrm{rms}}} \approx 0.7 \sim 3.5$$

或按分贝表示为

$$20\lg\frac{U_{\mathrm{q\text{-}p}}}{U_{\mathrm{rms}}} \approx (-3 \sim +11)\ \ \mathrm{dB} \tag{2-12}$$

$$\frac{U_{\mathrm{q\text{-}p}}}{U_{\mathrm{q\text{-}a}}} \approx 0.64 \sim 2.8$$

或按分贝表示为

$$20\lg\frac{U_{\mathrm{q\text{-}p}}}{U_{\mathrm{q\text{-}a}}} \approx (-4 \sim +9)\ \ \mathrm{dB} \tag{2-13}$$

从式（2-10）～（2-13）可以明显看出，由于声音波形时时刻刻都在变化着，当信号的频谱变化时，各计量值之间和同一个计量值的不同时刻间的数值差异都可能会有很大的变化。要想准确测量它们的即时值非常困难，实际上也很难办到，不过作为监测性质的计量还是很有必要的。

在声学和电声学测量中五个计量值有其对应的计量仪表，同一个声音信号用不同类型的计量仪表来测量，其计量值会得到完全不同的结果。

由于电声信号强度计量仪表均采用直流电流驱动表头，所以要先行对其计量的具有交流性质的电声信号进行检波，并在电路上进行时间或幅值积分平均为具有某种数学性质的电压—电流增长函数的直流信号。根据它们的定义，就有相应的计量仪表的检波器类型，并且指示值刻度的定标方法又决定了计量表的不同类型。计量仪表刻度指示一般有两种方法：一类是线性法，另一类是对数法。由于声音信号的动态范围很大，故用对数变换可以扩大计量仪表的指示范围，因此，声学计量仪表常常采用对数式仪表板。

当今常用或比较常用的声学计量仪表有以下五类：

峰值计量表：常采用峰值检波器作为交直流变换器，用简谐信号的峰值确定表头刻度；

准峰值计量表：与峰值计量表一样采用峰值检波器作为交直流变换器，但用简谐信号的有效值确定表头刻度，也即它的刻度值比信号的实际峰值低 $\sqrt{2}$ 倍（即低 3dB）；

有效值计量表：常采用平方律检波器作为交直流变换器，用简谐信号的有效值确定表头刻度；

平均值计量表：常采用平均值检波器作为交直流变换器，用简谐信号平均值确定表头刻度；

准平均值计量表：常采用平均值检波器作为交直流变换器，用简谐信号有效值确定表头刻度，也即它的刻度值比信号的实际平均值高 $\sqrt{2}\pi/4$ 倍（即约高 1dB）。

2.11.2　声学测量仪器的计量时间特性

从平均值、准平均值和有效值的定义式看出，它们都存在一个积分运算计量时间区间取值大小的问题；对于峰值和准峰值，它们是描述信号包络的量值，也有一个选取多长时长才能选择到合适的代表值的问题。这就是需要充分考虑仪器计量的“时间计权”特性或时间特性。

对于波形和频谱随时都在变化的声音信号，为了能跟上声音信号的变化速度，所取计量时长又不能太长，计量时间特性应该大致符合人耳听觉的积分特性；当需要实时快速检测声音信号强度变化时，计量表应该有个指示足够快速的时间特性；当需计量声音信号做功的能力或做某些项目的统计分析时，计量取值时间特性又应该非常慢才能足以应付。所以，声音信号的计量时间特性应该针对取得计量值的目的而有所区别。

现代声学测量仪器（如声级计、声学记录仪等）都备有几种不同的时间特性以供使用选择，才能满足这些不同的计量时间特性的要求。国际电工委员会（IEC）对声级计的指示时间特性做了如下的规定：

F（快）档：上升与下降时间均为 125ms，用以指示信号短时间的平均有效值；

S（慢）档：上升与下降时间均为 1s，用以指示信号长时间的平均有效值；

I（脉冲）档：上升时间为 35ms，下降时间为 1.5s，用以快速指示信号短时间的最大有效值。

2.11.3　音频的常用测量仪表

对复杂声音信号的计量，是音频测量中的一个特殊又复杂的问题。在音频制作和传输领域内对节目信号的测量需求来源于：无论是录制、传输或重放节目时都要有适当的电平幅度，以便最有效地利用音频设备的动态阈，保证音频技术指标随时处于良好状态；通过对节目电平的测量，准确地指示出信号最高电平，以避免信号过载失真和设备过载；要求在录音、制作、传输和交换节目时有一个共同的电平标准，所有不同来源的相同或相似声音信号，应有大致相仿的平均响度。

对于普通稳态的交流简谐信号来说，利用一般的电压表即可对其计量，但是对于音乐或人声信号，不但音量动态变化范围大而且频率也变化剧烈，没有像示波器一样反应迅速的计量仪表，这些值是无法读取的。不过，即使有此类仪表因其阻尼特性不良致使动作又过于灵敏，人耳听觉与计量表的指示的音量变化不成比例也不切实用。在 20 世纪上半叶，世界各国音频与电声工作者，曾经研制出许多类型的测量音频信号的音量电平表，但是至今还有不少的仪表没有得到广泛地应用，不过，其中两种音量表得到了音频工作者的青睐，一种叫做标准音量单位（VU）表，另一种叫做峰值节目表（PPM）。本小节将只对这两种表的计量值与时间响应特性进行讨论。在本小节的末尾还将介绍数字音频领域中常用的数字计量表。

一直以来，在音频行业中使用最为广泛的一种表叫“音量单位表”，简称音量表，又称 VU（Volume Unit）表，最初是由美国贝尔实验室提出的。它是采用平均值检波器并按简谐信号的有效值确定刻度的，因此它是一种准平均值表，表盘上的刻度用对数和百分数同时表示。音量表的基准电平（0VU，100%调幅）标定在满刻度以下 3dB 处，如图 2-23（a）所示。实际上它所指示的数值，比节目信号的峰值低 6~12dB。如图 2-23（b），适用于广播电台、电视台的播出系统，用以监视广播发射机的调制深度。音量表 0VU 处相当于信号准平均值的 1.228V（+4dBu）。不过在具体使用时也可插入衰减器或放大器，因此 0VU 的基准值，可根据不同设备的实际运行值任意决定。不同厂商的不同产品的 VU 表有可能采用了不同的基准电平，在使用时一定要事先了解清楚各个设备，特别是基准电平不同的设备的音量表的基准值的大小，这是很重要的。

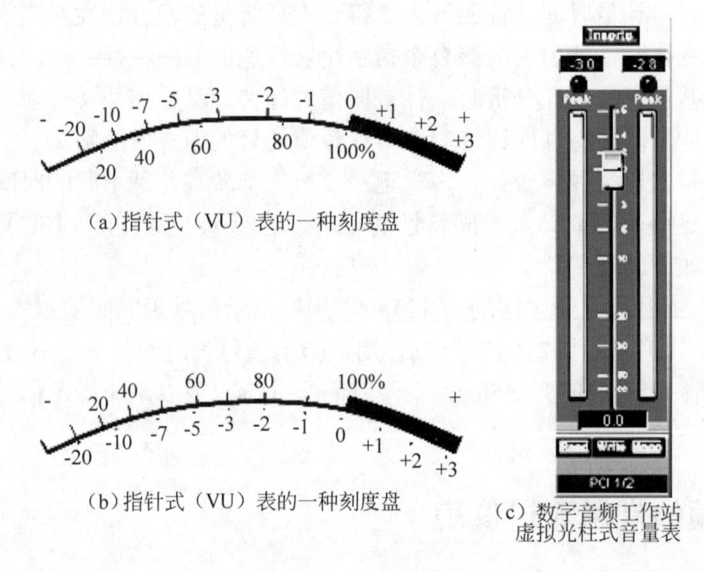

（a）指针式（VU）表的一种刻度盘

（b）指针式（VU）表的一种刻度盘

（c）数字音频工作站虚拟光柱式音量表

图 2-23　三种音量表

图 2-23（c）为计算机数字音频工作站（DAW）工作软件中一种常见的虚拟 VU 表+推子组件。其 VU 表的电特性与模拟指针式 VU 表的电特性类似，不过它的时间特性要稍快于指针式 VU 表。

我国的国家标准（GB/T 17311-1998）对音量表指示的动特性（响应与返回时间特性）规定：当已达稳态时 0VU（100%）的 1kHz 简谐信号突然加入到音量表时（信号源的等效内阻为 600Ω），指针偏转达到基准指示刻度上 99%处的瞬间的时间隔应为 300（±10%）ms，指针应产生至少 1%的过冲，但不得大于稳态值的 1.5%。之所以这样规定响应时间也是源于与人类耳朵感知声音的积分时间相对应；该测试基准信号突然下降到零的瞬间到指针返回到机械零点瞬间之间的时间间隔不应与响应时间差异太大。实际上，只对返回时间做了有限的规定，这与最初贝尔试验室对返回时间的规定还不太一样。

为了说明 VU 表与普通电工分贝表在测试性能等方面的不同，图 2-24 中绘出了一般常用于电工测量稳态信号的准平均值表与 VU 表的时间特性比较。从图中可见，电工仪表无论是起始响应时间，还是返回时间都远大于实际声音信号的跳变时间，用一般的电工计量表是不能在电声工程中担当声音信号强度指示的。

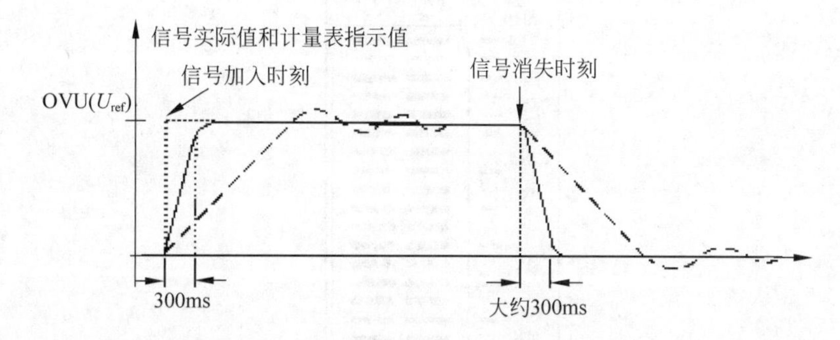

图 2-24　音量单位（VU）表（实线）与普通电工表（虚线）时间特性比较（点线为信号实际值）

虽然 VU 表能够较快地对声音信号的准平均值电平做出反应，但是由于 VU 表仍然存在 300ms 这样一个滞后的响应时间，有时表的指示值跟不上信号音量的变化速度。再者，VU 表对实际有效信号的电平指示，比之实际值最多小到 20dB，一般通常至少有 6~12dB 的差别。由于声音信号的峰平比随其波形的不同而不同，所以 VU 表更不能响应声音信号的实际峰值，不过 VU 表毕竟能够大致反应人耳对声音信号的实际听感。自 1939 年 5 月提出以来，一直还没有任何一种其他计量检测仪表能够取代它，VU 表已成为专业音频工作者在录音和混音时不可或缺的监测工具。

VU 表的缺点是显而易见的，因此，20 世纪 60 年代后期，在英国又逐渐推广开来另一种音量表，即“峰值节目表”，又称 PPM（Peak Programme Meter）。这种峰值节目表（PPM）采用峰值检波器按简谐信号的有效值而不是按峰值确定刻度，所以实际上属于准峰值性质的电平表。峰值节目表一般有 50dB 的有效刻度，其额定电平（0dB）到满刻度间一般仍留有 5dB 的余量，如图 2-25 所示。

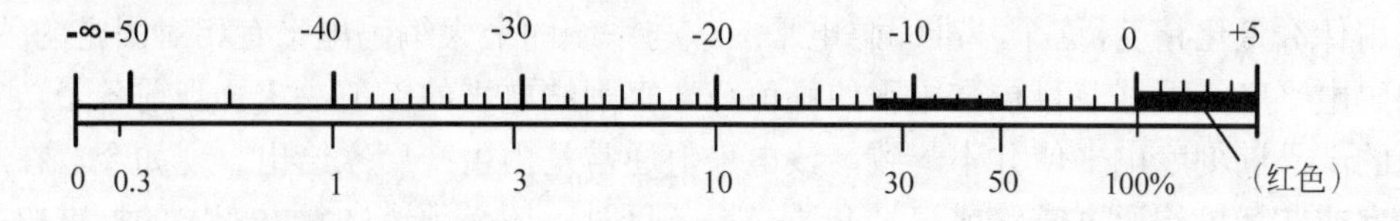

图 2-25　峰值节目表（PPM）的大动态阈刻度与对应额定准平均值电平标志

自 20 世纪 80 年代以来，数字音频技术和数字音频设备在我国和世界其他各国都得到了极大地发展，数字音频设备在音频领域已经占据了主导地位。目前在专业音频领域，使用最广的计量表类型就是用于检测数字信号电平的数字峰值电平表(又称数字 dBFS 表)，这一组件已应用于各种数字调音台以及不计其数的数字周边设备和录音设备。数字峰值表不同于前述的 VU 表和 PPM 表，主要区别在于其指示上升响应时间极短，约为几纳秒，而下降时间却较长，以便于使用者观察读数。数字峰值电平表的满刻度是 0 dBFS（dB Full

Scale），0 dBFS 是数字音频信号最大电平单位，也叫满刻度电平，实际上等于最大满度的数字音频参考电平，换句话说就是数字电路中的 A/D 转换器的最大不削波（数字过载）的编码电平。满刻度电平时的读数是 0，不容许也不可能有 0 以上的数值出现，所以实际数字音频信号的相对电平读数都为负值。图 2-26 为数字音频设备上的一种常见数字峰值表。

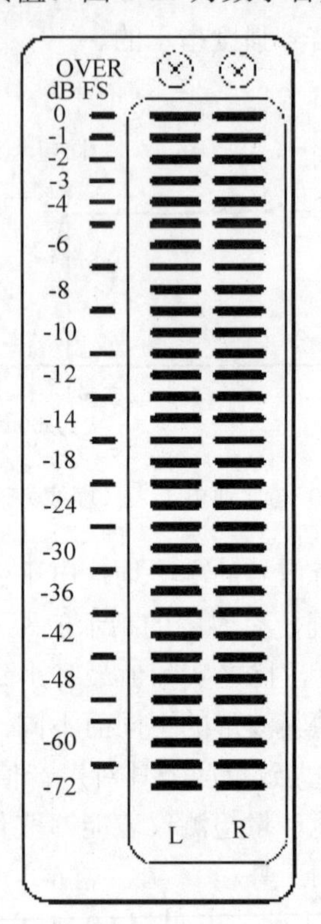

图 2-26　一种广泛使用的数字 dBFS 峰值表

目前，世界上存在两类不同的数字基准编码电平系统（实际上不止两类），一个是欧洲广播联盟提出的 EBU R 68-2000 标准，另一个是由美国电影电视工程师协会提出的 SMPTE RP 155-1997 标准。这两个标准都规定了用于校准数字音频信号的基准编码电平，无论采用什么量化精度，这个基准编码电平应该与系统的最大编码电平有相对固定的关系，基准编码电平应该根据节目校准电平的峰值与数字削波电平的差值决定。当前各个数字设备厂家的产品满刻度电平值并不一致，该电平值通常是由生产厂家给出。现如今，在与其他演播室或广播机构通过链路或记录介质交换节目时，还必须遵守双方商定的标准电平以及各种不同的国际标准，此时数字峰值表就能发挥关键作用。

如图 2-27 所示，根据欧广联的 EBU R 68-2000 标准，其满刻度电平值 EBU FS 为+22dBu，基准电平为-18dBFS。美国电影电视工程师协会的 SMPTE RP 155-1997 标准，其满刻度电平值 SMPTE FS 为+24dBu，基准电平为-20dBFS。中华人民共和国国家标准《GY/T 192—2003 数字音频设备的满度电平》中规定，0 dBFS 满刻度电平值对应的模拟信号电平值为+24dBu，基准电平为-20dBFS（与美国 SMPTE FS 规定相同）。

在广泛地对节目信号的研究中得知，节目信号瞬态电平的大小与声音信号的类型有关，有训练的播音员讲话的瞬态电平可达 14~18dB，而大型交响乐的瞬态信号电平可达 18~20dB。在以数字方式录制节目时，设备的信号峰值储备量应尽量包含较大的瞬态值，以避免削波失真发生。所以在录制动态较大的节目时，其信号峰值储备量设在 20dB 范围左右，考虑到应再有一定的保险系数，所以在国标中才规定 0 dBFS 对应的满刻度值应为+24dBu。

如图 2-26 和图 2-28 所示，数字峰值表标有“dBFS”字样位置右方（在竖直式仪表上方），还有一个“OVER”过载指示灯，这个灯可以准确指示整个系统数字过载的情况。所有好的数字峰值表应该有一些共同特点：测定数字音频电平的最高刻度是清晰的；准确的数字峰值表读数应该是数字音频的数字码，并且所读的数转换准确；一个好的数字音频表，应能精确地读出 0 dBFS 和 OVER（过载点）之间这段读数，可惜的是目前市场销售设备中的数字表都不能反映这段读数。

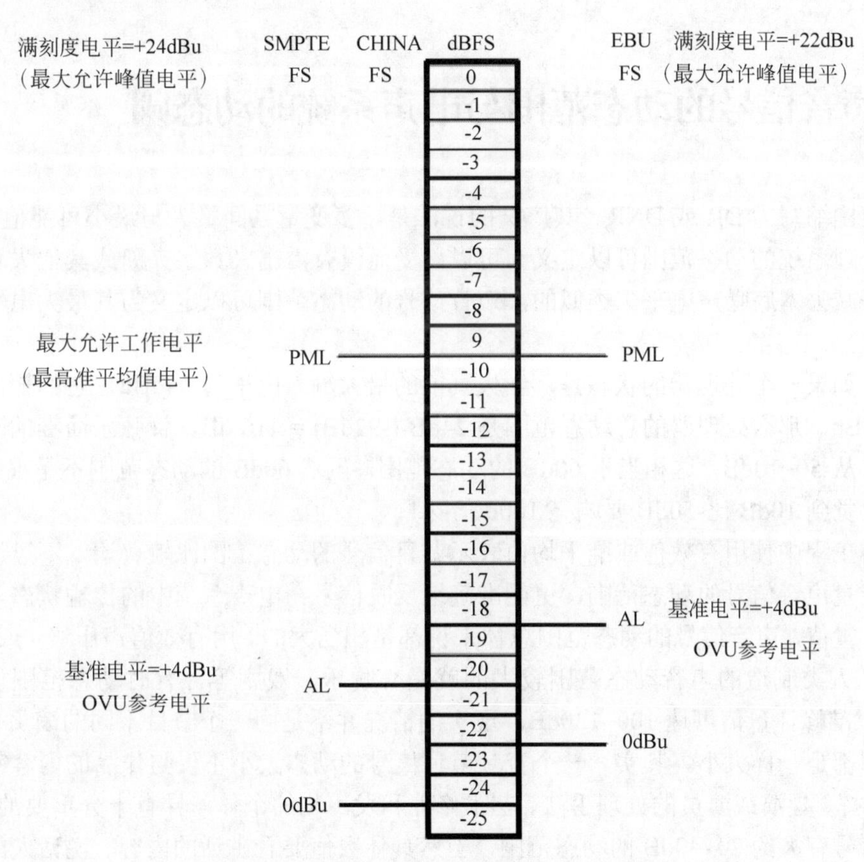

图 2-27 在三种标准下声音信号电平之间的关系

如果模拟电平比相当于 0 dBFS 的电压高很多，在 A/D 转换器中的电平检测器会引起 OVER 指示灯发光。如果录音工程师没有降低模拟录音电平，持续过载 0 dBFS 的最大电平信号将被记录下来，则会产生已失真的方波。专门的数字仪表可以计算 0 dBFS 过载点位置上的方波样本数来测定信号是否过载。Sony 1630 的检测标准将其定为 3 个样本，即假如计数器计算出有三个过载样本，OVER 灯即被点亮。大多数权威人士认为，3 个样本是非常保守的标准，削波仅持续 33μs（在 44.1kHz 取样里有 3 个过载样本）人耳是听不出来的，在很多音乐类型中，甚至有6个削波样本也很难听出来。数字仪表制造商常常提供给用户设定OVER的门限为4~6个连续样本的选项，在这种情况下才是最稳妥、最实用的解决办法。

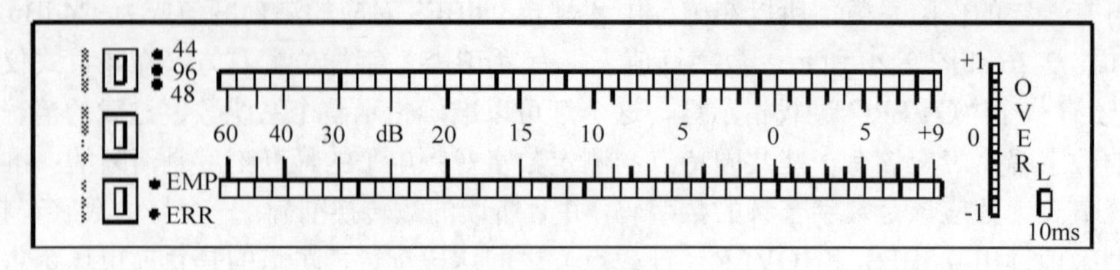

图2-28 另一种数字峰值表

2.12 声音信号的动态范围与电声系统的动态阈

动态范围缩写为DR或DNR。其广义的说法是，多变量之间最大与最小可能值之差。一个信号处理系统的动态范围可以定义为可以忍受而没有溢出（数字夹断或其他失真）时的最大电平减去本底噪声电平。类似的，声音信号的动态范围可以定义为其最大电平减去噪声电平。

例如，如果一个处理器的状态是，当失真前的最大输入电平为24dBu，它的输出噪声下限为-92dBu，那么处理器的总动态范围是24dB-(-92dB) = 116 dB。管弦乐演奏的平均动态范围可以从-50~10dB，这相当于60dB的动态范围。虽然60dB的动态范围不是很大，但是人们会感觉到10dB比-50dB要响亮1000倍呀！

在电声工程中使用有效值或准平均值表示节目信号的动态范围比较普遍，不过用信号的准峰值计量声音信号的动态范围，更能准确地反映信号在电声系统中的传输状态。不论使用什么计量值，声音信号的动态范围总体来说都是相当大的。用有效值声压级（或电平）计量来看，人类制造的声音动态范围较大的就是交响乐、戏剧等，有时动态范围可高达60～80dB，准峰计量值可达100~130dB。现实的情况并不是同一个节目不同的演员表演，其动态范围都是一样大小。其实，一个音频节目信号的动态大小不仅与作品的内容密切相关，也与指挥、导演或演员的处理手法、艺术修养和发声物的个体差异有十分重要的关系。一般语言信号有大约20~40dB的动态范围，当然具体数值要看讲话的内容、说话人的语气和情绪等。

电声系统和设备的动态大小，一般采用对数计量形式并用分贝表示。在电声工程中普遍采用准峰值电平和准平均值电平来测试和表示设备的动态大小。一般说来，前者表示系统和设备动态大小时称为“动态阈”，而用后者表示动态大小时称为“信号噪声比”简称“信噪比”。

对应于信号的动态范围，对电声系统和设备就有一个对设备动态阈大小的要求，理想的状态是电声系统的动态阈能够完全涵盖声音信号的动态范围。一套优良的电声系统和设备应在强信号时不会产生过载失真，弱信号时又不致被它们自己产生的噪声所淹没。但不幸的是，系统和设备的动态上限会受到它们自身的非线性畸变的限制，而下限又取决于它们自身的本底噪声水平。要想上述两方面的指标都得到照应，系统和设备的动态阈理所当然地应该至少等于，甚至是大于信号的动态范围才行。

为了避免突然到来的具有高峰值的突变声音信号发生包括削顶失真（模拟信号）和夹断“Clip”失真（数字信号）等在内的畸变失真，电声系统和设备的这两个最高电平值的差值，应该尽可能地预留或储备得多一些，这在电声工程中称为“电平储备”或“功率储备”。

噪声电平决定了动态阈和信噪比的下限，一般在估算时，用动态阈表示的要比用信噪比表示的电平高出 6dB 左右。这样，在电声系统和设备中，用准平均值电平表示的信噪比值加上它们的“电平储备”值，并在其下限处再减去 6dB，则是用准峰值电平表示的动态阈值，如图 2-29 所示。如果是数字系统，其量化噪声大小只与量化深度有关。例如，通常的 16bit 量化其信噪比可达到 98dB，每增加 1 个量化比特，噪声降低 6dB，相应地信噪比增加 6dB。

由声音信号的动态范围不难确定电声系统应有的动态阈，那些优良的电声系统最好有不小于 100dB 左右的动态阈。不过由于种种原因，目前的电声系统和设备的动态阈还达不到实际声音的动态范围，所以声音信号的动态范围常被人为地压缩，以适应电声系统的动态阈。

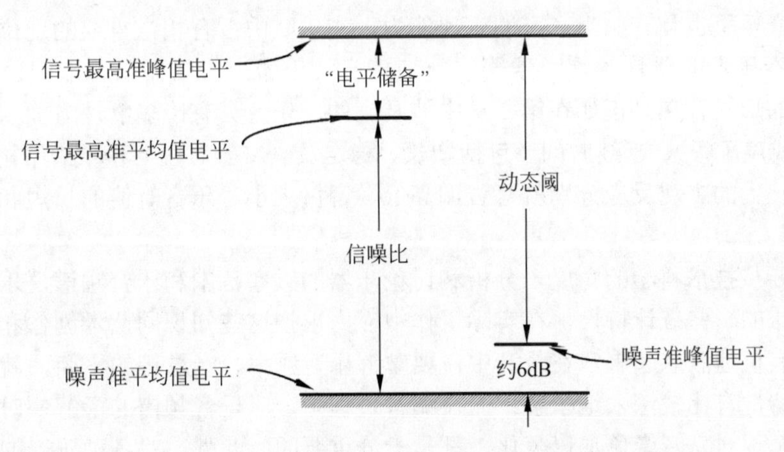

图 2-29　电声设备的动态阈与信噪比的关系和区别

下面的例子可以直观地说明动态阈和信噪比的概念。由于人耳最低听力阈值接近 0 dB SPL，而人耳的“痛阈”据试验高达 120dB SPL，可以说，人类的听觉动态阈大约是 120dB。过去的专业磁带上声音信号的信噪比大约是 55dB，为了提高它的信噪比，采用“杜比 A”降噪系统可增加大约 10dB 的信噪比，采用 DBX 降噪系统可增加 30dB 信噪比。

第3章 乐器、音乐和语言的声学特性

3.1 乐器的声学特性

各种乐器，不论是弦乐、吹奏乐、弹拨乐还是打击乐，都有它们自己特有的乐音谱线、频率范围、动态范围和指向性图形。因此，只有深入地了解和掌握它们，才能录制出优美和谐的声音。

乐音和噪声从物理学的角度是一对相反意义的词。发音体有规律振动时，产生了具有固定音高的乐音。恰恰相反，发音体无规律振动时，产生了无固定音高的噪声。乐音给人的感觉总是悦耳的，其音色是丰富的，它在音乐中得到了大量使用。噪声总是令人不安和烦躁，在音乐中很少运用噪声。锣、鼓、板、钹等一些打击乐器，虽然没有固定音高，但在我国民族音乐里也具有相当丰富的表现能力，在乐队中占有相当重要的地位。

凡能演奏乐音的器具统称为乐器。一切乐音（乐器声——器乐和歌唱声——声乐）总是以音乐的形式存在。正如在第2章中涉及到的，乐音具有诸多物理方面的特性，如频率、振幅（或声压级）、延续时间（包括增长、稳定及衰减等时程）和频谱结构等。这些特性在人耳听感上的主观反应分别就有音调高低、音量大小、乐音时值的长短和乐音的色彩等感觉。

本节主要从技术科学的角度，分析和讨论乐器的频率范围和乐音频谱，乐音的音色特性，以及音乐的一些统计特性。在实际工作中应力求把这些知识同艺术创作和录音制作有意识地，并有机地联系起来。在录音中，要掌握乐音频率、音量等的平衡，就必须对乐音与人的听觉特性有比较深入地了解；而在调音过程中，对乐音频谱的了解，对于保持乐音的色彩，以至于对乐音音色加以美化，都是十分重要的。此外，对各种乐器的指向性的了解可以为传声器的放置提供可靠的依据。毫无疑义，对各种声音分析研究得越透彻，获得各种声音效果的手段就越多，这对录音创作者来说是极其重要的。

3.1.1 乐器的频率范围和声谱

传统乐器是不可能发出频谱单一的乐音的，任何乐器的每一个乐音都是由最重要的基音（基频），以及与基音频率成整数倍关系的分音（谐音）构成的。基音是发音体整体振动所发的音，分音则是发音体除整体振动之外，发音体自身等分为1/2段、1/3段、1/4段、1/5段等分段振动时发出的非常微弱的音。各种乐器的分音频率上下限数值是不同的，它主要取决于乐器自身的频带上下限范围。在音乐中，重要的基频范围在50Hz~4.5kHz之间，这相应于从G1到B7这一段范围内的音调，如果再加上所有的分音，这个范围大概会扩展到 50Hz~16kHz，也就是 G1 到 B9 的音调范围。表 3-1 为某民族乐团对中国民族乐器测试的基音频率范围表格。附录 A 所示为西洋乐器的基频范围。

表 3-1　若干中国民族乐器的基音频率范围

乐器名称	基音频率范围/Hz
二胡	293~1760
粤胡	390~2610
南胡	293~2349
低胡	54~217
琵琶	108~1044
三弦	87~1174
扬琴	146~1174
笙	217~587
笛子	217~918
大唢呐	159~522

世界上的乐器品种多种多样，五花八门，人们出于辨识、研究方便，喜欢将它们作归类处理。出于不同的年代和目的，对乐器分类的方法也多种多样，其中按音乐艺术界的分类方式极为普遍，即把乐器大致分成弦乐器、吹奏乐器、打击乐器、键盘乐器和电子乐器五类，本书为了方便只研究前三类。

1. 弦乐器

弦乐器主要依靠机械力量使张紧的弦线振动，再激励音箱振动发声。这类乐器按引起弦线振动的手段而表现出三种不同的声图特征，如图 3-1 所示。

1）弓弦乐器

弓弦乐器又叫擦弦或拉弦乐器，其代表乐器有小提琴、大提琴、二胡等。这类乐器的分音谱线是连续等距的，各个分音的衰减过程几乎是同时结束的，所以乐音是连续与和谐的，音色在结束过程中只存在微小变化。弓弦乐器的最明显最为人们共知的一个特点是，在频谱的起始段出现有短促而微弱的弓弦摩擦噪声，图 3-1 中左边的竖直带上的小黑点代表这种摩擦声。

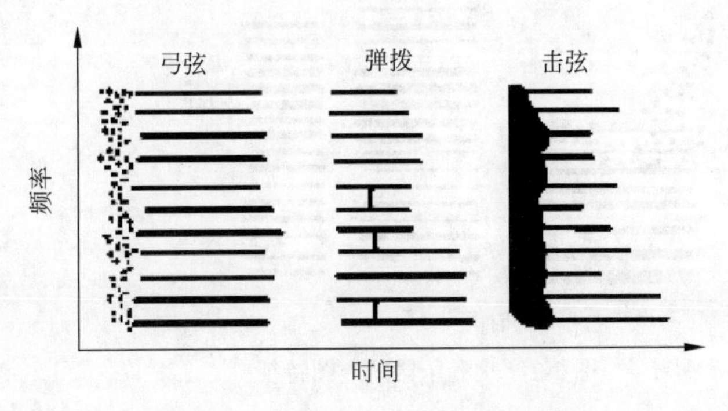

图 3-1　弦乐器的声图特征

2）弹拨乐器

弹拨乐器如竖琴、吉他、琵琶等。这类乐器低端分音谱线间距比较均匀，但频率较高的分音间距会略微加大，所以有近似于和谐特性的频谱。由于演奏方式的原因，在弹拨弦线的瞬间，弦线受到弹或拨的冲击作用，致使声音的音头某些段的强度很大，产生了轻微代表强度的竖直带。另外，由于各分音衰减时间随着频率的增加而逐渐变短无声，致使谐波逐渐减少，在听感上会产生明显的音色变化。

3）击弦乐器

击弦乐器又称打弦乐器，如钢琴、扬琴等。它们的频谱形状类似弹拨乐器，略显不和谐频谱。不同的是起始冲击音比弹拨乐更强更密集，以至形成一条粗壮的竖直带，表现出持续时间更长、强度更大的冲击音色。

2．吹奏乐器

吹奏乐器基本就是管乐器。管乐器是指以管子或腔体作为共鸣体的乐器，由演奏者吹响号嘴或哨嘴而带动管内空气振动发声，管子或腔体的发音长度决定了音的高低。传统的管乐器有两种类型，一种是气流通过吹口边缘的切口产生边棱音振动发声；另一种是利用气流通过簧片之间或簧片与吹嘴之间的缝隙，使簧片带动管内或腔体的空气产生振动发声。

1）边棱音管乐器

边棱音管乐器的声图如图 3-2（a）所示。笛子是这类乐器的典型例子，由于边棱音在管内产生的两支涡旋的碰撞，以及管内腔的作用，所产生的频谱谱线是等距和谐的。它们的谱线表现为低次谐波能量较强（谱线粗），高次谐波逐渐减弱（谱线逐渐变细）。并且始终伴有能量集中在中高频段的“吹气”噪声（图中用小黑点代表）。这个噪声通过共鸣腔体的耦和作用，使声音得以放大，音色变得圆润，声音变得绵延悠长。

2）簧管乐器

以簧片振动作为激励源的管乐器，称为簧管乐器。常见的簧管乐器如单簧管、双簧管、唢呐、大管、笙等。这类乐器有多种类型，其声图如图 3-2（b）、（c）所示。这些乐器谱线的特点是谐波十分丰富，其能量较强的区域形成共振区，这个特点尤以低音簧管乐器最为突出。

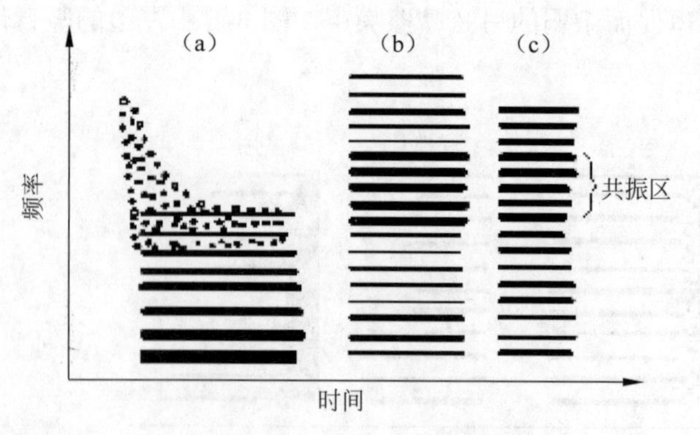

图 3-2　吹奏乐器的声图特征

3．打击乐器

打击乐器是所有乐器家族中形式种类最为复杂的一个乐器门类，其声学结构和演奏方式也千姿百态。这类乐器的特征是起始瞬态声音发噪而能量强大，都有一条较为粗大的竖直带。在起始脉冲之后，根据不同材料和不同乐器构造可能画出不同的谱型。

1）敲打衰减音很大的木质打击乐器就能产生这样一个单调的脉冲，如图 3-3（a）所示。它表现为一个略具宽度的竖直带，如梆子声。

2）如图 3-3（b）所示，敲击有两个共振峰的木板即会有此表现。这类打击乐音的音高有些模糊。

3）这类乐器发音是带有噪声的冲击声，例如敲击大鼓等，如图 3-3（c）所示。其基本特征是具有一个频带很低的共振峰。由于鼓膜分区振动产生的泛音频率与鼓皮整体振动产生的基音频率不能构成整数比关系，因而这类乐器不能发出具有清晰音高的声音。

4）敲击一个无阻尼长物体，例如木琴、铝片琴，就会产生如图 3-3（d）所示的声图。若该物体长而薄，可获得一个不很清晰的和谐谱型，且各分音谱线长短不一延续时间不等。稍厚的板子的分段振动产生的基音和分音皆构成不协和关系，所以发出的都不是和谐音，如将此板沿着长度方向加厚，分音可以变成和谐音。

5）敲击无阻尼、接近于正方体的物体时，声图如 3-3（e）所示。其频谱是完全不和谐的，如敲击木块等。

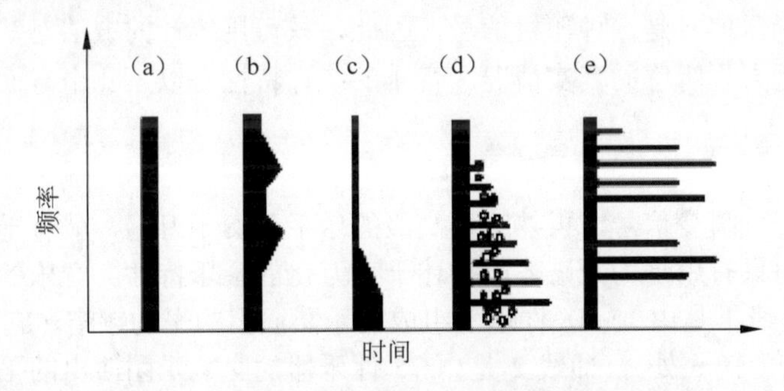

图 3-3　打击乐器声图特征

所有打击乐器在自己的发音频谱上都有相似的起始瞬态特征，即在声图上均为一较宽的竖直带，如同某些击弦乐器一样，这是打击乐器的共同特征。

3.1.2　乐音的音色

音色是声音的特色之一，根据不同的乐音音色，即使在同一音高和同一响度的情况下，也能区分出是不同乐器或人声发出的。发声体自身振动产生的波形构成了音色，它与波形中各分音的数目、振幅、共振峰及各分音的频率位置有关。不同的发声体，即或是同一类乐器，由于材料、结构，甚至外形不同，发出声音的音色也会不同。一言以蔽之，音色间的差别主要是由于声音本身的分音成分不同，以及分音间的相互关系不同而产生的。除去发声体自身的发音条件外，音色还与演奏（演唱）方式、听音者所处的听音方位也不无关系。

乐音不同于语音，具有不连续的频谱，对于大多数乐器而言，频谱图都是线状谱类型。任何一类乐音（器乐和声乐）都包含分音被加强的频率区域，即称为共振峰的特殊频率区域，它们在音色的构成中起着重要的作用。不论乐音的基频是什么，在这些频谱位置的分音振幅被加强，而且独立于原来的音调。

频谱中分音出现的各种情况，决定了音色的某些特征。录音阶段和混音阶段利用均衡器的调音补偿能力，而将构成乐音音色中的某些部分频段的基音和（或）分音振幅加以改变（衰减或提升），达到改变音色的目的。然而，频谱并不能决定一切，在建立乐器的各种音色特征中还依靠着其他因素，如瞬态特性，即音节开始与终结时信号电平的进展过程，包括“增长”、“稳定”和“衰减”各段的动态声学特性，都对乐音音色有着十分重要的影响。例如，基音或分音由开始发声到上升，直到达到全电平的速度决定了音色的圆润或软硬程度。所以用频率补偿的方法并不是万能的，一个原本音色就很差的乐音，单靠调音台上的均衡器处理是不可能得到较好的音色的，最好最简便的办法是一开始就着手提高原始乐音的音质。

3.1.3 音乐和乐器的统计特性

无论在频谱和音色方面，还是在基音与分音的振幅等方面，在任何时刻乐音都有其随机不可确定性，所以音乐信号是一种随机信号，因此，只可用统计的方法对其特性加以描述，这样可以较为接近人耳听感的真实情况。音乐的统计特性有以下几个方面：

1. 音乐的平均频谱

音乐与乐音均是一种瞬变信号，再熟练再高级的乐手弹奏千万遍，就有千万遍的频谱呈现在人们面前，因而只有用平均频谱才能描述千变万化的音乐特性。音乐的平均频谱如图 3-4 所示。其中，曲线 1 是由 15~18 件乐器组成的乐队演出的平均频谱，它的 1/4s 平均声强级为 95dB（离声源 10m 处），曲线 2 是由 75 件乐器的交响乐团演出的平均频谱，它的 1/4s 平均声强级为 105dB。

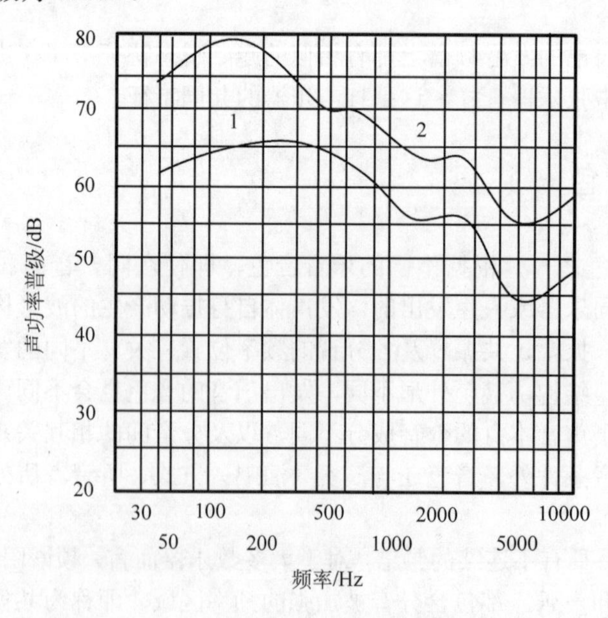

图 3-4 音乐的平均频谱

2．音乐的声功率

部分乐器和乐器组的声功率如表 3-2 和表 3-3 所示。

表 3-2　部分中国民族乐器的声功率

乐器名称	声功率
笛子	7.2~718μW
二胡	3.6~1410μW
唢呐	2.8~17.7mW

表 3-3　部分西洋乐器和乐器组的声功率

乐器名称	声功率/W	乐器名称	声功率/W	乐器名称	声功率/W
三角铁	0.05	小号	0.3	管风琴	12.6
单簧管	0.05	钢琴	0.47	小提琴	0.038
圆号	0.55	长号	6.4	长笛	0.026
低音大提琴	0.16	立镲	9.4	管风琴	13
低音大号	0.21	小鼓	12	双簧管	0.05
低音萨克管	0.3	大鼓	25	75 人交响乐队	70
钢琴	0.4	低音大号	0.2	室内乐队	9.0
男低音	0.03	平均语声	.014	短笛	0.08

3．音乐的声级

音乐的声级通常给出 1/4s 时间内的平均声级和峰值声级两个指标。因为峰值声级出现的概率很小，所以功率放大器和扬声器一类电声设备的正常输出功率，通常以音乐在 1/4s 内的最大平均声级作为基本依据进行选择。但在估算电声设备的最大非线性失真功率储备时，就要用到可能出现的音乐的峰值声级。表 3-4 给出了部分乐器和人声的最大平均声级和峰值声级。

表 3-4　部分乐器和歌唱声的最大平均声级和峰值声级

乐器名称	测量距离/m	数量/件	最大平均声级/dB	峰值声级/dB
定音鼓（B）	1	1	117	126
定音鼓（D）	1	1	117	125
定音鼓（A）	1	1	114	127
定音鼓（E）	1	1	112	125
定音鼓（合）	1	1	118	
小军鼓	1	1	107	125
双钗	1	1	115	129
板鼓	1	1	105	129
大锣	1	1	114	126
小锣	1	1	120	136
钹	1	1	106	117
鼓、钹、大锣、小锣（合）	1.5	4	118	134
大管	1	2	89	97

续表

乐器名称	测量距离/m	数量/件	最大平均声级/dB	峰值声级/dB
大提琴	1	2	96	
中提琴	1.5	8	93	
小提琴	1.5	10	93	
短笛	1	1	107	111
圆号	1	1	106	120
小号	1	3	118	134
长号	1	3	114	135
铜管（合）	2	10	114	
低音提琴	1	2	93	
长笛	1	2	107	109
单簧管	1	1	103	
木管（合）	1.5	6	102	
双簧管	1	2	97	105
京胡	1	1	97	107
二胡	1	1	95	109
琵琶	1	2	105	111
竖琴	1	1	101	111
吊钗	1	1	113	126
乐队合弦	3		103	
合唱	3	74 人	106	115
男高音	1	20 人	109	112
男低音	1	17 人	105	
女高音	1	22 人	107	
女低音	1	15 人	101	
乐器乐队	10	18	95	105
乐器乐队	10	75	105	115

4．音乐的动态范围

音乐的动态范围是指被统计音乐可能出现的最小与最大瞬时声强（或声压）的变化范围。用实验方法可以测定各峰值声强（或声压）出现的概率。按照工程上的规定，取最大声强级（或声压级）相应于出现概率 98%的数值，而最小声强级（或声压级）取相应于出现概率 2%的数值。采用实验的方法测得的音乐动态范围如表 3-5 所示。

表 3-5 音乐的动态范围

音乐类型	动态范围/dB
小型音乐	45~55
中型音乐	65~85
大型交响乐	75~85
歌唱声	45~55

5. 乐器的频响特性

乐器频响曲线是反映乐器特征的一个重要物理特性，它对音色起着重要的作用。频响曲线是以实验的方法测定的乐器的声级与频率之间的关系曲线，使乐器制造上有定性与定量检测方面的依据，也有可能在主观评价与客观评价乐器音质方面得到一致性的对照解释。了解这些特性、在录音/放音过程中保持和改善音乐的频响特性，是音乐录音和处理过程中的一项重要工作。

图 3-5 是两把小提琴的频响曲线，其中曲线 1 为中等音质的哈波夫小提琴（1717 年）频响曲线，曲线 2 为公认音质极佳的 A•斯特拉底瓦利小提琴（1717 年）频响曲线。研究表明，音色优美的小提琴从频响曲线上看有下列明显的特点：

（1）小提琴的中、低频段振幅大且均匀，标志着它的低频谐波振幅大，共振峰密集。这意味着声音在整个频带内音色均衡、浑厚、音量大和传递性好。

（2）频响曲线的高频段（大约 3000Hz 以上）振幅相对小，表明听感谐和协调、柔和不刺耳、擦弦声适中且纯净。

（3）曲线在 1500Hz 附近的振幅小，避免了明显的“鼻音”特征。

（4）如果略微加大 2000~4000Hz 这一区域声音的振幅，就会出现和谐、穿透性强的音色效果。大多数音色好的小提琴情况都是如此。

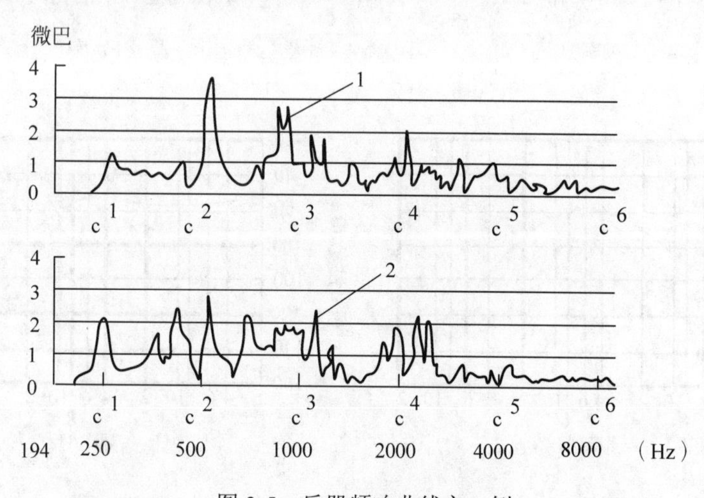

图 3-5　乐器频响曲线之一例

一般地说，在分析乐器音色方面，频响曲线可能具有重要的意义。各种乐器及乐队都有它们典型的频响曲线。图 3-6 示出了常见乐器及两类有代表性的乐队的最大声压时的频响曲线。

6. 乐器的辐射指向性

乐器辐射的指向特性，对于人耳对乐器声音的接收感受有着重要影响，对录音工作者来说，它直接关系着传声器拾音位置的选择。乐器辐射的指向性是表征乐器辐射的声压在其周围空间的分布情况，通常用指向性图形表示，它与频率有关，同时也与在空间的辐射角度有关，因此它也是频率的函数。附录 B 给出了部分乐器的指向性图形。

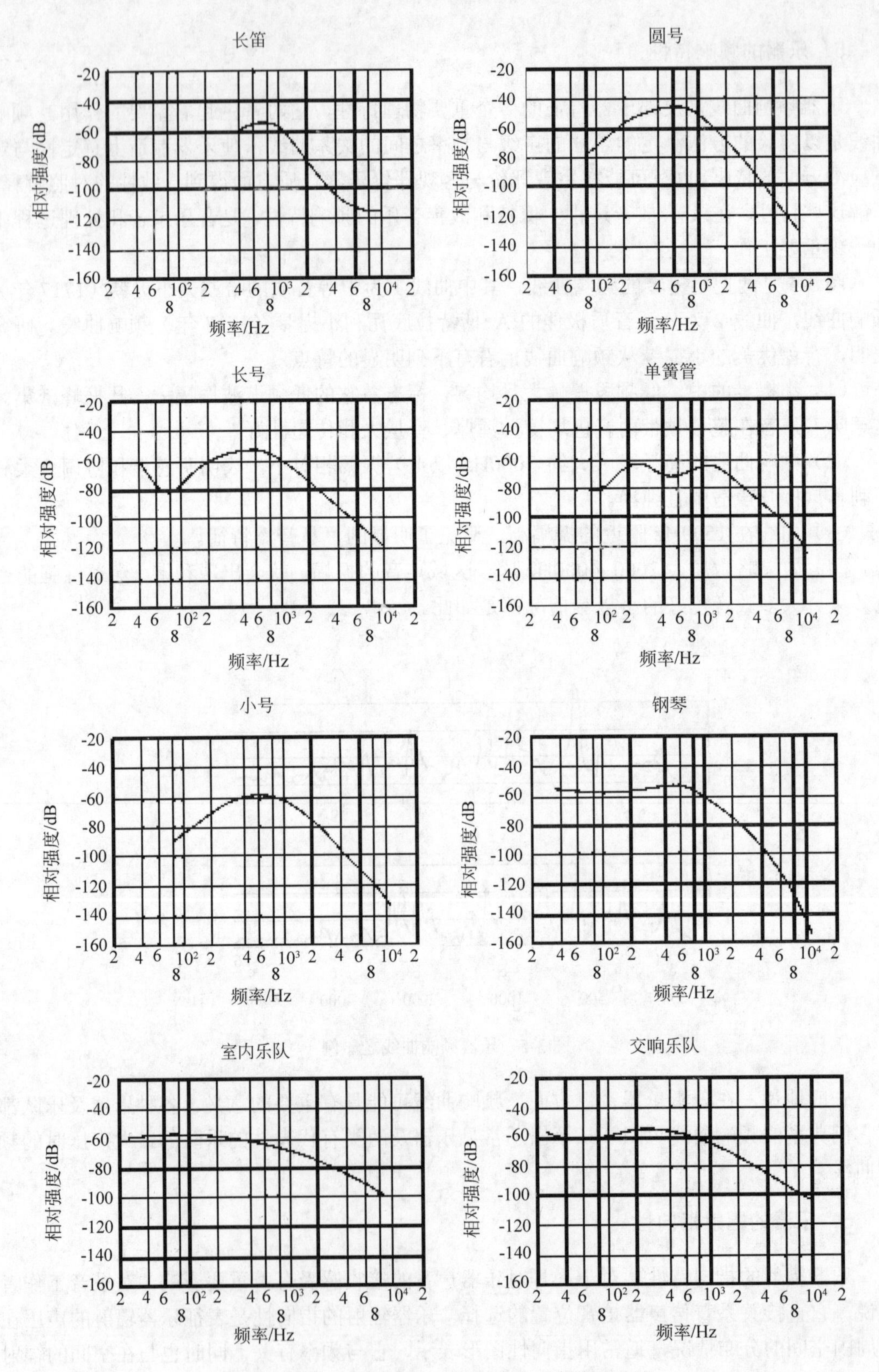

图 3-6 部分乐器及乐队的最大声压的频响曲线

3.2　语言的声学特性

研究语言的声学特性主要是通过实验分析的方法来研究语声的自然物理特性。研究的主要内容概括起来就是发声器官的发声分析（本节从略），以及语声的时间特性和频率特性。简略地讲，后者主要包括对语声波形的研究，共振峰分析和基频分析，对元音和辅音间歇及过渡音征以及音节时长的研究，研究语声发声强度随时间变化的关系、短时间相关函数和功率谱、短时频谱分析、长时平均频谱及功率谱分析等。

从一个短暂的时间窗口去观察语声的声学特性，便是短时频谱分析，而长时平均频谱则表示语言的统计平均特性。

共振峰分析是根据语声的频谱和语声产生的原理，推算出声道共鸣腔的共振频率。共振峰的频率位置、密集程度及振幅大小，构成了个人语声的基本音色特征。

基频分析则是从声带波中提取出声带振动的最低振动频率，其方法既可以是测量基频本身，也可以是利用谐波来反推出基频频率。基频随时间的变化方式，构成了声调和语调，它们是重要的语声特征。

3.2.1　语音、音节与声调

发生器官的变化和声带基频组合可以产生不同的语音。语音可分为元音和辅音。元音发音时声带振动而气流不受口腔阻碍，辅音发音时气流受口腔阻碍。汉语普通话中有 10 个单元音，它们是 a、o、e、i、u、ü、ê、er、[r]、[ɿ]。普通话声母都是辅音，另外还有一个韵尾[ŋ]也是辅音，但它永远处在整个音节的尾部。辅音又分发音时声带不振动的清辅音和声带振动的浊辅音两类。影响语言可懂度的主要因素是辅音的清晰度，所以辅音对听懂语言起着非常重要的作用。各个元音与辅音的组合能给语声带来不同的明亮感和丰满感。

音节是组成语声的最小语声单元，也是人们在听觉上最容易分辨出来的最小语音结构单位。一般来说，一个汉字就是一个音节，一个音节就是一个汉字。汉语音节可分为声母、韵母和声调三部分。一个字起头的音叫声母，普通话有 21 个声母，外加一个零声母（就是不带声母的字），如表 3-6 所示。一个音节除了声母以外的部分就是韵母，它最多包括三部分，即介音、主要元音和韵尾。介音只有 i、u、ü 三个，主要元音有 a、o、e、i、u、ü 六个，韵尾有 i、u、n、ng 四个，如表 3-7 所示。

一个字发音时基频高低升降的相对变化构成声调。汉语普通话除了轻声外，一个音节的声调还可以产生四种变化：阴平（第一声）、阳平（第二声）、上声（第三声）和去声（第四声）。汉语声调具有辨意作用，不同方言，其调类不同。

表 3-6 普通话声母表

发声方法 / 发声部位	不送气清塞音和塞擦音	送气清塞音和塞擦音	浊鼻音	清擦音	浊擦音	浊边音
唇音	b	p	m	f		
舌尖音	d	t	n			l
舌根音	g	k		h		
舌面音	j	g		x		
舌尖后音	zh	ch		sh	r	
舌尖前音	z	c		s		

表 3-7 普通话韵母表

发声方法 / 韵母类型	开口呼	齐口呼	合口呼	撮口呼
单韵母（无韵尾）	-i	i	u	ü
	a	ia	ua	
	o		uo	
	e	ie		üe
复韵母（元音韵尾）	ai		uai	
	ei		uei	
	ao	iao		
	ou	iou		
鼻韵母	an	ian	uan	üan
	en	in	uen	ün
	ang	iang	uang	
	eng	ing	ueng	
	ong	iong		

3.2.2 语言的平均声谱与元音共振峰

研究元音和辅音的物理特性时，通常用短时频谱图来描述。研究连续语言信号常常采用许多人同时朗读各种准备好的不同材料，或现场测试或用录音机记录下来，然后研究这些语声的平均声谱频响特性。图 3-7 是汉语普通话中的六个主要元音 a、o、e、i、u、ü 的平均频谱的包络图形。各语音频谱包络上的一系列谐波幅值较大的频段范围即为共振峰，它是由发声时声带与口唇之间所有的共振腔（大小由唇、齿、舌等的位置控制）共鸣形成的。共振峰中心频率就是共振峰频率。

目前已经公认，共振峰是区别不同元音的主要特征。在普通话的元音中，比较明显的共振峰大致有 6~7 个，但要区别不同元音发声只需 2~3 个共振峰就足够了，因此，要研究元音的频谱特性，可用两个具有代表性的共振峰来加以分析。表 3-9 给出了成年男女及儿童的元音共振峰的平均数据。从表中可看出，男声的基频较低平均为 210Hz，女声的基频较高平均为 320Hz，童声的基频最高平均为 400Hz。这些数据与平时观察到的男女声和儿童说话声音的语调是相符的。再者，几乎绝大部分元音的第一共振峰频率都在 1000Hz 以下，这是元音能量集中的区域。女声不仅基频频率高，而且所发声音的各个共振峰位置也要比其他人的高出 20%左右。若平移频率坐标，男声和女声的包络特性可以重合得很好，如图 3-7 和图 3-8 所示。

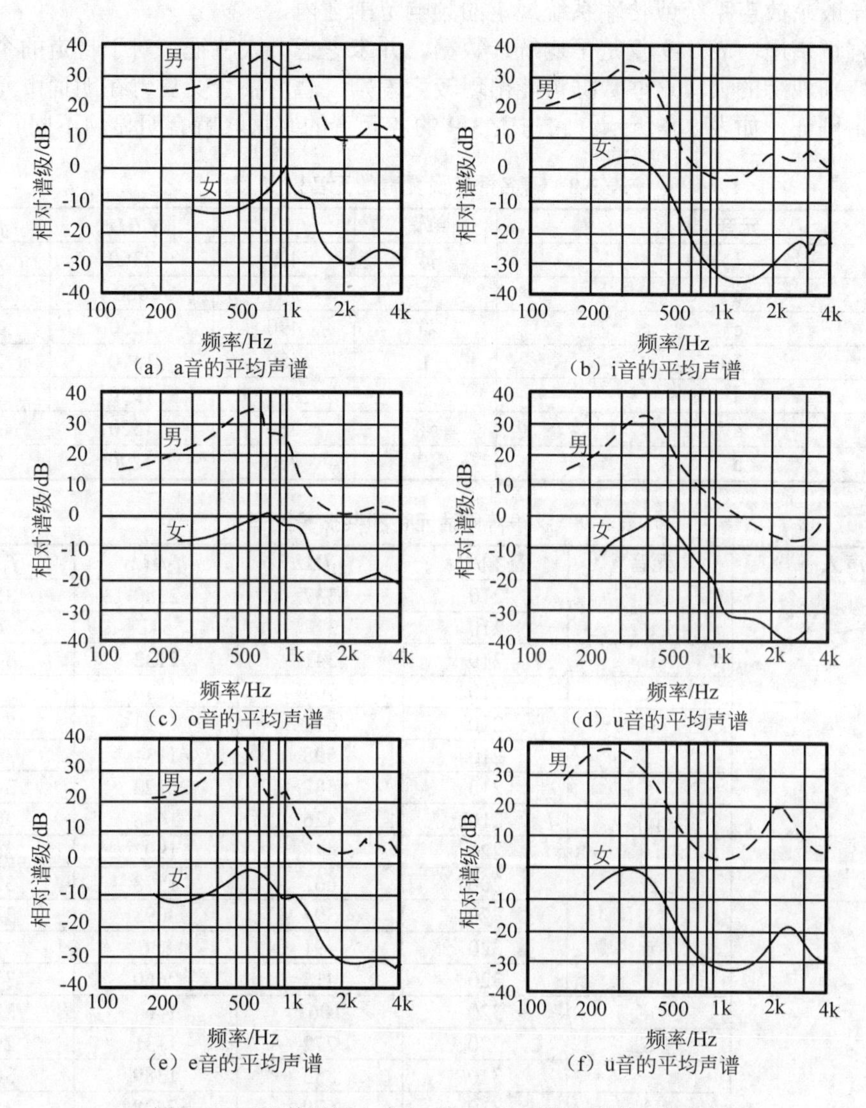

图 3-7　汉语普通话六个主要元音的平均声谱的包络特性

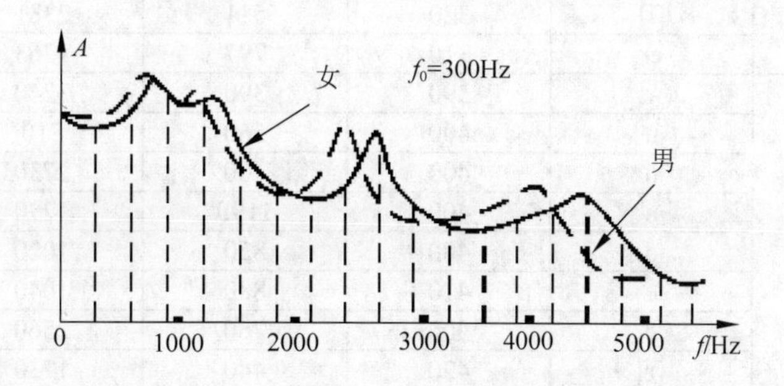

图 3-8　男声和女声具有极其相似的包络特性

一般人声的元音基频连同前 3 个共振峰的频率范围在 200~4000Hz 内，当代的录放声设备和通信设备的频响范围都要大大地超过这个范围，即使顾及到声音中的谐波，它们也已包含在一般录放声系统或传输系统规定的频响范围之内。

必须强调指出，表 3-9 仅是平均统计数据，并未考虑个人特征。对于特定的个人，尤其是经过特别训练的人，这些数据可能出现较大差别。著名播音员夏青在朗诵中元音的发音就是一个例证，如表 3-8 所示。它与表 3-9 的各元音的共振峰就有明显的不同。

表 3-8 著名播音员夏青的元音研究

元音	单词	f_1/Hz	f_2/Hz	f_3/Hz
i	低	420	2360	2900
u	古	360	660	2690
e	者	490	1230	2550
ï	子	480	1510	2310
a	见	670	1930	2660
a	然	780	1520	2530
a	昂	760	1290	2560

表 3-9 汉语普通话元音和共振峰频率

发声人	元音	基频/Hz	f_1/Hz	f_2/Hz	f_3/Hz
男	i	210	337	2380	3570
	u	210	377	641	3660
	ü	210	341	2132	3460
	a	210	905	1236	3120
	o	210	631	1113	3310
	e	210	598	1134	3170
	ê	210	587	2122	3470
	[r]	210	426	1498	3020
	[i]	220	448	1993	2600
	er	200	662	1578	3270
女	i	320	394	3098	3780
	u	320	491	836	3120
	ü	320	415	2660	3700
	a	320	1061	1464	2830
	o	320	772	1131	2970
	e	310	853	1389	3030
	ê	310	670	2428	3510
	[r]	320	522	1874	3130
	[i]	320	511	2381	3210
	er	310	797	1763	3420
儿童	i	390	390	3240	4260
	u	400	560	810	4340
	ü	400	400	2730	4250
	a	400	1190	1290	3650
	o	400	850	1020	3580
	e	410	880	1040	4100
	ê	400	750	2560	3800
	[r]	420	440	1730	3920
	[i]	410	410	2380	3870
	er	410	750	1780	4050

3.2.3　汉语普通话辅音的声学特性

辅音发声机理不同于元音，不论声带振动与否，辅音发声时呼出的气流通过口腔或鼻腔时都要受到一定的阻碍，它不是构成音节的主要音。辅音发音不如元音响亮，能量要比元音弱，但时长与元音比较并不短。辅音的声学特性可用下列几项加以描述。

1．辅音段的频谱特性

一般浊辅音也具有乐音性质，可以和元音一样存在共振峰，但与元音频谱稍有不同，主要表现在各谐波之间存在一些杂乱的谱线。辅音一般具有噪声的性质，清辅音这一特征尤其明显。清辅音在频谱的一定频段中则出现能量集中现象，如表 3-10 的“能量集中区”所示。由表 3-10 可以看出，清辅音的能量集中区域很宽阔，在 150~10000Hz 的频带范围内都有表现。表 3-10 是同一发音人受测试时的辅音声学特征。

2．间隙

在一个音节中，当辅音中的清塞音后面跟着元音时，由于清塞音是由肺气流产生的，而元音是声带发声，当清塞音消除后，其后跟着的声带波虽然可以在很短的时间内发出声音，但是两个音之间总有一段很短的无声间隙存在。这一段的时长称为嗓音起始时间（VOT），这段间隙成为听辨塞辅音的主要标志。

3．过渡音段的过渡特性

当辅音与元音或元音与辅音拼合时，中间总会存在一段过渡音段。这个过渡音段是辨别辅音的征兆，称为过渡音征。辅音与元音相拼时可以影响前后元音，在语声图上表现出元音的共振峰振幅横杠前部或后部的走势状态，成为这个辅音的音征标识。过渡音征的长短和弯曲的走势（或上翘、或下弯、或平直）反映了这个辅音的发声部位的细微变化，研究表明元音的第二共振峰最具有过渡音征特征。同一辅音与不同元音拼合时，过渡音征的上翘或下弯特征虽然各不相同，但它们的弯曲线的延长线会汇合于频率轴上的某一点，这就是该辅音的“音轨”，其汇合点指向的频率称为音轨频率。不同的辅音，其过渡音征及音征时长、形状和音轨频率都不尽相同。在辅音的听辨上，过渡音段的弯曲指向是听辨辅音的重要信息。音征的发现与音轨频率的确定，对推动人工合成语音技术起了很大的作用。

4．辅音的其他声学特性

清辅音发声频率范围比较宽，其中的高频成分比较多，它对语声的音色影响很大。从时长上讲，不送气清塞音的时长最短，平均不过 10ms，其相对强度较小。

从表 3-10 中可以看出，浊擦音、鼻音和边音三种浊辅音，是以声带波振动为主，具有和元音一样的共振峰，但频谱与元音不尽相同。其中鼻音因共振峰阻尼较大和鼻后腔还会有与共振峰相位相反的能量吸收现象，因而造成高阶共振峰的能量较弱，所以在 300Hz 左右的共振峰能量衰减显得特别突出。

表 3-10　汉语普通话辅音的声学特性

类别	辅音	纯辅音段					过渡音段	
		音长/ms	强度/dB	能量集中区/kHz			音征长/ms	音轨频率/kHz
不送气清塞音	b	6.3	3	0.2~16.0，△0.25			35	0.7
	d	7.1	6	0.3~6.0，△1.7			27	0.9, 2.3
	g	18.0	13	0.25~6.3			26	0.7, 2.7
送气清塞音	p	65.0	19	0.15~8.0，△1.25, 2.5			25	0.7
	t	47.0	13	0.15~8.0，△2.0, 5.0			48	0.9, 2.3
	k	63.0	12	0.2~6.0，△2.0			56	0.7, 2.3
清擦音	f	84.0	4.5	0.15~10.0，△0.2, 6.3			37	0.7
	s	131	10	0.3~10.0，△6.3			46	1.0, 2.7
	sh	135	14	1.5~8.0，△2.5, 4.5			44	1.0
	x	112	9	2.5~8.0，△3.0, 5.0			50	2.5
	h	74.0	4	1.0~3.0，△1.5, 2.5			39	2.7
不送气清擦塞音	z	46.0	11	3.2~8.0，△6.3			55	1.0, 2.7
	zh	33.0	8	2.0~6.0，△4.0			46	1.0
	j	37.0	5	△5.0			49	2.5
送气清擦塞音	c	106	14	4.0~8.0，△6.5			39	1.0
	ch	98.0	17	0.25~8.0，△4.0			42	1.0
	q	107	13	2.0~8.0，△3.5			41	2.5
				f_1	f_2	f_3		
浊擦音	r	60.0	13	0.34	1.62	2.65	33	0.6, 3.2
鼻音	m	57.0	16	0.28	1.18	2.24	26	0.7, 2.0
	n	58.0	16	0.32	1.38	2.68	31	0.7, 2.3
边音	l	47.0	14	0.31	1.49	2.52	47	0.7, 2.3

注：△表示“能量集中区”中能量最强（峰）频率。

3.2.4　语声的声功率、声强级及动态范围

由于语声是一种瞬变的无规随机信号，其特性因人而异因字而异，个别地研究语声的声学特性没有任何实际意义，一般只对其做统计研究。通常是在发声人口腔附近测试某一点的声压，测试的时间间隔可以是任何瞬时（零间隔）声压，也可以是任何时间间隔内的声压峰值、平均值或均方根值。不同的平均方法，如所取平均值的时长和在此区间内有无包括语句和音节间的语气停顿，所得的结果也不尽相同，而且所得结果出入也较大。研究表明，普通话的每一个音节时长大约为 1/8s，连续语声音节间的时长大约为 1/10s。表 3-11

列出了用此平均方法得出的语声平均功率值。

表 3-11　语声的平均声功率

平均方法	数值类别	男	女	说明
长时间语言平均声功率	变化范围	10~91μW	8~51μW	连续语言时间间隔为 1/10s 的情况
	平均值	34μW	18μW	
音节平均声功率	平均值	>230μW	>150μW	在 1/8s 时间间隔内至少有 1%的情况符合
	峰值	>3.6mW	>1.8mW	

语声的声强级一般是指语声的峰值声强、1/4 秒时间间隔内的有效值平均声强以及长时间有效值平均声强，如表 3-12 所示。

表 3-12　语声的声强级

语声类别		最大峰值声强级/dB	最大有效值声强级 1/4s 平均值/dB	最大有效值声强级 长时间平均值/dB
对话	男	69	59	49
	女	66	56	46
歌唱	独唱	96	86	76
	100 人合唱	116	106	96

语声的瞬时声强变化范围称为语声的动态范围。通常是用实测方法得到的语声动态范围。从表 3-13 中可见，语声的动态范围很大，而且出现的概率是无规随机的。由表 3-13 可以看出，艺术语言的动态范围几乎比训练有素的播音员播音时高 15dB，而与歌唱声仅差 5dB。

表 3-13　语声的动态范围

语声类别	动态范围/dB
播音员	25~35
艺术语言	40~50
歌唱声	45~55

3.2.5　声调的物理特性

声调反映了语声基频频率随时间变化而升降的特性。从发声机理上讲，声调是由声带松紧程度决定的。音节声调的高低升降形式决定了声调，与音乐中的音阶一样也是由音高决定的。声调的音高是相对的不是绝对的，并不是每个人或每个人说同一个词的音高都一样。声调的升降变化是滑动的，不是从一个音阶到另一个音阶那样步进式地变动。

汉语普通话的声调有四声，四声的基频覆盖范围在 1.2~1.6 个倍频程之间。描写声调的高低通常用五度对数标记法，最低为 1 度，最高为 5 度。阴平为 4→4.5 度，阳平为 3→5 度，上声约为 2.5→1.5→4 度，去声约为 4→5→1 度。男声基频平均由 100Hz 变化至 300Hz，女声基频平均由 160Hz 变化到 400Hz。上述数据并不是每个人都是这样，声调有强烈的个体差异表现。这四种声调单独发声时，基频的变化规律如图 3-9 所示。

声带波类似于三角波，只是不像三角波那样规整而已。经频谱分析得知，随着基频变化，各次谐波的频率位置和振幅大小也在变化。因此，声调信息存在于整个频谱中，具有很强的抗干扰能力。

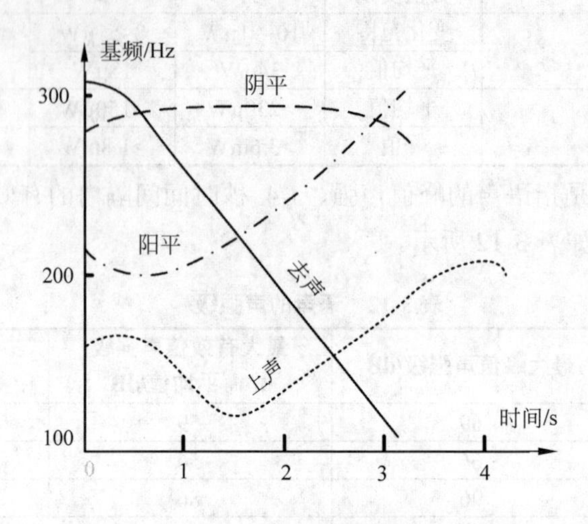

图 3-9 声调的基频变化情况

3.3 歌声的声学特性

歌声是具有一定的识别品质或特征的人声特别类型，歌声的声学特性基本与语声类似，从某个角度看歌声就是连续的语声。不过唱歌时的发声方法与语声的发声方法有所不同，其共振峰频率位置与讲话声也稍有不同，生理状态也有较大区别。总的来说，在音域和语声域、音乐重音和语言重音、音色和声音的转换点（如声音嘶哑点和声音的嘹亮点）等方面，歌声同语声都有一些区别。它们在物理上的差异有以下几点。

（1）歌唱声的声级通常都比语声高，对于这一点是不言而喻的。

（2）歌唱声的频带范围比语声要宽。单就基频范围来比较，成年男声的语声基频范围为 80~480Hz，女声为 140~1034Hz，而歌声因曲调的变化，基频范围变化更大，通常从男低音到男高音的基频变化范围可达 80~500Hz，女声歌唱声的相应值则为 120~1034Hz。表 3-14 给出了歌唱声男女各声部的基频范围。

表 3-14 男、女声各声部的基频范围

声部名称	基频频率范围/Hz
男低音	80~320
男中音	96~387
男高音	122~488
女低音	145~580
女高音	259~1034

（3）歌唱声的基频和振幅会出现准周期性变化，其下降斜率也比语声小，即歌唱声的

高次谐波比语声多而强。

（4）在音色上两者也有较大差别。经过严格训练的歌唱家的歌唱声在2.4~3.2kHz频带范围内，即在第三与第四共振峰之间，可以有意让自己的歌声中出现一个语声往往不存在的“歌唱家共振峰”，使音色更加宏厚、嘹亮，这也是语声与歌唱声发元音时在音质方面的主要差别所在。

（5）歌唱声的共振峰与语声的共振峰在频率位置、共振峰个数、振幅以及几个共振峰间如何组合方面都大大的不同。值得专门提及的是，所谓的歌唱家共振峰是一个专门研究美声唱法演员嗓音音质的声学特征的术语，它包括了在频率轴上反映出来的高阶歌唱家共振峰和低阶歌唱家共振峰两个不同的概念。但国际上有关歌唱家共振峰的研究通常指的都是高阶歌唱家共振峰，然而，训练有素的演员的嗓音中实际上存在着高阶和低阶两个歌唱家共振峰，因而他们的嗓音具有既明亮、富于金属感与穿透力，又有浑厚有力且丰满流畅的特点。据研究数据表明，高阶的歌唱家共振峰通常在2.4～3.2kHz之间，低阶歌唱家共振峰中心频率大约在500Hz左右。优秀演员的嗓音在声谱上，统统具有以2.8kHz为中心频率的高阶共振峰，并且在2.4~3.2kHz代表明亮的频带范围内，集合了第三（f_3）、第四（f_4）和第五（f_5）等多个共振峰，如图3-10所示。具有这样的歌唱家共振峰的声音，最容易引起人们听觉兴奋且响度增加的感觉。这个特点与歌唱声的低阶共振峰f_1和f_2特点结合在一起，使得歌唱声听上去更加明亮悦耳穿透力强。

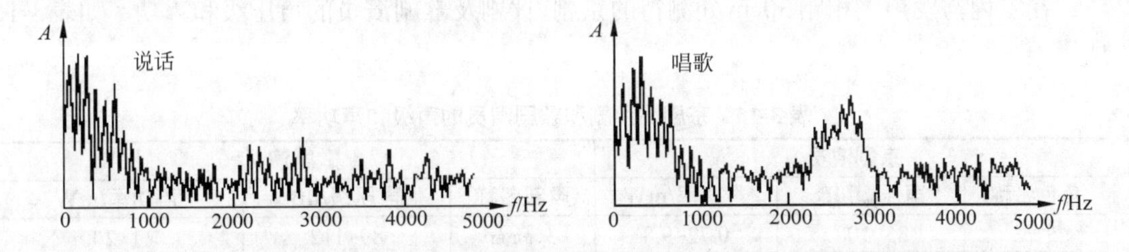

图3-10　说话时与唱歌时同一元音共振峰的差别（注意2.4-3.2kHz处的共振峰振幅）

不论是歌声哪一类声部，不论音高、元音类别或声音的紧张程度如何，歌唱家共振峰总是存在于优秀美声演员的嗓音中。归根结底，歌唱声优劣差异的决定因素其实是共振峰的位置和结构，要使歌唱声获得合适大小的共振峰，实际上就是获得以2.8kHz为中心频率的共鸣声。这种以2.8kHz为中心频率的歌唱家共振峰特性是美声唱法演员获得优美音质的秘诀。各类型唱法演员的歌唱家共振峰的中心频率如表3-15所示。

表3-15　各类型唱法演员的歌唱家共振峰的频率范围

歌唱演员			戏曲演员		
声部名称	高阶共振峰中心频率/Hz	低阶共振峰中心频率/Hz	角色名称	高阶共振峰中心频率/Hz	低阶共振峰中心频率/Hz
美声女高音	3200		昆曲旦角	2800	400
美声女中音	2800		昆曲生角	2700	450
美声男高音	2900	500	越剧花旦	2800	450
美声男中音	2700	450	越剧小生	2700	400
民族唱法男高音	2700~2900	450	越剧老生	2650	450
民族唱法女高音	2700~3200	450			

图 3-11（a）、（b）分别示出了男声唱歌时其中元音的共振峰频率、女声唱歌时其中元音的共振峰频率的偏移。在图 3-11（a）中同时示出了男声讲话与唱歌时的共振峰的对应值，从图中可以看出它们之间的差别。

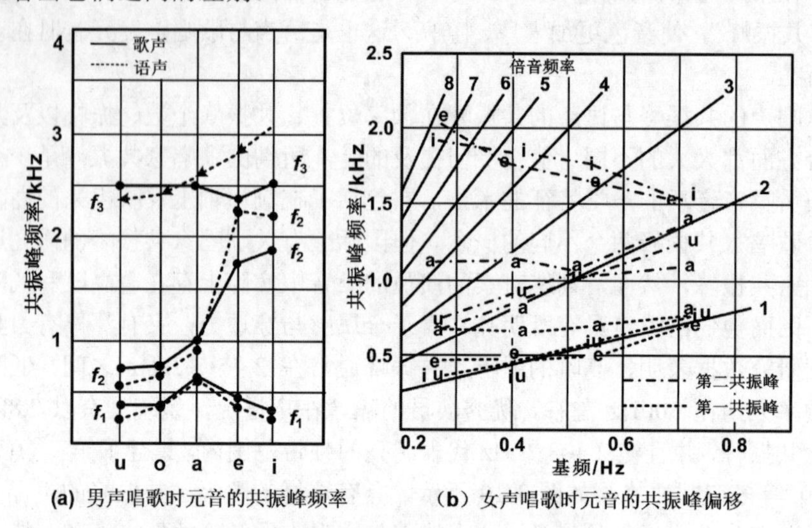

(a) 男声唱歌时元音的共振峰频率　　（b）女声唱歌时元音的共振峰偏移

图 3-11　唱歌时元音的共振峰频率及其共振峰偏移

在室内与发声人相距 30cm 处测得的京剧、评剧及歌剧演员的声压级和声功率如表 3-16 所示。

表 3-16　京剧、评剧和歌剧演员的声级和声功率

京剧演员			歌剧演员		
角色名称	声压级/dB	声功率/mW	声部名称	声压级/dB	声功率/mW
小生	85~108	0.72~9.8	女高音	89~112	1~200
青衣	83~103	0.20~20	女中音	83~90	0.2~1.2
老旦	78~106	0.18~50	男高音	83~104	0.2~31.8
老生	84~98	0.28~7.2	男中音	78~105	0.08~40
花脸	88~106	0.72~50	男低音	76~96	0.05~5.0
评剧演员					
角色名称	声压级/dB	声功率/mW			
小生	76~82	0.05~0.18			
花旦	74~84	0.028~0.284			
花脸	75~88	0.036~0.718			

第二部分　音频设备与后期编辑处理

第 4 章　声音的拾取

4.1　传声器原理

传声器（Microphone）又称话筒或微音器，音译为“麦克风”，是将声音信号转变成相应电信号的一种换能器，广泛用于通信、广播、电影、音乐艺术和扩音设备中。传声器在录音行业中一直是一种不可或缺的设备，它是继录音环境之后，又一次改变声信号的重要环节。

传声器所完成的工作称为“拾音”，它和“调音”、“录音”、“放音”、“音频处理”以及“混音”等工作一起构成录音系统中六大主要工作环节，缺一不可。传声器的使用范围很广，从大规模的音乐会拾音到电影同期录音，从广播系统到文艺演出都离不开传声器。传声器的质量优劣及其使用正确与否对录音或扩声质量起着决定性的作用。

尽管传声器的种类繁多，但是传声器的某些重要部件的基本原理都大致一样。图 4-1 所示是一个一端紧绷着薄膜的小盒。由于声波的气压（声压）波动，薄膜（这个薄膜称为振膜）将产生对应于声压的位移。这样，振膜就把声场中气压的变化变成按比例振动的机械运动，这就是传声器的振动元件。可是，这种机械振动还不能被电子设备所识别，因为它还缺少一个将机械能转换为电能的装置，这个装置称为换能元件。

此外，为了满足各种不同的使用要求，传声器还必须具有各自不同的声学特性。实际的传声器通常还有一定的声学控制装置，即声学控制元件。由此可见，作为一个实用的传声器，必须包括振动元件、换能元件和声学控制元件三个基本部件。

这个换能元件称为换能器。根据换能器换能方式的不同可以分为许多类（具体可参见表 4-1），但目前常用的传声器大致可分为电动式和电容式两大类。

1. 动圈传声器

动圈传声器有一个悬于两磁极狭窄缝隙之间的，粘接在带弹簧的振膜上的缠绕着极细导线的圆形线圈。声波通过空气振动振膜带动线圈在两磁体间的缝隙中运动。当运动线圈切割磁力线时，在线圈里便产生了微小的感应电流，其电流大小正比于声波声压的大小，这个感应电流经过传声器放大器和前置放大器进一步放大，然后通过功率放大器和扬声器再还原成声音。动圈传声器的典型结构如图 4-2 所示。

线圈在声压的推动下切割磁力线在导线两端产生的感应电动势 E 的计算公式如下：

$$E \approx vBI \tag{4-1}$$

式中，E 为感应电动势；v 为声质点速度；B 为磁感应声强；I 为导线长度。

这类传声器的第一代产品称为“压强传声器”，也叫压力传声器。这种传声器声压仅仅作用在振膜的一面上，而振膜的另一面则被一个隔声壳体包住，这就使它具备了全向响应。换句简单的话说，这种传声器同等地拾取来自各个方向的声音。如果振膜的另一面没有被壳体包住，声压可以作用于振膜的前后两面则成为"压差传声器"。压差传声器具有明显的单指向特性。一般说来，受欢迎的还是单指向性传声器，因为它只拾取来自一个或两个特定方向的声音，而不拾取来自其他方向的声音。

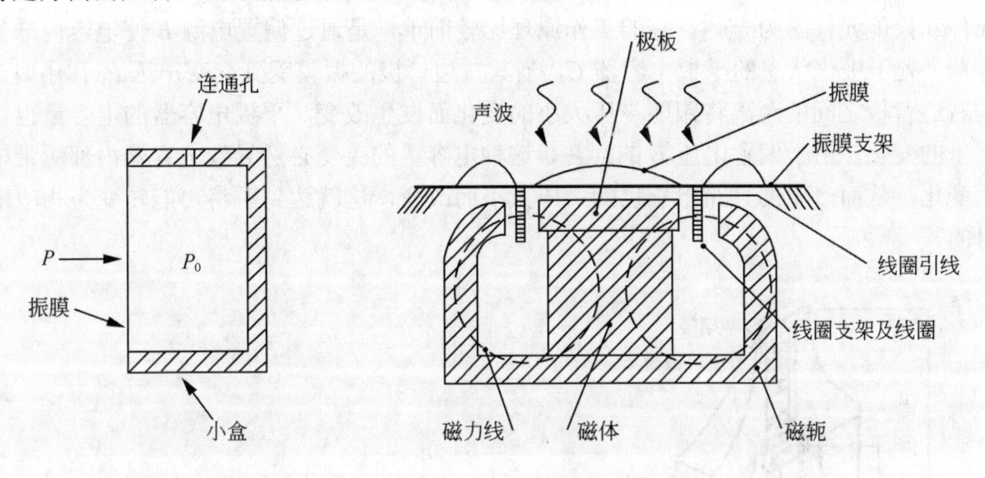

图 4-1　传声器原理示意图　　图 4-2　动圈传声器的结构

动圈传声器属于电动传声器的一种，它的历史最久，使用最为广泛，其结构相对简单，使用维护方便，可靠性高，固有噪声小，价格较便宜，电声技术指标较好，近代动圈传声器的特性能满足高质量录音要求。由于动圈传声器的阻抗较低，一般在 10Ω 左右，因此需要用阻抗变换器来提高它的输出阻抗及电平。

动圈传声器的缺点除灵敏度较低外，还容易产生磁感应噪声，频率响应相对较窄。

2. 带式传声器

产生电压，不一定要移动整个线圈，只移动一段导线同样可达到拾音目的。带式传声器就是应用一条悬挂在磁场中带皱褶的铝合金带或镀金塑料带或其他金属带（如钛、铍）来代替动圈传声器的振膜和线圈。带式传声器的铝带很短，其感应电动势和输出阻抗都很小，必须连接一个阻抗变换器，连接的目的仅仅是为了增加输出电压和阻抗。根据带式传声器的原理来看，它实际上是动圈传声器的一种变形，它的工作原理与动圈传声器完全相同。振带只一面受压，则为压强式；当两面受压时，它的振动是受两个作用力之差的策动，则属于压差式。显然，也可将它们进行某种组合，从而获得一个具有良好频响特性的可变指向性复合传声器。

带式传声器的结构如图 4-3 所示。当铝带在磁场中振动切割磁力线时，铝带两端便产生微弱的感应电动势。铝带两面的声压差是由于声波到达铝带两面的声程差引起的。

带式传声器与动圈传声器相比，它的频率范围宽，频响曲线平坦，特别是由于它的振带很薄很轻，因此可获得理想的瞬态响应。新式的带式传声器装有风过滤器，并减小了振带长度，使得性能获得很大改善。

3. 电容传声器

电容传声器属于静电传声器的一种。电容传声器的基本结构原理如图 4-4 所示。图中金属振膜用作电容器的一个电极，金属背板用作另一电极。二者之间仅相距零点几毫米，形成了一个只有几皮法（PF）容量的平板电容器，这就是这种传声器的基本组件，即将振动元件和换能元件融为一体。它的工作原理比较简单，是通过偏置电源 E 使电容内产生极化电荷。处于极化状态的平板电容器 C，当其左边一极的振膜受到交变声压 P_0 作用时，振膜与右边背板之间的距离将跟随声压大小的变化而发生改变，平板电容器的电容量也正比于声压的变化。由于偏置电压 E 的存在，这种电容量的改变必然导致电容器内部所带电荷发生变化，从而产生的开路电压也随声压大小而改变，这就达到了将声能转变为相应电能的目的。

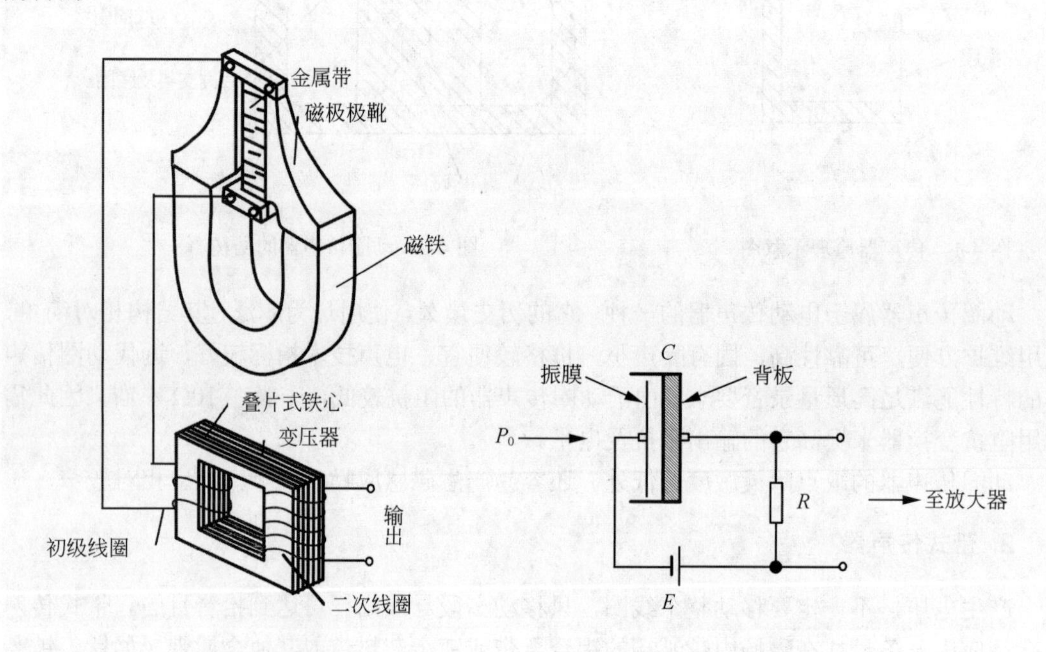

图 4-3 带式传声器的结构　　图 4-4 电容传声器的基本原理

与电动传声器一样，电容传声器也可按振膜受力方式的不同分为压强式、压差式及压强——压差复合式等类型。

要使电容传声器能正常工作，离不开直流极化电压 E。极化电压的作用仅仅是为了供给电容器内一个高电位以便生成极化电荷，而传声器工作时并不从中吸取能量，只是极头的输出电压与极化电压的高低成正比。一种可调指向性的电容传声器的工作原理如图 4-5 所示。实际可变指向性电容传声器内部是由两个背靠背的极头 A 和 B 组成，把它们的后极板连在一起，电容 C 将两个振膜耦合，两个极头的输出电压相位正好相差 180°。利用这一关系，可以达到通过对极化电压的控制改变传声器指向性的目的。在这种情况下，当开关 S 处于不同位置时可以获得不同的指向特性。

电容传声器结构简单，能直接把声音信号转换成电信号，在振膜上面因为没有悬挂有动圈传声器那样的音圈负重，显得结构极为轻巧，所以不但频率响应极佳，而且具有绝好的灵敏度，可以感应极微弱的声波，从而能输出最清晰、细腻及精准的电信号，是目前专业录音中使用最为广泛的一种传声器。

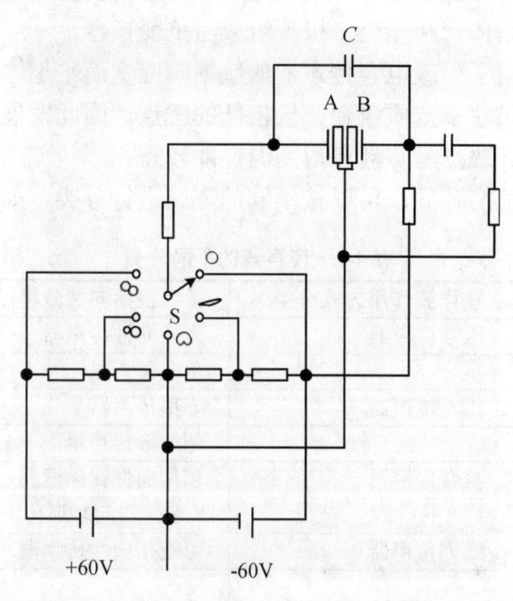

图 4-5　通过极化电压控制传声器指向性的可调指向电容传声器电路图

4. 驻极体电容传声器

驻极体是一种具有永久电荷的材料，它是对磁性的电模拟。所谓驻极体是一种在强电场中极化后不因电场的消失而消失的电介质。这就是说，这种电介质的极化电荷可“永驻”于它的表面。某些材料，如聚四氟乙烯、聚丙烯、荧光碳等，它们如果在高极化电压下，甚至紫外线照射下固化，就会产生永久性的电荷，这样可以把它们用作电容传声器的基本器件。

驻极体器件可以分为静电驻极体和压电驻极体两类。高保真传声器主要用静电驻极体构成，它可以区分为将驻极体用作振膜的前驻极体结构和驻极体材料贴在后极板上的后驻极体结构。两种驻极体静电传声器的结构如图 4-6 所示。

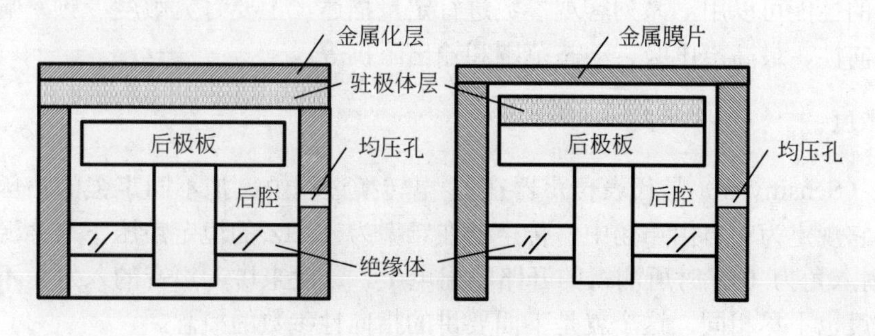

图 4-6　两种驻极体静电传声器结构图

驻极体传声器属于静电传声器，它的工作原理和电容传声器相同，因内部电荷已被永久性极化，不再需要如电容传声器那样供给极化电源，因而是一种简化的电容传声器。由于驻极体传声器实际的电容器电容量很小，输出信号极为微弱，输出阻抗极高，可达数百兆欧姆以上。因此，它不能直接与放大电路相连，必须连接一个阻抗变换器才能工作，通常用一个专用的场效应晶体管和一个二极管组成阻抗变换器。

这类传声器不仅保留了一般电容传声器的频率响应宽而平坦、瞬态失真小、性能稳定优良的特点外，还兼顾尺寸小、质量轻、价格低的优点，因此发展很快，已经在许多电子产品中得到广泛应用。其缺点是防潮和耐高温性能较差。

传声器的种类繁多性能各异，可以按不同的方式进行分类，如表 4-1 所示。

表 4-1　传声器的不同分类

按换能原理分类	按声波作用方式分类	按指向性分类	按用途分类
电容传声器	压强传声器	无指向性传声器	测量传声器
驻极体传声器		单向传声器	标准传声器
压电传声器	压差传声器	心形传声器	无线传声器
晶体传声器		超心形传声器	立体声传声器
陶瓷传声器	组合传声器	超指向性传声器	环绕声传声器
高聚物传声器		8 字（双向）形传声器	佩带式传声器
电动传声器	线列传声器	可变指向性传声器	抗噪声传声器
动圈传声器			近讲传声器
带式传声器	抛物面反射式传声器		
电磁传声器			
碳粒传声器			
半导体传声器			
硅微传声器			
液体传声器			
激光传声器			

注：各种分类相互独立互不相关，相互之间没有一一对应关系。

4.2 传声器的主要参数

传声器的性能可以用一系列客观参数进行定量描述，主要有灵敏度、频率响应、等效噪声级、指向性、最高声压级、动态范围和输出阻抗等。

1．灵敏度

灵敏度（Sensitivity）是代表传声器在声-电转换过程中，把不同声强的声压转换成电压的能力。它规定为在自由声场中，传声器在频率为 1kHz 的恒定声压下与声源正向入射（即声音的射入角为 0º）时所测得的开路输出电压。一般来讲，声音的入射角不同传声器表现的灵敏度也不尽相同，这个就是下面要讲的指向性参数的概念。

随着单位和负载的不同，常见的有开路灵敏度和有载灵敏度两种表示方法。

开路灵敏度是指在单位声压作用下，传声器不连接任何负载时在它输出端测得的电动势大小。换句话说，当传声器的输出端处于开路状态时，若作用在振膜上的声压为 P，测

得的开路输出电压为 V，则开路灵敏度 S_M 可以定义为

$$S_M = \frac{V}{P} \tag{4-2}$$

灵敏度常用单位为毫伏/微巴（mV/μbar），现在也常用毫伏/帕（mV/Pa）为单位。不同类型的传声器 S_M 值相差很多，如电动式传声器的灵敏度约为 0.15～0.4mV/μbar,即 1.5～4mV/Pa，由于电容传声器内置有前置放大器，故其灵敏度要比电动传声器高出 10 倍左右。

传声器灵敏度也有用分贝表示的。如果以分贝表示，则开路灵敏度为

$$S = 20\lg\frac{V}{P} - 20\lg\frac{V_0}{P_0} \quad \text{dB} \tag{4-3}$$

式中，V_0 为开录输出电压基准；P_0 为声压基准。

如果传声器的开路灵敏度以分贝表示，它一定存在取什么基准值的问题。基准值可取 V_0 / P_0 =1 mV/μbar(0 dB)，也可取 V_0 / P_0 = 1V/Pa，在开路灵敏度上两个单位的值相差 20dB，即-40dB V/Pa=-60dB V/μbar。传声器灵敏度一般在-70dB 左右，高一些的有-60dB，专业用的高灵敏度传声器可以达到-40dB 左右。

另一种灵敏度表示方法叫有载灵敏度，又称灵敏度的功率表示法。它是指在单位声压作用下，在传声器输出端的额定负载上获得的电功率大小。通常规定额定负载为 600W。单位为毫瓦/微巴（mW/μbar）。在许多情况下，也采用功率级灵敏度 dBm 表示，其基准值为 1 mW/μbar。

显然，在已知传声器负载的情况下，不难从开路灵敏度计算出功率级灵敏度。开路灵敏度与功率级灵敏度的对应关系如表 4-2 所示。

表 4-2　开路灵敏度 mV/Pa 与功率级灵敏度 dBm 的对应关系

功率级灵敏度/dBm	开路灵敏度/（mV/Pa）
-66	0.5
-60	1
-54	2
-48	4
-42	8
-40	8
-34	20
-28	40
-22	80
-16	160

在使用过程中，传声器灵敏度高对提高信噪比有利。但也不可过分追求，太高的灵敏度容易引起信号失真。

2．频率响应

就广义而言，某一装置在稳态工作状态下，某一段特定频率信号的输入参量的变化必然引起其输出参量相应的变化，这就是该装置的频率响应（Frequency Response）。在频率响应测定方面，可取 20Hz～20kHz 这段可闻频率范围的音频信号，从某一电声器件的输入

端输入一段幅度稳定的正弦波信号，然后测定该电声器件这段频率所对应的输出响应数值就是这个电声器件的音频频率响应，在直角坐标系里绘制成图形就是频率响应曲线，如图4-7所示。通常频率轴（X轴）是按频率的对数坐标表示的，单位为赫（Hz），响应幅度（Y轴）是以分贝（dB）表示的。

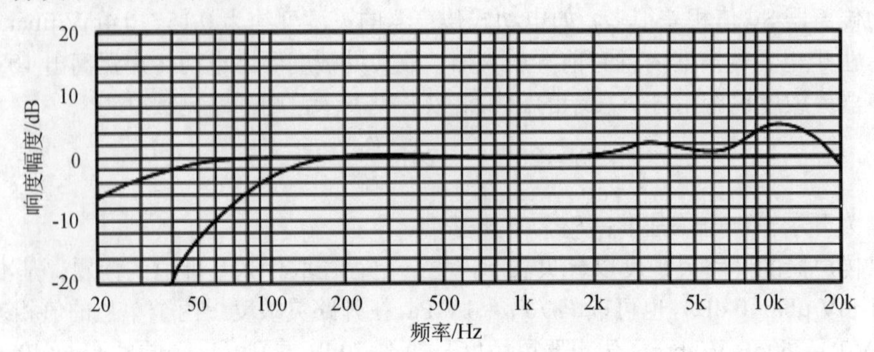

图 4-7　RODE 电容传声器频响曲线图

根据规定，测试时保持声源各频率点的输出声压恒定不变，传声器与声源距离保持在1～1.5m的距离，常常以传声器1kHz、0dB的灵敏度为基准，逐点记录各个频率点的灵敏度分贝值，再把这些点连成线，这条连线就是传声器的频响曲线。传声器的频率响应代表了传声器灵敏度与频率之间的关系。

为了获得保真的音质，人们往往希望传声器频率响应具有宽阔而没有提升或衰减的平直特性，事实上，这种理想频响曲线的传声器在现实中是无法制造出来的。众所周知，语言的可懂度，可以通过提升语言的中频（2～5kHz）幅度加以改善。事物都有其两面性，有些传声器频响曲线并不平直，恰好在这段频率范围有一些提升（如图4-7所示），所以对语言录音或扩声场合来说，选用这种传声器是最好不过的了。

由于频率响应是传声器的一个非常重要的特性和指标，也是整个录音系统设备的重要电声指标，所以大家要着重学习和理解它。

3. 等效噪声级

由于传声器元件或负载上的分子热运动等原因形成了传声器的固有噪声，其噪声电压的大小与传声器的结构密切相关，而与传声器本身的灵敏度无关。它代表了传声器拾取低声级声音的能力，通常用等效噪声级（Equivalent noise level）来描述。

等效噪声级是用与传声器输出噪声声级相当的输入噪声声级来表示的，也就是说，将传声器看作一个理想的无噪声元件，只将它所存在的噪声电压看成是由输入噪声声压所引起的。根据上述概念，将传声器输出端的噪声电压换算成1kHz输入声压E_N，由下式即可求出：

$$E_N=\sqrt{4KT\left(f_1-f_2\right)R} \tag{4-4}$$

式中，R 为传声器阻抗的电阻分量Ω；f_1–f_2 为传声器频率响应高低端频率之差，即传声器带宽Hz；T为绝对温度，15 ℃（288.16K）；K为波尔滋曼常数，$1.38\times10^{-23}\text{JK}^{-1}$。

对应于这一噪声电压的噪声声压级即为等效输入噪声级。只要用式（4-4）计算的噪声

声压 E_N 与基准声压值 20μPa 之比再取对数即可获得该传声器的等效噪声级。

4．指向性

指向性（Polar Patterns）是指传声器对不同角度入射声的转换能力。当声波以不同角度θ入射到传声器的振膜时，传声器的电压输出幅度会随着入射声的角度变化而变化，这种因入射声波的入射角不同，传声器灵敏度出现差异的特性，称为传声器的指向性。这里的声波入射角θ是声波与垂直于振膜法线之间的夹角。若以 E（0）表示声波沿轴向（$\theta=0$）入射时的灵敏度，E（θ）表示声波以θ角入射时的灵敏度，则传声器的指向函数为

$$D(\theta)=\frac{E(\theta)}{E(0)} \tag{4-5}$$

实际上，D（θ）值还与入射声波的频率密切相关。为了更直观地了解传声器的指向特性，通常采用极坐标图形表示。在极坐标上画出传声器对某一频率各个不同入射角的灵敏度响应图形，如图 4-8（a）所示；图 4-8（b）采用了不同入射角的直角坐标频响曲线表示法。

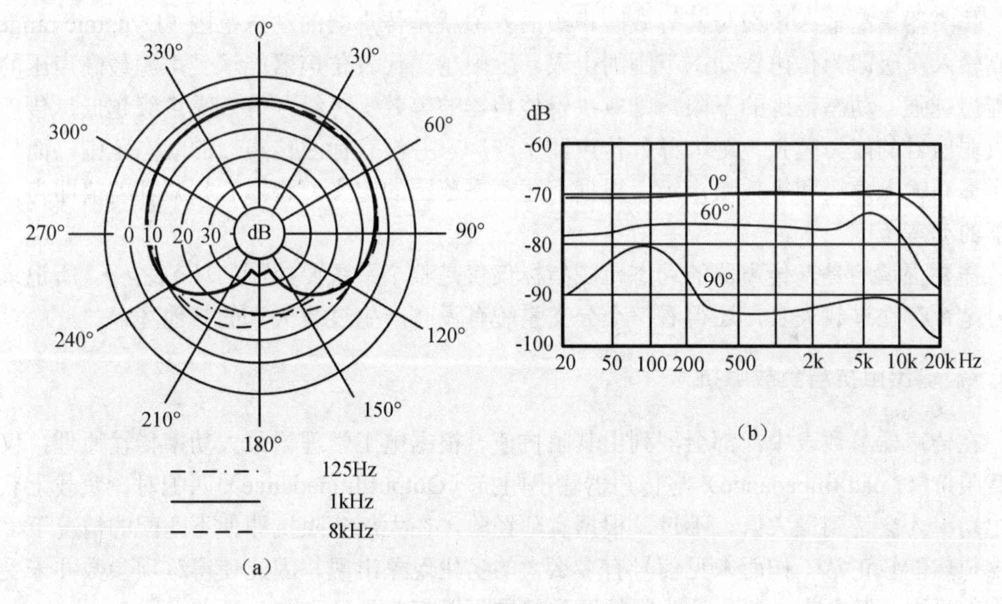

图 4-8　传声器指向性的两种曲线表示方法

严格地说，指向性图应该用三维坐标表示。但由于传声器大都是轴向对称的，所以，可通过传声器声轴的某一平面的指向性图来代表。

指向性是随频率而变化的。要比较全面地描述一个传声器的指向性，就需要用不同频率的一组指向性图。实际使用中可取一个频率或不同频段内几个频率的指向性图。常见的传声器指向性图如图 4-9 所示。

5．最高输入声压级

规定当传声器输出声压级谐波失真达到 0.5%～1%时的输入声压级，即为最高输入声压级（Highest input sound pressure level）。这是传声器可拾取声音允许声级的最大值。这

个值越高表示传声器承受外界声源的声压能力越强。它与传声器制造材料和结构，以及电容传声器内的放大电路过载能力有关。

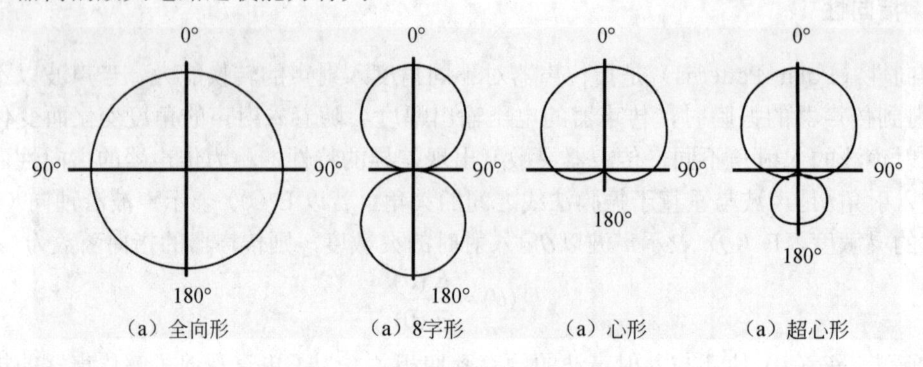

图 4-9　几种典型的传声器指向性曲线

6. 动态范围

传声器最高输入声级与其等效噪声级的差值就是传声器的动态范围（Dynamic range）。最高输入声级即为传声器动态范围的上限，上限越高代表传声器能承受声源最高声压的过载能力越强；动态范围的下限，则取决于传声器的等效噪声级，等效噪声级越低，传声器接收弱信号的能力越强。绝大部分传声器生产厂家并没有标注传声器的动态范围，而只标明了最高输入声级和等效噪声级，根据上述动态范围的定义，将二者相减其差值即为该传声器的动态范围。

需要强调的是，传声器的动态范围指标仅仅是整个系统要控制的环节之一。所记录的信号是否存在过载失真，还得看整个分支系统有没有产生过载失真的其他环节。

7. 输出阻抗与负载阻抗

在传声器参数表中，都会罗列出其阻抗值。根据电工学理论最大功率传输原理：仅当负载阻抗（Load Impedance）与传声器输出阻抗（Output Impedance）匹配时，负载上获得的电功率才会达到最大值。不过，根据实际经验，在大部分阻抗即使不匹配的情况下，传声器依然能较正常工作而未见信号有多么大的劣化现象出现，因此使得这项参数并未受到太大的重视，甚至有一些人认为阻抗匹配问题可以忽略不计。

从原则上讲，该参数主要是传声器与其后面的传声器放大器的配接问题。在配接时，要求负载阻抗比传声器的内阻大很多，即负载对信号源来说近似开路状态。在一般情况下，负载阻抗比内阻大 5 倍即可。

一般而言，低于 600Ω为低阻抗，介于 600～1000Ω的为中阻抗，高于 10000Ω为高阻抗。

4.3　单只传声器使用注意事项

使用单只传声器的过程中有以下几个方面需要考虑和注意。

1．考虑传声器与声源距离时，应充分考虑轴外频率特性和近讲频率特性

所谓传声器的轴外频率特性，即是指当声源偏离传声器振膜轴向入射时，传声器所表现出来的与其轴向频率灵敏度特性不同的特性。实际上就是传声器指向性的另一种说法而已，这在 4.2 节指向性一段中已经有了详细说明。由于在偏离轴向的方向上，声音信号自身与轴向上的幅频特性不一样，并且传声器在偏离轴向方向上的灵敏度也与其轴向灵敏度不一样。基于这两点传声器输出端的电声幅频特性表现出的音色与声源的音色有了明显的失真，从而改变了所拾取声音的音色，这就是声染色现象。这种现象不仅压差式或压强-压差复合式的传声器表现强烈，而且对于压强式传声器（全向性）在高于某些频率以上时，这类传声器也往往存在大小不一的指向特性。

传声器与声源之间的距离不同，也会影响传声器频率响应曲线的形状。除了全向形传声器外，所有其他指向性传声器，在较低的频率上这些传声器的输出电平的变化最大，都有明显的提升现象，而且离声源越近，这种变化越明显，这就是传声器的近讲频率特性，又称“近讲效应”。事实上，当传声器靠近声源时，两者都处在彼此的近声场的限度之内，因而产生低频响应提升的现象。任何指向性传声器都存在这一现象，特别是其中属于压差式的指向性传声器尤为明显。图 4-10 是某型号铝带传声器因近讲效应而引起的低频提升现象。

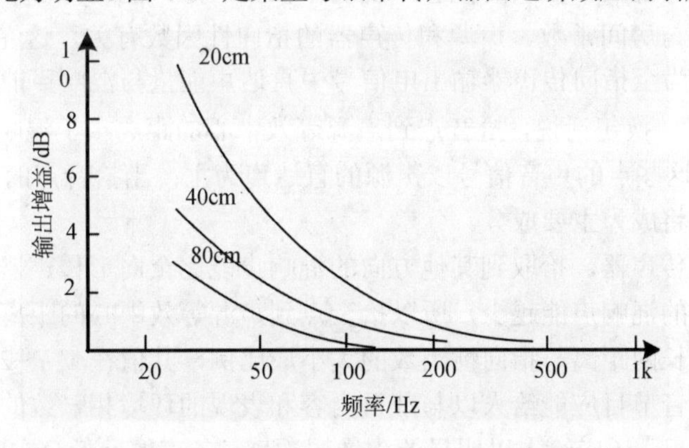

图 4-10　铝带传声器因近讲效应而引起的低频提升现象

任何事物都有其两面性，传声器的轴外频率特性和近讲频率特性也不例外。对待上述两类传声器频率特性，并不把它们归咎于传声器的缺陷范围，只能说是其特点。当要加以利用时，这些特点就是该传声器的优势，要加以消除时就是该传声器的劣势。究竟要加以消除还是加以利用，主要取决于录音师在使用传声器时的实际要求。例如，某人唱歌时声音非常单薄，缺乏 100Hz 以下的低频的厚度，此时可将传声器移近口腔部位，利用其近讲频率特性可起到提升低频的效果；相反，某人台词低频成分过多，语言含混不清，这种情况下可将传声器稍稍远离口腔部位，以降低语言中的低频成分从而提高台词的清晰度。用上述方法调整声源的频率特性比采用均衡器调整的方法行之有效，声音变化自然而且没有附加相移产生。

2．根据需要选定传声器指向性类型

在闭室内不仅存在各种声源的直达声，还有建筑物和其他物品对声源产生的前期反射

声与混响声，具体拾音时要利用传声器的指向形状将它们按一定比例拾取，以便得到所需的重放声气氛。

例如，如果希望某个声源的重放声能亲切、实在和靠前一些，就可以使用有指向传声器来加强直达声的拾取；

又如，如果希望某只传声器能拾取到一组面声源的直达声，该传声器的指向性必须足够宽，以便能将这些声源的声音都能拾取进来；

再如，如果某只传声器主要担负拾取所有声源的混响声，就应使用全指向传声器拾音，这样才能将各个方向上的混响声都拾取进来。

3．按声能比确定传声器的拾音距离

传声器的摆放除了要考虑传声器的指向性类型外，还应考虑与所拾取声源的相对距离，特别要考虑拾音点声能比的状态。

室内某处直达声声能密度与混响声达到稳态时的声能密度的比值，称为声能比。声能比与两个因素密切相关：一个因素与距离 r 有关，它决定了直达声的大小；另一个因素取决于混响声，它与房间特性有关，这个因素就是房间常数 R 的概念。

第 1 章讨论过“混响半径”的概念，混响半径指的是声能比为 1 的点到声源等效中心的距离。混响半径与房间常数、声源和传声器的指向性因数有关，这在式（1-20）中已经讨论过，式中的 r_0 为全指向传声器输出电信号中直达声能量与混响声能量相等时的拾音距离，即“混响半径”。换句话说，拾音点到声源等效中心的距离小于混响半径时，拾音点的声能比将大于 1，这些点的声音信号以声源的直达声为主；当拾音点的声能比小于 1 时，这些地方的混响声将成为主要成分。

对于有指向性传声器，拾取到其他方向的混响声能比全向形传声器拾取到的声能少，指向性越强拾取到的混响声能越少，所以拾音点到声源等效中心的距离要比全向性传声器的距离长。这个增长的距离与指向性因数的大小成比例，其值在 1.7～2 之间。

一个优质的录音节目应能给人以与节目内容和表现的环境相一致的氛围。对于一个有众多声源的大型节目，还应给人以明显的声像层次感（各声像远近分布的层次感），这些主要是靠控制传声器对各声源具有不同的声能比，即拾音距离来实现的。

4．阻抗匹配

当代调音台与 20 世纪 70 年代以前的调音台的传声器输入阻抗已经大不一样了。当代调音台的传声器输入阻抗大多在 2kΩ 左右，专业传声器的输出阻抗大多在 200Ω 左右。按照电压传输理论，要求调音台的输入阻抗要大于传声器输出阻抗 5 倍以上，才不会引起被传输声音信号的失真，所以当代调音台和传声器的阻抗匹配早已不是问题了，使用者再也不用担心匹配问题。

5．确保整个信号声道中没有反相环节存在

传声器的相位问题包含两层意思：一是当连接一个以上的传声器时，它们之间是否是同极性的相位关系（内因）；二是被拾取声音的直达声与反射声之间有无相位问题存在（外因）。这两个问题中，第一个问题一般不多见，处理起来并不困难，也是一旦出现相位问题

时首先要考虑的。例如，当同时使用两个传声器接收同一声源的声音时，将它们各自拾取的声音信号合并馈入到调音台上的同一个输出声道中，要是该声道的总输出音量比一个传声器输入时的音量增加了，则说明这两个传声器的极性是相同的。如果输出反而减小，则说明它们的极性刚好相反。这时只要将任一个传声器的电缆线反接（最好采用这个一劳永逸办法），或按下调音台上两个传声器输入通道上任意一个标有 φ 符号的反相开关，即可消除信号声道中的反相现象。所幸的是，世界各国出品的传声器都统一地规定了极性方向，所以在多只传声器同时使用的情况下，一般不会发生传声器输出极性反相的问题。如果出现问题只可能是传声器配接到传声器放大器之间的传输电缆极性接反所致。所以在录音室安装完毕后，第一次正式使用该电缆之前，或在购买或制作了新传输电缆线后，应该把这些电缆统统检查一遍，找出有反极性的电缆线，并把它们改正过来。请记住关于卡侬插头（插座）接线柱平衡式接法的口诀是："2 正 3 负 1 屏蔽"。传声器卡侬插头电缆线的正确接法如图 4-11 所示。

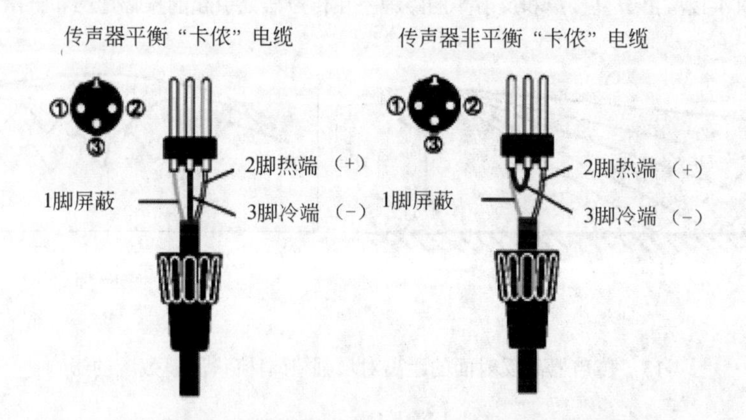

图 4-11　传声器卡侬插头与信号电缆的正确接法

如果因声音在传输声道上，直达声与反射声之间达到了声干涉的条件，出现的声干涉问题就比较复杂，通常有以下两种情况：

（1）当使用一个传声器拾音时，若传声器或声源附近存在硬的或较硬的大的反射面（如墙壁、地板等），且该反射面的反射声又正好能反射进入该传声器，如图 4-12（a）所示。如果声源长时间稳定发声时，在拾音点出现直达声与部分反射声的声干涉现象特别明显。

假设声程差 $D–R$（直达声声程 D 减去反射声声程 R）等于 1m，由于声干涉的原因，到达传声器的声音的振幅将在波长 λ=D–R 时的那个频率得到加强，C 是空气中的声速约为 343m/s，则基本相干频率应为

$$f = \frac{C}{\lambda} = \frac{C}{D-R} = \frac{343\text{m/s}}{1\text{m}} = 343\text{Hz}$$

在这一频率的 N 倍频率（$2f$、$3f$、$4f$ 等）处，也会出现振幅增强；在这些频率的一半（$1/2f$、$3/2f$、$5/2f$ 等）处，声音将按直达声与反射声反相的情形到达传声器，所以会出现某种程度的振幅抵消。图 4-12（b）是典型的梳状滤波效应频响曲线。

要改善类似声音相位抵消问题可采取如下几条措施：

① 把传声器按图 4-13（a）中的 1、2 和 3 的位置逐渐移近地板放置，因声程差逐渐

减小，梳状滤波效应可得到逐步改善，这时，由于直达声与反射声时差趋近为零，所以拾音点的合成声压也趋于平直，如图 4-13（b）所示。为了减小因声程差引起的失真或声染色，要尽可能地减小直达声与反射声之间的声程差，应把传声器放置在反射面近处，这是摆放传声器应该尽量遵守的一个原则。

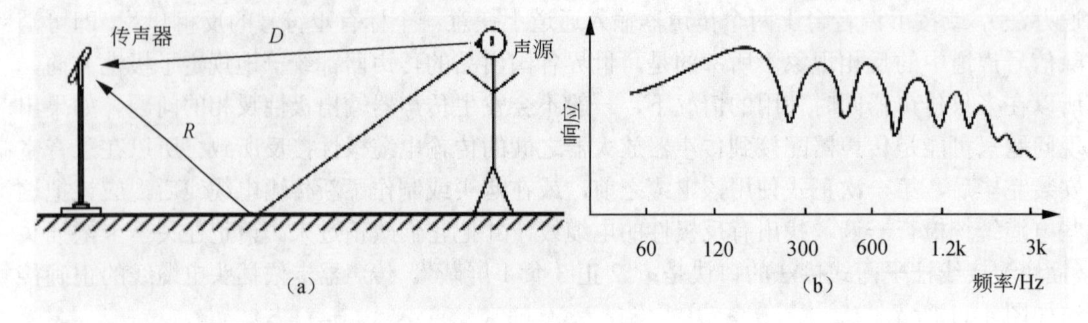

图 4-12 由于直接声和反射声的路程差在传声器处引起的振幅增强和抵消

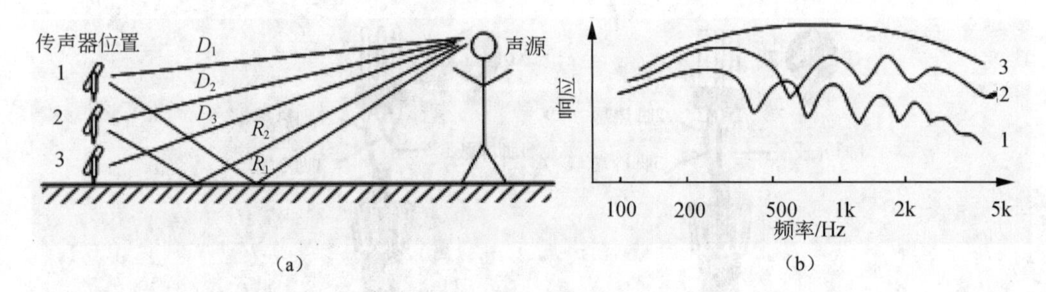

图 4-13 传声器离反射面的距离对增强/抵消梳状滤波效应的影响

② 演员和乐器应尽量远离那些可能产生强烈反射声的硬的或较硬的大的反射面（如墙壁、地板等），以减轻它们造成的不良影响。

③ 尽量设法减弱反射声的能量，使直达声的能量比到达传声器的反射声的能量大得多。可以在反射面铺设吸声系数大的吸声材料，这可以降低反射声的能量，如在地面铺设吸声地毯，在桌面铺设吸声桌布，观众席采用吸声座椅，隔声屏风设置吸声材料，这些都是当今减少拾音点反射干涉的行之有效的方法，如图 4-14 所示。

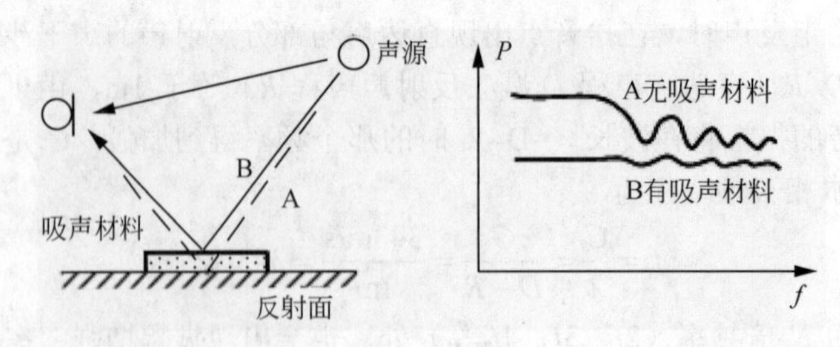

图 4-14 加强反射面的吸声特性，可减小反射声的干涉，拾音点的声压频响趋于平直

④ 尽量选用有指向性传声器拾音，并将其指向性弱响应方向（一般是传声器的背面）对着反射面，这时拾音点虽然存在反射声，但其输出电信号中引起梳状滤波效应的反射声比例会大大下降，可以有效地减弱不良声反射的影响，如图 4-15 所示。

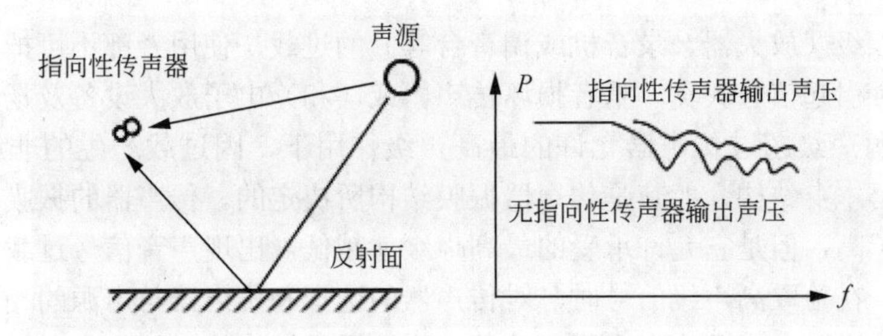

图 4-15　利用指向性传声器，将其弱响应方向指向反射波方向，可减弱反射声干涉的影响

（2）当使用多只传声器拾音时，造成相位差引起梳状滤波效应的现象会特别严重。这里不仅要考虑声源与反射声之间的声程差，还要考虑由声源与各传声器之间放置的距离不同（声程差不同）引起的相位问题。

假如把多只传声器拾取的同一个声音混合到一个声道（单声道）中就会出现相位干涉（立体声拾音并不明显）。从前面的讨论可知，当传声器之间的声程差正巧等于被拾取声音半波长的整数倍时，所对应频率的相位差正好等于 180°，相位刚好相反，满足了产生梳状滤波效应的条件，在这些频率点将出现振幅降低，而在另一些频率将出现振幅增加。由此可见，只要保持各传声器与声源的距离完全相等，就可解决这类声相位问题，不过，实际上这是难以做到的。常见的二声道立体声，某些频率反相的现象是时刻存在的，有时还非常突出，甚至还要加以利用，只不过由于是两声道播送，信号并未产生实际叠加，梳状滤波效应暂时还不会发生，所以人们听见的好像是正常的声音，要是把两声道缩混成为单声道来聆听，立刻就能听出梳状滤波效应来。这就是大型专业调音台上在监听部分配置 Mono/Stereo（单声道和立体声）对比切换开关的原因。

现代录音和扩声技术使用多只传声器同时录音或扩声的情况屡见不鲜，声音相位问题不可避免。尽管要完全消除各传声器之间的相干作用是不可能的，但采取下述措施可以把相位干扰所产生的梳状滤波效应的影响减至最小：假如一个传声器与声源之间的距离为 D，则不要再将其他传声器放置在距这个传声器的 $3D$ 的范围之内。这就是著名的“3:1”定律，如图 4-16 所示。

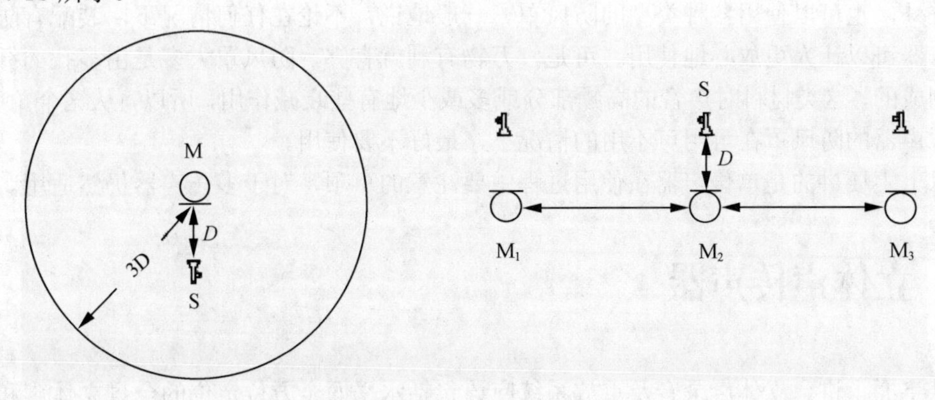

图 4-16　“3:1”定律示意图

6. 要时刻警惕传声器与放大器等过载问题

无论因声源声压级过大使得传声器振膜振动过度，还是因传声器电信号输出过大造成

与其配接的输入级（放大器、录音机或调音台等）的过载，使用者都不可掉以轻心。一旦出现过载，轻者引起信号失真，重者损坏传声器或（和）电子放大设备及扬声器。

在外部声源声级超过传声器允许的最高声级作用下，因过载产生的非线性失真的大小，是由传声器本身结构，尤其是传声器振膜结构所决定的。传声器的振膜做得越薄越轻巧其灵敏度就越高，但是它允许承受的最高声级就越低，出现声音信号过载失真的可能性就越大。因此，在拾取高声级信号时，对传声器的选择和传声器与声源的相对位置都是很考究的。一般地说，在声源为高声级条件下，应选用灵敏度较低的传声器，如选用动圈传声器拾取爵士大鼓信号，往往比选用电容传声器来得更保险。

通常，在不考虑传声器类型的条件下，在选择传声器时，传声器的“最高声压级”指标一定要高于被拾音信号可能达到的最高声压级。

7. 传声器是精密电声设备，要保护好传声器使其不受损害

在传声器使用过程中应避免振动和摔跌，强烈的振动不仅可能使传声器严重过载，而且还有损坏其部件的危险，因此最好采用具有防震装置的传声器支架。毫无疑义，更不可将传声器跌落在地面上，因此，必须将传声器电缆布置在不易被人缠碰的地方，并应作适当固定，以免人在走动时无意间将传声器绊倒。

在移动、卸下和安装传声器时要特别谨慎，尤其是电容传声器，一定要先拉下调音台上该路传声器音量推子，再将幻象电源关闭后才可移动或撤卸。因为电容传声器带电工作时的强烈振动，可能导致极板间的距离突然减小，这就可能因极化电压的存在而将振膜击穿。这样做也可防止因带电撤卸或安装所带来的电冲击损害调音台及后续电子设备（包括扬声器）。安装好传声器后应先开幻象电源，停顿几秒钟让传声器工作正常后再小心地上推音量推子。总之，无论撤卸还是安装传声器，始终应该牢记一句话：不允许带电操作！

如果传声器必须放置在有风的环境中工作，则必须安装防风罩，以防振膜因气流的作用而产生过强的风噪声。为了消除口声气流对传声器的影响，除了适当地选取传声器的放置位置外，也可以使用各种类型的防风罩。一般地说，不论在任何情况下，装配有防风罩的传声器可以让人更放心地使用。可是，万物有利就有弊，防风罩大多是由多孔的纤维或塑料制成的，这类材料对声音的高频部分或多或少地有些衰减作用，所以，从这个角度讲，对于传声器的防风罩在可用可不用的情况下，最好不要使用。

以上主要讲的是单传声器在使用过程中要注意的事项，对于多传声器仍然适用。

4.4 立体声传声器

从字面上讲，立体声录音及重放系统应该包括水平面全方位定位的全景立体声和三维空间环绕声系统。由于历史的原因，使得对立体声的认识很不全面，因此，过去很长一段时期，并且今后还将在一个较长时期，所谓立体声的概念仍然局限于指录音及重放声源位于聆听者前方一定角度（一般是 60°）范围内形成的狭义平面的录音及听声系统。本节的立体声传声器拾音原理均是建立在 2.9 节人类双耳听音定位的理论基础之上的。

传声器拾取的声音是重放系统形成空间印象的重要声源。常见的立体声传声器的单体结构与普通的单声道传声器毫无二致，只不过为了满足不同的立体声拾音模式，而将两个或更多单体传声器按一定规则进行不同形式的组合放置而已。

普通立体声传声器可分为三声道波阵面立体声、双声道 A/B 型波阵面立体声、声级差型立体声和假头型立体声等拾音系统。

经典三声道波阵面立体声拾音系统是将三只传声器分别放置在被拾取声源阵列前方成直线排列的左、中、右三个位置。当聆听者偏离重放系统中心线不是太多时，感受到的声像位置与实际声源声像位置出入不大，非常逼真。这类系统过去常用于宽银幕电影的放声系统声源的拾取上。

三声道系统的简化类型是双声道 A/B 制传声器拾音系统。这种类型的立体声拾音技术采用的是两只性能完全相同的传声器，根据声源的宽度将它们按一定距离平行布置，使得传声器能够拾取到反映临场感的，如声级差、音色差甚至还有相位差（时间差）等各种声音信息，如图 4-17 所示。从传声器布置上看，两个传声器之间的距离与两个传声器构成的最大拾音角有着密切关系。实验表明，传声器之间的距离 2d 和最大拾音角θmax 之间遵循如下规律：

$$2d \cdot \theta\text{max 度}=30\text{ 米} \cdot \text{度} \tag{4-6}$$

将式（4-6）经过简单的数学推演得到两个传声器之间的正确摆放距离：

$$2d=30\text{ 米} \cdot \text{度}/\theta\text{max 度} \tag{4-7}$$

将所测得的最大拾音角度带上单位（度）代入式（4-7）后计算，即可得到两个传声器之间的摆放距离 $2d$（米）。其中最大拾音角θmax 即为两传声器在线性范围内所能拾取声源的最大角度，有经验的录音师可用目测得到。

式（4-6）为 A/B 制传声器的布置距离提供了一个快速简便的计算公式。对于具有一定宽度、分布均匀的声源来说，如果 A/B 传声器之间的实际摆放距离超过了式（4-7）的计算距离 $2d$，当用重放系统实际聆听时，往往会出现位于中间的声源声级减弱甚至声像偏离中间位置，从而出现“中空或中凹”声像畸变现象。要想改善或杜绝这些声像畸变情况出现，可以适当减小拾音角θ或相应地加大传声器与声源之间的纵向距离。但这在实际应用中尤其在室内并非能完全做到。因为在房间有限限度之内，为了解决上述的声像畸变现象，传声器与声源的直线距离不可能无限增长，在有限距离之内拾音角θ是否可以收缩到所要求的角度范围之内，这都存在问题；再者，根据室内混响声能与直达声能的变化规律，传声器与声源的距离越远，传声器拾取的混响声能比例越大，直达声能比例越小，所拾取的声音声能比例将会发生变化。另一种解决“中空或中凹”现象的办法是，在 A/B 传声器连线的中央再增加一只辅助传声器，即可较好地解决中空现象。这样所拾取的声音，在聆听中会感到中央声像群向着聆听者方向前移，但其相对纵深感与 A/B 制传声器拾音一样并未增加，但是声像群的宽度感却比 A/B 制双传声器拾音时缩窄。不言而喻，这种拾音方法似乎又倒退到三声道立体声拾音系统上去了。

前已述及，当把声源看作是由一个个点声源组成且排列均匀的阵列时，双声道拾音系统声像会产生“中空或中凹”和中间声像后退（远离听众）等声像位置畸变现象。对于这类位置畸变现象的克服办法有许多种，其中最为简便的办法是增加一个中央传声器。不过，所增加的传声器不像三声道拾音方式这么简单地成一字形排列，而是沿着在声源方向向前凸出一段距离，因而它既像三声道拾音方式但又区别于普通的三声道拾音方式。其中最具影响力的三声道改良方式就是著名的“笛卡树”（Decca Tree）拾音方式和“逼真临场感”（Living Presence）拾音方式。前者是英国笛卡（Decca）唱片公司于20世纪50年代中期，由其工程师罗伊·华莱士和录音师肯·威尔金森等共同提出的。最早的笛卡树拾音方式使用了三只成三角形排列的全向形传声器，两边的A/B传声器之间的距离大约为2m，角度约为135°；位于三角形顶点的中央传声器C靠近声源，与A/B传声器连线的垂距约为1.5m。目前经常使用的笛卡树拾音方式的传声器布置数据是可以调节的，具体如何调节要取决于录音房间的大小及其声学特征，以及交响乐队、合唱团的编制与排列等因素，如图4-18。笛卡树拾音方式最原始使用的传声器有Neumann KM56、M201、M49、KM53或M50等。

笛卡树拾音方式主要是为大型交响乐立体声录音而研制的，其优点在于它的两边的A/B传声器距离比式（4-7）计算出来的距离要大些，因而可以更好地反映出交响乐宽阔宏大的声场效果；同时位于中央的那只传声器C，又补偿了两边传声器距离过远造成的声音中间空洞、音质模糊等缺陷。因此，它的整体拾音效果异常丰满清晰，同时声场非常的真实宏大，如果再加上其他辅助传声器，重放时可以达到最接近现场聆听的效果。因此在过去很长一段时期的交响乐录音中，笛卡树拾音方式成为了一种最普遍的手段。

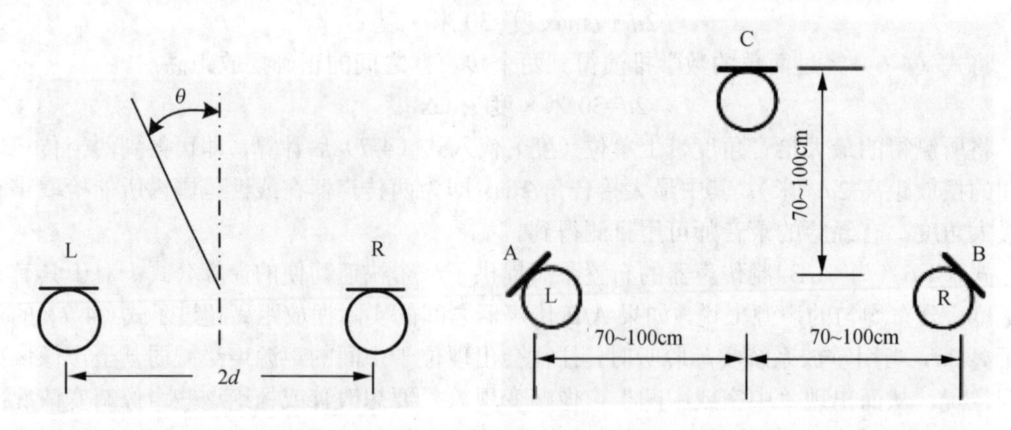

图4-17 A/B制拾音的传声器布置示意图　　图4-18 笛卡树拾音方式的传声器布置示意图

与此同时，美国著名的水星（Mercury）唱片公司也研制了一种改良的A/B制“逼真临场感”（Living Presence）拾音方式。和笛卡拾音方式类似，这也是一种采用三只传声器的录音方式。这种方式来源于传统的A/B制式录音，也就是首先采用两只间隔一定距离的传声器，不同之处是两只传声器的距离放置得非常之远，一般要达到3～5m之距。其好处是能够有充分且广泛的角度，去捕捉交响乐队庞大的空间声场。其致命缺陷是重放时，听起来处于乐队中间位置的声音异常空泛，原来中间的声音往两边分散。为了弥补这个致命缺陷，“逼真临场感”拾音方式在A、B两只传声器之间的中央位置，再布置了一只中央声像群补偿传声器，从而使得被录取节目中间声音饱满清晰。这种拾音方式，为音频节目带来的是极为温暖华丽、饱满动人的声音。

与A/B制立体声两传声器类似的拾音方式还有很多种，其中最著名的要数英国人迈克尔·威廉姆斯（Michael Williams）于1989年正式提出的“可变立体声双传声器系统”。这种拾音方式如图4-19。

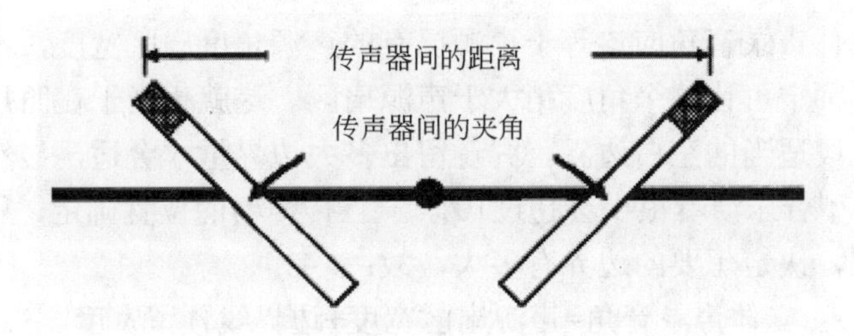

图 4-19　可变立体声双传声器系统结构

该系统基本上是由相同指向性、相同特性的两只传声器组成的，它们是按照能够很方便地改变传声器振膜之间的距离，以及能够很方便地改变它们的指向轴之间形成的夹角，这样一种方式组合安装而成的。该拾音方式可以由录音师自主控制立体声录音角度，减小扬声器回放产生的声像角度畸变，并能在一定程度解决被录音声源在房间内的混响分布问题。

图 4-20 所示为可变立体声传声器系统立体声录音角度作为距离和角度函数的各种组合曲线簇。X 和 Y 轴（横坐标和纵坐标）分别代表传声器之间的距离和角度，而每条单独的曲线代表了需要获得一个指定的立体声录音角（椭圆圈中为该特定录音角度的±值）的传声器间的夹角和距离的各种组合。立体声传声器系统前部形成的声场扇区在重放扬声器之间产生虚拟声像，这个虚拟声像所包覆的角度就是立体声录音角。需要说明的是，立体声录音角总是规定用±角度表示，以传声器系统前方的中心轴为参照，“+”表示沿着中心轴顺时针方向度量，而“－”表示沿着中心轴逆时针方向度量。采用本规定是为了避免与指定为总角度的传声器夹角概念产生混淆。

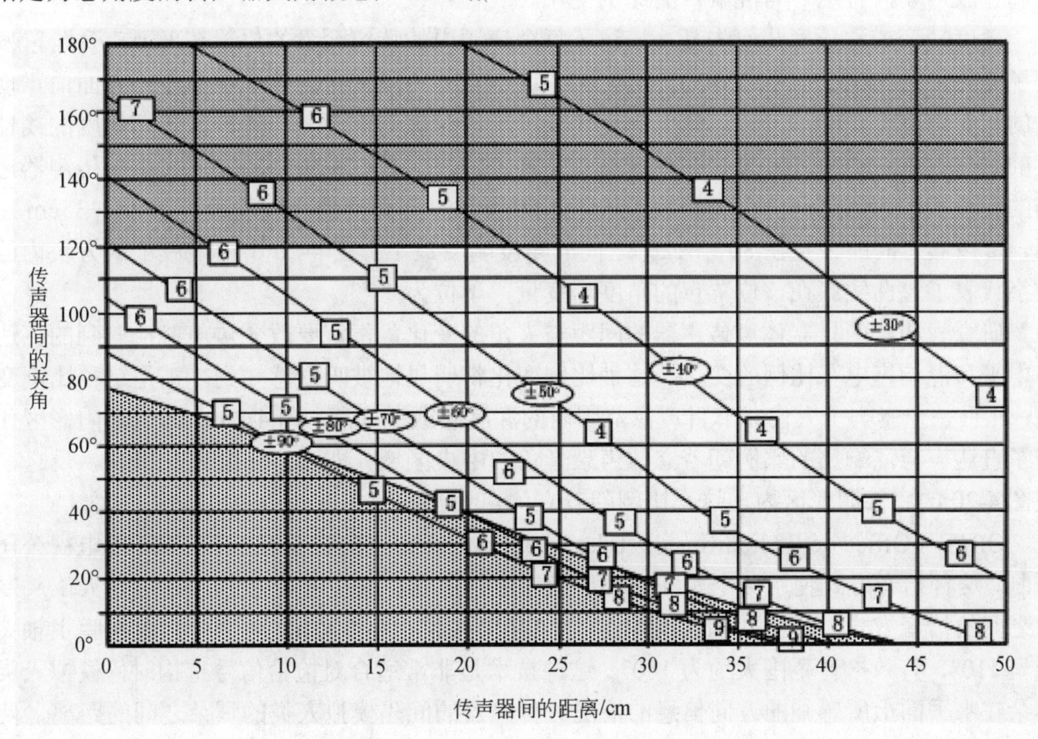

图 4-20　可变立体声双传声器(心形)立体声录音角坐标图

一般来说，立体声录音角应该等于声源已有的声源角度扇区宽度，不过为了保险起见和留有余量，录音师宁可让这个角度稍大于声源扇区。这就相当于在照片或在声像中适宜的边界旁边留下一段适当的空白边界。究竟留出多大边界量才合适，显然是见仁见智的做法，但对于一个小型音乐演奏很少会超过10º。一旦传声器的位置确定，只需度量整个乐团所涵盖的角度扇区，决定想要的边界有多大，故：

立体声录音角=声源扇区宽度+边界线预留宽度

图4-20中横坐标代表两只传声器间的距离，纵坐标代表两只传声器间的夹角，7条曲线簇分别代表两只传声器产生的不同的立体声录音角度。当选择一个特定的距离和夹角组合时，就有一个对应的给定的立体声录音角度存在。让我们考虑一对距离和夹角组合的例子，如两只传声器振膜间的距离为20cm，传声器间的夹角为90º。在图4-20的横坐标上找到 20cm，在纵坐标上找到 90º，这两条坐标线都与±50º这条曲线相交，也就是说在此立体声传声器间距和夹角的条件下，立体声录音角为±50º，覆盖范围可达100º。

在平时的录音工作中，只要有了三个参量（传声器间的距离、传声器间的夹角、立体声录音角度）中的两个参量就可从图表中查出第三个参量，因而查阅起来十分方便。图4-20仅代表了心形传声器立体声录音角与传声器间距和夹角之间的函数关系，威廉姆斯在他发表的著作（“The stereophonic zoom”即“立体声缩放技术”）中，还同时公布了一些其他指向性（阔心形、超心形等）传声器的三个参数的关系图表。

根据这个坐标图，它能建立给定立体声录音角的传声器间距和夹角的不同组合，而可供选择的这种组合几乎是无限的。不过在最后选择传声器系统时，必须考虑受到的其他操作的局限，还必须考虑重放的立体声声场的另外两个主要特征：重放声场内的角度位置畸变和重放声场内直达声与混响声的比例变化。

角度畸变或称角度几何失真，描述了每个声源内的特定元素的位置在再现声音阶段发生了变化，这与电子信号失真的性质无关。这是立体声录音角内各个声源在听者面前重现时的相对角度位置的不一样，角度畸变代表了重放时虚幻声源与自然声源之间角度的线性度的不一致。这类拾音方式存在角度畸变是肯定的，但是这种角度畸变的大小与传声器之间的夹角和传声器之间的距离相关。从图4-20得出，当传声器之间的距离在25～35cm之间，传声器之间的夹角在80º～120º之间的角度畸变最小。图4-20中曲线簇上的方块内的数字代表了该曲线簇在该位置点的角度畸变量，单位为“°”。

研究表明，两只立体声传声器的间距与夹角的变化，肯定要改变传声器拾取到的直达声电平和混响声电平比例的变化，这种比例变化将明显地被听众感知到。正是这种比例变化，几乎完全影响了人们对节目声像范围内的深度感或透视感。图4-20中的顶部阴影区代表了直达声与混响声的比例朝着立体声录音角的中央区域（即 0° 区附近）减少。反之，在图4-20的底部阴影区内，这个比例朝着立体声录音角的角度两边边界减少。

ORTF（Office de Radiodiffusion-Television Francaise）制式：由法国国家广播电视公司研制。这种拾音方式使用两个相同的心形指向性传声器，这是一种介于A/B制和人工头制式之间的拾音方式。如图4-21所示，两只传声器振膜相距17cm，两个传声器振膜主轴夹角呈110°，有效拾音范围大约为180°。这种技术是非常适合对检拾信号重构时，模拟人类耳朵在水平面上所感知的方向信息的情况。传声器的间隔模拟人类的耳朵之间的距离，两个指向性传声器之间的角度模拟人类头部的遮蔽效应和耳廓张开角度。由于传声器之间的距离并不大，因此相位干涉程度并不太严重，但相对于 X/Y 制式，它的声音扩散较好、声像宽大，尤其适合录制移动声源。这种方式录制的立体声节目，可以用立体声耳机或一对扬声器重放，效果同样很好，所以它是目前比较经常使用的拾音方法之一。

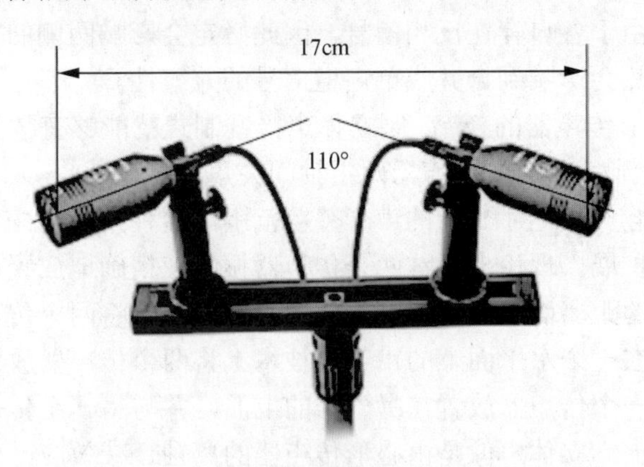

图 4-21　ORTF 立体声拾音方法示意图

由于 A/B 制及其变形的立体声拾音方式，保留了可产生临场感的若干声音信息，因此作为双声道立体声放声时，可以得到相当满意的结果，但是用它作为兼容单声道放声时则兼容性太差。这是因为 A/B 制中的两只传声器所拾取的声信号，既存在声强差（声级差），又存在时间差（相位差），如果将这两个信号相加作为单声道的信号放声，将会出现严重的梳状滤波效应。这是由于 A、B 两传声器相隔有一个不小的空间距离（十几厘米至几米），两路信号存在严重的相位差引起的。为了改善这个问题，人们自然要设想，假如将两传声器振膜主轴无限接近甚至重叠放在一起，这个问题不就迎刃而解了吗！通过实验结论是肯定的，这就是 X/Y 制传声器拾音的由来，如图 4-22 所示。

图 4-22　X/Y 制立体声拾音方法的传声器布置图

如图 4-23（a）所示，X/Y 制拾音制式的原型由英国人艾伦·布鲁姆莱恩（A·D·Blumlein）提出，并于 1933 年获得英国专利。它是采用两个性能和指向性完全相同的 8 字形传声器，振膜主轴间按 90°交叉上下紧密重叠放置在一起。两只交叉重叠放置的传声器，对声源仅存在声强差而没有声程差的拾取方式，力求还原原有的立体声声场。这种双指向传声器由于膜片背部为反相区域，这与人耳接收的经墙壁反射的实际声音的环境感受类似，因而能比较好地反映人耳背部的真实声场环境，从而可以比较好地得到稳定、清晰的声像感受。但是在面对声源的传声器轴向外侧面，如图 4-23（a）中（+X～-Y）和（+Y～-X）夹角之间所包含区域，当该两个区域内的声源信号同时被一个传声器的正指向瓣的一部分与另一个传声器的负指向瓣的一部分拾取后得到的声像无法定位。当整个信号在电子声道相加时，由于各自存在反相信号，因此必定会影响两侧的立体声信号的定位与纵深效果，当然也必然会影响到合并成单声道信号的兼容性。

假如采用两个心形传声器的 X/Y 制立体声拾音制式就能够有效克服上述缺陷，如图 4-23（b）所示。这类新型 X/Y 制传声器两主轴间夹角大多在 80°～130°夹角之间可调，典型使用夹角为 90°，能产生大约 170°的声音覆盖范围。这种角度的变化将直接影响拾取声音的角度和立体声的扩展。理论上，这两个传声器振膜应精确地放置在同一个空间点上，以避免由于振膜之间的距离而发生任何相位问题；再者只有将两个传声器放置在同一空间点上，才能拾取到同在一个水平面上的声音。技术上将两个传声器放置在同一点上这实际上是不可能的，而将一个传声器放置在另一个的上面，并与另一个传声器垂直对齐这是最佳的逼近方法。事实上，立体声像是由心形传声器的离轴衰减效应产生的。但心形传声器在 90º 方向上离轴衰减仅有 6dB，使得 X/Y 制拾音方式的通道分离度受到限制，因此用这个方法拾取的声音不可能具有广阔的立体声声像。

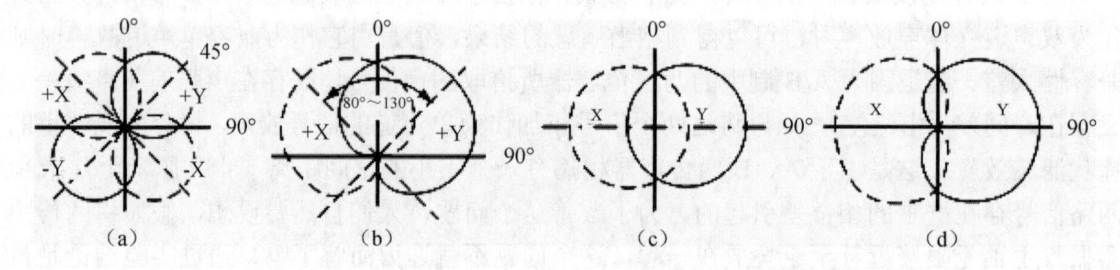

图 4-23 X/Y 制立体声拾音方法的传声器组合方式举例

现在已有定型产品可供直接使用，如德国 Neumann 的 USM-69 型、奥地利 AKG 的 C426B Comb（可以在 X/Y 制和 M/S 制式间变换）和美国 EV 的 RE1000 及 RE200 型等立体声传声器都是属于这类传声器。

X/Y 制与 A/B 制的最大区别在于前者两个传声器是重叠放置的，两个传声器膜片几乎处于同一空间位置，这时声源对这两个传声器不存在时间差，也就不存在相位差。X/Y 制立体声声像的建立主要借助于两个声道间的声强差（声级差），因此，对单声道的兼容性比 A/B 制要好得多。但是因为心形传声器仅在轴线上有较精确的频率响应，而当偏离轴线特别是远离轴线边缘，它所反映出的立体声场的声像就比较模糊了。X/Y 拾音制式可能还会存在缺乏透视感和深度感的弱点，但优点是声音清晰，声像定位较为明确。

M/S 制与 X/Y 制系统一样同属声级差型立体声拾音系统，它是目前比较常用的一种与单声道兼容的立体声拾音方式。与 X/Y 制类似，如图 4-24 所示，它也是由一组交叉重叠、振膜间成一定角度的传声器组成。不同的是组成立体声传声器的两个传声器的指向性各不相同，其中一个以接收声源中央信号为主，同时还拾取声源左、右两边的信号，故这个传声器称为中央传声器，用 M 来代表。另一个 8 字形传声器则将与主轴正交方向对准声源中心，主要拾取左、右两侧立体声信号，故称 S 传声器。

图 4-24　M/S 制拾音传声器实物布置图

M 传声器拾取的包括声源的左、中和右信号，其表达式为

$$M = L+C+R \tag{4-8}$$

式中，M 传声器拾取的信号等于声源的左 L、中间信号 C 和右 R 等信号之和。而 S 传声器拾取的信号则是声源左 L、右 R 等两边信号之和，式中的负号表示 8 字形传声器所拾取左、右信号之间的相位关系，即

$$S = L+(-R)=L-R \tag{4-9}$$

值得注意的是，M/S 立体声传声器所拾取的并输出的电信号，并非实际可用的左、右两路立体声信号，因此不能将 M/S 信号像 A/B 制式或 X/Y 制那样直接输入调音台，继而混合成双声道立体声信号，而必须通过特殊的加法器和减法器将两个信号进行加减，得出和、差两个立体声分量信号后才能使用，因此，这种 M/S 制式又称为和差型立体声格式。经加法器和减法器对上述信号相加或相减后，分别得到的左 L`、右 R`信号为

$$L` = M+S = (L+C+R)+(L-R)=2L+C \tag{4-10}$$

$$R` = M-S = (L+C+R)-(L-R)= 2R+C \tag{4-11}$$

式中，L 为声源左侧分量信号；R 为声源右侧分量信号；L`为传声器经解码后的左声道立体声分量输出信号；R`为传声器经解码后的右声道立体声分量输出信号。

过去，通常采用如图 4-25（a）所示的典型矩阵变换电路对 M/S 信号进行加、减处理成两声道立体声信号。图 4-25（b）是另一种直接利用调音台把 M/S 传声器信号变换成 L、R 信号的一个例子。这种方式简单、易行、效果好、无失真。类似这类和差变换电路还有很多种，这里就不一一列举了。

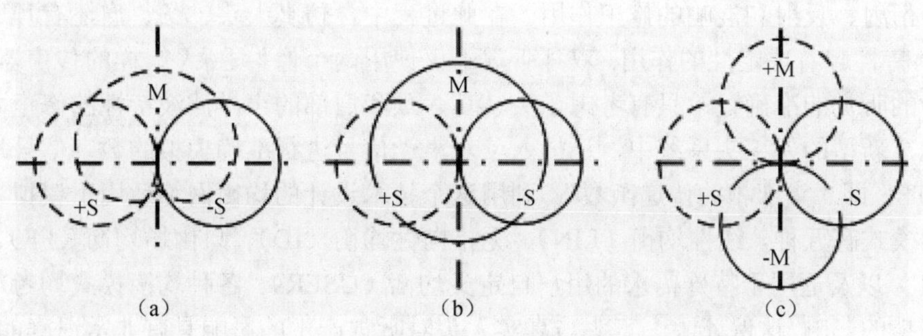

图 4-25　M/S 制拾音传声器的矩阵变换电路

在 M/S 立体声拾音制式下，单声道信号则为（M＋S）＋（M－S）＝2M。由于 8 字

形传声器两个信号（＋S 和－S）互为反相信号，相加后两个信号相互完全抵消，只剩下中央传声器的 M 信号，该信号就是与 LR 立体声信号完全兼容的无相位干扰的单声道信号，可见，M/S 拾音制式与单声道信号兼容性最好。如前面介绍的德国 Neumann 的 USM-69 型、奥地利 AKG 的 C426B Comb 和美国 EV 的 RE1000 及 RE200 型等立体声传声器，就是运用这一原理设计的。

如图 4-26 所示，不同的指向性类型传声器可以组合成不同的 M/S 立体声拾音组合方式。M/S 拾音制式一般是以心形指向或全指向，甚至将 8 字形指向性传声器作为 M 传声器，而以 8 字形指向传声器固定作为 S 传声器。

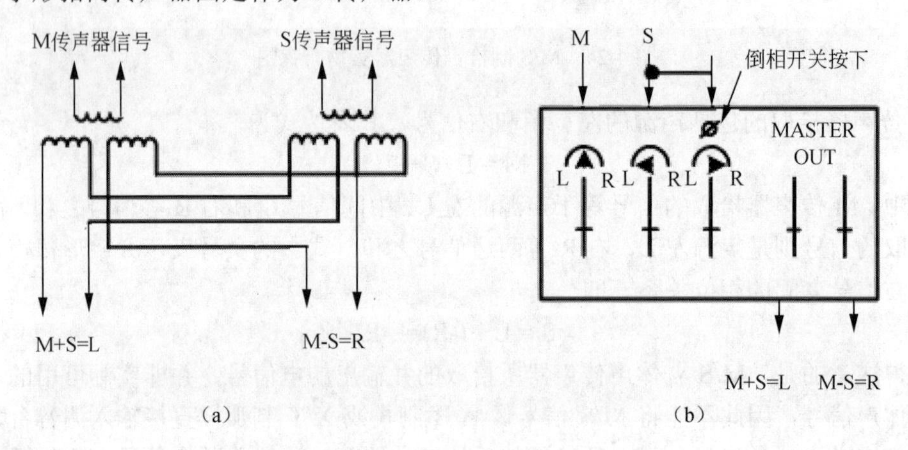

图 4-26　M/S 制拾音传声器的两种组合方式

在立体声拾音技术中使用最早，后来又一度放弃使用，目前又引起广泛关注的仿真人工头立体声拾音技术，是一种试图让传声器在听音者耳朵位置上模拟人耳实际听音感觉的仿生学优秀技术。这种拾音技术，顾名思义，其关键是需要一个具有真人外观的仿真人头模型（包括颈和肩部），一般是用木头或塑料制成的，头部直径约 20cm。在人工头的耳道末端，与真人耳膜相同位置，分别装有两个无指向性的微型电容传声器，两个传声器的输出信号分别作为立体声的左右声道信号。这种拾音方式，理论上可以逼真地拾取到如同人耳听到的一模一样的各种声场信息。然而事实并非如此，2.9 节已经述及，人类听觉是根据双耳所接收的声音信号的时间延迟和声压级的不同完成声像定位的，而且由于外耳廓的形状使然，产生了对声信号与方向相关的滤波效应。这种滤波效应就是对声波传播过程进行衰减、衍射、反射和混响的修正作用。在此过程中，仿真人头、颈、肩还有耳廓的几何（解剖学）特性起着决定性的作用。双耳听觉不仅使用两个像“耳朵”一样的传声器来模拟，忠于原声的听觉的准确记录只有考虑了头、耳、颈和肩部的声学滤波特性的修正才可能实现。因此，新型的人工头系统中，还加入了对声学信号进行准确模拟的数字信号均衡处理技术 HRTF，即“头部相关传递函数”。利用这个技术设计的均衡网络适用于模拟各种典型声场，其模式有五种，线性均衡（LIN）、无指向性均衡（ID）、自由场均衡（FF）、扩散场均衡（DF）以及适用于特殊需求的用户自定义均衡（USER）。各种均衡模式均考虑了人工头对声传播的影响，这保证了人工头与真实人头对听觉产生的影响具有非常逼真的一致性。如果佩带耳机聆听，新型的人工头拾音效果相当令人满意，可以很好地重现原声场的音色效果，听音者犹如置身于原声场中一样。目前，由于新型的人工头拾音技术的出现，即使在两个分开放置的扬声器中放声，也可得到大致令人满意的结果。图 4-27 是这种拾音装置的仿真人工头。

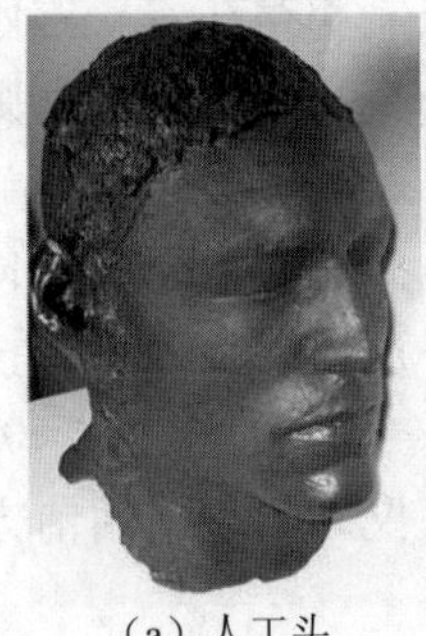

（a）人工头

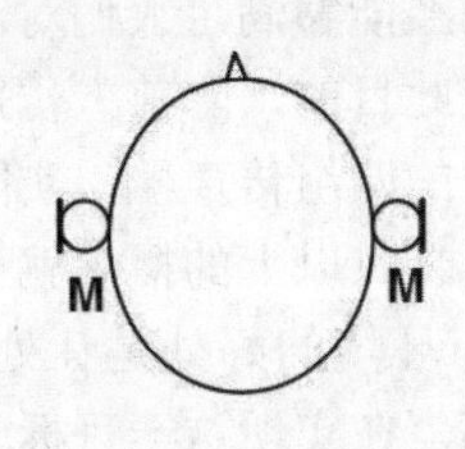

（b）人工头拾音器放置示意图

图 4-27 新型仿真人工头立体声拾音器及其示意图

4.5 环绕声传声器

今天，当人们谈论立体声的时候，脑子里自然想到的是两声道立体声录音和放声，有史以来这种感知前方大约 60° 区域的所谓立体声系统，其实只能近似地、最低限度地满足聆听者对前方主要声音回放区角度大小的要求。然而，随着可录音和放声的声道数的增多，立体声的内容与概念也要作相应地改变。

人们总是处在一个立体的、环绕在人耳周围的三维声场空间之中，而两声道系统所重放的声音只出现在聆听者前方很狭小范围（大约几十度）。这种准二维系统与真正二维系统在听音定向和心理感受上相比是一种非常不完整的系统。为了提高重放声场分布的方向特性和增加临场感觉效果，直到出现了多声道录音和重放系统后，重现真实环绕声场的理想才得以初步实现。

杜比（Dolby）实验室、DTS 公司等推出的所谓 5.1 声道环绕声系统是由 6 只扬声器组成的，其中前左、前右，与后左、后右和中央，共 5 只扬声器组成了一套二维空间环绕声系统。它们主要播放各方声源声音和环境声音在人耳中听到的真实空间感觉的音响，以及由于艺术处理的需要而夸张了的特殊音响和音乐效果。位于聆听者前方正中间还布置有一个中置扬声器，它主要用来播放电影中的人物对白和加强位于中间方向上的音响效果。还有一个“.1”声道，则是一个所谓的超重低音扬声器，它是专门用来加强电影中低于 70～80Hz 的次低频声效果的。这个超重低音信号，在录音时并不单独拾取，重放时由解码器单独解码输出。之所以称为“.1”声道，是因为如果聆听者没有条件则可以不单独配置这个超重低音扬声器，而将该重低音信号分配到那 5 只主扬声器中重放出来，这样也不会影响总体聆听的基本效果。

环绕声素材的获取，一是靠采用新型的环绕声拾音技术，二是靠人工制作和合成，前者是获得真实环绕声素材的主要手段。

环绕声拾音技术按节目内容不同，大致可分为音乐节目拾音、电视记录片拾音和电影、电视剧拾音等。在这些节目的拾音技术方面，大多采用的是立体声拾音技术或这些技术间的某种组合。

某些场合，前方与后方声道声音的拾取可以分别考虑。在房间边侧面也即从前方到后方的线度上，许多场合下对个别声源的定位是受到限制和存在着一定困难的。如果 3 只前方扬声器重放的结果，已经能够满足人们对前方声场直达声的要求，则应用背后扬声器来增大宽阔空间的感受。为此目的，除前方传声器组外，还要另外增加一组（2 只或以上）后方声传声器。此时使用的两组传声器，实际上就是由前面介绍的立体声拾音方式的一种或是几种传声器技术的组合。以上的概念就构成了多声道环绕声拾音技术。

优越的多声道环绕声环境的好处是让处于同一声场条件下的听众尽可能多地获得他们认为满意的“包围”感，在实现这一目标时，不仅仅局限于采用前方一组三只传声器及其对应的扬声器系统。

以目前最通用的前方 3 只扬声器（左、中、右），后方 2 只扬声器（后左、后右）的 3/2 环绕声放声系统为例，介绍前、后方直达声及其环绕声是如何拾取的。下面列举几个这方面的例子，供大家参考。

1. 双 M/S 环绕声传声器

双 M/S 环绕声传声器放置技术需要一对面向前方的传声器和一对面向后方的传声器，分别拾取前方和后方的声音。由图 4-28 可见，前方心形传声器与第二只 8 字形传声器组合成一对 M/S 立体声传声器，而后方那只心形传声器又与 8 字形传声器组合成另一对 M/S 立体声传声器，与普通 M/S 立体声传声器一样，经过双重矩阵变换可以输出为 5 声道环绕声音频信号，其输出为

M 前方传声器＋8 字形传声器＝前方 L 声道

M 前方传声器－8 字形传声器＝前方 R 声道

M 后方传声器＋8 字形传声器＝后方 L 声道

M 后方传声器－8 字形传声器＝后方 R 声道

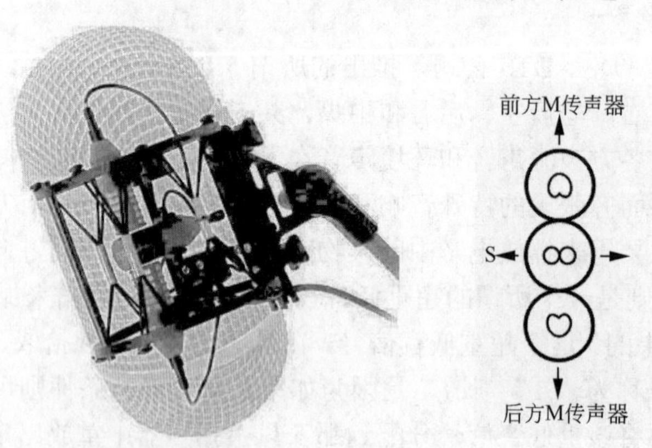

图 4-28　双 M/S 传声器

可根据不同的指向性传声器进行如下组合：

A. M 前方传声器＝单指向性（例如心形）

　M 后方传声器＝全指向性

B. M 前方传声器＝单指向性（例如心形）

M 后方传声器＝单指向性

C．M 前方传声器＝超心性

M 后方传声器＝全指向性

D．M 前方传声器＝超心性

M 后方传声器＝单指向性

如果再加上一个中置传声器，即可输出 5 声道信号。

经过一定的矩阵变换，即可直接输出为 5 声道环绕声信号，如图 4-29 所示。

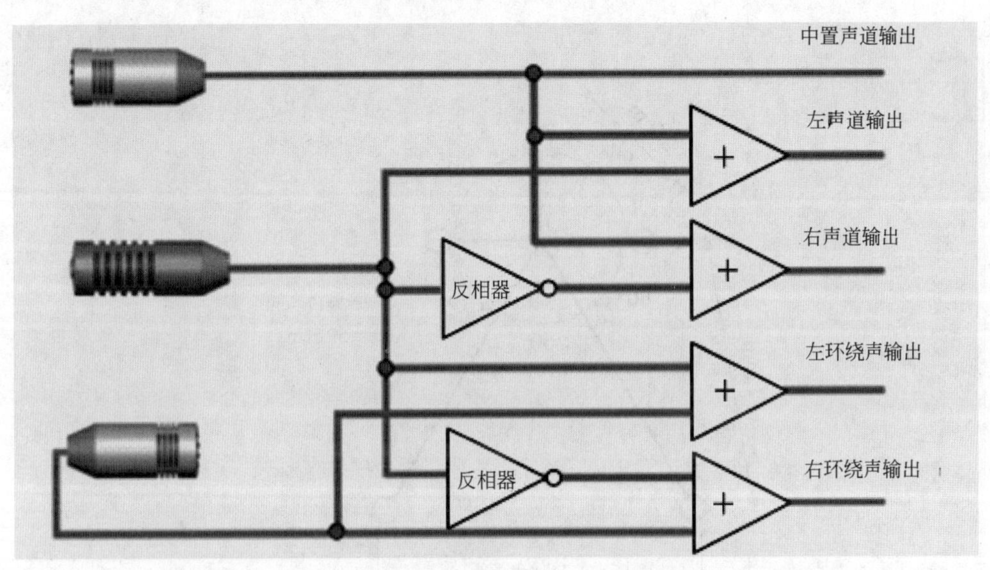

图 4-29 双 M/S 环绕声传声器经过矩阵变换后输出 5 声道环绕声信号

2．INA5 环绕声传声器

INA5 是德语“理想心形指向性布置”的缩写。各个心形传声器安装在延伸臂上，它们相互间的距离和夹角做到每一对传声器在相应的一对扬声器之间可形成一对幻象中心声像。对于不是直接相邻的传声器，它们之间在信号电平和到达时间上的差别很大，从而不会产生幻象声像。这种方法的理论基础要求传声器振膜的膜片要小，使其指向性恒定，为此，可将它们相互间按某种固定的角度和距离布置，如图 4-30 所示。

3．IRT（德国广播技术学会）十字形环绕声传声器

如图 4-31 所示的十字形架的末端安装 4 只相互间成 90º 夹角，互相间隔 20～25cm 的心形传声器。也可以安装 4 只全向性传声器，它们之间的距离可根据用途，在 40cm～1.5m 之间调节。将两个面向前方的传声器的信号分配给前方扬声器，而另一对传声器输出供后面扬声器使用。这样可将后面来的一些声音融入前方声道之中，防止了前方与后方声音听起来相互分裂的感觉。严格地说，这种装置所构成的仅仅是一种环绕声传声器布置，不过也可以把它当作 4 声道主传声器来使用。

4．KFM360 球形环绕声传声器

KFM360 球形环绕声传声器是一组以球形面安装的传声器为基础，再增加安装了两个

8 字形指向性传声器而形成的环绕声传声器布置方式，如图 4-32 所示。紧靠球体内壁左、右各安装有两个压力型（如全向形）传声器，紧靠内壁传声器的球体外壁附近各安装有一个 8 字形传声器，传声器的正（＋）极性都指向前方，从而形成球体两侧各为一个 M/S 立体声拾音方式。由每一侧拾取的信号通过 M/S 解码矩阵处理单元 DSP-4，产生出和信号（等效一个面对前方的指向性传声器）以及差信号（等效一个面对后方，有同样指向性的传声器）。指向性特性取决于矩阵中传声器信号的相对电平，也可以通过改变 M 传声器和 S 传声器的相对灵敏度来改变其有效拾音角。由于球体的影响，指向特性还会随频率变化而变化。

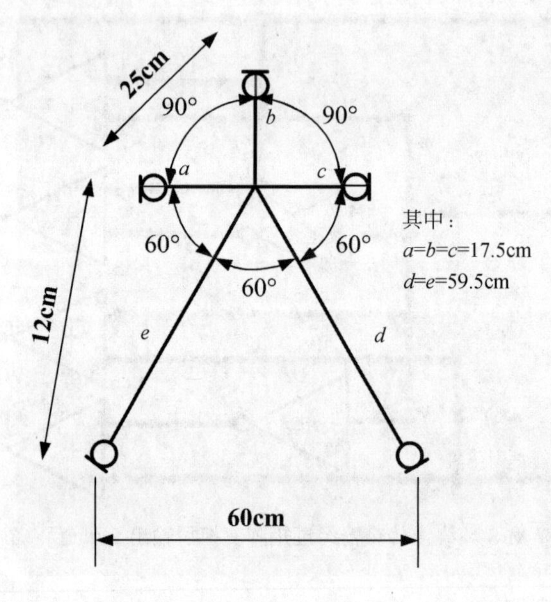

图 4-30 INA5 环绕声传声器的布置方法

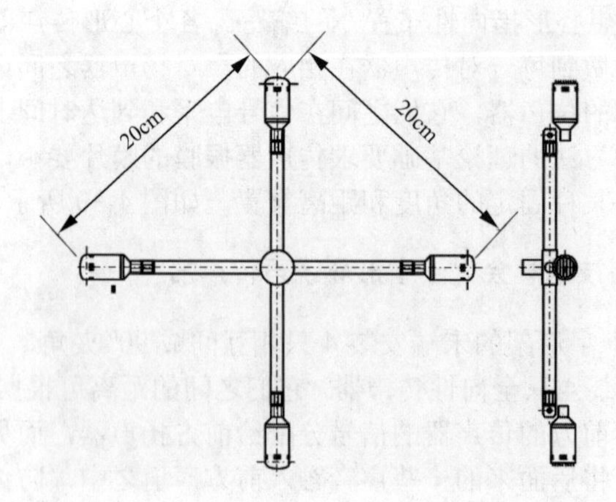

图 4-31 IRT 十字传声器布置图

矩阵方式的 4 声道输出为

全向性 L＋8 字形 L＝前方 L

全向性 L－8 字形 L＝后方 L

全向性 R+8 字形 R=前方 R

全向性 R−8 字形 R=后方 R

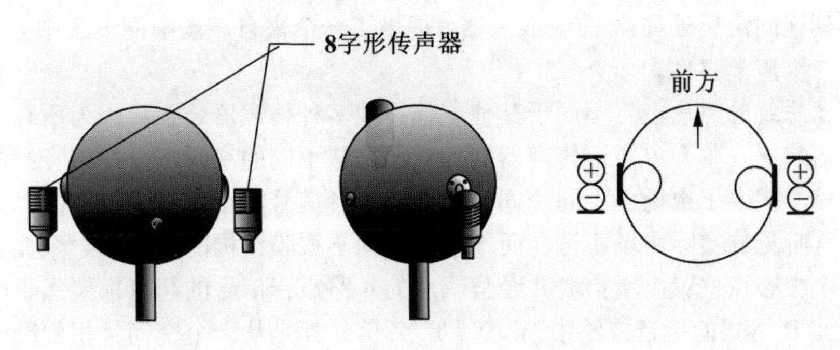

图 4-32　KFM360 球形环绕声传声器布置示意图

5. MKV 型环绕声传声器系统

MKV 系统是一种“单点声源”录音棚环绕声传声器系统，如图 4-33 所示。该系统是根据虚拟“单点”声源声学理论，而为拾取所有空间三维声学事件设计的。为达到此目的，在一个传声器壳体内放置了由四只特殊振膜组成的拾音阵列，并与一个 MKV 传声器电子处理放大器一起工作。

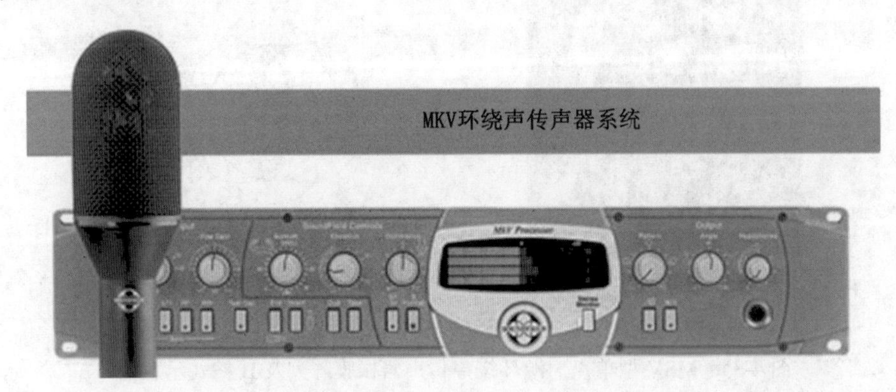

图 4-33　MKV 环绕声传声器系统

如图 4-34（a）所示，这种传声器系统由 4 个轴线汇聚于一点的心形传声器振膜和一个处理器加前置放大器构成，可以全方位拾取 360° 的声音，提供具有可调声像方位和指向性的完全立体的环绕声音。它所拾取的声源电信号（称为 A 格式）经处理器矩阵运算器后得到 4 个输出信号（称为 B 格式）。这 4 个具有新特性的 B 格式输出信号称为 W、X、Y、Z 信号。其中 W 是全部四个振膜的合成信号，具有全向信号信息，X、Y、Z 为互相垂直的分别代表前后、左右、上下方位的信号，如图 4-34（b）所示。先将 B 格式信号录制下来，重放时由专门的 SP451 解码器解码出相应的 5.1 声道环绕声信号（称为 G 格式）馈送给扬声器。扬声器布置有无限多的可能性。如果只作为一般平面环绕声使用，可省去对 Z 信号解码。

该传声器系统的优点是小型、质量轻、携带方便、应用灵活，容易在后期制作阶段对信号做出修正。而B-Z格式可以认为是一种未来格式，它能够解码成任意数目的声道。

传声器连同配备的声场处理器/前置放大器共同组成了基本的MKV传声器系统。四面体的振膜阵列连同声场处理器/前级放大器，提供了一个来自声场中同一个中心点的、代表所有声源的三维声学事件。

该传声器系统的“焦点”不同于其他立体声或多种传声器装置，因为所有其他型号的立体声传声器装置（单个单声道传声器例外）都是从不同的空间点去捕捉音频的，所拾取的各个音频信号代表了声场中不同空间点位置的声音信号，也就是说它们的“焦点”是分散的，与人耳听见的实际声场不符。而本传声器由于振膜结构的关系，4个振膜同时处于声场中同一个中心点位置，所拾取并经解码后的4路声音信号的起点都聚焦于同一个中心“焦点”之上。B格式的拾音方法中W / X / Y / Z信号都是从一个空间且相位准确的中心点出发的，所以一旦中心点被确定，所有输出信号的格式变化（单声道、立体声、中间及两边信号）均可由同一个中心点得到。

值得注意的是，B格式信号完全是一种新型的环绕声声场信号，而与以往流行的各种环绕声传声器输出的信号有着本质差别，这个信号更接近于以两只人耳听音焦点为发散中心所听见的真实环绕声。

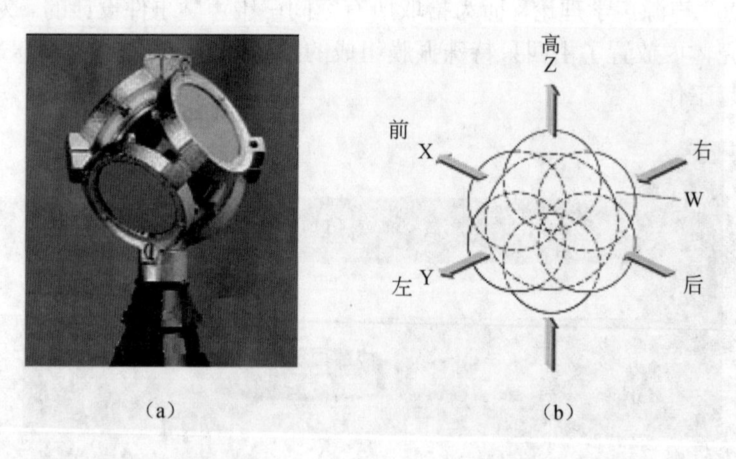

图4-34 MSV型单点声源环绕声传声器振膜阵列及B格式示意图

6. 多声道传声器环绕声阵列

多声道传声器环绕声阵列是由米切尔·威廉姆斯在1991年的AES 91届大会上提出的，实物照片如图4-35所示，原理如图4-36所示。这种阵列拾音方式是人为把平面360º环绕空间划分成多个同等大小的扇区，在各个扇区的临界分隔线附近，分布着指向朝外的单只指向性传声器，所以这种多声道录音系统同样受制于单声道或立体声录音的基本规律。由于这种多传声器环绕声阵列技术简单实用，拾音效果好，在一般录音棚的简易设备条件下也能很好实现，下面将为此做较为详尽的介绍。

经研究证明，传声器阵列需要靠近声源放置，才能获得与聆听自然声源相同距离的透视感。在早期反射声和环绕声混响环境的重现上，原有的立体声音响的布置严重限制了聆听者对环绕声节目的聆听效果。合理地设计多声道传声器阵列，能使录音师完全自主地在任何需要的角度将主要的声音如实捕获，并对早期反射声和混响声实现整合，同时保持其自然声学结构，这是实现良好环绕声声音环境完美再现的重要一步。

图 4-35 威廉姆斯多传声器环绕声阵列

要实现这一目标，除了要对每个阵列扇区的基本特征有十分清晰的认识外，还需要非常小心地调整传声器阵列的参数。须知，无论是立体声还是传声器阵列，拾取到的不仅仅是与传声器振膜主轴平行的水平面周围的声音阵列，还会拾取到传声器系统主轴垂直方向上下方的声音，但是这类声音又只能重现在一个水平面的重放系统中。因此，必须注意到这样一个事实，即多声道环绕声录音和重放系统，仍然无法满足人们对整个声场所希冀的自然印象的再现。

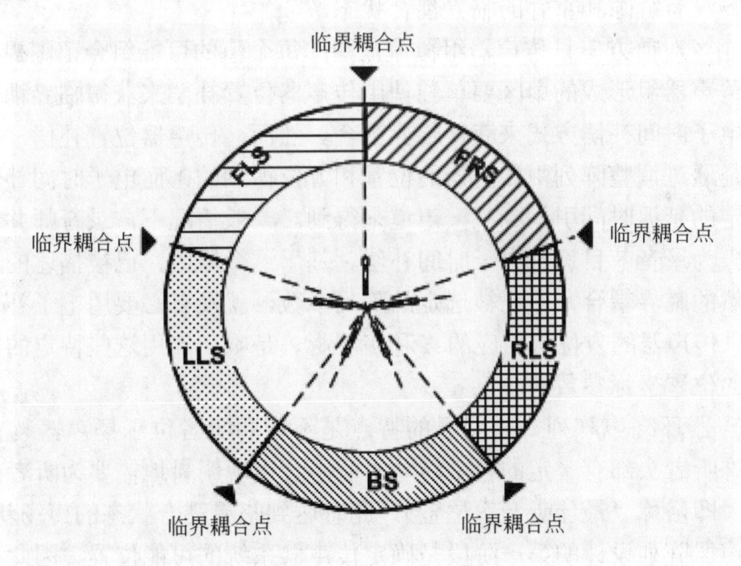

图 4-36 威廉姆斯多传声器环绕声阵列的耦合扇区

适合与录音重放系统匹配的，用于四、五或六声道的三种传声器阵列的相关的扬声器布局应该是完全对称的，其再现的环绕声场应该是由一个平面上的圆形区域划分为相等扇区的水平面上放置的扬声器阵列产生的，并且录音和重放系统是基于单个传声器和扬声器之间为一一对应关系实现的。一个特定的传声器阵列覆盖了给定数量的扇区，要求传声器阵列中的每个传声器位置应按照聆听时的心理声学的物理交叉点配置。这种方法的构想纯粹是早期四声道系统的延伸，以及对原有四声道立体声录音和重放系统的改进，它的优势及其效果已经超越了目前许多多声道录音系统。

该系统对声场分割使用了多声道传声器阵列设计的方法，在关于物理角度方面，录音师几乎可以完全自主地获得传声器与相应的扇形面的覆盖角度[①]。下面将详细分析并图示（参看附录 E）如何使扇区间达到紧密“临界耦合”而又不产生重叠，并使整个声场取得顺滑地连续重放。

很明显，在立体声放音的背景下，由扬声器建立的再现声场效果，在一般情况下已经是令人满意的了。录音师按照 4.4 节中关于立体声录音覆盖角距离和夹角组合的获取与校正方法操作，这个再现的声场重放扇区，可以小于或大于传声器指向性主轴之间的物理角度，并且通常将传声器对的每一边处理成轴对称形状。然而，在多通道传声器阵列的设计中，必须将在立体声方式下的轴对称传声器对，做成非对称处理，以便补偿其覆盖的每一个特定扇区的张角，使重放声场扇区间达到临界耦合状态。在对前方三只传声器（左、中和右）组的设计中，必须使其扇区能够补偿并覆盖重放声场的扇区，使处于左、右两侧界限之内的声场中心与前面中置传声器的中心轴保持一致；至于扇区侧面，我们必须能够自由旋转扇区的侧边的覆盖范围，使得传声器的物理轴线和声场扇区的各个界限之间没有任何重叠；对于后部扇区，仍然按照立体声音响中的简单对称扇区来对待。

在立体声技术中，常使用声强差、时间差和声强与时间差复合等补偿方式，来补偿或纠正因某些原因造成的被拾取声源声像偏移现象，使其被分割的每个扇区之间的交界处获得非常连续顺畅没有缝隙和重叠的临界耦合状态。

在附录 E 中，对前方三只传声器组覆盖范围的每个值的可能组合范围提出了建议。通常，前方三只传声器组形成的扇区要单独使用传声器位置补偿来获得临界耦合，而外侧扇区通常需要用电子时间补偿方式来获得临界耦合。然而，传声器位置补偿，正如其名称所暗示的，纯粹是通过调整阵列中传声器的位置和方位得到的，而电子时间补偿则需要用信号延迟器将预定的延迟时间引入到某一声道来得到。一般情况下，录音师并不总是有可能用可用的设备去为录音节目调整电子时间补偿。基于这个原因，已被描述的几个选定的阵列，其中有自然的临界耦合，即已被选定的阵列参数，就没有必要用电子补偿来获得临界耦合了。每一只传声器的方位与相应的 X 和 Y 坐标，是唯一能用这些特定的数组去建立并获取临界耦合的位置坐标参数的。

多声道传声器环绕声阵列一个明显的特点是不管聆听者位于扬声器装置系统中的什么方位，都允许听者头部有一定的自由转动，而不会出现明显地需要为听者改变扬声器系统的中心位置（即俗称“最佳听音”位置），此时达到临界耦合状态的声场就是连续声场。

多声道传声器阵列设计的第一阶段是确定传声器系统的可能位置，因此要先测量声源角度。为此，立体声录音双传声器阵列的设计者米切尔·威廉姆斯，专门设计了一套可“看得见”声音声像位置的测试仪器，依据仪器的指引，录音师可以一步步地构建出完美的多声道传声器阵列。

用多声道传声器阵列制作的节目具有一个更宽阔的声音回放区，因而前面扬声器的摆放位置就不再受 60º 的立体声放音区域的限制了。由于各种因素的影响，回放区内的声像

---

① 根据 AES 大会文件规定立体声录音角度定为+/-50°，以避免与传声器之间的角度混淆。在多声道传声器阵列的情况下，在声音录制重放阶段每个阵列扇区不再具有对称性，因此使用“覆盖角”的概念更为恰当，这就是多声道传声器阵列中的传声器对被拾音部分的整个立体声录音角度的覆盖范围。

定位关系有从中间向侧边逐步畸变恶化的特点，虽然侧面扇区完全使用直达声是不适当的，但比前三只扬声器定义的“30º + 30º ”更进一步展开声音重放区是可能的。将声源额外横向展开 10º 或 20º 到阵列的侧面扇区里也是完全可能的，这有利于增加听众更好的包围感，当然也能更好地再现声源声音的早期反射声群。

威廉姆斯多声道传声器阵列设计分为三个主要阶段。第一阶段是设计前方三只传声器组，主要工作是选择传声器阵列的整体位置，然后设计前三只传声器的覆盖扇区。在实践中，成功案例的前三只传声器和后部及侧面扇区传声器的布置和覆盖值如附录 E 的表 1～表 8 所示。参照附录表格，允许录音师调整前三只传声器对声源的覆盖角度，从最大“90º +90º ”到最小“50º +50º ”。注意，当前三只传声器覆盖面数值较小时，要达到临界耦合几乎是不可能的。

第二阶段是确定所需要的后部扇区覆盖范围。已经提供了 90º ～40º 较为广泛的覆盖范围选择，允许音响工程师以优化通常包括混响声场在内的后部扇区的再现。在大多数情况下，最好不要超限覆盖后部扇区，否则当重放时位于扇区背后的聆听者可能会有某些不安的感觉。因而，在实践中最好选择背部扇区有较小的覆盖范围，重放的背部扇区并包括角度失真展开后达到 140º 。

第三阶段是确定侧面扇区的覆盖范围，通常认为是其余环绕声声场的角度范围，一般是以前三只传声器组和背部传声器对之间的距离为条件。临界耦合方面，除了选定自然临界耦合组合外，还可以通过引进正确的电子时间补偿量来获得。

为了简单和快速地参考，表中仅提供了一些特定的配置，当然在传声器可能的连续距离和夹角之内，还有许许多多其他可能的配置。从操作观点看，由于选择的可能性范围较大，这里不可能用表格的形式一一列举，不过表 E-1～表 E-8 提供的数据已经足以满足大多数录音的需要了。

双立体声传声器阵列，并不仅限于使用心形传声器，其他指向性传声器同样适用，只不过覆盖角度要重新进行调整。

附录 E 中的表涵盖了超过 220 个可能的传声器阵列的布置。每组表格的 a 表中所示的是专用于前面三只传声器组的设计，而 b 表介绍了相应的背后一对传声器和侧面扇区段的参数。在同一个编号表中，如果正确地运用了 ETO，从 b 表选择的特定的组合将与 a 表所选择的任意组合达到自动临界耦合状态。

第 5 章　调音控制系统

调音控制系统即音频调音台是用于处理、分配、混合与传送音频信号到所要的监听通道、音频处理设备和录音输入/输出声道的一个复杂设备。音频调音台无非是电平控制器、音色处理器、音量衰减器、计量仪表和供传送信号到不同音频处理设备及录音装置的几个开关及衰减器而已。

音频调音台的品种很多，从单路传声器（或线路）到大型的几十路传声器（或线路）输入；从单路音量推子到几十路音量推子控制整个音频节目的平衡；从少数几路辅助信号传送与返送通路到 6、8、10 或 10 路以上的 AUX 辅助通路；从只能传送和选择一种监听方式到能传送和选择立体声、单声道监听，到 5.1、6.1 甚至 7.1 的多种环绕声监听方式。不仅如此，现代调音台还在声音信号输出路径分配上大做文章，从而使得音频信号的混合与分配极具灵活性和多样性。多母线系统及母线与信号分配开关，使录音师免除了在跳线板上拔接线的烦恼；母线编组及信号编组音量总控，也使得录音师免去了手忙脚乱的尴尬情况。另外，自从 VCA 压控系统设计成功，使得由微处理器控制音频调音台的自动化混音愿望得以实现。

在微处理器技术得到飞跃发展和广泛应用的今天，全数字化音频调音台如雨后春笋般地大量涌现出来。数字调音台（包括硬件和软件虚拟的）为用户带来诸多好处：与模拟系统相比，数字系统具备多功能、小尺寸和低噪声的特点，小巧的调音台控制界面为用户带来了听觉、视觉和管理上的方便。尽管同时控制的声道数很多，但它仍然能够在数字系统的小控制界面上执行大量多种复杂任务；虽然数字调音台仍然沿用模拟调音台的信号处理流程与音频处理模块概念，如音量调节、音质均衡、声音动态、音色效果等处理及母线信号混合与分配等，可是它与模拟调音台的处理方式又有着本质的区别——它基本上是采用了通过算法语言与处理软件对数字信号进行运算处理及分配的方式，一切处理过程均可在数字领域内完成。其最可贵之处在于，录音师在制作过程中的一切操作过程均可保存下来，日后打算再使用这个操作过程则可反复调用，这就弥补了模拟调音台的操作不可重复的弱点。模拟调音台是由成千上万的模拟元器件焊接组装而成的，接插件多，容易出故障，日常维护和修理非常不便。而数字调音台使用了大规模数字集成电路，所用的电子元器件极少，加之制造商在其软件内编写了自诊断及测试程序，因而日常维护十分方便。

有关调音台的新技术确实很多，由于受到本书篇幅的限制，这里不可能将各种调音台技术的方方面面都涉及到，所以在本书的编写中，笔者主要以模拟调音台（在缩混时称为“混音台”，下同）的叙述为主。由前面的内容知道，数字调音台与模拟调音台有许多相通之处，它的许多基本理论和理念都是沿用模拟调音台的，因此，在掌握了模拟调音台的基础上再使用数字调音台应该是没有问题的。

本章介绍的调音台，主要是指硬件式的物理调音台，至于在某些音频软件上开发的软件虚拟调音台，其基本理念还是沿用物理调音台的成熟理论和结构，甚至物理外观，这部分内容将在第 11 章中有关部分再做介绍。

5.1 调音台的功能及其分类

5.1.1 调音台的基本功能和辅助功能

一般来说，音频调音台具有四大基本功能：电平增益调节控制、音质均衡补偿、信号输入/输出及混合与分配、声音监听和监视。

在调音台上的输入/输出电路可以接收和发送不同类型音频源（传声器和线路电平）的音频信号，通过电平预调衰减器将声音信号调至调音台的额定工作电平，并在它的最佳动态范围之内工作。在它的线路输出端，可以根据信号接收或记录设备的要求，对其输出的音频信号进行电平调节；对于最后混音阶段的多路输入信号，调音台还要将这些信号按特定的艺术要求以一定的比例进行音量平衡。

在调音台中，频率均衡器（EQ）是历来使用最为频繁和最为有效的声处理单元，是迄今为止唯一没有完全独立于调音台设置的声处理单元。它能改变声音信号的频率响应，必要时可以通过它来对信号进行音色调整或音质补偿。

为满足多传声器拾音、多种（多只）声处理设备、多轨录音和多用户使用的需求，调音台设置了复杂而灵活的信号混合与分配网络，可以将若干信号按不同比例混合成多组信号，经不同的输出通道分配到不同的信号用户，或经外部处理设备处理后的信号再经不同的输入通道再返送回调音台处理。

监听和监视节目声音音量的是录音棚，也是调音台必不可少的部分之一。调音台还为各种监听方式（单声道还是立体声，甚至环绕声）设置了监听方式选听开关，也设置有各种不同类型（VU 表、数字音量表和峰值表）的音量计量表和相位监视表。

一直以来，大多数调音台根据使用要求设置了许多辅助功能，如提供了电容传声器需要的幻象电源。对于一些具有一定规模的固定式调音台，为了与录音棚及其他相关工作场所及人员联络的方便，它们还设置有考虑十分周到的对讲及报号系统。当然，作为线路检测和校准的正弦波和方波等振荡信号测试源也是必不可少的。

对于现代调音台来说，无论其功能结构如何变化，上述四种基本功能和附带的某些辅助功能是必须配备的。为了适应录音事业的发展和对其功能性的新的需要，有些调音台已经突破了固有的模式，向多功能、多模式、多用途的一体化方向发展，这俨然成为整个录音制作、编辑和信号处理中心。这样，这些调音台实际上已经超出了原来定义的“调音”或“混音”的狭窄功能，从而成为整个音频系统（包括录音棚、演播室、扩声控制室）的控制核心。

5.1.2 调音台分类

要想把调音台分类得十分得体和确切实在是件困难的事情。现代调音台发展到今天已经开发出了许许多多不同类型、不同品种、不同用途的调音台，仅靠简单方式的分类目录已经不能明确地将它们展现出来，不过，可以按使用目的、物理尺寸和安装方式、线路结构和信号类型来试作以下分类。

按使用目的分类：ENG（前期拍摄后期制作处理）/EFP（前期多机拍摄制作）、电影电视同期（见图 5-1）、电影电视混录、音乐、扩声、广播播控等。

按调音台物理尺寸和安装方式分类：袖珍型（见图 5-2）、便携式、移动式、固定式（见图 5-3）和机架安装式等。

图 5-1 Audio AD245 同期录音调音台

图 5-2 FSTEX R200 袖珍数字调音台

按线路结构分类：直通式、固定编组式、母线式和在线式。

按信号种类分类：模拟式和数字式（见图 5-4）。

图 5-3 MACKIE MS1402 固定调音台

图 5-4 YAMAH 02R96 数字调音台

5.2 调音台的结构

5.2.1 调音台的系统结构

在最初使用调音台的过程中，首先接触的是调音台的系统图。这种系统图是一种简化了的电路原理图，一般是采用框图或与电路图相结合的形式，将调音台内部各组件及各组件之间的信号流程和电路原理以及它们之间的相互关系表示出来。对于任何一个调音台，一定要结合调音台实物面板布局，对照原理流程图仔细阅读，把它彻底读懂并搞清楚它们之间的来龙去脉，在头脑中要有一个清楚的轮廓，这样对你以后的工作才是大有裨益的。

调音台是一个以电子技术为主的结构异常复杂的录音混音设备，电子元器件有成千上万个，对于本身并不是从事电子技术的人来说，要想在短期内彻底学会它会是困难重重的。但是对于只负责使用的人来说，其实它并不是那么可怕。制造商为了设计与制造的方便，不论现代调音台的主信号通路的输入/输出（I/O）组件有多少，它们都是用完全一样的模块化组件形式搭建起来的，使用者只要搞清楚一两个通路的组件，那么其余组件，也就清楚了。剩下不多的辅助信号通路组件、监听通路及信号检测等组件本身就很简单，搞懂它们应该没有太大的问题。

现代多声道模块化的调音台广泛地采用了以母线结构为主的矩阵电路结构。所谓母线，简单地讲，实际上是一条供信号汇集和传输分配的公共通道。调音台的每一个输入单元都可以通过一个矩阵切换开关或一个独立配置的交换盘，将信号馈送到指定的母线，而对应于这些母线各自的输出单元，又可将汇集到母线上的信号传输到调音台上的各种输出端口及目标设备。

母线形式的多声道调音台，对各方信号的连接方式异常灵活可变，比较起简易非母线形式调音台的优势是相当明显的。调音台上的各种资源可以得到充分利用，使调音台从相对封闭的独立系统变为开放式的音频处理和信号交换平台，为录音和后期制作提供了空前自由的技术保障。

当代录音大多采用了多轨录音工艺，多达几十条声道的音频信号将直接单独地传送给多轨录音系统（包括多轨录音机和计算机音频工作站，下同）的各个轨道，这要求与之直接连接的调音台也应有相应数量的输入/输出母线及端口。在混录阶段又把由多轨录音系统重放的信号与其他声源信号加以混合处理。这就是母线直通式调音台的基本构思。

5.2.2　调音台的信号处理过程分析

本小节以 BEHRINGER MX 9000 典型的现代模拟调音台为例，说明调音台的信号处理过程，其电路原理图如附录 F 所示。

1. 信号输入

参看附录 F 的“I/O Channel Architecture”分图。从调音台的传声器输入插座（MIC IN）将传声器的微弱音频信号直接送入“传声器/线路放大器”（又称“预先放大器”，简称“预放”）。在一般情况下，传声器的输出信号电平都很小（约-60dB 及以下），因而预放的增益都做得很大，而且其增益可调（分图中的 P48 和图 5-5 的 P2 为增益调节旋钮）。这种先将信号电平提升的方式，是为了降低从预放以后的一连串信号放大器引进的感应噪声与元器件自身的固有热噪声在通路中叠加后，对音频信号产生的干扰，保证声音信号在通路中具有足够高的信噪比。如果传声器信号电平过大，可按下“垫整电路”PAD（图 5-5 的 S1a）开关，将传声器信号衰减-20dB 后输入预放电路。

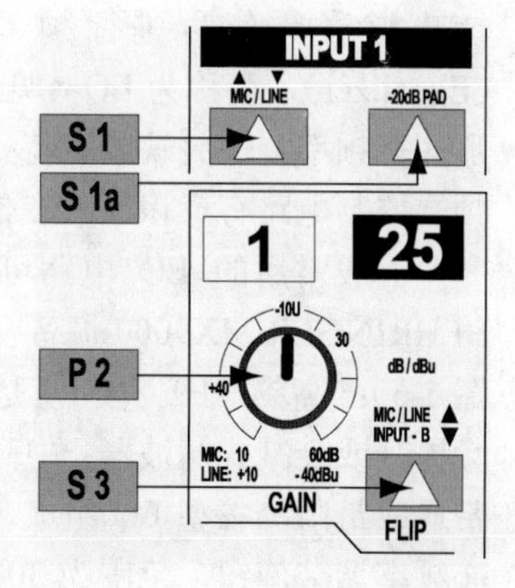

图 5-5　输入输出声道部分

经过增益调节器调整后的信号（传声器或线路的），可进入滤波和均衡（EQ）段进行音色调整——频响控制，再通过声道推子（Fader 又称“电平控制器”）送到各自的“分电平放大器”进一步控制信号强度。

为适应各种不同灵敏度的传声器和音量大小不等的被拾音声源，传声器输入端口的工作电平应能做相应变化，为此，传声器放大器的放大增益（GAIN）常做成是可调的，如图5-5中的P2。MX9000调音台采用了先进的有源电平调整技术，它直接对放大器增益进行调整，而不是采用损耗很大的电阻衰减网络。另外，传声器放大器的电平储备应该尽量做得大一些，这对减小突然到来的峰尖信号的失真保险系数也要大一些。

经由传输线来自其他调音台或线路输出设备，如电声乐器、CD放音机等的音频信号，由于电平较高(按规定其额定准平均值电平在0.775V或1V左右)，应送入“线路输入”(LINE IN）端口。从这里输入的信号电平直接经预放进行电平调整，目的是为了适应不同输入信号电平强弱变化，照顾某些小信号（低于-10dB）的电声设备；至于录音系统的重放输出是经磁带输入（TAPE IN）插座输入，经其独立的预放，通过FLIP（S3）转换开关，可送到滤波和均衡段进行处理（混录时），或直接送到监听（录音时）。值得注意的是，在声道推子之前和预放之后的音频信号的工作电平，调音台是无法控制的。为了防止信号过载，让这部分器件和电路能正常工作，除要将电路的过激励能力做得大一些以外，只有靠限制输入信号电平的办法来解决。

该调音台的各输入口的输入阻抗是采用先进的电子平衡方式自动地与各信号源的输出阻抗保持精确匹配。按照规定，对于一般的调音台而言，各输入口的输入阻抗与各信号源的输出阻抗之比，应等于或大于5倍以上。让信号源工作在轻负载状态下，这样才能保证各种信号源能在较高的技术指标下正常运行，不会使信号源因负载阻抗过低而产生任何微小畸变。一般专业调音台各输入口的输入阻抗为600Ω或1000Ω。

2. 信号频率特性调整

无一例外地，现代调音台在每一个输入信号声道上都设有对该声道音频信号进行频率特性调整的频响均衡控制电路(Equalizer)，简称为EQ（见图5-6）和高、低通滤波器，以便对那些有频率特性欠缺或有特殊要求的信号进行频响校正，或借助频响控制电路有意识地改变信号的音色，达到所要求的效果。

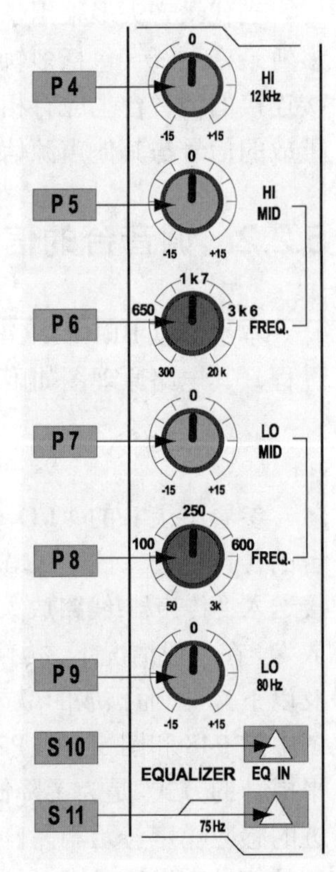

图5-6 均衡器（EQ）部分

一般常用的EQ电路可对音频进行3～4个频段的调整，BEHRINGER MX9000调音台的EQ为4段。它是这样划分的(见图5-6)：高频（HI）段P4是拐点固定为12kHz频率的斜坡型高频提升或衰减式滤波器；中高频（HI MID）段由两个参量控制的带通或带阻峰谷型EQ组成，其中P5为增益调节旋钮，P6为中心频率调节旋钮，范围为300Hz～20kHz，Q值不可调固定为1；低中频（LO MID）段与中高频一样，也是由两个参量控制的带通或带阻峰谷型EQ组成，其中P7为增益调节旋钮，P8为中心频率调节旋钮，调节范围为50Hz～3kHz，Q值不可调固定为1；低频（LO）段P9为拐点频率固定为80Hz的斜坡型低频提升或衰减式滤波器。全部4段控制器均有最大15dB的提升或衰减量。另外，还有一个附属的-3dB 拐点为 75Hz（-12dB/倍频程）的 LO CUT（S11）低切开关（滤波器），它可将来自声源的，如传声器风噪声等低频噪声有效切除。这两类频响控制电路分别安装有一个 EQ IN（S10）和 S11 来分别控制整个均衡器的通断和控制滤波电路的通断状态。

3．辅助信号送出声道（AUX SENDS）

参看附录 F-2 中的“AUX SENDS”分图。在进行录音或混录时，常常需要将一些声音信号加入诸如混响、延时等的效果声。此时，可以从声道中取出一部分要处理的信号从 AUX SENDS 插座输出到外置效果器等周边设备的输入插座。由图 5-7 可以看出，在每一输入声道模块上共有 4 个 AUX OUT 旋钮（P12～P15），其中 AUX OUT 通道 3 和 5 与 4 和 6 各共用一个旋钮。这些旋钮的各个编号与 AUX SENDS 插座编号是一一对应的。注意：AUX1 和 AUX2、AUX3 和 AUX5 及 AUX4 和 AUX6 旋钮组右下角各有一只标记有“PRE”（前）的按钮（S13、S16），它表示所要传输的信号是从声道推子前取出还是从声道推子后取出。当该按钮按下时，表明是前者有效，所取出信号的大小不受声道推子控制；如果将该按钮弹起，则所取出的信号大小是与声道音量推子成比例变化的。注意：AUX3 和 AUX5 和 AUX4 和 AUX6 旋钮组右下角还有一个标记有“SHIFT”的转换开关。由于这两组辅助信号送出声道（AUX3 和 AUX 5，AUX 4 和 AUX 6）各共用一个旋钮，当“SHIFT”未按下时，表示旋钮 3 和 4 起作用；当“SHIFT”按下时，表示旋钮 5 和 6 起作用。

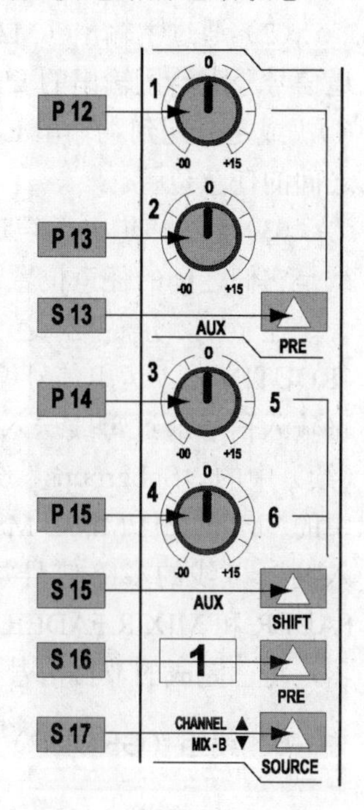

图 5-7　辅助信号送出声道

4．电平调节器（推子）

电平调节器俗称推子（FADER），包括前已述及的声道推子、编组推子和节目放大器后的总输出推子。另外，控制监听（总监听和耳机）音量的音量旋钮也属此列。

前已述及，输入声道推子是控制每一路输入信号电平和它们之间在总混合输出声道的信号电平比例的。在使用多只传声器拾音时，或多种信号进行混合时，各声道推子起着控制各路信号电平和电平比例的作用。

总输出推子（MAIN MIX FADER）是用来调整调音台的总输出电平的，使之合乎录音机或其他装置输入电平的要求。

5．信号混合与分配

参见附录 F 的“I/O Channel Architecture”分图中的“ROUTING”矩阵部分和“Main Mix、Mix B Master”分图以及图 5-8。各输入信号经各自的声道推子调节电平比例后，即进入混合电路。混合电路是将各输入信号合成为节目所需的立体声或单声道节目信号。

每个声道信号在进入调音台混合母线矩阵之前，要先通过一个声像分配器（PAN）P24，该分配器有以下几个作用：

（1）将该声道的单声道信号通过每个通道上的编组开关 S28～S31 分别分配给 1～8 编组母线，即 SUB1～SUB8。究竟信号是如何分配这要取决于编组开关（S28～S31）的状态以及该声道声像分配器的具体角度。

（2）通过主输出（MAIN MIX）按钮 S32，将该声道的单声道信号分配给主输出的 L（MAIN L），还是主输出的 R（MAIN R）；或是分配到主输出 L（MAIN L）与主输出 R（MAIN R）之间的任意位置。

（3）将该声道的单声道信号分配给 SOLO R，还是 SOLO L；或是它们之间的任意位置。

在声像分配器之后就是一组信号编组分配矩阵（ROUTING）。运用信号编组分配开关 S28～S32 可以将任何一路输入信号通过母线送入任何一路编组输出组件（参看附录 F（续）中的“Subgroups”分图）。总输出组件（参看附录 F（续）中的“Main Mix/Mix-B Master”分图）中的节目放大器把同时送入同一母线的多路信号加以混合，经过总输出推子（MIX L FADER 和 MIX R FADER）作最后的电平调整，再经过线路放大器，将已完成的节目信号从 MAIN OUT 插座输出。

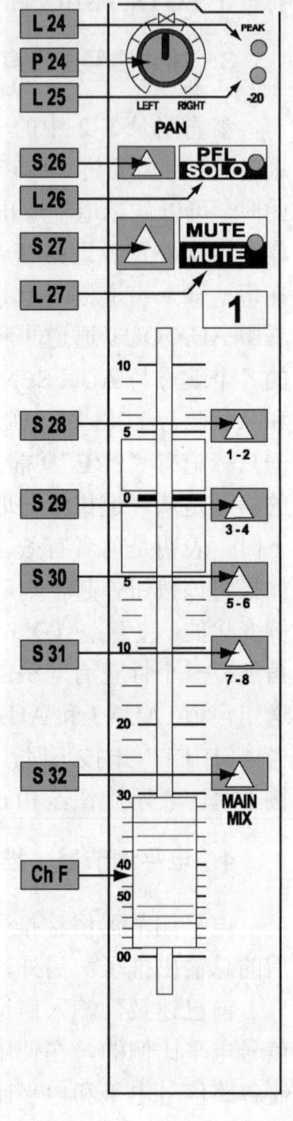

图 5-8 电平与声像调节部分

6. 编组（GROUP）

该编组开关（S28～S32）包含两项功能（参见图 5-9）：一是将各个声道信号编组后直接从编组输出（GROUP OUT）插座输出；另一个是将各个声道信号编组后混合，再经由总输出（MAIN OUT）插座输出。

前者很好理解，而且用处很多。例如，如果在录音室内有多个地点需要调音台上的节目信号，当总输出的插座不够用时，即可将各声道信号经编组以后由编组输出（GROUP OUT）插座输出；当进行混录时，如果委托方不但需要单声道节目还同时需要立体声节目，则可将各个声道预先编组成单声道（有些调音台本身自带有单声道输出插座则不在此例），然后由编组输出（GROUP OUT）插座直接输出，而立体声节目信号则从总输出（MAIN OUT）插座输出。

事实上，在混录时要同时推拉好几个推子是最困难的。这时就可以利用上述的第二种编组功能，预先把要同时推拉的某几个声道通过编组开关 S28～S31 编组，混录时只要推拉该编组推子即可，相当方便。

7. 节目放大器

经过混合以后的各声道信号称为节目信号。混合电路以后的第一个放大器称为“节目放大器”，又称“混合放大器”，简称“节放”、“混放”等。

节目放大器是将混合后已经变弱的信号再行放大，以便最后进行总电平的调整放大。

8．线路放大器

线路放大器为一种高电平放大器，简称“线放”，主要负责调音台各输出端电平放大任务，故又称输出放大器。一般来说，与输出插座配接的都是线路放大器，它承担将节目电平提升到需要值，并将输出阻抗匹配到额定值的任务。

当调音台担当向录音系统提供录音信号或担负短距离传输信号任务时，不同任务的调音台的线放的额定输出电压也不尽相同，它们大致有以下一些规格：准平均值为 0.775V（以 600Ω，1mW 为基准时，相当于 0dB）、准平均值为 1.228V（+4dB，标准 VU 表的 0VU）、准平均值为 1.55V（相当于+6dB）、准平均值为 1V（以 1V 为基准时，为 0dB）、准峰值为 1.55V（标准的 PPM 的 0dB）；当调音台担任向发射台传送节目任务时，习惯上的线放额定准平均值电压为 5.5V（相当于 600Ω，1mW 为基准的+17dB）。

9．插入（INSERT）插座（见图 5-10）

为了将一些临时的、具有很高线路电平的信号接入调音台，而又不影响调音台原来的接线状态，该调音台设计了这种插座，如附录 F-1 中的“I/O Channel Architecture”分图所示。当录音或混音需要临时接入一些高电平信号时，就可由此输入，该插座被插头插入后可将原来的传声器和/或线路输入信号断掉。

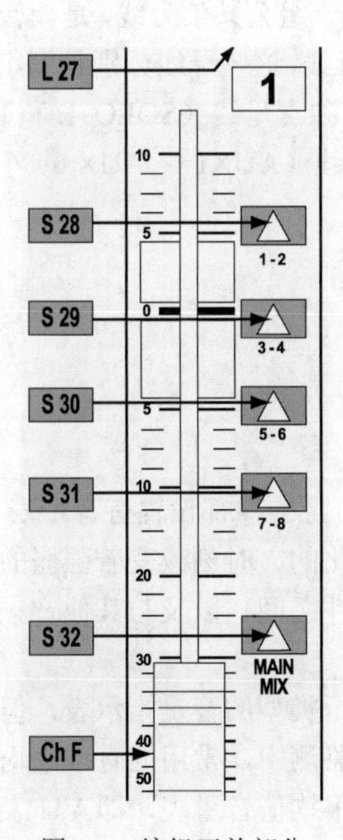

图 5-9　编组开关部分

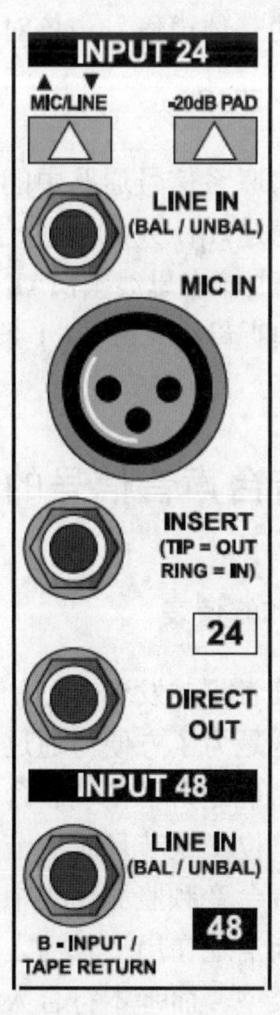

图 5-10　n 个重要的插座

10．直接输出（DIRECT OUT）（见图 5-10）

在录音时，需要将多路单声道信号直接馈送到多轨录音机或多输入/输出音频接口的数字音频工作站，音频信号即可直接从该插座引出。

11．磁带输入（TAPE RETURN 或 TAPE IN）（见图 5-10）

俗称“带后”，即把已录在磁带上或经过录音机后的声音返送回调音台的入口。在混音或录音返听时，能将多轨录音机或多输入/输出音频接口的数字音频工作站及其他高电平音频信号从该插座返送回调音台处理、混合与监听。

12．辅助信号返送声道（AUX RETURNS）

参看附录 F-2 中的“AUX Returns 1、AUX Returns 3”等分图。它们的作用之一是当外置效果器处理了由辅助送出声道送出的声音信号后，再将其信号返送回调音台。

从该电路的原理来看与一般的单声道输入声道没有太大的差别，当调音台的输入声道不够用时，也可作为普通的线路输入声道来使用。

13．总输出（MAIN OUT）插座

经混合后的立体声信号由该对插座输出，或输出到功放，或输出到录音机等。

14．母线（BUS）

母线是用来联系信号通路中的输入/输出组件的一组公共信号线，是调音台传送各类音频信号的公共通道。MX9000 调音台共有 21 条信号母线，这些母线分别是编组母线（GRP1～GRP 8）8 条、主输出母线（MAIN L 和 R）2 条、独奏母线（SOLO L 和 R）2 条、衰减器（推子）前预听母线（PFL）1 条以及辅助信号母线（AUX1～ AUX 6）6 条、MIX B 母线 2 条。

5.2.3 调音台声音信号的监测与监听

1．VU 表和峰值表

有经验的读者不难发现，无论何种规模的调音台上一律都设置有音量表（指针式、LED 或 LCD 式），这是为了方便对通过调音台的不断变化的、时刻改变着强弱的声音信号电平进行实时监测；也是为了在调音台内部或调音台组件之间，以及与其他音频设备连机或与其他节目制作单位交换节目统一节目电平之用。

尽管在调音台音频监测历史中，曾经出现过若干类型的音量指示表，但是由于种种原因，它们已逐渐消逝在历史长河之中。目前在电声监测中，常用的有准平均值型和准峰值型两种音量表类型。而基本符合人耳听觉特性的准平均值音量表，即 VU 表是目前调音台上使用最多的一种。基本类型的 VU 表，根据定义，应将一个基准值的稳态简谐信号电压，加在表头（内阻 600Ω、1mW）两端，表头的刻度上应刚好指示到零电平位置。不过目前

在音频设备（包括调音台）上使用的 VU 表的零电平有几种不同的规格：专业录音中，一般为+4dBm；在家用和准专业音频设备和电子乐器中，一般使用-10 dBv 或 0 dBm 作为基准电平。

在专业录音设备中，使用的 VU 表通常在表头的前面还要加入一个衰减器，以使其零电平读数容易校准到+4 dBm（1.228V）。VU 表的电路很简单，由一只合乎瞬态要求的直流表头、4 只二极管组成的桥式整流器，再加上由电位器组成的刻度校准电路组成，见图 5-11 所示。由于 VU 表电路采用了平均值检波器（桥式整流器），因此直流表头反映的是信号的平均值（整流平均值），而其刻度又是用简谐信号的有效值标定的，因此它是一个指示信号准平均值功率电平的音量表，简称平均值音量表。

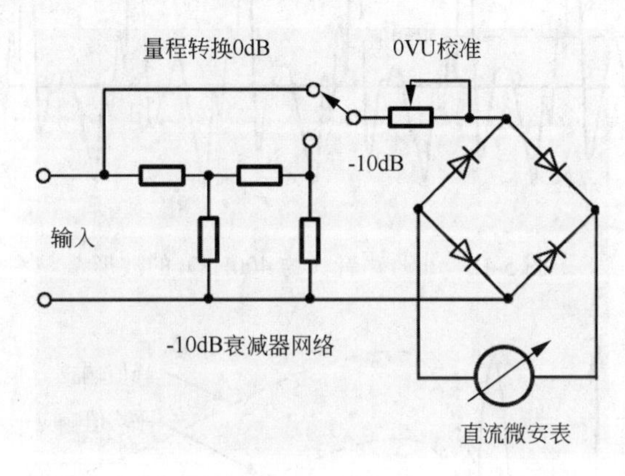

图 5-11　准平均值音量表（VU 表）电路原理图

自 1939 年 VU 表问世以来，录音的声源素材内容已经起了很大的变化，变得更加丰富多彩，特别是所录音乐表现形式有了很大变化。由于节目需要，那些高声级、大幅度尖脉冲的声源大量涌现，这样一来，采用 VU 表监视录音电平就显得很不准确了。录音师已经能觉察出，如果完全依靠 VU 表的指示来录音和混音，可能会带来声音信号失真或严重过载失真的结果。其原因主要是 VU 表不能对节目瞬态信号做出及时响应的固有弱点，它的表针的摆动特性不能准确响应短于 300ms 的瞬态信号。

图 5-12 所示为小号声音在稳态时的波形，图中显示出了它的峰值电平和平均值电平间的巨大差异。假如这个信号用 VU 表来监测，其指示值仅将正比于平均值信号电平的变化，而实际峰值电平会高出平均值电平 13dB 之多。当把传声器放得靠近打击乐时，峰值电平和平均值电平间的电平差值可能高达 15～18dB 之多。假如节目标称电平为+4dBm，即使放大器没有因过载而被削波的话，高出节目标称电平 17dB 的峰值电平仍有可能引起磁带饱和（或）数码采样削波失真。如果碰到峰平比更大的尖峰节目时，情况或许更糟糕。

如图 5-13 所示，由于电表的摆动特性或电气时间常数的关系，使得平均值响应比峰值响应缓慢得多，平均值表可能对节目中的突发瞬态信号统统视而不见。因此，人们研制出能较准确反映节目峰值瞬态特性的准峰值音量表。

基于上述原因，一些大、中型调音台在使用 VU 表的同时，越来越多地使用了 PPM 准峰值音量表。它的电路主要由量程转换、线性放大器、峰值检波器（由二极管和电阻电容组成）、对数放大器和一只瞬态反应特别灵敏的直流指示部件（可以是直流表头、光栅指示器或发光二极管中的任意一种）等几部分组成，如图 5-14 所示。由于采用峰值检波器，又是采用简谐信号有效值标定刻度，故它是一个准峰值电平音量表。它的指示值比信号的实际峰值小一些，所以它不是真正意义的峰值电平表，这一点一定要引起大家注意。峰值音量表线路中，加入对数放大器的目的是为了扩展表头读数范围，也是为了适应人耳听觉对声音的非线性反应而专门设立的。

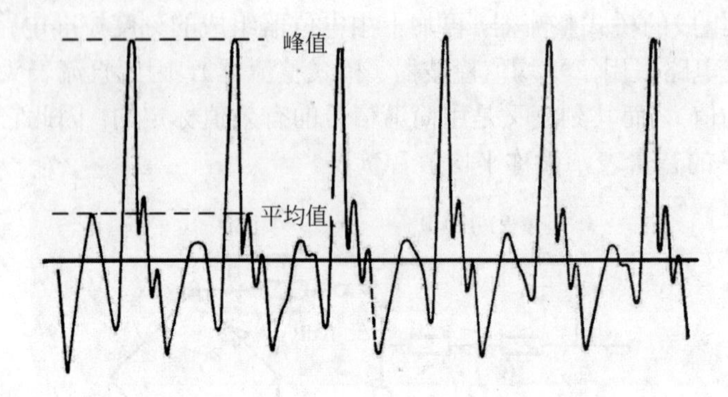

图 5-12　小号声音（约 400Hz）的波形

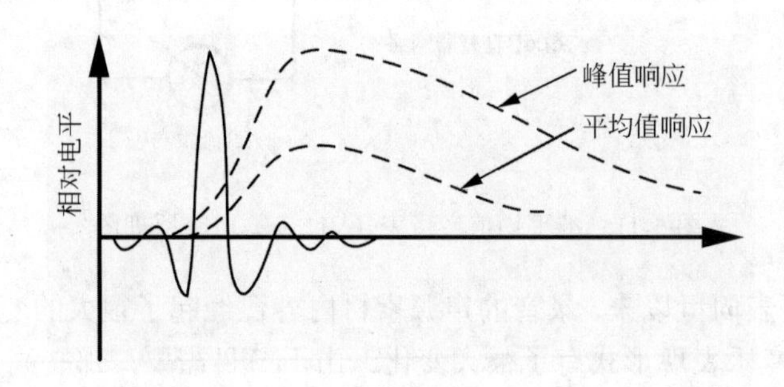

图 5-13　峰值响应与平均值响应在时间特性和指示电平方面的比较

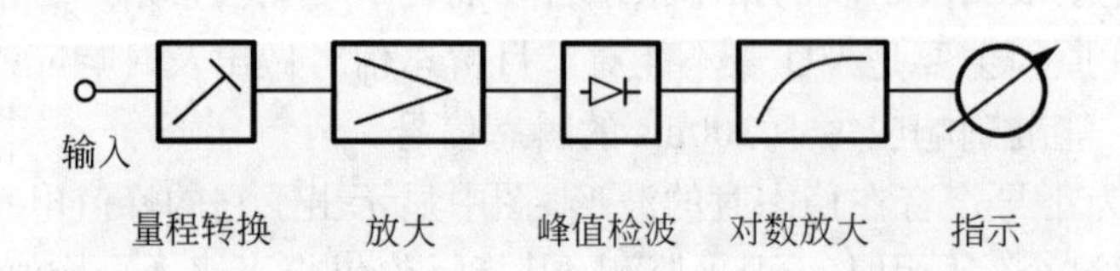

图 5-14　准峰值音量表（峰值节目表 PPM）的原理方框图

在 2.11.3 小节中，对 VU 表的动态特性的规定是这样描述的：当对 VU 表施加 0dBm 电平的稳态正弦波时，它将在（300±0.03）ms 以内指示到该 0dBm 偏转读数的 99%的位置上，按照规定它的过冲摆动范围至少应在 1%。很明显，如果瞬态信号持续时间不到 300ms，在 VU 表上产生的偏转就较小。标准 VU 表和典型峰值表的摆动特性如图 5-15 和图 2-25 所示。

直至目前，调音台上并不是完全依赖峰值表，仍然主要使用 VU 表录音。根据调查统计，要是录音师在整个录音过程中，都采用峰值表来监视录音电平，他们就会太过专注去调整录音电平大小，其结果是所录声音的响度可能过分弱小，最终是以总体噪声增大（信噪比降低）而换取到仅降低一点信号过载失真的结果，往往得不偿失。在实际工作中，反应较为迟钝的 VU 表的动态特性，反而对录音师掌握正确的录音电平有利。事实是，有时稍有过载的声音人耳根本分辨不出来，因而 VU 表的慢响应特性“允许”录音师可以按比峰值表指示的读数更高一些的电平录音。

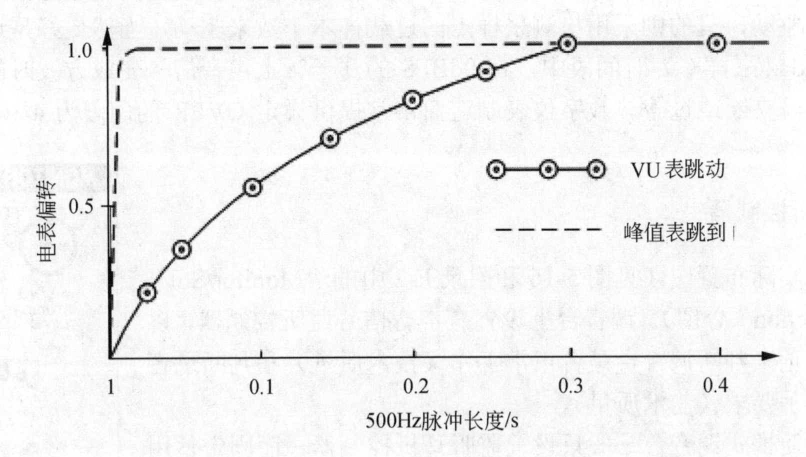

图 5-15 两种计量表对 500Hz 脉冲信号的响应。在 300ms 以下，标准 VU 表的响应未指示出峰值电平。相比之下，准峰值表能对短脉冲给出更准确的计量

前已述及 VU 表是按声音信号的准平均值的大小来计量的，它比较符合人耳的听觉响度特性，所以它主要是用来测量声音响度的；而根据峰值表的计量原理，峰值表与声音信号的响度基本没有任何对应关系，所以它只能用来监视信号的峰值大小。

音量表和其他计量仪表一样，是采用跨接并联方式与被测点连接的，因此音量表的线路连接方式（平衡还是非平衡连接）应与被测点的线路连接方式相同，且其输入阻抗应远大于被测点的输出阻抗。有关 VU 表和 PPM 峰值节目表更详细的介绍请参看 2.11.3 常用音频测量仪表。

BEHRINGER MX 9000 调音台有一个仪表板（俗称“表桥”）。它的每一条输入组件上方均有一个采用发光二极管矩阵组成的光柱式 VU 表，用来监视每一路输入通道的输入信号电平；它的 8 条编组输出的每一条也配备有 VU 表来监视每一路编组的输出电平；它的总输出段也配备有 VU 表来监视总输出电平。在它的表板上还设有一个 VU 表与峰值表转换开关，按下此开关即可将 VU 表转换为峰值表来使用，从这一点来讲它给录音师提供了不少方便。这些发光二极管组成的光柱式 VU 表的特性与指针式 VU 表完全一样，所不同的是其读数精度太差，对于习惯使用指针式 VU 表的录音师来说可能永远不愿使用它。

2. 数字计量表

数字设备中使用的峰值电平表和模拟设备上的 VU 表与峰值电平表存在着很大的区别。数字录音是以全幅度音频信号在 A/D 转换器中进行模数转换的，这样就涉及到信号的峰值电平的转换问题，所以在数字设备中全都采用峰值电平表来做计量监测。

图 2-26 所示为一种典型的数字计量表（2.11.3 小节），这种计量表与 VU 表和准峰值表的最显著的区别在于它的最大值即满刻度是以 0 dB FS（FS 代表满刻度）来表示的，意思是这一点已经是所允许的信号峰值最大未夹断（过载）电平值。不过考虑到计量表对峰值信号反应的灵敏度，在设计计量表时还是留有一定余量的，因此在表的最顶部还设有一

个 OVER（过载或夹断）指示灯。这一点的电平值与 0dB FS 之间大概还有 1～2dB 的缓冲区。把声音信号的峰值电平和放大器的夹断点之间的这段缓冲区，叫做缓冲空间（Cushion）。

在测定信号 OVER（过载）点的电路中，各个厂家采用了不同的检测技术。有的采用模拟电路来驱动，有的则采用检测采样点的过载样本个数来驱动，当然最好是通过计算在 33μs（44.1kHz 采样率）时间段中，在 0dBFS 的那一行上声音信号变成方波时的连续样本数来测定信号夹断或过载。数字仪表制造商常常提供设定 OVER 的门限为 4～6 个连续样本的选择开关。

3．监听控制器

请参看实际布置图（见图 5-16 和附录 F-2 中的“Monitor/Solo/Talkback Section”分图）。调音台上设置有声音信号监听控制器，以便能通过听觉来判断调音台是否正常工作（技术质量）和判断录音节目是否合乎要求（艺术质量）。

外景用便携式调音台一般只设置监听耳机控制器，而固定使用的调音台通常也只在台面上设置监听音量控制器和监听声源切换开关，有的流动演出用调音台还设有功率放大器和房间均衡器。

本调音台的监听声源切换开关与计量监视点切换开关是一组联锁开关，就是说监听点与监视点是完全一致的，这就给工作带来了极大的方便。它一般可选听调音台的总输出信号或由录音机从 TAPE IN 插座返送回来的信号，这就是人们常讲的（磁）“带”前与（磁）“带”后监听问题；而 SOLO 信号及 PFL 信号是靠按相应的功能开关，并通过调音台内部的逻辑联锁控制的，在监听这两种信号之一的同时自动切断前两种信号。

另外，本调音台还附设了一个耳机监听组件，如附录 F-2 的“Phones 1/2”分图。该组件的选听点除与主监听点相同以外，还增加了监听 6 条辅助母线信号的监听点。

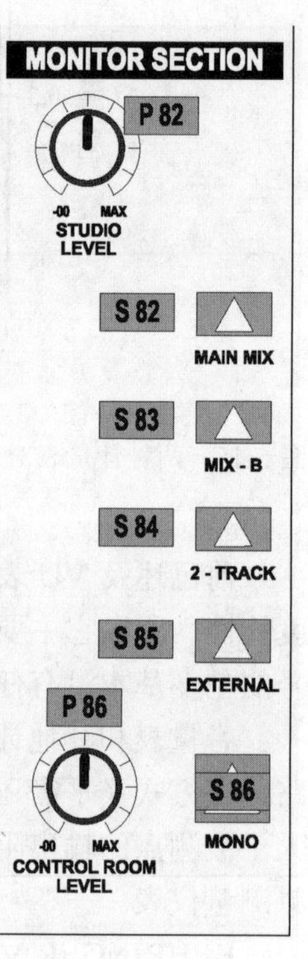

图 5-16　监听部分

前已述及，PFL 功能就是一种预听功能，将各通道单独设置的 PFL 开关按下，从监听扬声器中即可听见这个通路推子前的声音信号，这样就可以对每一路输入信号进行监听了。在现场演出时可以利用此功能来即时检查每一输入通路所接传声器的工作状态，而不会把不必要的声音播放出去。

4．其他监视仪表

为了监视信号开关通断和过载状态，各类调音台在不同部位都设有不同类型的监视指示灯。这类指示灯过去一律采用小型白炽灯泡，加上不同颜色的灯罩代表电路的不同状态。自从出现了 LED（发光二极管）灯以后，几乎完全取代了白炽灯泡指示灯。一些先进的数字调音台还配置有 LCD 液晶屏幕，调音台内部的各种均衡器状态及其参量、母线连接，甚至调音台自带的各种效果器的状态及参量修改等都可出现在指示屏幕上。

5.2.4　对讲系统

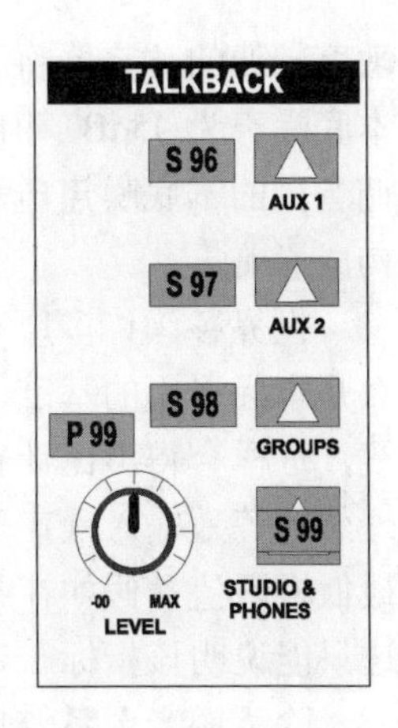

图 5-17　对讲通讯部分

现代调音台附属的对讲系统（TALK BACK）为一独立的组件（见图 5-17），也与调音台的一些操作有着连锁关系。其功能主要用来与录音控制室以外的人员联系，以及用于对录音系统报号和记录一些必要的提示音。该组件包括一个调音台内置传声器、一个用来调节来自对讲传声器音量的对讲音量调节器和一个对讲分配开关，可将对讲信号分别馈送到录音棚内的对讲扬声器和 2 条 AUX 辅助母线和编组母线上。当按下对讲按钮后，通过调音台内部的逻辑电路，监听电路的音量即可下降 6dB，这样即可有效防止室内声反馈引起的啸叫。

5.3　调音台的基本技术指标

1．噪声（Noise）和等效输入噪声（Equivalent Input Noise）

任何一个音频设备（包括调音台）的动态阈都是有限的，它工作在低电平时受到自身的噪声限制，在高电平时又受到设备自身的非线性畸变的制约。

正确设计和制造的调音控制系统，它的噪声总是在其输入端形成的。调音台的噪声指标可分为两类：一类是线路输入端噪声，另一类是传声器输入端噪声。从线路输入端看，整个通路的噪声一般用信噪比表征。它是指从某一声道的输入端，到整个通路的总输出端，在 0dB 增益时的信号电压与噪声电压的比值取对数所得到的数值，这个值一般应在 80dB 以上。

调音台在传声器输入通路的噪声指标，常用等效输入噪声电平来表示。假设由传声器引起的噪声可以忽略不计，那么传声器放大器和前几级放大器共同产生的噪声，将严重影响该系统的信号噪声比。当把调音台的输入端用一个与传声器阻抗值相同的纯电阻代替后，此时调音台的输入电平为 0。在通常情况下，调音台的输出端仍有噪声电压输出，此时假定测得的输出端噪声电平为 N'dB。用这台调音台与一台输出噪声为 0（即完全没有噪声）的理想调音台比较，假定两个调音台的增益量同为 K dB，当理想调音台的输入端被人为加入一个噪声信号电平，并且由于该输入信号的存在，使得输出电平亦为 N'dB，则前一调音台的内部噪声相当于该理想调音台的输入噪声电平值，因而可将该值作为调音台噪声的等效指标，称为等效输入噪声电平，那么，该调音台的等效输入噪声电平 N 应为

$$N(\text{dB})=N'(\text{dB})-K(\text{dB})$$

当调音台的传声器输入前置放大器在不同的增益位置时，噪声电平会随增益的不同而变化，但调音台的输入端等效噪声电平是固定不变的，因此用等效噪声输入电平能比较确切地反映调音台噪声电平的大小。

专业调音台的等效输入噪声电平通常在–120～–124dB 以下。这一数值已远小于用灵

敏度较低的传声器将一般剧场等现场的本底噪声捡拾到调音台的电平数值。例如一剧场的本底噪声为 45dB 声压级，用一灵敏度为 0.6mV/Pa 的动圈式传声器拾音，则传声器输入到调音台的本底噪声电平为-111dB，调音台的等效噪声电平在其之下，因而对系统总噪声不构成影响。

世界各国许多厂家在产品说明书上提供的技术指标很不规范，要么是标识不明确，要么是指标采用的基准值不同，或者是没有标明测试条件。有些制造厂则因为选用了计权曲线，这样会得出比计算出的等效输入噪声数值还要低得多的指标。对大多数放大器来说，理想的等效输入噪声值通常在-12～-124dBm 范围内，这个指标基本上是目前制造水平下的最低极限值。假如在某个设备说明书上，标注的等效输入噪声值比这个极限值还低的话，这只能说明该指标一定是加入了 A 计权曲线测试得到的。

除了调音台系统自身存在固有的噪声源外，还有许多系统外部的其他噪声源存在。最主要的来源是 50Hz 交流市电感应到传声器输入端的交流哼声。解决的办法是注意传声器电缆的屏蔽和适当接地手段。更难解决的问题是，附近无线电发射机产生的射频干扰和经常产生高压放电的设备干扰。这个问题通常只有通过适当屏蔽来解决。还有一个值得注意的问题是，舞台灯光设备的晶闸管触发脉冲产生的电磁波，对动圈类传声器的干扰。解决的办法一是当存在这种干扰时，尽量不要使用动圈传声器，而改用电容传声器；二是调音台与灯光设备不要使用同一个电源，至少不要使用同一电源的同一相线。

2. 频率响应（Frequency Response）

调音台的频率响应代表了调音台信号通路能通过的信号频率带宽。它表征调音台可通过和处理声音信号的频带宽度，以及在限定频率宽度之内信号电平的均匀度。现代专业调音台的频响能够做得很宽，可以远远超过一般音频信号的 20Hz～20kHz 的频响范围，最高可做到 10Hz～120kHz，但实际上并无这个必要，否则不但会增加通路的噪声量，而且调音台的造价也会成几何级数般地上升。从当前的技术水平来看，20Hz～ 20kHz 的频率响应，频率均匀度在±0.5dB 左右已经可以合乎专业使用要求了。

3. 增益（Gain）

调音台信号输出电压与信号输入电压之比再取对数就是调音台的增益，也可用输出电平与输入电平之差 K 表示，即

$$K=20\lg U\mathrm{o}/U\mathrm{i}$$

式中，Uo 为输出电压；Ui 为输入电压。

调音台的输入端口一般有两种：一种为线路输入(Line In)端口，其额定电平标准为 0dB；另一种为传声器输入(Mic In)端口，其额定输入电平为-70～-50dB，该数值与大多数传声器的灵敏度指标相对应。

一般情况下，当调音台为线路输入时，调音台的实际增益仅为 0dB。但是在调音台内部实际还存在放大环节，这主要是为了补偿调音台内部因信号处理（如 EQ 均衡处理）带来的损耗。对于从传声器输入端传送来的微弱信号，调音台必须为它提供足够的增益，以使低至-70dB 的传声器低电平提高到-10～0dB 的调音台总输出，以满足配接录音机、功放或其他音响设备的输入电平要求。

调音台的增益有最大总增益和额定增益两种，其中调音台最大总增益可以分别用最大线路增益和传声放大器最大增益来表示。调音台的最大线路增益一般可高达 20～30 dB 以上；传声放大器最大增益一般在 70～80 dB 界限内，最大增益可达 90dB 以上。调音台在额定状态下的线路输入增益为 0 dB，最大线路输入可达+22 dB。

为了说明调音台在额定输出时整个通路可能达到的最大极限增益，有一个很重要的增益指标就是最大电动势增益。当被测通道中各音量控制器均置于增益最大位置（推子置于最顶端，旋转音量控制器置于最右端），调音台在额定正常工作条件下，当源电动势减小到调音台仍处于额定正常输出条件下，此时的信号源的输出称为源电动势。

在增益指标方面，还有一个重要指标是声道间的增益差。它是说明调音台每个声道对信号放大或衰减的均衡程度，理想状态是每个声道对信号的放大或衰减程度都是完全一样的，但这很难做到。目前专业调音台的增益差可达到 0.5 dB 以下，通用类调音台也可达到 2 dB 以下。

4. 动态余量（Dynamic Headroom）

调音台最大不失真输出电平（最大增益）与额定电平（额定增益）之间的电平差称为调音台的动态余量。调音台的动态余量 D 也叫峰值储备或净空间，也可以用最大不失真输出电压 U_{om} 和额定输出电压 U_{or} 之比的对数来表示，即

$$D=20\lg U_{om}/U_{or}$$

动态余量越大，节目的峰值储备量就越大，声音的动态范围也就越宽。一般来说，动态余量至少要在 20～24dB 之间，好的可达 30dB。当调音台在额定状态下工作时，由于有一定的峰值储备量，因此即使节目某一瞬间达到了较高的尖峰值，也不至于引起限幅或过载失真。

5. 幅度非线性失真（Amplitude Nonlinear Distortion）

由于调音台的输出信号幅度方面存在着非线性失真，当一个简单的正弦波信号输入到调音台时，在其输出端出现了原来输入信号中所没有的谐波频率，这些新的频率是输入信号频率的整数倍。幅度非线性失真这里用总谐波失真来代表，它是信号幅度和频率的函数。总谐波失真（Total Harmonic Distortion，THD）N，即各次谐波的均方根值用百分数来表示。调音台的非线性谐波失真是指在额定输出电平时，在整个工作频段内的总谐波失真值。专业用调音台的谐波失真一般小于 0.1%，现代优质专业录音用的调音台总谐波失真可达 0.002%以下。

6. 串音（Crosstalk Attenuation）

当多路信号传输时，一路声道或多路声道信号必定对其中任意一路声道存在着串扰信号。调音台的串音衰减指标是为了衡量相邻通道间的隔离能力，以被扰信号与串扰信号之间的电平差来表示，也可用串音衰减来表示，即某一通道的信号电压与串入到其相邻通道的该信号电压之比的对数来表示。假如两声道间的串音信号电平差为 S，则有

$$S=20\lg U_{Aa}/U_{Ba}$$

式中，U_{Aa} 为 A 声道的 a 信号；U_{Ba} 为串入到相邻的 B 声道中的 a 信号；S 为 B 声道的串

音衰减能力。

串音衰减越大，声道间的隔离度越好。通道间串音大小与信号的频率有关，高频段的串音比中低频段严重。一般调音台的串音在10kHz 时应小于-50dB，专业调音台的串音应小于-70dB（10kHz）。

5.4　调音台的专门部件

5.4.1　幻象电源

从 4.1 节可知，电容传声器一般由电容极头和预放大器两部分组成，电容极头需要有一个极化电压（驻极体传声器例外），预放大器也需要用电。它们所需的电源都由信号传输线（俗称话筒线）连带供给，但并不会给信号传送造成问题，这样的供电方式称为幻象供电。

电话系统于 1919 年开发了旋转拨号盘时，幻象电源已被用于电话机的电容送话传声器之中。在 1965 年，德国的雪普斯（Schoeps）公司为 CMT 2000 微型电容传声器采用了射频天线聚焦设计，其电源供应则是通过传声器电缆采用幻象电源电路结构，向传声器供应 12V 直流极化电压。这是所知的第一次为传声器使用幻象电源电路结构供电的例子。

1966 年德国纽曼公司为 NRK 挪威广播公司提供了一种新型的晶体管电容传声器，挪威广播公司要求其采用幻象电源驱动。由于 NRK 在其录音棚已经有为应急照明系统供电的 48V 电源，因此这一电源电压就被顺便用于新型传声器 KM84 的幻象电源，这就是采用 48V 幻象电源的起源。这样的安排后来成为原联邦德国国家工业标准 DIN 45596。现行国际标准为国际电工委员会公布的 IEC 61938，标准中对 12V、24V 和 48V 的幻象电源做了相应的规定。

幻象供电要求在传声器和电源供应端之间作平衡连接，这与传声器的连接方式完全一致。通常使用 XLR（卡龙）型插头（座）的 3 根导线，2 脚和 3 脚供给等电位的直流电压，其电位差是相对于 1 脚的地电位而言的。一般来说，幻象电源的来源是交流市电，只有在没有交流电的地方，（如野外）才考虑用电池供电。

现有的幻象电源一般为 12V、24V 和 48V 三种电压的幻象电源，分别简称为 P12、P24 和 P48。12V 和 24V 供电常见于电池供电的调音台，由于这类调音台电源电压不可能要求太高，许多早期的调音台仅能向外供应 12V 或 18V 幻象电源和很小的电流。电池供电 12V 和 24V 的调音台如 Shure 的 FP33 到现在某些地方还在使用。

目前，幻象供电有几种不同的方式，最基本的传声器输入端幻象电源供给可以分为变压器耦合和无变压器耦合两大类。实际的幻象电源是根据 IEC 61938 标准执行的。典型的幻象电源原理如图 5-18 所示。该图又分为三种类型：图 5-18（a），可以工作在任何地方，输入端对平衡或非平衡电路无要求，一个 1:1 的隔离变压器与信号串联连接，地线只能在第 1 脚与底板相连；图 5-18（b），如果已知调音台输入端可以承受 48V 直流，可以使用这个电路，地线只能在第 1 脚与底板相连；图 5-18（c），如果调音台输入端不能承受 48V 直流电压，可以在图 5-18（b）中内的每条信号通路中各串联一只 100μF 隔直流电解电容器。

同样地，地线只能在第 1 脚与底板相连。为了保证传声器卡侬插座 2、3 脚之间实现零电位差，两支电阻的阻值误差不得超过 0.4%。

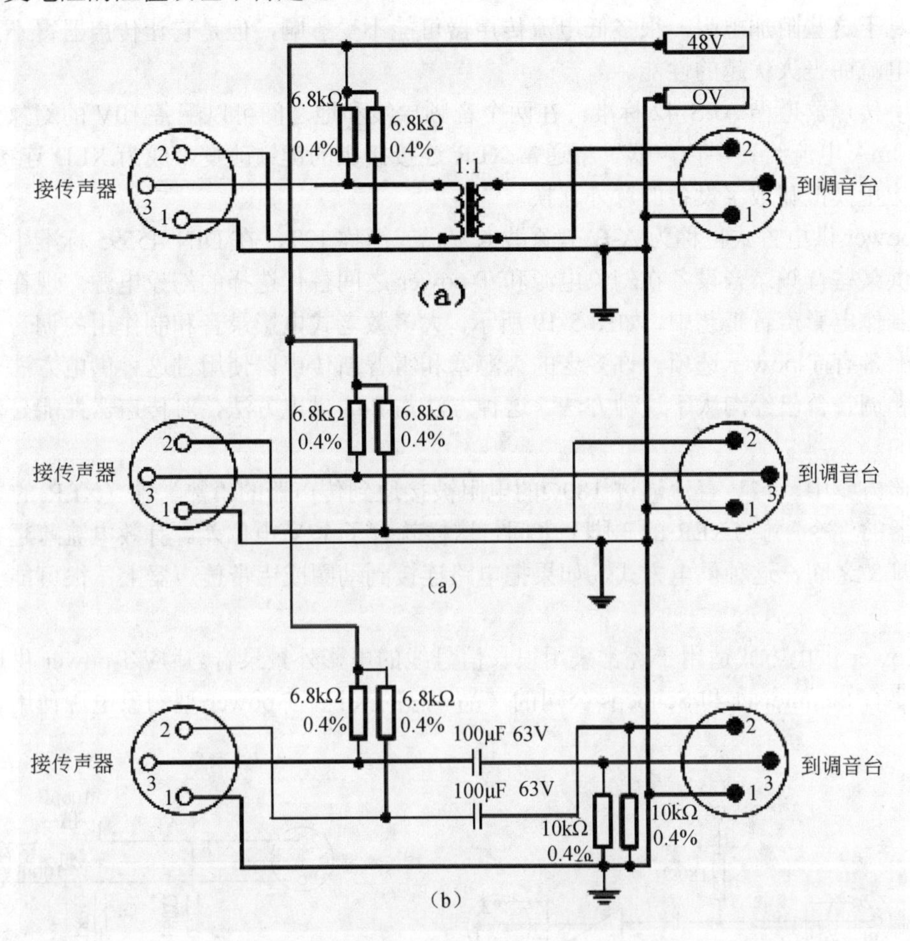

图 5-18　P48 幻象电源三种不同类型的原理图

20 世纪 70 年代中期，及后来的电容传声器专门设计的 48V 幻象电源，则经常需要更大的电流（例如，纽曼公司的无变压器传声器需要 2～4mA 电流，德国修普斯 Schoeps 公司生产的 CMC“科莱特”系列和约瑟夫森传声器需要 4～5mA 电流，苏尔 KSM 系列传声器大部分需要 5～6mA 电流，CAD Equiteks 系列需要 8mA 电流，Earthworks M 系列电容传声器需要 10mA 电流）。IEC 国际标准给出每只传声器最高允许为 10mA 电流。如果电源不能提供所需的电流，传声器仍然可以有信号输出，但它不能达到预期的性能水平。具体表现略有不同，最常见的结果将是传声器虽然可以使用且无过载（失真），但最大声压级指标将会降低，有些传声器还将表现出灵敏度（声压级的输出水平）降低。

即使在专业质量的预放、调音台和录音机中，幻象供电电源的性能并非总是正确或充分执行。在一定程度上，这是因为第一代（20 世纪 60 年代后期到 20 世纪 70 年代中期）为电容传声器设计的 48V 幻象电源的电路简单，并且供应电流非常小（每只传声器小于 1mA），所以幻象电源通常内置在当时的录音机、调音台和预放大级内部。原联邦德国国家工业标准 DIN 45596 幻象电源规格要求最大 2mA 的电流，这个惯例已经延续到现在。许多 48V 幻象供电电路，特别是在低成本、便携式设备中，根本不可能提供超过 1mA 或 2mA 电流。为供应每个传声器输入电流而设置的两只电阻上，也有一些电路显著地附加有串联电阻，对于这些附加电阻，很多低电流传声器可能不受影响，但是它让传声器得不到更多需要的电流而丧失优越的性能。

数字传声器遵循 AES 42 标准，在两个音频导线和地之间可以配备 10V 的幻象供电电压和 250mA 电流给数字传声器。将通常 XLR 连接接头的键锁改变，成为 XLD 连接接头，可用来防止模拟和数字设备的意外互换。

T-power 供电方式也称为 A-B 电源供电方式或简称 12T，在 DIN 45595 标准中描述的是一个供某些音频录音设备在幻象电源和 T-power 之间替代选择的幻象电源，现在仍广泛应用于制作电影声音工艺中，如图 5-19 所示。大多数老式电影录音和制作用的调音台和录音机都配备有 T-power 选项。许多老的森海塞和雪普斯传声器使用过这种供电方法。新式录音机和调音台已经淘汰了这种方法。这种方法与 P48 供电方法，对传声器性能是没有什么影响的。

在该方案中，12V 直流通过 180Ω的电阻被接通到传声器的“热”端（XLR 的 2 脚）和传声器的“冷”端（XLR 的 3 脚）之间，这样就有了 12V 电位差。有效电流跨越在引脚 2 和引脚 3 之间，这种供电方式，如果把电路连接到动圈或铝带传声器上，很可能会烧毁它们。

T-power 供电方式适用于经常采用很长信号线的电影外景录音。适应 T-power 供电的传声器主要有 Sennheiser 和 Schoeps 公司的产品。总的来说，T-power 型幻象电源使用得并不普遍。

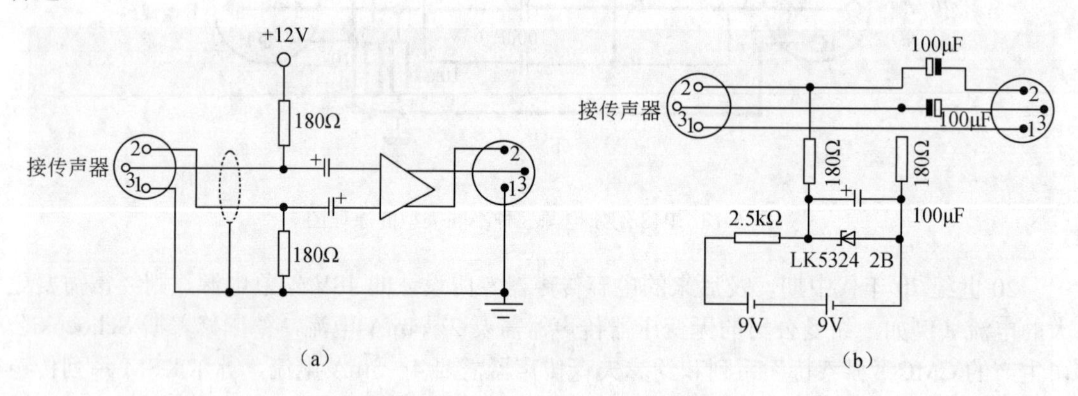

图 5-19 两种 T-power 幻象电源原理图

切记，仅适用于 T-power 供电的传声器不可用其他供电方式供电。众所周知，技术上的调制引导电源与远程供电电容传声器的方法是不兼容的。如果使用者需要将其中一种供电方式变换为另一种供电方式使用，这需要通过“T12↔P48 转换器”互转才可以实现。

现在在调音台上普遍都提供有 48V 幻象电源，并在调音台上安装有一个幻象电源总开关，控制一组（如 8 个）输入插座中幻象电源的通断。一般情况下，动圈传声器的信号从电缆线的卡侬插头 2、3 脚送出，即使幻象电源打开，由于两个脚的电位相等，不存在任何电位差，在振膜线圈中不会有任何直流电流流动而烧毁音圈，因而在幻象电源通电的情况下，动圈传声器完全可以正常使用。

一些传声器提供了一个选择内部电池驱动或（外部）幻象电源驱动的选择开关。电池可能会泄漏化学物质造成内部机件腐蚀甚至损毁。对待这样的传声器，聪明的做法是取掉内部电池，而使用外部幻象电源供电。

还有一类线路供电或插件电源“plug-in-power”供电方式。它是一种仅有 3V 到 5V 的小电流电源，主要用于某些消费类传声器，如便携式录音机和计算机声卡，常常用于激励静电驻极体传声器。有时它被错误地称为“幻象电源”，不应该与上文所述真正的 48V 幻象供电混淆，其实两者完全是不同的供电方式。如果把驻极体传声器连接到真正的（48V）幻像电源，这些传声器可能会立即损坏。插件电源是根据日本标准 CP-1203A:2007 设计的，计算机声卡的供电方式与它类似。这两个插件电源和声卡电源被定义在 IEC 61938 规范中。

5.4.2　射频滤波器

假如空中频率很高的射频信号串入传声器并叠加在音频信号上，使音频电路一直工作在非线性区域，轻者造成音频信号失真，重者会使音频信号放大器过载。甚至由于电路不可避免地存在少许非线性放大特性，其检波作用可以将广播电台的电磁波解调出电台播出的音频节目信号对正常声音信号产生干扰，以至在监听扬声器中能听见广播电台的声音。图 5-20 即为常见的一类射频滤波器，该滤波器为电感元件串联型，*R*s 代表声源内阻，R_L 为负载阻抗。

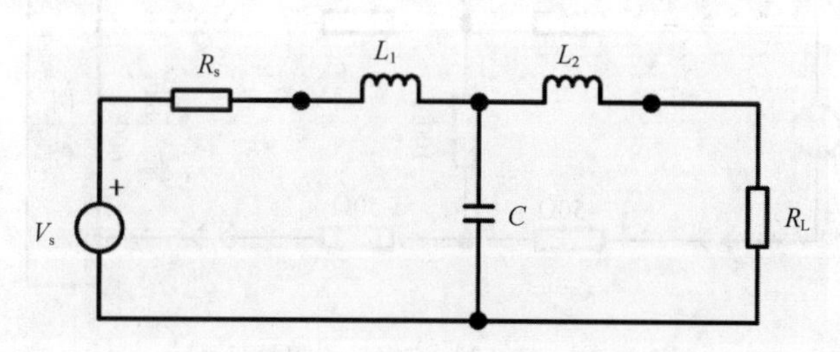

图 5-20　射频滤波器

有的现代调音台采用了 XDR 扩展动态阈技术，这种技术具备自保护能力，它不但抗干扰能力强，能有效抑制射频干扰（RFI），而且可控制输入阻抗，不会因传声器及电缆的不同使负载阻抗发生变化，从而保证了频率响应始终如一；这种技术还可扩展调音台的动态阈，并在额定电平下具有极低的噪声水平。

5.4.3　衰减器

输入电路中的信号电平调节主要是通过衰减器与固定增益放大器或可调负反馈放大器来实现的。

1. 固定衰减器

在世界各国众多的调音台产品中，插入式衰减器的类型很多，但是归纳起来不外乎两类：固定衰减器和可调衰减器。

为扩大增益调节范围，单纯靠调节放大器的负反馈势必引入深度负反馈，而负反馈过深易引起电路自激。因此，需要在强电平输入调音台时插入衰减器实现对输入信号的粗调。衰减器的种类很多，其中尤以电阻衰减器电路最简单，成本最低，实现衰减功能十分容易。由电阻元件组成的衰减器是个四端网络，它的特性阻抗、衰减都是与频率无关的常数，相位移等于零，如表 5-1 所示。

表 5-1 常见的电阻衰减网络类型表

	L 型	T 型	Π 型	桥 T 型
不平衡型	$R_1/2$　$2R_2$	$R_1/2$　$R_1/2$　R_2	R_1　$2R_2$　$2R_2$	R　R_2　R　R_2
平衡型	$R_1/4$　$2R_2$　$R_1/4$	$R_1/4$　$R_2/4$　R_2　$R_1/4$　$R_2/4$	$R_1/2$　$2R_1$　$2R_2$　$R_1/2$	$R_1/2$　$R/2$　$R/2$　R_2　$R/2$　$R/2$　$R_1/2$

通常，衰减器接于信号源和负载之间，对于信号源来说，衰减器的插入不应改变放大器的输入阻抗，对于放大器来说，衰减器的插入不应改变信号源的输出阻抗，如图 5-21 所示。

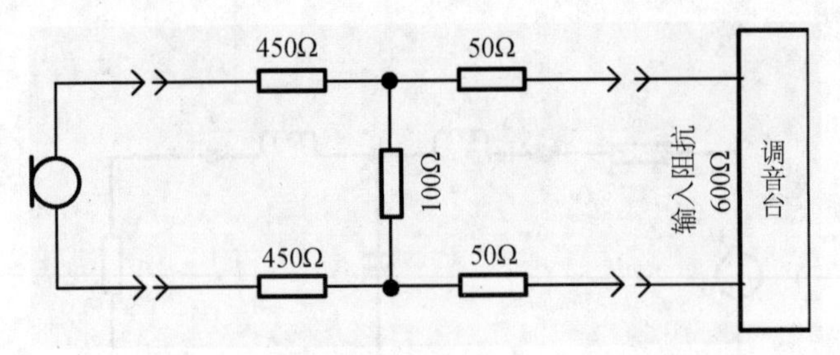

图 5-21 插入式衰减器的阻抗匹配

插入式衰减器在调音台中有两个作用：①调整电路中信号的大小；②改善输入/输出端的电路阻抗匹配，若某些电路要求有一个比较稳定的负载阻抗，则可在此电路与实际负载阻抗之间插入一个衰减器，能够缓冲阻抗的变化。

2．可调衰减器（推子）

调音台主要的衰减器是一组无感电阻组成的信号衰减网络，其特点是衰减器不会对通过的信号造成任何失真。衰减器中的无感电阻可以是阻值固定的电阻或可变电阻（或专用电位器），并且其输入/输出阻抗可以相等或不等。由此可见，衰减器还可以用于输入/输出信号的阻抗匹配。需要注意的是，如果衰减器输入/输出阻抗不等，衰减器会引入不小的损耗。

调音台进行电平调节用的电位器，要求它有一定的调节范围：应可进行连续调节，即使采用步进电阻式音量衰减器，要求它的电平级差应小于 1～2dB，人的听觉才不会感到声音的突变，并且在改变衰减量的同时不应改变电路的阻抗特性。老式调音台使用电位器进行电平衰减时，改变衰减量的同时也会改变衰减器的阻抗特性，解决办法是采用低阻输出放大器或集成运算放大器。

1）不平衡桥接 T 型可调衰减器，如图 5-22（a）所示。

$R_1=Z$，$R_5=(K-1)Z$，$R_6=(1/K-1)Z$。R_5 和 R_6 两阻值成反比，同为同轴长行程专用直线电位器。K 系数代表电流、电压或功率相应的衰减分贝值的比率。

2）平衡桥接 T 型可调衰减器如图 5-22（b）所示。

按上面 1）不平衡桥接 T 型衰减器，设计计算出 R_1、R_5 和 R_6，再按图 5-22（b）代入各项数据，设计出平衡桥接 T 型衰减器中的电阻和电位器值。

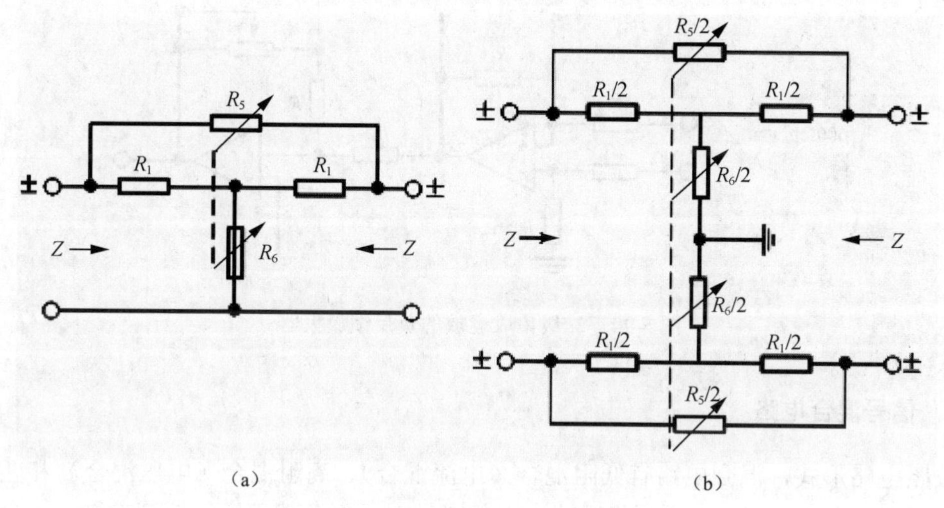

图 5-22　两种可调桥 T 型衰减器

3．压控放大器

压控放大器也是一种衰减器。许多调音台的推子、旋钮控制电路，甚至许多自动化调音台都采用了压控放大器进行电平控制和调节。由于它本身具有一定的增益提升，而不像上述两类衰减器只有衰减，如图 5-23 所示。

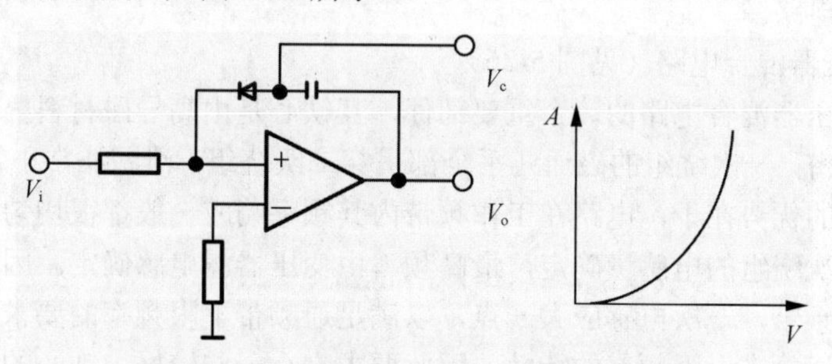

图 5-23　一种压控放大器和二极管的伏安特性

5.4.4　负反馈放大器及信号混合电路

1．负反馈放大器

调音台性能受负反馈放大器的影响包括：①提高增益的稳定性，电压反馈可稳定电压增益，电流反馈可稳定电流增益，若负载是恒定电阻时，既可稳定输出电压，又可稳定输出电流；②改善非线性失真，减小内部噪声干扰；③展宽放大器的频带宽度。

如图 5-24，*R*P1 和 *R*3 均为负反馈电阻，*C*1 和 *C*2 为去耦合电容，主要用来防止电路自激。两级放大器的增益分别取决于 *R*3/*R*1，以及(*R*P1+*R*6)/*R*5 的比值。调音台内各个级别的放大器原理大都采用此类放大器。

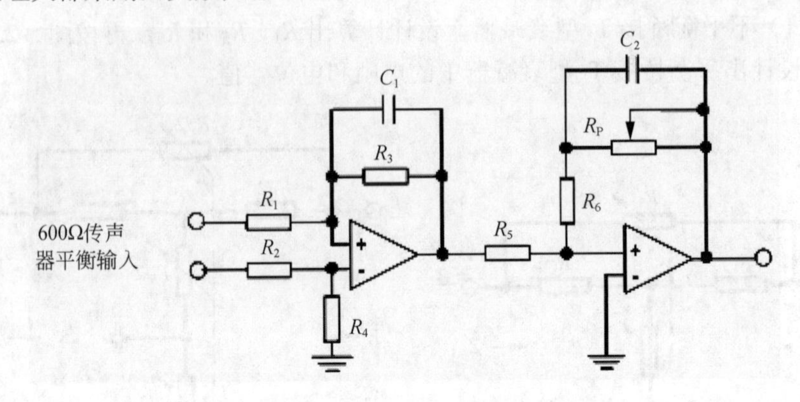

图 5-24 二级集成运放的负反馈放大器

2．信号混合电路

按照电路形式，混合电路有低阻混合（电流混合）、高阻混合（电压混合）和匹配混合（功率混合）三种形式。所谓低阻或高阻都是针对后级负载而言的，简言之，比负载阻抗低的就是低阻，反之就是高阻。

1）低阻抗混合电路（见图 5-25）

由于低阻混合电路放大器采用输入端并联负反馈反相运放电路，因此混合点阻抗很低，可以做到只有几欧姆，所以不但可以降低各输入信号通过混合电路的相互串扰，而且也有利于改善各级放大器的等效输入噪声指标。由于这些优点，目前调音台大多采用这类低阻抗电流混合电路。

2）音频变压器混合电路（见图 5-26）

作为音频变压器混合电路的一个重要部件，其铁心是由高导磁材料叠装而成的，一、二次绕组耦合紧密，一次绕组的磁通几乎全部贯穿二级绕组，泄漏非常小耦合系数接近 1。采用音频变压器的优势在于，电路在工作频带内其频率响应一般都很均匀、平直。通频带的最低频率由一次绕组的电感量确定，最高频率由变压器漏电感确定。因此，要保证变压器有足够宽的通频带，一次电感应大一点，以满足通频带下限频率的要求。音频变压器的漏电感将会影响通频带上限频率的特性，因此要求它小一些较好。铁心的磁滞损耗及磁路饱和会引起信号失真。适当配置负载，加大负载电流，可以减少磁滞损耗的影响；增大铁芯断面，铁芯交界面处留有气隙，可使磁路不致饱和，这样能减少信号的非线性失真。

5.4.5 均衡器

均衡器（Equalizer）是改变声音信号或改变监听通道频率响应的一种装置。这个术语的原意和用途很多人并不了解，它最早用于电话声音的均衡处理上，为的是使传输线路上的各频率的输出电平与其输入电平相等。

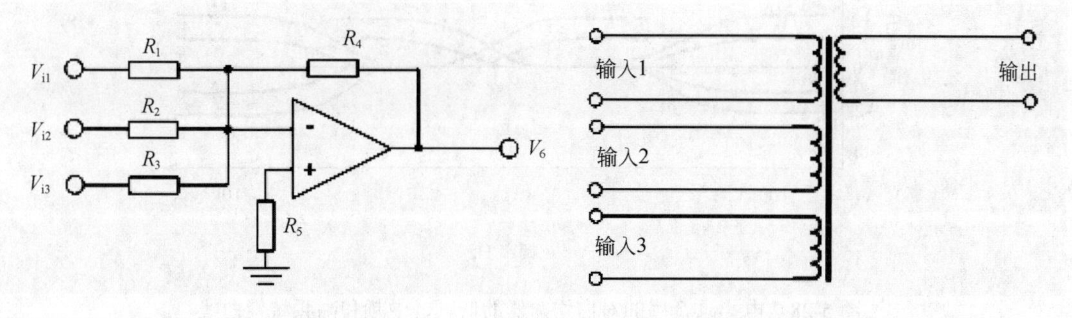

图 5-25　低阻抗混合电路　　　　图 5-26　变压器混合电路

如图 5-27 所示，电话输入信号，如图 5-27（a），由于线路上各种损耗，电话线路在信号的高频端时，对电话信号是呈下滑衰减的，如图 5-27（b），所以在电话局，要先接入一个互补网络来恢复被衰减掉的那部分高频，如图 5-27（c），以便使信号还原为原始状态，如图 5-27（d）。通过引伸，均衡器这一术语多年来已用来指对信号产生频响变化的装置，其控制频响特性的参数有可变的和不可变的两类。

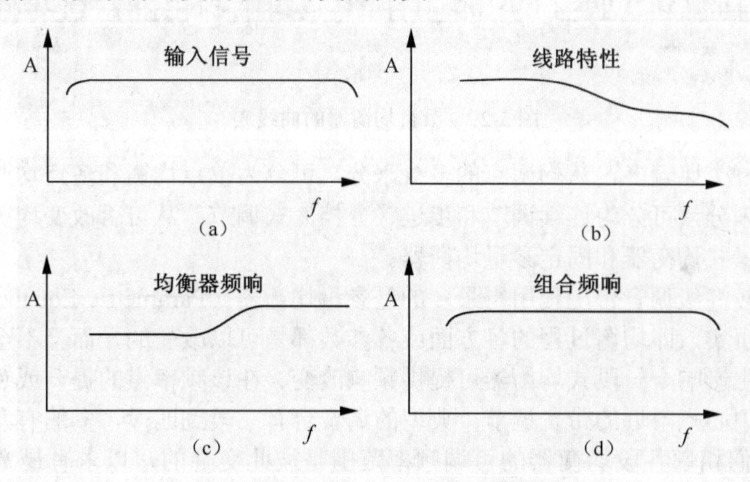

图 5-27　传输线路均衡器的基本功能

最早把均衡器用于录音的是电影业。由于镜头的视觉要求需要在离开演员的各种距离上来录对白，这就意味着对白声带上的频响会发生变化，如果要在影院中保持镜头与镜头之间讲话清晰度的一致，录音师就必须“均衡”对白声带。最早研制出的一种对白均衡器的频率特性曲线如图 5-28 所示。该装置有可变的低频、中频和高频控制器，这三部分相互作用构成一条条合成曲线。

后来又陆续研制出许多多用均衡器。这些装置能提供低频补偿或衰减、带宽可变的中频提升或衰减以及高频补偿与衰减，它们的典型曲线如图 5-29 所示。

节目均衡器的主要用途是，调整已合成的节目信息，以满足最后母带制作中的总体效果；调整各声道的声音素材，使之合成后的节目音色合乎艺术上的要求。

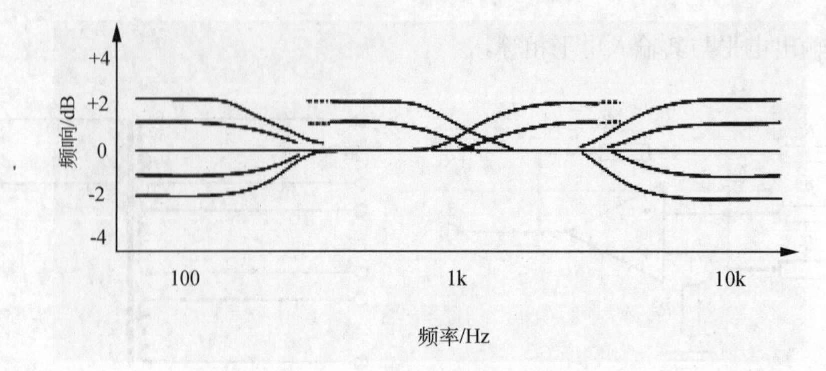

图 5-28 电影录音用的对白均衡器的低频、中频和高频特性曲线

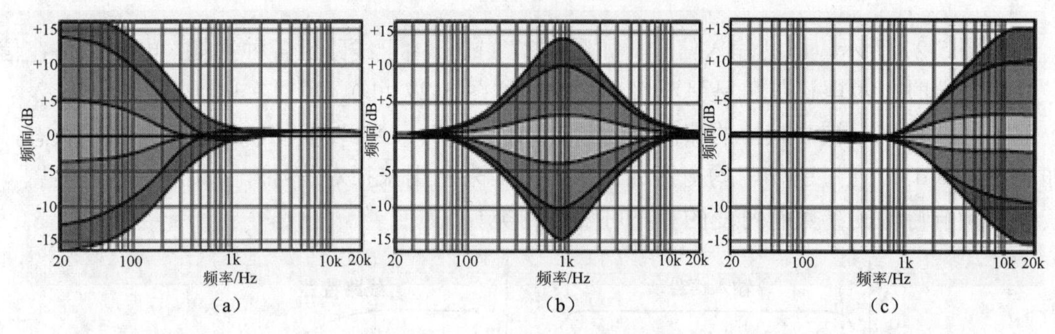

图 5-29 节目均衡器的曲线族

均衡器的种类比较多，从均衡点的多少来分，可分为单点均衡和多点均衡；从补偿增益的调节方法来分，可分为连续调节和步进（分挡）式调节；从可否改变均衡参数方面来分，可分为参量式均衡器和固定参量均衡器。

目前，在较高级调音台上使用得最多的是参量均衡器（Parametric Equalizer）。此名称是基于这样的事实，即均衡过程的各方面或各参数都是可以改变的，而又不至于使这些功能之间相互产生影响。一段式均衡器可提供频响改变、在该频率点的提升或衰减量的调节以及在该频率中心点附近的带宽调节。典型的调音台有三段到四段，多的有八段这样的均衡器，并且它们相邻各段均衡器的可调频率范围是彼此交叠的，以求有最宽的合适覆盖范围。

在实际的频率均衡曲线中，存在有两大类曲线形式，它们分别是高/低频提升与衰减、中频段的提升和衰减曲线，分别如图 5-29（c）和（a）和图 5-29（b）所示。前者只对转折频率以上或以下的信号进行提升或衰减，而后者只对其选定中心谐振频率附近通带范围内的信号进行提升或衰减。它的谐振频率和带宽通常是做成可变的，这就是术语中心频率和 Q 值的意义。

综上所述，确定均衡器的频率补偿特性有以下两点：

（1）转折频率与中心频率；

（2）调节范围（包括补偿频率、带宽调节及增益）。

品质因素（Quality Factor）Q 决定了谐振曲线的陡峭程度，换句话说，也决定了滤波器或均衡器的带宽。不过，在滤波器中用的 Q 值的涵义只能是类似于谐振电路里的 Q 值，所以称为等效品质因素。

$$Q=\frac{f_0}{B} \tag{5-1}$$

式中，f_0 为谐振曲线中心频率；B 为滤波器或均衡器带宽；Q 为等效品质因素。

从式（5-1）可见，Q 值与网络谐振频率成正比，而与网络通频带宽度成反比，说明 Q 值愈高，均衡曲线的选频特性愈窄，曲线愈陡峭。

在实际使用时关心的是曲线的带宽 B，因此式（5-1）可改变为

$$B=\frac{f_0}{Q} \tag{5-2}$$

曲线的通频带宽度 B 是曲线最高增益下降 3dB 处所对应的两个频率之差。在调节均衡器的最大增益时，均衡曲线的通频带宽度可以改变也可以不改变。这就是说，均衡器的 Q 值可以是恒定的也可以是变化的。这就要根据不同的节目内容，需要有不同的频率特性而定。作为一个重要的均衡器参数，Q 值与增益、谐振频率的不同组合设定，可以取得不同的均衡效果。一般较低档的简易调音台设计成恒定的 Q 值特性，较高档的调音台的 Q 值则大多是可调的（参见图 5-30）。

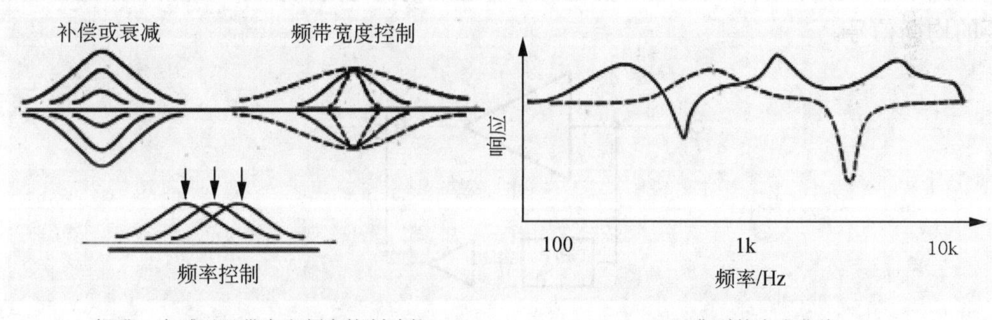

（a）提升、衰减以及带宽和频率控制功能　　（b）典型的合成曲线

图 5-30　参量均衡器的特性，以及信号经均衡处理前、后的合成曲线对比

均衡滤波网络的品质因素 Q 值愈大，则相位移愈大。因此，在对信号进行频率均衡时，以相邻频率补偿点的增益相差 3dB 为宜，最大不宜超过 6dB，否则将造成较严重的相位失真。

在调音台中常见的均衡器电路有以下几种。

1. 衰减法

直接采用无源滤波电路进行均衡处理，如图 5-31 所示。

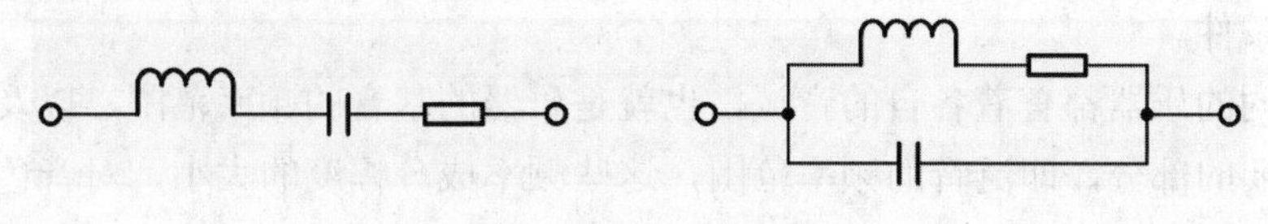

图 5-31　无源频率均衡网络

2. 反馈法

采用在负反馈网络中插入无源均衡电路环节进行均衡处理，如图 5-32 所示。

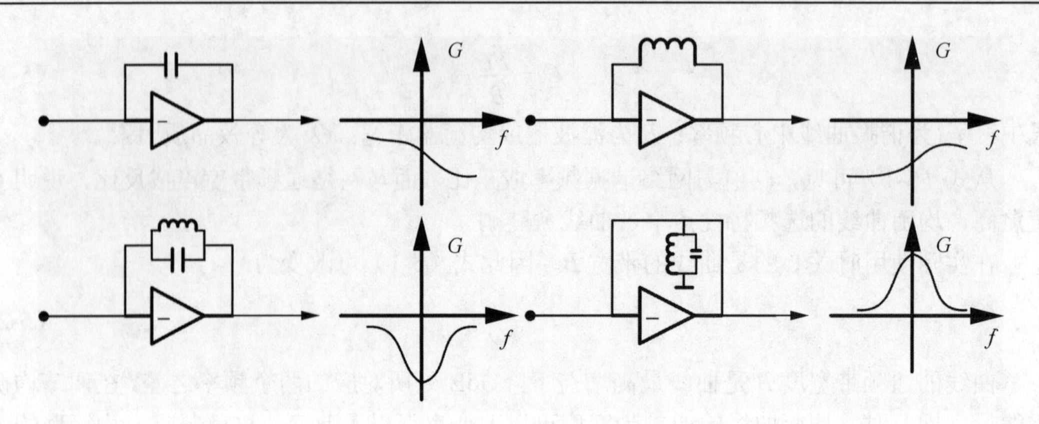

图 5-32　运算放大器反馈网络中的均衡电路及其频响曲线

3．混合法

如图 5-33 所示，将未经处理的直通信号与经过均衡处理的信号，由加法器混合叠加成需要的均衡信号。

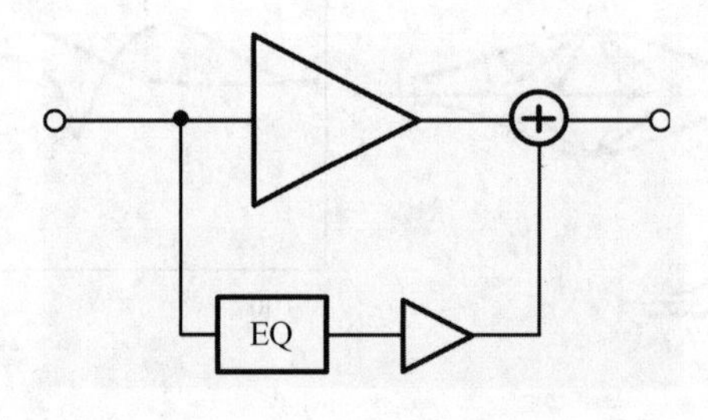

图 5-33　混合均衡电路

5.4.6　常用乐器均衡器使用参考资料（部分摘自互联网）

在第 3 章中已经提及，要想把语声和音乐音色的录制质量提高，或者要使它们的放音音色质量达到很高水平，那么就需要对各种不同乐器的不同频率特性有更多更深入的了解，要了解各种乐器的哪些频率对乐器音色表现力有哪些特殊的影响。如果在这方面了解得越多，就愈能极大地提高对乐器音色的处理技能，它也是调音技术水平和艺术水平能够得以提高的先决条件。

各种不同的乐器都有着各自的音域，也就是乐器的基音的频率范围，以及它的音色结构中非常重要的部分，即泛音的频率范围，这些频率成分幅度的大小，对音色的特性有着非常重要的影响。

一般中高档调音台在输入通道中都有一个四段均衡器，高中频段均衡器是一个以 10kHz 为中心的宽频带峰形曲线的均衡器，它的可控制频率在 300Hz～20kHz 范围内，这个频率对音色的表现力、音色的个性有重要的影响。这个频段的声音幅度影响音色的表现力，如果这个频段的泛音幅度比较丰满，那么音色的个性表现良好、音色的解析能力强、音色的彩色比较鲜明。这个频段在声音的成分中幅度不是很大，也就是说，强度不是很大，但是它对音色的贡献很大，所以说在这个频段内的声音信号是很宝贵的也是很重要的。如果这个频段的声音信号成分过小，那么音色的个性就会减弱，也就失掉了乐器应有的韵味，声音就会变得尖噪，出现沙哑刺耳的感觉。因此，对声音信号高频段成分处理首先不要过量，但又绝对不能加处理，否则声音会失去个性。

高中频段均衡器在 300Hz～20kHz 频率范围内，可以提升和衰减处理 15dB 的幅度。这是一个可扫调型的均衡器，它不但可以对这个频带内的声音信号的振幅进行提升和衰减，而且还可以对要处理的频率点进行选择。这个频段是人耳听觉比较灵敏的频段，声音信号的幅度大小直接影响音色的明亮度、清晰度。如果这个频段的泛音成分太少，则音色黯淡，朦朦胧胧地好像在声音上罩上了一层面纱一样；如果声音信号在该频段的分量过高，其音色就会变得尖利，显得呆板、刺耳。

中低音频段均衡器的频率范围在 50Hz～3kHz 之间，它可对这个频段范围内的声音信号幅度提升或衰减 15dB。它也是一种峰形特性曲线的可扫调均衡器，它的信号频率成分及振幅的大小影响音色的力度。因为音乐中使用的各种乐器的基音，以及人声主要声部的基音频率几乎都包含在这个频段范围内，所以其幅度大小就决定了音色力度的大小，它是音色中基本的又是很重要的频段；如果将这个频段中的乐器或人声频率及振幅调节得适中，则音色会显得比较丰满、圆润，并且具有适当的力度。因为基音频率丰满了音色的表现力度就增强，乐音的响度就大。如果声音信号缺乏这个频段，其音色会变得软弱无力、空虚，音色发散，高低音分离；如果声音信号振幅在这一频段过强，其音色就会变得生硬、不自然。由于基音成分过强，相对泛音的强度就变弱了，所以音色显得不太圆润。

低频段均衡器的频段范围在 20～200Hz 范围。它是一个宽频带特性曲线均衡器，可以提升和衰减信号振幅大约 15dB。如果低音频段比较丰满，则音色会变得浑厚，有空间感。因为整个房间都存在着低频共振频率，如果声音信号中这部分频率成分多了，会使人自然联想到房间的空间声音的传播状态。如果这个频率的成分缺乏，音色就会显得苍白、单薄，根音乏力；如果这个频率的成分在声音信号中过多了，就会使语言显得浑浊不清，这样就会降低语音的可懂度。

结合到对声音的音色和音质评价主观术语，来评价这 4 个频段的均衡器对声音音质所产生的影响，可以用表 5-2 展示出来。

表 5-2　均衡器各频段对声音信号主观评价的影响

频段	人耳聆听感受		
	调节过低	调节适中	调节过高
300Hz～20kHz	韵味失落	色彩鲜明，富于表现力	尖噪、嘶哑刺耳
50Hz～3 kHz	暗淡、朦胧	明亮、清晰	呆板、炸
200～600Hz	空虚、无力	圆润、有力度	生硬、不自然
20～200Hz	苍白、单薄	丰满、浑厚、深沉、有空间感	浑浊不清

下面举出一些利用调音台上的均衡器对一些乐器均衡的例子。不过要说明的是，在实际调音时，使用的声源在录音时要受到录音棚的声学设计与装修水平、演员的演奏或歌唱

水平、演员的嗓音条件或乐器本身的音质以及所使用的传声器类型和质量等诸多因素的影响，下面所开列的一些调节参数，只能作为参考千万不可照搬。

1．小提琴

200～400Hz，这段频率是小提琴的基音频段和低次泛音频段，它影响小提琴音色的丰满度。这个频段的幅度要是比较强，音色就有一种空弦音感、弹性感，可增强音色的丰满度。

1～2kHz 是小提琴弹拔手法演奏频带的范围，仔细在这个频段内寻找到能表现弹拨力度的某些频率并适当提升其振幅，那么弹拔小提琴的音色特性就表现得很明显，音色将变得明亮、清脆，弹拨声响度也会变大。

6～10kHz 频段是小提琴音色表现明亮度和清晰度的频段，它是小提琴的高阶泛音区域，增大这个频段某些频率的幅度，音色的明亮度就会相应地增强，这样小提琴音色的个性才能完美地表现出来。

2．中提琴

150～300Hz 是中提琴的主要基音频段，如果提升这一频段，它的响度就会增强，其力度则相应得到提升。

3～6kHz 是代表中提琴力度的频段，即中高频泛音的频段，它是代表中提琴音色个性表现力的频段。如果这个频段丰满，其音色的清晰度、透明度、解析力就会增强。

3．大提琴

100～250Hz 是大提琴的主要基音频段，这个频段影响音色的丰满度和浑厚度。

3～5kHz 频段是中低音乐器的中高频泛音的频段。把这个频段给予一定的提升，大提琴才能有良好的音色表现，大提琴的个性才能更好地发挥出来。3kHz 这一频率还影响大提琴的明亮度。

4．倍大提琴

50～150Hz 是倍大提琴的主要基音频段，它影响音色的丰满度。若把这个频段给予一定的提升，音色会显得很浑厚。如果这个频段力度不足，则音色会显得干涩、单薄、苍白、缺乏表现力。

1～2kHz 这个频段影响音色的明亮度，因为倍大提琴是低音乐器，在 1～2kHz 千赫这个频段就是倍大提琴的中高频泛音频带，它会影响倍大提琴的音色明亮度和音色的个性表现力。

5．长笛

250Hz～1kHz 这个频段是长笛的主要基音区域，它影响长笛音色的丰满度。一般应该给予这个频段一定的提升，因为长笛的中高频泛音比较丰富，如果基音和低频泛音不丰满，将会使长笛的音色变得迟钝。所以，应使它的低音要有一定的延伸特性，才能使长笛的低、中、高频泛音的频谱曲线构筑得更加和谐，使长笛的音色表现得更加自然。

5～6kHz 这个频段是长笛的中高频泛音区域的频率，也是表现长笛个性的频率，该频率影响音色的明亮、清晰度。如果这段频率的幅度适中，那么长笛的吹口感、吹口的气流声、风声都会表现得真真切切，音色也会表现得非常细腻，这种乐器本身的音色特点就会表现得淋漓尽致。

6．单簧管（黑管）

150～600Hz 频段是黑管的主要基音区，它主要影响黑管音色的丰满度和浑厚度。如果这段频率补偿得很丰满，黑管的音色将会富有弹性。

3～6kHz 是单簧管的中高频泛音频段。这个频段影响其音色的清晰度、明亮度和音色的解析力。如果这一频段补偿得比较丰满，那么音色的细节和音色的解析力将有上佳的表现，它可以让人辨听出不同的演奏家吹奏出的不同的音色个性。

7．双簧管

300Hz～1kHz 频段是双簧管的基音频段，它主要影响双簧管的音色丰满度和力度。在一般情况下这个频段应该给予一定的提升，这样双簧管的音色才能有一定的弹性和足够的响度。

5～6kHz 频段影响双簧管音色的明亮度、清透度。其音色的特点应该是明亮、华丽的。所以，这段频率的幅度也是必须进行提升的，用以发挥双簧管的最佳音色。

如果将 1～5kHz 这个比较宽的频率范围给予一定的提升，双簧管吹奏的华彩乐段，如装饰音、滑音、颤音等技巧，以及音符的连贯性将会显得更加完美流畅，将会使整个乐队的音色结构更合理更和谐。

8．大管

大管是木管声部的低音乐器，100～200Hz 是大管的主要基音频段，如果把这个频段处理得丰满，那么整个大管音色就会显得厚实、稳重，具有很强的深沉感和浑厚度，同时还会产生一定的空间感。

2～5kHz 是大管的基音和低次泛音频段，它影响大管的力度，因为大管本身的响度并不是特别大，所以将这个频段给予一定的提升，会增加大管音色的表现力度。

9．小号

150～250Hz 是小号的低音音区频率和低次谐波频率，它能影响小号音色的丰满度和浑厚度。如果把这个频段给予一定的提升，小号的音色将会显得厚实。

5～7.5kHz 是表现小号音色明亮度的频段，如果把这一频段给予一定量的提升，音色将会显得清脆、透亮；如果缺乏这一频段，其音色会变得黯淡无光。

10．圆号

60～600Hz 这一频段是圆号的主要基音频段和低次谐波频带。如果将这一频段给予一定的提升，音色会显得圆润、和谐、自然。作为和声背景衬托时的圆号，应将其音色处理得非常柔和，而当演奏员站立起来独奏或领奏时，由于强力吹奏而应显得音色辉煌，这时应将 1～2kHz 频段明显增强，同时将其力度变大。

1～2kHz 是表现圆号明亮度的频段。如果将这一频段给予一定的提升，将会使圆号音色变得更加雄伟、嘹亮。

11．长号

100～240Hz 是长号的低音区，它影响长号音色的丰满度，此段频率丰满会使长号的音色富有弹性，并有一定的空间感。

如果把 500Hz～2kHz 频段给予一定的提升，将会使长号的音色表现得富丽堂皇，当交响乐演奏到高潮时的凯旋曲调处，长号演奏手站立起来强力吹奏，此时把 500Hz～2kHz 这一频段给予适当地提升，将会更增加这种胜利、狂欢的热烈气氛。

12．大号

30～200Hz 是大号的基音频率的主要区域，加大这段频率幅度，音色的力度和丰满度就能充分地表现出来。

如果把 100～500Hz 这个频段给予一定的提升，将会赋予音色一种延伸感觉，音色会显得格外深沉、厚实，低音变得松驰且有一定的力度。

大号的响度本身虽然很大，但是人耳对低频声音听觉的灵敏度比较低，所以对大号的这段频率应该给予适当地提升，以增强大号音色的表现力，以弥补人耳对低音听觉不敏感的缺陷。

13．爵士鼓（架子鼓）

大鼓（地鼓、踩鼓）：60～100Hz 为影响低音力度的频率，可在调音台的四段均衡器上对低频进行 3dB 的提升，这样就会使大鼓的声音有良好的音色延伸特性。

汤姆鼓（桶鼓）：60～100Hz 为表现其低音力度的频率，2.5kHz 是敲击声频率，8kHz 是影响鼓皮声音的分音频率。可在调音台上的四段均衡器上对中频段提升 3dB，可以增强它的音色弹性。

小鼓（军鼓）：240Hz 是影响其音色饱满度的频率，2kHz 主要是影响军鼓力度的频率，5kHz 主要是影响临场感的频率。在调音台上的四段均衡器上对中频段提升 3dB，以增加音色的力度；对高频段提升 3～6dB,以增强音色的真切感。

踩镲：在调音台四段均衡器上对中频段提升 3dB，以增加音色的尖利；对高频段提升 3dB，以增强踩镲音色的色彩。

吊镲（铙钹）：250Hz 是代表铿锵、强劲、锐利的频率，7.5～10kHz 为令人感到尖利、刺耳的音色，12～15kHz 则是主宰镲边分音“金光四射”的频率。

5.5　录音室基本系统

图5-34展示出了包括调音台、多轨录音机、二轨磁带录音机、传声器、电子合成器、电吉他以及监听系统在内的典型录音室系统接线图，该系统为一般录音室的最小配置。大家可根据这个配置再结合自己录音室的具体条件进行修改。例如，由于现在的很多录音室根本无需配置八轨录音机，转而用数字音频工作站来代替，这时只要简单地将原八轨录音机的输入/输出线拔下来插入数字音频工作站接口箱对应的输入/输出插座上即可；如果电视台采用编辑录像机作为录音母机使用，则可以把两轨磁带录音机的输入/输出线拔下，接入编辑录像机对应的音频输入/输出插座即可。

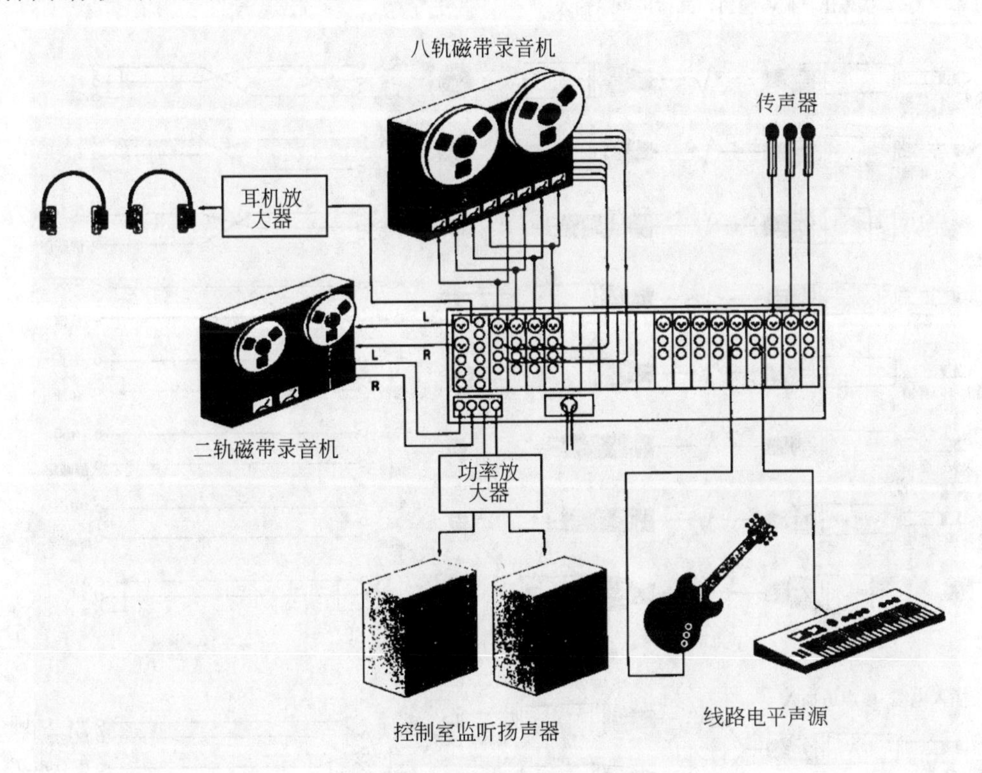

图5-34　典型录音室系统接线图

不过，在为调音台和周边设备配接信号传输线时，一定要注意信号电平的高低要与调音台的额定电平相匹配。在大多数情况下，调音台是平衡输入和平衡输出的，所以调音台应与平衡输出和平衡输入的外围设备相配接。如果外围设备为非平衡的输入和输出，就一定要进行平衡与非平衡的转换，方法很简单，可参照图5-35中的“非平衡 — 直接输出，监听输出，立体声返送输入”部分所绘制图形重新接线或定制一条转接线。

图 5-35 绘出了在录音棚内常见的信号传输线插头的接线方法。该图把几种常见的插头，以及它们之间可能存在的几类接线做法都一一绘制出来，使用者只需按图索骥，即可

配制出合格的信号传输线来。

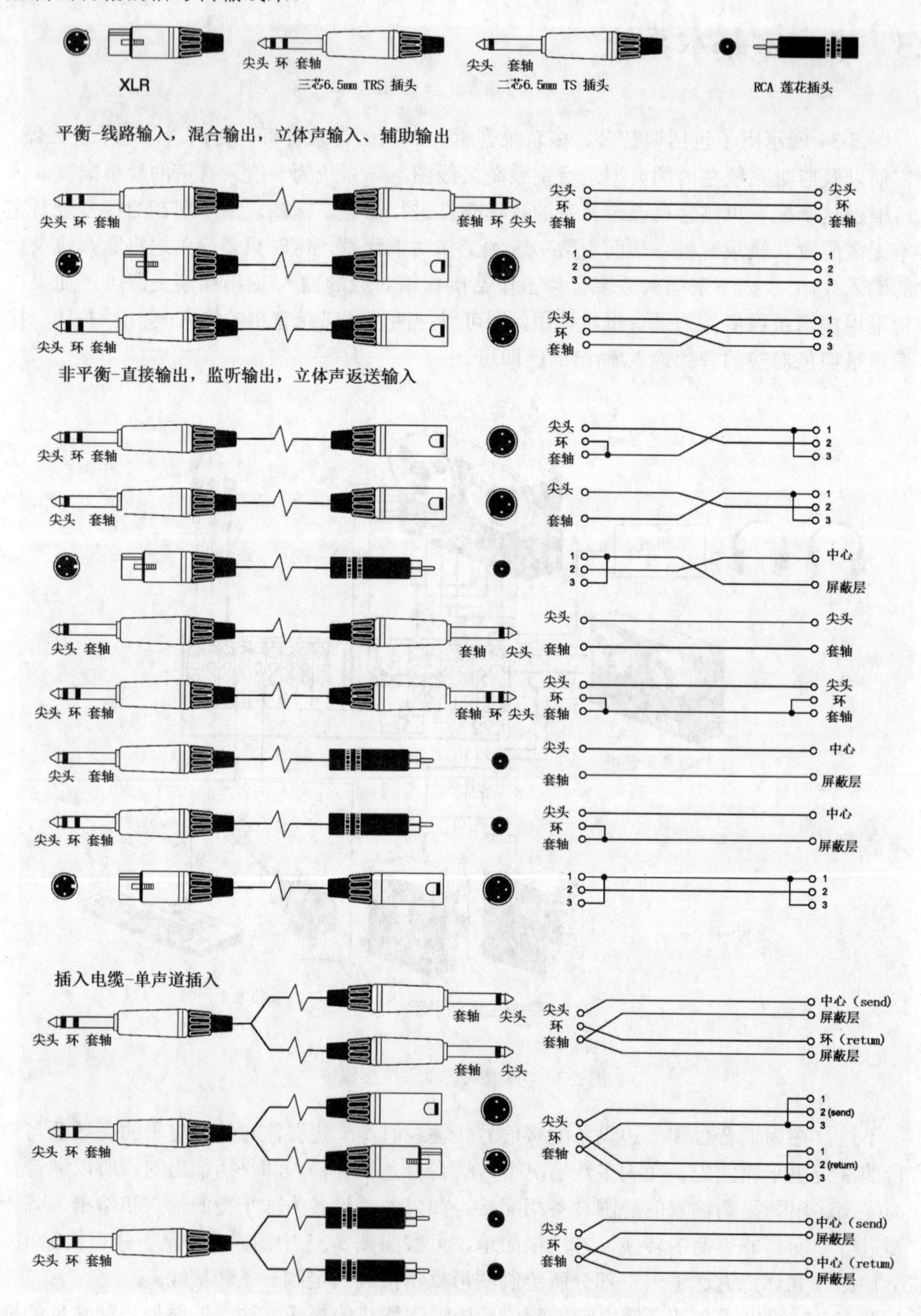

图 5-35 调音台音频插头接线制作示意图

第6章　声处理设备原理及应用

在现代录音技术中，高质量的录音放音设备是忠实反映原来声音音质和音色的必要条件。而为了美化和改善声音质量，取得完美的艺术效果，有时甚至要根据听众的喜好或导演提出的要求对音色进行修改实现艺术夸张，增强艺术感染力。这就需要借助于高质量的声处理设备对声音信号的音质或音色进行加工润色，实现对音响艺术的二度创作。再者，原始声音里的成分又单纯又复杂，有些声音单纯得毫无美感，听起来使人昏昏欲睡，而有些声音听起来令人生厌、使人烦躁不安。如何将单纯的毫无生气的声音处理得滋润生辉，如何将令人厌烦的声音从有用的声音中去掉，保留原来有用的声音，这些也是本章将要解决的问题。

声处理设备处理声音是一把双刃剑，运用得当可以使音色增色不少，运用不当会适得其反把原来的录音素材损坏，导致无法弥补的损失。对于刚从事录音工作的录音人员来说，确实有过分依赖和使用声处理设备，特别是均衡器的倾向。比较典型的是企图通过均衡器来均衡由于种种原因造成的录音质量不佳的做法。要将这个问题解决得更好，宁可更换传声器或改变传声器的拾音位置，也不要花大量精力试图通过均衡器或其他声处理设备来"脱胎换骨"地改造它。有些处理器，如压缩器和均衡器，有某种程度的可逆性，由于使用不当而造成的某种损坏可能可以逆向恢复，但有些处理器，如经混响器处理再替换掉原来的声音后，是不可能再恢复的。所以正确地使用声处理设备直接关系到声音创作的技术与艺术质量。

在本章中将声处理设备分成以下几类按顺序加以讨论：

1. 限幅器和压缩器；
2. 扩展器和噪声门；
3. 降噪器；
4. 咝声控制器；
5. 均衡器；
6. 听学激励器；
7. 延时器；
8. 混响器。

6.1　限幅器和压缩器

压缩限幅器（Compressor & Limiter）或压限器是压缩器和限幅器的简称。压缩限幅器在录音行业中使用历史悠久，直至今日，压缩限幅器技术还在继续发展中，各种新的机型和计算机应用程序压限器插件不断问世，如调制控制器、多频段压缩限幅器、多功能动态处理器等。

为什么要使用压缩器呢？在音频系统中，使用压缩限幅器的主要目的就是为了降低大声音信号电平和提升小信号电平，达到降低声音信号动态范围的目的。例如，通常歌唱声具有很宽阔的动态范围，瞬间电平（正常信号的最响亮的部分）可能远远超出该声乐信号的平均电平。一首歌曲的歌声的电平，从头到尾可能产生连续不断地、剧烈地变化，这种电平变化人工用调音台推子是难以驾驭的。利用压限器能自动控制电路增益而不改变声音细微之处的性能，使压限器自然就成为控制信号动态范围的最佳、最有效和最方便的选择。

假如有一段动态范围平均 20dB 的摇滚伴奏曲，打算添加一个动态从-30dB～+10dB，其动态范围平均约 40dB 的声乐原样混音到该伴奏曲中。那么，位于+10dB 及以上电平的声乐，在混音后的歌曲段落中，歌声将能够被清晰地听见；然而，-30dB 及以下电平的歌唱声，由于小于伴奏曲最低电平，它将会淹没在伴奏声中，这部分歌唱声也许将永远不会听到。在这种情况下，将歌唱声通过一个压缩器压缩，使其动态范围减少大约 10dB。再将声乐的平均电平放置在大约＋5dB 的位置，位于这个电平上的是动态范围从 0dB～+10dB 的声乐。现在，较低电平的乐句将远高于混音后的较低电平，而响亮的乐句并不会压倒混合后的其他声部，这时的歌唱声就正确地落在伴奏声的轨迹上了。

压缩限幅器的主要用途不仅仅局限于以上所述，总结起来有以下三种用途：

（1）控制声音的能量，提高声音信号的总体平均（RMS）响度，降低噪声电平，提高传输通道的信噪比。

（2）大多数音频设备响应峰值信号的能力往往是有限的，很多时候，在调音台的信号路径上的不同部分的放大器可能已经达到饱和，功率放大器也许已经过载，扬声器也许已经处于将要损坏的危险状态。在这种情况下，控制信号的峰值电平，压缩声音信号的动态范围，以适应各种低动态阈载体以及数字和模拟音频设备的模数转换、传输和记录。在电影、广播电视、唱片业及录音磁带厂母版制作等单位录制和制作节目时，甚至在现场演出的扩声场合，会经常使用压缩限幅器。这也是压限器的主要用途之一。

（3）产生特殊的音响效果。

图 6-1 为一种 19 英寸机架式压缩限幅器的部分面板展示。

图 6-1　一种双声道压缩限幅器的面板图（部分）

6.1.1　压缩限幅器的基本工作原理

分析压限器的输入与输出关系图形曲线，是了解压缩器压缩原理的一个更科学的方法。图 6-2（a）中的 45º 直线代表没有任何动态处理关系，输出信号与输入信号一样大小，这条直线又称单位增益线。当音量超过压缩限幅器门限设定值时，压缩器开始对信号动态压缩，实际上它是起着一个自动音量控制器的作用。它的重要控制参数有压缩比（Compression Ration）、压缩门限（Threshold）、压缩动作时间（Attack Time）和恢复时间（Release Time）等，如图 6-2 所示。

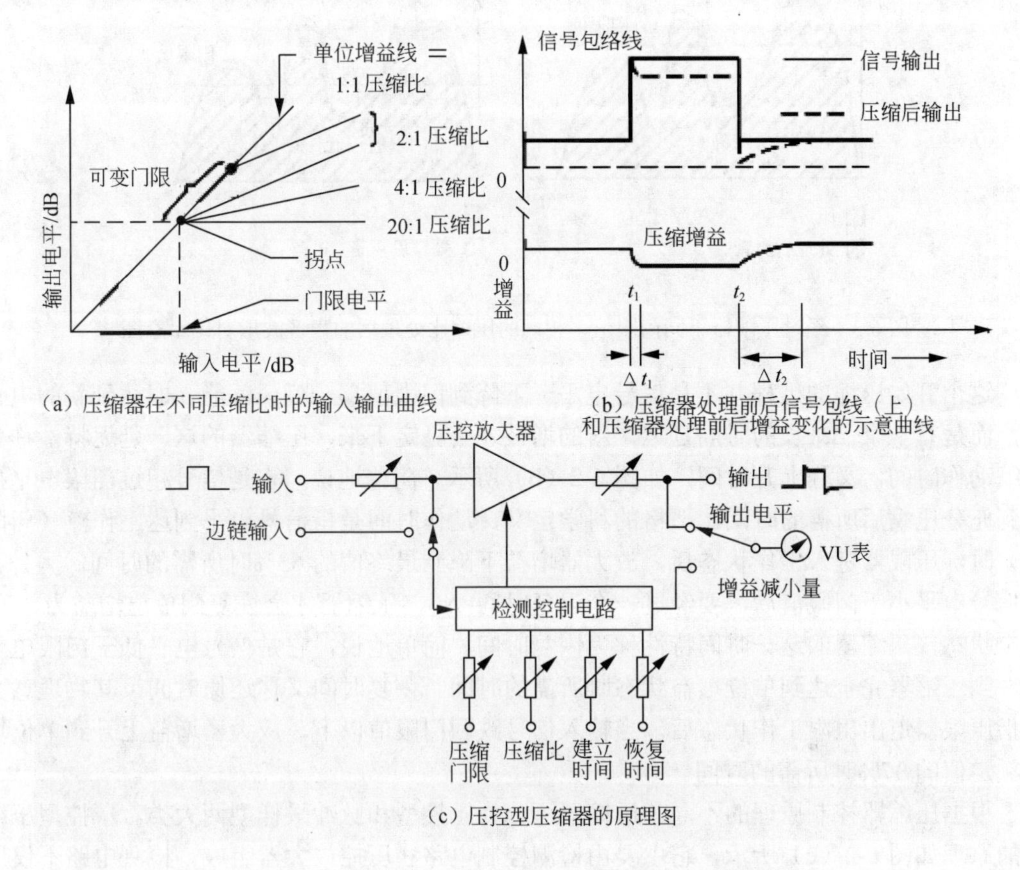

图 6-2　压缩器的输入输出特性，信号包络及其原理图

压缩门限电平值，也称阈值（Threshold），它决定了压缩器以多高的输入电平为开始压缩或限幅的工作起点。它是压缩器处于单位增益状态与进入压缩状态的分界点，所以又称拐点。从图 6-2（a）上看，只要压缩器进入压缩状态，压缩比曲线必定偏离 45º 单位增益线，形成另一个小于 45º 的斜线，压缩比越高偏离 45º 单位增益线越多。压缩门限电平是连续可调的，在一般情况下门限电平值被设定得越高，说明信号被压缩的可能性越小，被压缩的值也许也越小，对信号的动态范围影响也越小。图 6-3（a）的门限值设定较高，只有高于这个门限值的少量信号才能被压缩；图 6-3（b）的门限值设定较低，许多高于这个门限值的信号都被压缩了。

请参看图 6-2（a）。所谓压缩比，即对超出门限值以上的信号电平压缩后，输入电平增加的分贝数与输出电平增加的分贝数的比率。换句话说，压缩比确定了输出电平比输入电平降低了的增益总量。例如，2:1 的压缩比，表示信号超出门限值以上的输出电平比输入电平少增加了 1/2。假如输入电平增大 2dB，输出电平也增大 2dB，压缩比为 1:1，即压缩器处于线性区，此时的压缩器为单位放大器。当输入电平增大到超过门限电平值时，输入信号达到增益减小区，压缩器就进入增益受控状态。对 2:1 的压缩比来说，输入电平增加 2dB，输出只增加 1dB；对 4:1 的压缩比来说，输入电平增加 4dB，输出只增加 1dB，增益降低了 3dB。

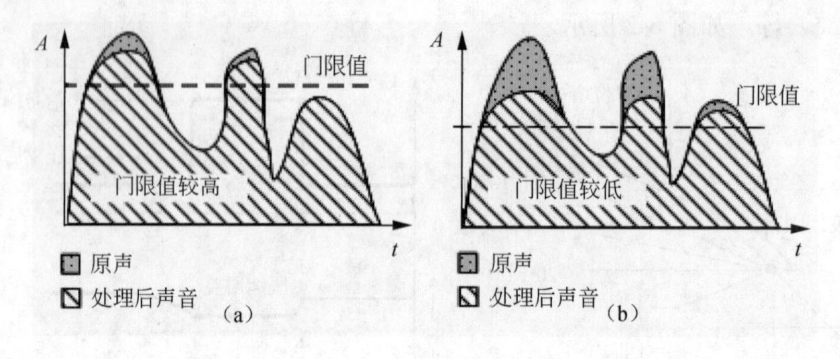

图 6-3 经过压限器不同门限值、相同的压缩比处理后的声音波形对比示意图

这个开始压缩的过程并不是信号电平一下降到门限值那一刻，就能立即达到新的电平值，而是有一个 Δt_1 长的时间延迟，新的增益才会稳定下来，压缩器的这一延迟特性称为压缩动作时间，又称上升时间，如图 6-2（b）所示。简单地说，它是信号超过门限电平后得到充分压缩后所需的时间。严格的科学定义，动作时间是指信号电平到达工作点（门限值）时，压限器进入工作状态后，放大器增益下降到最终值的 63%时所需的时间。另外，当信号电平小于门限值后，要经过一个迟延时间 Δt_2，压缩器才会恢复到单位增益为 1 的稳定状态，压缩器的这一时间特性称为恢复时间。简单地说，它是信号电平低于门限电平后，到压缩器完全达到单位增益状态时所需的时间。恢复时间又称还原时间，其物理意义是指压限器退出压限工作状态后，当输入信号跌回门限值以下，放大器增益上升到单位增益额定值的 37%时所需的时间。

根据压缩器控制原理的不同，压缩器可分为压控型和脉冲采样型两大类。压控型压缩器的原理如图 6-2（c）所示，它主要由检测控制电路和压控放大器组成。检测电路不仅用来检测出与信号电平相对应的直流电压或电流，以便控制压控放大器增益，而且它还决定动作时间和恢复时间的长短，对压缩器的性能影响很大。检测方式主要分为峰值检测和有效值检测两种，前者反应速度快，但是压缩量与响度对应关系不好；后者反应速度慢，但是压缩量与响度的对应关系较好。为了兼有两者优点，可以同时采取峰值检测和有效值检测两种方式。高质量压缩器可以做到真正的平均值检测，而便宜的压缩器只能做到近似检测。检测电路的输入信号可以从压缩放大器的输入端采集，也可以从输出端采集。

常见的压缩器大都采用硬拐点（Hard-knee）技术，即当输入信号刚达到门限值时，增益就立即减小，假如压缩比很大（≥5:1），这样就会出现信号在拐点处音量突变现象，使人明显地感觉到强信号被突然减小。为了解决这一问题，现代新型压缩器采用了软拐点（Soft-knee）技术，这种压限器在门限值前后的压缩比的变化是均匀而渐变的，压缩变化难以察觉，音质能得到进一步提高。

图 6-4 为不同类型的拐点对声音频谱的影响。经硬拐点压缩后，各频率点的连线为一条直线，而经软拐点压缩后的连线为圆弧形状。

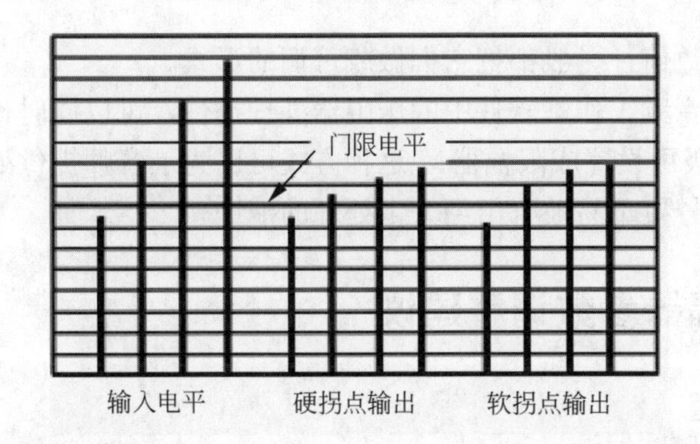

图 6-4　经过压限器 4:1 的压缩比后，硬拐点与软拐点的输出频谱图对比

当压缩器的压缩比逐渐变大时，一般认为当压缩比大于或等于 10:1 时，其输出电平已经逐步逼近于一个恒定幅值（即等于门限值），这时，即可将压缩器视作限幅器来看待，如图 6-5 和图 6-6（b）所示，这就是一个由量变到质变的过程。图 6-5（a）和图 6-5（b）表示压缩比不同时，经压缩后的信号幅度是不同的，压缩比越大信号幅度越小。图 6-5（c）表示信号经限幅器限制以后的信号幅度急剧降低，此时信号动态极其微小。注意：图 6-5（c）中起始信号有点轻微过冲，因为它需要一点动作时间才能过渡到门限电平。

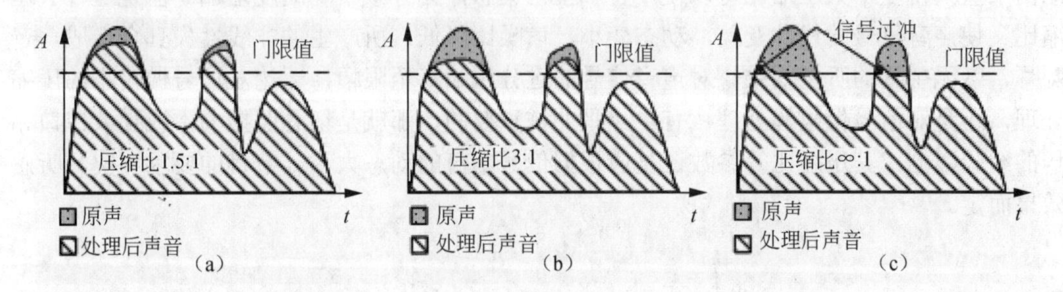

图 6-5　经过压限器不同压缩比、相同门限值处理后的声音波形对比示意图

图 6-6（a）为一个信号波形的原始包络线；图 6-6（b）为用了限幅器的信号输出波形包络线；如果限幅器的恢复时间比包络线的峰谷之间的时间短就会出现如图 6-6（c）所示情形。

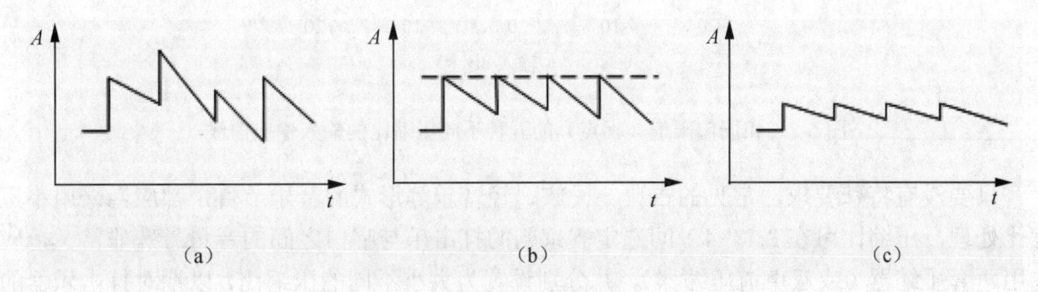

图 6-6　典型的限幅器输出包络线

有的压缩器的压缩比可随输入电平的变化连续滑动变化，直至成为限幅器，故压缩器与限幅器的根本区别在于它们之间的压缩比不同。由于压缩门限和压缩比都要根据信号处

理要求而选用不同的数值，一般都把它们做成可调的形式。

电子计算机数字音频工作站软件中的压限器处理插件，可以同时设置多个门限拐点和多种压缩比（最高一级可设置成限幅器）。这种方式可以为录音师提供处理声音信号更多的灵活性，被处理的信号更不易被听出经人工处理的痕迹。

6.1.2 压缩限幅器参数调整建议

1. 压缩比的调整

图 6-7 绘出了相同门限值的五种不同的压缩比。为了说明如何选定压缩比，假定输出电平必须保持在 0dB 以下，门限值等于-10dB，那么从图 6-7 中可以看出，输入的动态电平越大，应采用的压缩比就越大。

压缩比的调整原则上应从小压缩比着手，此时，信号失真小，其线性度相对较好，基本听不出信号已被压缩的痕迹，听感近似于原声。只有在信号的动态很大，信号峰值电平又很高，可能超过电声设备或录音载体动态阈的情况下才可以使用大压缩比。超过 10:1 的压缩比就要当作限幅处理看待了，它可以保证高电平信号不至过载。假如信号的整体电平比门限值大得多，大压缩比可以使声音产生密集感，会导致平均响度增加。但是这种大压缩比又使声音信号的线性变差，动态变小，信噪比降低，所产生的非线性失真会造成声音刺耳，毫无生气的听觉效果。对声音信号的过分压缩甚至限幅，无论对信号做较小的压缩处理，还是对信号做限幅处理，有一点是非常重要的，那就是切忌照搬书本或别人口口相传的经验数据，其压缩比等参数还是应根据信号本身的动态大小、节目的要求和实际听感效果而定。

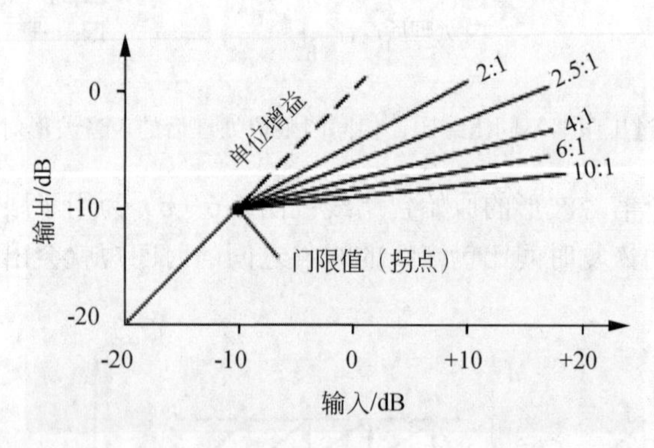

图 6-7 相同门限值（拐点）的五种不同压缩比的输入输出曲线

只要没有特殊要求，常见的古典、民族、轻音乐等形式的音乐节目，都应当采用小压缩比处理，压缩比可在 2:1～4:1 间选定。京剧的打击乐与唱白之间的音量悬殊非常大，应选用两套压缩器（或双声道压缩器），并分别设置为大小不同的压缩比，以期对打击乐器的电平进行较大幅度的压缩限幅处理，压缩比可在 10:1～20:1 之间选定。但一定要注意打击乐的音头出现得是否自然（注意选择动作时间），音色失真是否较小。最佳期望是能保持原有音色，假如出现非线性失真也不能偏离原有音色太多，同时还要注意信噪比的变化，以及唱腔和念白与打击乐及乐队之间的音量动态平衡；普遍地讲，听众和制作者都要求流行音乐的响度要大，再加之流行音乐自身的动态范围也比较大，因此在最后缩混时选定的压缩比自然会大一些，大体在 3:1～8:1 之间。

2. 门限值的调整

门限值的调整与压缩比的调整是密切相关的。一般当压缩比大时，门限值就可设定得高些；压缩比小时，门限值就可设定得稍低些。例如，压缩比为 10:1～20:1 之间时，门限值应选在 100%处或 100%以下 1～2dB；压缩比选在 2:1～5:1 之间时，门限值则应在 100%满调幅以下 6、8 甚至 10 处。门限值定得太低时，输出显得有气无力而信噪比差；门限值定得太高时，那些突然到来的尖峰信号会使输出超调幅产生过载失真。

总之，上述两值的确定最终是以处理后的信号峰值电平小于设备的最大动态阈 1～3 为宜，即既要充分利用设备的动态余量，又要达到不失真的目的。

3. 动作时间的调整

动作时间的快慢对声音音质有明显的影响：太短的动作时间会导致节目信号被过快压缩，甚至引起信号中的低频信号波形失真，使声音含混不清，并影响音头力度和动态感。除非是对原本动态电平就很大的信号进行限幅或是制作“反向”声（输出电平固定不变，类似将录制在磁带上的“钹”反向播放声音）时，才可用很短的动作时间；太长的动作时间会使信号音头来不及压缩而产生信号过冲，影响声音的自然度。有时特意需要很硬的声音时，可以用较长的动作时间。在流行音乐的录制中，较长的动作时间有助于表现大鼓低音节奏的力度，但随之而来的可能是少量的截顶失真。不过只要听起来失真不明显，这种方法仍是可行的，说不定这种失真的声音正是所需要的。人类耳朵对声能变化是非常敏感的，为了不让听者觉察出压缩器增益的变化过程，对于一般信号而言，动作时间要求尽量短，可以根据声音信号的特点和使用者的要求，在压缩器可调时间范围内（一般常见为 0.1～100ms）进行调整。

4. 恢复时间调整

当输入电平降低到确定的门限电平以下时，压缩器的增益也不会立即恢复到单位增益上，所以，恢复时间通常在 10ms～2.5s 或 3s 之间调整。为了避免增益过快地变化使信号产生瞬态调幅失真，可以把恢复时间适当调节得长一些。但恢复时间又不宜过长，否则压缩器的变化速度跟不上节目的节奏变化，使得压缩器一直处于压缩状态（无异于限幅器了），信号的动态会受到严重影响。较长的恢复时间对于较慢的连续音更为有利，而较快的恢复时间更适合节奏较快的节目。恢复时间一般都比动作时间长很多，这样有助于声音之间的自然衔接，音量不会出现跳动。

调整压缩器动作时间和恢复时间一个很重要的准则应该是根据被处理信号的构成特点（特别是节奏快慢），使其开始压缩到恢复常态到再开始压缩这个过程听起来衔接自然，不能发生明显的“喘息”现象。在调整动作时间和恢复时间时一定要反复对比，着重注意音尾与音头的衔接对比，这一点一定不要掉以轻心。

近来有些机型还额外提供了一个称为保持时间（Hold Time）的控制参数。这可以有效避免因恢复时间过快而引起的低频波形失真，保持时间的长短是按等于或超过要处理信号的最低频率周期设置的。例如，当信号的最低频率为 20Hz，周期为 50ms 时，选择相应的保持时间应大于或等于 50ms。这样，压缩器将会让每一个最低频率的波形，完成了一个完整周期传输后才开始压缩，从而避免了波形的局部压缩变形失真。

5. 分频段压缩限幅参数的调整

目前常见的大多数是全频段压缩限幅器，它们仅仅能控制声音单一频段的增益。多频段压缩器近年来使用已相当普及，在设备内部的每个频段都是独立工作的，与其他频段的工作状态完全无关，它们的各个有关参数都是独立设置的。通常，把这些压缩器分为 3～5 个频段，其中三段式（低频、中频和高频）压缩器最为常见，一般来说，三段式压缩器在普通的音乐或对白声音处理中已经够用了。多段式压缩器主要用在电平要求很严格的场合中，其中在录音棚的音乐缩混、电影光学和磁带转录及 CD/DVD 母版制作阶段，多段压缩限幅器是必不可少的设备。近年来，许多数字式音频工作站的压缩器插件也开发了多频段压缩器。图 6-8 即为一种四频段压限器音频处理插件的外观。

图 6-8 所示的压缩器插件，实际上它是等于将四台压限器组合在一起，对信号进行分别处理，然后再混合为一个完整信号输出。使用分频段压限器可以对信号各频段分别压缩，设置不同压缩比、门限值和不同的动作时间与恢复时间，使声音信号中的各个频段都得到独立处理与控制。欲使多频段压限器达到很好的处理效果，关键的一环是按照各种声音的频率特性分配好各自的频段位置，如果分配不当对声音处理无益反而有害。也可将它分成几个不同的动作时间（高频为快速而低频可设置为较慢的动作时间），这样处理就能最大限度地减少由于压缩而引起的幅频失真，而且避免了声音亮度受到损失。

图 6-8 一种多频段压限器处理插件

6．AGC 功能的使用

AGC（Automatic Gain Control）即自动增益控制，它可以根据信号的特点去自动控制压限器的一些参数（通常是控制动作时间和恢复时间）。它能对信号在较长的周期内的电平自动平均，并进行压缩处理，特别能对要求动作时间、恢复时间较长的和动态变化缓慢的节目信号起到自动压缩作用。该功能对瞬间脉冲信号不起作用，所以特别不适用于对动态较大的打击乐器实现自动控制。在一般情况下，自动压缩工作适用于较精细的压缩，而手动模式适用于要求定制的特殊效果场合。自动增益控制模式已成为越来越普遍的工作模式。

7．压缩器同步功能的应用

1）立体声链接（Stereo Link，也有标注为 Mono/Stereo）同步

立体声链接同步是压缩器中一个很有用的附加功能。它主要作为双声道立体声节目音量或声像平衡之用。在对立体声节目压限处理时，左右声道是由压缩器中的两套单声道压缩系统分别控制的。当其中一个声道开始压缩时，立体声声像就会因单声道的压缩作用，使左右声道音量失去平衡，导致原有声像位置移至压缩量较小的一边。为了防止声像左右漂移，只要按下压缩器面板上的 Stereo Link（或 Mono/Stereo）立体声链接同步开关，无论哪一路压缩器开始压缩时，均能带动另一路压缩器同时以同样的参数值、同等压缩量进行压缩，从而保证了声音信号的整体声像平衡和稳定。

2）边链（Side Chain）信号同步

通常情况下，压缩器检测电路使用自身的信号作为边链信号去触发压缩器，使压缩器启动并进入压缩状态。压缩器也可以允许使用另一个外置信号，通过边链输入插座传输到压缩器内的检测电路，用外部信号触发使压缩器进入压缩状态，如图 6-2（c）所示。

利用压缩器边链式处理同步功能，可达到一个信号避让另一个信号处理的目的。这种方法通常用在电台和电视节目或专题节目制作中。具体操作如下，当播音员开始播音时，背景音乐声就会自动地被压缩，使音乐音量变小以便让位于解说词。为了达到这个目的，将音乐通过一个压缩器，而播音员的传声器的输出信号，则既要发送到调音台上，同时还要传送到压缩器的边链线路输入端，用来触发音乐用的压缩器的工作。此时压缩器的压缩比通常被设置为 6:1 或更大，设置门限值比解说词峰值电平低 8～16dB，同时还需要设置一个较快的动作时间和一个中等长度的恢复时间。所设定的门限值（即解说词的触发电平）越低，则避让信号（对于此例就是指背景音乐信号）的输出音量就越小。

3）键控处理

键控处理是要用一个特别的参考声信号或其他外部声源，从边链插座输入控制信号去触发压限器。该声源就是键输入（Key Input）的动作触发信号。这种功能的典型应用是用一个音频信号的电平动态包络作为模板去控制另一个音频信号的动态。例如，一个声轨中的大鼓，可以用来控制贝司轨，当大鼓音量升高时，贝司音量也随着升高。

某些种类的压限器是以键高通和低通滤波器为特色的。这种控制键允许用经过滤波后的键输入信号，去控制指定的具体频率范围内的压限器，而其他频率段的压限器则不能启动。使用这些控制器去过滤鼓轨，而只有其中指定高频段（如镲）或低频段（如通通鼓、大鼓）的压缩器才能启动并输出信号。

6.1.3 压缩限幅器应用技巧

一直以来，压缩限幅器主要用于自动调整音频输出信号的动态范围，使它适合较低动态范围的传输和记录，以及一些音频信号的特殊需要，因此广泛地应用于广播发射、录音（包括数字录音）和扩声领域里。特别是在录音界，对压限器的应用和依赖已经到了不可或缺的地步。与此同时，为了防止无线电发射机过载，更为了使较宽动态范围的录音节目可与较窄的调幅无线电传输和一般家庭听音环境兼容而使用了压缩器，因而压缩器已经在上述领域内得到了广泛应用。

在录音方面，压缩器有许多用途，下面略举几例以飨读者。

（1）传声器与声源之间的微小距离变化，将会引起传声器输出电平较大的变化。在录音棚录音时，演唱人声与传声器之间的距离经常要发生变化。不少歌唱演员喜欢随着歌曲节奏来回摆动，这种身体摆动会直接影响到传声器拾取到声音的音量；歌手在现场演出中，常常喜欢将传声器靠近他们的嘴唇演唱；有时，歌手可能还有一种喊着唱的倾向。由于上述原因，传声器的输出电平很可能随时都会出现非常不均匀地变化，压缩器将帮助实现声音电平更平滑地输出。另一方面，人的听力在语音处理方面是非常敏感的，因此压缩后的信号应尽可能的通透，不要有任何阻塞感，因而根据不同的应用，压缩比在 2:1～4:1 之间是比较适宜的。语音压缩通常使用软拐点设置，动作时间要快（0.1～100ms 之间），恢复时间在 20～100ms 之间。在最响亮的声音段落，电平下降约 5～7dB，在一般段落电平下降 3～6dB 足矣。对于更多的摇滚乐类型的歌唱声，可以将压缩比设置为 10:1（无疑地，这个压缩比已经很大了），采用硬拐点压缩，并使最大衰减量达到 15dB 即可。原则上应根据伴奏乐的动态来调整歌声的压缩量，最终要达到歌声与伴奏乐的动态保持一致的效果。

（2）通常，电贝司与电吉他的一个共同特点是它们都自带有经过精心设计的功率放大器和音箱，并还带有包括均衡器、混响器、压缩器等的一套“法滋器”。正常情况下，它们会提供一个已被压缩而由其专用音箱发声的节目信号给调音台。电贝司是摇滚乐和流行音乐的基础声部，在任何情况下，在一首乐曲中电贝司的整体电平幅度不要相差得太多。为此录音时可以在它们提供的信号基础上，再串连一只压缩器，尝试将动作时间控制在 10～30ms 之间（在重音节拍上要用较慢的动作时间），而恢复时间可用 200ms 左右。一般都采用硬拐点压缩，压缩比为 2:1～10:1，仪表显示为 5～15 dB 的衰减即可。

根据实践了解，把两个某些方面不完全相似的同一个声音信号合在一起聆听，通常要比单听其中一个声音信号的听感效果要好，特别是对于电贝司一类的声音尤其如此。从总的方面来说，限幅器可以用来控制信号的最大电平，而压缩器则能使声音动态变得平滑，并使音量较低的信号得到充分提升。图 6-9 为根据上述实践创制的一种录制电贝司的方法，它可以有效地控制声音的动态并获得较好的听感效果。做法是同时录入电贝司两路相互分离的信号，一路信号直接从电贝司的线路输出口得到，而另外一路信号则是通过传声器拾取电贝司音箱的声音而得到的。将一个压缩器连接到传声器线路上，再将一台限幅器连接到电贝司的线路输出信号上。从传声器拾取到的信号被发送到了压缩器，用来使信号的动态变得平滑，并且对较微弱的信号进行提升，而从电贝司的线路输出口直接输出的信号则被发送到一个限幅器上，用来控制音量较大的信号。

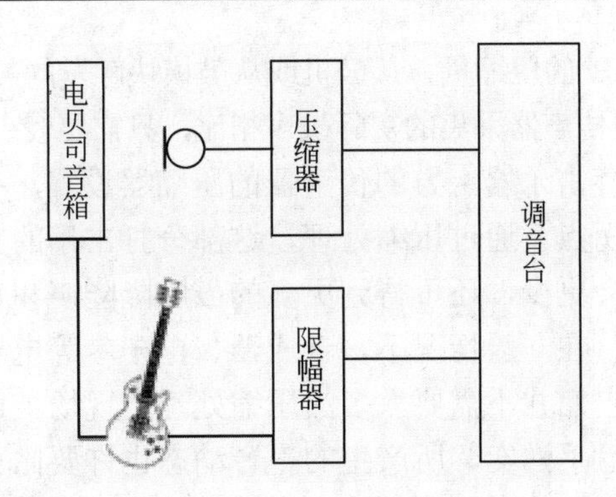

图 6-9 一种控制电贝司声音动态的录音方法

此时限幅器的压缩比应该设置为最大值（≥10:1），而门限值则应该设置为低于峰值电平 3～10 dB 的位置。动作时间参数应该设置得比较快，恢复时间参数应该设置为中等长度（当然，还要考虑到音乐的节奏快慢）。对于该线路中的压缩器来说，可以设置压缩比在 5:1 左右，设置为较快的动作时间、较慢的恢复时间，以及低于峰值电平 3～10 dB 的门限值。

在一般情况下，电吉他的声音在扩声应用中并不需要压缩，因为它常常配备有压缩器、均衡器及法滋器踏板等，一切参数均由吉他手自行调整。不过录音时，如有必要也可加入压缩器，其动作时间可控制在 20～50ms 范围内，恢复时间约为 0.2ms。压缩比大约是 2:1～5:1，与 8～15 dB 的电平压缩，最好设置为硬拐点。

（3）声学吉他俗称木吉他，此类吉他在一些乐曲中音量电平悬殊很大，所以压缩比一般都要求比较大，常常在 2:1～6:1 之间，要求有 5～10dB 的电平衰减量。动作时间要根据乐曲的节奏快慢调整，通常大都在 100～500ms 范围内。恢复时间也在 100～500ms 范围内调整，而较慢的恢复时间适合于打弦音串的压缩处理。

（4）在现代流行歌曲中，架子鼓（爵士鼓）是不可或缺的一类打击乐器，也是在录音和后期制作中，要求音色改变得最多的一类乐器。在架子鼓中，大鼓、小军鼓和通通鼓（汤姆鼓）的真实音色和表现力都不太合乎要求，需要录音师及混音师做较大幅度的改变。除了使用均衡器去改变它们的音色外，使用得相对较多的设备就是压缩器了。

由于这类打击乐器具有较高的峰尖脉冲和峰值因素，所以对小军鼓的压缩量应该是比较大的，特别是当鼓手的技术还不够熟练时，因其击鼓力度和敲击鼓面位置控制不好，尤其离不开压缩限幅器的帮助。

小军鼓的音高决定其压缩比，一般应在 3:1～6:1 之间选择。压缩比选择的一个重要原则是，音高较低的小军鼓压缩比相对较小，反之，音高较高的小军鼓压缩比就应选择得大些。压缩起始门限值大约设定在-2dB 附近。动作时间 20ms 以上，具体多大要视乐曲节奏快慢而定。恢复时间要视需要多长的持续音和要求尾音结束是否自然而定，一般来说应该选择比较快或是中等快的恢复时间，这对体现小军鼓的临场感和深度感是特别有用的。恢复时间应在 100～350ms 之间，原则是在任何情况下都应该比两个鼓点之间的间隔时间要来得短。动作时间和恢复时间参数可以随歌曲的节奏而变化，总体上讲，动作时间应该设置得比较快，而恢复时间也应该设置得比较快或是中等快，这要看需要多长的延音而定。

在设置门限阈值方面，通常在-1～-2dB 之间或更小。当声音信号幅度在软拐点处时，即临界压缩状态，音量压缩表显示有很小一点的压缩量即可；设置为硬拐点时，在最响亮的节拍处，允许有高达 15dB 的压缩量。从鼓机或从鼓模块触发的鼓声样本，或通过声学或电子鼓设置的预录鼓声，与用传声器采集的实际鼓声相比，只需要较少的压缩量甚至无需压缩。

其他悬挂在架子鼓组打击乐器上方的传声器的压缩器设置，一般采用低压缩比、低门限值，以及比较圆滑的软拐点。通过压缩处理，这部分打击乐的频率响应低频端振幅得到增强，整体声音的环境声会更少，还可得到更多的鼓腔隆隆声和较少的房间声。

（5）与传统乐器不同，在一般情况下，合成器、电子琴等电子乐器声音，自身并没有很大的动态范围，所以对它们并不需要太多的压缩处理，现场扩声或录音时无需使用压缩器。但有时候经不同的键盘手弹奏，所产生的声音动态也许要比真实乐器的动态还要来得大些。通常，专业的电子乐器使用了带力度感的键盘和手动或脚踏音量控制器来控制声音的动态范围，因而电子乐器有时还是具有相当宽泛的信号电平的，仍然有使用压缩器的必要。从这个角度考虑，压缩器的压缩比最大调节到 4:1，门限电平-4dB 上下，即可保证对最响亮的声音有足够的压缩作用了。

（6）铜管乐的动态范围不是很大，但是音量一般都较大，峰值较高，采用硬拐点压缩比较合适。压缩比大致控制在 5:1～10:1 之间，有 7～15dB 电平衰减足矣，具体大小要根据实际音源的实际情况调整。25ms 的动作时间和大约 25 ms 的恢复时间，这些数据是要保证的。

常见乐器动作时间、恢复时间、压缩比及拐点参数推荐值如表 6-1 所示。

表 6-1　常见乐器压缩器中几个常用参数列表（仅供参考）

	门限电平/dB	动作时间/ms	恢复时间/ms	压缩比	拐点
人 声（民谣）	-8.2	0.1	38	1.8:1	软
人 声	-3.3	0.1	38	2.8:1	中
人 声（美声）	-1.1	0.2	38	3.8:1	硬
打弦电贝司	-5.5	25	25	4:1～10:1	硬
合成器弦乐声部	3.3	1.8	50	2.5:1	中软
合成器管乐声部	-12	0.2	85	1.8:1	中软
电贝司	-4.4	45	189	2.6:1	硬
流行电吉他	-1	26	190	2.4:1	硬
木吉他	-6	180	400	3.4:1	适中
铜管乐	-3	25	25	5:1～10:1	硬
架子鼓（大鼓、军鼓）	-2.1	78	300	4:1	硬
架子鼓其他乐器	-13.7	27	128	1.3:1	中软
铙/钹	-2	25	1s～2s	2:1～10:1	硬
三角钢琴	-10.8	108	112	2:1	微软
立体声混音输出（限幅）	5.5	0.1	98	7:1	硬
	-13.4	0.2	182	1.2:1	软

6.2　扩展器和噪声门

扩展和压缩是两个对声音信号存在着互补关系的音频处理技术，它们实际上都起到调整信号动态范围的作用。与应用压缩技术的压缩器一样，扩展器运用了对信号的扩展技术。扩展器的基本原理是：当信号低于门限电平时，控制器的增益下降导致声音音量减小，最终结果是弱小的声音变得听不清楚甚至达到无声的程度。扩展器的极端应用形式是噪声门，它只把声音信号降至低于门限阈值以下很多，由于人耳分辨能力有限，好像有扇门在那儿挡住，把声音完全关闭在人耳以外一样，所以这时的扩展器就称为噪声门，噪声门可以用来消除信号中的低电平噪声。通常，噪声是在表演过程中，从表演者的呼吸、衣服摩擦的沙沙声等，或来自电子合成器、吉他等的电子噪声，或过去不完善的录音技术（如磁带噪声）中产生。

扩展器和噪声门也有门限值、扩展比（与压缩器中的压缩比对应）、动作时间和恢复时间等控制参数。当声音达到或小于门限值后，扩展器增益与声音电平按设定的扩展比率一同减小。声音减小的幅度与扩展器设定的扩展比有关，扩展比越大声音减小的幅度越大，减小的速率也越快。噪声门只是扩展器在扩展比很大时的一个特例。

虽然扩展器（包括噪声门）可在录音的任何阶段使用，可是录音时接入它们对输出信号是非常危险的。这是因为一旦门限阈值被误调（调低），在应当允许信号通过时它们反而是关闭的。在这种情况下，也有可能导致截掉乐音或语音的音头或音尾的危险。如果在录音完毕进入制作阶段再接入扩展器，操作者就有充分时间和精力来仔细调整各项参数，上述危险就小了很多甚至可以完全避免。

扩展器与压缩器是一个事物的两个方面，扩展器可以用来恢复因经压缩器错误压缩的声音信号，也可将动态范围较窄的音频信号扩展，从而获得与压缩器处理的相反效果。扩展处理可以自动紧缩声音的衰减时间来“缩短”信号的长度。此外，当经过扩展器处理的声音信号再传送到混响处理器的门控端时，可以创建一个特殊的门控混响效果。从正在处理的信号中，消除信号的低电平部分，这是扩展器/噪声门的又一杰作。当施加“厚重”处理效果到小军鼓，假如在小军鼓声迹中又串扰了踩镲声时，这个功能尤为重要。图 6-10 为一种机架式扩展器/噪声门面板的部分展示。

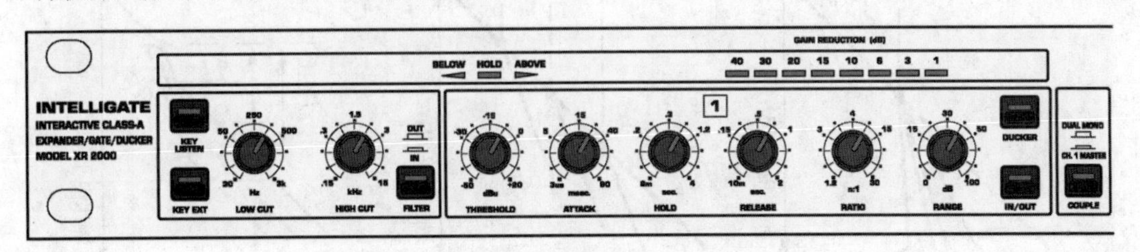

图 6-10　一种双声道扩展器/噪声门面板图（局部）

6.2.1　扩展器/噪声门的一般工作原理

扩展器基本上是一个增益可变的设备，但总增益不大于 1。由输入信号根据所设定的扩展比率来决定输出信号电平增益的变化：当输入信号电平高于门限电平时，输出增益保持不变（增益等于 1）；当输入信号电平低于门限电平时，输出增益按扩展比值减少（增益小于 1），输出信号电平变得低于输入信号电平，这样就扩大了输出信号的动态范围。图 6-11

为一种扩展器的电原理图。

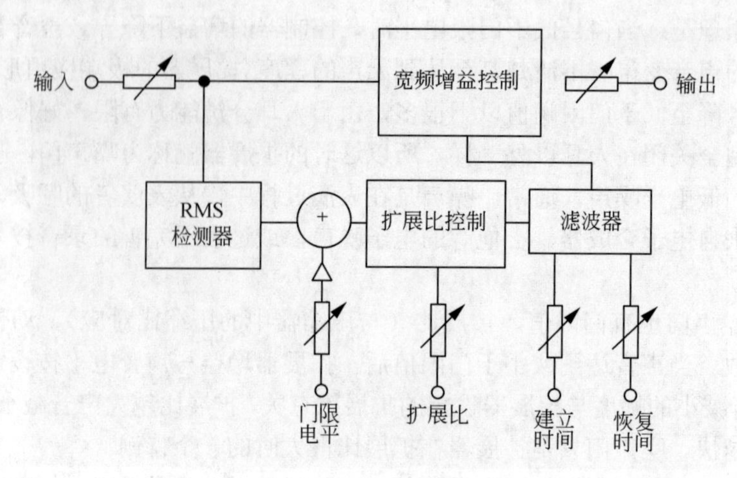

图 6-11　扩展器电原理图

扩展器的输入/输出关系可用图形来简单说明。如图 6-12（a）所示，水平轴表示输入信号电平，垂直轴表示输出信号电平（二者都以分贝计算）。两轴之间的 45º 直线相对增益为 1（输入与输出电平相等）。从某一点起改变扩展器的斜率（向垂直方向），这一点常称为拐点，拐点所对应的输入电平值即为门限（Threshold）值，并且该值是可以按需调整的。线条的斜率就是扩展器的增益，换句话说，压缩比线条的垂直高度决定了输出信号的动态范围；如图 6-12（b）所示为压缩比相同，但压缩的起始门限值不同，其输出特性也不尽相同；假如一台扩展器的压缩比相同但其增益范围不同，这也将导致扩展器的输出特性不同，如图 6-12（c）所示。

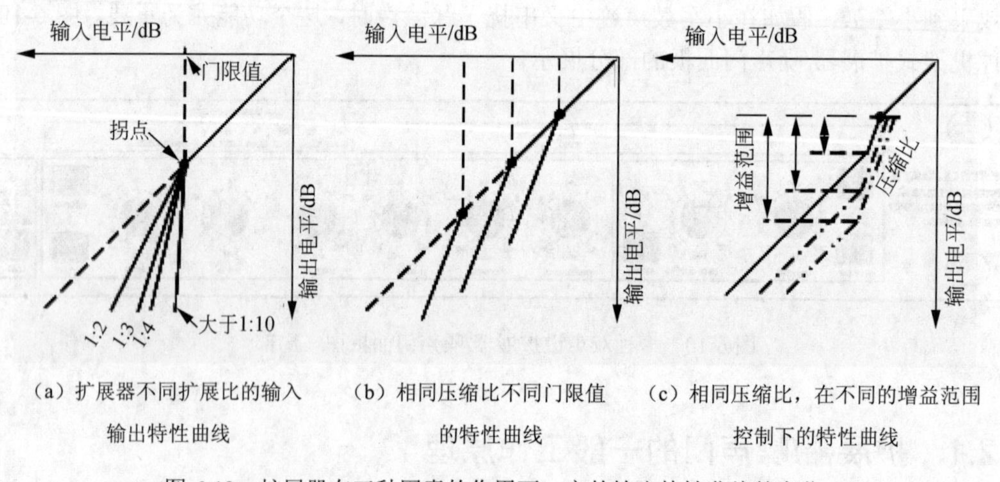

（a）扩展器不同扩展比的输入输出特性曲线　（b）相同压缩比不同门限值的特性曲线　（c）相同压缩比，在不同的增益范围控制下的特性曲线

图 6-12　扩展器在三种因素的作用下，它的输出特性曲线的变化

扩展器对信号动态范围的扩展程度通常用扩展比率（Expanding Ratio）来表示，当扩展比为 1:2 时，代表了输入电平减小 1dB 输出电平减小 2dB，其动态范围扩大了 1 倍。“噪声门”是扩展器的极端表现形式，输入和输出的比例关系变得很大（1:10 或更高的扩展比），信号电平被极大地降低甚至消失（实际上是人耳听不见了）。此时，把这个状态的扩展器比

喻为一个闸门，信号电平高于门限电平的时候，闸门打开，输入端的信号相等地出现在输出端上；如果信号电平低于门限电平，闸门就关闭，没有信号输出。所以，常常把这个状态的扩展器称为噪声门或门控器。

扩展器的输入电平高低是通过内部的检测电路来检测的，通常是检测一定时间内的电平平均值（RMS），而不是信号瞬时的电平值。

扩展器也有如同压缩器的动作时间和恢复时间等参量的概念，其定义也十分相似。如图 6-13 所示，当扩展器检测电路判定到信号电平从低于到高于门限值时，扩展器需要花费 Δt_1 的时长才能完全进入单位增益状态，在这个时间段中信号是逐步加大的，这段时间叫做动作时间（Attack Time）。一旦信号电平由高到低，直至下降到低于门限值，扩展器将继续维持一段时间原来增益为 1 的状态，此时扩展器的输出电平与输入电平相同，这段时间即为图 6-13 中的 Δt_2，把这个时间段称为保持时间（Hold Time）。有了这个保持时间才有可能克服扩展器因为电平过于频繁地变化，给信号带来的一些不良影响。当保持时间结束后，输出信号继续按设定的压缩比衰减，一直衰减到增益范围（Range）参量设置值为止，其衰减时间由恢复时间 Δt_3（Release Time）确定。在恢复时间段，扩展器才真正进入了信号动态范围扩展阶段。有了这三段时间的缓冲才能使扩展器的增益变化平稳有序，从而避免引发新的噪声和失真。

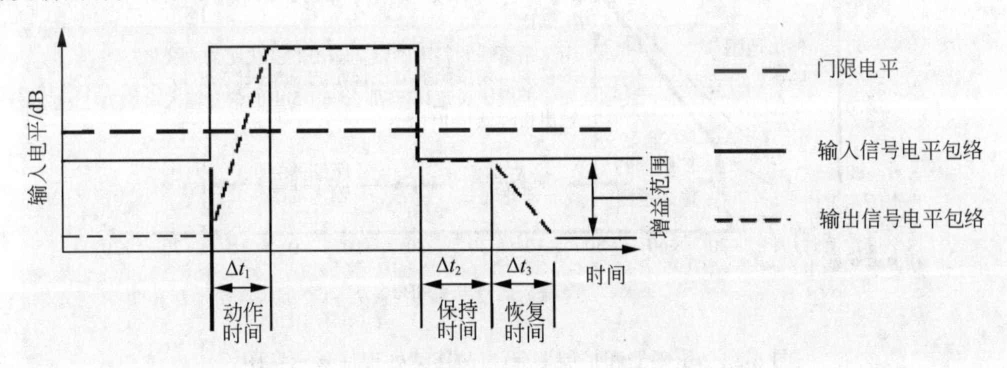

图 6-13　扩展器与噪声门中各个参量的物理意义示意图

增益范围（Range）控制，通常也称为动态范围下限控制，以分贝表示，专门用来指定扩展器或噪声门的最大扩展范围。例如，当把它设置为 20dB 时，输出信号电平最多将从门限值以下减少 20dB。这样，实际上仅仅能够扩大信号动态范围 20dB，或只可以抑制门限值 20dB 以下的背景噪声。

图 6-14 表示了噪声门、扩展器、压缩器和限制器，在同一个单声道节目素材下是如何在一起工作的。垂直轴代表输出电平，水平轴代表输入电平。图中例举了当设置为 1:1 的比率时，运行在坐标轴 45° 对角线上的信号，输入和输出电平始终保持不变，即信号处于单位增益为 1 的无处理状态。

每个门限值如同触发器的触发电平或拐点一样，只有当输入信号向上或向下超过该设定值时才能使增益减少或扩展。

压缩比或扩展比控制并确定输入/输出关系曲线的走向，以及曲线从转折点开始弯曲的角度。当输入信号高于或低于门限值时，压缩比或扩展比分别确定了增益减少或扩展的多少。图 6-14 中曲线拐角可以从 45°（信号无任何处理）摆动到几乎 90°（全比例），也可以通过调整门限值来控制这些曲线相互重叠和各自的作用，建立起一条动态曲线，黑色粗实线代表了由此产生的这条曲线。

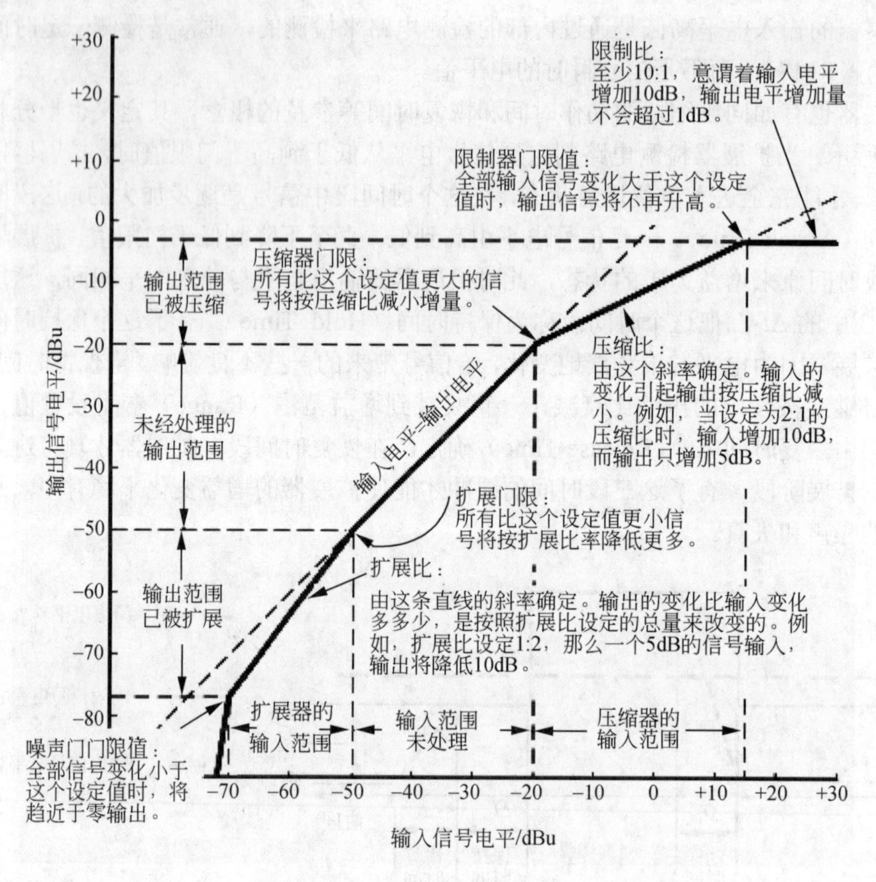

图 6-14 压限器和扩展器/噪声门连续处理信号示意图

实际上存在两种类型的扩展器，上面主要介绍的是最常见的类型，它能降低低于门限值电平信号的音量。不过，这种方式使得被扩展了的信号听起来怪怪的，处理后的信号会产生电平突然减小的变化，特别是设置为快速的动作时间和恢复时间时更是如此。另一种不常见类型的扩展器，通常称为“真正的向上扩展器”，它并不是把低于门限值的信号动态范围向下扩展，而是根据用户设置的比例，将高于门限值信号的动态范围向上扩展，如图 6-15 所示。经这种类型扩展的声音与常见的类型处理后的声音比较听起来有一些细微的差别，而且还可以使声音起始段的瞬态性更加突出，这个特点在有些场合是特别有用的。如果设置的门限值比较高，它也可以改善一些声音经强力混合压缩后的不利影响，可以拯救音频母带制作阶段已经无法使用的段落。

6.2.2 扩展器/噪声门的调控技巧

噪声门是用来消除低于门限电平以下的音频噪声的，当信号电平超过预先设定的门限电平时，闸门打开让信号无损地通过。

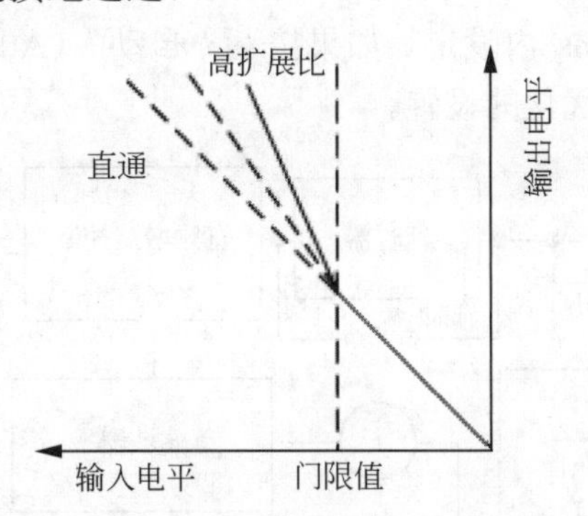

图 6-15　向上扩展的扩展器特性曲线图（试与图 6-12 比较二者之间的差异）

为了更好、更直观地说明问题，下面把某计算机音频录音及处理插件中的噪声门排印出来以供学习参考，如图 6-16 所示。其电原理图如图 6-17 所示。该插件可以调节的基本参数依次有（从左到右，从上到下）：

门限（Threshold）电平：调节范围是-60～0dB。这个设定确定噪声门开通的电平。当信号电平高于设定的门限电平时，噪声门打开；当信号电平低于设定的门限电平时，噪声门关闭。

滤波器设定：当边链式功能按钮（Side Chain）被点中以后，噪声门受经 EQ 过滤后的信号（即边链信号）控制，否则图 6-16 中有关滤波器模块呈灰色，表明该模块未能被激活。当其被激活后，可以选择使用低通（LP）、带通（BP）和高通（HP）等滤波器中的一个，它们不能同时使用。当选择带通（BP）滤波器时，可以用中心（Center）旋钮和 Q 值系数（Q-Factor）旋钮分别调节带通滤波器的中心频率和带宽。

监听开关（Monitor）：可以监听已被滤波器过滤掉的信号音色。

动作（Attack）时间：这个参数设定从触发门限开始到门打开这段时间。如果热线（Live）按钮处于释放状态，噪声门能保证高于门限值的信号电平从已经被打开的噪声门中传输出来。动作时间可在 0.1～1000ms 内设定。

保持（Hold）时间：用来确定当信号电平跌落在门限值以下时，噪声门还要继续开启多长时间，可在 0～2000ms 内设定。

图 6-16　音频应用软件噪声门插件外观

恢复（Release）时间：这个参数设定噪声门关闭过程要耗费的时间总量（“保持时间”不计在内），可在 10～1000ms 内设定。如果按下“自动”（Auto）按钮，噪声门可以自动探测到适合音频节目素材最优化的设置。

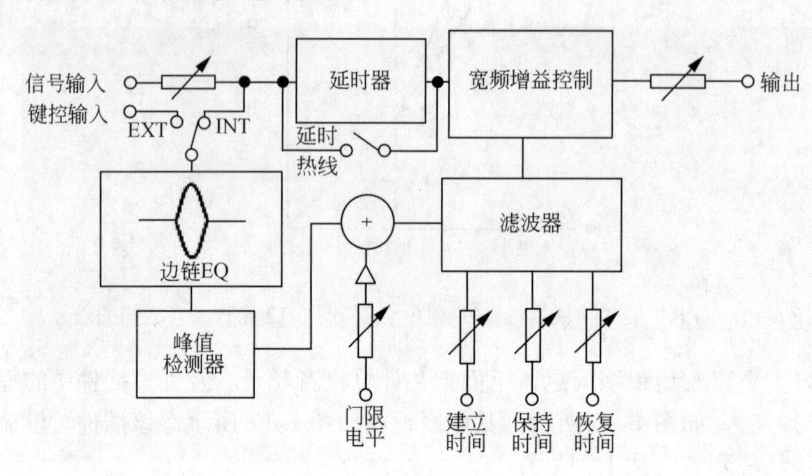

图 6-17 一种噪声门电原理图

分析（Analysis，0～100，纯峰值－纯平均值）模式：这个参数决定了是根据输入信号峰值还是有效值（或两者兼顾）来分析。0 值是纯峰值，100 为纯 RMS（平均值）分析。运用 RMS 模式运作是以音频信号的平均功率作为基础，而峰值模式是以信号峰值运作。一般的做法是，几乎没有瞬态现象的素材，如人声，最好采用 RMS 模式，而有大量瞬态峰值的冲击性素材最好采用峰值模式。

热线（Live）模式：激活时，热线模式退出噪声门“预测”特征。“预测”特征使噪声门有更精确的处理，但它是以增加信号的延迟量为代价的。当热线方式被激活后，信号没有延时了，所以一般情况下还是采用“热线”处理更好些。

1. 门限电平值的调整

门限电平值就是扩展器或噪声门的启动工作点，也就是其内部单位放大器从增益小于 1 到增益等于 1，或反过来从增益等于 1 到增益小于 1 的拐点。一般控制器与噪声门的门限值可在-60～0dB 范围内调整。对于噪声门来讲，选择门限值要根据有用信号（以下简称信号或声音）的最小电平和噪声的最大电平差值来设定。力求做到不切掉信号尾音，并保证能在信号与噪声间的空白处完全关闭噪声。不过，一个现实问题是在音乐尾音渐弱信号与噪声之间的界限常常是很模糊的，所以运用噪声门或者大比例扩展比的扩展器的情况下，一定要仔细聆听调整，有时甚至要戴上耳机来监听调整后的效果。假如效果不好，信号下限会出现断断续续的声音或噪声延音。要是反复试验效果都不理想的话，建议大家将扩展器的扩展比调小，甚至关掉噪声门，这样效果可能反而更好。须知，不是任何含有噪声的声音信号，都能够用噪声门切掉的。通常，对于信号与噪声都比较稳定的节目，门限电平值可调节到总体平均信号电平以下 30dB 左右，或在噪声电平以上 10dB 处。

在一般录音棚内实现多声源多传声器录音时，由于房间体积都不太大，传声器间的布置距离较近，室内串音、反射声和绕射声难以避免，噪声门的门限值设定就要严格和困难得多。在信号电平与噪声电平有合适差值的情况下可适当提高门限值，假如将打击乐的门限值设定在噪声电平 10～15dB 以上，则可以保证自身信号能够完整通过噪声门，从而有效防止了那些不相干的串扰信号。但如果把门限值定在噪声电平以上 20dB 处，打击乐器本身的弱奏部分，就会因噪声门已处于关闭状态，而把有用信号一同切掉。在单声源单传声器、噪声源较单一并稳定的情况下录音时，门限值的设定就简单得多，由于干扰噪声相对较单纯，此时门限值就可设置得较低，以保证声源尾部延音可以顺利通过。大多数情况下，在信号电平以下 20～35dB 处比较适宜，设定得过大也许会截掉有些声音的音头。

一言以蔽之，调整门限值应始终遵循不损伤声音信号的原则，如果经过处理的信号结结巴巴，甚至信号已被斩头去尾，就应检查门限值是否定得合适。定得过低的门限值对去掉噪声也是无益的，较大较锋利的噪声音头也许会提前冲开噪声门。再次强调，噪声门不是普通意义上的降噪器，降噪器基本上可以完全去掉噪声，而噪声门只能在一定程度上将噪声减弱。

2．扩展比的调整

对于扩展器来说，调整扩展比与调整压缩器的压缩比意义是完全相同的，即调整输入信号与输出信号间的比例。但是实质有所不同，扩展器是将信号幅度向下扩展，所以扩展比永远等于或小于 1。扩展比决定了工作在设定门限值以下的信号增益衰减量。

调整扩展比原则上应从小扩展比着手，能使用小扩展比的情况下决不使用大扩展比。因为小扩展比对信号失真影响小，线性度较好，基本上听不出信号已被处理过的痕迹，听感也会接近原声。只有在信号的动态原本就很小，信号峰值电平也不高的情况下，可以使用大比例的扩展比。超过 1:10 的扩展比的扩展器就要当作噪声门来对待了，它可以保证低电平信号被极大地快速降低。大的扩展比可以使声音的动态增长加快、加大，但是这种大扩展比又使声音信号的线性变差，失真加大。

扩展比的调整也要根据被处理信号特征与操作者对信号的要求来决定，即一切从实际出发。对于原本动态很小的声音信号，节目又要求动态范围有些许变化的，可以将扩展比设定为 1:2～1:4 左右，门限值可设定在信号平均电平以下 10dB 左右，这样，信号电平小于 10dB 的信号动态可扩大 1～3 倍左右。

3．动作时间调整

对于噪声门来说，人们都希望它的动作时间越快越好。理论上要求节目中只要存在噪声，噪声门就应当立即关闭不让噪声出现，但是实际上这么快的动作时间是办不到的，而且也没这个必要。不同的节目信号应该有不同快慢的动作时间，不过对于大多数信号而言，噪声门的动作时间一般可调节至 20～400ms 之间。

过快的动作时间会使得被处理信号产生咔嗒声和后续波形失真。图 6-18 为电子示波器所显示的低音大鼓声波形的上升沿和下降沿受到噪声门开启后的影响。细线条代表噪声门的输入信号，粗实线代表噪声门的输出信号，两个波形没有重叠在一起，表示两个信号之间有明显时间差，它代表了信号通过噪声门后总的传输延迟和相移。噪声门的门限值设定在相当于峰值约 80％的位置。大鼓的第一个完整周期代表了它的音色初始特征，因为自此以后的周期振幅要低得多。如果噪声门不能准确地捕捉到它的第一个周期，处理后大鼓的声音音色将发生明显地变化。图 6-18（a）表示了当动作时间设置为极快速的情况下，声音的上升沿被削平了，下降沿变得很陡峭没有缓坡，这往往导致出现“咔嗒声”。只有当上升沿和下降沿具有接近原声波形的缓慢斜坡时，才可精确地再现低音鼓的第一个周期，这就要求噪声门或扩展器具有与声音信号特征相匹配的动作时间，如图 6-18（b）所示。比较信号经噪声门或扩展器处理后的波形上升沿和下降沿可看出，图 6-18（b）有近乎完美的频率响应，对大鼓音色没有明显的影响。

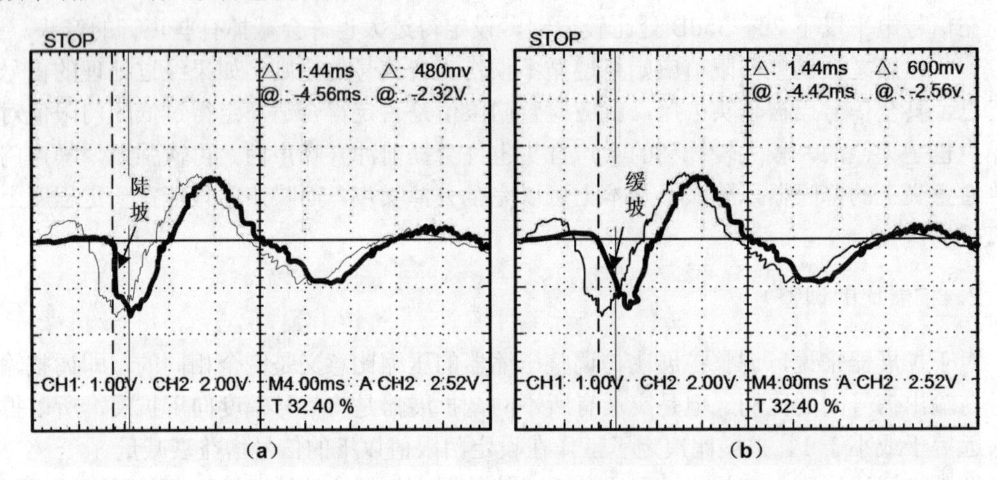

图 6-18　噪声门动作时间对大鼓波形第一周期信号上升沿和下降沿的影响

图 6-18（a）和图 6-18（b）对应的大鼓频率响应曲线，分别如图 6-19（a）和图 6-19（b）所示。注意，由于把噪声门的动作时间调整得太小，使得噪声门具有“瞬间接通”性质，致使在图 6-19（a）中 10kHz 以上信号获得了额外的能量，信号在 16kHz 附近振幅得到加强，最大增加了 20dB 之巨；而在 300～800Hz 的范围内，信号振幅也达到了令人惊讶的 5～15dB 的增量。由于这两个频段的共同作用，显著地改变了大鼓的音色。再看图 6-19（b）所示，由于设定了合适的动作时间，使得输出信号（实线）非常接近输入信号（虚线），仅在 250～600Hz 段输出信号有少许幅频失真，除此之外的其余部分频响与输入信号高度相似。

4．恢复时间调整

与动作时间调整原则相同，即应根据声音信号节奏的快慢特征和脉冲时间特性来调节恢复时间的快慢。恢复时间的调节范围一般可在 1ms～2s 内进行。在操作时，应先将恢复时间调节得慢些，然后逐渐将其加快，直至感到音尾收放自然而又不影响下一段声音的音头或达到要求的效果为止。大家都有这个经验，对戛然而止或突然出现的噪声人耳更容易觉察，而对缓慢消逝或出现的噪声往往会充耳不闻，所以宁可把恢复时间调整得慢些，以保证噪声门逐渐被关掉。

5．滤波器的调整

为了防止较大的干扰噪声或部分声音频率对噪声门造成误触发，在噪声门的内部，一般都设置有不同类型的滤波器来消除这类噪声或某些频段的声音，使噪声门只能被所选频段的信号触发。对于本例来说，只有当边链型过滤按钮被激活后，才可以使用滤波器按钮来设置过滤器类型——低通、带通（中心频率和 Q 值因素）或高通。该滤波器对噪声门输出的信号没有任何影响。

噪声门中的滤波器频段，一般可在 20Hz～20kHz 范围内调整。噪声门上的高、低通滤波器，切除频率分别可在 20 Hz～4kHz 和 250 Hz～20kHz 之间调整。带通滤波器的中心频率可在 50Hz～20kHz 之间选定，Q 值可在 0.0001～10.00 间设置。

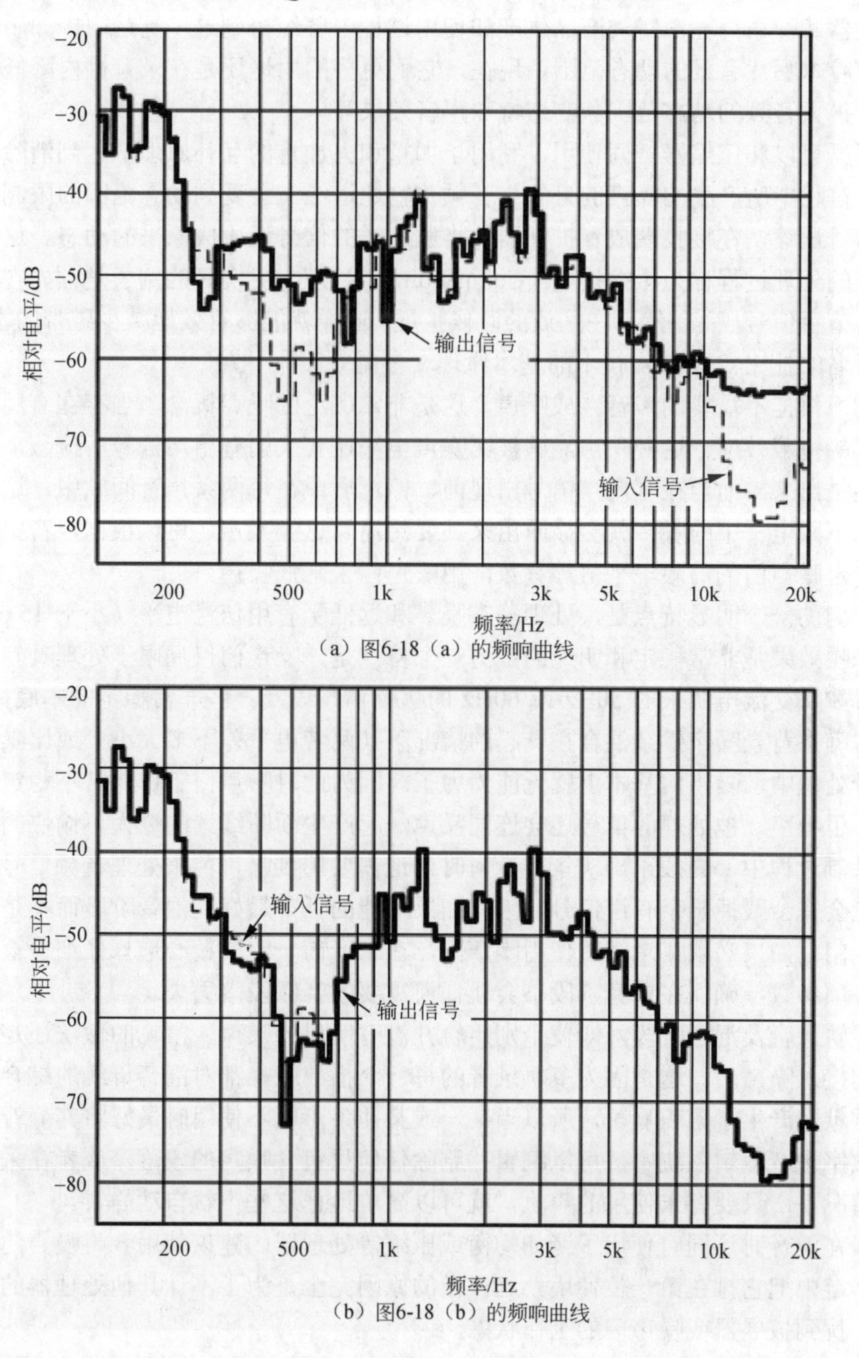

图 6-19　图 6-18（a）的频响曲线和图 6-18（b）的频响曲线

在操作时首先按下监听按钮（Monitor），监听对比信号，精确地选择最适于录音对象的频率范围，设定 Q 值（带通），一旦确定了频率范围后，该声道的频率触发特性就确定了。

6.2.3 扩展器/噪声门的应用建议

扩展器和噪声门在消费类产品生产和使用过程中曾经得到过广泛运用，如用于扩展磁带录音或胶木唱片有限的动态范围。现在，它们更多的用途还是在录音棚内降低噪声、抑制串音、扩大音频的动态范围和制造特殊声音效果等。

扩展器可以和压缩器一同使用，利用予加重和去加重的互补原理，达到消除在制造或传送信号过程中所产生的噪声的目的。音频传输通道经常会受到动态范围的限制，先将待传输的信号压缩，在接收端放置扩展器件将压缩过的信号还原成原来的动态。这个压缩和扩展信号的处理过程称为压缩扩展（Companding）处理。更实际的例子是预先在磁带录音母带上将节目信号压缩，然后在回放的时候扩展，这样就能够有效地减少磁带的本底噪声，这就是著名的杜比 C 型降噪技术的基本原理（参见 6.3.4 小节）。

人们习惯把不需要的声音看成噪声，这是非常广泛的噪声概念。当存在有用声音时，由于人耳的掩蔽效应，这种噪声能够被比噪声电平还要大的有用声信号所掩蔽，因而噪声不易被察觉出来。而当在有用声信号出现前、停止后或在每两条声音间歇中，这种调制在声音动态下限电平中的噪声就会显露出来。要想消除这类噪声，可以根据声音中噪声电平大小，选定噪声门的门限电平值等参数，用噪声门来降低噪声。

噪声门的一个明显特点是，处理稳态噪声和远低于有用信号电平（小于 15 dB）的噪声，其降噪效果是非常稳定和明显的；另一个特点是，噪声门仅局限于处理具有狭窄频带的噪声（如从交流电源来的 50Hz 或 60Hz 的嗡嗡声，以及一些非常稳定的本底白噪声）。在信号与静态背景噪声掺杂混合在一起的情况下（两者电平差不多大小）或比噪声还弱的有用信号处理中，噪声门基本上就无能为力了。因为此时噪声门工作非常不稳定，不但丝毫降低不了噪声，被处理的信号还会连同噪声一起产生断断续续的令人不愉快的声音。

在录制过程中，必须正确决策究竟何时何地需要用到噪声门来处理音频信号。滥用噪声门可能会完全毁掉一个有用信号，因此如果可能的话，最好在混音阶段而不是在录音时启用噪声门。如果必须在录音时使用噪声门，在录音前一定要精心选择仔细检查、验证所选择的各项参数，确保在录音阶段不会让任何需要的音频段落丢失。

在多轨录音及混音阶段，即使个别声轨并没有明显的噪声，常见的做法还是要在相关声轨分别接入噪声门。这是因为多轨录音的每一个播放轨，都对混音母线的综合噪声电平做出了贡献，产生了累积噪声，所以当某一或某几条声轨不使用时最好将其静音。

在数字录音编辑系统中，可以编辑并删除任何只包含噪声的段落，或者在采用自动化混音的情况下，只要有未使用的声轨，就可以简单地把这些声轨自动静音。

如果在混音时还同时使用了诸如均衡或压缩等处理器，建议使用者将噪声门在一系列的处理器链中把它排在第一位使用。这样做的原因完全是为了不让其他处理器的处理结果影响和干扰到扩展器或噪声门的工作状态。

扩展器/噪声门在音频录音与制作中经常使用，请看下面对几种情况的处理。

1. 对架子鼓的降噪处理

在多传声器录音时，通过主传声器的绕射声，以及房间各界面的反射声会形成对主传声器的干扰信号，造成各传声器间的相互串音，使音乐的声像定位和清晰度受到伤害，这也经常会使噪声门发生错误触发。使用噪声门中的滤波器的频选过滤功能和适当的门限设定值，能有效地排除串音对噪声门的错误触发。

通常录制一套架子鼓要架设6～8只甚至更多的传声器，由于传声器之间的距离很近，难免有较大的串音和反射声等干扰信号进入邻近传声器。要解决这些干扰信号通常的做法是把各路拾音信号分别送入设置了不同参数的噪声门，串音问题可以大体上得到解决，并且还可以提高打击乐的冲击力和紧张度。

在大多数多传声器架子鼓的录音过程中，假如其中一个传声器用来采集小鼓的声音，另一个采集大鼓的声音。小鼓传声器的输出信号中，肯定包含有一个高电平的小鼓信号和一个较低电平的大鼓信号（由于大鼓的距离比小鼓传声器的要远一些）。如果噪声门的门限电平设置正确，小鼓信号可以被单独分离出来。要完全分离小鼓信号，应设置为相当快的恢复时间，但这又可能导致小鼓声音的尾部被“斩断”，不过这没关系，它通常可以通过窜入头顶上方的其他传声器的小鼓尾音来弥补。

选择不同的动作时间、保持时间和恢复时间，对架子鼓的不同打击乐器可以产生不同的声音效果。例如，有时要想得到那种敦实的小军鼓声音，方法就是使用具有较长恢复时间的噪声门。在大鼓声部使用具有较短的动作时间和恢复时间的噪声门会制造出一种“强有力”的声音，这实际上是加重了大鼓声的中频段中较低频率分量的振幅。

在大鼓和小鼓声处理中经常选择噪声门，而通通鼓则不然，因为通通鼓在乐曲中起到承上启下的作用，所以人们经常希望听到它既具有弹性的又有提示作用的清晰的鼓点声。故对于通通鼓来讲，既可以使用噪声门也可以使用压缩器，或者两者同时使用。当使用噪声门时，通通鼓的持续时间要调节得适当小，恢复时间调节得适当长一些，在鼓声完全结束后再关闭噪声门，这样可以得到一个非常自然的通通鼓的声音。在流行音乐制作方面，当通通鼓单独使用噪声门时，为了使通通鼓的声音产生一种紧密的冲击感，这就需要将通通鼓的延音去掉一部分，这时应当将恢复时间调节得短些，保证在延音结束之前就关闭噪声门。

2. 闪避处理

某些噪声门具有外部边链信号输入功能，这就为运用闪避模式选通主输入信号提供了可能。此时的噪声门动作与常规动作恰恰相反：当一个信号超过门限值时，不是打开而是关闭闸门。选通控制方式的行为完全与以前的噪声门一样，只是恢复时间是指门打开的速度，而动作时间是指门关闭的速度。

传统使用闪避处理的工作场合是在无线电台，当主持人讲话时利用闪避功能减小音乐的音量，使讲话声更容易被听到。不过，电台也有一些工作室更富有创造性地使用闪避处理。首先，供给同一个信号，一个去噪声门，另一个作为闪避信号，再将声像偏移到立体声的对边，创建一个与声音电平相关的自动声像偏移效果。某些噪声门，允许以立体声链接噪声门的两个声道，其中只有一个通道可以切换到闪避模式，这样可以使设置变得更简单。

闪避模式还可以使混音操作变得更容易，在整体声音已经很严重地影响到整体平衡的情况下，让其中个别的声音更容易听见。例如，如果某些小节的大鼓声听不清楚，其原因不外乎该大鼓声音量很小，或者掩蔽大鼓声的其他声部的音量很大，此时就应该让掩蔽它的某些声音去闪避大鼓声。因此，每当大鼓声来临时，掩蔽大鼓的声部将暂时减小电平。这种技术尤其对打击乐类型的声音的闪避特别有效，因为只需要很简单的闪避操作，就能让更多的打击乐音瞬时通过。

同样的，在 MIDI 音序器方面也可实现闪避处理。用 MIDI 节拍同步信号作为触发信号，从欲闪避的小节开始处避让几个 dB 电平，在该部分音频段中将避让段的声音动态范围向下扩展。其恢复时间只在每个小节的末尾生效，并将这声音一直延伸到下一小节结束。这项技术尤其适合吉他和合成器弹奏节奏音型。

3．纯净单一的音频信号触发噪声门更为有效

为了使扩展器与噪声门得以成功和正确触发，首先要解决的是减少进入噪声门的触发信号中所有不必要的噪声。其次是要求有较精准的控制触发门限电平，在一般情况下，门限值设置应尽可能低。根据大多数使用者的经验，在试调阶段，采用逐渐增大噪声门的门限值电平，找出门限值的最佳拐点。最后，要是干扰信号的特征是与电源嗡嗡声类似的电平较稳定、频谱简单的噪声时，噪声门能得到满意的、非常可靠的触发效果。但是，如果触发信号中存在电平特别突出的和频谱很复杂的背景噪声时，就需要调整边链滤波器以获得纯净的触发信号。例如，可以删除或过滤掉边链信号中低于 200Hz 左右的电源哼声的基波及其第一谐波，而许多电子蜂鸣声可以通过去除少许的高端频率来清洁触发信号。

当处理来自其他乐器的泄漏时，尤其是多轨录音的鼓噪声门时，几乎可以肯定需要将边链信号过滤。然而，值得考虑的是，对噪声门输入信号过度的高频滤波，可能对噪声门快速响应瞬态信号有相当显著的影响，即使在处理电贝斯和大鼓时也是这样。

如果没有任何东西可以让接入的噪声门可靠地触发，那么应该尝试至少确保想要的声音段落不会丢失。笔者建议，有时宁愿接受一些噪声或泄漏噪声，不要冒着失去一部分录音片断的风险。

如果只使用一个结构简单的噪声门，错误的触发往往是不可避免的。这时应该特别严格控制个别鼓声部出现在噪声门中的其他乐器的泄漏声，甚至当使用相对高级的噪声门时也应如此。一丁点泄漏声通常不会出现任何严重的问题，偶尔通过噪声门的任何泄漏，会被其他正常的乐器声或环境声掩蔽。不过在某些情况下，在噪声门通、断间隙时出现的泄漏声，比持续的背景噪声更能被听者发现。在这样的情况下，尝试设置噪声门的“范围”控制参数，把声音简单地控制在有几个分贝衰减即可，而不是完全把噪声去掉。请记住，混音时加入如混响和延迟效果后，往往会协助噪声门掩饰任何一个小小的纰漏。

4．调整声音的包络线

一旦正确确定了噪声门可靠的触发时间，那么就需要考虑如何让噪声门的那些参数去合理控制声音的包络。首先通常需要进行恢复时间的调整，使噪声门控制的声音自然衰减趋势尽可能少地受到干扰。如果恢复时间设置过短，声音下限电平会被噪声门截断，反之如果恢复时间太长，在想要的声音结束了之后，也许还会听到噪声或逐渐消失的泄漏声音。有时还要对保持时间参数进行调整，以解决包络线下降段的自然衔接问题。

正常应用的节目，动作时间应尽可能快，特别是对打击乐的声音。唯一要牢记的是，假如噪声门的动作时间参数设置过快，当噪声门打开时可能会引起咔哒、咔哒的开关噪声。虽然较快的动作时间可能有利于鼓声，不过在其他音频方面可能会出现问题。另一方面，要是发现噪声门对鼓声的反应速度并不够快，在这种情况下，最好是减少噪声门的范围参数，使其能够更迅速地打开。

通常情况下，噪声门主要用来消除人们不希望听到的音频元素。然而，噪声门的另外许多用途，远远超过了最初设计者的本意。在特定门限值和各项响应时间参数控制下，它以有趣的方式重塑声音。例如，一个原本包络线上升段比较快速的声音，如果给予噪声门较长的动作时间，则可以塑造出听起来几乎是“弯曲”的声音。仅对鼓的包络线的起始段进行或多或少的调整，如果噪声门采用了很短的恢复时间，可以使它们听起来几乎像是合成音色一样。接入噪声门的弹拨乐器、节奏吉他和节奏贝司等声道，用吉他的每个弹奏音以边链输入方式去触发噪声门，常常可以增加这些乐器的力度感。由于这样处理后每个声道的增益会有所提高，音乐的整体平衡会招致破坏，所以可以通过将噪声门的范围控制参数下调几个分贝来解决。简而言之，噪声门的各个时间控制参数，均可作为调整包络线之用。

要是触发信号电平变化一直徘徊在噪声门门限值附近，其输出信号可能出现“振颤”效果。类似效果也可以创造性地被用来作为一种新型的信号失真处理方法。如果音频信号到达噪声门之前已被大量地压缩，此时推荐用最快的动作时间与最少的恢复时间参数设置噪声门，方可得到极其快速的，且振颤周期相当一致的振颤波形。如果经噪声门处理后导致失真极其严重，也可以用“范围”或“时间”控制参数调整将失真减轻，使失真信号成为可用的东西。

噪声门是录音工作室，尤其是当现场录制鼓和摇滚乐队一类音乐时，最有用的处理工具。它处理声音的能力，还远不只是简单地用来降低信号中的底噪声或泄漏声，这只是一种大材小用而已。巧妙修改声音的振幅包络，不仅可以缓解混音过程中带来的一些麻烦，还可为节目制作带来一些特殊效果。经常尝试利用外部边链触发信号，则可大大地增加创作出新的声音和得到意想不到的效果的可能性。

6.2.4　历史上的压缩器和扩展器

多年来，压缩器和扩展器无论在压扩理论和适用场合，还是外观方面，都已经发生了根本的变化。最初使用压扩器的目的仅仅是满足降低或提升整个信号的动态范围的需要，但在音频技术进步的今天，使用压扩器的目的和场合已经变得多种多样了。

过去音频信号对压缩的需要，是因为被记录或被传输的广播音频信号的动态范围，远远超过了媒介的承载范围。例如，一个交响乐团现场演出的音乐，其动态范围很容易达到甚至超过 100dB。然而，早期的录音和广播媒介全都仅有一点小得可怜的动态范围。如，唱片录音：65dB；磁带：60dB（带降噪器）；模拟专业录音机：70dB；调频广播：60dB；调幅广播：50dB。这好比要把 6kg 重的东西装入到只能承载 4kg 的袋子中，要使带子不被撑破，只能减小重量才行。现在，在音频录音和后期处理制作方面，对压缩或扩展的需要的原因就很多了。如，有些信号的动态原本就很小需要将其扩展，这是对扩展器最基本的需求；还有些信号对音效有一些特殊要求，需要压扩器将其处理；还有些信号由于种种原因受噪声污染，需要降低其本底噪声或串扰噪声，需要噪声门甚至需要把压缩器与扩展器联合使用来降低这些噪声等。总而言之，当代使用压扩器都不止是单纯地为降低或扩展信号动态范围这么简单的要求了。

早期的压缩器与现在的不同，没有“门限电平”参数设置旋钮，而是由用户设置一个中心（转轴）工作点，如图 6-20 所示。这个转轴点相当于所期望被压缩后的信号动态范围的中间点。除此之外，仅需再设定一个压缩比来决定信号动态范围的降低量即可。在转轴点之上的信号，对于压缩器而言，信号成压缩状态，对于扩展器而言，信号动态成向上扩展状态；当输入信号小于转轴点设定电平时，对于压缩器而言，信号成向下扩展状态，对于扩展器而言，输出信号被放大（动态压缩）。也就是说，压扩器内部的放大器，除了压扩比为 1:1 的时候处于单位增益状态，其他压扩比的时候，都不是单位增益放大器，而是可变系数放大器。要很好了解早期压扩器的关键，始终要考虑在转轴点附近电平按分贝增加或减少的变化关系。

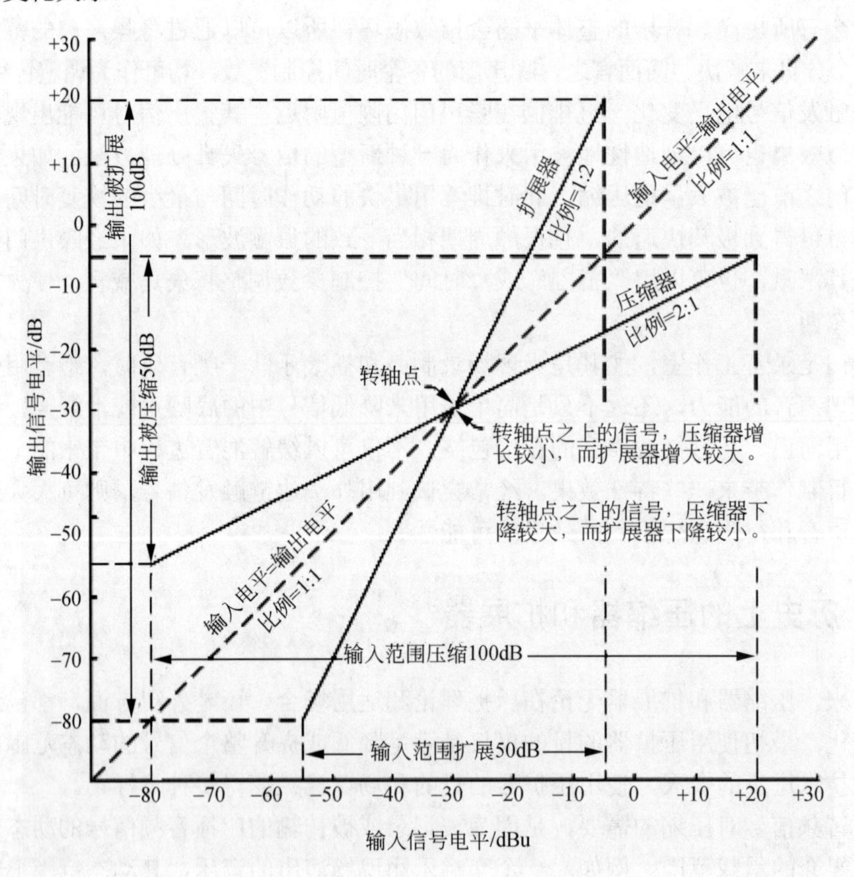

图 6-20 早期压扩器的输入/输出关系曲线。请注意在转轴点上下电平的变化。

在图 6-20 的例子中，当超过转轴点的输入信号每增加 2dB，输出信号电平只增加 1dB，在转轴点以下的输入信号每降低 2dB，输出仅降低 1dB。如果输入增加 *X*dB，输出则增加 *Y*dB，如果输入减小 *X*dB，输出下降 *Y*dB，实际上 *X*/*Y* 就等于压缩比或扩展比。

在设定点以上和设定点以下的概念是来自经常听到的一句话：“压缩器使声音更干净

（背景噪声更小），而使原本干净的声音更响亮。”如果要使声音响亮 2dB 而输出仅增加 1dB，那么可以认为这个响亮的声音是干净的；如果声音得到了 2dB 的干净听感而输出仅下降 1dB，那么可以认为这个干净的声音更响亮（它没有减少多少就达到听感干净的目的）。

随着压缩器在录音、音频节目复制和音频广播等各个方面的广泛使用，压缩器的使用方法有了一个很大的变革。从单纯降低整个节目信号的动态范围，到演变成只降低节目信号中被选择点的动态范围，这是一个大的进步，这样对门限值控制的原理就诞生了。现在，由录音工程师设置一个临界点，低于这一点的所有的音频不受影响，所有高于这一点电平的音频，由压缩比控制所确定的压缩总量。因此，现代压缩器的使用惯例是仅仅去调低大于门限电平的信号（或叫减小动态范围）。

就像压缩器原理一样，扩展器也是经过多年逐步发展起来的。扩展器是压缩器的逆向解码器。录音或音频广播需要最佳的压缩手段，以利于占用较窄的传输通道。然后，又需要在接收端扩展音频，还原到其原始的动态范围。

压缩和限制处理都是在信号超过一个预先设定好的电平门限时，收窄其动态范围（就是减小最大电平和最小电平之差）。而扩展和噪声门效果则是在信号电平值低于预先设定的门限时才开始工作，具体来说，扩展器是将信号的动态差异进行放大，而噪声门则是将信号电平极大地降低直至完全听不见，其信号处理示意图如图 6-21 所示。限幅器可以认为是一个极端情况下的压缩器，而噪声门则可以想象成是一个极端情况下的扩展器。

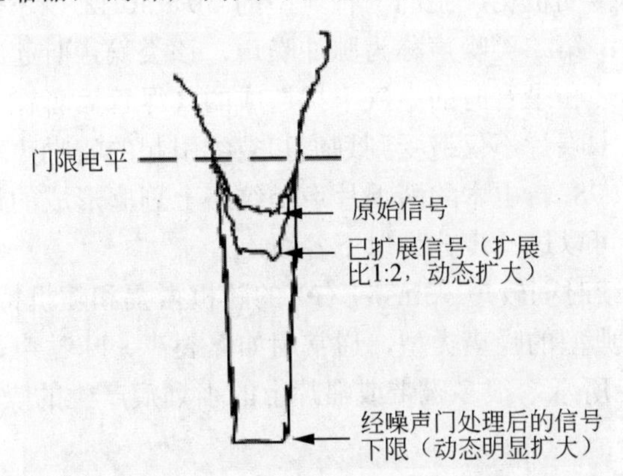

图 6-21　经扩展器和噪声门处理后的音频信号示意图

6.3　降噪器

6.3.1　音频噪声类型

噪声有各种不同的来源，大多数是因为音频媒介，如密纹唱片、磁带等长期使用和储存，其表面质量不断退化的结果。任何经过长期使用的密纹唱片、磁带，甚至 CD 碟表面都会出现微裂隙、划痕和污迹；长期使用的磁带带基会变得脆弱，其磁面层也会磨损和剥落；磁带也容易因外界的磁场感应而退磁或充磁。上述因素都是造成音频质量不断恶化，甚至导致声音信号中混合有令人烦躁不安的咔哒声、噼啪声或滋滋声等噪声的原因。

其实，噪声的来源也是十分广泛的，不同的场合有不同的定义。例如，当人们在车上用手机打电话时，信号就是通话声（包括人们自己的和通话对方的），通话声以外的声音就是噪声（包括来自交通、汽车发动机等串入电话传声器来的，或从蜂窝网络来的其他串扰信号）。

噪声有多种类型，在录音制作中发现的噪声类型主要分为以下几大类。第一大类称为背景噪声，这类噪声可以进一步分为以下两组：

固定背景噪声：电平和频率恒定，如磁带或传声器嘶嘶声、电源感应噪声、电动机的嗡嗡声、空调的风声等。图 6-22 左边为讲话声中带有背景噪声（嘶嘶声）的波形，右边为去掉背景噪声后只有讲话声的波形。

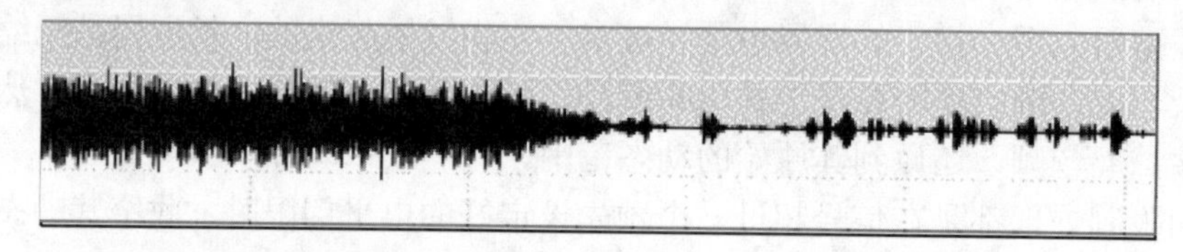

图 6-22 降噪前（左边）与降噪后（右边）的信号波形比较

非平稳背景噪声：噪声电平和频率响应可变，如较平静的背景群杂嗡嗡声、水声、风声和汽车发动机声等噪声。第一类非平稳背景噪声的例子是，由于密纹唱机设计和制造不良，由电动机及轴承等传动机构产生的一种典型的 30～40Hz 以下频率的抖晃振动噪声，称为低频隆隆声的噪声；第二类噪声称为脉冲噪声，该类噪声听起来是一种噼啪声或扑通声，最常见的是由坏唱片和录音时的电气干扰造成的（尽管后者在专业录音棚里通常已不是一个问题）。78 转电木唱片不仅遭受到划痕和裂纹引起的噼啪声和爆裂声的影响，还受到通常是由唱针长期在 78 转电木酚醛唱片声槽纹路上划磨形成的许多连续密集的噼啪声干扰。非平稳脉冲噪声可以进一步分为以下各组：

短脉冲噪声：由持续时间较短（3ms 左右）的随机振幅和随机持续时间脉冲噪声组成。这是密纹唱片、磁带最典型的噪声类型，通常用如爆裂声、咔哒声、裂纹声等描述的噪声均属于此类，如图 6-23 所示。很多磁带或唱片上的小划痕产生的噪声也包括在这一组中。

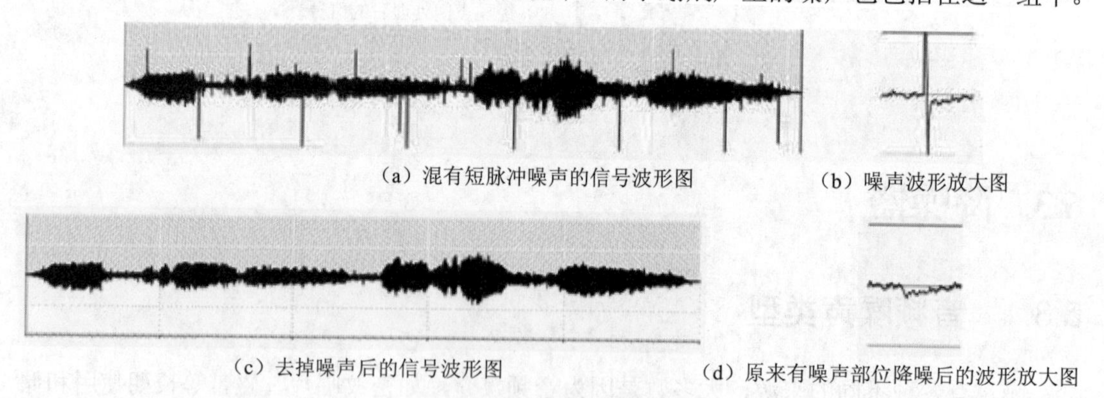

（a）混有短脉冲噪声的信号波形图　（b）噪声波形放大图

（c）去掉噪声后的信号波形图　（d）原来有噪声部位降噪后的波形放大图

图 6-23 降噪前后波形对比

瞬态脉冲型噪声：由持续时间较短的间隔有规律的脉冲噪声组成。最典型的例子是唱片上长的划痕产生的噪声，如图 6-24 所示。

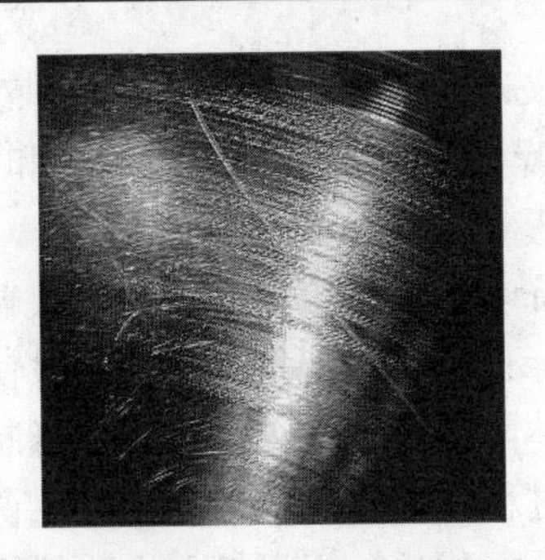

图 6-24　唱片上的这种长划痕是形成瞬态脉冲噪声的罪魁祸首

第二大类噪声称为音调变化失真噪声。这类音调失真噪声通常与音频介质的不均匀运动，或介质自身变形有关。大多数情况下，这类失真发生在磁带上，而也可能会发生在弯翘的黑胶唱片上。这类失真噪声常常也会出现在设备故障或介质损坏后，它不是那种因为随着时间的推移使得录音自然恶化的结果。通常，这类失真噪声可以采用软件来消除，但是这需要编制一个专门的处理算法，而一般的恢复或降噪应用程序是无能为力的，因此本节不讨论消除这类噪声失真的问题。

第三大类噪声称为随机噪声，通常表现为嘶嘶声的形式，如图 6-22 所示。磁带嘶声一般是由粘接在录音磁带上的无序排列的磁性粒子引起的，它是一种宽频带噪声。近年来由于录音方法和录音载体有所改进，这个问题已变得不那么严重了。以下这些噪声也可以归于这一类：传声器放大器及电路中的其他放大器，也可以产生可闻的嘶嘶声；78 转唱片上的裂纹，即使在高效清除了的情况下仍有残留的嘶嘶声，通常还有相当高的噪声电平。低频的隆隆噪声，可以通过承载电唱机唱盘的劣质轴承连续振动，或由外部如通风设备、交通或行驶的地铁引起。

还有其他类型的失真，如各种性质的信号衰变，无关的声音和媒介严重损伤或音响设备的故障（磁带被卡住后出现的，唱片破裂或传声器自身缺陷等）致使声音断裂。这类失真几乎是不可能消除的，因此本节也不讨论它们。

上面已经介绍了由媒介（密纹唱片、磁带）和传声器等引起的录音噪声失真的五个基本类型及其形成机理。

噪声是录音工作中不可回避的主要难题，多年来人们采用了各种方法与之斗争，创造了许多不同类型、不同风格的降噪器，其中最著名的是应用于各种磁带和电影声迹的杜比模拟信号降噪系统。其基本原理是在录制过程中先行对弱信号提升（动态压缩）处理，并在播放过程中将弱信号电平降低（动态扩张）处理，以这样的方式来降低噪声。这类降噪器由于需要在录制时先行对音频信号编码，在重放时又要对已编码信号进行解码才能还原出原声信号，这样经过双端处理方式的降噪器称为双端降噪器。

在数字录音技术尚未普及的时代，双端降噪器曾是专业录音系统（录音机）必备的设备之一，它是降低磁带本底噪声、扩展声音信号动态范围的重要声处理工具，它曾经广泛地、长久地发挥着极其重要的作用。虽然，现在数字设备已经成为录音行业中的主力军，双端降噪器已失去其昔日的光彩，并逐渐退出了历史舞台，但其为了解录音设备的历史，了解其技术设计思路，提高人们对录音设备，特别是对压扩设备的认识多了一个补充资料，为此，仍然要专门开辟一节来讲述它。

从降噪器接入电路的位置来讲，可分为单端降噪器和双端降噪器。所谓单端降噪是指仅用于在播放过程中对信号降噪，这有别于双端或录制和播放中使用的编码/解码系统。6.3.2 小节将要介绍的杜比等降噪器均属于双端降噪器。

这里还要说明的是，由于降噪原理和手段的不同，双端降噪器与单端降噪器的降噪目标有很大区别。前者降噪的目标只能是，把录音或播放时使用的录音机连同它使用的媒介的本底噪声一起考虑在内的整体降噪过程，至于在磁带复制时新近感染或由磁带带来的噪声，也只能在下一阶段回放的过程中再行降噪处理。俗话说，一代只管一代的事情，就是这个道理。后者降噪的目标则恰好相反，根据接入电路的位置不同，它可以降低接入电路以前的全部噪声（包括声音信号原本已感染有噪声的和由电路中带来的热噪声）信号。

6.3.2　双端降噪器的一般原理

曾经大量使用过的双端压缩/扩张型降噪器，在 20 世纪 70 年代前后曾出现过几十个不同的品种。简单来说，第一个广泛使用的音频降噪技术是美国杜比（Dolby）公司于 1966 年首先研制成功的在专业领域使用的杜比 A 型降噪器。该系统在录制过程中先行对信号编码，将整个音频段划分为四个频段的信号振幅加大，然后在播放时再行解码，将这四段频率的振幅按比例下降达到降噪目的。后来杜比公司又陆续研制适于投放市场的消费类产品降噪系统，如杜比 B、C、S、SR 等类型。在此以后，世界各大音频技术公司为了与杜比系统竞争，又陆续研制出一些新型的降噪系统，如 1972 年由美国 DBX 公司研制成功并投入使用的 DBX 型降噪系统。该系统采用有效值检波的压扩编/解码算法，它可以降低噪声达 30dB。毫无疑问，DBX 系统降噪效果优于杜比系统，但仍存在一些问题。当媒介本身出现磁粉脱落或涂布不均匀时，会造成信息失落的错误，这将导致扩展器扩展错误，以至进一步出现跟踪误差和产生严重相移，并将出现电平校正误差，直接导致声音“呼吸效应”发生。在 1975 年投入使用的德国 Telefunken Tel Com 和 High com 降噪系统，解决了压扩处理前、后电平跟踪和校准问题，它在欧洲有一定影响但市场占有量很小。另外，还有佰尔温（Burwen）、Super-D（日本三洋公司）、ADRES、ANRS（日本 JVC 公司）等类型降噪系统，曾经发挥过一定作用。某些类型降噪器的主要特性见表 6-2，其压缩/扩张特性曲线如图 6-25 所示。

表 6-2　一些比较有影响的压缩/扩张型双端降噪器的主要特性一览表

降噪器类型	Dolby	DBX	Burwen	Telefunken
噪声降低量/dB	A 型：10～15	157 型：30	50	30
	B 型：10	117 型：20		
压缩/扩张比与类型	1:2 非对数线性	1:2 对数线性	1:3 对数线性	1:1.5 对数线性
控制信号的检波类型	平均值	有效值	峰值	峰值
对突来强信号的适应能力	容易过载失真	良好	很好	很好
附加掩蔽效应	很小	不大	不大	很小
对录音机的要求	任何质量均可	高质量	极高线性相位	不详
受录音机抖晃的影响	轻微	有不良影响	有不良影响	不大
附加“呼吸效应”	极低	有一些	不详	很低
主要用途	A 型：专业	157 型：专业	专业	专业
	B 型：民用	117 型：民用		

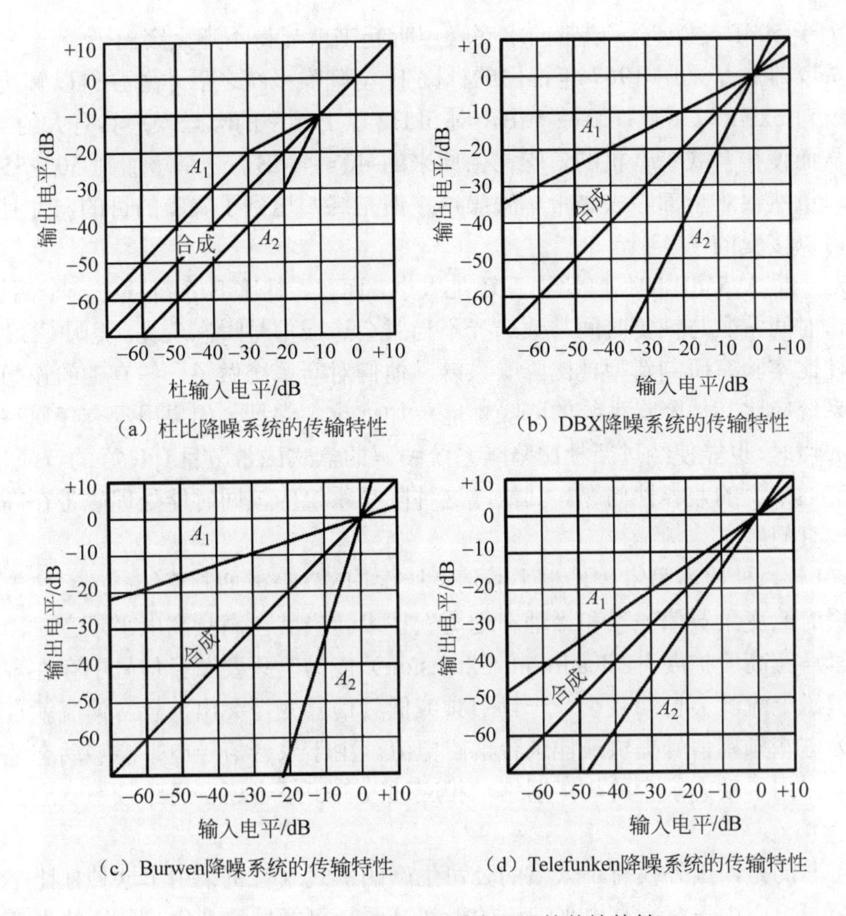

（a）杜比降噪系统的传输特性　　（b）DBX降噪系统的传输特性

（c）Burwen降噪系统的传输特性　　（d）Telefunken降噪系统的传输特性

图 6-25　一些压缩/扩张型降噪器的传输特性

从图 6-25 中可以看到，不论是哪一种型式的压缩/扩张型降噪器，都是利用在录音之前提升弱信号电平，而在放声之后再把原来提升了的弱信号电平，包括噪声电平一起压低的原理达到降噪的目的。因此，这里对弱信号的提升（压缩）和压低（扩张）量便是整个系统的噪声降低量。

应该指出，压缩 / 扩张型降噪器的压缩、扩张时间特性是极为重要的。它直接影响到信号的包络形状，为了不使信号包络失真，压缩、扩张应该是非常即时（实时）的，同时，压缩与扩张的时间特性也应该是互补的。

由于杜比型降噪器应用较早，产品基本成系列化，最具代表性的专业产品有 Dolby-A 和 Dolby-SR，民用产品有 Dolby-B、C 等型号。

6.3.3　Dolby-C 型双端降噪系统

杜比 B 型降噪器是专为盒式磁带录音机研制的。在杜比 B 型降噪系统问世之前，盒式磁带录音机的信噪比大约只有 40～45dB。当节目电平很低，带速又很慢时，磁带本底噪声就表现得异常突出。假如将录音电平提高，当高电平信号到来时，由于受磁带制造工艺的限制，磁带很可能因磁饱和而使信号产生饱和失真。许多专家认为，由于人耳的掩蔽效应，当信噪比大于 50dB 之上时，磁带的本底噪声听起来就显得不那么突出了。

这个降噪难题是采用 1967 年推出的杜比 B 型降噪系统之后才勉强得以解决。这种噪声抑制系统对 5kHz 以下噪声衰减 5dB，对 5kHz 以上频率的咝咝噪声具有大约 10dB 的抑制能力，从而使得盒式录音机的信噪比由原来的 40～45dB，一举增加到 50～55dB。这个事实表明，虽然很难全部除去磁带本底噪声，但是终归达到了降噪的目的，并且这个指标也是人们可以接受的。

但是对于最大 55dB 的信噪比毕竟还是太小，而且，杜比 B 系统存在一个明显的缺点，即降噪动作时间常数与恢复时间常数选择不当时会造成信号瞬态失真。美国 CBS 录音公司首先要求杜比实验室研制新型杜比降噪系统。他们对新系统做了一些有趣的设想：首先，新的杜比系统应比其他降噪系统的降噪性能更加优越，并且，如果用没有任何解码器的盒式录音机放声时，也能使经过新杜比降噪系统编码的盒式磁带节目有良好的音质重放效果。这就是人们通常说的兼容性问题。其次，这种降噪系统应该同时能处理磁带在高频高电平时磁饱和失真问题。

在 1979 年，杜比实验室曾推出了所谓“杜比-HX”噪声抑制系统。该系统首先融入了先进的“瞬时改变录音偏磁”和“动态均衡”技术。当其在高频高电平录音时，该系统具有更好的“净空高度扩展”（Headroom-Extension）能力。只要节目信号中存在着高电平信号，录音偏磁电流就会自动减小。一旦中频或低频信号变得突出，录音偏流就自动增大，这样就能为这些频率信号提供最佳录音偏磁电流。由于录音信号电平能够动态地变化，而杜比-HX 又采用了动态录音的均衡网络，相应地改善了录音还音通路频率响应曲线的均匀性。

然而可悲的是，国外仅有不太多的公司生产的盒式录音机采用了这种杜比-HX 装置。因为多数公司担心由于高频高电平偏磁的瞬间减弱，可能导致产生一种低的失真效应，并将在同一瞬间，中频信号在录音时会产生一种反向效应。

为此，杜比实验室准备再一次对自己的杜比降噪系统进行脱胎换骨式的改造。他们认为，其他种类的降噪系统，过分强调对音频信号的压缩/扩张作用，势必造成来自压缩器附加到信号中来的某种噪声，成为可以听得见的、令人讨厌的“呼吸”或“喘息”式的噪声；他们强调，将一盒经过那些降噪系统编码录制的磁带，在未解码的情况下聆听，这时，听者绝对不能忍受已经高度失真的声音；他们还认为，杜比-HX 技术的大方向是完全正确的，它能有效降低磁带偏磁与信号频率改变引起的失真问题。

杜比博士认为，杜比系统已经得到全世界的普遍认可，并拥有众多的使用者，因而，必须让改良后的新杜比系统能与原有的杜比 B 系统兼容。所以，根据上述思路和研究方向，杜比实验室在 1980 年又推出了一种全新的降噪系统，该系统可以对信噪比提供 20dB 的改善，这就是杜比 C 型降噪系统。

杜比 C 降噪器工作原理同杜比 A 和杜比 B 降噪原理十分相似。如同这些早期系统，C 型降噪器是一种处理噪声用的将低电平旁路处理的双通路系统。在新系统中，仍然采用了 B 型降噪系统的“滑动频带”技术。它不对音频范围内的所有噪声进行抑制，而只对音频频段内人耳较为敏感的频段的噪声起抑制作用。但是，杜比 C 所具有的滑动频带，超过了 B 型用于噪声抑制所占用的频带宽度，一直延伸了两个倍频程以上，如图 6-26 所示。

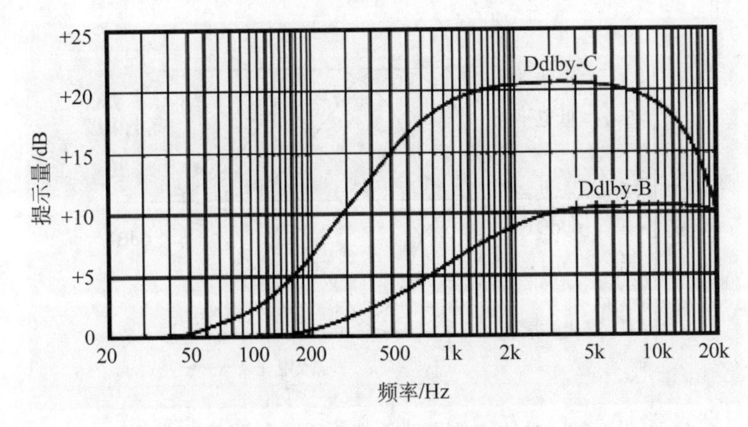

图 6-26　杜比 C 与杜比 B 降噪范围比较

杜比 C 降噪系统成功地解决了录音时压缩，放音时扩展高电平的难题。录音时，该系统中的每一级提供 10dB 的压缩量，放音时，每一级又提供了 10dB 的扩展量。此外，降噪系统电路里的每一通路，只对它自己特有的独立电平起作用。

由图 6-27 可看出，第一级为编码电路的高电平级。这一级控制信号的灵敏度，它与杜比 B 型噪声抑制系统控制信号灵敏度的作用相同。第二级为编码电路的低电平级，它对低振幅信号起作用。在录/放音过程中，每一级可提供 10dB 噪声抑制。由于两级的效果一样，并且两级串联，从而实现了在编码/解码时，产生对噪声抑制 20dB 的总体效果。图 6-28 所示为压缩与扩张电路每一级和两级累加作用的特性曲线。

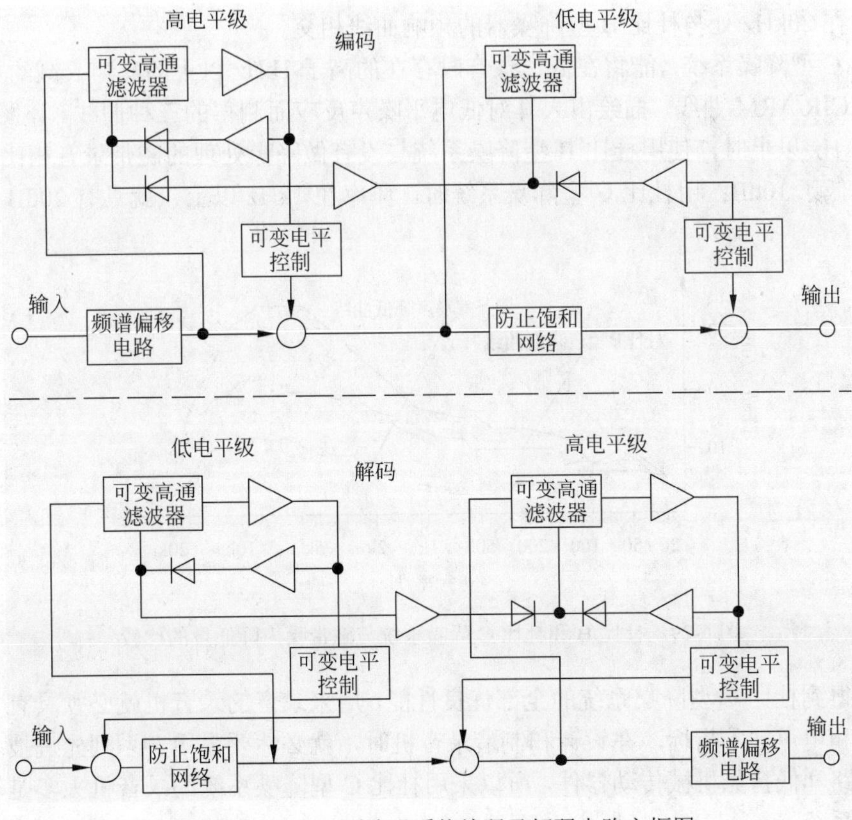

图 6-27　杜比 C 型降噪系统编码及解码电路方框图

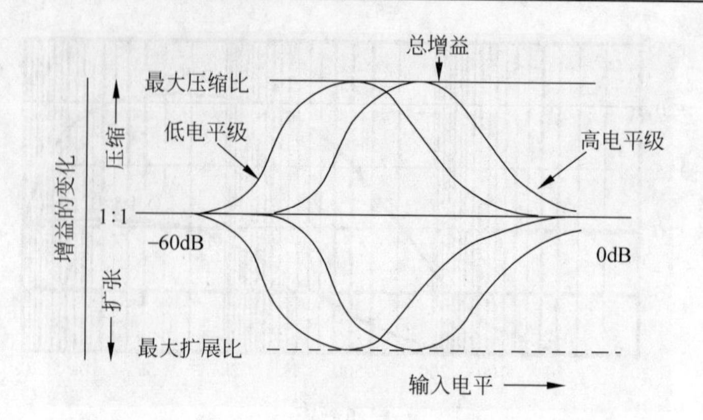

图 6-28 杜比 C 型降噪系统的压缩/扩张特性曲线

将输入信号分为两种电平，那么，压缩/扩张就应分别要由两个网络来实现。因为两级结构比单一压缩/扩张电路具有更加精确的降噪效果。

除两级压扩器外，杜比 C 型降噪系统还进一步改革了具有深远意义的 HX 电路。如图 6-27 所示，它正确地插入了“防止磁饱和”和“频谱偏移”网络。前者是为了防止包括在编码/解码时，输入信号中的中高频和高频分量的磁饱和，以及与之伴随着发生的边界效应，如高频损失和交调失真；后者则是为了降低编/解码误差而设置的，它采用了降低处理电路灵敏度的方法，在录音或放音期间，对频率响应进行有限制的补偿。

由图 6-29 可以看出，杜比 C 型降噪系统，在频率大于 10kHz 以上时，频响曲线开始下降，而在 20kHz 处与杜比 B 型降噪器的频响曲线相交。

杜比 C 型降噪系统，能将在低速录音时存在的高于 1kHz 以上的噪声衰减约 20dB。图 6-29 为 CCIR/ARM 曲线，描绘出人耳对低电平噪声反应而测得的三种曲线。该图表明，当频率在 4kHz 以上时，使用杜比 B 型降噪系统与没有做降噪处理的磁带录音相比，背景噪声大约降低了 10dB；用杜比 C 型降噪系统时，频率在 1kHz 以上，就具有 20dB 的噪声抑制效果。

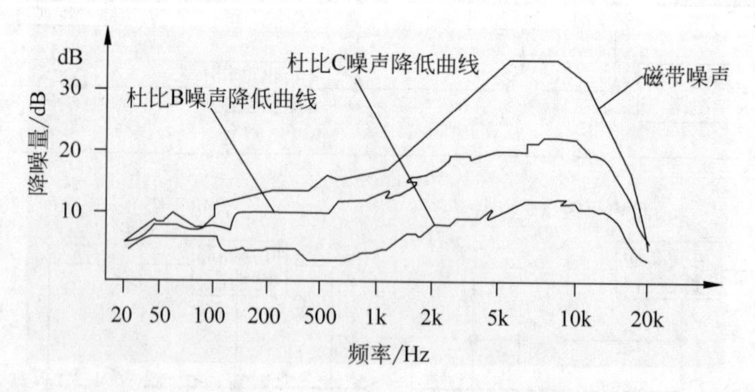

图 6-29 杜比 B 和杜比 C 降噪系统与磁带噪声降低量的比较

要想得到杜比 C 型降噪系统的全部优良性能，用来录音的录音机就必须具有非常高的机械性能和电声技术指标，在设计和制造录音机时，就必然要采用一系列先进技术，包括低噪声电路和低抖晃机械传动器件，所以采用杜比 C 型降噪系统的录音机大多是较高档的盒式录音系统。

对于专业录音来说，除杜比公司推出的几款专业和消费类的降噪器外，其他公司的一些型式的降噪器使用得也很广泛，这一方面是因为杜比降噪系统的降噪量普遍偏小，不能完全满足某些专业录音，甚至民用产品的要求，如要想使 70dB 动态阈的录音机扩大到100dB，所需的降噪量为30dB，这只能使用DBX、Burwen、Telefurken等型式的大降噪量的降噪器；另一方面，杜比类型降噪器的压缩/扩张特性是非对数性的，即在用对数坐标（电平）表示传输特性时，它的输入和输出特性是折线式的，这就要求在使用中需要严格校准其工作电平，否则会使总系统产生附加的压缩/扩张效果，引起信号动态畸变，而 DBX、Burwen、Telefunken 等型式的降噪器则不存在附加动态压扩问题，因为它们的传输特性是对数性的，这给专业录音节目的多次复制工作带来方便。当然，各种降噪器又有各自的特点，使用中还应该注意与之配合的录音机的特性。

6.3.4　单端模拟信号动态降噪器的一般原理

单端音频动态限制（DNL）系统，最早是由荷兰飞利浦公司在 1971 年推出的，主要是用于降低盒式磁带机输出端的噪声电平。事实上，它不仅可以改善播放磁带，而且还可以降低任何来源，如调频和中波无线电信号中的宽带噪声（嘶嘶声）。DNL 的概念经常可能与更为常见的杜比降噪系统等双端降噪系统概念相混淆，其实，它与双端降噪系统原理完全不同，DNL仅仅是播放信号的噪声处理系统。

还有一种与 DNL 系统类似的单端音频动态降噪（DNR）系统，它主要是为降低长途电话的噪声电平而研制的，由美国国家半导体公司推出，于1981年首次销售。

因为 DNL、DNR 均属于非互补的单端降噪器类型，故它们处理的是未经编码的已受噪声污染的声源素材。从理论上讲，它们可降低任何音频信号（包括磁带录音和无线广播）中的背景噪声，总体降噪效果高达 10dB 以上。它们还可以与其他降噪系统协同工作，只要将DNL或DNR之类的单端降噪系统安排在其他降噪系统之后，以防止单端降噪系统影响其他降噪系统的工作电平跟踪，致使降噪效率下降和解码错误。

DNL的基本降噪原理是：经过心理声学分析，由于人耳的掩蔽效应，磁带噪声只在两段信号之间的无信号间隔处，才会成为听觉干扰信号。当有声音信号特别是有高电平声音信号时，磁带噪声会被该声音信号掩蔽。在无声音信号的安静段落，DNL立即降低磁带高频信号的增益，以此来改善这个段落部位的信噪比，而在有信号段落，DNL降噪系统不起作用。

根据上述原理设计的DNL框图如图6-30所示。从框图左边输入端输入的音频信号通过一个电平探测器，然后分裂成两路，一路主信号经过第一信号通路上的一个180º的反相器倒相，而另一路信号通过第二信号通路上的一个大约转折频率为 4kHz 的高通滤波器滤波（如果输入信号为高电平则该滤波器关闭，但当柔弱的低电平噪声信号通过时，滤波器打开）。两路信号最后在一个加法器一起相加，因为两路信号相位刚好相差180°，相加结果抵消掉了第一信号通路中，无声音信号段落部位处 10～12dB 的噪声信号。图中第二通路末端使用了一个具有可变衰减值和可变截止频率的低通滤波器，其截止频率值和衰减值是声音振幅的函数。这个器件通常采用一个 *RC* 低通滤波器电路，这里的电阻值是按声音电流分量的振幅值调整的，该电流通过峰值检波器产生。这种简单的方法存在的问题是，该非线性低通滤波器电路和在主信号通路中的每一个附属电路，以及这些器件的非线性关系，都可能使最终的输出信号失真。

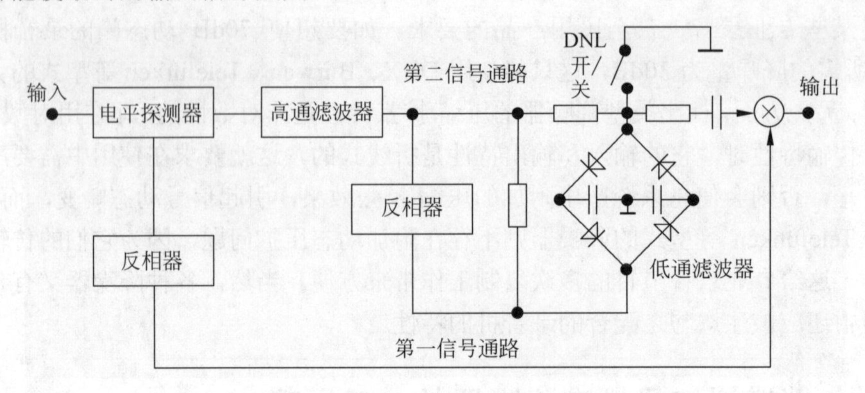

图 6-30 单端噪声限制系统原理图

例如，当一个 0 dBm（775 mV）的信号通过这个降噪电路时，输出信号的频率响应几乎不受影响，可是，当输入信号电压下降到 2 mV 时，输出信号在 7.5 kHz 处下降 10dB。该滤波器有效滚降斜率大约达到 18dB/倍频程。

虽然单端降噪器降噪效果仅在无声音部位起作用，并不像双端降噪系统那样，在一定标准电平之下，在任何声音信号段落均有降噪作用，但是单端降噪器实现降噪的电路十分简单成本非常便宜。再者，因为它是单端结构，所以它比那些所谓双端降噪系统执行速度快，并且完全不受双端降噪器要求精确的电平跟踪或电平误差限制的约束，因而信号的附加失真可以降至极低水平。

6.3.5 单端数字信号降噪处理概述

本小节将主要讨论在音频数字化背景下，固定背景噪声和短脉冲噪声的各类降噪算法的基础知识。这两种类型的噪声失真是最典型和最常见的，而且通过软件方法是可以有效抑制的，而其他类型的噪声失真一般都不是常见的，在很多情况下是不可能完全消除的。要部分消除它们，需要采取一些不同寻常的处理算法，不过根据过往经验，这往往会伴随着音频素材质量显著损失的缺陷，有些得不偿失。

20 世纪 70 年代以前，高品质的音频修复降噪活动还仅局限在音频专业人士的小圈子内。这些活动需要配备专门设备的实验室，以及需要对于这些用户来说不切实际的高昂费用。到了 20 世纪 80 年代中后期，当声音数字化和数字信号处理新技术得到广泛应用时，这些新技术设备（包括软件）逐渐取代了昂贵的专业模拟设备，取而代之的是编制非常复杂的软件降噪修复程序。后来陆续面世的高速计算机，已经能够配备高质量的音频接口后，音频降噪修复工作才更加经济、实惠和简单高效了。今天，以数字音频修复为目的的降噪处理早已成为一种主流技术，其性价比已经达到异常高的程度。

要正确运用数字音频降噪技术，在数字领域必须首先识别和确定要消除录音中发现的音频噪声失真类别，然后运用不同的软件算法消除噪声失真。音频降噪修复是一个很宽泛的术语，因此很难准确界定。通俗地说，人们聆听的每一个声音，包括节目中的有用部分，通常称为“信号或声音”，而在传输或录制过程中增添了一些额外的不需要的声音部分，这部分不需要的声音通常称为“噪声”，这两部分声音叠加在一起使得原本单纯的原始信号声产生染色或失真。这类因噪声引起的声音信号失真和染色，在音频界称为噪声失真或噪声污染。本小节所定义的音频修复及降噪处理就是尽可能地清除这些额外进入的噪声，而最大程度地还原原始信号。

当用低速密纹唱片、磁带放声或用传声器录音时，通常会听到嘶嘶噪声、电源线的交流感应哼声，以及电动机的嗡嗡声等形式的固定背景噪声。在对语音节目放音时，抑制这类平稳背景噪声的最简单方法，主要是采取过滤掉所有正常讲话频率范围之外的噪声。这些频率范围大概包括100～300Hz以下和4000～5000Hz以上的频率。从某种程度上说，这个过滤工具可使用一种特殊的，只会留下适合于所推荐频率范围内音频的带通滤波器来执行。

然而，这种方法用于修复音乐录音时是很少使用的。因为在这样非常宽广的音乐录音频率范围内，平稳的背景噪声的通频带也与之非常相似，并且噪声与音乐通常会全面地、紧密地融合在一起，要有效和全面地消除噪声，而又不损伤原始声源是非常困难的。消除音乐录音中这种噪声的最有效方法，是使用FFT（快速傅里叶变换）算法。这种算法是按信号的频率结构，求取其分量的幅值、相位等按频率分布规律，建立以频率为横轴的幅度谱和相位谱等谱图，再接入适当的数字滤波器，以达到降噪的目的。从理论上讲，由于噪声谱与信号谱完全不同，这种算法一般不会影响原始声源频谱。

要正确执行这个算法，必须要有一个没有任何其他声音的孤立噪声样本。使用这个算法一般有两个重要步骤：第一步是在录音节目中寻找只含有噪声而不包含任何其他有用声音的片段，这个片段就是噪声样本。否则，算法将无法使用这个方法得到高品质的降噪结果。第二步，该算法从整个录音的频谱总量中“减”去噪声样本的频谱分量，这必将大大地降低音频中存在的背景噪声。“减”字加了引号，因为这是一个比简单的数学运算复杂得多的运算过程。通常情况下，在降噪应用程序中使用适当的设置值，用户可以根据需要调整被“减去”的噪声量，在此过程中，反复使用几个不同的设置值，仔细用心比较留下的有用声音的音质，以及噪声的去除量，直到取得令人满意的结果为止。

为了实现上述“减”去算法，一些FFT算法软件，采用了称为时频滤波的线性或非线性滤波器，用频谱编辑工具来删除噪声。这个工具工作在时频域内，可用鼠标在规定时间频率谱中，画出要消除噪声的包络轮廓，然后根据特定算法消除噪声，包络线邻近信号的能量不会受到影响。

利用FFT算法过滤噪声的另一种方法是，用局部信号推断整个信号区域需要降噪的范围，从而定义一个动态电平门限值。低于门限值的一切声音都将被过滤掉，任何门限值以上的信号，如语音、音乐声，甚至一些噪声的谐波将不受影响地通过。这个区域通常是由该区域的信号瞬时频率位置来定义，它集中保留了大部分信号的能量。

重要的是，基于FFT算法的降噪技术，目前还不是一个十分理想的降噪工具，因为它们在一定程度上会对音频信号增加失真。不过，只要使用者不过分追求完美，现代的基于FFT算法的降噪技术几乎能够完全减缓这种失真。尽管如此，仍然需要事先考虑到存在这些附加失真的可能。基于此，在做降噪处理时，千万不要试图从录音节目中取出太多的噪声，因为这样做有对原声信号增加新的失真的可能。在降低噪声的同时尽可能地保持声音生动和自然的原始形态，并允许在录音节目中留下一些噪声，这是一种不得已而为之的折衷方案。

一般来说，还有一些仅对某些确定类型的平稳背景噪声十分有效的噪声消除算法和方案。例如，旧的低速密纹唱片或磁带录音中出现的噪声，或称为白噪声，是由于音频媒介退化或受制造工艺或材料特性影响而产生的。白噪声的属性是它在全部音频频带内，在整个音频频谱之中有相等能量的随机噪声。要消除这种噪声，可以使用基于FFT的声音自回归（AR）模型为基础的算法和其他一些算法。AR算法可以减少白噪声的影响，并统一完成声音平滑的整个过程。AR 算法的优势是不会对被处理信号额外添加，通常伴随着基于FFT算法的失真，因为它们并不需要可能引起失真的噪声样本。不过AR算法的不足之处是，它会明显地衰减掉音频信号中的高频分量，有时还会增加一些其他方面的失真。因此，需要仔细调整这些算法的某些设置值，要小心并且不要尝试删除太多的噪声分量。

另一类常见的特殊背景噪声的例子是电源线感应噪声。这是一类50Hz或60 Hz，且其谐波跨越多个频带的能量均匀的工频交流哼声。如果录音片段中，只包含有这样的噪声，则可用基于FFT算法去掉它，不过也可以使用一种叫做“陷波滤波器”的来过滤掉它。这种类型的滤波器只会除去很狭窄频带的噪声，而对信号基本无影响。因为声音被删除的频带很窄和很特殊，所以被介入并“误删”掉的有用声音部分是相当少的，因而对有用声的影响并不大，也不会对信号添加任何重大的新的失真。

不幸的是，目前还没有一个特定的算法，能够始终一致地保证高质量声音的降噪恢复技术。在大部分情形下，人们必须依赖自己的听力、体会和经验来发现最好的降噪方法和最佳的算法设定值。如果想得到最佳的降噪质量，就应该小心地运用降噪程序，按不同的运算法则和不同的设置值去试验，而得出不同的结果。也一定要考虑到声音恢复及降噪算法的应用程序并不是可逆的，一旦把降噪结果存档，原有文件则不可能再恢复。因此，极力建议读者在开始着手声音的恢复降噪之前，把原始录音文件做个完整的备份，以备不时之需。

在黑胶密纹唱片的放声过程中，经常会听见一种短脉冲类型的噪声，这是由唱片表面上的灰尘或泥土，以及微裂纹引起的单个的咔哒声或轻微的噼啪声。如果在放声过程中已经产生了此类噪声和其他类型的噪声，在准备解决其他类型的噪声之前，必须首先将这类噪声取出来。如果不解决这些噪声，这些咔哒声或噼啪声会对去除其他背景噪声算法的性能造成负面影响。

去除类似咔哒声等短脉冲噪声的算法有几种类型。这些算法一般包括两个步骤。第一步是检测咔哒噪声的噪声类型。算法是通过检测突然加大了的放音电平的部位来识别这些噪声，这个部位也被当作该噪声信号的起始点。究竟有多大的电平提升才能作为失真识别点，这由算法内部的一个参数精确地确定。大多数情况下，这个参数称为灵敏度或门限值。为灵敏度设定确定的适当值，这个参数可能需要多次更改并一再试验才能得到合适的结果。此参数设置不当将导致许多咔哒声消除不尽，或导致声音本身的快速起始段（如小鼓）波形被修改。

当算法检测到失真信号后，它能自动尝试去解决这个问题。根据算法的不同类型，要么尝试用另一块类似特点的声音来取代这个短的失真信号，要么将邻近的声音片段使用的数据插值代替整个失真的声音。如果长度不超过 3.0ms，大多数算法可以正确还原失真的信号。

一些算法允许设置一个时间长度参数，来定义一个要修理的片段的最大长度。这个参数设置范围按密纹唱片录音质量恢复计算，大约为 1.5～3.0ms。此设置值应在实验的基础上，根据要恢复的实际音频数据精确确定。有些算法还提供可能影响所产生的音频质量的设置参数。

目前还有一种比较流行的运用频率分割原理的降噪算法，即把闻域范围内的音频频带根据采样频率的大小，按比例把音频信号分割成大小不同的若干个细小频段（一般是当采样频率为 44.1kHz 时划分为 1024 段，采样频率为 48kHz 时划分为 2048 段），在每个细小频段中植入一个噪声门，分别找出噪声在各自频段噪声门的不同门限值，从而实现对信号的自动多频段动态处理。实际操作是这样的，每个噪声门按使用者提供的噪声样本，分别算出各个频段噪声门所对应的噪声电平的上限，并将其作为各频段噪声门的门限值。假如某些频段上只有噪声而没有节目信号通过，那么低于噪声门门限值的那些频段的噪声将会被完全截止，而没有任何信号输出；假如在某些频段有信号存在（包括含有被信号掩蔽了的噪声），高于噪声门门限值的那些频段的噪声门会被打开，声音信号和噪声将会双双通过。

还有一类与上述算法相似的降噪软件，它仍然把人耳可闻音频范围（20Hz～20kHz）划分成紧密排列首尾相连的 1024 段（采样频率为 44.1kHz），但不同的是前者是在每个细小频段中植入一个微小的噪声门，而后者是在每个细小频段中植入一个微小的智能均衡器，并按每秒 80 次自动反复调整全部 1024 段的增益控制。它使用的算法将预先评估一段信号中有多少应被视为噪声的信号，又有多少信号可以作为输出的音频，这就需要寻求到一个噪声与信号间的电平平衡来抑制噪声，并且不会对声音带来可察觉到的损伤。

嗡嗡哼声是连续的低频音，通常是来自电源感应，它们的频率为 50Hz 或 60Hz，或是它们的一次谐波，即 100Hz 或 120Hz。它可以在一定程度上通过简单的低频滤波器被处理掉。嗡嗡哼声经常处于许多录音节目的低频范围之下，所以加以仔细的滤波可以产生良好的结果。动态过滤掉嗡嗡声是完全可能的：假设一段响亮的音乐可以掩盖掉背景的嗡嗡声或隆隆声，那么在与音乐相匹配的平静乐句部分，则可以将噪声电平下调，这很类似于扩展器处理。

啸叫声的存在对音频节目的影响同样也是一个问题，因为它们往往处在可闻又很敏感的音频频带。音调非常高的啸叫声，往往可以通过一个简单的低通滤波器删除掉。但如果啸叫声出现在中频范围内，那么对啸叫声做的任何事也同样会影响到有用的音频信号。在模拟设备时期，甚至一个很窄频带的消除啸叫声的陷波滤波器，处在滤波器的两个边带上的音频信号，都可能受到不利影响。用数字化的处理方法，就可能构建一个更有效的滤波器。如图 6-31（a）所示，一个录音段的安静部分频谱中，可以清楚地看到两个啸叫声。在图 6-31（b）中，已经很窄的陷波滤波器构造（细线），致使啸叫声大大减少而又很少影响到边界附近的音频信号。

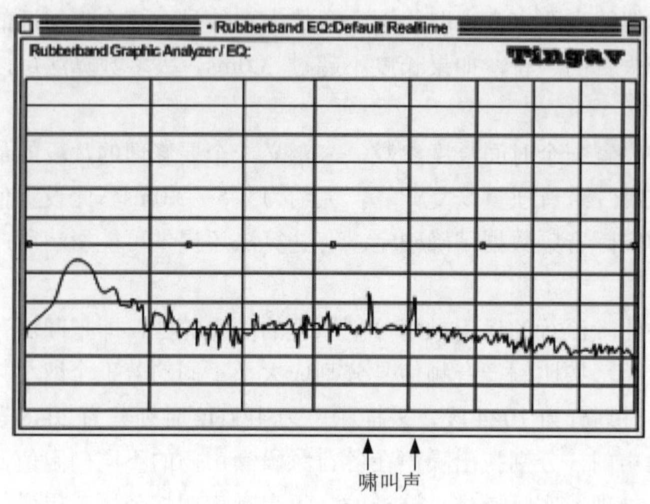

（a）带啸叫声的信号

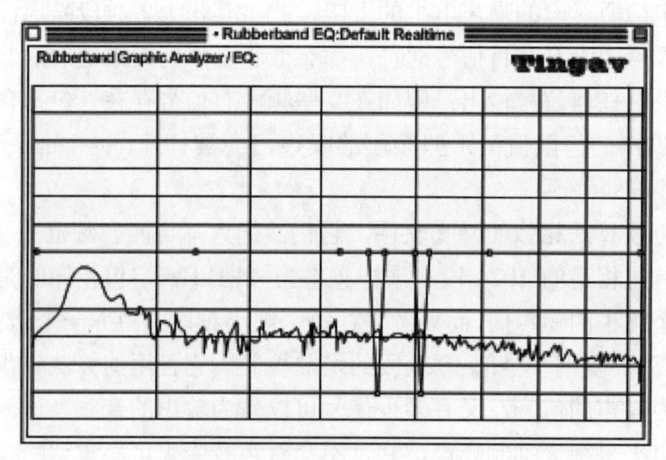

（b）用窄带陷波器滤掉啸叫声后的波形

图 6-31　过滤啸叫声前后波形对比

6.3.6　单端数字信号降噪处理软件介绍

大多数情况下，模拟/数字音频存在着使专业人士和消费者不能容忍的噪声。爆裂声、噼啪声、裂纹引起的咔哒声、表面噪声、嗡嗡哼声，也是数字音频世界中最常遇见的噪声；而且外来的背景噪声（如空调的隆隆声、交通和其他低电平的噪声）往往也会潜入到录音作品中。也许这些噪声类型带来的麻烦，甚至超过了模拟磁带、电影胶片及密纹唱片等媒介之中潜在的，存在在无数不可再生的音乐表演节目、电影声迹和其他节目之中的那些噪声。

人们对音频降噪技术最基本但又最难以满足的期望是“无损伤处理”。这就要求降噪程序要有极好的预见性和极高质量的处理能力，经过几十年的努力，目前的结论是这很难办到!! 人们只能退而求其次，通常情况下，宁愿留下一些录音中的噪声，而不要冒删掉或损伤一部分良好素材的危险。心理声学研究表明，人类听觉很容易适应聆听只有一丁点微弱的背景噪声或一些小的咔哒声，这些噪声很少会妨碍人们享受音乐。但是，当音频素材出现一小点失真时，哪怕声音存在一丁点不自然的染色，许多听众则会感到厌烦和不安。

不幸的是，至今还没有出现既能绝对保证音频质量，又能完全去掉噪声的特效方法或优质技术。在更多情况下，使用者必须依赖于自己的听觉，根据自己的审美情趣和经验，去找到最佳的降噪方法和算法的最优设置。如果希望降噪修复后能最大限度地保证音频质量，就应该小心地审视已有的音频修复程序，以及它为我们的音频试恢复操作而提供的不同算法设置。必须引起警惕的是，由于音频降噪修复算法的操作结果是不可逆的，一旦保存了降噪修复后的文件，原始文件就不可能再恢复还原了。所以，强烈建议读者，在做录音音频降噪修复工作开始之前，做好文件的备份工作。

本小节主要讨论数字单端降噪技术及其降噪软件。单端降噪技术可分为两大类：去除噼啪噪声和其他脉冲性质的自然噪声，以及去除宽频带低电平噪声。对于这两种类型的噪声处理的模拟电子技术已经面世多年，它们分别采用了启动快速的局部静音技术和门限电路的脉冲噪声降低技术。去除宽频带低电平噪声技术采用跟踪声音最高频率，并相应调整声音通过低通滤波器电路的滑动频率，以实现最大程度地降低宽带低电平噪声的目的。这些降噪技术都是利用了心理声学掩蔽声原理，即在一般情况下，节目信号的存在将低电平噪声掩盖，在无信号的间隔中，只需要降低或删除没有信号段落的噪声。在信号节目不存在的部分，也可采用噪声门或向下扩展信号的动态范围的方法降低噪声。有各种模拟设备，如多波段处理器及其许多改进产品，均可用于降低噪声。这些设备必须克服的主要弊病是，减少对节目素材信号高端的不良的相频响应和类似呼吸与抽搐效果的副作用。

下面专门介绍两个很有用的降噪软件的使用方法。第一个要介绍的是 Nuendo 音频录音编辑处理软件中的一个叫做“DeClicker”的插件（如图 6-32 所示），这个插件是专为消除录音节目中单一的“噼啪声”或“喀喇声”而编制的算法程序。其中一个典型的应用是清理来自黑胶唱片的噪声，不过，它也可以用来消除传声器开关因触头氧化而产生的噪声，在消除传输数字素材因同步问题（因采样频率出现不同步）产生的噼啪声时也是很有用的。

图 6-32　DeClicker 单端降噪器插件外观

请注意，DeClicker 模块一般不能对爆裂声（即一串短的喀喇声）实现优化，但是，因为往往很难区分喀喇声和爆裂声，也许用它来改善在这方面有问题的录音节目有一定的作用。如果录音节目中还含有其他类型的背景噪声（如嘶嘶声），建议本插件（DeClicker）与下面将要介绍的“DeNoiser”插件链接在一起使用。

DeClicker 处理分成两个步骤：

（1）分析：音频信号通过 DeClicker 时，选择已被发现录音节目中喀喇声的分析算法。使用者提供输入参数的分析，选择一种 Mode（模式）、Threshold（门限值）和 DePlop（去扑通声）参数。

（2）删除：适用于音频的去除喀喇声算法，删除喀喇声。在许多情况下，“隐藏”在喀喇声下面的原始音频素材是不能恢复的。这意味着一旦喀喇声被删除，这个被删除的喀喇声原有部位，会留下一个空白缺口，可是 DeClicker 有能力自动“重绘”因此而缺少部分的波形。此功能可以用来弥补因磁带损伤而失落的 60 个样本长度（1ms 长度大约有 44 个样本）内的信号。

可以在 DeClicker 的输入和输出显示窗口（分别显示输入的音频和已被取出喀喇声后的音频波形），直观地监视整个降噪过程，这有助于使用者调整参数。此外，如果 Audition（试听）按钮已被激活，这时只能听到已被去掉噪声后的素材（并显示在“Output”输出显示段上）。注意要确保没有其他低通滤波器串联在本软件之前，否则可能会影响检测喀喇噪声的效果。

Audition（试听）按钮：当按下这个按钮后，只能听到已被取出噪声的音频素材。在输出显示窗口中，也将显示在这种模式下的被取出素材的波形图。

Classic（经典）按钮：当按下这个按钮后，本软件试图删除常见的可闻的喀喇声和噼啪声两类噪声。当它关闭时，只删除单一的喀喇声，而放弃对噼啪声（相当于快速重复的喀喇声）的处理。究竟选择哪种模式取决于素材的来源。还要注意的是，经典模式只消耗较少的 CPU 资源。

Threshold（门限值）滑块：此设置确定能被检测到的喀喇声所需的电平幅度。在许多情况下，DeClicker 的感知敏感度算法，能找出比自己实际能听到的更多的喀喇声。为了避免消除无声的喀喇声而浪费处理器的能量，可先提高此参数到一个高度值，然后再降低，直到所有的加工产品达到删除已被检测到的喀喇声。门限值设置越低的，检测到喀喇声越多，但加工后的音频失真风险越高。如果有疑问，按下 Audition（试听）按钮，检查已被取出的噪声段落是否包含任何实际的音乐或节奏信息等。

DePlop（去掉扑通声）滑块：此设置控制一个有时消除了喀喇声后会出现低于 150Hz 的信号的特殊高通滤波器。它减少了“扑通噪声”。这个滑块主要用来调整该特殊滤波器的截止频率（从 Off 全关闭到 150Hz）。注意，此功能如果采用一个狭窄的频带，对那些老旧的录音节目最适用。现代的录音节目要小心应用此功能，因为有可能会冒险删掉部分有用信号！

Quality（质量）按钮：它决定了清除喀喇声后音频修复的质量，设置“4”是最高质量。请注意，选择更高质量的设置意味着消耗更多的计算机处理能力。同时还要注意，在某些情形中，使用品质较低的设置值可能效果更显著。一个典型例子是，当处理一个低电平的喀喇噪声段落，后面又紧随着一个大音量声音时，选择较低质量处理参数最为恰当。

Modern（模式）按钮：该选择哪一个模式取决于声源素材。“Standard”（标准）模式适合各式各样来源的素材，应首先尝试这个选项；Vintage（古老）模式适合复原“古董”级的录音节目（因其高频分量较少）；而 Modern（现代）模式最适合当代宽频带范围的录音节目（更加突出处理来自其他音频素材中的强烈的脉冲喀喇声）。

结合经典（Vintage）模式和极端的门限值（Threshold）和“去扑通声”（Deplop）设置，可以创建一个有趣的效果，特别是声音具有尖锐的起始段的素材实现“软化”效果，如打击乐或铜管乐。如果有素材出现了数字截顶失真，尝试运用本软件。虽然它不可以完全恢复截顶前的素材波形，但用这个软件至少可以让引入了整体“硬度”失真后的波形做出一些改进。

第二个要介绍的是叫做“DeNoster”的插件（如图 6-33 所示），该软件可以最大限度地抑制噪声，而又不影响声音质量的恢复。根据厂家介绍，该插件可以删除任意音频素材中的宽带噪声，而又不会留下任何“频谱痕迹”。这个插件是以跟踪背景噪声的变化并及时调整自己能力为基础的算法。这意味着可以减少节目中的噪声而无副作用，并保留节目中的空间印象，而又不允许结果变得“无趣”。DeNoiser 的典型应用包括清洗或将旧磁带、密纹唱片或嘈杂的现场录音做数字修复。DeNoiser 是根据减谱算法来降噪的。每个频段均会预估本底噪声的振幅，当有一个低于预估噪声振幅的噪声出现时，频谱扩展器就降低其强度，结果是噪声减少而又不会影响信号的相位。

图 6-34 是 DeNoster 的原理框图，实线代表音频信号，虚线代表控制信号。被处理信号由处理链第一模块“本底噪声”连续分析，按任何给定时间估计本底噪声。当噪声电平为恒定值或调制缓慢时这个时间是充分的。当噪声电平变化迅速时，“环境分析”和“瞬态分析”模块帮助调整软件的反应速度，使瞬态丰富的素材保持其活力和自然的感觉。

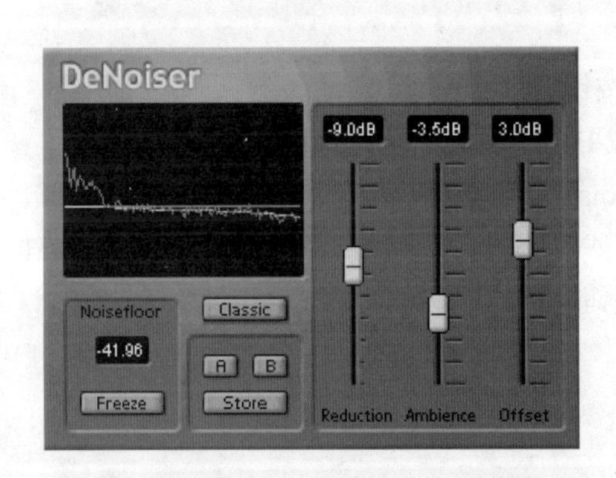

图 6-33　DeNoiser 单端降噪器插件外观

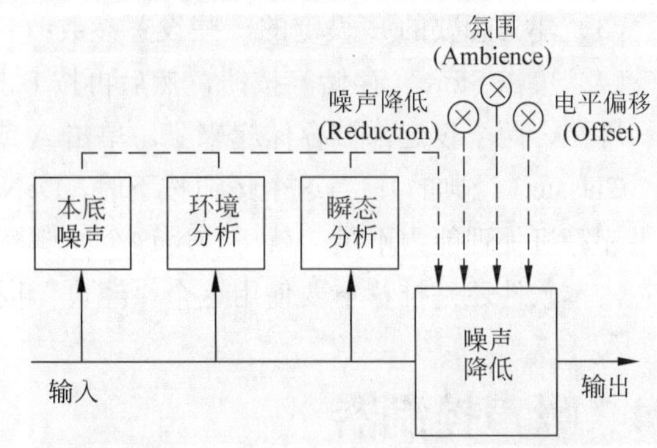

图 6-34　DeNoiser 单端降噪器插件原理框图

当采用 DeNoiser 恢复已被噪声污染的音频时，插件将需要一个很短的时间（小于 1s）去分析素材，并设置其内部参数。一般人都不愿意等待这个小小“启动”时间，此时应该养成先播放一小段欲处理的音频的习惯，从而让 DeNoiser 预先“熟悉”这个背景噪声，然后停止并从起点再次启动，该插件将会记住这些内部设置。

一些至关重要的设置显示在“DeNoiser”窗口的下面，如图 6-33 所示。它包含三个要素：深绿色的频谱图代表目前正在播放音频的频谱。横轴表示频率（线性表），左侧为低频，右侧代表高频；垂直轴表示信号的振幅，即为电平（用对数 dB 标度）；黄线代表对本底噪声的频谱预估；显示器下方显示的数值为平均值；亮绿线仅仅是 Offset（偏移）参数的图解表示。可以调整亮绿色的偏移（Offse）线，使它尽可能出现在靠近上边的黄色本底噪声图上。深绿色线的频谱图可帮助微调偏移设置，以便只消除噪声，而不会消除到信号（理想的情况下，亮绿色的线应在黄线和频谱图之间）。

Freeze（冻结）：如果这个按钮被激活，本底噪声检测过程则被“冻结”。黄色底噪声图中的显示值，将保持为当前值（显示的就是噪声值）直到冻结被关闭。这就让使用者能仔细观看图形，从容采取应对措施。

Reduction（降低）：影响降噪量。在此推子上方的显示框显示噪声电平降低的分贝数。最后结果还取决于环境参数，以及如上所述对原始素材的自动环境和瞬态分析。

Ambience（氛围）：此参数用于指定噪声抑制和自然氛围之间的平衡，要想得到比较自然的结果这个设置是必不可少的。低“氛围”设置，声音会变得没有生气和毛躁。假如为高“氛围”设置，声音可以保留更多的个性，但噪声抑制就不太明显了。

Offset（偏移）：此参数起着调节门限值的作用，控制降噪时的整体电平。要达到最佳降噪与最低声染色，这个参数应设置为略高于本底噪声平均电平值。在背景噪声显示框中亮绿色线代表偏移值，而黄线代表背景噪声。

A/B 存储按钮：利用 A/B 按钮可以瞬时在两个不同 DeNoiser 设置之间切换，让使用者可以快速尝试比较两个不同的配置效果。也可以使用这个功能，单独设置两个不同的音频段。过程如下：

（1）建立想要的 A 设定的一些设置参数；

（2）单击 Store（存储）按钮，然后再按 A 按钮；

（3）建立想要的 B 设定的一些设置参数；

（4）单击 Store（存储）按钮，然后再按 B 按钮；

现在，两个设定都被存储起来了，单击 A 或 B，即可在它们之间切换了。

Classic（经典的）：当这个按钮按下时，DeNoiser 算法减少对 CPU 的密集算法的依赖。如果计算机处理能力不足，就可使用这个经典模式。不过，为了使降噪处理一直处于最佳状态，本软件还是推荐不要使用这个“经典”按钮为宜。

6.4 咝声控制器

6.4.1 咝声与危害

当讨论人声录音中出现的齿擦音时，主要关注的是与过量的齿擦辅音如 Zh、Ch、Sh、Z、C、S 等相关的噪声，以及对录音质量的影响。这种高频辅音噪声，一般又称为“咝声”或“S 音”，通常是由空气通过人的牙齿缝形成的哨口的湍流形成的。咝声的频率介于 2～10kHz 之间，具体数值与不同元音和不同辅音相拼而有所差异，并与不同的人和不同性别有关。咝声的能量集中区在 3～8kHz，它的听感音量并不大，但它的能量极大，它是产生数字夹断过载的罪魁祸首之一。

咝声经常出现在流行音乐之中。歌手在流行歌曲的演唱时，几乎毫无例外地选择抵近传声器演唱，他（她）们往往注重并偏爱这种咝咝噪声。因为这样的咝咝声加上混响处理后，取得的拖尾声音效果，能大大加强混响的作用，给人以歌声深远宽广的心理暗示。这种利用混响咝声美化歌声的效果很难控制，搞得不好弄巧成拙。如果将演唱传声器放置在与嘴巴一个平面位置上，出现咝咝声破坏录音的情况或许更糟。传声器的选择比较复杂：明亮的传声器能得到声音靠前的音色效果，但是这样操作或许会让咝声得到强化。而最常用的大振膜电容器设计，尤其是廉价的电容大振膜传声器与咝声结合，可能会产生刺耳的高频振膜共振；人声声部经过混音处理后，咝声有可能得到加强。因为 EQ 的高频提升在许多录音中都是一个必经的处理手段，经处理后的声音听起来更靠近听众（声音靠前），不过这种处理使得咝声在原有基础上必将进一步得到加强；动态压缩处理后，在咝声方面也会出现问题，因为大多数压缩器不会大量地影响咝声的高频能量，所以咝声将比其他声音信号受到更少的控制，因此咝声电平相对会有所上升。

6.4.2　咝声控制器原理与软件介绍

降低咝声的最简单办法是调低咝声信号电平。一些工程师采用手工方法，通过精心寻找咝声波形部位，把前后声音波形切断，再将咝声波形单独放置到一条声轨（如图 6-35 左图所示），或采用自动化音量推子精细画线的方式（如图 6-35 右图所示）调节咝声音量达到降低咝声能量的目的。这两种方式虽然简单但繁琐，要花费大量的简单劳动时间，小节目制作问题不大，可大节目制作是不可能完成的任务。可见，消除咝声的工作要是没有全盘自动化是不行的，因为咝声都是瞬间发生的，音频工程师根本无法以手工方式，以足够快的反应速度来降低和恢复咝声部位的电平，因而采用自动降低咝声软件或插件降低咝声才是根本出路。

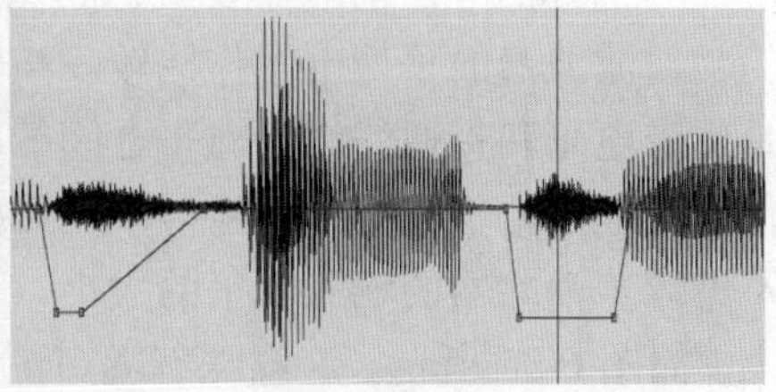

图 6-35　用手工方式降低咝声

咝声消除是一个动态处理过程，只有当信号中咝声电平的范围超过设定的门限值时咝声消除器才开始工作。它不同于一般的均衡器，这是一个静态的变化过程，但也可勉强用来降低咝声频率的电平。

咝声消除器与一种动态处理器容易混淆，它实际上只是可以使用许多不同类型的动态处理器的一个特定的应用程序。与普通的观点相反，成功的咝声消除器并不是简单地在边链通路中放置一个带通滤波器或高通滤波器那么简单的一个处理程序。频敏压缩、分频带压缩和动态 EQ，以及相对门限值动态均衡等，均可用于咝声消除器。它们的基本原理简述如下：

边链压缩或宽带咝声消除器，如图 6-36（a）所示。这一技术，让由压缩器的边链馈入的信号首先通过均衡或过滤处理，使边链信号中的咝声频率电平更突出。因此，主通路中的压缩器仅当存在一个高电平的齿音时才降低信号电平，这样就减少了整个频率范围的总体电平。鉴于此，消除器的动作时间和恢复时间显得尤为重要，而且门限值不能低于其他类型的咝声消除器技术的设置电平。

分频压缩，如图 6-36（b）所示。这项技术是将信号通过分频器分为两个频率范围，一个范围包含咝声的频率，另一个为全频段。仅有含咝声频率的信号传送到压缩器去进行动态压缩，其他频率范围的信号不作处理，最后再将两个频率范围的信号组合成一个；也可把原始信号直接分为高频（含咝声）和低频信号。这项技术与多频带压缩相似。

动态均衡，如图 6-36（c）所示。当咝声电平处于上升阶段时，参量均衡器增益下降。带通均衡器的频率是以咝声频率为中心的。

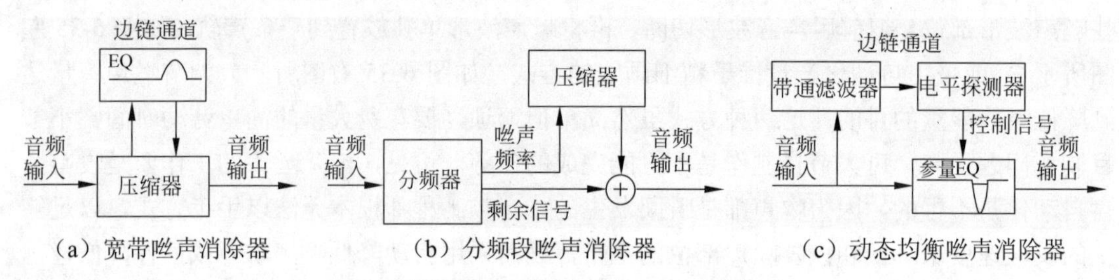

图 6-36 三种不同原理的咝声消除器框图

真正的咝声消除器是将咝声和整体宽带信号之间的电平作相对偏差比较，然后设置一个基于这种差异的门限值。根据经验，相对门限值动态 EQ 是适合这类任务的最佳动态处理器，因为它最适合保持适当咝声和非咝声间的电平平衡。

一个好的咝声消除器要考虑到宽带信号（20Hz～20kHz）的平均值电平，与边链信号的带通滤波器的平均电平作比较。按照规定，咝声消除器对咝声进行压缩的门限值设置的是宽带电平和带通滤波器电平之间的相对门限值，或二者的电平差。咝声消除器的正常工作只与咝声电平与宽带信号电平之比有关，而与输入信号的绝对电平大小无关。也就是说，不论咝声消除器的输入电平的大小，其输出信号电平始终与输入电平保持在一个固定比例上，如图 6-37 所示。这意味着咝声消除器的性能是稳定的和可预见的，无论歌手或讲话人声音多么大或多么细小，不论语音是平稳还是激烈，抑制咝声的能力都始终保持一致。

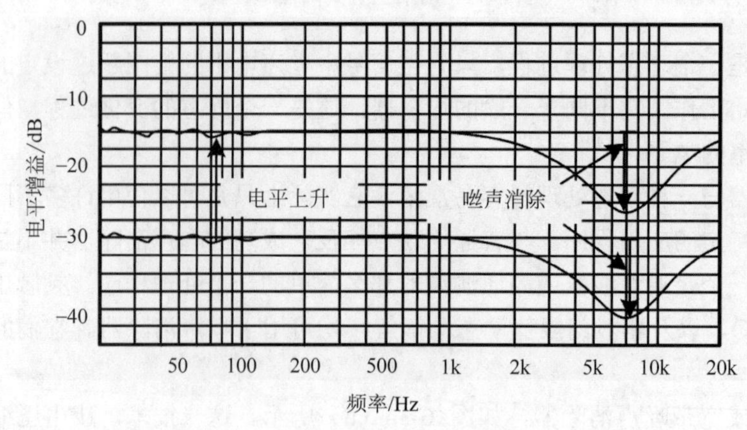

图 6-37 不论原始声音电平大小，咝声消除器始终保持宽带信号与咝声信号之间的固定比例

图 6-38 显示了使用一个带边链式 EQ 的简单咝声消除器出现的结果。只有在响亮信号通过的时候咝声才被衰减，而在信号电平较低（小于门限值）时，尽管在人声中可能仍存在大量的“咝咝”声，消除器增益不会下降（-30dB 处仍是一条直线）。对于一个给定的门限值，当对白声音很大时，往往导致降咝声效果过度；而当对白低韵时，当咝咝声出现后，则完全没有降咝声的能力。

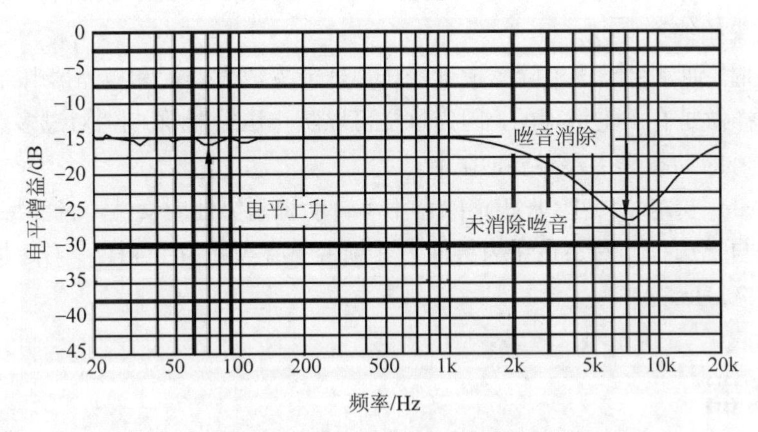

图 6-38　一种普通的咝声消除器

咝声消除器与自动化：在计算机中最新的一种自动化人声咝声电平消除器的方法。每当有问题的咝咝声出现时，可以由用户手动绘制设置跟随的自动化曲线。

图 6-39 是一种常用的减少过量齿音的咝声消除器，主要用来处理人声。基本上，它是一种特殊类型的压缩器，它是通过调整产生“咝声”的敏感频率电平，达到降低咝声电平的作用，故名咝声消除器。

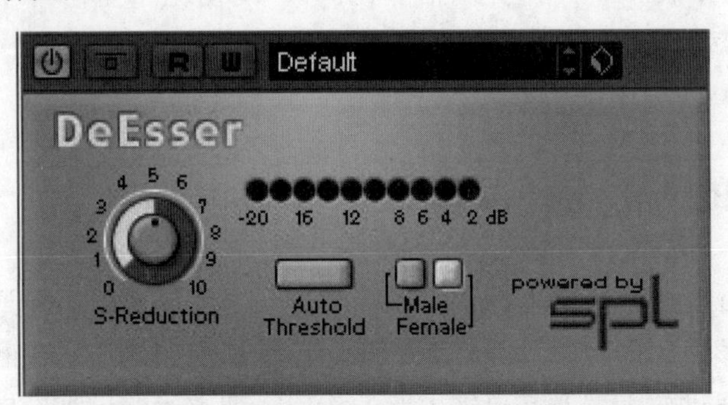

图 6-39　一种常用的减少过量齿音的咝声消除器

近距离安放传声器和均衡器可能使整体声音恰到好处，但存在一个咝声问题。传统的压缩和/或均衡处理不容易解决这个问题，但咝声消除器可以办到。

S-Reduction（咝声降低）旋钮：控制降低咝声效果的力度。推荐从 4～7 间开始。

电平显示表：显示咝声或咝声频率降低电平的分贝值。显示器的值在 0dB（没有衰减）和-20dB（表示咝声电平降低了 20 dB）之间显示。每一段 LED 灯代表电平减少 2dB。

Auto Threshold（自动门限值设定）按钮：常规咝声消除器设备都有一个门限值手动设定参数。这是用来设置该插件的起始工作电平的，即是设备开始处理信号时的拐点电平。

本咝声消除器已设计了最易于使用的自动门限值（按钮灯点亮）控制系统。它会根据信号状况自动地不断重新调整门限值，以达到最佳处理结果。如果使用时仍然想自己确定咝声消除器开始处理信号的门限值电平，那就应该停用“自动门限值”按钮，本咝声消除器将使用固定门限值。自动门限值功能保持在一个恒定的电平上处理。输入门限值不断地自动调整音频输入电平，甚至 20dB 电平偏差也不会对处理结果产生负面影响。即输入电平不同，但处理结果始终不变。

录制语音时，通常将咝声消除器放置于传声器前置放大器后和压缩器/限制器前的信号链位置上。这样做是有一定道理的，因为这样可以防止压缩器/限制器对过多的咝声和咝声频率对整体信号的动态作出不必要地限制。

Male/Female（男/女）：这套咝声消除器不可自动识别男性或女性声音的特征频率范围，只能依靠用户自己选择。左边按钮为男性，其频带中心频率为 6 kHz；右边按钮为女性，其中心频率为 7 kHz。

6.5 均衡器

频率均衡器（Frequency Equalizer）是用来精确调整声音信号频率特性的设备。它在录音和后期加工中的主要作用有：① 弥补传声器频响、声源音质或音色的缺陷；② 突出乐器特色或改变乐音音色；③ 平衡乐队中各个声部的响度；④ 提高音乐信号的丰满度、明亮度和清晰度；⑤ 增加临场感，调整演奏层次；⑥ 削弱声部间串音，衰减被泄漏信号的频率；⑦ 去除噪声及干扰声，提高信噪比；⑧ 均衡由于室内声学共振特性不均匀产生的传声增益的频率畸变，修正听音环境频响缺陷，均衡室内频响；⑨ 制造特殊的音响效果。

6.5.1 均衡器的一般工作原理

EQ 是英文 Equalizer（均衡器）的缩写。它主要是用来改变音频通路的频响曲线，实质上起着改变通过该通路的音频信号音色的作用。模拟电路均衡器是利用电容器和电感器的容抗和感抗，再通过放大器及其反馈电路的作用，调整线路谐振频率和振幅，从而改变声音的音色。当声音被传声器捕获后，转化为音频交流电信号，它的电流大小与声音振幅成正比。假如在音频通路中接入了三个不同规格的电容器和电感器，便组成了一个可分别调整高频、中频和低频的三段 EQ。这时便可以通过调整各个电容器和电感器的电流传输效率，以及不同的反馈参数来产生不同的 EQ 效果。

进入数字时代，这类模拟信号 EQ 就不能使用了，因而人们又发现了数字电路 EQ 原理。简单地说，在声音信号已经被量化成数字信号后，就必须利用一种数字算法来解决数字 EQ 的问题。在数字音频信号中，波形的变化并不是如模拟信号那样连续的，而是由一个一个采样比特串起来的。在分析采样点频率时很难找到两个振幅状态完全一致的采样点。

所以，数码 EQ 必须像穿线一样将各个采样点连起来，才能近似地找到两个状态一致的点。要把这些数字点以数学方法“穿线”连接起来，最早采用的连线方法，称作“直线路径”法，即用直线连接各个采样点。这种做法虽然简单，但是这样的采样点与采样点之间直线连接起来误差实在太大。后来人们根据傅里叶级数算法，用最接近原始波形的曲线连接了采样点，称作“模拟路径”连接法。虽然这种连接法依然存在误差，但是已经与原始波形相差甚微了，现在流行的数字 EQ 大都采用这种设计方法。

通常，均衡器可以通过并放大某些频率的信号，抑制或衰减另外一些频率信号。均衡器一般由以下几种滤波器构成：1、高通（HPF）和高阻滤波器（HRF）；2、低通（LPF）和低阻滤波器（LRF）；3、带通（BPF）和带阻滤波器（BRF）。

一个滤波器的性能可以用它的传递函数 $H(s)$表达，我们可以写成：

$$H(s)=\frac{V_2(s)}{V_1(s)}$$

式中，V_1和V_2分别为输入电压和输出电压。其框图如图 6-40 所示。

信号能通过的频率范围（频带）称为通带，通带内输出信号的幅度比较大，在理想的情况下为一恒定的数值。被抑制的频率范围称为阻带，阻带内输出信号的幅度比较小，在理想情况下为零。如图 6-41 所示，虚线表示一个理想低通滤波器的幅频响应特性，它的通带为 $0<f<f_c$，而阻带为 $f>f_c$。由于理想的响应曲线要求拐角为直角（这实际上是不可能达到的），因此滤波器设计的核心问题就是要计算出一个按照规定精度，逼近理想情况的响应曲线的滤波器，并在实验室中能制作实现。图 6-41 用实线表示的就是这样一条低通滤波器的实际响应曲线。

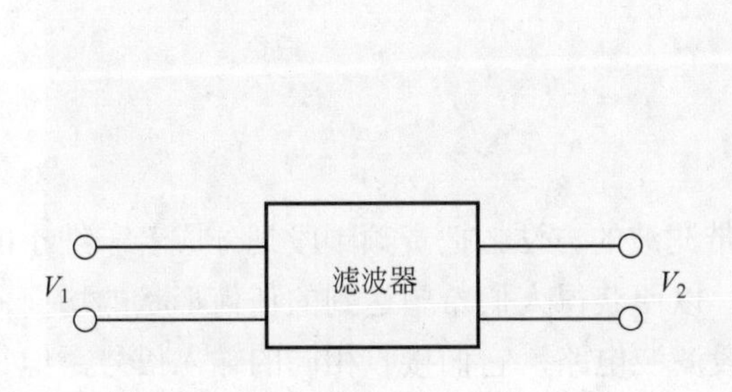

图 6-40　电气滤波器示意图

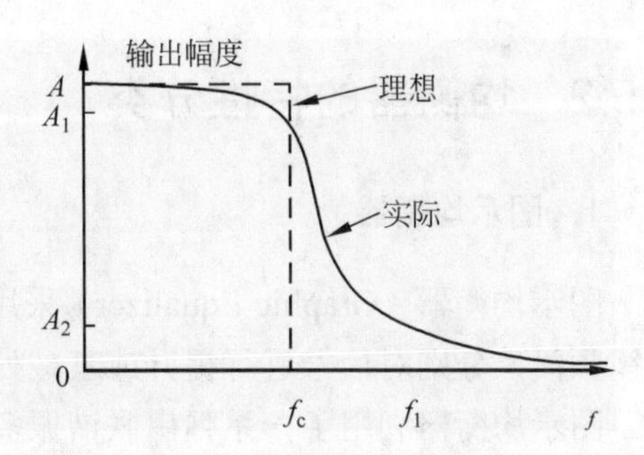

图 6-41　理想与实际低通滤波器的幅频特性示意图

在实际的响应曲线上，滤波器通带和阻带的界线不是截然划分的，这就需要给通带和阻带下一个明确的定义：对于单位输入信号，输出幅度小于或大于某一规定值（通常规定为 3dB，分别如图 6-41 的 A_1 和 A_2 所示）的频率范围分别称为通带或阻带。从通带到阻带输出幅度逐渐减小的这个频率区间称为过渡带。在图 6-41 中，通带为 $0<f<f_c$，阻带为 $f>f_1$，而过渡带为 $f_c<f<f_1$。

无论哪种均衡器都是利用电气滤波器对声音信号进行提升与衰减处理的，从而调整信号的频率响应特性。频率均衡器的实际均衡效果如图 6-42 所示。实线表示均衡处理前声音信号包络的幅频特性；点划线表示频率均衡器的均衡特性，与均衡前的音频曲线包络近似成镜像对称补偿，经过这种补偿后，声音信号的包络线就较为平直了；虚线表示均衡器的镜像补偿特性。这种使特定频率或频率段的声音信号电平提升或衰减的手段称为频率均衡。

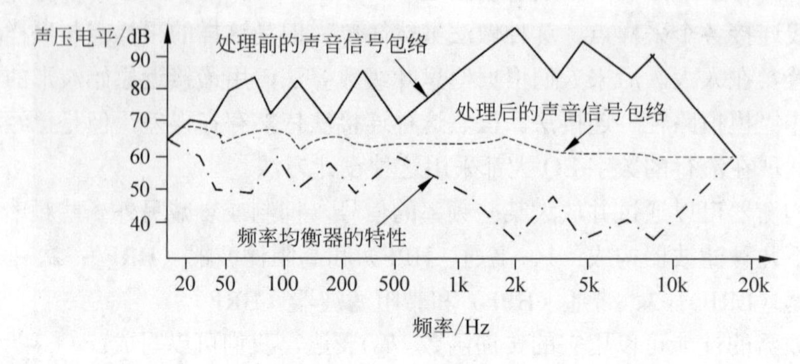

图 6-42 均衡效果示意图

5.4.5 小节中已经介绍了均衡器 Q 值的定义。均衡器的 Q 值有两类：一类是恒定 Q 值，均衡器在 Q 值不变的情况下实现对放大器频响的调整，换句话说，不论均衡器提升或衰减电平的多少，滤波器和振荡器的带宽始终不变；另一类是 Q 值可变，即滤波器带宽是可变的。这两类 Q 值在使用中作用各异，恒定 Q 值均衡器多为图示均衡器（Graphic Equalizer），可变 Q 值均衡器多为参量均衡器（Parametric Equalizer）。专业调音台组件上的 EQ 属参量或准参量均衡器，低档调音台的均衡组件大多为恒定 Q 值均衡器。

均衡器对频率的提升（Boost）/衰减（Fade）也有两类。一类为斜坡式（高通或低通滤波器），另一类为峰谷式（带通和带阻滤波器），这两类均衡方式的名称由对频率提升或衰减的频响曲线的形态而得名。

6.5.2 均衡器的特性分类

1. 图示均衡器

图示均衡器（Graphic Equalizer）采用窄带滤波的方法，把音频频段划分成若干细小的均衡频段，分别对信号进行提升或衰减处理，以便获得人们希望达到的任何形状的均衡曲线。图示均衡器利用了一系列串联谐振多频段滤波电路，它们接收相同的输入信号，但每个谐振电路有其固定的中心频率和带宽，整个谐振电路的综合作用即对全频段声音信号产生均衡作用。均衡频段可按倍频程（Oct），如 1/2、1/3、1/4 和 1/8 倍频程等划分。所谓倍频程，就是两个相邻频段的中心频率相差一倍。中心频率（Center Frequency）是指衰减或提升频段的谷点或峰点所对应的频率。倍频程式均衡器的中心频率一般规定为 63、125、250、500、1000、2000、4000、8000、16000Hz。均衡频段窄于倍频程的窄带均衡器，其中心频率的排列是在倍频程的各中心频率之间按一定的倍率关系再嵌插若干个中心频率，以便实现对信号做更精确的均衡处理。例如，1/3 倍频程是在两个相距 1 倍频程的频率间再插入两个频率，而这 4 个频率之间依次相距 1/3 倍频程，则这 4 个频率之间必须满足以下关系：

$$1:2^{1/3}:2^{2/3}:2$$

即

$$1:1.260:1.587:2$$

在实际使用中，最常见的是 1 倍频程和 1/3 倍频程。它们的频率关系如表 6-3 所示。

表 6-3　1 倍频程与 1/3 倍频程带宽的中心频率与上下频率

频率/Hz					
1 倍频程			1/3 倍频程		
下限频率 f_1	中心频率 f_c	上限频率 f_2	下限频率 f_1	中心频率 f_c	上限频率 f_2
11	16	22	14.1	16	17.8
			17.8	20	22.4
			22.4	25	28.2
22	31.5	44	28.2	31.5	35.5
			35.5	40	44.7
			44.7	50	56.2
44	63	88	56.2	63	70.8
			70.8	80	89.1
			89.1	100	112
88	125	177	112	125	141
			141	160	178
			178	200	224
177	250	355	224	250	282
			282	315	335
			335	400	447
355	500	710	447	500	562
			562	630	708
710	1000	1420	891	1000	1122
			1122	1250	1413
			1413	1600	1778
1420	2000	2840	1778	2000	2239
			708	800	891
			2239	2500	2818
			2818	3150	3548
2840	4000	5680	3548	4000	4467
			4467	5000	5623
			5623	6300	7079
5680	8000	11360	7079	8000	8913
			8913	10000	11220
			11220	12500	14130
11360	16000	22720	14130	16000	17780
			17780	20000	22390

均衡器均衡频段越宽，其均衡曲线越粗糙，但是操作简便，易于掌握；均衡频段越窄，其均衡曲线越精细，但是操作复杂，必须要有实时分析仪器监测才能均衡处理好，否则不仅达不到预期效果，反而会使频率畸变更加严重。目前最精细的均衡器，其均衡频段也只

窄至 1/10 倍频程。而专业图示均衡器几乎全是采用 1/3 倍频程均衡器，见图 6-43。总之，分段越多带宽越窄，Q 值就越大。窄于 1/3 倍频程的均衡器主要用来均衡房间传声增益的频率畸变，所以这类均衡器又称为房间均衡器。在电影制片厂混录棚监听工程调试时，房间均衡器按照国家 B 环放声标准调整好以后不再变更，将均衡器面板用盖板遮盖，使其不为他人所动。

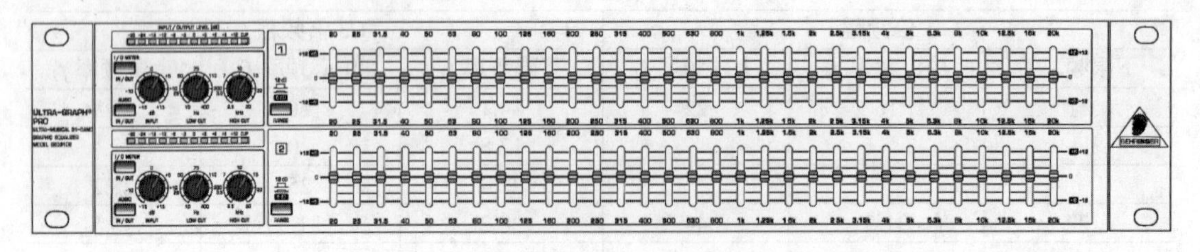

图 6-43 一种专业双 31 段（1/3 倍频程）图示房间均衡器

除频段划分外，对均衡器的基本要求还有：①均衡特性要好，各频段都能提升或衰减相同的分贝数，组合频率特性应均匀；②相位失真要小，一般单节滤波器的相移应控制在 -45º ～+45º 之内，如果用来处理立体声信号，对相位失真的要求就要更小；③动态阈要宽，非线性失真要小；④操作使用要简便，一般都采用滑块推拉式的衰减或提升控制器。滑块位置组成的曲线形状就近似于均衡特性曲线，或采用 LCD、LED 等显示器来指示均衡特性曲线。要满足前三条要求，各均衡频段的最大衰减或提升量不宜做得过大，一般都不超过 10dB。不过，现在有许多 1/3 倍频程图示均衡器为了满足用户需要，它们的提升和衰减最大电平值可在−15～+15dB（甚至更大）范围内变化。

2．高通、低通滤波器

高通、低通滤波器的频率特性分别如图 6-44 和图 6-45 所示。高通滤波器和低通滤波器正如它们的名字一样，它们能让某些频率信号直通，而这些频率以外的信号则被衰减。衰减少于 3dB 的那部分频率为频率的通频带，而那些衰减超过 3dB 的频率则归为阻带频率，它们所具有的功率仅为通带功率的 1/2。信号衰减量正好为 3dB 的频率为通带截止频率，也叫半功率点。在该截止频率以外的阻带衰减量一般以每倍频程等量的 dB 数值呈斜线衰减，这个衰减的比率称为斜率（Slope）。例如，常用的衰减率为每倍频程 12dB、15dB、18dB 等。高通滤波器的截止频率一般在 60～250Hz 之间可调。低通滤波器的截止频率一般在 6～12kHz 之间可调。

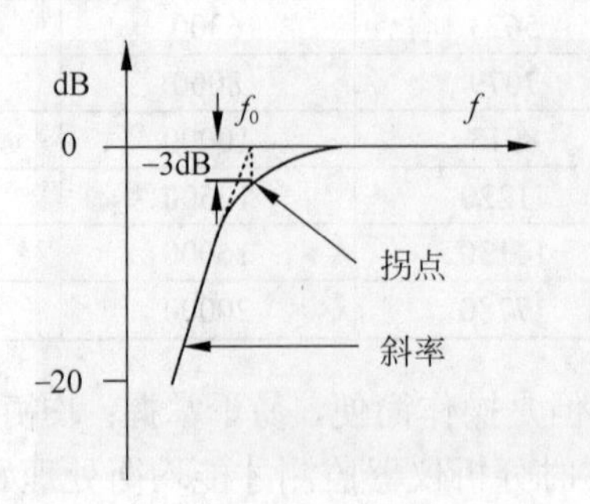

图 6-44 高通滤波器的频率特性

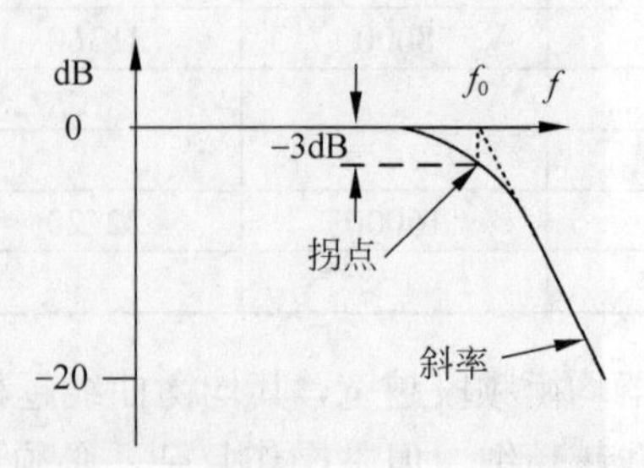

图 6-45 低通滤波器的频率特性

通常，高低通滤波器可安装在传声器上、调音台的输入组件上，或安装在专用均衡器上作为附属功能，用于频率特性选通或滤除低频或/和高频噪声。图 6-43 所示图示均衡器面板左边标有 Low Cut（低切）和 High Cut（高切），即分别是高通滤波器和低通滤波器。

如果某一滤波器对频带高低两段频率振幅进行提升，就成了带通滤波器（Band Pass Filter），实际上它是将高通滤波器和低通滤波器串联而成的。这种滤波方式通带的带宽由高低通滤波器的截止频率所决定。这种带通滤波方式的频响曲线可以灵活调整，并且带宽可以做得很宽。带通滤波器频响曲线如图 6-46 所示。从图中可以发现，等效 Q 值不同，其带宽也不一样。

带阻滤波器的作用与带通滤波器刚好相反，即在规定的频带内信号被衰减，而在此频带外信号能够顺利通过。将低通滤波器和高通滤波器并联在一起，可以形成带阻滤波器，其频响曲线如图 6-47 所示。

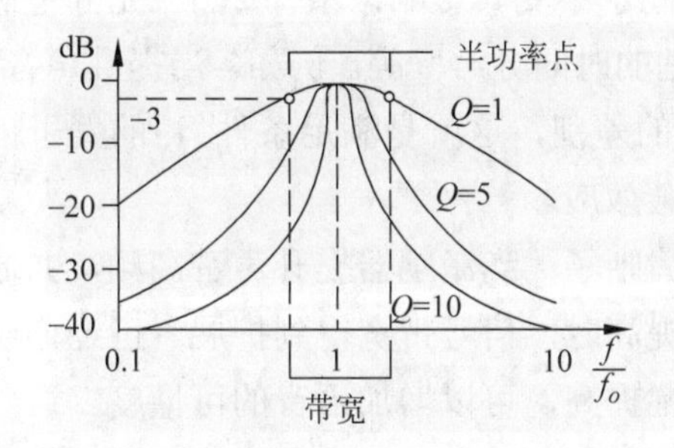

图 6-46　带通滤波器幅频特性

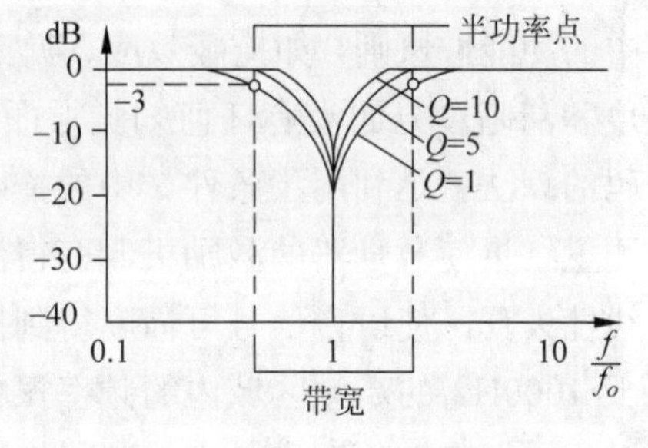

图 6-47　带阻滤波器幅频特性

3. 参量均衡器

参量均衡器（Parameter Equalizer）一般有两种类型：完全参量式和准参量式。这两种类型的区别是全参量式有三个互不影响的控制参量：即增益、中心频率和 Q 值（这三个参量可以调整而不会相互影响），而准参量式均衡器的 Q 值无法独立调整。

总的来说，参量均衡器是声音处理的强有力工具，它主要用于前期录音和后期二度加工上，其作用与图示均衡器不同。设计精良的参量均衡器可以根据声学共振去均衡频响峰值，对某个声音做单频均衡或对某个乐器的音色做较大程度的修改，甚至衰减单频干扰信号噪声，因此它在改善音响效果方面的作用是明显的。

专用参量均衡器在性能和指标上比非参量均衡器更具有明显的优势，有些全参量均衡器性能指标很高，如最大提升可达 18dB，最大衰减可达 25dB，频宽可在 1/2 倍频程至 5 倍频程内随意调整，中心频率的上限可达 30kHz；并且已发展到全数字化处理了，对数字录音和后期编辑处理中的应用有积极作用。

6.6 听觉激励器

6.6.1 听觉感知与听觉激励的基本原理

心理声学是声学的一个分支，心理声学的任务是开发声音对人耳刺激的功能模型，其中涉及参与了诱发人类知觉感的声刺激的听觉物理参数。人类的听觉系统是在几乎所有的录音、传输和重放的情况下的最终接收器，其性能应被包括在音响工程的所有领域中一并考虑。

本节所讨论的听觉激励器，其实就是一个音频信号处理器，再深入一些可以定义为"心理声学处理器"。一个仪器或设备要满足心理声学处理器的定义，至少应具备下述两个条件之一。条件 1，未处理声音与经该设备处理后的声音，必须能测量出它们之间相关的特定的听觉感的差别，而其他所有方面的听觉感几乎不受其影响；条件 2，应充分考虑到心理声学学科中的功能性原则，如掩蔽效应、听觉的时间分辨率等。例如，当提升声音响度时，在信号强度和清晰度方面没有任何知觉方面的差别，这就是满足条件 1 的例子；又如，MPEG 编码的算法就是利用了条件 2 中的掩蔽效应。

物理测量结果使激励器的激励机制变得清晰了：当激励器提升声音高频，并通过引入线性和非线性失真，使语音信号可懂度得到提高时，信号带宽得到扩展。已经证明，将通常认为高于 1000Hz 的高频区域内的频率振幅提高，可以增加语音的可懂度。这一规律的发现，可以从心理声学角度进一步地解释掩蔽效应。语言中很少有低于 1000Hz 频率的信息，而噪声（如交通、汽车室内噪声）在低频段具有很大能量，因而，低频噪声往往会掩蔽语音高频部分所搭载的许多信息。再者，由于非线性的作用，导致掩蔽频率向上延伸，即使一个小小的低频衰减也可以明显地改善较高频率上的去掩蔽效果，从而使得语音可懂度得到改善。

在一些科学研究文献中，有一些关于听觉激励器能增强语音可懂度的说法。赫尔巴特霍德（C.Herberhold）发表的关于语音可懂度的论文中，讲述了他为听力受损的测试者配备助听器后，进行了所有相关可懂度数据的测量。他在此项研究中发现，在安静环境和单耳聆听时，当受试信号经声学激励器处理后，能显著提高语音的可懂度。不过他还发现，同样的受试信号在较大噪声中的语音可懂度不会得到明显改善。

图 6-48 说明了不同的信噪比以及是否使用声学激励器对语音可懂度的不同影响。图 6-48 是以德语为基础的可懂度试验结果。此试验采用的是一种称为法斯特尔（Fastl）的噪声，这是一种最大调制频率为 4Hz 的类似白噪声。由图 6-48 可知，通过声学激励器处理后的信号比未经处理的语音可懂度得到提高；受激励器的影响，信噪比大的比信噪比小的语音信号的可懂度有了明显改善。从对激励器测试结果看，激励器的处理对提高乐音的清晰度更有好处。

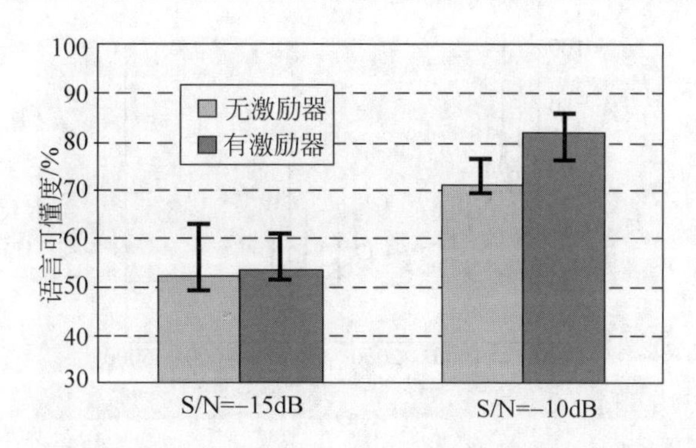

图 6-48　不同信噪比和使用与不使用声学激励器对语音清晰度的影响对比

在关于激励器非线性失真的感知理论方面，由激励器引入的失真与原始信号的融合对人耳产生了一种新的感觉。但在其他情况下，如不适当地强行增加语音可懂度的行为，会导致声音质量降低的恶果。如果原始信号已经失真，激励器的谐波与原来的已失真信号融合在一起，甚至会导致更大失真的感觉。

可以把听觉激励器视为一个使语言“可懂度达到最大化”的声处理设备。仍然回到“心理声学处理器”的定义上，听觉激励器能满足条件 2 的理由是，音频（还有视频）的高频分量是决定可懂度（视频——清晰度）的关键，因为在很多情况下，可懂度提高至少对听力感觉不会有不利的影响。

心理声学理论揭示了这样一个奥秘：人类对于声音的细节和明亮感依赖于声音的高次谐波。20 世纪 70 年代声学专家汉姆（美国）在一篇重要论文中指出，音乐的二次谐波比基波高一个八度（倍频），人耳也许不能直接感受到它的存在，但它却能增强音乐的力度和丰满感觉。可见谐波在声音中的排列位置及其重要性，这个论断也是后来出现的听觉激励器的理论基础。2.4 节中已经论述了，音乐的音色与谐波振幅有关，并揭示了语音和各种乐器千变万化的音色与它们之间的谐波位置、谐波的多少及振幅大小的细微差别有关。重放的声音听起来与原来的现场声音不同，因为前者在录音、传输及重放过程中，已经损失了一部分谐波细节，所以听起来枯燥和毫无生气。听觉激励器是一个音频处理器，根据激励器先驱阿飞斯（Aphex）公司的说法，听觉激励器能重建、增加和恢复已丢失了的谐波，经其处理后的声音恢复了亮度、清晰度和临场感觉，并能有效地改善声音细节和可懂度，实际上还可以扩展音频信号的带宽。

从图 6-49 所示的系列频谱测试图中，可以了解到声音经过听觉激励器前后的谐波变化情况。图 6-49（a）为德语某元音的原声频谱；图 6-49（b）为经听觉激励器加工后同一元音的频谱；图 6-49（c）与图 6-49（b）一样，但没有使用激励器的边链高通滤波器。从图 6-49（c）中发现，不仅第 2 和第 4 次共振峰电平相对于图 6-49（b）中的 f_0 来说有所提高，而且图 6-49（c）中大约在 1200Hz 处又清晰地出现了一个新的共振峰 f_3。前者的共振峰可能使语言可懂度提高，而后者反而可能导致语音可懂度下降。

不同于 EQ 及其他亮度增强设备，激励器不仅提高了高频振幅，而且还能扩展高频范围。使用听觉激励器不仅可以改变声音的整体音色平衡，而且还能增强立体声声像感。在音频路径中，它使得在无噪声引入和不增加增益的情况下，就会有更大的响度感。

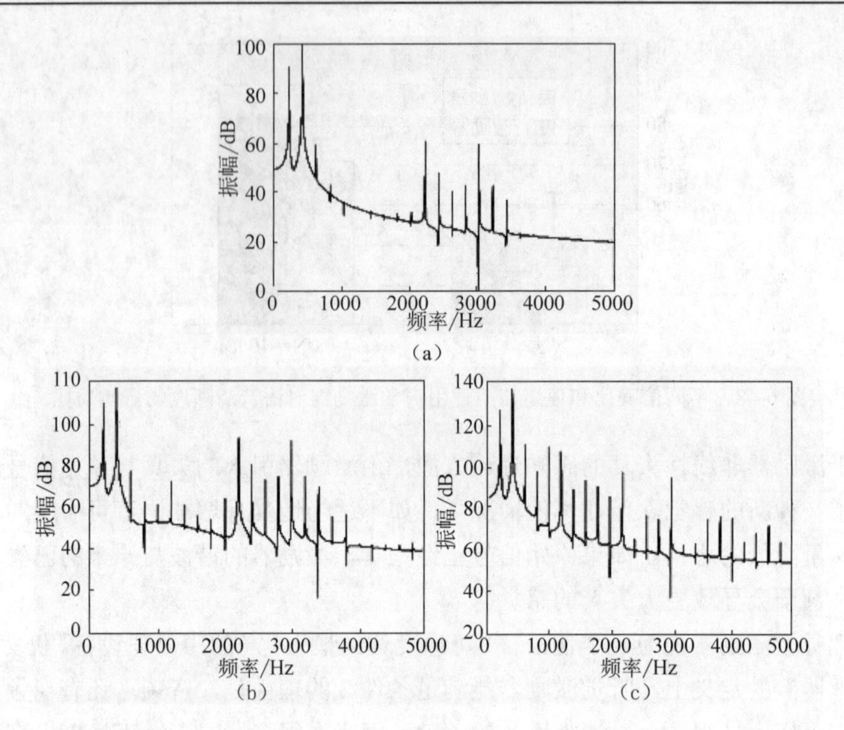

图 6-49 德语某元音经过滤波器与未经过滤波器的听觉激励器处理前后的频谱比较

6.6.2 听觉激励器的一般工作原理

美国人阿克普内（C.Aknpple）依据汉姆的关于谐波的心理声学理论，研究并设计出利用这一心理效应的听觉激励器。听觉激励器实际上是一种谐波发生器，通过给声音增加和恢复高频谐波成分等多种方法，达到改善音质、美化音色和提高声音穿透力，并增加声音空间感的目的。现代激励器不仅可以创造出新的高频谐波，而且还具有低频扩展和加强音乐感染力的能力，使低音效果更加完美、音乐更具表现力；使用激励器会使听觉响度明显增加，虽然听觉激励器只提高了声音总谐波电平大约 0.5dB，但给人的真实响度感却好像提高了 10dB 左右；它还能改善立体声节目的声像定位能力和增强声音的层次感和分离度，提高重放声音的音质。因为声信号在传送和录制过程中会损失掉部分高频谐波成分，出现高频噪声，所以工作时，激励器先对信号进行补偿，补充信号中已损失掉的高频谐波成分，再用其内置的特殊滤波器将传输过程出现的高频噪声过滤掉，从而营造出干净清晰的高频分量，并能让重放的声音更加明亮、清晰和具有较强的力度感。

听觉激励器是一种单端声音信号处理设备，它可以在音频链中的任何地点插入。在输入信号进入激励器后，首先被分成两条传输路径，如图 6-50 所示。一条路径直接到信号输出端，作为旁路直通信号，这个信号是未经任何修改过的原音信号。而另一路信号经衰减器适当衰减后进入频谱相位折射电路（SPR），该模块是专门为处理因录音、传输和处理过程中出现的低频相移而设置的。经 SPR 处理后的信号又分成两路：一路经 SOLO 开关直接进入加法合成器，另一路经过边链电路上的由可调状态变量滤波器、谐波发生器和动态压缩器等组成的一系列信号处理模块。听觉激励器的谐波发生器的输出信号，与经动态压缩器压缩后的来自状态变量滤波器的过量信号合并在一起，通过一个输出衰减器，最后与经SPR处理后的信号在加法器电路混合在一起，作为全激励器的总输出信号出现在设备的输出端。

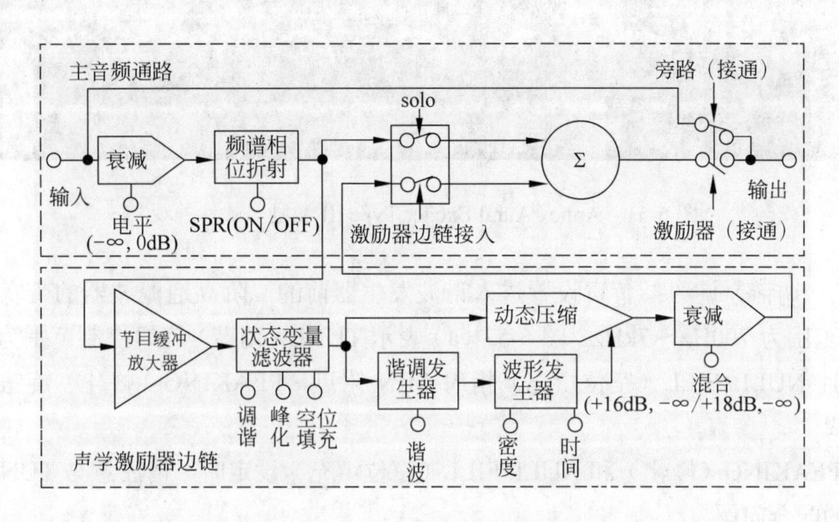

图6-50　Aphex Aural Exciter Type III 激励器软件原理框图

激励器处理声音的范围和效果完全是根据录音师对系统音质和音色的主观听音评价设定的。在与主信号混合时，录音师可根据听感效果的需要调节信号的混合比例，调整设备输入电平、谐波总数与密度及频率，调节混合电平，直到最佳值，就能得到合乎需要的激励效果。

当采用标称设定时，该听觉激励器无需显著增加原始信号的平均电平，即使已加入的信息为低电平，也会提高信号在中频和高频部分的生动感觉。

6.6.3　Aphex Aural Exciter-Type Ⅲ听觉激励器介绍

下面以Aphex Aural Exciter-Type Ⅲ（简称Type Ⅲ）专业听觉激励器为例来说明一般听觉激励器的调节方法。Type Ⅲ为双通道听觉激励器，每一个通道均包括相同的两个音频路径，即主信号路径（Main Path）和激励增强边链式信号路径（Sidechain Path）。主路径把来自输入级的音频信号经过衰减器和SPR电路，直接送到其输出级；边链路径则包含激励器的所有如同图6-50一样的“心脏”电路。两路音频信号在加法电路中混合，混合比例由Mix混合电平调节器控制。Type Ⅲ具有较强的音频激励能力。Type Ⅲ的电路原理框图如图6-50所示，外观及各类参数调节旋钮和功能开关布置如图6-51所示。

LEVE（电平）旋钮：控制输入信号的电平衰减。正常操作电平时，旋钮指向“MAX”（无衰减）位置。听觉激励器系统有一个内部增益装置，从滤波器进入到边链通路的输出信号提升了6dB。

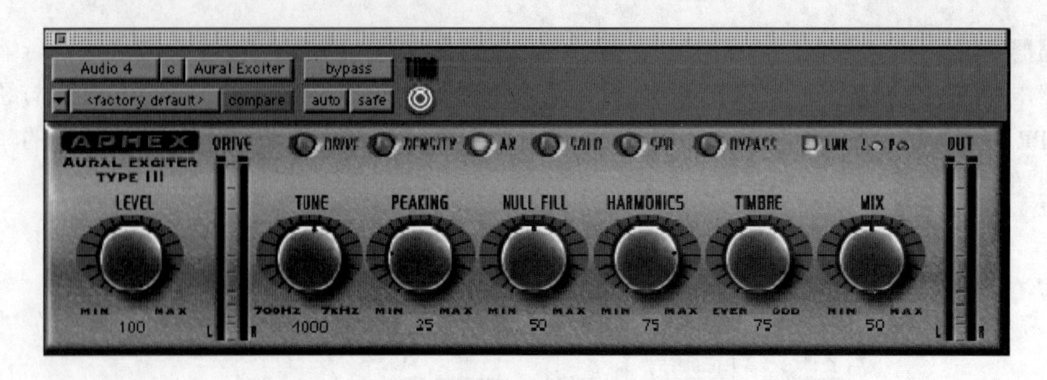

图 6-51 Aphex Aural Exciter Type III 激励器软件外观

TUNE（调谐）旋纽：负责设置进入谐波发生器前的二阶高通滤波器的带宽（转折频率），控制范围为 700Hz～7kHz。图 6-52（a）表示 TUNE（调谐）旋钮控制范围为 700Hz～7kHz，并且 NULL FILL（空位填充）指向 MIN 附近，PEAKING（峰化）旋钮置于中间位置。

完成 PEAKING（峰化）和 NULL FILL（空位填充）设定时，请注意与 TUNE（调谐）旋钮调节的配合问题。

PEAKING（峰化）旋钮：为 TUNE 旋钮控制的高通滤波器主导频率边缘提供一个阻尼效果。当其从 MIN（最小）到 MAX（最大）改变时，调谐频率点将会逐渐变成一个凸起。同时，在调谐点变成凸起之前，先会出现一个斜坡，它随峰化旋钮斜坡的加大空位会逐渐加深，如图 6-52（b）所示。

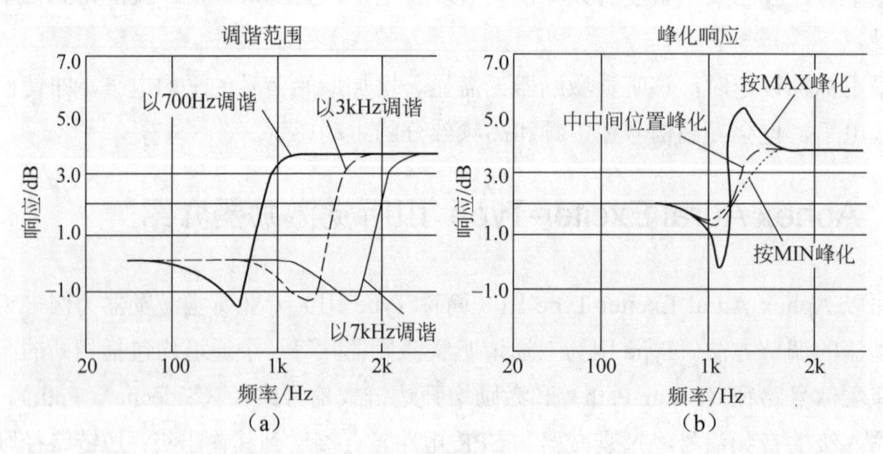

图 6-52 Aphex Aural Exciter Type III 调谐控制器和峰化控制器频响曲线

NULL FILL（空位填充）旋钮：调节高通滤波器曲线来“填补”通过边链返回信号和输入信号求和引起的空位。旋钮下面显示的是空位填充百分比总量。这个旋钮补偿的是因出现在边链信号中的时间延迟副作用而产生的“相位拉伸”，这是听觉激励器操作理论的一个重要组成部分。由于时间延迟致使瞬态波形“延伸”，给人造成声音更响亮的感觉，“倾斜”或“空位”也出现在调整频率的输出均衡曲线上。因此，让“空”的频率去加重，使得更高频信号得到更多地加重。虽然这往往是一个理想的效果，但是空位填充旋钮允许用户根据任何应用的需要来选择减少填入空位的加重量，从而提高声音的表现力和真实感。

图 6-53 所示为 TUNE（调谐）旋钮处于中间位置时的三种不同的空位填充设置的频响曲线（部分）。当空位填充旋钮设置在 MIN（最小）位置时，就在高通滤波器频响曲线从底部刚好要上升之前，有一个明显的下凹。在这一设置下，节目素材增强的情况下会失去一些临场感。当空位填充旋钮旋在 MAX（最大）位置时，原来下凹的频率响被填平，但频响曲线上升端的顶部音量会被加重。

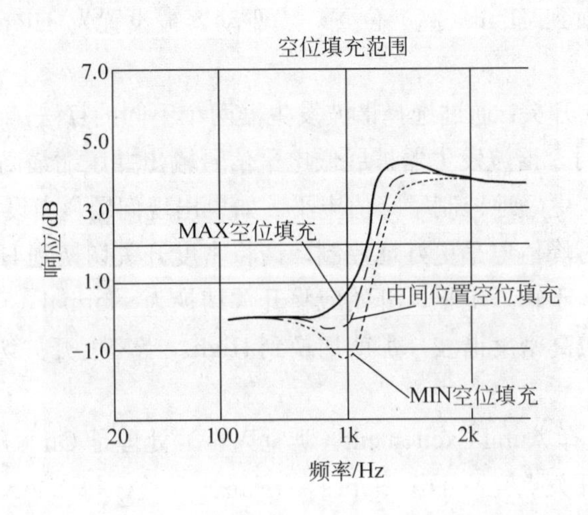

图 6-53　Aphex Aural Exciter Type III 激励器空位填充频响曲线（局部）

HARMONICS（谐波）旋钮：调节产生的新谐波数量，该旋钮下面将按百分比显示。谐波发生器的谐波成份是根据一套复杂的仿真运算器产生的，要考虑到包括谐波的瞬态和稳态特性，以及原始音频信号的相对振幅大小。当向上旋转旋钮时，谐波含量与 TIMBRE（音色）旋钮的控制成比例增加。谐波产生总量与输入电平的大小有关，当输入电平增加时谐波增益也随之自动增加。它所产生的谐波并不是谐波失真的产物，而是该插件智能程序运算的结果；它所形成的功率信号包络线，使得最终的音质得到提高而不是劣化。

TIMBRE（音色）旋钮：用来设定经由 HARMONICS（谐波）旋钮控制频谱中谐波的类型及谐波排列情况，即奇、偶次谐波的比例。偶次谐波多的声音听起来柔和一些，奇次谐波多的声音听起来尖硬一些。

音色旋钮在两极之间旋转，提供一个与旋钮位置成比例的偶次和奇次谐波的混合变化。要加重音色（TIMBRE）的控制效果，可将 DENSITY（密度）开关设置为 High（高）。在旋钮下面显示的读数可在+100%（全部为奇数）到－100%（全部为偶数）间变化。

MIX（混合）控制旋钮：确定经听觉激励器增强后的信号进入到原始信号的混合总量。控制范围从 MIN（没有增强）到 MAX（最大），当 DRIVE（驱动）开关设置为 Normal（正常）位置约占 6dB 时，表示大约有 18dB 增强。旋钮下面显示的是增强后的激励信号量与原始信号总量混合的百分比。

Type III旋钮上面一排为开关类按钮，它们的作用如下：

DRIVE（驱动）开关：驱动开关的设置有两个位置，即 Normal（正常，6dB）和 High（高，18dB）。这是设置输入到谐波发生器的灵敏度。一般来说，此开关应放置在 Normal（正常）位置。然而，弱信号可能需要更多的增益，在这种情况下应该将此开关放在 High（高）位置。

用驱动（DRIVE）开关旁的指示灯的颜色变化来确定是否需要增加信号的增益：当灯光颜色停留在绿色区（没有上升到黄色区），即表示输入信号电平太低，应将输入灵敏度提高，把驱动开关切换到 High（高）位置。当驱动器被设置为 High（高）时，该开关灯点亮。

DENSITY（密度）开关：通过选择谐波发生器两个不同的算法，确定谐波产生的数量。当设置为 High（高）时，谐波发生器扩展低电平信号输出并压缩最高峰值电平。这个设置提供了高密度的谐波，更好地控制了峰值电平。如果出现问题，当设置到 Mix 控制时信号电平发生夹断，为了对峰值电平更好地控制，请将密度开关切换到 High（高）位置。

由于谐波总量取决于输入电平，开始应将开关切换为 Normal（正常）。在输入电平设置后，如果仍然需要较高密度谐波，那就切换到 High。当密度开关切换到 High（高）时，此开关将被点亮。

AX 开关：用来选择 Aural Excitement（听觉兴奋）处理是 On（开）或是 Off（关闭）。当激励器工作时 AX 开关点亮。不像 Bypass（旁路）开关，每当 AX 被 Off（关闭）时，音频信号在去输出的路上，从输入直通 DSP（数字信号处理）算法处理器。这就是说，当 AX 切换为 Off 和 SPR 切换为 On 时，SPR 的作用依然是存在的。

SOLO（独奏）开关：闭合时，独奏开关选择试听经激励器处理后，而又无主音频信号的声音。开关点亮，代表独奏功能被接通。

SPR 开关：控制频谱相位折射（Spectral Phase Refractor）效果。这种效果是独立于除旁路（Bypass）开关之外的所有其他控制旋钮或开关的。开关点亮时，说明 SPR 已经进入工作状态。SPR 将按这样的方式处理，即让主音频信号低频（达 150Hz）相位人为超前于其余频谱相位。

通过录音、复制、分配和声音重放的许多阶段，声音信号的低频比中、高频的音频频谱的相位有了延迟。SPR 能修正这样异常的低音延迟，以恢复声音的清晰和开放性，并且有效地提升了表观低音能量水平，而不会对声音任何频率的振幅增加采用类似均衡或低音提升那样的负面效果。若要试听音频信号中的 SPR 效果，可将 AX 开关切换到 Off（关闭），并把 SPR 开关切换为 On（开），然后交替打开和关闭旁路（Bypass）开关即可听到输入音频的 SPR 效果。SPR 的功能，如图 6-54 所示，它表示了延迟时间与频率相位之间的关系。请注意，这与群延迟不同，因为与群延迟相关的所有频率的延迟时间都是一个常数。图 6-54 中细实线代表经 SPR 处理后声音信号实际的相频时延曲线，而超前心理声学响应曲线（粗虚线）表示在 SPR 开关接通之前，声音信号经传输、录制等产生的信号低频相位和时间延迟失真响应的关系。

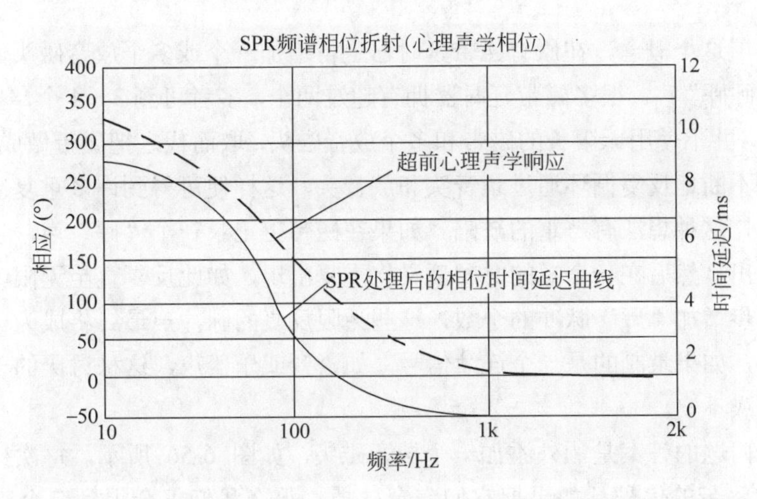

图 6-54　Aphex Aural Exciter Type III 激励器 SPR 频谱相位折射时延曲线

6.7　延时器

6.7.1　延时器的一般工作原理

在音频领域中，延时器（Delayer）常常在录音后期制作加工处理及电子乐器音色合成等方面得到应用。最初延时器主要用于模拟房间多次反射的混响声，以及产生回声、合唱和盘缘效果模拟。直到 20 世纪 70 年代初期，出现了经济适用的斗链式电荷耦合电路（BBD 延时线[①]）以后，电子延时器才在音乐录音和合成乐器等方面得到大规模运用。

提供延时效果的渠道，从最早的多磁头模拟到 BBD 斗链延时模拟电路，再到现在广泛使用的数字延时电路。

利用录音机放音头作为延时器是延时器的最初级形式，如图 6-55（a）所示。当磁带录音机与无限长的磁带流，通过录音头和放音头形成的延时线时，使得从混合器输出的声音有了一定程度的延时量和延时声数量。延时的长度取决于磁头之间的距离和运行在它们之间的磁带速度，延时声个数取决于放音头的数量和反馈的次数。如果送入一个单脉冲（砰声）信号到图 6-55（a）的输入端，将在输出端听到“砰、砰、砰”的声音。

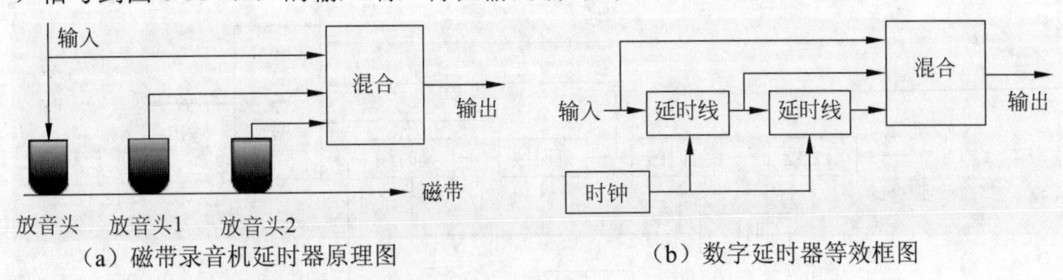

图 6-55　磁带录音机延时器原理图与数字延时器等效方框图

① 延时线（模拟）是一个电气元器件串联连接的网络，在其中，每个单独的元器件在其输入信号与它的输出信号间将产生时间差或相位变换。

进一步发展这个概念，在原有磁带延时器上再增加一个或多个放音磁头，就可能听到更多次数的“砰砰”声。很多磁带延时器拥有超过两个，多者可到3～4个，甚至更多个放音磁头。假设，并不使用无限长的磁带和多个放音磁头，取而代之把磁带做成一个循环圈，让磁带循环圈不断地反复循环通过录音头和放音头，这样便可得到许多重复次数的延时声音。不幸的是，这种想法有严重的缺陷。如果在磁带上记录一个“砰”声，它会先后通过三只播放头放出，然后在一个短的时间后又将重复出现，如此反复直至无限。如果随着时间的推移进一步增加“砰”脉冲的个数，这些无限反复的脉冲声最终将成为一种连续干扰的噪声。同样，如果录制的是一个连续信号，如语音或乐器声，这种讨厌的干扰噪声必将吵闹得令人烦躁不安。

解决这个问题的答案是额外添加一个抹音磁头，如图 6-56 所示，每次抹掉一些或抹掉全部已通过磁带的信号。如果把它们完全抹掉，那么我们仅会得到三个延迟脉冲。如果把每次通过抹音头的信号能量衰减掉一部分，我们不但可以听到每组三个“砰”声，而且每组的“砰”声响度也会连续递减，直到它们最后消失在本底噪声之中。这种技术非常实用，而且衰减的延时声听起来也很自然，所以这种结构已成为专业磁带延时系统的基础。

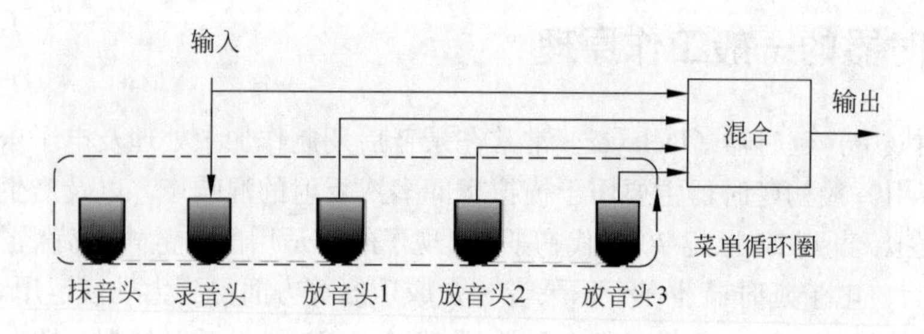

图 6-56 多磁头磁带延时器原理图

现在可以利用电子技术来设计一个类似磁带延时器功能的电子延时器，其电路原理框图如图 6-55（b）和图 6-57 所示，电路原理图如图 6-58（a）所示。图 6-55（b）和图 6-57 各有两个抽头和三个抽头，分别产生两个和三个分支延迟信号。电子延时线技术最初体现在如图 6-58（a）所示的 BBD 斗链式模拟延时电路中。

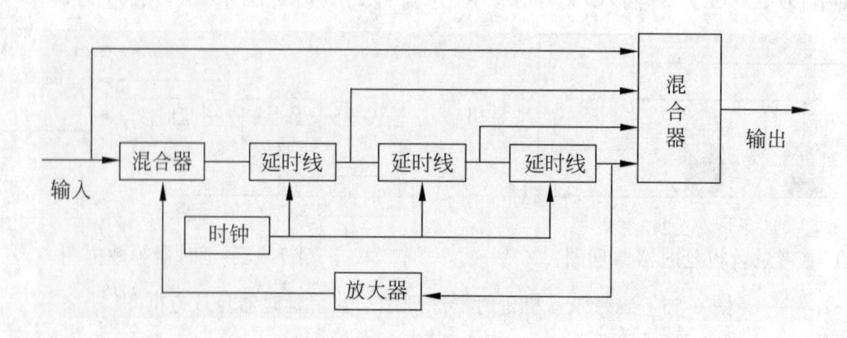

图 6-57 多抽头延时器原理图

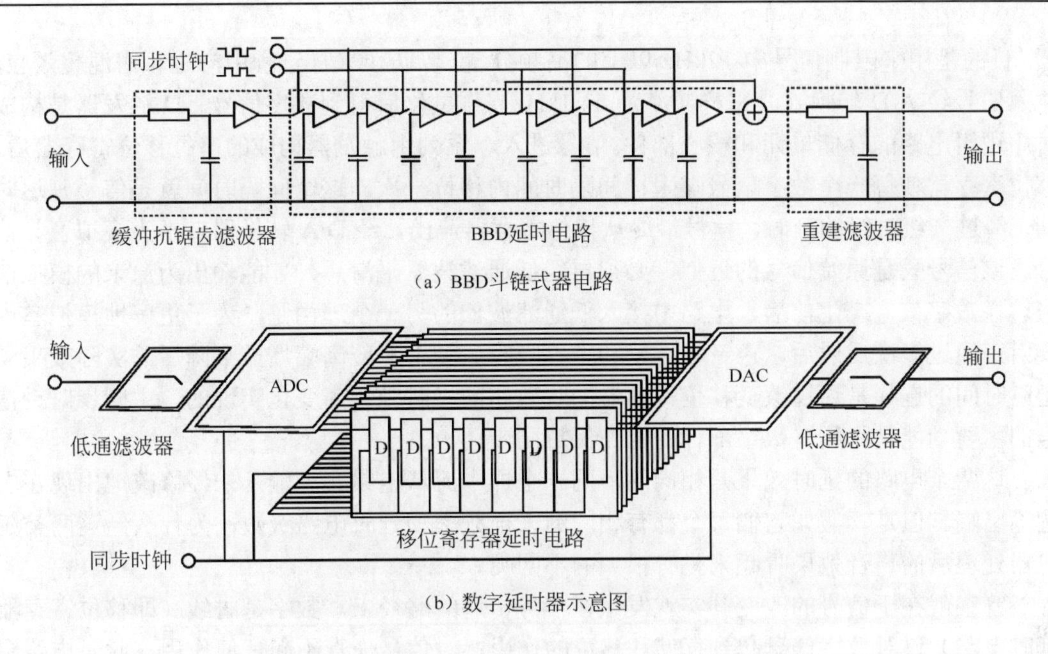

图 6-58　早期的电子延时器和数字式延时器原理示意图

6.7.2　电子延时器与数字式延时器的工作原理简介

图 6-58 为斗链式电子延时器和数字延时器原理图。图 6-58（a）采用了抗锯齿和重建滤波器的模拟 BBD 电路延时线，图 6-58（b）采用了 A/D 和 D/A 转换器的数字延时线。

BBD 延时器由飞利浦公司的桑斯特和 K.特尔两人于 1968 共同发明。BBD 斗链装置模拟延时器，如图 6-58（a）所示，最主要的是将信号转换成电荷包，由固定的时间序列从一个存储单元转移到下一个存储单元。简单地说，BBD 延时链路仅仅是由一个个半导体开关和电容器组成的链路。半导体开关的通断由两路相位相反的时钟信号控制。每个奇数开关连接到正相时钟信号，偶数开关连接到反相时钟信号。其中电容器的个数叫做阶数，最少的阶数为 3，最高可达 4096。常见的延时器的阶数为 512 和 1024。延迟时间的长短与时钟频率和 BBD 的阶数有关，即

$$\tau = N/(0.5f_{\mathrm{clock}})$$

式中τ为延时时间（ms）；N 为 BBD 的阶数；f_{clock} 为时钟频率（kHz）。

一般情况下，假如最低时钟频率为 10kHz，最高为 100kHz，那么，一只 BBD 能够获得的延时时间可以为 30μs～204ms。

这种技术介于模拟和数字电路之间：一方面信号按香农定理分裂为帧，另一方面信息以实际值而不是按二进制方式存储。图 6-58（a）圈中有“＋”号的器件是一个信号混合器，它将各分支信号混合在一起输出到主输出端口。下面网址是关于 BBD 延时器的工作原理动画演示：

http://www.metzgerralf.de/elekt/stomp/mistress/bbd.shtml

图 6-58（b）所示的数字延时器与图 6-58（a）所示的模拟 BBD 延时器不同，它是一种采用数字移位寄存器技术的数字延时器。模拟音频信号从输入端首先进入一个低通滤波

器，目的是用来限制信号中 12kHz 以上的高频分量，以防止采样过程中产生频谱混叠效应。输入信号经 A/D 转换（其采样频率为 44.1kHz）再量化后得到数字信号。D 触发器是构成时序逻辑电路的存储单元和核心部件。信号进入一系列由触发器构成的串行移位寄存器后，移位寄存器使每一个数字信号在采样间隔时间内移位一次。这个间隔时间就是信号延迟时间。经过一级一级的延时，信号最终从移位寄存器流出，经 D/A 转换器转换为模拟音频信号。该信号只是原始信号的近似，必须再经低通滤波器平滑后，才能输出为原来的模拟信号。在数字信号产生前后，电路中接入低通滤波器的另一个理由是，为了更好地模拟室内反射声经过多次反射后，声音被墙壁和空气吸收后频率响应高端增益下降后的实际效果。延时时间的选择是通过改变移位寄存器的阶数和同步时钟频率变化实现的。主同步时钟信号的主要功能是将所有数字部件的工作保持同步。

这两个电路的延时效果是相同的，同一个样本流从电路左边输入未经修改地出现在右边输出端。但是，假如它们每个都有相同的采样频率和延时电路级数，为什么经这两类延时器处理后的声音效果听起来又有很大的不同呢？

答案就在于信号的改变其实就发生在信号传递的路径上。数字延时线（即移位寄存器延时电路）仅对数字信息起到存储和移位的作用，对信号失真不起任何作用。此时电路中仅余 A/D 转换器和 D/A 转换器，所以当把数字延时器音频输入与音频输出信号做比较时，人们即可明白，唯一影响信号质量的原因是转换器本身的转换质量所出现的差错。与此相反，经过比较，当信号样本处于模拟斗链延时装置的信号保持阶段时，信号质量将受到电容器因素和电子噪声的影响，所以每一段信号样本的某些频率段的振幅，都会不同程度地被意外提升或降低。这些错误被多段积累，虽然一个地方被添加的正电压噪声总量可能会被另一个地方的少量负电压噪声抵消，但是每个样本到达重建滤波器时还是会被修改。如果这些错误是随机的，这样仅仅在原始声音中加多一些白噪声而已，可是事情往往不只是这样的，它还会引入某些形式的系统误差。不过，很多时候，声音处理设备产生的新的声音效果无所谓优劣，主要的还是要取决于听者偏爱的声音类型和适用场合，以及当今可能流行的时尚风格！

由于全数字化处理，延时器的信噪比可以达到很高的指标，其信噪比计算公式为 $S/N=20\lg 2^n$，式中 n 为采样比特数。从该式可知，每增加一个比特可使信噪比提高 6dB，即 10bit 为 60dB，16bit 为 96dB，延时器目前已可做到 24bit（144dB），可见其信噪比和动态阈指标已经很可观了。

上面所述延时器只能对信号进行纯粹的延时处理，可是现代录音技术要求对信号进行其他多种多样的延时效果处理，所以现代延时效果处理器还加入了其他特殊效果处理功能，如图 6-59 所示。

图 6-59 中低通滤波器的作用是切除声源中的高频成分，转折频率大致为 10kHz，因为自然回声中高频成分通常会丢失，要模拟出自然反射声的回声效果，必须将这些高频成分衰减掉。图 6-59 中的数字延时部分可以是各种数字延时电路，它主要用来改变反射回声与原声的时间间隔，一般调整到 50ms 以上，这种间隔大小反映人耳对房间空间大小的印象。反馈电路是用来改变回声层次的，反馈量越大回声层次越多。由于自然反射声经过两次以上的反射，6kHz 以上的高频成分已经丢失很多，反馈支路上的低通滤波器就是用来模拟两次延时以后的回声。加法器的作用是把多次回声叠加起来，产生需要量的回声串。混合器

（加法器）把原声与回声串混合，产生带回声效果的新的声音。调制器的作用是模拟各种环境条件下的回声效果，其调制效果受四种方式的控制：调制波形（正弦波、方波等波形）、0～10Hz 变化的调制率、调制深度、延迟时间间隔扫调（使延迟时间间隔有起伏变化，为了模拟复杂环境下的回声）。通过以上的调制手段，能创作出许多不同的延时回声效果。

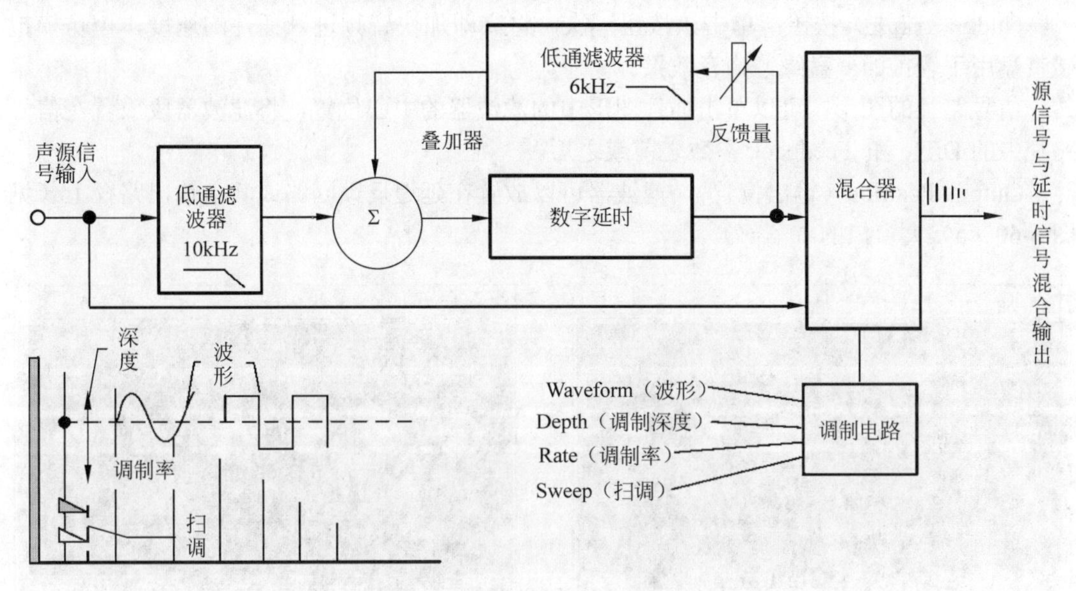

图 6-59　一种回声处理延时器的原理框图

6.7.3　ModMachine 延时器插件介绍

与图 6-59 类似的模块化调制延时器（ModMachine）插件如图 6-60 所示。它主要是把延迟调制和滤波频率谐振调制结合在一起，还可提供许多其他有用的调制效果，并具有基于激励失真效果的参数特征。该插件面板上各旋钮和按键的作用介绍如下：

Delay（延迟）旋钮：如果该旋钮下方的节奏同步（sync）开关是在 On（开）状态，在旋钮上方的指示框指示的是延迟的音值（即从 1/1～1/32，长音、三连音（T）或附点（D））。如果节奏同步为 Off（关闭），延时时间显示的单位是毫秒。

sync（节奏同步延迟）开/关：当延迟旋钮下面用于延迟参数开关的节奏同步延迟按钮设置为 Off（关闭）时，可由延迟旋钮自由设定延时时间。

Rate（调制率）旋钮：调制率参数的设定是以音值为基础的，节奏同步延时调制范围为 1/1～1/32，长音、三连音（T）或附点（D）。如果节奏同步为关闭状态，调制率旋钮可自由设定调制率。

Sync（节奏同步比率）开/关：调制率调谐旋钮下面的节奏同步按钮，用来接通或关闭调制率参数的类型。如果设置为 Off（关闭），调制率旋钮可自由设定比率。

Width（宽度）旋钮：设定延迟音调调制的总量。注意，虽然该调制影响声音的延迟时间，但是主要还是注重声音的颤音或类似合唱效果。

Feedback（反馈）旋钮：用来设定重复延迟的数量。

Drive（激励）旋钮：为反馈回路增添失真。随着时间的推移，较长时间的反馈、更多的延时反复使这些信号产生失真。

Mix（混合）旋钮：设置干信号和效果信号之间的电平平衡。如果使用 ModMachine 来传送效果信号，可将它设置为最高（100%）以控制干/效果信号的平衡与传送。

Nudge（推进）按钮：单击该按钮一次，将立即加快音频进入插件的速度，模仿模拟磁带盘用手轻推的（盘缘）声音效果。

信号路径的图形：可以单击插件图形中的滤波器的中心位置，将滤波器段放置在信号路径中的 Drive 和 Feedback 参数之前或之后。

Output Position（输出位置）：滤波器可以放置在延迟反馈回路或其主输出路径上（见图 6-60（a）大窗口的右下部）。

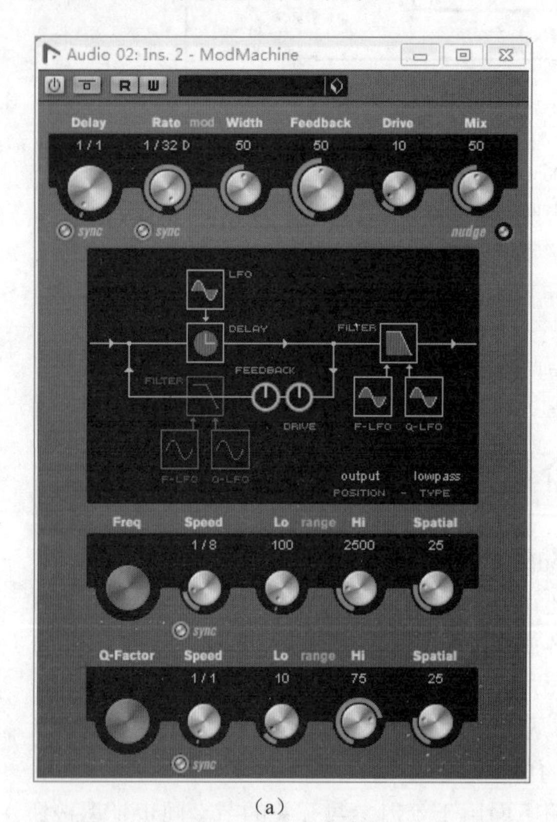

（a）

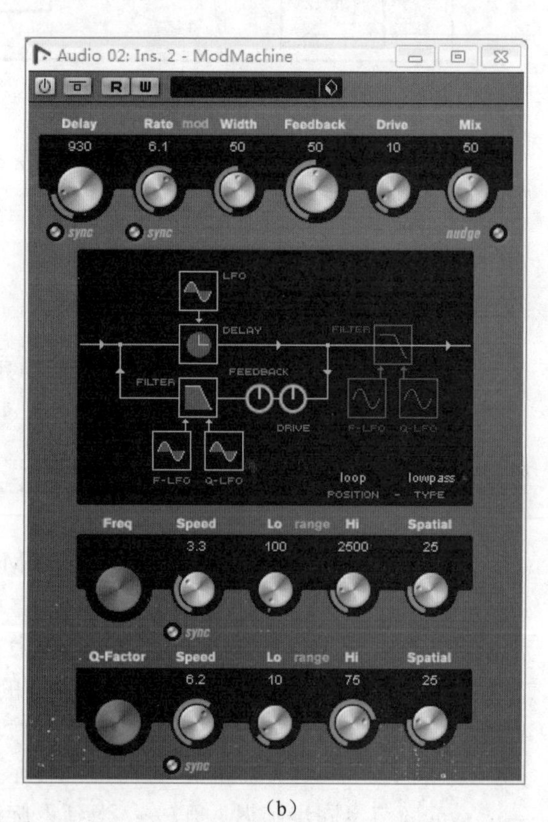

（b）

图 6-60　一种调制延时效果处理器插件外观

Type（滤波器类型）：每单击一次滤波器类型字体，可以选择一个滤波器类型。可选择 LowPass（低通）/Band（带通）/HighPass（高通）等滤波器类型（见图 6-60（a）大窗口的右下部）。

Freq（频率）旋钮：用来设置滤波器截止频率。这只适用于 LFO（低频振荡）滤波器频率的节奏同步（sync）是“关”和 Speed（速度）参数设置为“0”时。

Speed（速度）旋钮：用于设置滤波频率的 LFO 低频调制速度。如果节奏同步（sync）启动，速度参数设置以音值为基础，节奏同步调制按 1/1～1/32，长音、三连音（T）或附点（D）等参数调整。如果节奏同步（sync）开关处于关闭状态，则可用 Speed（速度）旋钮自由设定速度。

Range Lo/Hi（低频/高频范围）旋钮：用来指定滤波频率调制范围（赫兹）。正（Lo 设定为 50，Hi 设置为 10000）负（Lo 设定为 5000，Hi 设置为 500）两个范围均可以设定。如果将节奏同步（sync）按钮关掉，并将速度（Speed）旋钮旋转到零位，那么原来的 Range（范围）参数设定值则无效，此时，滤波器的频率反而要通过 Freq（频率）参数旋钮来控制。

Spatial（空间）旋钮：为声道间建立立体声全景效果，也为滤波器频率调制引进补偿，顺时针旋转旋钮立体效果更为明显。

Q-Factor（品质因数）旋钮：控制滤波器谐振峰尖锐程度。它只适用于滤波器谐振 LFO 节奏同步（sync）被停用，而且 Speed（速度）参数已被设置为“0”时。如果节奏同步接通，应通过 Speed（速度）和 Range（范围）参数来控制谐振。

6.8　混响器

当加到录音系统的输入信号中缺少自然混响，或由于艺术创作的要求为声音添加适当的空间信息，或为了美化声音而增添漂亮的色彩，或需要适当加大声音的能量时，在录音或后期制作中就必须依靠各种人工混响装置来满足上述需求。在电影和无线电广播、电视广播的各类节目中，已大量地使用了人工混响技术和设备。这种技术可以使节目具有最佳混响时间和最佳的声学空间信息，即使在小型播音室或小型录音室中也可以创作出类似于音乐厅、大厅堂或山谷等的声学效果。

大体上讲，混响装置可分为人工混响室、金属板式混响器、弹簧混响器、磁带混响器、电子混响器和数字混响器等几大类。过去，混响室、磁带混响器主要供大型厅堂和录音室使用，板式混响器专用于播音室，而弹簧混响器主要用于家用高级收音机。但是所有上述人工混响系统，除好的专用混响室外，都存在着两个致命缺点：一是幅频特性不平直，可能出现不悦耳的染色效应；二是回声密度与实际房间相比要小得多，特别是在短脉冲时这种现象会使混响声产生颤动。后来发明的电子混响器和数字混响器，这两个缺点已经得到了有效的克服。

之前，电子混响器和数字混响器是大型录音室或高级音乐厅高贵身份的象征，但是随着经济与科技发展和人们物质生活的极大丰富，这类混响器已不止是上述场所使用的专利，它们已经被一般的卡拉 OK 歌舞厅、酒吧等场所广泛地使用了。

一直以来，混响器研制者的解决方案中，主要是研究声音传播的物理声学原理和人类的听觉神经反应的机理，通过能量反射模式去发现声音在封闭空间里的传播规律，以此建立人耳对声源的距离感和环绕感的心理反应，并发现如何重建这些感知而又不影响声音的清晰度。人们能够用这些声学传播知识去制造优秀的混响设备，这种设备可以提供给听者完全真实的声学空间应有的声学印象，录音师完全可以自由地控制声源与听者的距离感和环绕感。

近年来许多厂家设计和生产的混响器运用了一些新的混响算法，它们毫无例外地、或多或少地采用了一些新近发现的心理声学原理。他们生产的设备与过去老一代的混响设备相比，几近于真实的自然混响效果，并在处理质量和对声源音色的影响上都有了迥然不同的变化。

6.8.1 硬件式数字混响器

20 世纪 80 年代以前，录音棚通常使用混响室、磁带混响器、板式混响器和弹簧混响器等设备为录音作品添加人工混响。直至 20 世纪 80 年代中叶，开始出现电子混响器，到了 90 年代数字混响器开始逐渐普及。然而，数字混响器的设计实际上是相当复杂的技术性要求很高的一项富于挑战性的任务，几乎所有成功的混响器后面，都存在着非常之多的录音艺术与录音技术相结合的优秀范例。

对于混响器的最基本要求是，它必须要在每秒钟建立大约 1000～3000 个优质的、具有自然混响感觉的模拟房间反射声的独立延迟声。这些延迟声之间的间距和振幅必须尽可能是任意的，由此产生的混响声必须是尽可能地随机或以最自然的方式呈现出来。

最早的电子混响器如图 6-58（a）那样，由斗链式 BBD 电路组成电子延时器，声音信号经过 BBD 斗链电路不断地延时并一级一级向下传递，又经过反馈电路不断反馈到输入级或其他任意一级，延时信号不断反复复制加多，这样就能得到逐渐衰减的、较大反射声密度的简单混响效果信号。

20 世纪 60 年代，穆勒和施罗德曾按不同的结构，在数字领域内建立了在声音中额外增添混响的算法。在他们的论文中设定了一些经典的混响结构，这些结构中包括了串联和并联的全通滤波器和梳状滤波器等。在对这些结构测试中，由于它们的输出声音表现出有非常强烈的金属声，因而用这些结构搭建的混响器在音频制作中并未得到实际运用。后来一些人在此算法基础上搭建了几个以施罗德滤波器为主但结构又有变化的混响器，虽然效果依然没有得到真正改善，但基本可以使用了。这类早期数字混响器的信号质量和仿真程度都很差，离真正的自然混响声差之十万八千里。它们只能说是对室内混响声的一个简单模拟，用今天的观点评价，是完全没有实用价值的。

真正具有实用价值的世界上第一台数字混响器，是在 1976 年由德国 EMT 公司生产的 EMT-250 数字混响器。它首次采用了非常基本和简单的计算机技术，而且整机只有 16 KB 内存芯片。其算法电路结构是以其第二级（即预延时)为基础的，在全通滤波器周围设计有 3 个扩散器；在混响延时回路周围连接有大约三级共计 4 个延时器（单只延时在 80～120ms 之间）。经延时后的信号从第三个延时分支的输出端又被反馈到输入端，并且在这个反馈回路上附加有高通和低通滤波器。延时输出信号最后进入“施罗德解相关器”处理，经处理后的信号，从整个混响器的两个立体声共计 4 个输出端口输出。这类老式数字混响器缺陷不少，其中最致命的缺陷应属代表反射声的延时信号分支不够密集且随机性也不强。

由密集反射声组成的混响声模式的好坏，取决于混响单元是由谁设计的和采用什么类型的混响算法。大多数型号的混响器为获取早期反射声和后续的混响声，把原声信号馈送到一系列的循环延时器和滤波器，以模拟后期阶段的复杂混响声。图 6-61 所示即为一种可能的混响算法。

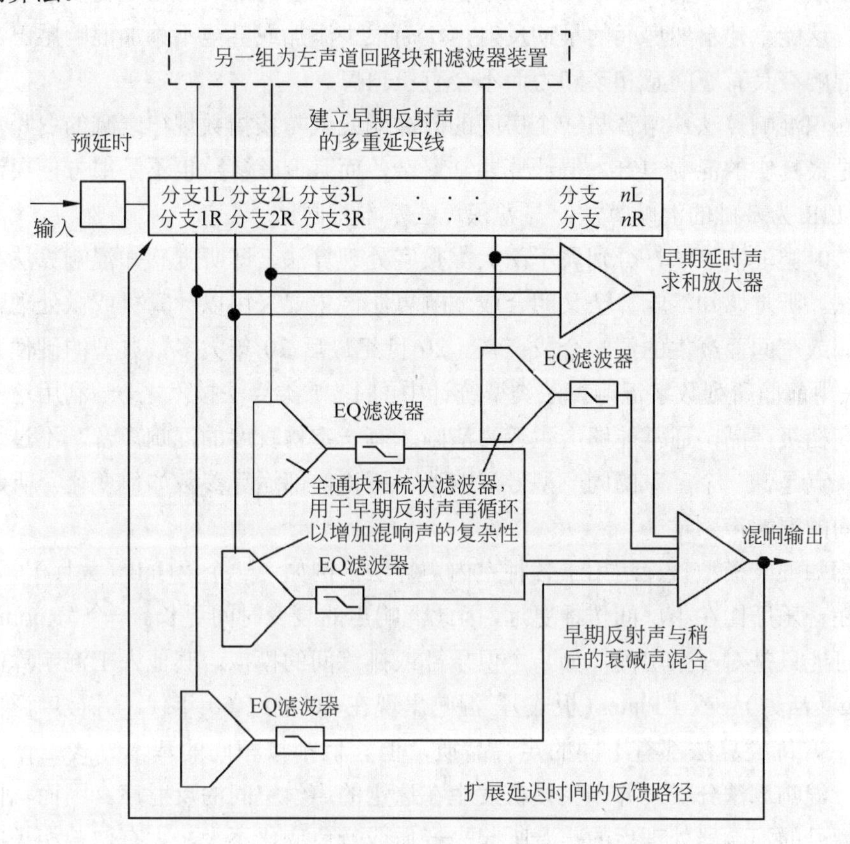

图 6-61　一种可能的混响算法数字混响器原理框图

历史上曾经出现过的数字混响算法类型大致如下：

（1）并联梳状滤波器再串联一个全通滤波器：最初由施罗德设计，由穆勒推广。有一种瞬间非常尖锐的金属声。

（2）几个全通滤波器串联（也由施罗德提出）：也有金属声出现。

（3）二阶梳状滤波器和全通滤波器（由穆勒发现）：不比一阶滤波器具有更多的优势。

（4）全通滤波器嵌套（一个全通滤波器取代另一个全通滤波器中的延时线）：由加德纳首创，结果未知。

（5）奇特的全通放大器延时线基础结构：8 字形反馈回路连接 4 个全通滤波器，其中 4 个全通滤波器用来与几个延时线串联使用。来源于各个分支结构的信号在输出端混合。调制延时线中用到一些全通结构去“扩散”简正波。一种莱克斯康（Lexice）混响器的设计就是基于该结构原理。

（6）反馈时延网络：由帕克特和斯托奇诺首创，并与乔特进行了广泛地研究。经初步实验，声音听起来很好。调制延时线和反馈矩阵是用来扩散简正波的。

（7）波导混响器（基于多波导接头的混响结构）：由尤利乌斯·斯密开发。不过它已被证明基本上与反馈网络延迟混响等效，混响效果很不错。调制延时线和散射值用来扩散简正波。

（8）氛围算法：今天的音乐倾向于不使用很多很明显的混响，而是更多依赖于所谓的氛围算法。这能重建自然房间的早期反射声，而很少添加或甚至不添加混响尾巴。这个算法建立的混响声具有空间感和亲和力而不会有压迫感。

（9）卷积混响算法：声音与一个房间的脉冲响应或与按指数规律衰减的白噪声卷积的混响声，是最真实的混响声音，但计算非常繁杂，而且调整参数也不是很方便灵活。

（10）FIR 为基础的混响算法：与卷积算法基本相同。

上述 10 类混响算法，分别属于两大类数字处理算法，即听觉感知混响算法与采样脉冲响应算法。听觉感知混响算法又叫合成混响算法，主要采用以计算机或微处理器为基础的假想房间或空间而产生的混响合成声音。20 世纪最后 30 年大多数典型的硬件数字混响器，大都采用前面所列数字混响算法类型统计中的 1～7 类算法技术之一。利用这类算法的混响器的高档级产品，通常能够产生较为清晰、有一定仿真度的混响声音。不过这些混响器的一大特点是，一个厂家的同一型号混响器，无论内部运算参数如何变化，听起来始终是一个房间的混响声感觉。

听觉感知混响模型直接运用于各种室内声算法，例如，一个“Hall（大厅）”算法会考虑到声波在音乐厅比在小房间传播更远，因此混响声的衰变时间更长。一个“Room（房间）”算法模型可能只是对一个房间，如一个俱乐部或排练间的模拟。其他人工混响算法模型，如“Spring（活力）”或“Plate（板式）”混响出现在 20 世纪 60 年代，并被广泛内置到吉他放大器中。每类算法都有不同的声音品质，但它们都按相同的基本方式工作：信号进入混响器，混响算法分析，并产生模仿发生在选定的声学空间的反射声。因而，同一厂家甚至不同型号的混响器处理后的声音听起来音质或音色变化不大，大有似曾相识的感觉。

数字混响器的运算理论早在 20 世纪 60 年代就已经建立了，由于硬件的原因直至 80 年代，数字混响器在技术指标、工作性能以及自动化程度等方面才有所突破并进入实用化阶段。

一些公司，使用了完全不同的程序产生早期反射声及其后继混响声的密集方法。显然，这并不是现实生活中产生混响的真实方式。图 6-62 为莱克斯康公司根据自己的混响理论设计与生产的 PCM 81 数字混响器原理框图。该数字混响器完全采用一种新的算法技术，用数字方法处理信号。输入信号经电平调节器调节后进入 A/D 转换器，转换成为 20bit 的数字信号。由中央处理单元（DSP-56002 芯片）控制效果处理器（LexiChip），实现新的算法处理。计算机通过程序存储器，将信号送进中央处理器。程序存储器可以是一个 ROM 或由一个微处理器加 RAM 组成。可以使用厂家的预置参数，用户也可以根据自己的使用情况置入自建参数，此时微处理器将相应地修改 RAM 中的程序。

由于数字混响器是由计算机指令取出，并由时钟周期控制的，所以它的运算速度越快，对声音效果的处理时间也就越快。现在高质量的数字混响器中微处理器的容量越来越大，存储的程序也越来越复杂了。

较新型的数字混响器已经打破了以往合成式数字混响器的“预延时—模拟混响—平均衰减—衰减时间可调”模式。设计者认为，真正的房间混响并不是在激励声后先出现一段在时间上的声音空白（即预延时段）才进入大密度混响的，而是从一开始，声音就是渐进的，并且扩散是无规的。莱克斯康 480L 数字混响器的预延时正是根据这个理论设计了一种扩散极不规则的组合，延时参数则是根据不同房间的大小、形状、扩散而定出混响的形态。

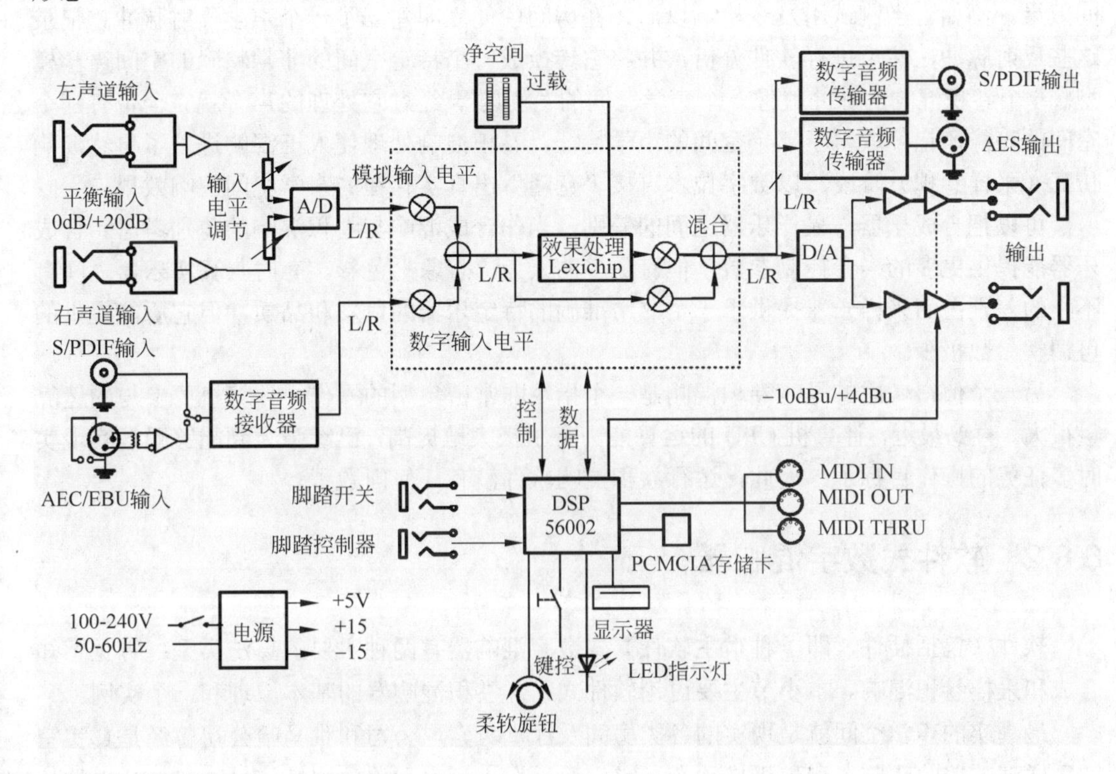

图 6-62　Lexicon PCM 81 数字混响器原理框图

目前，最新的商业混响器算法是使用早期反射声的调制 FIR（有限时脉宽冲激响应）卷积和为建立稍后的混响声的以反馈延时网络+反馈循环延时 IIR 滤波器为基础的调制全通滤波器和梳状滤波器。图 6-63 为一种典型 Lexico 960L 数字混响器外观。

图 6-63　Lexicon 960L 数字混响器

卷积混响算法又叫采样算法，首先要测量出被仿真房间或空间某个点或某几个点的双耳脉冲响应（Binaural Impulse Response，BIR）样本，然后用这个声音样本，与欲处理的输入音频信号一起“卷积”，以此获得特定房间或空间的混响信息。真实的混响器产品中，已经包含了世界各国著名音乐厅、剧院、电影院和各色俱乐部等声学场所的这类 BIR 样本。使用者仅仅需要将自己的录音作品输入到混响器，再经过简单的参数调整，其余的事情全部交由计算机和混响处理程序去解决，即可达到满意的混响要求。

卷积混响算法通常比听觉感知混响算法能更好地模仿真实的空间混响。可是，它也存在一个重要缺点：它需要耗费 CPU 处理器更多的处理能力来工作，所以限制了计算机同时运行更多的插件（或软件）。

卷积混响是一种相对较新的混响算法类型，即“样本”声音代表了某个特定的封闭空间效果。例如，当测试用发令枪响以后，在房间中便立即建立了一个声学反射脉冲。记录这些反射脉冲，然后进行软件分析，并将它转换成一个特定空间的非常精确的空间声学模型。一个卷积混响的脉冲就像一个声学空间的“模具”，经过它处理的声音就完全带有那个空间的声像印记，取得了那个空间的声学特征。卷积混响处理使人工混响进入了自然混响仿真（采样卷积）阶段，以数字技术直接“克隆”出真实存在的声学空间混响效果。

可以把合成乐器与采样乐器之间的差别，当作合成混响与卷积混响的差别考虑。合成乐器能提供更多的声音控制参数，但有更多的人为“想象”色彩，有时与真实乐器之间有不小的差别；而采样乐器提供了一个非常准确的特定乐器的色彩和品质，但它所能提供的可调整参数极少。

另一个值得考虑的是，卷积混响是一个指令非常密集型的操作，计算机要参与的运算量很大。直到最近，计算机 CPU 的运算能力有了极大地提高，已经强大到能够顺畅实现实时多任务的操作目标了，因此，运行卷积混响软件没有任何问题了。

6.8.2 软件式数字混响器

软件（包括插件，即一种宿主软件）式数字混响器有两种主要的算法类型：听觉感知合成和采样卷积混响。本小节主要讨论软件式采样卷积混响器的基本原理和一个实例。

最真实的声学空间就是现实的各类房间及厅堂。索尼公司和雅马哈公司曾经是真实空间采样混响器的研制者和积极推动者。它们通过在实际房间施放测试信号，然后分析被传声器捡拾到的房间脉冲信号，收集到的信息用于提供受试房间混响声的一个准确模型。其基本理论：如果获得一个音频的单一样本（在持续期间内一个有效的脉冲样本）并以某种方法在一个实际的房间施放脉冲声，然后查看之后的混响声所有样本的电平，就能够为每个真实信号的连续样本建立一种生成混响信息的算法。它会按每个混响脉冲样本电平比例调整输入信号源的振幅，而且从理论上讲，其结果就能重建受试声源在聆听者位置上与原房间模型完全一致的、完美的房间混响效果。

事实上，单一样本因脉冲声太短而无法使用，所以必须采用特别的试验信号，对卷积后的信号做的听力测试证实了这个混响工程采样技术的正确性。但是采用这种卷积算法技术受到的主要局限是一旦算法建立，就只能小幅度，且为数不多地调整混响参数。因为该算法已经是以一个特定的房间作基础定义的，它不像传统的合成混响器那样有一组可调参数项备用。

下面介绍一款许多人正在使用，或曾经使用过的采样卷积混响插件（也有单独的混响软件在发行）——WizooVerb W5（以下简称 W5）。该混响插件（图 6-64 为这个插件的外观），既有听觉感知合成算法的特点又有采样卷积算法的优势，但是它又不同于这两类算法，也不是这两类算法的简单组合。那么，W5 是如何工作的呢？W5 制造混响的手段和方法，与众多经典类型的合成算法程序有很大的不同。它结合了一个高度先进的脉冲响应（HDIR 高清晰度短脉冲响应）形式，也有接近产生经典混响的专门感知算法 AIR（Acoustic Impulse Rendition，声学脉冲演绎），这两个新技术在本插件中具有互为补充的作用。

该插件采用了由著名数字混响器设计工程师凯斯勒花费多年研究开发出来的 HDIR 算法或模型。他分析了所有出现在录音和处理中脉冲响应的不利影响，并制定了特殊的消除方法，成功地从脉冲响应中提取到有关混响的元数据。HDIR 遵循了录音和处理用的脉冲响应成熟标准，它能确保捕获到房间空间的全部声音细节。HDIR 又优于常规脉冲响应，一个特别程序用来分析脉冲响应时的元数据。W5 不仅声音质量好，而且能给予使用者比普通卷积混响器更多的综合编辑选项。

HDIR 是一种基于真实房间录音混响环境的采样脉冲响应混响算法极高级的形式，所以结果听起来非常逼真。它可以随意加载所需的脉冲响应，随时改变被模仿的实际混响氛围。

W5 中的另一有用模型 AIR 是一个建立混响过程的算法，它所选择的脉冲响应为实时合成处理方式。AIR 模型并不是基于传统的延时器和全通滤波器那样的组合电路，但它提供了该算法的所有优点。它并不过多地占用计算机的 CPU 资源，所以计算机运行起来十分轻快。由这两个算法的组合（HDIR+AIR），W5 提供了前所未有的数据处理选项和具有令人惊讶的灵活性，以及杰出的声音质量。在 W5 中，AIR 算法可以单独使用也可与 HDIR 合并使用。W5 的巨大优势是，它不仅让人们得到 HDIR 或 AIR，还能得到两者的组合。概括起来，在 W5 中 HDIR 和 AIR 算法有以下三类工作方式：①单独使用 HDIR；②单独使用 AIR，虽然它属于一种人工混响模拟，但结果听起来非常好，而且可以自由编辑（在此模式下，可以实时无副作用地编辑每个参数，并置 CPU 在最轻负载下工作）；③组合使用 HDIR +AIR，一部分的 HDIR 模式可用 AIR 代替，它还能灵活地处理一些事情，如把 AIR 的尾音换成 HDIR 模式的早期反射声，反之亦然。

使用 W5 的建议是，当要准确地复制一个真实房间的自然混响时，HDIR 算法应是最优先的选择；当想要更多的混响编辑选项，或者需要保持计算机的高速运转性能时，AIR 算法则应是首选。因为这两个模式背后的算法原理是很不同的。HDIR 以惊人的准确性复制真实空间见长，该模型特别富于空间声学细节的逼真表现，而不是人为制造的传统人工混响效果。基于这个原因，特别是当音乐风格或流派与空间效果匹配适当时，它会在实际执行中提供最好的结果。举例来说，假如在 W5 中的古典音乐厅“演奏”鼓，实际结果一定会令人失望，因为音乐厅是为管弦乐队而建而不是为鼓所立的！这就是演奏乐器与选择的空间不匹配所致。在 W5 中的每一个 HDIR 模型，原则上是代表一个个真实的特定的空间和一个个特定性能的房间类型。假如要想使混响器最终得到令人满意的结果，就要养成声源与选择的模型相匹配的习惯。如果不能在 HDIR 档案中找到自己所要寻找的模型，可以退一步而求其次，采用插件中的 AIR 技术来自己设计一个声学空间。

常规环绕声混响是由几个单声道或立体声算法组成的。即使带有 5.1 输入特征的插件，信号通常也必须先缩混成单声道或立体声，以便让所有声道都得到同样的混响处理。而 W5 则相反，其工作方式类似于一个真实的房间：只需在任何需要的位置放置一个声源，

W5 提供了一个对所有的声道自然发声的环绕声混响信号。利用 W5 可以使现场立体声录音素材直接产生影视节目中的环绕声效果，而再也没必要对影视节目中的每个场景素材都要真实地现场环绕声效果录音。这就大大地简化了环绕声录音制作工艺。

另外，W5 还支持直接建立 5.1 环绕声之中那个称为.1 的 LFE 信号，包括低频管理（Bass Management）和立体声缩混（stereo down-mix）能力，为人们提供了一个塑造全部环绕声音效和纯立体声音效的的全新工作方式。

下面分别介绍 W5 的使用方法及其注意事项。

1. 总体参数控制部分

W5 混响器中有许多按键、旋钮和仪表（见图 6-64）提供了控制和显示总体参数的功能，它们是：

Input（输入段）数字音量表：可以分别显示 L、C、R、Ls 与 Rs 等声道的输入信号电平。

Input（输入）信号调节旋钮：可以用该旋钮减少输入信号电平。

Width（输入宽度）旋钮：在信号被加工进入混响器之前，控制 L、C、R、Ls 和 Rs 五个声道总输入信号的扩散效果。有两种模式可供选择：当旋钮为负值时，五个输入信号被混合，并按选择路径成比例地传送到每个声道。当旋钮在中间偏左的位置，所有五个通道接收相同的信号。宽度旋钮越往左侧拧，混响信号中声源越难以定位；当旋钮为正值时，每个声道的输入信号被发送到最接近于它的邻近声道，直到它是那条声道中唯一可听见的信号。再继续将宽度旋钮向右扭，混响信号中的声源显得更加宽大。

在 Output（输出段）中，可以控制信号干/湿（Dry/Wet）平衡和混响的环绕声传播。该输出段的数字音量表显示的是混合后的输出信号电平。

Dry/Wet（干/湿信号比例）旋钮：可以确定干信号和纯混响效果信号之间的平衡。W5 既可以作为发送效果器使用，也可以作为插入效果器使用。假如 W5 作为发送效果器使用：把 Dry/Wet（干/湿）旋钮反时针拧到头，此时信号为全混响信号。这样，W5 只发送混响信号，而没有直达声干信号。使用硬件或软件调音台上的推子和发送/返送旋钮，以确定所需的效果深度。如果将 W5 作为插入效果器，可以自由调整 Dry/Wet（干/湿）组合电平，以达到混音时所需的深度。

Width（输出宽度）旋钮：控制环绕声场中的基本混响宽度。该旋钮的心理声学效果可以改变人们对房间的宽度感：当旋钮为负值时，进一步将这个宽度旋钮拧到左侧，房间感觉变窄。继续扭转该旋钮，宽度感在扬声器之间连续地收缩变窄，直到全部声道表现为只有一个单声道信号为止。当旋钮为正值时，感到房间变宽。进一步向右扭转宽度旋钮，声像继续扩大，甚至超越扬声器的限度。

使用 Width（宽度）旋钮，就如将一个狭窄的房间放置在一个超大的房间里。变动此旋钮，从而使得狭窄房间逐渐变宽，直至里外房间变成一样大，甚至原来那个狭窄房间的大小超过最外边的大房间。这个参数不影响 W5 的缩混兼容性。

W5 混响器正上方共有四只主要的控制菜单按键（见图 6-64），从左到右分别是 Presets（预设）、Edit（编辑）、Import（导入）和 Setup（设置），具体介绍如下：

图 6-64　W5 软件数字混响器界面

2．Presets（预设）菜单按键（如图 6-65 所示）

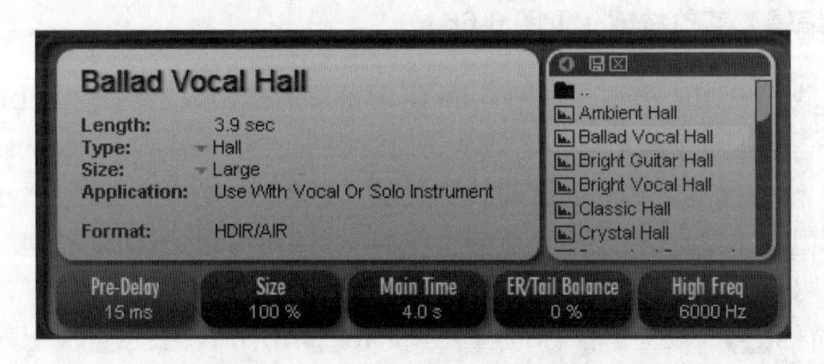

图 6-65　W5 Presets 预设置按键菜单窗口

预设菜单是一个由 HDIR 模型和所有参数组成的完整混响程序。当加载一个预设时，W5 按原来所保存的预设页面配置。Presets 页面窗口是许多用户界面的第一个选项，当引导 W5 时它会自动打开。它的仪表板分成两个区域：左侧的信息窗口里显示已被载入文件中的一些信息，如名称、混响时间、类型、文件大小、对此预设的简单描述和相应的 HDIR 模型格式；右边的预设选择表中提供了进入加载、存储和删除预设等基本功能。加载、编辑和保存预设置是很容易的，可按以下步骤进行操作。

① 单击列表中的“Halls（厅）”的文件夹剪影图标，去查看其全部预置文件。

② 只需单击“Ballad Vocal Hall（独唱民谣大厅）”去加载它。

③ 现在可以在预置窗口看见“Ballad Vocal Hall”已被加载，并可以直接在预设页面编辑关键的混响参数：为了再把“厅”扩大，设置 Main Time（总混响时间）为 4s，并设置 Pre-delay（预延时）为 15ms。

④ 随时改变左侧信息框中的某些项。例如，可以进入预设下拉菜单，单击下三角形，

打开 Type（类型）和 Size（大小），也可在 Application 项目下键入某些简短说明。

⑤ 单击预设表上缘的磁盘图标，可以使用自己选择的名称存储已编辑预设。

⑥ 打开保存文件的标准对话框，导航到要在其中存储预设的子文件夹。

⑦ 键入要存储预设的名称，然后单击“Save”保存预置。W5 预设置保存为标准的 VST 格式，文件扩展名为“.fxp”。

⑧ 现在存储的预设出现在预设表中。如果要删除它，只需选择好要删除的预设文件，然后单击列表顶部的☒按钮即可。

在某些时候，如果要重新命名预设，选择它，单击☒按钮，再立即单击，并输入所需的名称。

图 6-65 所示窗口下面的旋钮 1～3（从左至右）提供了直接访问有关混响的一些最重要参数。其中，Pre-delay（预延时）调节预延时信号的时间长度，单位为毫秒；Size（房间大小）决定房间的大小感觉；Main Time（总时间）缩短或延长混响时间。这些参数可由加载文件自身带来，使用者也可进行微调。另外，在 Setup（设置）按键菜单中的 Auxiliary Controls1、2（辅助控制 1、2）下的所有编辑类型，可自由分配到本窗口中的旋钮 4 和 5 上。换言之，旋钮 4 和 5 可控制的具体名目是由 Setup（设置）按键菜单中的 Auxiliary Controls 1 和 2 下的选定编辑类型指定的。不言而喻，这两只旋钮就是用来控制 AUX1 和 AUX2 的参数的。旋钮 1～5 的具体内容在 Setup（设置）按键菜单中均有介绍，这里不再赘述。

3. Edit（编辑）菜单按键（见图 6-66）

1）首先要载入 HDIR 模型：在图 6-66 所示窗口右侧，显示的是 HDIR 模型的选择表和 User（用户）模型。除 AIR 模型之外，它始终提供的有 Early Reflections（早期反射声）和 Tail（声尾）模型标签。在列表区的顶部边缘（深灰色）位置，提供了迅速在 HDIR 和 User（用户）模型之间选择模型的导航转换能力。单击所需的 HDIR 模型后，立即在左边窗口装入模型并显示出模型的波形。窗口左下方的按钮，可以循环监视 5 条环绕声道的波形。窗口左上方的（反向）图标：当单击变成图形后，表示将混响声倒退播放，建立一个反向的混响效果。声音的增长段音量缓慢加大，而声音的衰减段突然切断。反向效果只与 HDIR 模型和脉冲响应文件有关。

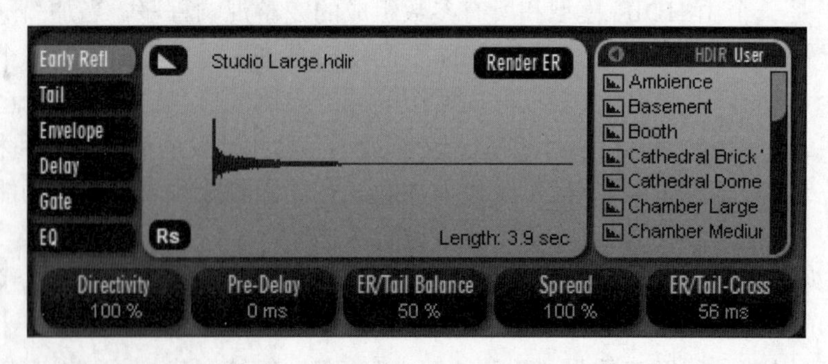

图 6-66　W5 Edit 编辑按键菜单窗口

2）Early Refl（早期反射声）标签：该标签是处理一系列早期反射声参数的访问按键。请记住：整体声音是由早期反射声和干信号重叠产生的。直到直接感受到信号之前，我们不会预先感受到早期反射声参数的影响。调整早期反射声的相关参数主要由窗口下方的一排五只旋钮共同执行，分别介绍如下：

（1）Directivity（指向性）旋钮：虽然声尾开初的几毫秒提供给听众所需房间内声源定位的重要信息，但它们又经常让声音发生染色。对指向性参数的调节，可使这种染色减轻，并让声尾在第一毫秒就获得通过，使得音景更加自然。进一步把 Directivity（指向性）旋钮关小，从门限器被打开的最初时间到最右边位置的 20ms 期间，随着旋钮向右转动得越多，声音变得越自然，且声源的位置在混响效果中变得越不明显。这就是为什么扩散性好（指向性减小）的声音或乐器声可以给听者带来更“亲切”的感觉。

（2）Pre-Delay（预延时）旋钮：从直达声到达与第一次反射声之间这段微小间隔称为预延时时间。已被记录的 HDIR 模型中已经存储有预延时信息。Pre-Delay 旋钮，可以在原有 HDIR 模型“自然”预延时的基础上加大延迟时间，延迟混响信号多达 200ms。

对于主唱声，可以使用预延时把直达声信号与声尾明确地分开，这能增强混合在伴奏声内人声的清晰度。鼓或打击乐具有较长的预延时时间，冗长的预延时可以清晰地听到混响效果声的起始点，所以可以把它看成回声，这会使得乐曲变得模糊不堪。

（3）ER/Tail Balance（早期反射声与声尾的平衡）旋钮：该平衡旋钮决定了早期反射声和声尾间的相对电平。从中间的 12 点钟位置向左旋转旋钮，早期反射声更加突出，这样可逐渐增强声音的临场感，声源逐渐从混合声音中移到了靠前的位置；从中间的 12 点钟位置向右转动旋钮，声尾则变得更加突出，可将声源推到房间的更深远位置，或将混合声音移动到靠后位置。

（4）Spread（扩散或展宽）旋钮：“扩散”可以沿着时间轴压缩早期反射声。把旋钮从中间位置靠左拧（极右端代表 100%），更多的反射声将被压缩，似乎房间变小了。注意，扩散值不能大于 100%，原因是早期反射声可能会被拉伸到超出它们的实际范围，这将让声音变薄，以至于使扩大房间效果的目的失败。如果想要一个更大的房间，宁愿一开始就选择一个现存的大房间 HDIR 模型。

（5）ER/Tail-Cross（早期反射声与声尾的交叉点）旋钮：ER 和 Tail 交叉的定义点，即早期反射声的尾与声尾的头的交叉点。此参数是标志早期反射声与声尾平衡和扩散的工作点，所以改变这个点会影响它们的处理功能。

当用 Render ER 或 Render Tail 按键添加一个 AIR 时，ER/Tail-Cross 旋钮则被隐藏，因为 AIR 能自动确定这个交叉点。当改变了模型后，以前各旋钮的设定值保持不变，不过可以加载模型自己的默认设置。如何确定 ER/Tail 交叉点呢？这取决于当时使用的是哪类 HDIR 模型或某个脉冲响应。HDIR 模型已经含有适当的 ER/Tail 交叉值。要召回某个模型的交叉点位置时，需按住 Ctrl 键（PC）或者⌘键（Mac），即可提取出它的 ER/Tail 交叉值。因为 User（用户）脉冲响应不含有 ER/Tail-Cross 值，需按住 Ctrl 键（PC）或者键⌘（Mac），才可将此值设定为 50 ms 的默认值。对于非常小的房间，应该稍微降低这个值；而对于非常大的房间，则应该稍微提高这个值。

（6）Render ER（早期反射声渲染）：以 AIR ER 反射方式产生的早期反射模型代替 HDIR 的早期反射模型。当单击了 Render ER 后，包含有 15 个 AIR ER 的模型选择目录表打开。鼠标在需要的模型之上单击加载它。每个 AIR ER 模型为一个特定房间类型的模式。

如果打算要保持 HDIR 模型的自然特性，就要选择相匹配的早期反射声模型，例如将早期反射声模型“Church（教堂）”与 HDIR 模型的“Church（教堂）”整合。这样的过程虽然对混响效果改变并不太多，但无疑地保证了计算机的计算能力不会因此而下降。如果依然喜欢 HDIR 模型的早期反射声而不要 AIR 模型反射声了，只要再次单击一下 Render ER 即可删掉它。

3）Tail（声尾）标签

单击它即进入声尾编辑窗口。用 Main Time 旋钮来调整总混响时间。为了精细地编辑，也可以使用 Low Freq/High Freq 旋钮去把声尾分割成三个频段，用 Low Time/High Time 旋钮去调整声尾的低频和高频混响时间。

（1）Main Time（总混响时间）旋钮：它确定整体混响时间，它直接影响中频的混响时间，并使用 Low Time 和 High Time 旋钮来分别调节低频和高频范围内的混响时间，这个时间参数都是相对于 Main Time（总混响时间）的数值。

（2）Low Freq/High Freq（低频和高频）设置旋钮：低频和高频旋钮将声尾分成三个频段：用 Low Freq 旋钮选择声尾的低频频率；中频频段位于 Low Freq（低频）和 High Freq（高频）旋钮所选择范围之间；用 High Freq 旋钮选择高频频率。

注意： 只有当 Low Time（低频混响时间）旋钮设置参数超过 0%，Low Freq（低频）旋钮设置的参数才会影响到声音；只有当 High Time（高频混响时间）旋钮设置参数超过 0%，High Freq（高频）旋钮设置的参数才会影响到声音。

（3）Low/High Time（低频和高频混响时间）设置旋钮：分别设置低、中和高频不同频率段的混响时间。必须先用 Low Freq 和 High Freq 这两只旋钮定义低频与高频的频率：用 Low Time（低频时间）旋钮去调整相对于 Main Time（总时间）的低频混响时间；中频的混响时间是由 Main Time（总时间）旋钮直接确定的；用 High Time（高频时间）旋钮去调整相对于 Main Time（总时间）的高频混响时间。

HDIR 的声尾混响时间只能根据原来房间的频谱来调整。如果 HDIR 模型已经含有一些低频或高频衰减，那么这些频率范围内的混响时间，只能有非常有限的人为改变。

另一方面，可以自由调整 AIR 声尾与频率相关的衰减时间。例如，可以将高频端调整为比低频端更快的衰减，反之亦然。

虽然 HDIR 模型允许在小范围内修改其声尾，但是要更大范围编辑声尾从而真正体现自己的创意，改用 AIR 声尾是非常明智之举。而这是如何做到的呢，如图 6-67 所示。

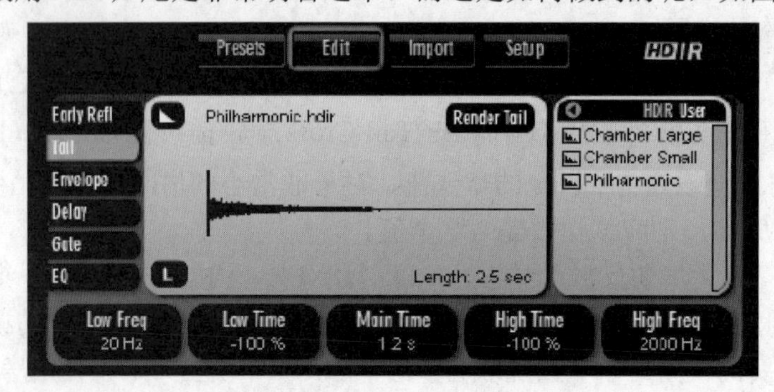

图 6-67　W5 Tail（声尾）标签窗口

（4）Render Tail（渲染声尾）：单击 Render Tail 按键后，HDIR 模型的声尾即被 AIR 的声尾替换。这是一个 HDIR 模型的早期反射声和 AIR 声尾的组合，为 W5 提供的最有趣的应用方法之一。声音的声尾通常会比早期反射声持续更长时间才会逐渐消失，所以渲染声尾的方式也是为了减轻因处理 HDIR 的长声尾而在 CPU 上的沉重负担。只要激活 Render Tail（按键变为黄色），即可用上述的基本参数控制 AIR 的声尾，还可用窗口里的五个补充参数，使用推子调整或直接键入目标值。

如图 6-68 所示，在主窗口右边的那个小窗口，可以看到程序提供的 AIR 声尾类型预设选择表。单击所需的 AIR 声尾便可加载它，然后就能编辑它的一些房间参数了。打算再次在 AIR 声尾的地方听到原来的 HDIR 模型的声尾，用鼠标按钮单击“Render Tail”按键使其关闭（变成黑色）即可。

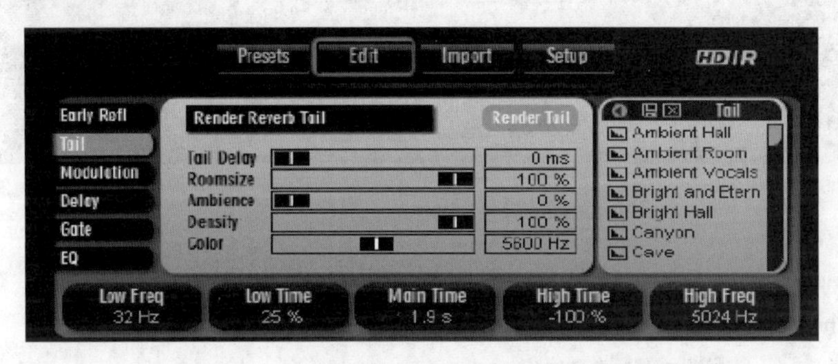

图 6-68　W5 Render Tail（渲染声尾）按键窗口

① Tail Delay（声尾延迟）时间调节：在早期反射声结束后还可再延长声尾长达 200ms。

② Room Size（房间大小）选项：改变声尾构建的虚拟房间大小。一般采用 100%的房间值等同于大教堂和音乐厅的大小；50%为一般录音棚的大小；50%以下的值，相当于普通起居室的大小。

③ Ambience（临场感）选项：可将声源推向房间更深处的位置。其效果可与在混音过程中形成的，或将传声器架空拾取到的环境声感觉相媲美。

④ Density（密度）选项：主要是影响声尾的反射声密度。0%的密度值产生峡谷似的反射感。

⑤ Color（色彩）选项：可从暗淡到明亮调整声尾的音色或音质。在 3kHz 左右的值听起来暗淡；6kHz 左右听起来很自然；在 8kHz 开始，听起来非常明亮。

4）Modulation（调制）标签（如图 6-69 所示）

在 Render Tail（渲染声尾）功能中，Envelope（包络）按键标签被 Modulation 按键标签取代。该标签下共有三个调制选项，可以实时调制混响尾巴的一些参数。为什么要调制混响尾巴呢？设想一个大小不断变化的房间所获得的声音效果就会明白，延迟时间随着房间容积而改变，混响声尾的延音音调会有细微的变化。这个音调的变化，或多或少地与乐器所发出的是乐音还是噪声有关，还与其受调制深度的设置值有关。

① Mode（模式）下拉菜单：选择所需的调制模式，可选择项有 Chorus（合唱）和 Doppler（多普勒）。虽然 AIR 模式的混响声尾巴工作精细而无调制效果存在，但是可以创造性地使用软件提供的这种调制效果，模式不同而有不同的效果。Chorus 选项的调制效果在所有声

道上表现都不太明显，且音调变化也不同，经常用它来处理一些悦耳的轻音乐，因为这样的混响尾声听起来更顺畅和更宽大。使用这个选项达到的效果与鼓和主唱声加入了激励器的低音强度调节作用一样；Doppler 选项使音调在所有声道上的变化相同。这种调制效果是非常明显的，非常适合做一些特殊效果。多普勒效果如同提供了一个“超现实”的混响室且产生的油罐声具有更多的金属声感。

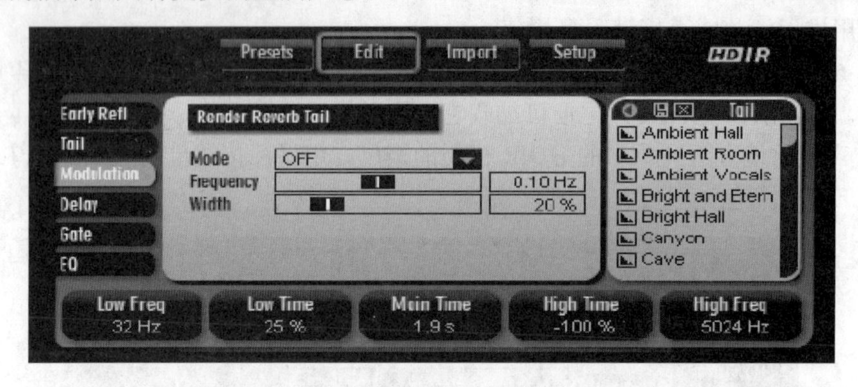

图 6-69　W5 Modulation（调制）标签窗口

② Frequency（频率）下拉菜单：确定调制率的频率，从 0.01Hz～1Hz。

③ Width（宽度）下拉菜单：控制调制的宽度。

5）Envelope（包络线）标签

包络线由两段组成：Attack（增长段）控制初始阶段振幅的包络，即初始的混响效果。Decay（衰减段）控制最后阶段振幅的包络，可以更快地淡出混响信号或硬切断混响。虽然增长段或衰减段都可以单独跨越整个 HDIR 模型，但这两段永远不会交叠。如果两段直接互相靠近，一段总是要取代另一段。如果它们相互之间没有靠近，就会生成对声音没有影响的第三个“补白”段。每次更改包络参数，混响信号将短暂地中断让 CPU 执行运算并计算为 HDIR 模型，如图 6-70 所示。

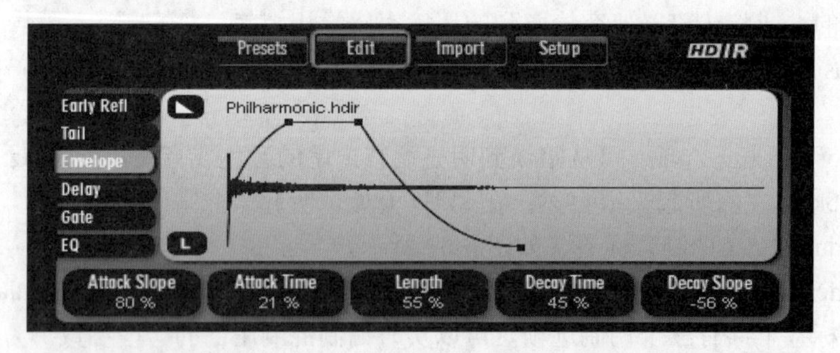

图 6-70　W5 Envelope（包络线）标签窗口

（1）Length（长度）旋钮：它能缩短整个混响信号的长度。如果输入的长度值低于 100%，表示该 HDIR 模型没有被回放到尾部。长度值低于 100%的使包络紧凑。增长和衰减阶段由 Attack/Decay Time 旋钮确定，但不会改变混响信号的长度。

（2）Attack Time（增长段时间）旋钮：它决定了包络线第一段的长度。这段的起点总是与早期反射声的起点相同，因此，可以用 Attack Time 旋钮将本段往右移动到尾部。增长段可以全部或部分覆盖整个混响信号，但是，它始终不会与衰减段交叠。

（3）Decay Time（衰减时间）旋钮：衰减时间决定了最终包络段的长度。这段的尾巴总是与包络的尾巴相同，因此可以用衰减时间旋钮将本段的起点向左边移动。衰减段可以全部或部分覆盖整个混响信号，但是它不能与增长段交叠。

（4）Attack/Decay Slope（增长段/衰减段斜率）旋钮：斜率旋钮分别独立地控制增长段和衰减段斜率的形状。用这些旋钮可以分别描绘出各增长段上升和衰减段下降的包络线形状：斜率为负值将产生一条指数曲线；斜率为 0%，将出现一条直线上升或下降的曲线；斜率为正值时是一条对数曲线。可以用这个斜坡旋钮准确地塑造混响信号，例如，可以把增长段和衰减段描绘为非常陡峭的斜坡去创建一个门控混响类型。如果想要混响突然切断的效果，只要把 Decay Slope 旋钮拨向快速衰减斜率即可。

6）Delay（延时）标签

单击 Dalay 标签进入环绕延时模块窗口，如图 6-71 所示。位于信号链之前的混响器，它可以产生更多的反射声、回声，及其复杂的排列模式。

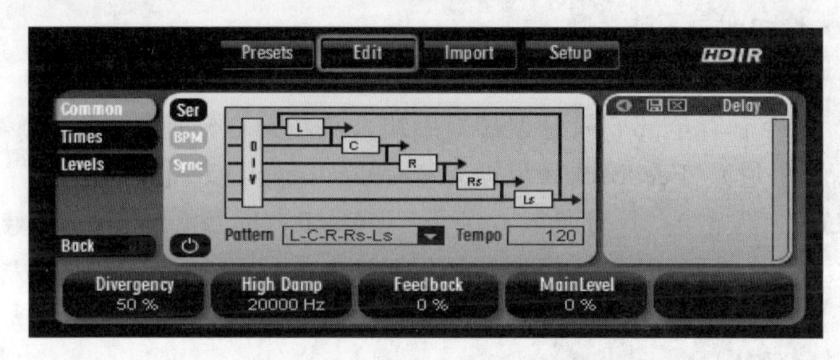

图 6-71　W5 Delay（延迟）标签窗口

显示屏上不但显示了延时器的路径分布，而且还有 Par（并行）/Ser（串行）基本参数和 Pattern（排列模式）、BPM（流量）、Tempo（速度）和 Sync（同步）等选项需要用户设定。

（1）Par（并联）选项：5 个延时器固定分配给 L、C、R、Ls 和 Rs 声道，这个配置不但对应于输入到延时器的输入信号，而且还定位于全景环绕声。5 个延时器是独立工作的，并各自配接一个离散反馈电路。从交换盘来的声音信号进入延时器左边的输入端口而被延时，已延时的信号再反送回延时器输入端口成为混响信号，如果需要的话还可再反馈。要确保将单个声源信号固定分配，例如，把主唱轨分配到中置声道，而不仅仅是被路由分配到一个单一的延时器，还可以把信号通过交换盘分配到其他延时器上。并联延时是为产生五条环绕声声道单独反射的最佳选择。

（2）Ser（串联）选项：5 个延时器以串联方式配置，即第一个延时器输出信号不但从本声道直接输出，而且还连接到第二个延时器的输入，其他 4 个延时器也按照这个接法工作。信号链的顺序是用一种 Pattern（模式）选项来确定的。分别分配 5 个延时器到 L、C、R、Ls 和 Rs 声道，通过这些延时器发送并接收信号。假设将一个延时器分配给 L 声道，此延时器输入端口接收来自 L 声道的输入信号，它的输出端的输出信号发送到 L 声道，这种分配对应于环绕声的声像位置。反馈循环电路从最后一个延时器连接到链路中的第一个延时器的输入端口。在给定模式的信号链中，每个延时器不但从指定的输入端接收输入信号，而且还直接从它之前的延时器上接收已被延时的信号。

例如，选取模式为 L-C-R-Rs-Ls 的图案（Pattern），这意味着延时器 R 不仅接受到来自 R 前端的直接信号，并且还接收来自 C 延时器输出的延时信号。对于本例来说，延时器 L 依次地不仅仅从其输入端接收 L 声道的直接信号，还从链路的反馈电路上接收最后一个延时器 Ls 的输出信号，这样，整个链路信号可以按指定的顺序并多次通过所有延时器。

选定的模式是横跨整个环绕声场的复杂延时模式，可以使用串联延时器通过同步延时时间与歌曲速度来创建不同的节拍型式。

程序需要一个参考的拍速（以音符时值为根据）来计算延时时间。单击 BPM 框并手动设置拍速（Tempo，拍/分钟）。如果想要采用主程序的拍速应激活 Sync（同步），只有在 BPM 处于激活状态时才能够启用“Sync”，启用 Sync 后则不能再更改 Tempo 框内的拍速值。

在显示屏的左下角有一个启用整个延时电路的激活按钮；在显示屏右边的小窗口中，可以加载预先设定的延时模式或存储自己的延时配置的宏列表；要退出延时窗口，只需单击 Back（返回）按钮即可。

（3）Common（共同）标签

Common 标签控制着全部 5 只延迟参数旋钮，从左到右分别是：Divergence（发散）、High Damp（高频阻尼）、Feedback（反馈）和 Main Level（总电平）。

① Divergence（发散）：具有发散或融合 L、C、R、Ls 和 Rs 声道信号的特点。当这个旋钮设置为 0 时，每只延时器仅接收其分配的输入的信号，随着旋钮调大，每只延时器接收原来只分配给其他延时器的信号的比例越来越大。当发散旋钮调到最大值时，所有的延时器将得到相同的信号。

② High Damp（高频阻尼）旋钮：延时器反馈回路的低通滤波器可以模拟房间内反复产生的回声所造成的高频损失。设置高频阻尼到某一个阈值频率，在反馈回路中高于阈值频率的频率被抑制。这个参数值同样适用于所有的延时器。

③ Feedback（反馈）旋钮：将延时器的输出连接到它自己的输入所建立的反馈环路。在并联模式下，每只延时器有一条专门的反馈环路。在串联模式下，反馈回路是由最后一级延时器连接到第一只延时器。该旋钮确定了所有的延时器从其输出端反馈到自己的输入端的信号总量；在并联模式下，利用各个延时电平旋钮，采用不同的延时时间，去纠正漂移在环绕声音景内特定方向上的回声轨迹。

④ Main Level（总电平）旋钮：在信号发送到混响器之前，使用此旋钮调整所有延时器的总电平。

（4）Times（延迟时间）标签

Time L/C/R/Ls/Rs（5 声道延迟时间）旋钮：这是用来设置各个延时器在某一范围内的延时时间，时间从 0～8000ms。考虑到，串联模式中延迟时间是连续相加的。当启用了 BPM 模式后，音符时值作为延时时间。

当 BPM 激活时，时间调整旋钮改变成音符（Note）旋钮类型。如果在串联模式下仅仅使用了 5 个延时器中的 4 个，例如，设置 Note C 旋钮到极左的 None 位置（零延时），即把延时器 C 排除在循环圈外，这时它更接近于 4/4 拍的模式。在此例的情况下请务必把延时器 C 的电平调低。

（5）Levels（电平）

Level L/C/R/Ls/Rs（5 声道电平控制）旋钮：在这里可以确定每个延时器的输出电平。在串联模式下，这个设置对链中的其他延时器没有影响。

（6）Gate（噪声门）和 EQ（均衡器）标签（这两个设备的调整方法与通常的 Gate 和 EQ 没有什么区别，所以介绍省略。）

4．Import（导入）菜单按键

在图 6-72 所示的 Import 菜单里，可以对非 HDIR 脉冲响应文件加载、试听、编辑和保存。它提供的是标准函数，以及远远超出规范的编辑工具。将脉冲响应加载到 W5 软件（或插件）中，并把当前经 W5 制作过的歌曲保存在主软件的框架之内，只要以后再打开这首歌，W5 将自动加载相应的脉冲响应和参数；Dir（直接声）、Trim（修剪）和 Gain（增益旋钮）提供优化了的已被加载脉冲响应的编辑功能。这些工具允许使用者将其声音质量优化，并同时准备与 W5 的 AIR 功能一起参差使用。如果对结果满意，可以保存优化后的脉冲响应，以后可直接从 W5 的用户列表加载它。尽量利用 W5 所提供的编辑功能，养成用编辑功能优化脉冲响应的习惯，并另存为用户脉冲响应。

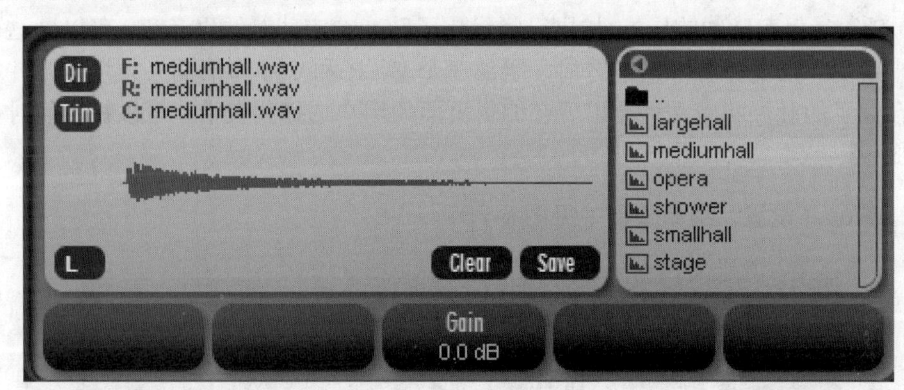

图 6-72　W5 Import（导入）菜单界面

加载脉冲响应：灰色窗口左边是 Dir 和 Trim 功能按钮标签以及立体声模式按钮标签（F、R 和 C），右边为加载脉冲响应的文件选择列表。W5 能够载入 AIFF 和 WAV 格式的脉冲响应。要求房间前端“F”和后端“R”的文件必须是立体声文件（立体声交错存取格式），中置声道“C”可以是单声道也可以是立体声文件，如果没有这种脉冲响应类型，也可以用前方（F）的脉冲响应文件来产生中置信号。

单击右侧列表选择所需的 F 文件，加载前方声道“F”的脉冲响应；选取 R 时按住 Ctrl 键，再单击所需的文件，即可加载后方声道“R”的脉冲响应；选取 C 时按住 Shift 键，然后单击所需的文件，即可加载中置声道“C”的脉冲响应。

这三个项目必须全部装进脉冲响应文件。一旦加载了脉冲响应其波形即刻被显示出来。在该显示屏右下方可找到一个 Clear（清除）按钮，单击它后将删除上面全部已被加载的脉冲响应文件。按 Save（保存）按钮后，可以存储该脉冲响应组为模式文件，并将其添加到用户列表中。

窗口内 Trim 键下方有一 L 字符按键，这是一个可循环观看空间中各个方向脉冲响应波形的循环按键，它可以按 L、C、R、Ls、Rs 的顺序反复切换。

有时需要对某些原来就不太满意的脉冲响应样本用工具做一些修改，以达到优化脉冲响应的目的。使用 Dir（去掉直接声）、Trim（修剪）和 Gain（增益）工具可以在瞬间完成编辑工作。它们为非破坏性编辑工具。

（1）Dir（去掉直接声）按键："告诉" W5 该脉冲响应中是否含有直接声，如果有必要的话可将其自动去掉。这个按键所处状态是非常重要的，因为它除了塑造混响声以外，还会影响到脉冲响应的电平，因此它是与 AIR 技术相互作用的。

一种脉冲波形强烈的开头一般是脉冲响应包含直接声的迹象，这将导致干、湿信号混合时不良的抵消作用。如果加载的脉冲响应样本中含有直接声，当激活 Dir 工具后，W5 将对脉冲响应再次分析，调整其电平并自动删掉直接声。如果不能确定直接声的内容，可以反复开、关 Dir 聆听优化处理后的效果。

（2）Trim（从波形开始处修剪掉无声部分）：在第一个脉冲突跳之前，脉冲响应经常存在着多余的空白无声部分，只需按下 Trim 按键，即可自动切除这些空白小块。

（3）Gain（增益）旋钮：窗口下方一排 5 只旋钮中间那个大的旋钮即为脉冲响应增益旋钮。

（4）Save（保存脉冲响应）：如果已经优化了脉冲响应并对结果满意，可以把这个结果保存起来备用。在保存脉冲响应之前，全部 3 个 F、R 和 C 字母后面必须填入脉冲响应文件。已存储了的脉冲响应文件会出现在编辑页面的用户选择列表中，可以在任何时候直接从那里加载。

5. Setup（设置）菜单按键（见图 6-73）

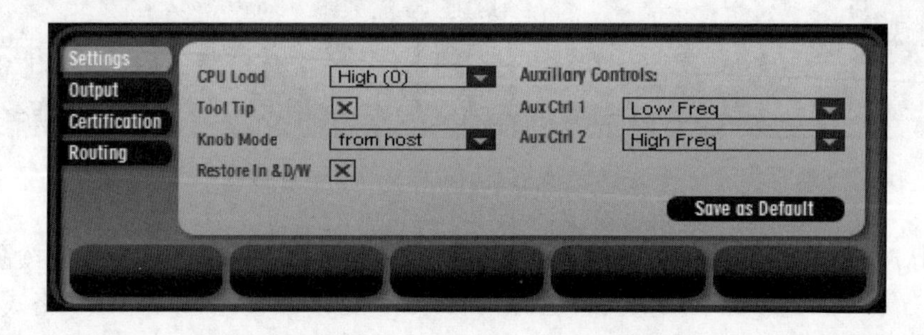

图 6-73 W5 Setup（设置）菜单界面

1）Settings（设定）标签

（1）CPU Load（CPU 负载）：共有三个可供选择的选项，这些选项的唯一区别是加工量增加，输入信号延迟量也增加。High（高级）：如果主计算机拥有足够的计算能力，选择此模式。这是唯一一个在 W5 中工作而没有额外延迟的选项。在该模式中，W5 的运行延迟与系统的延迟量相同，而没有额外的延迟。Mid（中级）：如果运行的计算机性能普通，就选择此模式。其缺点是，W5 需要更多的计算时间，因此混响信号会增加延迟 2048 个样本。在 44.1 kHz 采样频率模式下，2048 个样本约为 47ms。Low（低级）：如果运行的计算机刚刚符合最低标准，请选择此模式。这里，W5 以延迟 8192 个样本为代价来换取计算机的能力。在 44.1 kHz 模式中，8192 个样本延迟时间相当于约 186ms。

（2）Tool Tips（工具提示）：当鼠标指针悬停在某些控制器上时，该工具能自动出现对该控制器功能的简短文字说明。

（3）Knob Mode（旋钮模式）：此选项确定 W5 旋钮的工作方式。From Host：由主软件旋钮代替工作；Circular（圆形）：用鼠标抓住旋钮做圆周运动来调整参数；RelCircular（成比例的圆形）：这种模式更像是上面的 Circular（圆形）选项一样，只是调整值的变化相对于当前值；Linear（线性）：抓住旋钮、并上下拖动鼠标调整参数值，操作方式有点像推子。

（4）Restore In & D/W（恢复输入数据和干、湿信号比例）：加载具有总体性质的文件时，如加载已有的脉冲响应，自动把 Input（输入）电平值和 Dry/Wet（干/湿）比例值重置为先前已被保存的数值。当保存这个预置时，当前的 In &D/W 值也总是被保存！

（5）Auxiliary Controls（辅助控制）：Aux1 Ctrl 1（辅助控制 1）和 Aux1 Ctrl 2（辅助控制 2）的旋钮位于图 6-68 窗口右侧。打开每个辅助控制旁边的下拉菜单，可以指定一个待编辑参数到 Presets（预置页）中两个旋钮中的一个。下拉菜单中列出了所有可用的编辑参数。一旦在下拉菜单中选中可调参数，在 Presets（预设置）页面中靠右边的两只大旋钮的控制参数名称及功能也会作相应地改变。

（6）Save as Default（保存为默认）：一旦在 Setup（设置）面板配置了所有满意的选项，可以利用“Save as Default”按钮保存这些配置，并且今后 W5 会自动加载这些默认值作为标准配置。

2）Output（输出）标签

（1）LFE HiCut Freq（低频效果器的高频截止频率）推子：设置 LFE 的截止频率。高于这个截止频率的信号被截掉，可调节截止频率从 40～200Hz。

（2）LFE Level（低频效果器的电平）推子：调整 LFE 信号的电平大小。

（3）Bass Management（低频管理）选项框：对添加到环绕声扬声器的信号中的低频成份管理。为了防止过度地提升低频，将输入到环绕扬声器的信号先输入到一个高通滤波器，以削减环绕声道中与 LFE 声道中信号重叠的那部分低端频率的电平。低频管理也是为最高保真度环绕声系统考虑的。一则是因家庭影院系统的环绕声扬声器口径太小，而对其提供适当频率以下的低频振幅衰减；二则是为专业影院系统的低音炮专门保留的 LFE 信号，而家庭影院系统低音炮也可用来增强环绕声扬声器的低频响应。

（4）Stereo Downmix（立体声缩混）选项框：所谓缩混就是将多轨录音缩减合成为较少的音频轨道的过程。5.1 也是一种指定的缩混格式。W5 也允许将 5.1 缩混为 2.0 系统，即从环绕声缩混为立体声；另外，真正的 5.1 环绕声需要 LFE 声道的支持。W5 的缩混兼容性允许用混响器已有的 L、C、R、Ls 和 Rs 等声道，产生一个 LFE 信号声道。这些信号将由干型 LFE 信号与用 Dry/Wet 旋钮所产生的 LFE 信号混合，并且用 LFE HiCut Freq 去选定低通滤波器的截止频率。如果打算用 W5 作为立体声混响器，可激活“Stereo Downmix”（立体声缩混），原有的 5.1 声道信号将按以下电平分配和混合，并从 L 和 R 声道输出：原 5.1 声道的中置信号混合并平等分配到 L（左）和 R（右）声道，每边各分配大约为-3dB 信号；原 5.1 声道的左环绕声道 LS 信号按-3dB 电平混合到前 L（左）声道，右环绕声道 Rs 信号也按-3 dB 电平混合到前 R（右）声道；原 LFE 信号下降到-20 dB 电平同等地分配到两边的 L（左）和 R（右）声道。

3）Certification（认证）标签

在空的长方格中填入正确的认证序列号。

4）Routing（路径）标签（插件格式的 W5 没有这个选项）

当在单机模式下运行 W5 时，单击 Routing 标签后会出现一个表格，用它来确定 W5 中 5.1 声道环绕声音频接口的输入/输出端口的连接路径。表格中从上到下依次出现的选项是：Device（设备）选择所需提供 5.1 音频接口的驱动器件，原则上是要选择一个延迟最低的 ASIO 设备；Inputs/Outputs（输入/输出）分配 5.1 声道到相应的输入/输出硬件上；Config（配置），只有 PC 版本 W5 有这一选项。这是打开选定设备下的音频接口的配置对话框，只需在对话框中设置音频缓冲区大小。

第 7 章　电子计算机数字音频工作站

7.1　数字音频工作站的概念

工作站是一种用来记录（采集）、处理、查询数据与交换信息的计算机系统。数字音频工作站（Digital Audio Workstation，DAW）是一种以计算机硬盘为主要记录载体，完成记录、处理、混合与交换音频数据信息的计算机系统。它是随着数字音频技术和计算机技术的迅猛发展，将两者紧密结合的一种新型音频设备。数字音频工作站的出现，使传统音频录音、编辑、混音和节目交换方式产生了翻天覆地的变化，使节目质量和工作效率得到了极大的提高。

早期的个人计算机（PC）只是一种可编程的运算加速器而已。随着计算机强有力的硬件和软件的出现，以及相关技术的发展促进了这些技术向着集成化迈进，并且将 PC 数字音频和多媒体的各种特性灵活地结合，将音频制作提高到一个新的水平，使得 PC 在广阔的应用领域成为专业录音棚和个人录音工作室的核心设备。

数字音频工作站出现于 20 世纪的 70 年代末至 80 年代初，由于受到当时计算机技术的限制，其技术性能、记录与处理音频数据的规模和能力都很低下，应用范围受到了很大的限制。20 世纪 90 年代中期，特别是进入 21 世纪以来，随着利用数字技术处理音频信号技术的日趋成熟，尤其是计算机软硬件技术和多媒体技术的日趋完善，各种性能优良、功能齐全及自动化程度很高的数字音频工作站相继问世。最近几年，数字音频工作站技术又得到了进一步的拓展，其量化分辨率和采样频率得到了大幅度提高。处理音频数字信号的内挂软件（Plug-In）或称为寄生或宿主软件（插件）的品种急剧增加，自动化程度已经达到相当完善的程度，并且基本上可以摒弃鼠标操作，回归到原来模拟时代控制声音的简便方式上。

数字音频工作站是数字领域内，一个完全以计算机为基础的音频记录和制作设备。数字音频工作站从功能和性能上讲是复制和扩充（但又不是简单地复制和扩充）了模拟录音棚的全部设备和功能。它所提供的录音、混音、编辑处理，甚至母版制作的全部功能均集成在一个系统中。

数字音频工作站是计算机多媒体技术应用的一个重要分支，正是有了多媒体技术的发展，数字音频工作站才能具有多任务操作的能力，因而，数字音频工作站能同时进行诸如 MIDI、数字视频等与数字音频相关联的其他制作工作。QuickTime 和 DirectX API 分别是 Macintosh 和 Windows 计算机操作系统的扩展功能或程序组，它们并不是一个独立的软件，它们能将动态视频和音频组合到文件和图形文档中。它们可执行许许多多媒体功能，如压缩、编辑、存储、音频与视频显示及加速功能。有了这两个扩充程序组，音频工作站的众多功能操作才能得以顺利实现。如图 7-1 所示为 Digidesign 公司的 Pro Tools HD 数字音频工作站。

图 7-1 Digidesign 的 Pro Tools HD 数字音频工作站

在多媒体数字音频的应用中，数字音频工作站有很多优点。例如，它具有处理长文件的能力，通常，它的录音时间只受音频硬盘容量大小的限制；能对音频文件进行高质量的记录，并能随机地对数字音频信号做存取与编辑处理；用在板的 DSP（数字信号处理器）芯片，可以对数字音频信号进行实时处理而无需占用计算机 CPU 资源，如加入混响、延时等常规处理和其他非常规处理；可以与传统的外部音视频设备同步联机实现多机同时工作，如录像编辑机、DAT 录音机、模拟磁带录音机等，只要在它们之间安装了同步遥控接口，均可实现与数字音频工作站同步联锁遥控运行；与其他多媒体设备一样，数字音频工作站还可与其他多媒体设备，如数字视频、MIDI 音序等，进行多任务、综合性的协同工作。

数字音频工作站主要用于对声音信号的记录、剪辑、处理和缩混。根据具体工作对象及工作性质不同，又可细分为以下几个方面的应用。

1. 音乐录音及合成

数字音频工作站主要沿袭了模拟多轨录音方式。根据分轨录音的工作方式不同，又可分为同期分轨和分期分轨两种录音方式。但与模拟录音不同的是，数字音频工作站是一种多媒体设备，它不仅可以录音，还可直接在工作站上制作 MIDI 音乐数据，直接指挥 MIDI 音源组件（硬件音源或软件音源）发声。因此，在大多数情况下，通过 MIDI 制作的音乐声部不再记录到 DAW 的音轨上，而是与前期（或后期）录制的真实乐器声部和人声直接合成；再就是，DAW 的物理声轨比起模拟多轨录音机要多得多，而且 DAW 还有无限多的虚拟声轨，单就物理声轨的多寡而言，DAW 已是传统模拟多轨录音机无法比拟的。单就声音合成方式来讲，DAW 与模拟多声轨后期合成方式是一致的，只不过处理手段不同而已。

2. 影视录音合成

DAW 在计算机 PCI 插槽上安装有视频采集回放卡（也有直接与视频编辑机联锁的），只要将数字视频文件采集进入（或调入）DAW 内，在录音或制作期间，录音师和演员、导演就能对照视频画面进行音频配音和制作。它还能借助专用的声音对位插件，将同期对白作为参考与后期配音对白进行精确的对位。

3．影视前期同期录音

可将 DAW 与电影摄影机通过“派来通”信号联锁同步，或将电视摄像机的 LTC 或 VITC 时间码信号联锁同步记录现场对白声和动效等效果声音信号。在后期剪辑时通过专用的编辑软件，能自动识别电影胶片的轴号和镜头号并进行自动对位编辑。

4．母版制作与编辑

许多 CD 和磁带复制公司，在刻录母版前要根据制作母版的规范和客户的要求，将客户交来的母带进行二度创作，主要是对声音的动态、噪声和音质等进行最后处理加工，这时就要利用专门的母版制作系统对客户母带进行处理制作。

7.2　数字音频工作站的类型

7.2.1　概述

最早的数字音频工作站，如 AMS（埃姆斯）是由一种由微处理器，如 8080、Z80 等一类微机芯片构成的运算处理平台的硬盘录音系统，这是数字音频工作站的最原始类型。那时的硬盘录音系统处理速度十分低下，声轨数量最多也只有八轨，采样频率和量化分辨率最大为 44.1kHz 和 16bit，并且对音频也只有单一的 EQ 处理方式。由于当时的微处理器运算速度十分缓慢，其内存 RAM 和硬盘容量也十分有限，软件操作系统又非常粗慥，操作极为不方便，价格异常昂贵，不是一般制作公司能买得起的，因而根本谈不上普及的问题。直到 20 世纪 80 年代末到 90 年代初，个人计算机的处理速度和集成度得到了大规模提高和改进。两大计算机系统（Mactoshs 和 IBM）相继从 DOS 操作系统跨入视窗操作系统之后，真正的数字音频工作站才逐渐进入寻常百姓家。

目前，数字音频工作站主要有两大类型。一类是在普通的 PC 中安装数字音频工作站核心系统（包括硬件和软件）来实现，其代表机型有美国 Digidesign 的 Pro Tools HD（见图 7-1）和 Fairlight 公司的 EVO 音频工作站（如图 7-2 所示）。实际上 Pro Tools 并不是世界上第一种硬盘录音系统，甚至也不是 Digidesign 的第一代产品，不过它已经成为目前全世界专业数字音频工作站的标准配置。它包含了多轨录音、编辑、混音和音频处理的环境，加上各类 plug-in 插件，Pro Tools 以一台计算机取代了整个录音棚设备。从 6.0 版本起更增强了 MIDI 功能、支持软件合成器和增加了一些新的后期处理功能。

还有一类工作站是以数字微处理芯片并与数字录音编辑核心系统整合在一起的专用一体化数字音频工作站。对于早期的硬盘录音系统而言，由于当时的 PC 各方面还不能胜任数字音频处理的各项任务，各种音频处理的算法技术还未研制出来，大容量的存储媒体，如大容量硬盘还未开发出来，各种不同的数字音频传输接口和专门的文件存储技术还处于起步阶段，并且由于广大的录音工作者对此类技术还缺乏认识，因而，它占有的市场份额非常有限，所以，对于制造商而言，他们要投入相当多的资金和人力来开发这种专门系统，因此，那时的数字音频录音系统价格是相当昂贵的。

现代一体化数字音频工作站较之早期的这类硬盘录音编辑工作站已经有了长足的进步。这类工作站比上述以 PC 为操作平台的数字音频工作站在维护和管理工作方面相对要简单些，而且它与传统模拟录音系统操作方式更接近，因而受到对操作计算机不太熟悉的部分录音师的欢迎。其代表机型有澳大利亚 Fairlight 生产的 EVO 和 Quantum 等音频工作站，图 7-2 即是它的外观。这种类型的工作站还有很多，如图 7-3 和图 7-4 就是其中有代表性的机型。图 7-4 为 Alesis 公司的 19 英寸机架式的 ML9600 硬盘录音系统。

图 7-2 Fairlight 的 EVO 一体化数字音频工作站

（a）为 Euphonix 公司的 R-1 数字音频多轨音频工作站

（b）为机架式硬盘录音机主机

图 7-3 台式数字音频工作站与机架式硬盘录音机主机外观

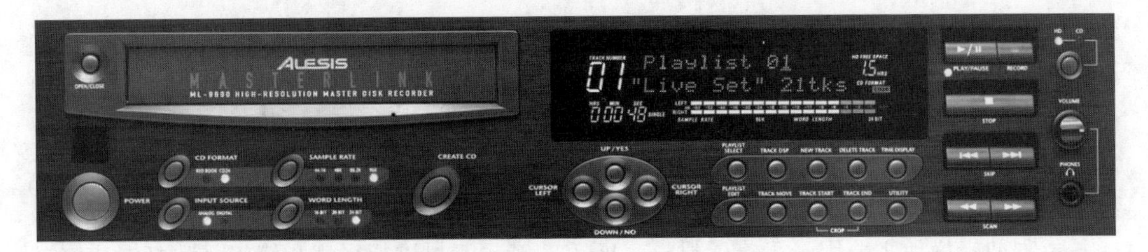

图 7-4　Alesis 公司的 19 英寸机架式 ML9600 硬盘录音系统

值得一提的是，过去完全靠鼠标进行单一功能操作的低效率模式，现在已逐渐被多功能的、具有人性化的机电一体化控制台所代替，其中最具代表的应属 Digidesign 和 Focusrite 公司联合开发的 Control 24 控制台，如图 7-5 所示。这种控制台的最大优点是，它完全取代了传统的模拟调音台和计算机鼠标，并且同传统调音台的操作一样方便灵活。

图 7-6 所示为另一种具有代表性的控制台。它是由美国 Radikal Technologies 公司开发生产的 SAC 系列操作控制台，这种控制台也具有非常友好的人机界面，它几乎能控制现今所有流行大众数字音频工作站软件。

图 7-5　Control 24 控制台

图 7-6　SAC 音频工作站控制台

7.2.2　数字音频工作站的分类

计算机音频工作站与传统模拟录音设备系统在分类上有很大的区别，过去的模拟录音系统由于设备类型多、结构复杂，要想设计和生产出各个领域都能实用的“万能”设备几乎是不可能的，所以有必要把它们进行细致的分类，以适应各类音频及制作行业的需要。而对于目前计算机音频工作站而言，由于它主要是以计算机为工作平台，围绕计算机编写的应用软件，可以面面俱到，能够编写出功能十分强大的操作软件，因而已无严格的功能分类界限可言。如果一定要分类的话，可以根据数字音频工作站的工作性质和对象，粗略地把它们分成如下几类。

1. 广播电台数字音频编播系统

广播电台数字音频编播工作站主要结合了数字音频技术与计算机网络技术，具有节目、广告、新闻等多种数据库，实现了音乐、广告、栏目片头音乐、新闻等音频节目的数字化制作以及自动化节目播出和节目管理。它们具有快捷的系统数据检索、数字化节目制作、波形编辑剪接、配合专业音频矩阵切换等特点，已完全代替了开盘录音机，并已实现广播节目的全自动化播出，而且安全可靠。

该系统一般由录制剪辑、节目编排、节目播出、节目审听、广告管理、数据维护和系统管理等模块组成。

录制剪辑模块主要用于采集素材，对所需的音频素材进行采集和编辑（包括对声音进行特殊效果处理，如时间长度缩放、素材降噪等），然后将素材输出到相应的素材库。在此也可以对系统内的素材的相关信息进行查询及修改。

节目编排模块主要功能是对欲播出的节目表进行编排，制作播出时所需要使用的音频片段和播放表，也可以编排非播出用的节目表，满足节目制作的需要。

节目播出模块按编排好的节目表进行播出，其中包含对直播节目的播出。节目播出采用连续自动切换播出方式，其特点为：①严格的操作代码管理、实时网络状态监测及网络故障报警；②多种节目时间显示、倒计时显示、音量显示；③节目单自动调入，自动准备，自动进入播出状态，自动智能动态预载留节目；④严格的版块管理，保证整个节目的播出简单有序；⑤即时播放器，可实现片段的组合播出，主持人可定义自己的播出盒，以方便每次直播节目时能面向节目直接调用，在直播节目时，轻点鼠标或轻敲键盘数字键即可完成节目或片头广告的播出；⑥系统可根据预先设定的播放天数自动预加载全部节目，可在节目播出过程中随时改变播出节目表，以满足动态安排节目的需求；⑦当网络或节目出现故障时，系统会自动作出判断，自动调用备用音乐播出；⑧可以实现在节目播出同时将节目录制下来，留待下一节目版块播放；⑨可通过扩展音频板卡数量的方式来实现双路节目混合或单路节目播出时同时预听其他节目；⑩利用其 MIDI 功能，可通过调音台来启动某节目的播放、暂停与停止，控制方法与传统的推子启动设备控制方法相同。

节目审听模块用于对制作好的节目进行审查；广告管理模块对系统内所有的广告节目进行统一的管理，可以设置广告的播出时段，费率设定等；数据维护模块对电台的素材信息进行统一管理，并可以对所有的素材进行备份、删除、恢复操作；系统管理模块可对当前网络上的频道、节目类型及节目的播出版块等信息进行统一设置和管理，同时也对系统操作人员的权限进行密码验证。

2. 音乐录音及制作工作站

音乐录音及制作工作站的主要任务是录制音乐节目。它本身已包含了录音、编辑及音频处理模块、MIDI 音序器模块与/或软音源模块。为了适应多传声器和多乐器线路录音的需要，它可以拖带数只进行 A/D 和 D/A 音频格式转换的音频接口箱。

为了适应人们对音源高保真的要求，现代的数字音乐音频工作站的采样频率已经达到 192kHz，取样位数可达到 24bit。

3. 影视节目后期制作工作站

当今的数字音频制作工作站已是各类电影电视声音节目的主要制作设备。这种工作站可以与数字视频节目信号同步播放，或将电影胶片转为数字视频信号，甚至直接与电子电影放映机通过同步信号联锁，使操作人员可以在计算机上看着画面进行各种音频制作。这类工作站的主要硬件结构和软件与音乐录音及制作工作站很相似。

7.3　专业数字音频工作站的特征

从广义的角度讲，凡是能够输入/输出音频信号（数字的或/和模拟的）并能对音频信号做录音加工处理的计算机都可以称为计算机音频工作站。换句话说，只要计算机具备有音频输入/输出能力，并有相关的音频录音及处理软件支持，这台计算机就是一台数字音频工作站。但是，从专业应用的角度讲并没有那么简单，对于专业计算机音频工作站来说，它起码应具备如下特征。

1. 能够以符合专业要求的音质录入和播放声音

所谓的专业要求在各个时期是不尽相同的，就目前说来音频录入和播放质量起码应达到采样频率为 48 kHz，取样分辨率为 24 bit，频响范围应达到 20Hz～20 kHz，动态范围应达到 100dB 以上，THD＋N 小于 0.001%。

2. 具有全面、准确和良好音质的音频处理和剪辑能力

计算机音频工作站的最大优势就是对音频信号的实际处理能力。它能将音频信号拉长、缩短、变调、反向，还能对音频信号电平进行调整或做归一化处理等；它还能对音频信号随意进行剪辑、粘贴、移动……而这些处理能力都是建立在音频插件算法和计算机的基本处理能力上的。一个优良的音频工作站，对于音频信号来说应有比较全面准确和优良的处理能力。

3. 具有完善的自动化混音功能

计算机音频工作站是一个多功能的音频录音、处理及混音系统。一台完善的计算机音频工作站就是一套全能的全自动化混音控制系统，它不仅能够在其音频路径中灵活地加入诸如均衡器、压缩器、混响器一类传统的信号处理设备，还能加入其他更多种类的实时插件来实现对声音信号的实时处理，并且还能对这些插件中的各项技术参数在任何时候进行自动化地修改。计算机音频工作站还应有完备的多声道环绕声缩混能力，它要能随时满足诸如 5.1、6.1、7.1 甚至更多的环绕声格式的缩混需求。

4. 应有强大的 MIDI 制作、混音和设备联动控制能力

一台强大的计算机音频工作站不仅仅能直接处理传统意义的音频信号，它还应当能记录和处理 MIDI 信息，因为 MIDI 信息可以直接指挥音源组件发声和实现对其他设备的控制。这样，计算机音频工作站已经不是对原来模拟录音系统的简单模仿，而是能直接制作音乐和进行复杂音频合成，以及进行若干工种设备联动控制的一个综合系统。

5. 应具备稳定和综合的同步能力

计算机音频工作站经常要与如录像编辑机或 MIDI 等设备联机运行，因而它又必须具

有精确的时间码同步能力。特别是在电视制作或播出环境中，数字音频基准信号必须被锁定到视频基准信号上，以避免音频和视频信号间的同步关系产生漂移。

7.4 音频输入/输出和核心处理部件

要构成以计算机为基础的数字音频工作站，除了计算机和基本操作系统外，最起码还要两件东西，一是音频硬件，二是音频操控软件。音频硬件在音频工作站中所占的地位是异常重要的，它担当着从其输入端口接收模拟信号甚至数字信号，并将模拟信号转换成一定格式的二进位数字信号的工作；当把二进制信号按各种应用需要进行效果处理后，再转换成模拟音频信号从其输出端口输出。这个硬件就是计算机音频接口卡，又称音频适配器或声卡，它是音频工作站的核心部件，也是计算机音频工作站必备的硬件之一。它的设计和制造质量的优劣直接关系到音频工作站在录音、音频处理以及声音输出等方面的最终质量。

在市面上音频接口卡有很多种类型可供选择。对于大多数 PC 音频接口卡来说，在板上一定要集成有 A/D 和 D/A 转换器，以及基于硬件、软件的简单音频处理单元和一些必要的附加模块，并且可以满足多种采样频率和量化比特率的要求，以适应现代音频录音及制作和处理的需要。在基于多媒体应用的音频卡中，主要包括了录音、数字信号处理、多种声音素材合成、I/O 和 MIDI 音乐制作和播放等功能。这类音频接口卡主要适用于业余和非专业录音与制作的需要，其原理框图如图 7-7 所示。

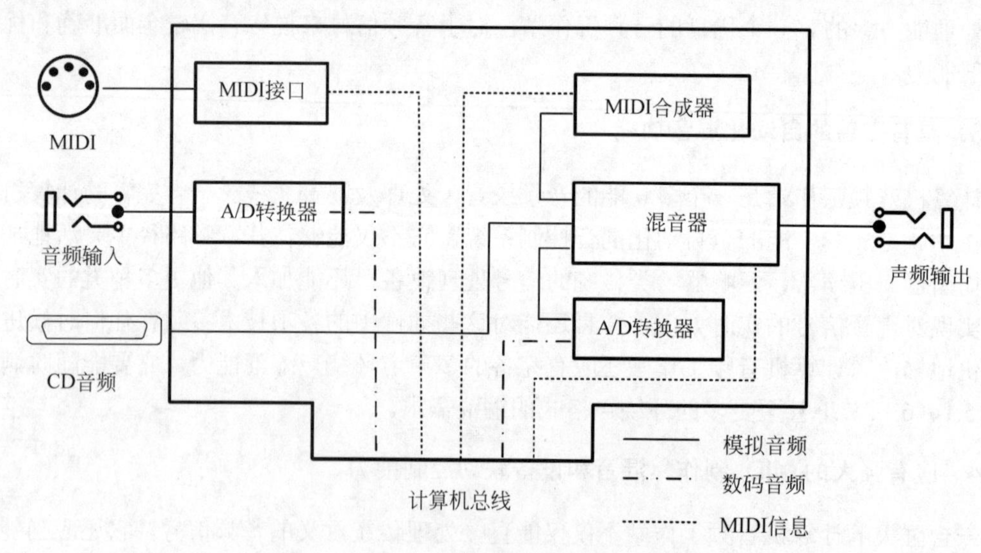

图 7-7 典型的计算机通用声卡内部原理框图

为了支持计算机的多媒体任务，一张非专业的音频接口卡中集成了许多功能。除了与音频录音制作软件配合，进行较高质量的音频录音、编辑、处理外，还在卡上集成了一些专业音频卡没有的功能，这其中就包括了 MIDI 接口和 MIDI 音色库。通常，这类音频接口卡起码应该支持 GM 音色库。因为 GM 音色库是一个 MIDI 协议标准，它可以满足绝大部分 MIDI 文件播放时对乐器音色的最基本要求。可是，GM 音色库的音质各个厂家制造出来并不一致，有时还相距甚远，远远满足不了要求甚高的音乐家和一些 MIDI 文件的要求。鉴于此，后来又研制出音质和音色更高更好的波表合成技术。该技术是将各种真实乐器所发出的声音先采样，再变换并存储为一个二进制的波表文件。播放时，根据 MIDI 文件记录的乐曲信息向波表发出指令，从“表格”中逐一找出对应的声音信息，经过合成、加工后播放出来。现在大部分音频接口卡都采用了波表合成技术，在 WDM 驱动器支持下，所有音频接口卡都能够有较好的 MIDI 声音合成效果。

后来由于 MIDI 技术的进步，支持 MIDI 的新的声音合成技术得到空前发展，如 DLS-1（Downloadable Sound Level 1）、DLS-2，以及可下载算法 DLA（Downloadable Algorithms）等的出现，为人们播放出更加动听的音乐找到了一种新的途径。

普遍适用于普通计算机配置的音频接口卡的质量，尤其是 A/D、D/A 转换器的质量不可与专业音频卡的质量相比。普通音频接口卡自带的 A/D、D/A 转换器较简单或产品档次较低，因此只能提供较低的采样频率、较小的量化比特精度的录音及播放能力；同时音频接口卡上除了基本的音频处理芯片外，很少带有更多的音频处理单元，使得它只能完成一些简单的多媒体音频处理功能。这一类音频接口卡主要用于计算机中声音的重现，常见的如 Sound Blaster Live Platinum 等。

对于一些较高级的音频接口卡来说，提供上述的简单基本功能还远远不够。当今的音频采样频率和量化率都在节节攀升，环绕声输出声道也在竞争性地增加，这就要求 A/D 和 D/A 转换器的质量和运算速度也要相应地提高。为了与此相适应，许多高档次的非专业音频接口卡，还带有执行指令快速的 DSP 音频处理芯片，这样它就可以更多地担负与数字信号相关的效果处理任务。为了满足多声道环绕声输出的要求，现今一些音频接口卡还提供真正 7.1 声道的环绕声输出。因此，这类音频接口卡常用于一些价位稍高、功能相对较为复杂的音频工作站，其中最有代表性的如 Prodigy71 24/192、Maya 7.1 Gold 等。图 7-8 即为这类声卡的外观。

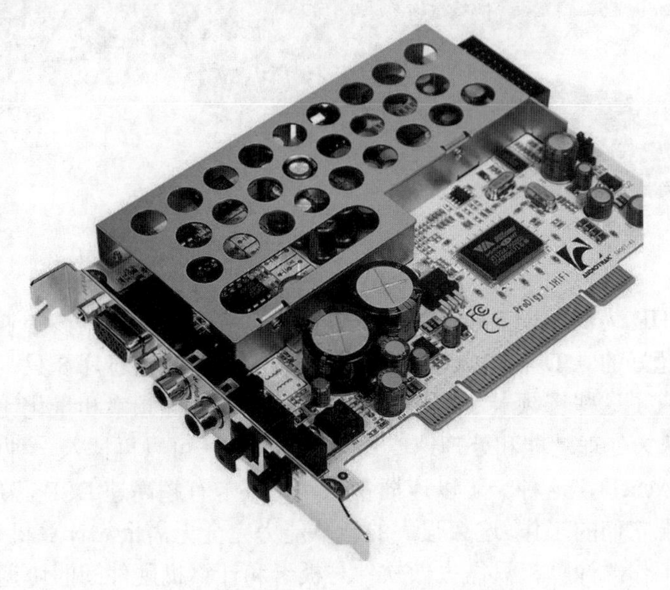

图 7-8　Audiotrak Prodigy 音频接口卡

这类音频接口卡主要是针对非专业录音市场开发的，因而它们仍然存在许多不足之处。尽管在板输入/输出（I/O）数量已经有所突破，但在实际使用中，这类音频接口卡还不能像专业音频卡那样去完成稍微大型一些的音频录音和处理工作，一旦要处理的声道插件数量增加，则必然加重计算机 CPU 的负担，这种单纯靠软件处理的结果最终影响了工作效率。另外，它们采用的音频处理芯片及附属芯片由于价位的原因，也不可能有太高的性能指标和处理能力，这样就造成了它们在专业领域内的应用受到非常大的限制。这类音频接口卡构成的音频工作站往往缺少足够的专业音频接口声道数量，而使得在连接的灵活性与多样性上存在很大问题。

现在的问题是如何才能构成功能更齐全、操作更灵活、质量更高的数字音频工作站呢？答案是采用专业的音频处理卡及其音频输入/输出接口箱。当前，最具代表性的、呼声很高的产品有 Digidesign 公司的 Pro Tools HD 和 HDX 系列（如图 7-9 所示）、Merging 公司的 Pyramix 系列和 Terrath 公司的 DMX 6fire 24/96 系列数字音频工作站。

图 7-9 Pro Tools HDX 专业音频工作站音频卡和接口箱

以 Pro Tools HD 为例，该工作站为用户提供了一张基本的音频核心卡（HD Core），卡上配备有除质量超好的 A/D 和 D/A 转换芯片外的超高速 DSP 芯片 8 只，这种卡可在计算机中连插 8 张！有了这些音频卡，工作站能够在更高的采样频率和量化比特精度下工作。另外，要是用户认为处理功能和处理速度还不够的话，还可以再插入一种叫做 DSP 的加速卡（名称为 HD Accel），这种卡可以连插 9 张，每张卡有超高速 DSP 芯片 24 只！这些芯片允许用户去分配它们的工作。这么强大的计算能力完全无需依靠计算机 CPU 去做与音频相关的任何计算工作，计算机只需去做软件与板卡和计算机硬件间的协调工作，因而计算机运行起来特别快，工作效率得到极大的提高。

7.5　计算机音频工作站应用软件

计算机音频工作站的软件众多，使用方法不尽相同，从软件功能上可划分为三类：全功能软件、单功能软件和插件程序。不言而喻，在录音棚使用的音频工作站就应该采用全功能软件。那些有其他专门单一用途的软件，是为某些行业专门开发的，如为 CD 母版制造开发的母版编辑、刻录软件就属于此列。而为音频工作站专门开发的某些寄生软件，只能挂在主软件程序中使用，所以叫做寄生软件，也叫宿主软件或叫插件。

目前，世界上较为著名的全功能通用软件有 Nuendo 和 Samplitude 等。一般来说这些软件对音频硬件要求不高，适用性较为广泛。当然，还有许多与硬件一起开发配套使用的专业软件，如 Pro Tools、Pyramix Virtual Studio 等。

7.5.1　通用软件

本书不打算对众多的通用录音编辑处理软件做一一地介绍，不过这里有一个值得介绍的音频工作站软件就是 Nuendo。Nuendo 与著名的 Cubase VST（Virtual Studio Technology，虚拟录音棚技术）都同属于一家德国公司出品。Nuendo 是以该公司首先开发的 ASIO 技术为基础编制的软件。这个软件在我国有一定的群众基础，所以本小节就将 Nuendo 的一些特殊功能做简单介绍。

VST 是 1996 年在法兰克福音乐博览会上，Steinberg 公开展示的一种新技术，这种技术引起了数码音乐驱动技术的一次革命。今天，Steinberg 的虚拟演播室 VST 技术已成为一个全球标准，VST 也是 Windows 和苹果计算机专业音频数字录音技术的一个标准。

在当今世界上，计算机越来越多地应用于录音棚和演播室，要求其工作速度要高于音频接口卡在系统中的响应速度，而在录音过程中要求音频接口卡能同时处理更多的工作。在任何给定时间，人们常常指望记录来自一个或多个输入端馈送来的音频信号，回放来自多个声源，如来自硬盘或虚拟合成器的音频；在做这些工作的同时，还要求音频接口卡与 MIDI 或其他设备送来的信号保持同步。在 ASIO 出现之前，这些要求往往被认为是不合理的，而且即使这样做了，也常常会使计算机系统处于暂停，甚至是崩溃状态。为了创建信号到硬件的更直接路径，并使硬件对软件的需要作出最好的响应，为此 Steinberg 公司开发了音频流输入/输出（Audio Stream In/Out，ASIO）技术。这种由硬件支持的 ASIO 方法能够得到一个极低的录音反应时间，并能对硬盘上的录音素材进行同步实时监听。这是一种很有用的跨平台、多声道传输音频和 MIDI 的协议。它规定所有的音频接口卡制造商一定要提供一个 ASIO 驱动器。这个驱动器要使与 ASIO 兼容的通用音频和 MIDI 软件能够“看得见”该音频接口卡上的所有可用的输入和输出接口。当使用 ASIO 兼容程序时，用户可以按照录音和回放的需要自由分配音频卡上的 I/O 端口，并允许用户能够比先前的只能录制两轨的标准音频接口卡同时能够录制更多的轨道。现在几乎所有的通用音频工作站软件都支持 ASIO 技术。

新近开发的 USB ASIO 驱动器更使阻尼时间降低至 0.73ms（32 个样本），这样不但进一步地降低了反应时间，更使音质得到了改善。

大量的 DSP 芯片和音频软件构成音频工作站，这似乎成了数字音频领域里的约定俗成的做法，但 Nuendo 却是另一回事，它扩展了现有音频工作站的制作能力，而不需要专门的 DSP 硬件。对于现代音乐录音艺术来说，Nuendo 无疑比以前的系统能做得更好，这是别的系统无法做到的。 Nuendo 打破了以前音频工作站必须特别依赖于硬件的技术限制，它不需要 DSP 芯片就能对音频信号进行较为灵活的处理，其效果处理完全依靠计算机的 CPU 来进行，不过使用 Nuendo 与其他通用软件的计算机一样，无论它的速度和配置如何先进和完善，均赶不上采用 DSP 芯片的专用音频工作站使用起来那么轻巧灵便。究其原因，还是因为这类系统的性能已经达到单一计算机能力的极限。音乐家和制作人发现在一个较大的制作工程项目中，假如要使用很多声轨、EQ、压缩器、混响效果器和虚拟乐器，计算机系统的负担就会很重。为此，Steinberg 公司于 2002 年又研制出 VST 系统链接（VST System Link）技术。VST 系统链接是 Steinberg 虚拟录音棚技术（VST）软件和 ASIO 硬件相结合的计算机网络。VST 系统链接技术使同步、传送信息和声音数据在被装备的两台或数台工作站之间，用传输如 ADAT、TDIF、AES/EBU、S/PDIF 等的标准数字音频电缆系统传递。由于它使用的是自身的音频流，所以，即使配备了多台工作站，以样本计算的同步精度也完全可以达到很高的水准。

VST 系统链接使用了音频流中一个声道的一个字节来运载网络联网信息。几台计算机可以按菊花链的方式配置。所堆集的信息经由标准的数字音频电缆依次传递到下一台工作站上，通过一个安装在链中的第一台计算机上叫做“Patchbay”（交换盘）的主控软件对各个系统进行路由控制，如图 7-10 所示。

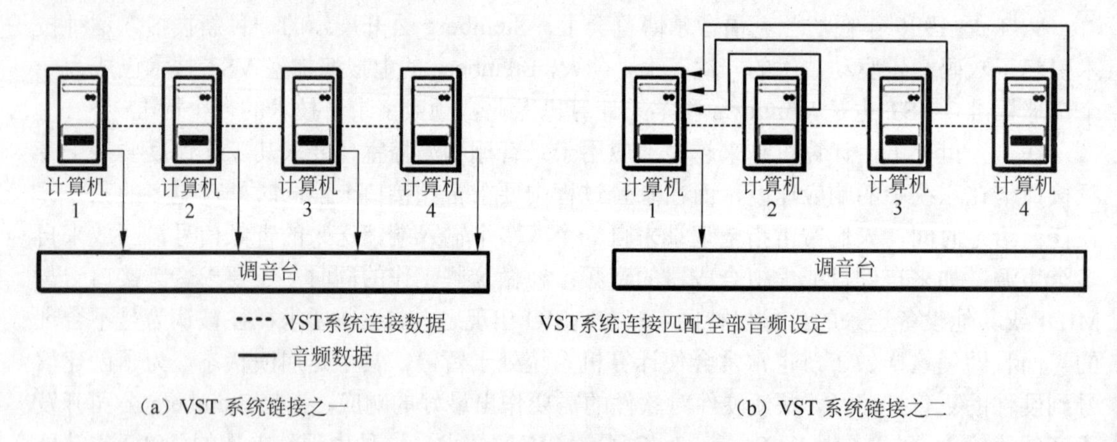

（a）VST 系统链接之一　　（b）VST 系统链接之二

图 7-10　VST 系统链接

该项技术的优越性在于使用者可以用链中的任一台计算机做任何事。用户可以在系统链中链接两台、三台，甚至任意多台计算机，究竟能链接多少台计算机，只取决于能得到多少台计算机。由于任何音频流均可以传送到任一台机器上，所以使用者就能用无穷多的方法去配置路由器并进行音频处理。利用 VST 链接技术，Nuendo 巧妙地避开了单一计算机 CPU 能力不足的这一瓶颈，在链路中即使使用档次最低、速度最慢的计算机，Nuendo 总体处理速度也将得到大幅度的提升。

使用这一技术的一个最重要的条件是，链接系统中的每个音频接口卡，自身至少应该有一对数字输入/输出端口，并且这些端口应该统一为一种数字音频格式。

大家知道，一个完整的、强大的音频工作站应该既可以制作纯音频节目，又可以制作视频后期音频节目，如影视配音合成等。在此之前只有为数不多的通用软件可以做到这一点，但能力都很勉强。Nuendo 从其第一版开始就把它自己定位为多媒体及音乐制作软件。它可以广泛地与多种多媒体数字视频格式（如 DirectShow Video、QuickTime Video、Video for Windows）保持同步，并用安装在计算机中的视频回放卡输出图形到视频监视器上。毫无疑义，Nuendo 是一个真正的多功能数字音频工作站软件。

目前，最新的 Nuendo 为 5.0 版本，它比旧版本增加了 200 种以上的新功能。在这些新功能中最引人注目的是其多声道结构。从输入信号到最终混音完成，Nuendo 都带有一个通过整个信号路径的先进的多声道和环绕声结构。每个输入通道，音频轨道，效果返送、编组与输出通道都能提供单独的 12 个声道，可进行全方位的 5.1、7.1，甚至是 10.2 音频格式的制作。在各种录制工程项目内进行路径设置，Nuendo 也是非常透明和灵活的。Steinberg 已经发展了一定的工具（包括在信号路径内所有相关点组织物理输入、输出与专门的环绕声声像设备）连接的新方法。7 个输入与输出母线可同时使用，可进行任何类型声道输出格式（单声道、立体声或任何环绕声格式）的设置，而且任何声轨信号都可以引入与引出到任何母线。

Nuendo 全新的调音台环境提供了 32bit 浮点混音器的弹性混音功能；全新设计，具有完全的插件延迟补偿特性；每个通道备有物理效果器信号返送通路，以及可把信号相位颠倒和改变输入增益；用户可以随意创建任意数量的新输入母线（如果可能的话可以直接写入效果）；新的结构既可以进行分离式（Split）环绕声格式文件录音，也可以进行同轴（Interleaved）存取环绕声文件格式录音，而且对环绕声的管理比以前更容易。

7.5.2　专用软件

众所周知，专用软件需要与配套的硬件板卡共同工作才能发挥其最大作用。为此，一些专业厂家在开发硬件的同时，还开发了一款与之配套的专门软件。这样的音频工作站的功能更加强大，与硬件板卡的结合更加彻底、全面，性能也更加优秀。

最著名的专用软件首数美国 AVID Digidesign 公司的 Pro Tools（以下简称 PT）系列音频工作站及其 PT 程序软件。PT 音频工作站是软、硬件完美结合的产物，它提供了无比简明的工作方式，使一个制作工程项目从策划到完成能够轻而易举地实现。对音频及 MIDI 的录制、编辑、效果处理及混音，仅仅在 4 个主窗口即可完成。

PT 软件提供了用户需要的各种图形显示，如音频波形、自动控制数据、MIDI 音符信息、编辑工具、控制面板、音量、声像等，都清晰简洁地出现在显示屏上。

PT 作为以计算机为基础的数字音频工作站，不仅重新整合了音乐的制作手段和方式，而且完全取代了传统音频磁带多轨录音机和混合调音台等物理硬件。PT 将创新软件和高性能硬件进行集成，其整体性能相当完美。

在 PT 中，直接面对着一条条虚拟声轨，使用者在图形中进行各项非线性操作。譬如可以先录制一部电影的台词，再录制动效、模拟音效和其他音效，再按导演的意图放置作曲家已经录制好的情绪音乐，然后利用非线性编辑方式，对上述素材进行各种编辑（挖补、口形对位和动效对位、音量调整等）。根据需要还可对部分声轨先行预混，如有必要还可在最后缩混前再次进行补录。在 PT 中，可使用内置时间码标尺和视频轨，来为画面创建、编辑并缩混音频，用附带的插件来清除无用的噪声，创作声音特效或营造现实的元素，以帧的精度录制并编辑对白、拟音。总之，PT 具有非常灵活的录音、编辑和后期制作手段，一位录音师足以应付线性录音时代几个人的工作。

用 PT 可以使录音模式适应需要的工作性质：用循环录音方式来录制一句歌词或对白的若干版本；用补录方式在某一特定的入、出点之间进行补录；可将已录制完成的音频段分别放入同一声轨中的不同播放表中，然后用这些播放表组成不同的播放工程项目。

由于 PT 对音频的各种处理是非破坏性的，所以可以对素材随意进行剪辑和处理而不会损伤任何一条已录制好的素材。在编辑过程中，PT 为使用者提供了最大的自由度，其剪辑的灵活性和多样性远不止是其他音频编辑系统的简单剪切、复制、粘贴功能可以媲美的。它可以迅速地组织工作，创建多声道声轨、声道编组和交换播放表；可以在一轨内查看和试听多个音频段，并同时对所有音频段进行编辑；由于具有多级恢复和对工程项目的自动存储能力，制作人员可以大胆地对素材进行不同排列组合、删改等操作；以波形编辑为基础的独特节拍探测功能会自动分析音频的时间节奏特性，使其适应一个新的拍速，这种功能将整条声轨的时间节拍进行自动校准，为使用者节省了大量的手动校准时间；使用专业的、精准到采样的编辑工具，精确调整节目中的音乐和音频片段； 通过并轨，创建完美无缺的性能；用智能编辑工具加速编辑进程；运用交叉淡变实现平滑过渡。PT 还提供了一个单独的编辑窗口，带给使用者在完善声轨的处理中所需的一切简便手段。

在动态自动化操作控制中，可以用与编辑音频音量相同的手段来编辑自动控制数据。自动控制数据与音频波形一起显示在声轨映射图上，在编辑中与音频的自动化控制动作一同起作用。

一种新型的TDM系统万能窗口显示法提供了完整浏览节目工程项目概貌的导航手段，无须卷屏和变焦就可以快速找到想寻找的部分。新的“循环变焦”特色工具，让操作者当要缩小编辑波形和再次放大到原始大小观看时，只需用一个快捷键就可以。

PT 中的 MIDI 功能和特色与其他专门 MIDI 编辑软件操作方式非常相似，所以不用特别浪费时间来学习 PT 中的 MIDI 编辑命令和方法。PT 中的虚拟乐器音色出众，可利用 MIDI 键盘、MIDI 控制器，甚至鼠标直接在内置的 PT MIDI 编辑视窗中，利用附带的虚拟乐器和音频循环素材，即可轻松创作几乎所有的乐器声部。MIDI 的编辑方式，几乎与音频编辑方式相同，简单、方便和灵活。利用全能的 MIDI 和记谱工具编曲。歌曲创作，从草稿直接到最终的制作，均可使用软件中的 MIDI 编辑器进行创作并编辑虚拟乐器和 MIDI 演奏。使用乐谱编辑器中内置的“西贝柳斯”记谱插件工具，轻松编曲，甚至可将工程导出为 “西贝柳斯（.sib）”文件，以便在西贝柳斯记谱插件中精雕细琢。

与其他第三方应用程序上的工程文件协调工作。使用 PT 可以与任何其他 PT 用户或录音棚交换项目文件。创建于其他音频和视频软件的工程文件，包括 Media Composer、Logic、Cubase 等第三方应用程序，均可在 PT 中交换使用。

在创建一个工程工程项目之初，即可从 PT 提供的一个标准调音台模板开始，创建一个自己需要的调音台。可以按需要添加、减少轨道数量，任意改变轨道的属性（音频轨、AUX 或 MIDI 轨），任意改变轨道纵向排列顺序，重新安排信号的输入、输出或母线流动路径。可以复制、粘贴、移动和存储，并招回插件中的各项参数设置；也可以复制、粘贴、移动并招回各类开关、推子、旋钮的自动化数据。

用 PT 可以将多声道节目缩混为从单声道到 7.1 环绕声的任何格式，建立自己设计的声音景像，用内置的运动环绕声像添加并缩混到节目当中。所有的声像信息对每种输出格式都有效。用先进的自动化工具，可以轻松应对即使是最大、最复杂的混音节目。

PT 软件强大之处，在于独家开发了 TDM 格式的音频效果处理插件。目前，在 PT（Pro Tools 10.0）上运行的插件格式有四种（TDM、AAX、RTAS 和 AudioSuite 实时音频套件）。其中有三个实时插件：使用专用 DSP 处理器的 TDM 插件，提供实时插件处理，AAX（Avid 音频扩展）插件提供基于主机 CPU 的实时插件处理，AAX 插件格式还支持使用 AudioSuite 非实时格式，这是对于文件的渲染处理；RTAS 插件提供基于主机（主机 CPU）处理的实时的插件处理。第四种插件称为 AudioSuite（音频套件）插件，它是 Pro Tools 提供的非实时、直接渲染音频文件的、基于文件处理的插件。

PT 中的一个最重要的理论是关于 TDM 的理论。TDM 即时间分割多路传送（Time Division Multiplexing）理论，其最早应用可以追溯到电话和电报系统。电话、电报系统中的多重信号经常存在于同一条电话线上，应用复杂的继电器系统错开时间分别传送，从而取得类似多条电线传送的效果。PT TDM 主要利用一只 DSP，同时处理几个通道信号，这样将大大地提高系统的处理速度和效率。其系统框图如图 7-11 所示。

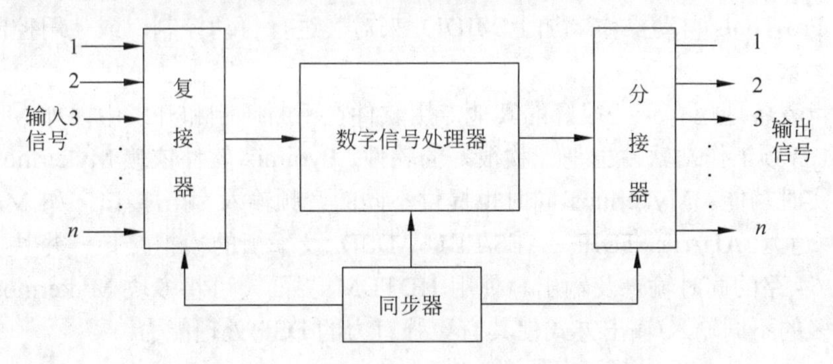

图 7-11 时分多路复用数字信号处理系统框图

TDM 一个比特周期称为一个传输时隙，时隙是多路信号间分配频带的最基本单比特结构。数字分割中的一个重要概念是“包结构”。为了使接收端的分接器能够正确地从复合信息流中分离出各路信息，以便进行相应的解码处理，要求发送端的复接器按照规定的结构对复合信息流进行打包。所谓打包，就是先将按顺序连续传输的复合信息流按一定的时隙长度分段，每段前加入规定的同步比特信息，以及描述段内信息类型和用户类型的标志比特信息，构成具有特定结构和时隙长度的传输单元，称为“包”，然后将这些包按先后顺序组成一个连续的包序列。实际在媒体中进行传输的信息流（包括 TS 流）就是这种包序列。在一个包中，同步及标志信息称为“包头”（Header），后面跟随的传送给用户的信息称为“净荷载”（Payload）。包的长度可以是固定的，也可以是变化的。由于包头是由收发两端约定的，具有特定的格式，因此分接器可以从传输信息流中找出各包头，分离各传输包，再按照规定的包结构就可以正确地把各路复接信息分离出来。

TDM 是一种基带技术，不同的电路（数据或音频）由它们具有固定时间间隔的帧流比特字来标识。通过脉码调制（PCM）对模拟输入信号进行数字化，被数字化了的信息插入传输的时间段。每个通道得到一个重叠的时间段，从而使所有通道平等地共享用于传送的介质。

TDM 是在数字基带域内实现的，可以通过数字处理技术在各路信号间灵活地分配时隙，从而准确地分配各路信号所需的频带，而且只需要最后对多路传送完成的数字信号进行一次性的 A/D 转换和滤波处理即可生成所需的传输波形。

Digidesign 在最初开发 PT 产品时就将 TDM 的概念引进音频路径分配和传输中。在这里，音频信号的分辨率提高到原始采样频率的 256 倍，也等于 Pro Tools 可以对每个样本做 256 个不同的操作。PT 2.0 推出不久，TDM 系统就能支持内部 256 通道、24bit 的路径矩阵结构。

从 PT 6.0 版本开始 Digidesign 又提出了 HTDM 的新概念。HTDM 是表示“宿主 TDM”（Host TDM）的意思，而且所提及的插件是由主机的 CPU 而不是用 TDM 硬件的 DSP 芯片来做所有的音频处理工作的。它们利用了 TDM 系统上的个别共享 DSP 芯片，允许这些宿主插件（Host Plug-In）去处理来自系统输入或输出的音频流。利用这个技术不需要过多地依赖 DSP 芯片，只要计算机足够快，系统就能够运行更多的插件。

已被直接融入 Pro Tools 的合成和取样 HTDM 插件允许对它们进行强力和灵活的宿主处理。这些 HTDM 插件可视同标准的 TDM 插件那样工作，包括主要功能相似的那些 HTDM 插件也可用 Pro Tools 自动操作（加上 MIDI）来对其进行自动控制，或使用控制台去手动控制其插件参数。

目前，世界各地还有一些很好的其他专用软件在不断研制和开发中，如 Merging 公司的 Pyramix 4 音频工作站软件也是一款很好的软件。Pyramix 软件依赖 Mykerinos DSP 卡实现其强大的实时功能。Mykerinos 同时也提供不同的音频输入/输出接口，如 MADI（24、56 或 64 声道）、ADAT、TDIF、AES/EBU、DSD 及平衡的模拟接口。每块 Mykerinos 卡支持多达 64 路的同时输入及输出。使用 HDTDM 界面，可将多块 Mykerinos 卡联锁起来，形成更多的不同输入/输出方式使其有更强有力的 DSP 处理能力。

7.6 音频工作站的基本功能

本节将介绍数字音频工作站的实际使用，以此来了解数字音频工作站的基本功能。数字音频工作站在具体的应用中主要分为数字音频制作工作站、数字音频播出工作站及数字音频录音工作站三种。由于篇幅的限制及本书的读者对象，本书仅就最具代表性的数字音频制作工作站（以下简称数字音频工作站）的应用做些介绍。

现代数字音频工作站运用的是一种计算机多媒体技术，采用的是一种硬盘记录方式。硬盘录音是一种非线性记录模式，它无须经过繁琐的前后倒带就能迅速找到所需要的编辑点。非线性编辑系统具有很多优点，用户可以自由安置或重复录制或播放信号的某一部分，这是由读取硬盘不同部分和次序所决定的。正因如此，数字音频工作站比起传统模拟录音系统才会有巨大的优势。其最大优势在于数字音频工作站灵活的非线性编辑方式使得编辑工作更加直观，工作效率更高。音频信号不是通过实时记录在容易损伤的磁带上，而是直接记录在硬盘或其他合格载体上。先进的存储方式和显示方式，使得传统靠剪刀和耳听手操作的编辑方式发生了质的变化，其工作结果真正达到了多、快、好、省的目标。

现代数字音频工作站是一种非线性编辑录制系统，它允许非破坏性地重新排列和混合经过编码的素材。这种重新排列对于音频数据文件来说是非破坏性的，也就是说原始记录到硬盘上的素材数据，并没有因经过重新排列而对数据有了任何修改或损伤。

现代数字音频工作站是一个多功能的操作平台。它通过软、硬件功能的充分结合，使计算机音频工作站成为一台集传统录音棚多轨录音、编辑、效果处理和调音台缩混，以及基本视频编辑与视频配音功能为一身的多任务操作平台。

7.6.1　无损伤编辑

任何时候将存储在磁盘上的数据编辑或重写，如果没有确实保留原有数据的机制的话，原始文件就有可能遭到损坏。显然，这种编辑或重写工作环境比起无损编辑环境来讲总是让操作者时刻担心，因为已被编辑或重写的数据是无法轻易还原的。特别是对于电影电视和音乐录制行业来讲，原始素材的安全性尤其重要，一旦损失，有时是绝对无法弥补的。为此，计算机音频工作站的开发者，一般都采用无损编辑的操作方式，以保证数据的安全性。

基于硬盘的数字音频工作站，在不改变硬盘上原始素材数据的情况下对一个事件（声音波形文件或 MIDI 事件或插件处理数据等）进行编辑，这意味着在不改变原始声音和演奏技巧的情况下，即使对任何事件形式进行了移动、剪切、复制、粘贴、移除、覆盖等操作，编辑后的原始素材仍然保留在硬盘上，这就是所谓的无损伤编辑。无损伤编辑把已被编辑的文件作为一个单独的文件来保存，原始片段和编辑表文件则保持原封不动，以便让操作者在这两种文件中作出使用选择。

对声音信号的无损编辑的任务，可以由两种方式来完成，即非实时数字信号处理和实时数字信号处理。

1. 非实时数字信号处理

通常，数字音频工作站实时处理信号的能力，不仅取决于计算机的处理能力，还与音频接口卡自身拥有的运算处理能力有关。假如一台计算机因能力不够而不能实现实时处理，那只好采用非实时处理方式。在实际处理时，要预先选定欲处理音频波形的一部分或全部，再将该区域声音信号在非实时环境下进行运算处理。也就是说，在计算机处理器对所选定信号运算完成之前，是不能将其播放或让计算机同时再做其他处理工作的。处理结果可作为一个单独的文件写入磁盘，对处理完毕的这段声音文件或编辑表，可另加文件标号或重起文件名。

2. 实时数字信号处理

实时数字信号处理与非实时处理的情况不同，它不是像非实时数字信号处理那样将处理过的数据写到磁盘上保存起来。它们使用由音频工作站自身提供的 DSP 芯片及信号处理插件，在实时放音过程中执行快速复杂的数字信号处理运算。

这种处理类似于传统的硬件处理方式，它没有离线形式的运算和写入磁盘的过程。当处理复杂的效果或处理过程时间很长时，实时处理运算比非实时数字信号处理方式，可以大大节省工作时间和磁盘空间。此外，实时处理系统经常将信号处理指令留在编辑表或播放表中，并将插件设置参数保存在硬盘中随时调用。

7.6.2 基本编辑处理工具

1. 数字音频工作站最大的优势之一在于它能够快速轻松地编辑数字音频片段

应用在硬盘录音编辑中的剪切、复制和粘贴这些编辑方法与微软公司的 Word 软件和一些图形编辑程序的操作方法几乎完全相同。

剪切，如图 7-12 所示，A 图选中要剪掉的区域（深色），然后删除掉这个变色区域（见 B 图）。

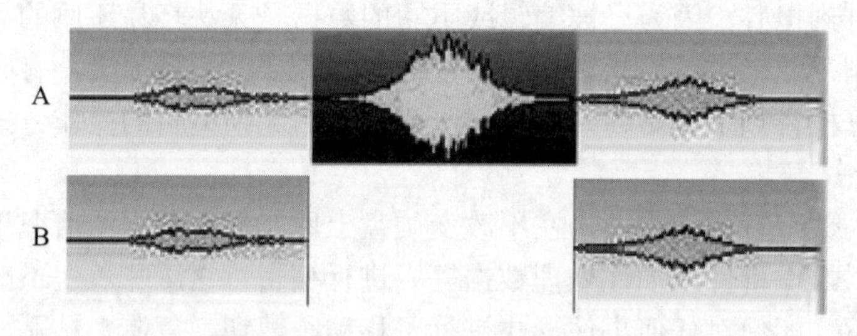

图 7-12 剪切操作示意图

复制和粘贴，如图 7-13 所示，先将变亮的区域复制放入剪贴板（见 A 图），接着将剪贴板中的波形数据粘贴到 B 图的粘贴线位置，C 图为已经粘贴好的图形。

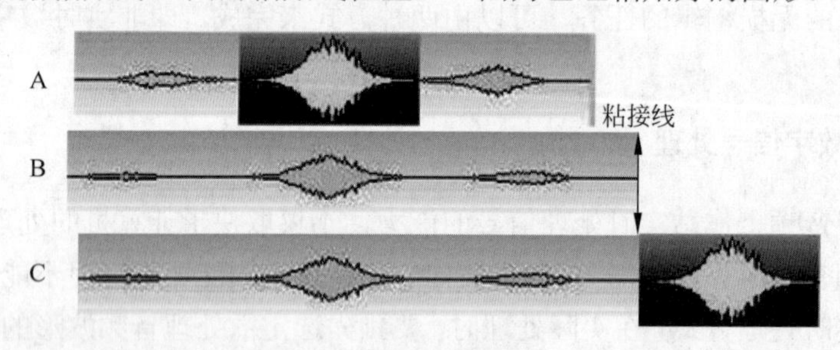

图 7-13 复制、粘贴示意图

2. 衰减（淡出）和交叉衰减（淡入淡出）

要把一段信号做淡入、淡出处理，一般音频工作站有两种方法：一是可以通过计算机的计算得到，二是可以利用计算机或外置 DSP 处理实时形成。一个文件的淡入（如图 7-14 所示）是按一定的曲线形式（可以是指数式，也可以是对数、直线、抛物线等形式），逐渐加大该部分音频信号的增益，直至达到要求为止。同样地，一段信号的淡出效果则与之相反，如图 7-15 所示。

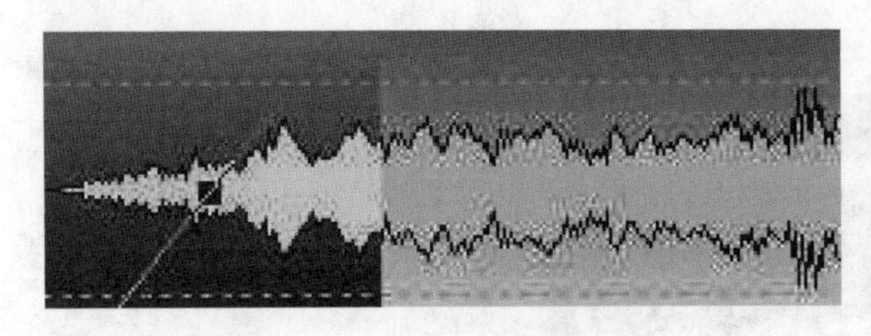

图 7-14　一个音频文件的淡入效果

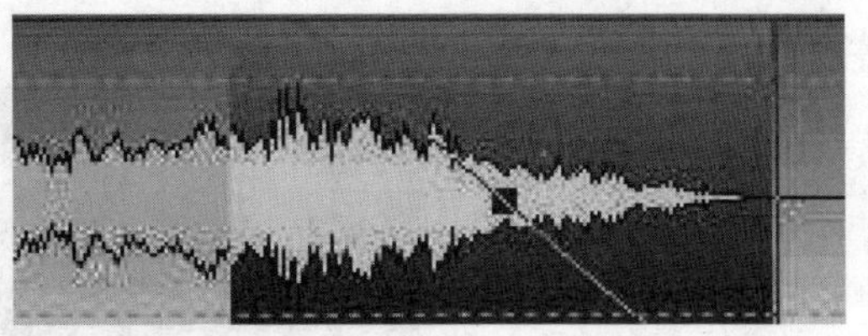

图 7-15　一个音频文件的淡出效果

如果要把两段音乐首尾相连播放，但是这两段音乐连接后听起来各方面都不合适，此时可以考虑使用交叉衰减（淡入淡出）叠化处理来过渡这两段声音的头尾，如图 7-16。从技术上分析，该过程就是让一段声音的振幅逐渐衰减，同时另一段声音的振幅逐渐增加，产生那种你中有我、我中有你的模糊过渡效果，这样使两段声音的过渡阶段听起来自然和谐。

图 7-16　两个音频文件的交叉淡入淡出

3．改变增益与归一化处理

增益改变是一种按照使用者确定的增益变化比例重新计算整段或被选中区域的样本的幅度。

归一化处理是“增益改变”处理的一个特例。它通过软件自动检测整段或被指定区域的信号最大幅度，离开软件设定的最大不失真默认电平的差值比例，然后再把整段信号振幅都按这个比例放大，如图 7-17 所示。

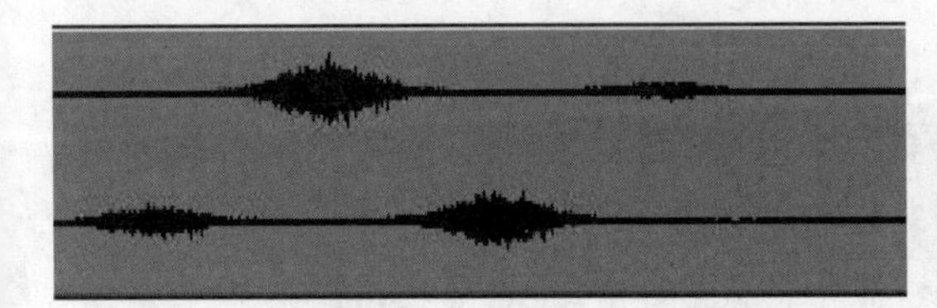

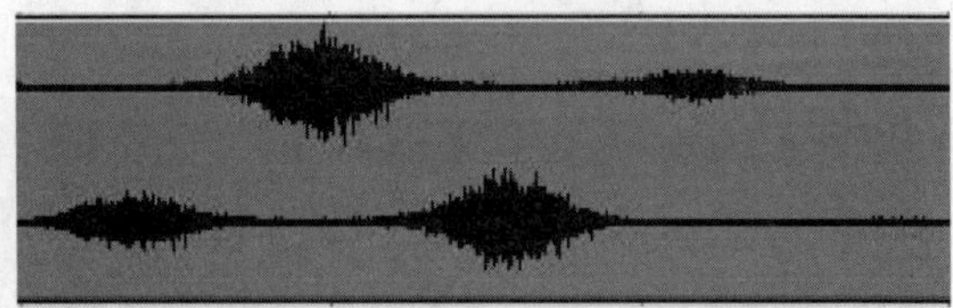

图 7-17　归一化处理后的效果

4．编辑处理插件

当代数字音频工作站为用户提供了为数不少的音频处理工具，使得录音棚混音室对声音的效果大大增强。能力强大的计算机音频工作站，可对大多数音频处理工具提供实时处理，能力差的可以提供非实时处理，有的工作站两者都能提供。这些音频处理工具有两种格式：一种称为宿主软件，即插件；另一种就是独立音频处理软件。

1）均衡器

数字式均衡器（EQ）的品种很多，图 7-18 所示是一款四频段全参量均衡器。其中有两个峰谷均衡器，谐振频率和 Q 值均可自由调整；两个倾斜式滤波器，倾斜频率和增益均可调节。

图 7-18 一种参量均衡器插件

图示均衡器在 5.4.5 和 6.5 节中均有介绍。

图示均衡器可调节频段很多，从 5 段到 30 段的都有。图示均衡器可以方便地在一个宽阔的频率范围内，对音频进行精细地控制调节。图 7-19 所示为一种图示均衡器插件面板。

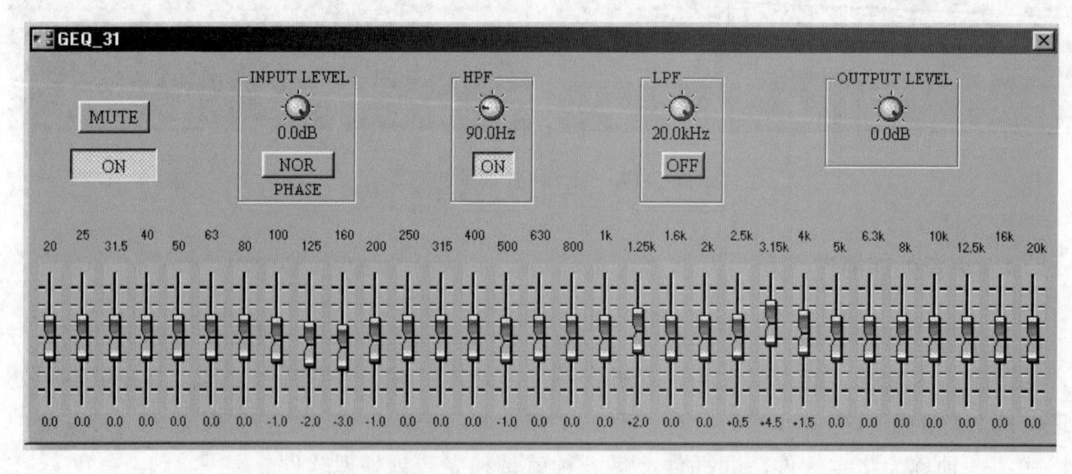

图 7-19 图示均衡器插件面板

2）音频动态范围控制器

动态范围控制器是音频工作站必备的插件之一。只要音频载体和设备的动态阈小于音频信号的动态范围一天，那么动态范围处理器就有必要存在一天。本控制器可以对波形的一部分、一条声轨或整个节目信号，实现完整、灵活的波段动态压缩、限幅或扩展，如图 7-20 所示。

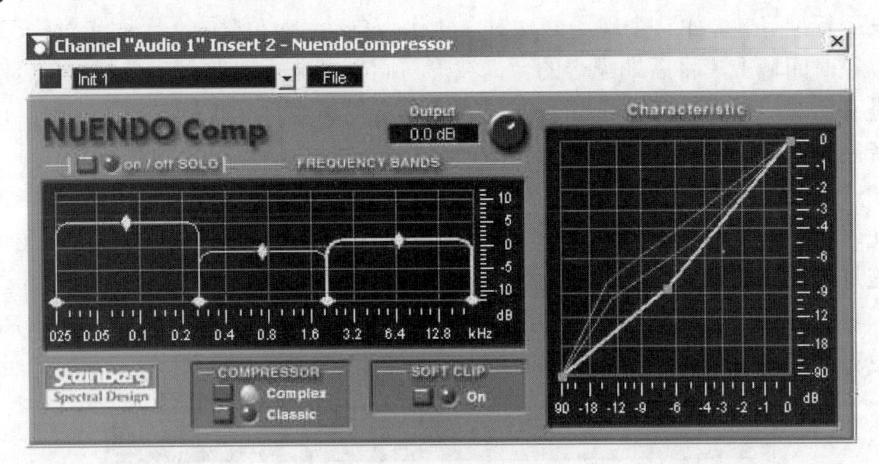

图 7-20　多波段压缩/扩展器

3）变调

音调改变能使一个音符、一个指定波形区域或整个声音文件的音调按指定的音程提高或降低。如图 7-21 所示。设定音调参数可通过直接单击钢琴键，或者单击“Semitone”（半音）上下键设定，每相邻的键的音高就是一个半音关系，若要在半度音内微调单击“Fine Tune”（微调）上下键即可，数字框内最高变化为–200（代表减小半度）和＋200（代表增加半度）。该插件还可对被选中波形或音符个别调节音量大小。

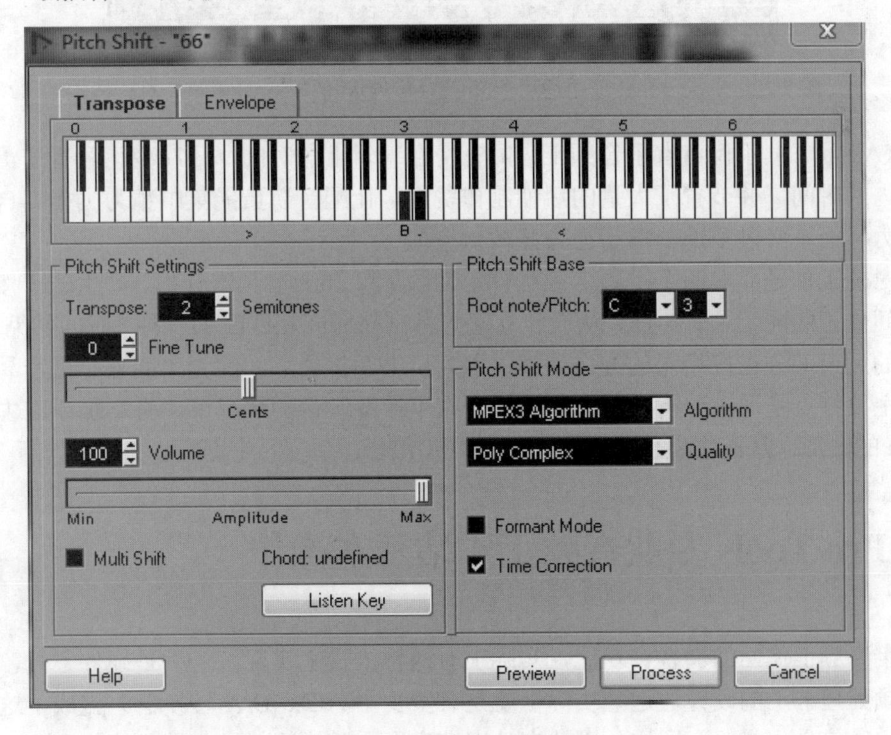

图 7-21　改变音调处理插件

4）字对位和时间压缩与扩展

在 DAW 的产品中，Teff Bloom 公司开发了一款“字对位”时间伸缩算法软件。它能够分析一个标准音轨，如一个现场同期对白轨作为自动“对位”的一个同步对位标准声轨，这样可以在时间域上，将后期配音的台词波形与同步标准轨相吻合。这尤其在后期配音时被证明是有用的，因为它免去了配音演员需要非常正确地对准演员口型的麻烦，这样就提高了录音制作速度。它在许多后期配音的影视剧和译制片配音中受到欢迎。

例如 SynchroArt 公司的 VocAlign AS 插件（如图 7-22 所示），就是当前在影视界影响最深、使用最广的声音对位插件。它用原始的同期声作为参考信号，进行对白配音的自动替换。这是电视和电影后期制作进行数码轨替换和译制片配音所必需的，对于那些需要将现场音乐表演进行分段采集和对位的用户也非常有用。VocALign AS 也能将演唱声与乐器伴奏轨道对准，并能修正音频信号的时间。

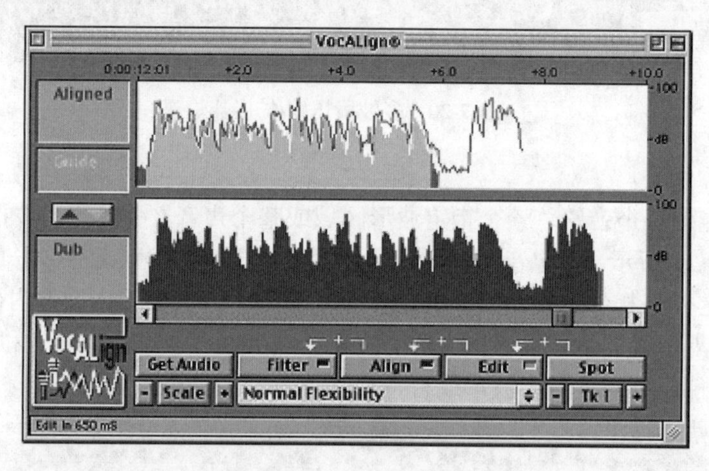

图 7-22　SynchroArt 公司适用于 Pro Tools TDM 的 VocAlign 声音对位插件

VocAlign AS 不仅节省了音频工程师花费在编辑上的时间，还减少了配音演员花费在录音棚内的时间，并节省了大量的后期制作费用，让配音演员能集中精力去提高自己的艺术表现力，而不必过多地分散精力去照顾口型。

字对位工作是靠对两个音频信号进行定期的（每 10ms）频谱分析，产生一个按原同期声轨时间修正的同步录音声轨，从而建立起与标准轨时间相匹配的一种“时间伸缩”技术。语言中的无声部分也按相同的方法处理，因为压缩和扩展字间的无声间隔是最容易的。这种技术主要特点是通过分析波形的周期性，在不改变音调的情况下，去增加或减去一段大约 10ms 的波形，从而实现保持音调不变的同步编辑。

7.7　Pro Tools 专业音频工作站基本操作

数字音频工作站的调音台功能，实际上有两种方式来实现。一种是硬件方式，即通过数字音频处理卡上的硬件通道（实际上就是有多少个 A/D、D/A 转换器）完成，这种方式中，每一轨信号相对一个通道，因此在处理速度上非常快速。另一种是软件方式，即通过软件模拟音轨和调音台来实现。由于它需要计算机参与运算，因此它的速度及处理效果都不如硬件方式。同时硬件方式的数字音频工作站还可以通过与外接的多声道调音台完成多轨实时录音与混音工作。

前已述及，美国 Digidesign 公司是一家音频工作站核心系统提供商，它所生产的 Pro Tools 系列音频工作站，在音频和 MIDI 的录制、编辑、音频处理和缩混方面是最具代表性的，并是全世界使用最为广泛、最有影响的专业产品。本节将以 Pro Tools 音频工作站为主要研究对象，重点介绍它的一些主要功能及其操作方法。为了阅读方便起见，下面将先对它的一些基本概念和特色加以介绍。

7.7.1　基本概念

1. 音频引擎

每当 Pro Tools 开始运行时，一个叫 DAE 的程序就会自动运行起来。DAE 即数字音频引擎，是 Digidesign 公司为数字录音设备提供的实时操作系统，当安装 Pro Tools 系统时，DAE 会自动安装到系统上。就像计算机操作系统为在其上运行的程序提供的基础平台一样，对于 Pro Tools 或 Digidesign 的其他产品所用到的硬盘录音、数字信号处理、自动缩混、MIDI 功能等，DAE 为其提供了大部分动力。

2. Session 的组成部分

当开始一个 Pro Tools 工程项目时，就要首先创建一个 Session 文件。Session 文件通常由下述几个基本部分组成。

1）Session 文件

Session 文件就是在开始一个新的工程项目时，Pro Tools 创建的一个工程项目文件，它包括这个工程项目中所有要安置的项目，如音频文件、MIDI 数据和所有编辑/混音信息。Session 的内容可以改变，被改变了的 Session 可以存储为另一个新的 Session 文件，这样可以建立各种工程项目版本或者将编辑/混音工作的数据在这个新文件中作为备份。

2）Audio File（音频文件）

当向一个 Session 中录音时，系统将会为其创建音频文件，并将其存储到一个叫做“Audio Files”的文件夹中。音频文件将会作为一个个音频片段被放进 Session 中，同时出现在音频轨和音频片段表中。

3）Region（片段）

一个 Region 就是一段音频、MIDI 或自动控制数据。一个音频片段可能是一个吉他即兴重复演奏段、一句歌词、一段声音效果、一段对白台词或一段完整的乐曲文件。在 Pro Tools 中，Region 是由音频或 MIDI 文件产生的，可以在轨道上重新排列。

4）Playlist（播放表）

一条播放表是一组有序安置音频或 MIDI 轨上的“片段”的某种组合。在一条轨上可以放置多条编辑播放表，通过单击该轨，在下拉菜单中选择并编辑播放表。

在音频轨上，播放表的目的就是告知硬盘以什么顺序和地址来读取哪个音频文件。在同一播放表中通过对一段音频的多次复制，可以重复调用已录片断的某一部分，而不必过多地占用硬盘空间和工作时间。

5）Track（轨道，包括声轨和MIDI轨）

轨道是播放表中音频片段或MIDI片段排列在一起的地方，如图7-23所示。一条播放表可以由单一的片段或多个独立的片段组成。一条声轨可由多个类似的声音元素组成，如来自一个独奏中几个不同部分的乐段；也可由不同的声音元素组成，如几种不同的音响效果。

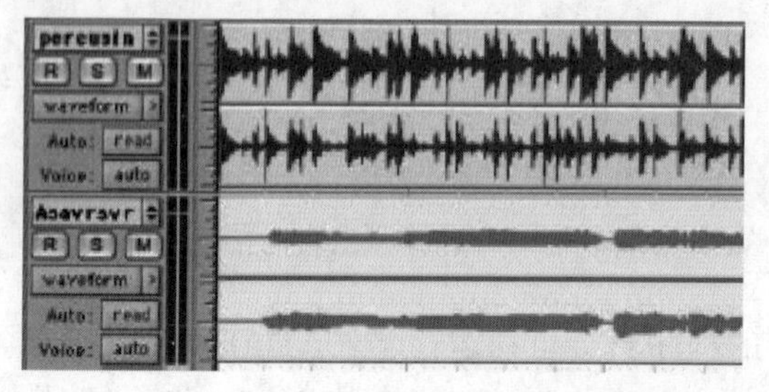

（a）音频轨

（b）MIDI轨

（c）视频轨

图7-23　轨道

6）Voice（声音）

在TDM集成的Pro Tools系统中，Voice是指Pro Tools能同时按声轨竖直方向，由上而下同时播放数字音频片断的数量，如图7-24所示。例如，一个Pro Tools 24音频工作站核心系统是一套32路Voice的系统，因此可以同时播放32路不同的音频轨或片断。

在TDM系统中，可以有多于系统提供的Voice数目的声轨数，但超过Voice数目的多余的部分是不可以被同时播放的。这些多余的轨道就是所谓的虚拟轨（Virtual Tracks）。

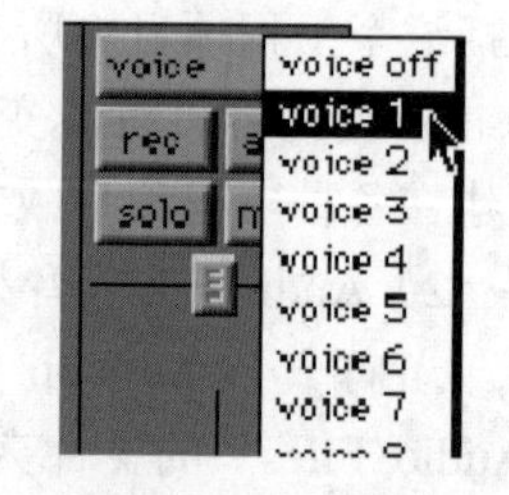

图7-24　每一声道中的Voice及其优先权的安排

7）Channel（声道/通道）与信号路线

声道/通道这一术语用来描述 Pro Tools系统几个相关的组件。

第一，Channel是指在Pro Tools的混音窗口中的一条混音声道。这里的Channel可以指Session中任何一个音频声道条、MIDI通道条、辅助输入条或主输出混音条，如图7-25所示。

音频声道条和MIDI通道条内具有一些相类似的控制器，但这些控制器之间也有细微的差别。例如，音频和辅助输入的声道控制推子主要是控制Pro Tools的混音，而MIDI通道控制推子只是发送MIDI的音量数据。

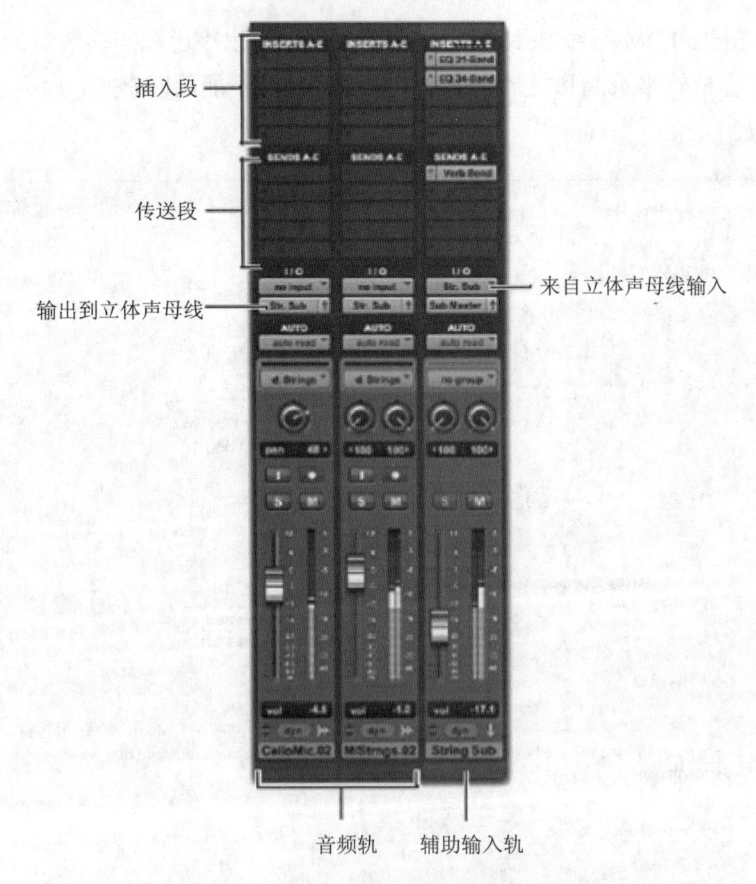

图 7-25　Pro Tools 系统的声道与路由选择

第二，Channel 是指 Pro Tools 系统输入/输出的物理声道。如图 7-26 所示，一台 192 I/O 音频接口提供 8×8×8 个声道的模拟和数字输入/输出接口。

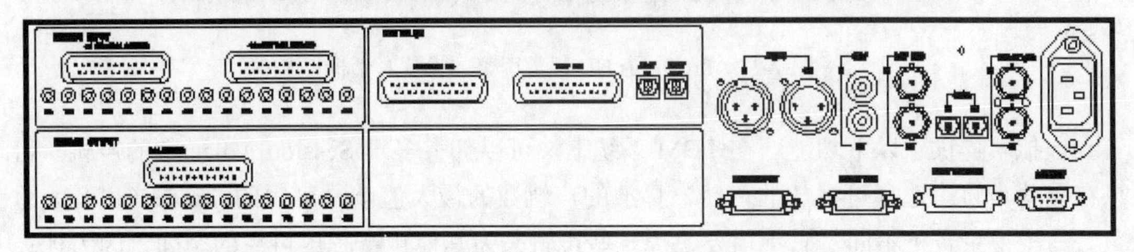

图 7-26　Pro Tools 系统 192 I/O 音频接口后视图

8）播放引擎

所有的 Pro Tools 系统都允许使用者在任何阶段对一个 Session 的播放引擎进行选择，可以重新设置使用不同的 Digidesign 硬件的播放引擎，如图 7-27 所示。

3．虚拟轨（Virtual Tracks）

磁带录音机只能把声音录制到其物理轨上，需要录制的声轨数量常常会受到录音机和磁带本身声轨数的限制。例如，一台 16 轨的录音机，在同一时刻最多只能录制或播放 16

轨音频。Pro Tools TDM 系统基本不受物理上的输入/输出声道和声轨数量的限制，它提供了最多 128 条虚拟轨来录制和叠放音频，但这些音频轨不能同时播放，而会受到 Voice（声音）数目的限制。

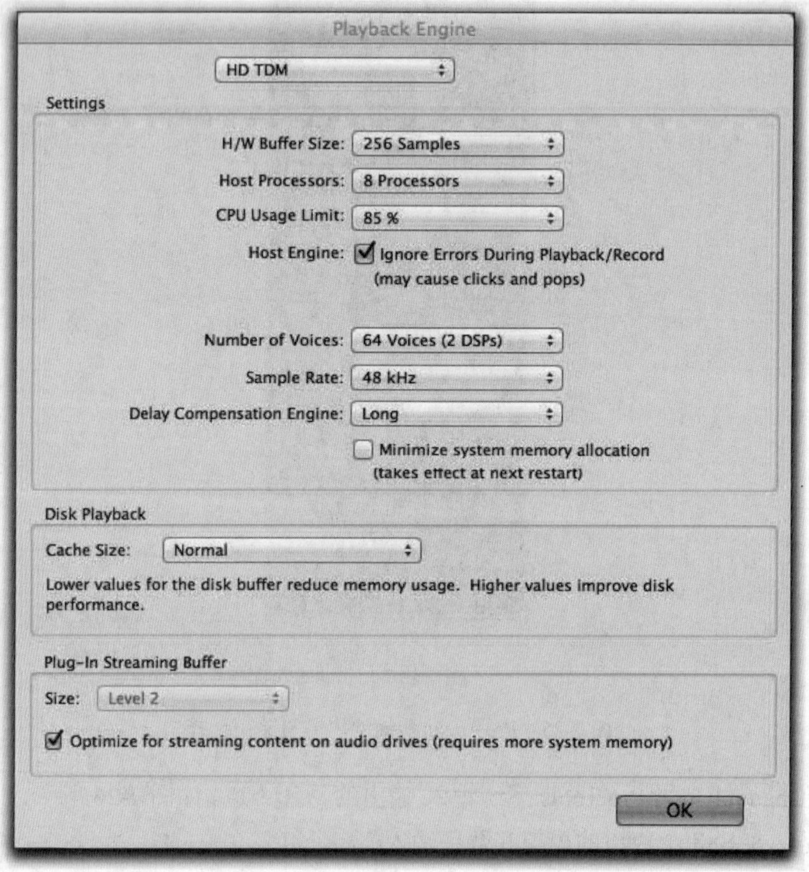

图 7-27 Pro Tools HD 播放引擎的设置对话框

虚拟轨提供了以下功能：在 TDM 系统上，可以拥有多于 Session Voice 数的声轨。可以在这些声轨中选择可播放的声轨，播放的声轨数的最大值就是可用的 Voice（声音）总数。与模拟录音机不同，它不需要擦掉一些声轨来为其他声音腾出可用的空间，因为计算机的硬盘有足够的空间来存储所有的声轨。另外，在混音过程中，可以利用虚拟轨对同一段音频的不同段落创建单独的声轨，每条声轨可以带有自己特色的音量、声像、EQ、效果返送及其自动控制等控制效果。

Pro Tools 的 Voice（声音）是动态分配的。当一条声轨上的两个音频段之间开了一个缺口时，此处声音会透过该声轨转而播放紧靠在开口位置上的下一声轨的声音，当这一轨的某一时刻再次出现声音时，系统会再转回播放这一轨自身的声音，而将下一轨声音关闭。对于各声轨播放声音的优先级设置可以由用户自己来确定。虚拟轨使用了系统的数字信号处理（DSP）功能。

7.7.2　Session 基础

如图 7-28 所示，一个 Pro Tools 工程项目（Project）是通过 Session 建立并保存的。Session 中保存有该工程项目使用的全部轨道、音频、MIDI 和其他 Session 信息。音频和衰减处理文件保存在 Session 文件夹中的相应文件夹内。

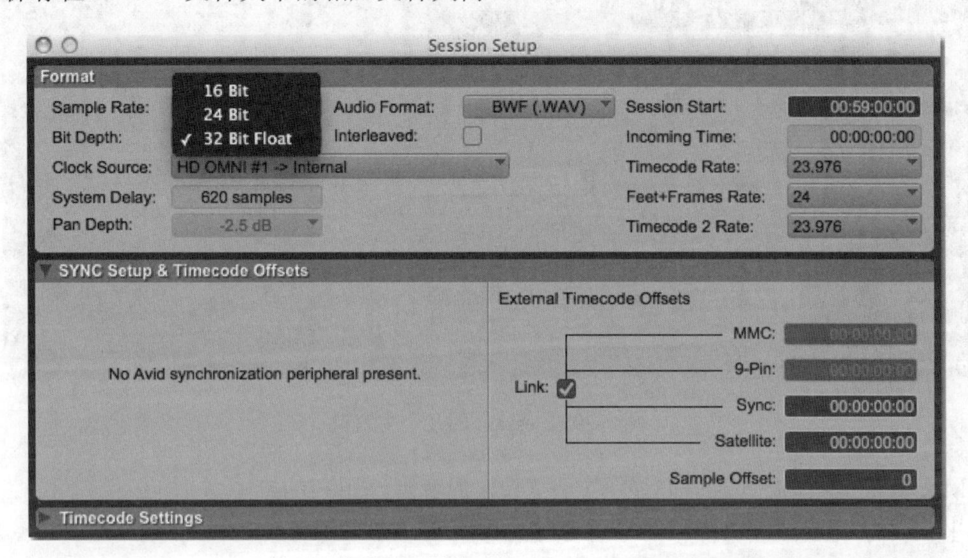

图 7-28　新 Session 对话框，设置采样频率、比特率和其他 Session 选项

Pro Tools 能记住对音频接口的配制和其他系统设置，并将这些配置作用到所有新的 Session 中。

1．启动 Session

（1）引导 Pro Tools。

（2）选择 File > New Session。

（3）在新的 New Session 对话框中，设置采样频率、比特率和其他 Session 选项。

（4）选择想保存 Session 的位置。如果使用了 Pro Tools 系统之外的外置硬盘，应保证在 New Session 对话框中选择到合适的外置硬盘上。

（5）为 Session 键入一个名字。

（6）选择 Save 后，新 Session 将打开它的 Mix（混音）、Edit（编辑）以及 Transport（传动器）等窗口。

2．主窗口

Mix、Edit、Transport 与 Plug-In 窗口为 Pro Tools 的主工作区窗口。可以从 Windows 菜单选择显示这些窗口的任何一个，也可以在 Pro Tools 自己的 Windows 菜单上选择展示（Show）或隐藏（Hide）这些窗口中的任意一个。Session 窗口中包含图 7-29 中的几个主窗口：

图 7-29 Session 的几个主窗口

Mix Window（混音窗口）显示 Pro Tools 混音台，用它的推子条上的控制器可控制声轨电平、声像、独奏、哑音和信号返送等。

Edit Window（编辑窗口）在沿着时间线显示的轨道中有音频轨、MIDI 轨及自动数据编辑线。

Transport Window（传动器窗口）为回放（Play）、停止（Stop）、倒带（Rewind）、快进（Fast-Forward）、暂停（Pause）及录音（Record）提供标准的传动控制按钮。Transport 窗口还有计数器（Counter）和 MIDI 控制指示。

Plug-In Windows（插件窗口）存放各类音频效果器插件的地方。

3．Session 设置

Pro Tools 为 Session 选择时基提供了几种不同的时基标尺（Timebase Rulers）。时基标尺是沿着编辑窗口的顶部显示的，它包括小节:拍（Bars:Beats）、分:秒（Minutes:Seconds）、时间码（Time Code）以及英尺.帧（Feet.Frames）等显示格式。当前的时间码格式就是为主计数器和 Edit 窗口的网格（Grid）提供的标准时间格式。

当 Session 的时基（Timebase）在标尺（Rulers）视图中出现时，后期制作时可选择时间码（Time Code）或英尺.帧（Feet.Frames）显示格式中的任意一个。

Session Setup（Session 设置）为重要的 Pro Tools Session 设置提供了状态显示，包括采样频率和帧率、时钟源及文件格式，还包括有当前时间码（Current Time Code）计数器，以及以时钟基准、位置基准和其他 Digidesign USD 时间码为特征的控制项目。

4．选择时基标尺

在编辑窗口左上方圆圈旁边（标记有 Bars:Beats、Time Code、Sample 等）单击显示，如图 7-30 所示。

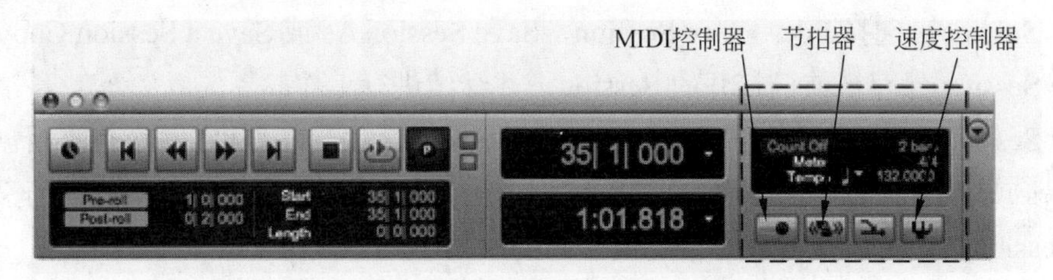

图 7-30　Transport（传动器）窗口中的各类控制器和节拍器

1）速度（Tempo）

可在展开的传动器窗口或速度标尺上，用 MIDI 速度控制器来设置 Session 速度。

定义要使用的 Session 速度：在传动器窗口单击速度栏，并键入想要的速度。

2）按 Session 速度打拍子

（1）选择 Display > Transport Window Shows > MIDI Controls。

（2）在 Transport MIDI 控制器上，关掉 Conductor（乐队指挥）来激活手动速度调节（Manual Tempo）模式。

（3）用鼠标单击 Tap 按钮。

3）滴答声与节拍器

Pro Tools 自身提供了 MIDI Click（用 MIDI 驱动的滴答声）选项。在传动器（Transport）窗口，可以关掉或打开该功能，并可以在 MIDI Click 对话框中配制它们。

4）配置并激活 Pro Tools 滴答声

（1）选择 MIDI > Click Options。

（2）按需要为 MIDI 音源配置滴答声参数。

（3）在记录与回放过程中，可以关闭或打开 Transport 窗口 MIDI Controls 显示器上的 Click 开关。

5. 帧率与其他同步参数设置

设置 Session 帧率或其他同步参数：

（1）选择 Windows > Show Session Setup。

（2）按需要设置参数。

6. 保存 Session

为了数据的安全和在工程项目改变之后，应经常实施保存 Session。如果增加了声轨、构筑一个 Session 时改变了 Session 参数，一定要随时保存这些工作。Pro Tools 提供了三种方法来保存 Session，这三种方法的每一种都提供了不同的设置选项。

另外，Session 文件应该按采样频率转换的顺序执行，或创建 Session 模板顺序来保存。Session 模板是一个经事先定义的声轨、返送轨、插件及其他参数的 Pro Tools Session 文件。

有关如何创建和使用 Session 模板的详细资料，请参看 Pro Tools 用户手册。

保存 Session：选择 File→Save Session，Save Session As 或 Save a Session Copy In。

Save Session 保存当前已打开的 Session，并继续进行工作。

Save Session As 用另选的名字来创建一个 Session 文件复制品。它并没有重新创建新的 Audio Files 或 Fade Files 夹。如果想在 Session 中用不同的工程项目进行实验，而又不影响原来的 Session，这种保存方式常常是最有用的。

Save a Session Copy In 仅保存当前正在使用的全部文件。为了创建不包括不再使用的音频文件和衰减器文件的最终的 Session 拷贝，用这种保存方式常常是有用的。

7.7.3 系统资源与设置

为了使系统性能得到最优化，可在回放引擎（Playback Engine）对话框中定制很多种 Pro Tools 系统设定参数。

在系统使用状态窗口中，显示有 CPU 和 DSP 性能资料。用 Windows > Show System Usage 可以观察系统资源及使用状况。

7.7.4 传动控制器

如图 7-31 所示，标准的传动控制器提供了回放、停止及其他标准的传动控制按钮。扩展了的传动器窗口提供了预卷（Pre-roll）和过卷（Post-roll）计时器，以及不仅提供了时间线（Timeline）起点（Start）、结尾（End）和长度（Length）指示器，而且还提供了主传动器（Transport Master）段选择器。传动器窗口还可以显示下述有关的 MIDI 控制器：音符（Note）、节拍器（Click）、停止计数（Countoff）、MIDI 合并（MIDI Merge）、乐队指挥（Conductor）、计量表（Meter）和速度（Tempo）指示等按钮。

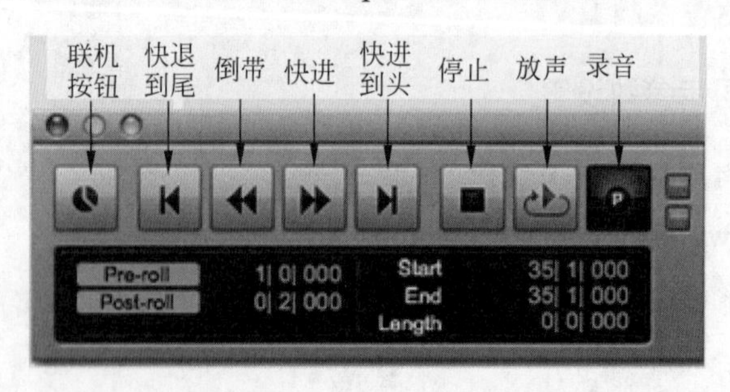

图 7-31 Pro Tools 传动器

7.7.5 导航

传动控制器（Transport）窗口提供了全部 Pro Tools 传动命令按钮。通过在传动器窗口展示子菜单上选择或不选择它们，可以显示或隐藏不用的传动控制器项目。

所谓导航是指要把想观察或编辑的时间点的画面位置移动到屏幕中央的方法。Pro Tools 提供了在 Session 中，包括用鼠标在计数器上键入一个位置值的很多导航方法。

1. 在编辑窗口确定导航位置

如图 7-32 所示，用插入条形工具单击想要导航到的位置。

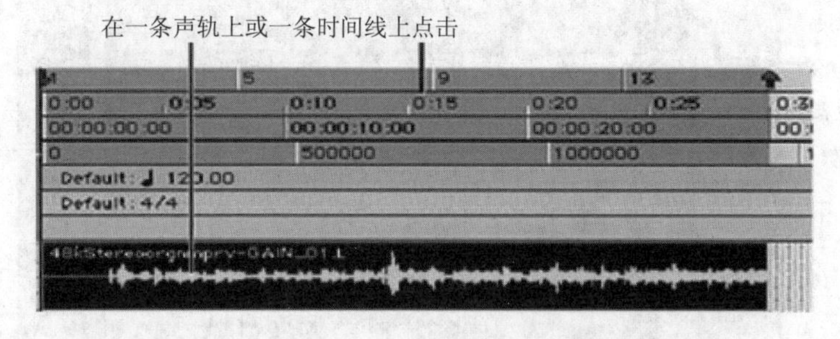

图 7-32　在编辑窗口导航

2. 用计数器导航

如图 7-33 所示，在主计数器中单击，并用计算机键盘键入想要的位置值。

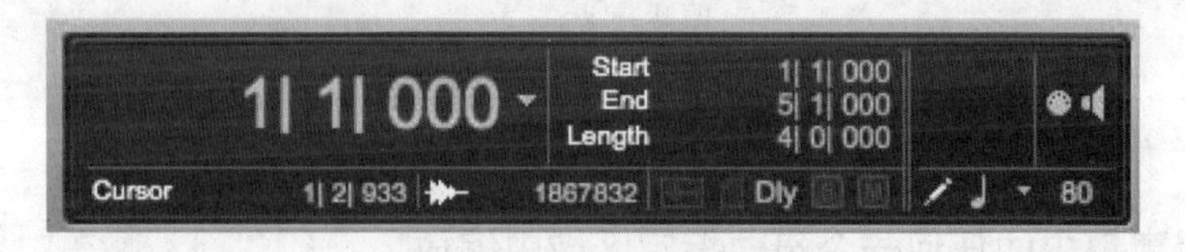

图 7-33　用计数器导航

3. 用记忆定位器导航

记忆定位器提供了另一种在 Session 内部导航的方法。

（1）定义记忆定位器：当回放停止或回放时按数字键盘上的 Enter 键，New Memory Location 窗口将出现。此时，即可定义一个标记、存储选择区，或存储任何其他可用的设定组合。这些设定包括声轨高度、激活编组、预卷与过卷值和声轨展示/隐藏（Show/Hide）。确定选择要设定的标记后，单击 OK 按钮。

（2）保存记忆定位器：按数字键盘上的点（.）号键，接着按数字键来标记号码。

7.7.6　视图与缩放

在编辑窗口中，可以根据需要调节声轨的高度，而且可以用声轨高度（Track Height）选择器和缩放（Zoom）工具来横向和纵向缩放它们，如图 7-34 所示。

1. 改变声轨高度

单击 Track Height Selector（声轨高度选择器），为声轨选择视图大小。

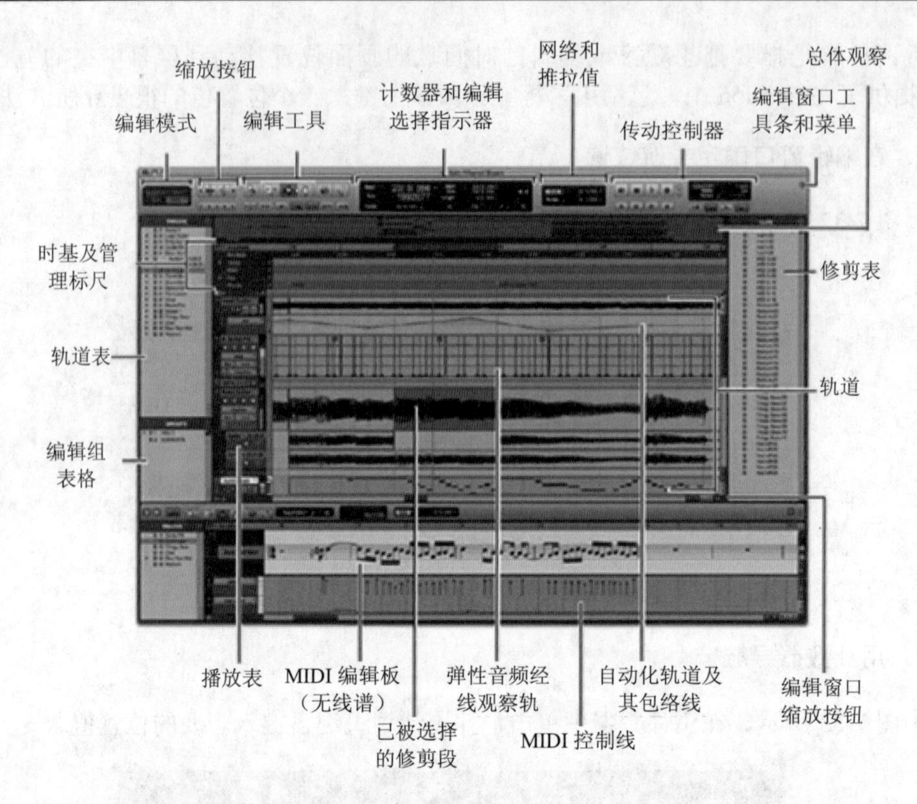

图 7-34　在编辑窗口中的缩放器与声轨高度选择器

2. 在编辑窗口中的任何一个声轨指定区域内缩放

（1）单击放大镜。

（2）用放大镜单击所要观察区域或以水平方向对声轨或标尺拖拽。

3. 放大或缩小：单击适当的缩放按钮

（1）左箭头键（水平放大），右箭头键（水平缩小）。

（2）波形和 MIDI 分类按钮能增加或降低相应轨道（音频或 MIDI）的垂直高度。

Pro Tools 还提供了 5 个预置缩放按钮，可以立即返回到所建立的缩放级（可以单独为每个预置按钮定义它们的缩放级别）。

4. 使用已被保存下来的缩放预置值

可直接单击相应的 1～5 号预设置按钮。

5. 保存一个新定义的预设置

按住 Command 键并单击预设置号按钮来保存当前垂直和水平缩放的预设置。

6. 使用存储定位（Memory Locations）的缩放控制器（Zoom Control）

Pro Tools 存储定位器（Memory Locations）能存储包括声轨高度（Track Height）和缩

放设定（Zoom Settings）在内的各种标记或定位记忆。通过创建没有标记或选择器但有轨道高度、缩放设定并且其他选项已被激活的存储定位器，可以只用数字键盘就能达到放大或缩小轨道的目的。

7.7.7　声道与轨道

Pro Tools 允许用户按需要为音频录音和 MIDI 记录、分混音台、路径分配、自动控制和编辑去创建音频和 MIDI 轨。

Pro Tools 提供了四种类型的轨道：音频（Audio）轨、辅助输入（Aux Input）轨、总推子（Master Faders）轨以及 MIDI 轨。音频轨、辅助输入轨和总推子轨可以是单声道或立体声，或任何为环绕声混音所支持的多声道格式。

音频（Audio）轨：可录音到硬盘和从硬盘回放。当录音功能被激活时，它能用来监听音频输入，它也是编辑音频的区域。

辅助输入（Aux Input）轨：为输入、路径分配和分混音使用的音频调音台声道。

总推子（Master Faders）轨：主声道控制并可选择为任何输出（Output）或母线（Bus）。

MIDI 轨道（MIDI Tracks）：记录、回放和编辑 MIDI 数据。

1. Mix 窗口中的声道

Audio、Aux Input、Master Fader 声道条和 MIDI 通道条竖直地排列在混音窗口中。声道或通道类型由推子下方的声道类型图标表示。图 7-35 为混音窗口中的立体声音频轨各控制器示意图。

（1）音频声道

所有音频声道，无论是音频（磁盘）声道，还是辅助输入声道或总推子都有很多完全一样的控制器。图 7-36 所示为在混音台窗口中的立体声音频或辅助输入声道中的控制器。总推子声道提供了与音频或辅助输入声道中除下列情形以外的相同控制器。

总推子声道不提供传送器、声像控制器、录音激活开关、哑音和独奏按钮。输入选择器（Input Selector）的分配决定总推子的输入和声源。

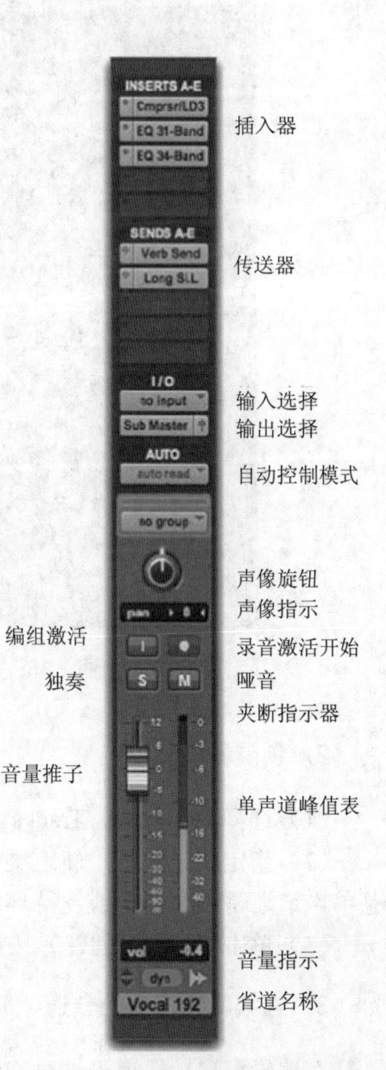

图 7-35　在混音窗口中的立体声音频轨各控制器示意图

（2）MIDI 通道

MIDI 通道提供了通道电平、独奏和哑音控制，另外还提供了 MIDI 输入、输出、通道和节目（Program）控制器。另外 MIDI 音量、哑音和声像也可以使用 Pro Tools 的自动操作特色。

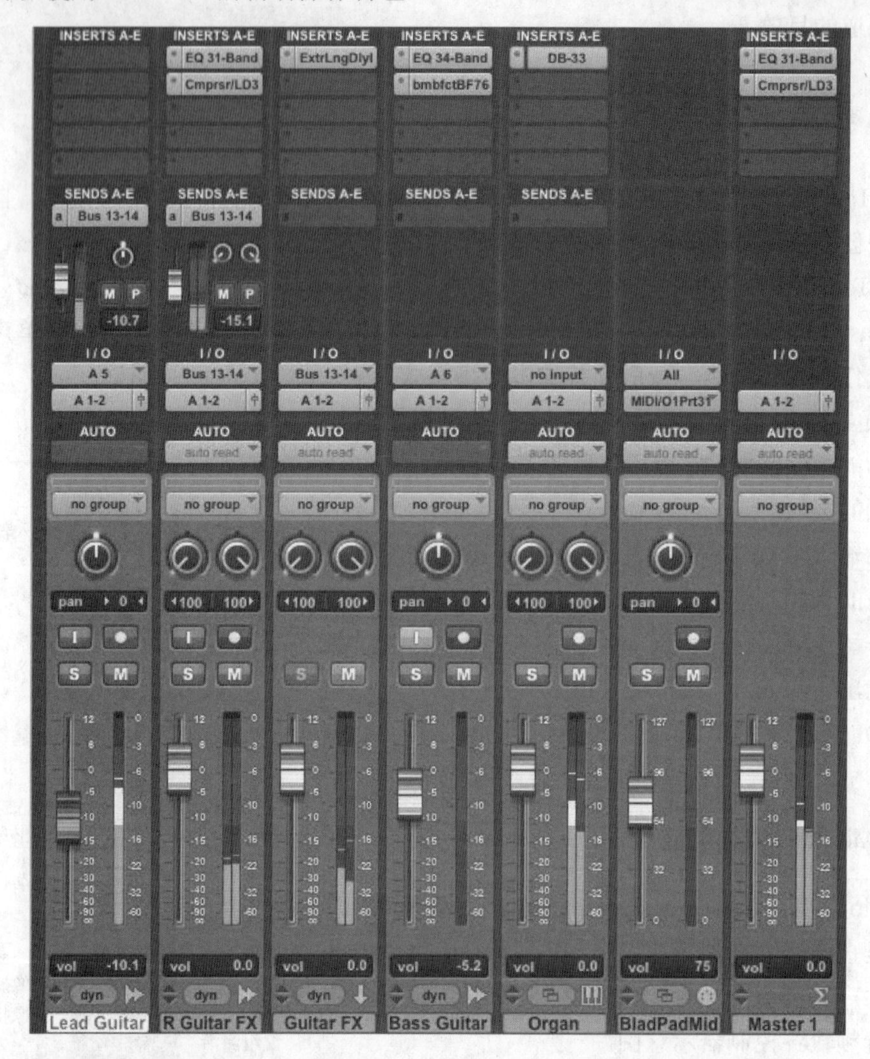

图 7-36　混音窗口中的三种声道和一种通道类型

2. 创建新的轨道

（1）选择 File > New Tracks。

（2）指定轨道数量、轨道类型（Audio、Aux Input、Master Fader 或 MIDI）以及选择是单声道还是立体声，或支持环绕声混音（MIDI 除外）的任何多声道格式。

（3）单击 Create（创建）按钮。

3. 在编辑窗口中的轨道

在编辑窗口，轨道沿着时间线按水平方向分布。每条轨道有音频波形的区域就是它们的播放表（Playlist），如图 7-37 所示。音频声道、辅助输入声道、总推子声道和 MIDI 轨可以被自动控制。

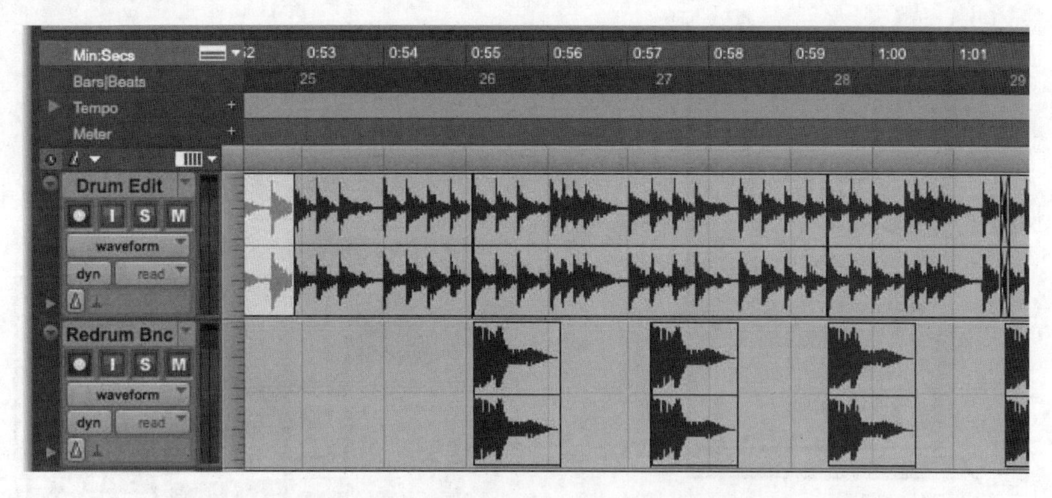

图 7-37　在编辑窗口中的时间线标尺与立体声音频轨

7.7.8　片段表

包括录音的、导入的或通过编辑创建的所有片段，都会出现在 Audio（音频）和 MIDI Regions Lists（片段表）中。表中的任何一个片段可以从表中拖拽到轨道中，并可按任意秩序排列。通过按住 Option 键（Macintosh），或 Alt 键（Windows），再单击片段表中的片段，就可以试听它们。片段表弹出式菜单提供了几种管理片段和文件的常用功能，如分类（Sorting）、导入音频（Import Audio）、清除被选中的片断（Clear Selected）、再命名被选中的片断（Rename Selected）、把被选中的片段作为文件导出（Export Selected As Files）等。

1．导入音频

Pro Tools 不仅能够从磁盘中导入已有的音频文件，而且还能从音频 CD 中（仅限 Macintosh 版本）把音频文件导入片段表或直接进入一条新的声轨。如果在素材库上操作，或者要想将在磁盘上已有的音频文件在新的 Session 中使用，这个功能是非常有用的。

2．从磁盘中导入音频文件或片段

用 File > Import Audio to Track 命令把文件和片段导入到指定的音频轨（该文件也将作为片段出现在音频片段表中），或使用如图 7-38 或图 7-39 所示的音频片段表中的 Import Audio（导入音频命令），仅把文件和片段导入到音频片段表中。

3．导入 CD 音频轨（只有 Macintosh 有此功能）

（1）把音频 CD 插入 CD-ROM 驱动器中。

（2）选择 Movie→ Import Audio From Other Movie 命令。

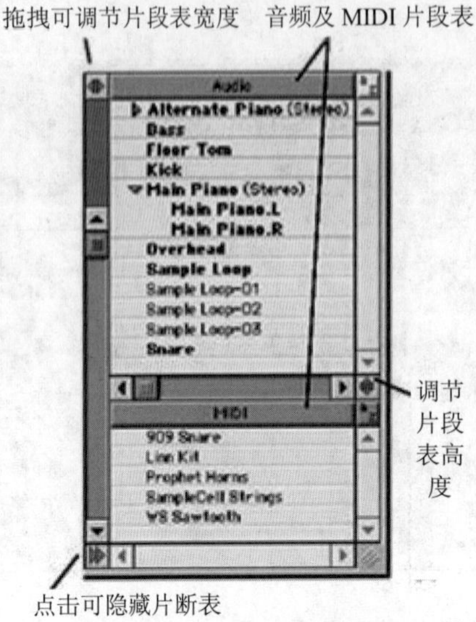

图 7-38 音频和 MIDI 片断表

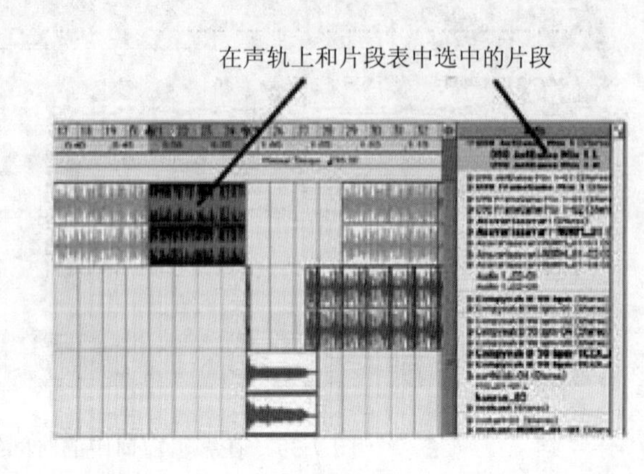

图 7-39 在声轨上和在片段表中选择音频片段

（3）定位并选择要导入的音频轨，单击 Convert 按钮。

（4）当 Save 对话框出现后，单击 Options 按钮。

（5）在 Options 对话框中选择采样频率、比特分辨率和立体声格式。

（6）在 Options 对话框的底部，通过调节起点和终点时间设置要导入音频轨的范围，然后单击 OK 按钮。

（7）在导入它之前，用 Play 和 Stop 按钮试听被选中文件或片段。

（8）为被选中的转换文件指定目的文件夹，再单击 Save 命令。Pro Tools 将按 QuickTime 影片格式导入 CD 音频轨，并把它写入硬盘。

（9）当 Track Import 窗口出现时单击 OK 按钮。

Pro Tools 转换音频轨中波形文件的采样频率和比特分辨率为当前 Session 所对应的采样频率和比特分辨率，并把被选中的音频轨导入到音频片段表上。

7.8 Pro Tools 音频工作站录音基础

7.8.1 录音前的准备工作和录音

本小节介绍如何在 Pro Tools 中录制音频和 MIDI。

1．分配音频路径到声轨中

首先检查乐器是否连接妥当。有关工作室及音频接口配置的详情请参考相关使用手册。在 File→New Track 中建立新的轨道。选择一条 Mono Audio Track 并单击 Create 按钮。在混音窗口找到声轨的 I/O 控制器。如果找不到，请选择 Display→Mix Window→

Shows→I/O View。I/O View 位于传送器下方和输出选择器的上方。

单击新声轨的 Input 按钮，从弹出式菜单上选择录音信号的输入端口。例如，如果音频源已被连接到音频接口的模拟输入 1，就把它分配到 A1（输入端口）。在 Hardware Setup（或 I/O Setup 对话框）中，菜单显示了默认的输入端口名，如图 7-40 所示。

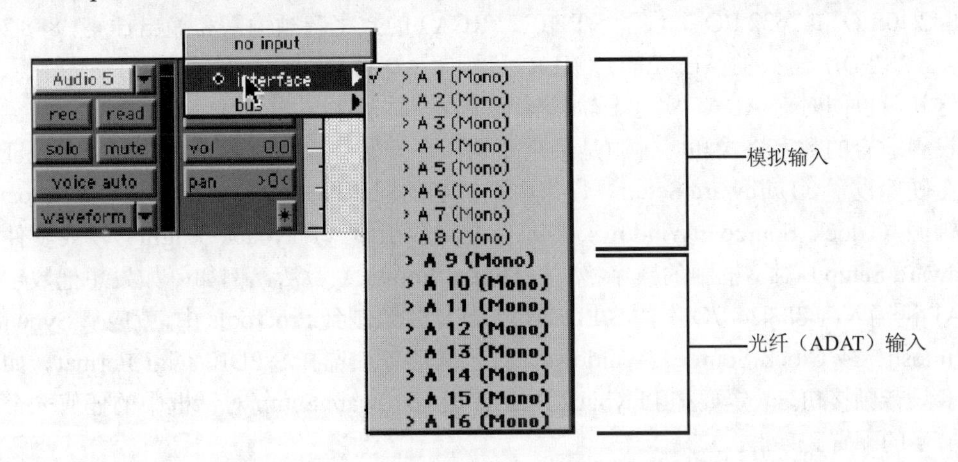

图 7-40　在一条单声道轨中分配输入信号路径

2．设定录音电平

调节输入声源设备（乐器、传声器预放或调音台输入电平调节器）的电平来设定 Pro Tools 的录音电平。设定适当输入电平的关键是使音量尽可能的大，但又不要产生数字夹断（过载）现象。在 Pro Tools 中只有接近仪表顶部的信号才占用了全比特范围（每个音频采样频率产生 24bit 或 16bit）。一般应达到最大的比特范围，通过设置最佳电平才能获得最好的音质，从而得到最小的噪声和失真。

一定要小心发生数字夹断现象。当馈送到音频设备的信号比电路本身可以接受的信号大时就会产生信号夹断，使信号产生失真。产生数字夹断时有时是刺耳的，但不是经常能听见的，所以应仔细观察仪表。

只有提高通路增益才能使噪声水平下限降低。应尽可能地提高设备的输出电平，但又不使信号产生失真。

3．音频轨录音

（1）激活想要录音的声轨，分配好它的输入，并设置适当的输入电平。

（2）在传动器窗口 （Windows→Show Transport）单击返回到零点按钮，以保证录音从 Session 的始点开始。也可以从编辑窗口设定的光标位置开始录音。

（3）单击传动器窗口上的录音按钮准备开始录音。

（4）单击回放键或按键盘空格键，使所有已被激活的声轨开始录音。开始演奏曲子。

（5）要使录音停止，单击传动器窗口的停止键或按键盘空格键。

4．回放已录音声轨

（1）取消该声轨的录音保险按钮。

（2）单击传动器窗口的回放键或按键盘空格键开始回放。

（3）单击传动器窗口的停止键或按键盘空格键停止回放。

5．从数字设备回放 Pro Tools 录音和从 Pro Tools 回放数字设备录音

882|20 I/O 和 1622 I/O 提供了 S/PDIF （RCA）的数字音频输入和输出插座。888|24 I/O 还提供了 S/PDIF 之外的 AES/EBU（XLR）插座。ADAT Bridge I/O 还增加了光纤输入与输出，这就可以同时对 ADAT 实行 8 轨传输了。

设置适合的数字格式和时钟源是最重要的。在开始从数字源录音之前，应首先证实是否已在硬件设置（Hardware Setup）窗口中把适当的同步模式（Sync Mode—Macintosh 中）或时钟源（Clock Source—Windows 中）以及播放引擎（Playback Engine），或硬件设置（Hardware Setup）对话框中的数字格式（Digital Format）激活。例如，如果想把数字信号从 DAT 机输入到 888|24 I/O 上的 S/PDIF IN 端口，并录制到 Pro Tools 中，就应从 Sync Mode（Macintosh）或 Clock Source（Windows）弹出式菜单上选择 S/PDIF Digi Format。如果使用了多只音频接口，一定要把 Playback Engine 或 Hardware Setup 对话框中的任何一个的选项做恰当的配置。

6．记录 MIDI

1）为记录 MIDI 而配置新的 MIDI 轨

（1）选择 File→New Track，并指定一条 MIDI 轨，再单击 Create 按钮。

（2）在混音窗口单击 MIDI Device/Channel Selector 按钮，并在弹出式菜单上分配 MIDI 设备和 MIDI 通道，如图 7-41 所示。

（3）如果要使音序器获得控制“通道节目变化”的能力，可以通过单击混音窗口上的节目（Program）按钮来分配默认的通道节目变化（Program Change），并为节目和节目库选项做必要的选择，再单击 Done 按钮。当回放一条轨道时，默认的节目变化值即能被传送。

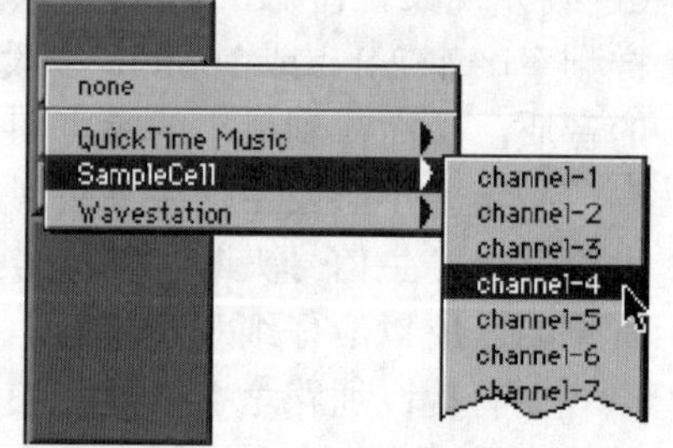

图 7-41 为 MIDI 设备分配通道

（4）证实 MIDI→MIDI Thru 已被选中，然后在 MIDI 键盘上演奏几个音符。此时已被分配的 MIDI 乐器应在该轨道中发出声音，轨道音量表应有指示。

2）记录新的 MIDI 轨

（1）检查想记录的 MIDI 轨已被激活，并且已接收到 MIDI 信息。

（2）在传动器窗口单击“直接返回零点”按钮，以保证该 MIDI 轨从起点开始记录。

（3）也可以从编辑窗口中的光标所在位置开始记录。

（4）单击传动器窗口中的记录键。

（5）单击传动器窗口上的回放键或按键盘空格键开始记录。

如果使用了“等待音符”（Wait for Note）选项键，则回放键、录音键和等待音符选项键将闪光。当接收到第一个 MIDI 事件时 MIDI 记录工作立即开始。如果使用了停止计数（Countoff）选项键，请单击回放键。在停止计数期间录音和回放键会闪光，然后开始记录。

演奏 MIDI 乐器。

（6）当完成了 MIDI 记录时，单击传送窗里的停止键，或者按键盘空格键。新记录的 MIDI 数据作为 MIDI 片段出现在编辑窗口中的轨道上，并同时出现在 MIDI 片段表中。

3）播放已被记录的 MIDI 轨

（1）取消该 MIDI 轨上的记录保险按钮。

（2）单击传动器上的直接“返回到零点”按钮。

（3）单击传动器上的回放按钮开始回放。已被记录的 MIDI 数据通过该轨道分配的乐器和声道开始回放。

7.8.2　不用混音台监听 MIDI 乐器的方法

建立一个新的辅助输入（Aux Input）声道来监听 MIDI 乐器的演奏。此时，辅助输入声道起着内部母线信号传送和外部音源输入的作用。

为监听 MIDI 信号而配置辅助输入声道：

（1）把 MIDI 乐器的音频输出连接到音频接口的输入。

（2）选择 File > New Track，并创建一条单声道或立体声轨，然后单击 Create 按钮。

（3）单击辅助输入声道的 Input 选择器，选择已连接到 MIDI 乐器的那个输入端口。

（4）单击辅助输入声道上的 Output 选择器，选择一个输出口。

（5）用音量推子调节辅助输入的电平。

7.9　Pro Tools 音频工作站编辑基础

为编辑音频和 MIDI 轨，Pro Tools 还提供了很多工具。编辑窗口工具条提供了编辑模式和编辑工具选择器，如图 7-42 所示。

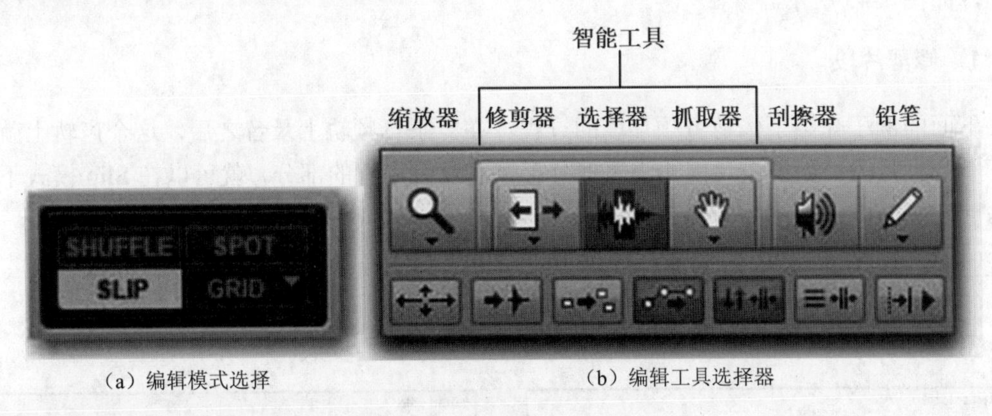

（a）编辑模式选择　（b）编辑工具选择器

图 7-42　编辑模式与编辑工具

对音频和 MIDI 编辑的典型使用有下列四类：

（1）修复或替换错误。

（2）重新改变乐曲和工程项目。

（3）通过排列打击乐音符到某个小节与拍的网格值、时间码或其他时基，以便重新安排轨道的时值和节奏。

（4）由于多种需要（如压缩轨道或合并）使用选择的方法来创建最终轨道。

7.9.1 编辑模式

Pro Tools 有四种编辑模式，即拖拽（Shuffle）、点动（Spot）、滑动（Slip）和网格（Grid），如图 7-42（a）所示。

编辑模式是通过单击编辑窗口左上角模式按钮组的某一个按钮来选择的。

编辑模式如何发出类似复制（Copy）与粘贴（Paste）功能命令，各种编辑工具（Trimmer、Selector、Grabber 和 Pencil）如何工作，都会影响音频和 MIDI 片段（或个别的 MIDI 音符）的移动和安置。

7.9.2 编辑工具

Pro Tools 有七种编辑工具，如图 7-42（b）所示：缩放器（Zoomer）、修剪器（Trimmer）、选择器（Selector）、抓取器（Grabber）、刮擦器（Scrubber）、铅笔（Pencil）以及智能工具（Smart Tool）。单击放置在编辑窗口顶部的工具条，选择想要的编辑工具。其中修剪器、抓取器和铅笔工具还有另外几种子模式可以选择，可以分别从它们的弹出式菜单中单击并选择想要的编辑工具子模式。

7.9.3 编辑片段

音频和 MIDI 数据中的一部分叫做片段，编辑工具就是用来编辑编辑窗口中的这些片段的，如图 7-43 所示。

1. 修剪片段

下面的例子介绍了修剪音频片段的过程。在一条音频轨上录音之后，这个声轨上就有了一个音频片段。如果该片段的头尾部分存在着没有声音的部分，就可以在 Slip 模式下利用修剪器工具，按自己的需要去“缩短”该片段的开始或/和结尾的空白部分。

（1）选择 Slip 模式。

（2）选择修剪器工具。

（3）将光标移动到音频片段的开始处（注意：光标会变成“[”形，如图 7-44 所）。

图 7-43 在声轨上的音频片段

图 7-44 修剪片段的开始部分

（4）点住片段的开始处并向右拖拽来缩短片段的开始空白部分。

（5）移动光标到片段的尾部（注意：光标会变成“]”形。如图7-45所示。）

（6）点住片段的尾部并向左拖拽来缩短片段尾部的空白部分。

如果要剪掉音频片段，如要修剪片段的开始部分，可以单击要剪掉部分；要修剪片段的结尾部分，也可以单击要剪掉部分，如图7-46所示。

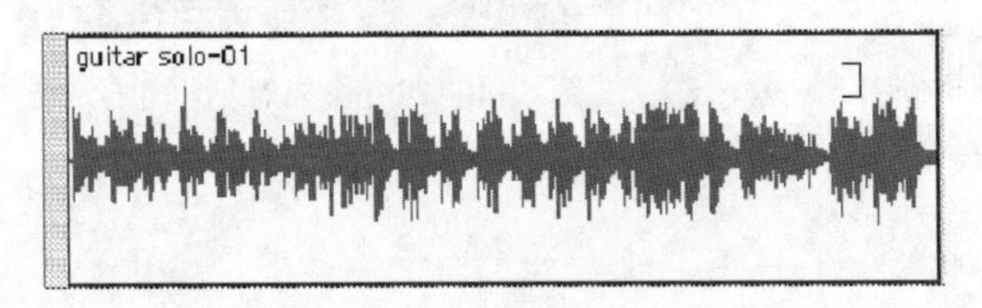

图7-45　修剪片段的结尾部分

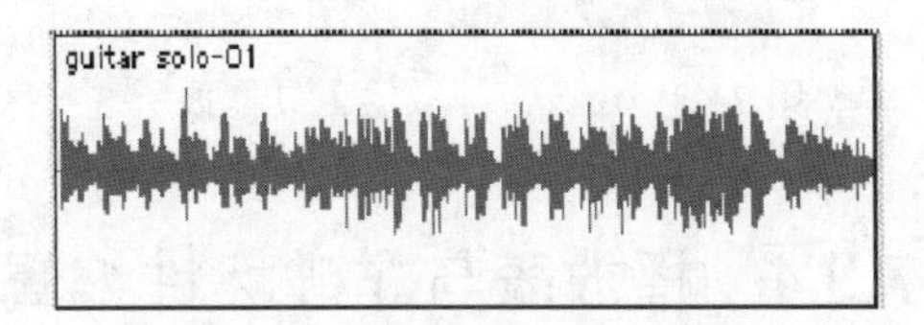

图7-46　已被修剪过的片段

2. 排列片段

有很多编辑、排列片段的方法。下面的例子介绍了如何创建和排列鼓循环来构成一条节奏声轨。

创建并排列节奏序列：

（1）指定MIDI计量表（MIDI > Change Meter）和速度（MIDI > Change Tempo）。

（2）选择网格（Grid）模式。

（3）准备MIDI嘀哒声。

（4）记录鼓声轨。应牢记要使用的仅仅是（小节）正拍。应该按指定速度和计量表网格来录制，或导入一个已有的音频文件，例如从样板库调入一个鼓循环，并将它放置到它的音频轨中。

（5）选用选择器（Selector）工具。

（6）用选择器工具在波形上把该片断点住并拖刮以产生想要的选择区域。注意应将选择区咬合到网格上，如图7-47所示。

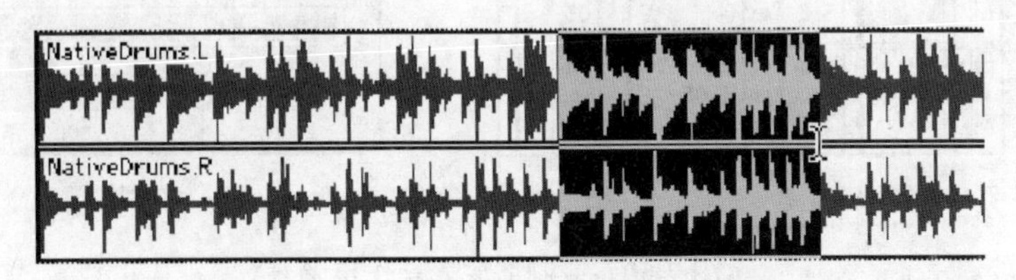

图7-47　在网格模式中刮出选择区

（7）创建一条新的音频轨（File > New Track）。

（8）从抓取器工具弹出式菜单选择分离式抓取器工具。

（9）用分离式抓取器工具点住并拖拽选择区到新的音频轨开始处。这样一个新的片段已被创建并出现在新音频轨的开始处，如图7-48所示。

（10）如果要多次使用已被选中的新片段，选择Edit > Repeat。

（11）在 Repeat（重复）对话框中键入想要的重复次数，单击 OK 按钮，如图 7-49 所示。

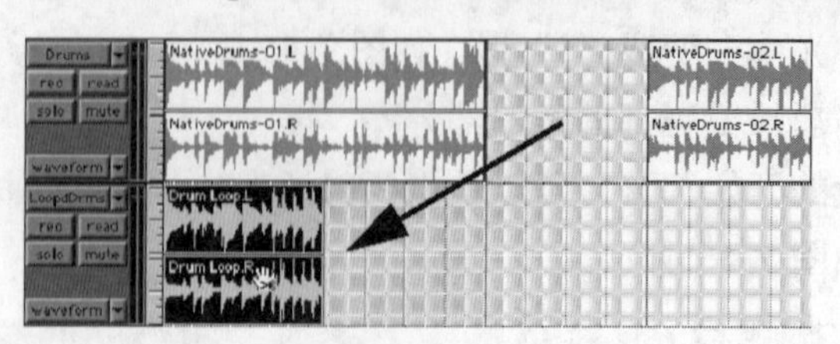

图 7-48 用分离抓取器工具拖拽所选择区到声轨

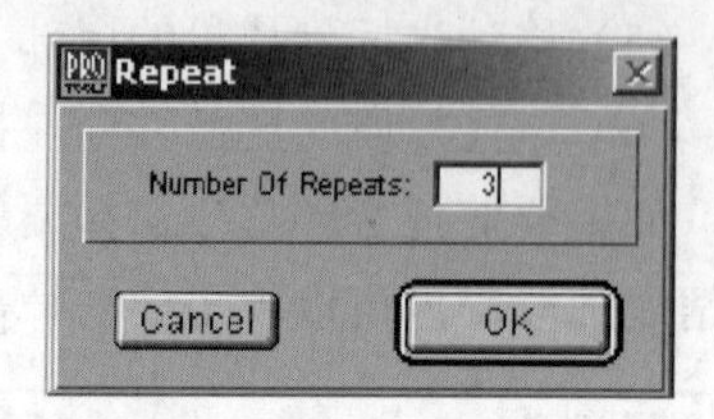

图 7-49 Repeat 对话框

7.9.4 播放表与非破坏性编辑

Pro Tools 允许建立并收回多种对于轨道编辑版本的播放表。可以在播放表当前的状态下复制播放表，以此来保存已编辑数据，然后再继续进行另外的编辑以产生新的播放表，在任何时候操作者总是能随时返回到最初的播放表中去。

为编辑创建多个播放表：

（1）从想尝试不同编辑的某一条声轨开始。

（2）从播放表选择器（Playlist Selector）弹出式菜单，再选择 Duplicate（复制），如图 7-50（a）所示。

（3）为已被复制的播放表命名，并单击 OK 按钮，如图 7-50（b）所示。

（4）制作第一组循环。

（5）从播放表选择器弹出式菜单返回到原始的播放表。

如需要可再重复步骤（2）～（5）。

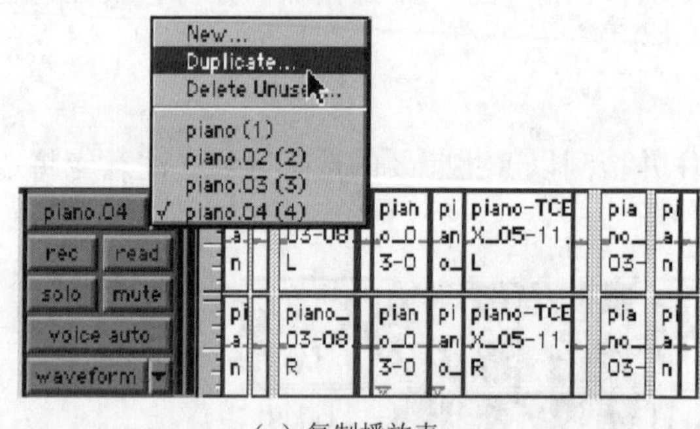

（a）复制播放表

（b）为复制播放表命名

图 7-50 复制播放表操作步骤

在这种方式中，可以对声轨试用不同的编辑，反复比较和切换，直到达到最佳的变化为止。另一方面，应该始终保持原来的播放表不变。

7.10 混音基础

在 Pro Tools 的混音环境中提供了很多早已为人们熟知的设定轨道电平、声像、独奏和哑音的声道控制器。其软件虚拟混音台和 I/O 控制器可以展示在混音和编辑窗口中。另外，它还能自动混音，或用控制台去实时回放要混音的节目。一旦完成了混音准备，就可以混合成为立体声或其他格式的声音文件。例如，可以缩混到一台外置模拟或数码机（如盒式机或 DAT 机），甚至将 Session 文件混音并轨（Bounce）为立体声文件存放在硬盘上，从而直接刻录成 CD。

7.10.1　各种控制器的使用与信号路径分配

1．如何使用声道条上的控制器

Volume：点住并向上或向下推拉音量推子可以增加或降低声道电平。
Pan：点住并向左或向右拖拽声像滑块可以向左或向右偏置声道声像。
Solo：单击 Solo 按钮可以独奏一条轨道（哑掉所有其他轨道）。
Mute：单击 Mute 按钮，哑掉这条轨道。

2．基本的信号路径分配

适用于信号路径分配的混音台和 I/O 控制器，可以在混音及编辑窗口中展示出来。

如图 7-51 所示，分配信号路径是通过分配轨道的输入与输出端口或母线来完成的。任何硬件输入信号都可以从音频轨道输入端口进入。一旦录音完成，从音频轨道输入的声音就变成硬盘上的音频文件。对于各种类型的音频声轨，从其输出则可以发送到任何硬件接口的输出端口或内部母线传送器上。这种信号分配特征实际上就是能让操作者按自己的设计工程项目，包括分混音台、为效果处理用的传送器和返送器，以及环绕声用的多声道混音的需要来设置。

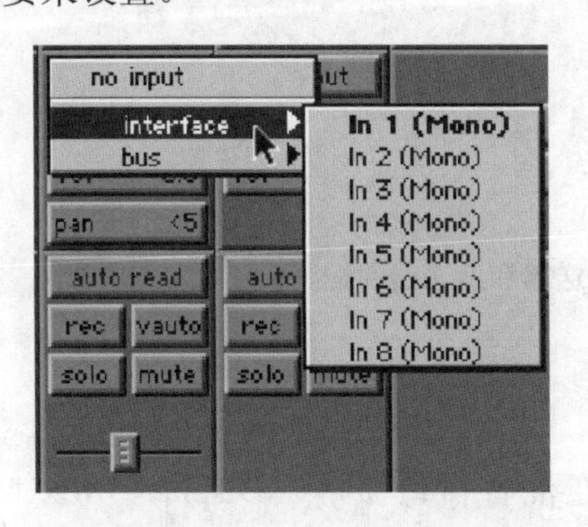

图 7-51　输入信号路径分配

3．创建一个传送器

Pro Tools 为每条声轨的传送区提供了 5 路传送器。传送器可以按单声道或立体声格式分配到输出端口，或分配到 64 条内部母线路径中的一条（在 Setups > I/O Setup 中配置）。

当用混响、延时及类似的效果处理时，可采用传送器来获得传统的传送/返送母线信号输送功能。为了所有轨道包括在副混音台中共享资源，可以利用实时插件或插入硬件 I/O 的方法来处理声音。在混音时信号的干/湿（Wet/Dry）电平的平衡，可以用声道推子（控制干电平信号）和辅助输入声道推子（即效果返回，控制湿电平信号）来控制，如图 7-52 所示。

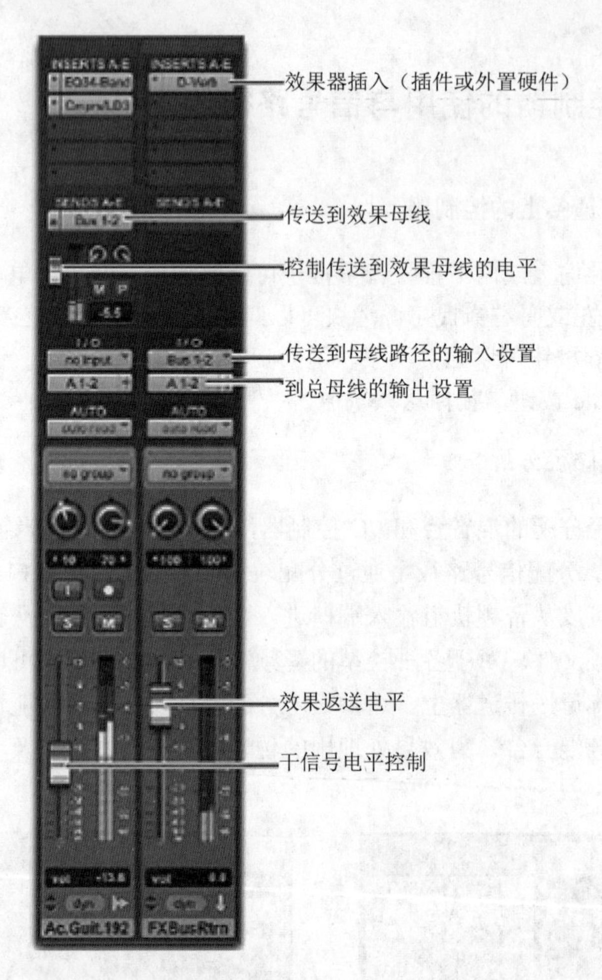

图 7-52 插件或硬件插入传送器和返送器的配置

4．在一个声轨中分配传送器

（1）确信传送器视窗（Sends View）已在混音窗口激活（Display→Mix Window Shows→I/O View）。

（2）单击音频声轨并从弹出式菜单选择一条路径。

（3）通过按住 Option-单击（Macintosh）或按住 Alt-单击（Windows）传送器，设置传送器推子输出电平到零位。在创建一个新的传送器时，它的输出电平自动设定为 - ∞。

对于新的传送器，通过激活或不激活在 Setups→Preferences 上的 Operation 标签中的 Sends Default To “ - INF”选项，可以将其默认电平设置为 off（关闭）或单位增益点（0dB）。

5. 建立返送器

辅助输入声道不但可以作为母线的返送声道，而且可以作为来自硬件的源信号输入通路。

6. 分配返送信号

选择 File→New Track，并指定为单声道或立体声声道，再单击 Create 按钮。

单击辅助输入声道的输入选择器（Input Selector），并设置它到声源声轨所指定的传送器的那条母线路径上。

单击辅助输入声道的输出选择器（Output Selector），并选择信号输出路径。

7. 总推子

总推子是作为输出通道和母线的总控制器使用的。总推子可以作为总电平、独奏、哑音，并以任何单声道或立体声或多声道输出（Output）或母线（Bus）的路径形式插入（插件或硬件）来分配信号。当对母带作最终混音时，Pro Tools 推荐使用 Dither（颤动）插件。

适用于输入、输出及母线的选项可以在 I/O Setup 窗口进行配置。

1）创建总推子

（1）选择 File > New Track，可指定 Master Fader 声轨为单声道或立体声，再单击 Create 按钮。

（2）在混音窗口单击总推子上的输出选择器（Output Selector），选择要控制的输出路径。可以选择任意一个音频接口输出或内部母线。如果 Master Fader 是立体声推子，就可以同时控制一对输出电平。

2）在 Session 中用总推子作为全部轨道的总电平控制器

（1）选择 File > New Track，并指定为单声道或立体声声轨，再单击 Create 按钮。

（2）设置 Session 中的全部音频声轨的输出均到 1～2 输出端口（也可选择其他端口），并为每条声轨设置声像。

（3）设置总输出推子的输出到总输出路径（1～2 输出端口，也可设置到其他端口）。

7.10.2　自动化混音

混音自动化功能允许计算机记录并自动控制用户所改变了的声轨与传送器的电平，以及哑音、声像控制和插件等的控制参数。而对于 MIDI 轨来说，只能提供声轨电平、哑音及声像等的自动控制。

记录自动控制数据的基本步骤（见图 7-53）如下：

（1）在激活自动化控制（Automation Enable）窗口激活系统要自动控制的种类（音量、

哑音、声像、传送电平、传送器声像、传送器哑音或任何插件自动控制等）。

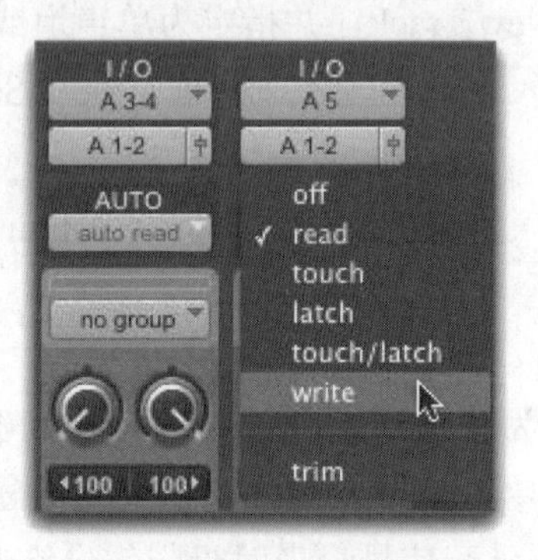

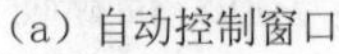

（a）自动控制窗口　　（b）声轨的自动控制模式

图 7-53　激活自动控制按钮并设置声轨的自动控制模式

（2）为要自动控制的声轨选择自动控制模式（Write、Touch、Latch、Trim 等）。

（3）开始回放并调节推子或其他控制器，系统开始记录这些动作。Pro Tools 能记住全部已被激活参数所完成的移动数据，如图 7-54 所示。

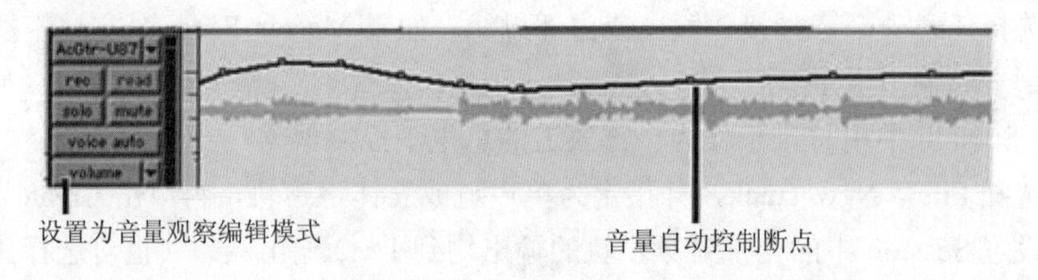

图 7-54　在编辑窗口中的一条声轨的音量自动控制

如果自动控制数据已被记录，还可再次记录自动控制数据，并且可以在编辑窗口显示它，而且还可以以图形的方式编辑它。

为了保护插件（Plug-In）的自动操作数据免遭覆盖，以及避免很多的自动操作优选权（Automation Preferences）性能被误调整，Pro Tools 提供了自动操作的安全模式。本软件受控于某些型号的专用混音控制台。为了混音能取得更好的效果，Pro Tools 还提供了采用 MIDI 或以太网类的控制台（如 D-Command、D-Control、C|24、Command|8 等），而不是用鼠标来调节推子或其他控制器来混音。

7.10.3 Bounce 到磁盘

Bounce to Disk 命令允许用户把最终缩混的文件用数字方式直接写入磁盘中，从而创建一个由 Pro Tools Session 能直接调用的新的声音循环或带效果处理的复制文件，或并轨为任何母版文件，而不需要再通过另一种媒体把它记录下来。一旦将最终缩混的文件"Bounce"到磁盘，用户就可以使用另一个刻录程序（如 MasterList CD 或 Nero）不用任何转换就可把该文件直接刻录成 CD。

当 Bounce 到磁盘时，可以 Bounce 混音的节目内容包括：

只要是在监听中可听见声音的声轨内容均能被 Bounce 成文件；任何已被哑音声轨的内容不会出现在 Bounce 后的节目中；如果 Solo 了一条声道或片段，那么只有被 Solo 的声音才会被 Bounce；所有已被激活的可读式自动控制回放效果都体现在 Bounce 混音过程中；所有已被激活的插入器，包括实时插件和从外置效果器返送回来的声音，其处理效果都被施加到 Bounce 的混音过程中。

选择 Bounce 区或轨道长度：如果用户在声轨中画定了选择区，那么将会按选择区的长度 Bounce；如果在任何声轨中并不存在选择区，那么就会按 Session 的可听见声轨长度做 Bounce 处理。

时间图章信息：被 Bounce 的素材将会自动地盖上时间图章，使用户可以拖拽 Bounce 文件到声轨中，并能把它按原素材的原始时间位置放置。

Bounce 到磁盘：

（1）选择 File→Bounce to Disk 命令。

（2）选择单声道、立体声或多声道输出，或选择作为 Bounce 声源的母线路径。

（3）选择 File Type（文件类型，如 AIFF）、Format（音频格式，单声道或立体声）、Resolution（分辨率，如 16bit）、Sample Rate（采样频率，如 44.1kHz）。

（4）单击 Bounce 按钮，开始做内部数字混音处理。

7.10.4 Dithering 加入颤动信号处理

当用 Bounce to Disk 命令制作为 16bit 文件的母版时，或当外部设备采用 16 bit 数字录音制作母版时，为防止产生量化失真，在 Bounce 期间就应当使用 Dither 插件。应该明白，当 Bounce to Disk 处理时，如果不加入颤动信号处理事关重大。Bounce 时要加入颤动处理，就应当在分配到总推子（Master Fader）上的 Bounce 源文件中插入 Digidesign Dither Plug-Ins，或其他加入颤动处理的插件。由于是从总推子后插入的（从这儿插入最好），因此从总推子插入 Dither，可比从辅助输入声道插入更能取得令人满意的结果。

7.11 Plug-Ins（插件）

Pro Tools 有一套品种齐全、功能效果极优的音频效果处理插件，而且从 AVID

Digidesign 公司及其开发商处还可得到更多品种的插件类型。

Pro Tools 提供了 EQ、动态处理、延时及其他更多类型的效果处理插件。它们又分为实时与非实时处理两大类插件。一种是 AudioSuite（音频套件），属于非实时的基于文件处理的插件类型，它包含许多非常实用的音频效果处理插件。这类插件在处理音频时需要把正在播放的 Session 停下来，以便腾出计算机 CPU 供该套件处理音频使用。Pro Tools 最具特点的，目前随主软件提供的插件类型还有 AAX 和 RTAS 实时宿主插件和仅依靠 DSP 工作的实时 TDM 插件。

TDM 实时插件是从混音或编辑窗口中的插入器（Inserts）中分配到声道上，一旦分配了插件，它就会出现在该插入器中，并且可以通过单击插入器按钮将它打开。

1．在一条声轨中插入实时插件

（1）确信插入视窗（Inserts View）已经显示在编辑或混音窗口中，如图 7-55 所示。

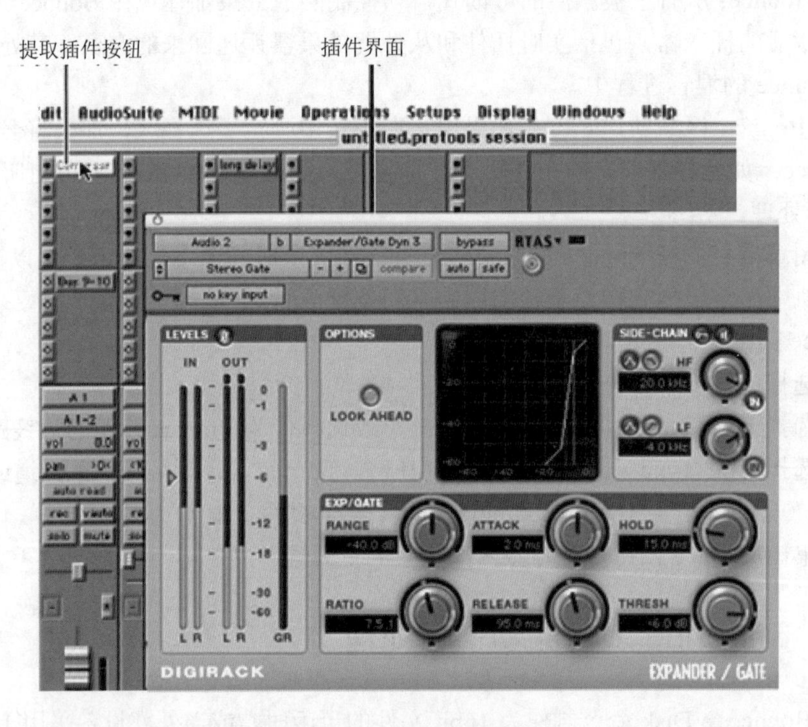

图 7-55　典型的 TDM 压缩器插件

（2）单击声轨中的插入选择器（Insert Selector），并选择想用的插件类型。

2．插件窗口介绍

每当单击插入器（Insert）按钮时，插件窗口会在声轨上展现出来。在该浮动窗口可以编辑插入在用声轨中的任何实时插件参数，如图 7-56 所示。

3．插件设置

Settings Menu（设置菜单）：允许复制、粘贴、保存和导入插件设置。

Track Selector（声轨选择器）：可访问 Session 中的任何单声道 MIDI 轨。

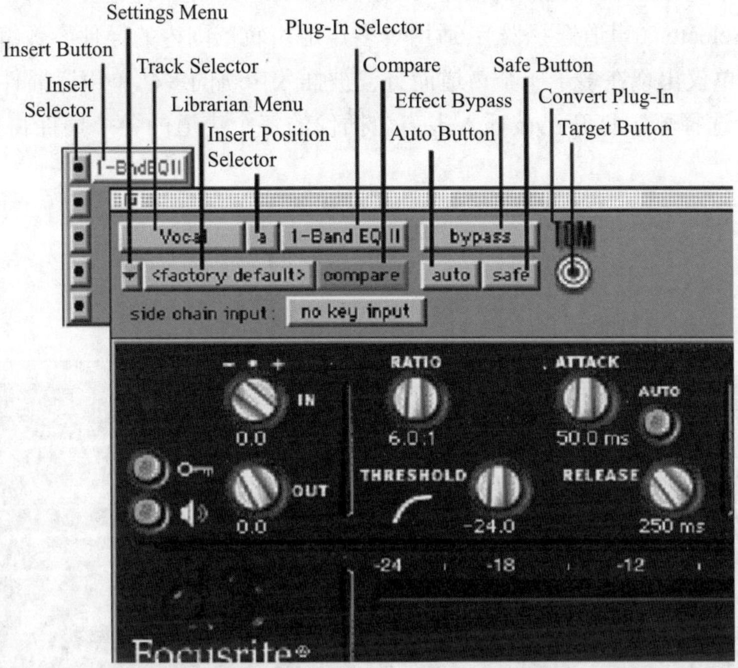

图 7-56　插件窗口 1（单声道 Focusrite D3）

Librarian Menu（设置库菜单）：调用保存在插件根设置（Root Settings）文件夹或当前 Session 设置文件夹中的设置文件。

Insert Position Selector（插入位置选择器）：可访问当前声轨中的任何一个插入器。

Key Input Selector（键输入选择器）：允许在指定的输入端或母线上选择音频，并将该音频返送去触发该插件。该菜单只出现在具有边链式处理特色的插件中。键输入为单声道形式。

Plug-In Selector（插件选择器）：允许选择任何一个已安装在 DAE 文件夹中（在安装 Pro Tools 时已经建立）的实时插件。

Compare（比较）：可用它在原来已被保存的插件设置和已做了改变的该插件设置之间来回切换，从而可比较二者之间的区别。

Effect Bypass（效果旁路）：允许比较该声轨中用还是不用该插件的效果。

Auto（自动控制）：允许个别地激活为要参加记录自动控制的插件参数。

Safe（保护）：把它激活时，能防止插件已存在的自动控制数据被覆盖。

Convert Plug-In（改变插件）：允许将插入器中的 TDM 插件改变为相同类型的 RTAS 插件（反之亦然）。这个特色只能在系统中已有的 TDM 与 RTAS 插件之间替换。

Target Button（目标按钮）：当打开了多个插件窗口时，单击这个按钮如同任何计算机键盘或控制台命令那样选择插件。

Phase Invert Button（相位颠倒按钮）：颠倒输入信号相位的极性。

Channel Selector（声道选择器）：适用于多声道声轨范围内的插件参数编辑而访问特定的声道。该菜单仅出现在多于一个声道而且已被插入声轨的多轨单声道插件中。按住 Shift 键并单击这个选择器，打开已被插入多声道插件的每个声道的各个插件窗口，如图 7-57 所示。

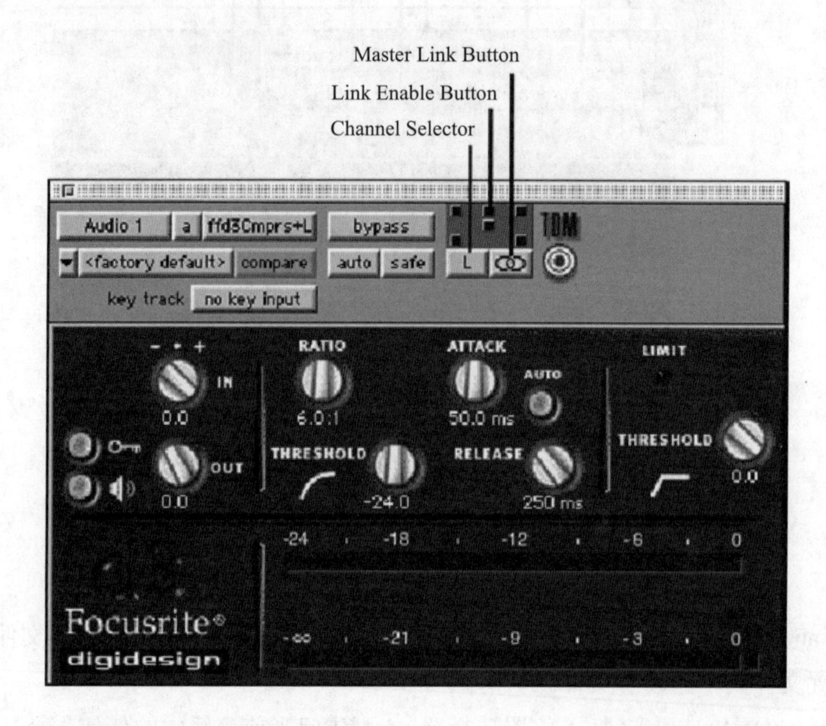

图 7-57 插件窗口 2（Multi-Mono Focusrite D3）

Master Link Button（总链接按钮）：当它被激活时，在一个多声道插件的每个声道的链接参数控制器可以被协调地调节。

Link Enable Button（链接激活按钮）：可以有选择性地链接特定声道的多个单声道（Multi-Mono）插件的参数控制器。每个方块代表一个扬声器声道。要使用这个链接按钮，必须先关掉总链接（Master Link）按钮。

LFE Enable（激活低频效果）：激活格式为 5.1、6.1 或 7.1 的多声道声轨中的 LFE 处理插件声道。关掉这个按钮就屏蔽掉了 LFE 处理功能。

4．使用插件窗口

（1）在同一声轨选择不同的插件：单击插入选择器，并从弹出式菜单选择其他插件，如图 7-58 所示。

（2）选择不同的声轨：单击声轨选择器，从弹出式菜单选择声轨，如图 7-59 所示。

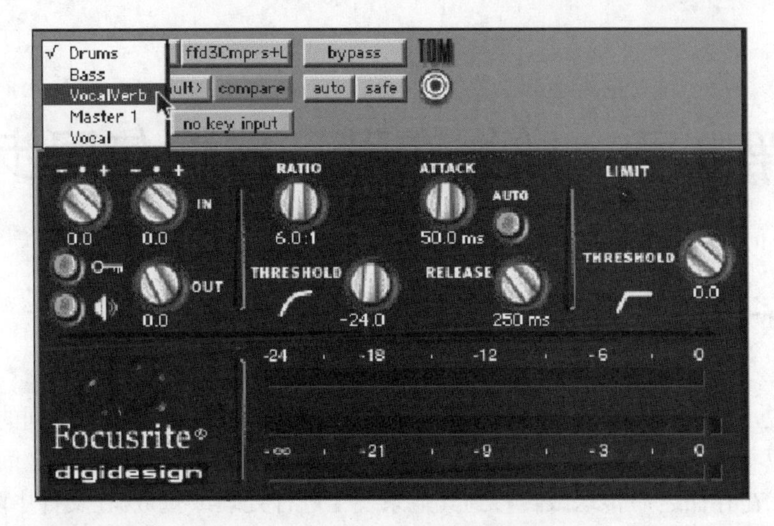

图 7-58　从插件窗口选择其他插件

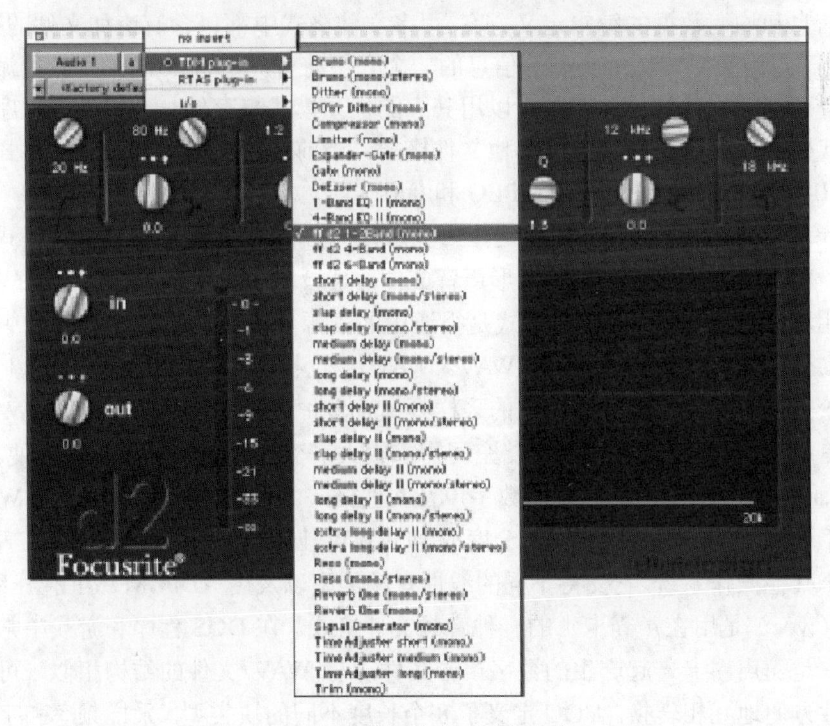

图 7-59　从插件窗口选择声轨

5．旁路插件

单击插件窗口的 Bypass 按钮或按住 Command 键（Macintosh）或 Control 键（Windows）单击混音窗口的插件窗口上的 Insert 按钮。

第 8 章　数据存储、传输与同步

8.1　数字音频文件格式

简单地说，数字音频格式就是数字音频的编码方式，人们所使用的不同的数字音频设备一般都对应着不同的音频文件格式。音频文件格式用来提供计算机平台之间的兼容，使音频数据可以在存储之后传送或转移到其他系统上进行处理或重放。在文件中除了音频(或视频）数据以外，某些文件格式还包括控制数据。例如，一个文件可以包含时间码、淡入淡出处理信息和均衡数据的编辑定义方案。很多文件格式中都包含有诸如文件的采样频率、比特率大小、声道数量和压缩类型等信息的一个介绍前言。Macintosh 采用数据派生指令和源派生指令两部分文件结构，音频可以用其中的任一模式来存储。许多软件程序可以读取源文件或代码文件，并将其转换成其他文件格式。当前最为流行的音频文件格式有 WAV、AIFF、SDII、QuickTime、JPEG、MPEG 和 OMFI 等。

WAV（.wav）音频波形文件格式是作为多媒体声音格式来使用的。WAV 格式是微软公司开发的一种声音文件格式，也叫波形声音文件，是最早的数字音频格式，被 Windows 平台及其应用程序广泛支持。WAV 格式是很通用的资源交换文件格式（RIFF）中所规范的一种附属文件。WAV 有时叫做 RIFF WAV。WAV 用于未经压缩的 8bit、12bit 和 16bit 音频文件，不论是单声道还是多声道，它的采样频率有多种，其中包括 44.1kHz。WAV 的音质与 CD 相差无几，但 WAV 格式对存储空间需求较大，交换和传输都不是很方便。

AU（.au）是 UNIX 操作系统的数字声音文件格式。由于早期互联网上的 Web 服务器主要是基于 UNIX 的，所以这种文件一度成为 WWW 上唯一使用的标准声音文件。这种格式也可用于其他操作系统。它支持不同的线性音频类型以及用 ADPCM 或 μ 律压缩的文件。

VOC（.voc）是用在声霸卡上的一种音频文件格式。在 DOS 程序和游戏中常会见到这种文件，它是随声霸卡一起产生的数字声音文件，与 WAV 文件的结构相似，可以通过一些工具软件方便地互相转换。VOC 定义了 8 个长度不同的块类型。采样频率和字长是特定的，支持多达 16bit 压缩格式的立体声。VOC 文件包括循环标记符、多媒体应用标记符和静音标记符。

AIFF（.aif）音频互换文件格式，首先在 Macintosh 计算机上应用，目前也开始兼容于 Windows 类型的计算机上。AIFF 是基于 EAIFF 85 标准，以不同的采样频率和字长支持多种类型的未压缩数据。格式中包括同轴声道数量信息、采样值大小、采样频率和原音频数据。AIFF 格式用来交换 Macintosh 声音文件，由许多软件编解码系统组成。因为声音文件是与其他参数一起存储的，所以要想再在文件中添加数据是很困难的。AIFF-C（被压缩的，即 AIFC）文件格式是运行压缩音频数据的 AIFF 版本。包括 Macintosh 音频压缩/扩展

（MACE）、IMA/ADPCM 和 μ 律在内的若干类型压缩都可用在 Macintosh 中。SDII（Sound Disign II）格式也是一种基于 Macintosh 的格式，它将音频数据与文件参数分开存储。但 AIFF 和 SDII 都只限于声音文件，都没有信息编辑功能，通常不作为多媒体文件格式使用。

QuickTime 是 Macintosh 操作系统的多媒体格式，是苹果公司于 1991 年推出的一种数字流媒体。它面向视频编辑、Web 网站创建和媒体技术平台，QuickTime 支持几乎所有主流的个人计算机平台，可以通过互联网提供实时的数字化信息流、工作流与文件回放功能。在 5.0 版本中它还融合了支持最高 A/V 播放质量的播放器等多项新技术。更普遍的应用是可以将音频、动画和 MIDI 这些基于时间关系的文件存储、同步、控制和重放。QuickTime 电影有多个声道，例如可在一个录像节目中有多种语言声道。另外，可以为 QuickTime 电影单独进行配音。图像能以每秒 15 帧或 30 帧播放，但是帧速率、图像大小和分辨率会受到硬盘传输速率的限制。声音可连续重放，但速度慢的处理器会以丢失视频帧的办法来维持硬盘的同步。合适的硬件和软件可以让用户实时地在硬盘上录制视频内容，并可以在调整外部的内容、压缩视频、编辑视频、添加声道以后，再以 QuickTime 视频播放。在某些情况下，系统可作为脱机视频编辑器，用来为时间码编辑确定方案，完成后可以直接在磁盘或输入到录像带上播放。16bit、44.1 kHz 质量的音频文件可被插入到 QuickTime 电影中。QuickTime 也接受 MIDI 数据。如前所述，QuickTime 还可应用于 Windows 平台上，这样，在 Macintosh 机上制作的节目也可在其他 PC 上播放。音频视频交织（AVI）格式与 QuickTime 相似，但仅能用于 Windows 计算机上。

OMFI 是由 Avid 公司提出的一套音频、文本、静态图形、图像、动画和电视图像文件指定的标准格式。它定义了编辑、混合数据和符号，从文件内容到音频编辑、视频程序的描述都可以相互交换。该格式还定义媒体源的信息、采样和时间码的信息，以及压缩和非压缩文件的容量信息。OMFI 对在不同厂家的工作站上制作的音频和视频文件或节目完全兼容并在这些平台间交换，这种通用的跨平台交换语言是开放式媒体框架相互交换（OMFI）的目标。文件可用一种格式创建，而与另一个平台交换来完成编辑和信号处理，在无信息丢失的情况下返回到原格式上。这就是说，一个 OMFI 文件包含了描述创建、编辑和播放数字媒体的所有信息。在大多数情况下，先将原始格式的文件转换成 OMFI 格式，然后直接传输或用移动媒体交换，再转换成新的原始格式。然而，为了适于辅助流水线式的操作，在回放平台与源平台特性相似的情况下，OMFI 会直接构造成以交换文件形式的播放文件。为了有效地对大容量文件进行操作，OMFI 可以在无须读取整个文件的条件下鉴别并提取特定对象的信息，如媒体源信息。另外，文件可在无须完全计算和重新写全部文件的条件下被逐次交换。

JPEG（联合图像专家组）为有损视频压缩格式，主要用来减少静态图像文件的数据量。它用很小的质量损耗就能获得 20:1~30:1 的压缩率，也有可能获得更高的压缩率。活动 JPEG（MJPEG）用来压缩和存储电视图像中一连串单独的帧，这经常用在要求对独立帧进行压缩的视频编辑机中。MPEG 视频压缩方法主要用在有伴音的电视图像中，首先将一些帧以很高的分辨率存储，后面只插入存储它与其他帧之间有差别的帧，用这种方法达到 200:1 的数据压缩率也是可能的。MPEG 还定义了高压缩比的音频格式，如 MP3 和 MPEG AAC 等。

MP3 Pro 是由瑞典 Coding 科技公司开发的一种音频压缩格式，其中包含了两大技术：

一是来自于 Coding 公司所特有的解码技术，二是由 MP3 的专利持有者法国汤姆森多媒体公司和德国 Fraunhofer 集成电路协会共同研究的一项译码技术。MP3 Pro 可以在基本不改变 MP3 文件大小的情况下改善原来 MP3 音乐的音质。它能够在用较低的比特率压缩音频文件的情况下，最大程度地保持压缩前的音质。

MP4 采用的是美国电话电报公司（AT&T）所研发的以"感知编码"为关键技术的 a2b 音乐压缩技术，它是由美国网络技术公司（GMO）及 RIAA 联合公布的一种新的音乐压缩格式。MP4 在文件中采用了保护版权的编码技术，只有特定的用户才可以播放，有效地保证了音乐版权的合法性。另外，MP4 的压缩比达到了 15:1，体积较 MP3 更小，但音质却没有下降。不过，因为只有特定的用户才能播放这种文件，所以其使用面与 MP3 相比差距甚远。

RealAudio（.ra）文件格式用来管理因特网上的实时音频。它由 RealNetworks 在 1995 年提出的。这种文件格式可以支持 8bit 和 16bit 音频，其压缩算法对不同模式按速度优化方式压缩。它最大的特点就是可以实时传输音频信息，尤其是在网速较慢的情况下，仍然可以较为流畅地传送数据，因此 RealAudio 主要适用于网络上的在线播放。现在的 RealAudio 文件格式主要有 RA（RealAudio）、RM（RealMedia、RealAudio G2）、RMX（RealAudio Secured）三种，这些文件的共同性在于随着网络带宽的不同而改变声音的质量，在保证大多数人听到流畅声音的前提下，令听音带宽较宽的听众获得较好的音质。RA 文件可由 WAV、AU 或其他文件创建或实时生成。

WMA（Windows Media Audio）是微软在互联网音频、视频领域的力作。WMA 格式是以减少数据流量但又要保持音质为目标而对数据量进行压缩的一种方法，其压缩率较高一般可以达到 18:1。此外，WMA 还可以通过 DRM（Digital Rights Management）方案防止复制，或者限制播放时间和播放次数，甚至是限制播放机器，其目的就是更有效地防止盗版。

SACD（SA＝SuperAudio）是由 Sony 公司研制和发布的。它的采样频率为 CD 格式的 64 倍，即 2.8224MHz。SACD 重放频率带宽达 100kHz，为 CD 格式的 5 倍，24bit 量化比特，远远超过 CD，声音的细节表现更为丰富、清晰。

VQF 格式是由 Yamaha 和 NTT 共同开发的一种音频压缩技术，它的压缩率能够达到 18:1，因此在相同情况下压缩后的 VQF 文件体积比 MP3 小 30%～50%，更利于网上传播，同时音质极佳，接近 CD 音质（16bit、44.1 kHz 立体声）。但 VQF 未公开其技术标准，所以至今未能流行开来。

DVD Audio 是新一代的数字音频压缩格式，与 DVD Video 文件大小和容量相同，为音乐格式的 DVD 光碟格式，采样频率可在 48kHz/96kHz/192kHz 和 44.1kHz/88.2 kHz/176.4kHz 间选择，量化比特数可以为 16、20 或 24bit，它们之间可自由地进行组合。虽然采样频率 192kHz、176.4kHz 是 2 声道播放专用，但它最多可支持到 6 声道。以 2 声道 192kHz/24 bit 或 6 声道 96 kHz/24bit 采集声音，可容纳 74 分钟以上的录音节目，动态范围达 144dB，整体效果非常好。

Liquid Audio 是一家提供付费音乐下载的网站，它通过在音乐中采用自己独有的音频编码格式来提供对音乐的版权保护。Liquid Audio 的音频格式就是所谓的 LQT。如果想在 PC 中播放这种格式的音乐，就必须使用 Liquid Player 和 Real Jukebox 其中的一种播放器。

这些文件也不能够转换成 MP3 和 WAV 格式，因此，使得采用这种格式的音频文件无法被共享和刻录到 CD 中。如果非要把 Liquid Audio 文件刻录到 CD 中的话，就必须使用支持这种格式的刻录软件和 CD 刻录机。

Audible 拥有 4 种不同的格式：Audible1、2、3、4。Audible.com 网站主要是在互联网上贩卖有声书籍，并对它们所销售商品或文件通过 4 种 Audible.com 专用音频格式中的一种提供版权保护。对每一种格式的播放，主要取决于音频源以及所使用的播放设备。格式 1、2 和 3 采用不同级别的语音压缩格式，而格式 4 采用更低的采样频率以及与 MP3 相同的解码方式，所得到语音吐词更清楚，而且可以更有效地从网上进行下载。Audible 所采用的是其自己的桌面播放工具，这就是 Audible Manager，使用这种播放器可以播放存放在 PC 或者是传输到便携式播放器上的 Audible 格式文件。

AAC 实际上是高级音频编码的缩写。AAC 是由 Fraunhofer IIS-A、杜比和 AT&T 共同开发的一种音频格式，它是 MPEG-2 规范的一部分。AAC 所采用的运算法则与 MP3 的运算法则有所不同，AAC 通过结合其他的功能来提高编码效率。AAC 的音频算法在压缩能力上远远超过了以前的一些压缩算法（譬如 MP3 等）。它还同时支持多达 48 个音轨、15 个低频音轨、更多种采样频率和比特率以及多种语言的兼容能力和更高的解码效率。总之，AAC 可以在比 MP3 文件缩小 30%的前提下提供更好的音质。

8.2　音频设备同步与时间码

8.2.1　位置基准与时钟基准

1. 同步的概念

这里所讲的同步是指两个或两个以上的事件在传输或运动过程中保持精确的时间和位置关系。在声音节目制作中，同步是指两台或多台录制设备能够协调地进行录音及放声，表现在它们之间以同一时间或是同一点启动，即同步启动；并且它们的运行速度（对磁带录音机而言为走带速度，对数字设备而言为采样频率）完全相同，简称为同步启动及同步保持，如果达到了这两点，说明设备间已经完全同步（Synchronization，SYNC）运行了。

同步有两部分内容，可以从以下两方面来加以理解：

“当前磁带或数字信号的位置在哪儿？”这叫位置基准（Positional Reference），也叫时间基准；

“磁带或数字信号要以多快的速度走带或以多大的采样频率传输？”这叫时钟基准（Clock Reference）。

一台数字设备要与另外的模拟或数字设备（如数字音频工作站与磁带录音机或录像机）保持精确同步，那么就要知道这些设备的数字信号的当前位置和以何种速度运行。某些设备可以提供这些参数中的一种，如黑场发生器和 House 同步器只提供时钟基准信号。而另一些外设，如 Digidesign 公司的 SYNC I/O 同步器，上述两种信号参数都可以提供。

2. 位置基准

模拟时代的时间码（SMPTE 和 ISO/EBU）是能记录在磁带上的脉冲类时间基准信息。它决定了在传输或回放过程中音频信号的当前位置基准。

许多专业音频、视频和多媒体设备及程序使用了 SMPTE 时间码来描述模拟信号和数字信号的当前位置。很多音频工作站自身也能产生和接收时间码。

为了保证在视频磁带上能够精确地执行编辑控制，美国电影电视工程师协会（Society of Motion Picture & Television Engineers）于 1967 年提出了一套时间码标准。这套标准就是使用最广、影响最深的著名的 SMPTE 时间码。时间码从根本上讲是一个可以任意的，以时、分、秒、帧及子帧表示的，从任意起点开始连续计时的 8 位时钟计数器，计时的依据是与其相关联的运行中的节目信号。这种时钟信息被编码成一种可以按音频信号进行记录的信号。每一个单帧的视频信号的记录都有其自己唯一的称为时间码地址相对应的数值，这个时间码地址可以作为精确的编辑点位置指示。

8.2.2 SMPTE 和 ISO/EBU 时间码

在欧洲，有一种标准称为 ISO（International Standards Organization，国际标准化组织）标准时间码，从前，一种被称为 EBU（European Broadcasters Union，欧洲广播联合会）的时间码曾经被广泛使用。确切地说，这两类时间编码类型（SMPTE 和 ISO/EBU 时间码）在电子学上所描述的术语含义几乎是相同的。不过，ISO/EBU 时间码是工作在一种固定的帧率 25 f/s（每秒帧数），而 SMPTE 还包括了上述帧率在内的几种不同帧率。

一种数字化的 SMPTE 时间码的每个时间码帧是用 80 位的二进制“字”来表示的。这 80 位的“字”按 4 位一组被分割开来，每 4 位的二进制数以 BCD 码方式用来表示一位十进制数，如时钟的小时数等。有时，并非要求所有的 4 位二进制代码位都要用来表示十进制数，如时钟的小时数最多只要求能表示出 23 即可。在这种情况下，剩余的其他位即可用于表示其他的控制用途，或设置成 0。因此，对于每一帧图像而言，总共需 26 位的二进制数用于表示时间地址信息，以便为该帧图像提供唯一的时、分、秒、帧的数值。还有另外的 32 位作为“用户位”使用，可用于表示如磁带的盘号、场景号、日期以及其他类似的标准性信息。第 10 位是用来表示是否采用“失落帧格式”的说明，若该位为 1，则表示图像以失落帧格式记录。若第 11 位为 1 表明信号按彩色成帧方式工作。每个时间码帧的最后 16 位组成一个特定的序列，称为“同步字”，这可用作标示帧与帧之间的分界。它也向时间码读取器指示磁带运行的方向，以 10 开始时，表示磁带为反向倒带，即反方向读码。

由于这种二进制信息码带宽太宽，故不能直接记录在磁带上，因此采用一种称为“双相标记码”或以调频的简单调制方式，在每个周期的边沿按（从低到高或从高到低）过渡变化的形式出现。若在该位周期的中间有别的过渡变化形式出现，就表明该位为 1。这样做的结果就像是有两种频率的方波，按该位周期上的代码数值是 0 还是 1，决定采用哪种频率的方波。按照信号的帧率，在时间码信号中所能拥有的方波信号的最高频率为 2400Hz（80×30f/s）或为 2000 Hz（80×25f/s），最低频率为 1200Hz 或为 1000Hz。这样它就可以很容易地被记录在音频设备上。时间码可以正向读或反向读。时间码读出器能在很宽的速度范围内读出时间码，大约为正常播放速度的 0.1~200 倍。时间码信号的生成时间，就是在两个极端位置情况下开始走带时所需的时间，规定为 25 ms±5ms。因此，它要求音频设备的带宽为 10kHz 左右。

8.2.3　时间码格式介绍

下面将简单介绍 SMPTE 时间码的帧率格式和一些其他方面的基础知识。

1．SMPTE 时间码的单位

时间码是以时、分、秒、帧和子帧（一帧的百分之一）来描述时间位置的。在电影和视频应用中，帧是 SMPTE 时间码时间量度的最基本单位。SMPTE 的帧率是按一帧等于每秒 1/24、1/25、1/29.97 还是 1/30 来决定的。例如，在视频磁带上读出时间是“01:12:27:15”，表明磁带是在 1 小时 12 分 27 秒 15 帧的位置。然而，该时间位置并没有说明使用的时间码的帧率是多少。

由于 SMPTE 在磁带上是以时间码的格式，并且存储的是绝对时间基准，所以，只要是读时间码的设备均能读出信号在磁带上的任何精确位置。一旦时间码被记录在磁带上，它就提供了一个固定的时间基准，这就允许数字设备与录像机磁带位置作精确的连接回放。

2．几种常见时间码格式的类型

1）LTC（线性时间码）

LTC 是以模拟音频信号的形式记录、重放或产生的时间编码。LTC 记录在音频轨道，或音频或视频设备的专用时间码轨道上。LTC 能支持很多音频录音机和视频磁带录像机。

LTC 可以按高速磁带穿梭速度读出。它允许一台机器的时间码阅读器与同步器按超过 50 倍播放速度（要求所提供的录音机能按这种速度重现时间码）的高速进带速度通信。不过 LTC 不能以太慢的穿梭速度（如以逐帧搜索的速度）或当机器暂停时读出时间码。在使用 LTC 的过程中，磁带录像机为了能正确采集到 SMPTE 时间码地址，常用的最小速度为正常播放速度的 1/10。

2）VITC（Vertical Interval Time Code，垂直间隔时间码）

VITC 是一种可以回放和记录到看不见的视频磁迹每场的消隐区中的一种时间码。VITC 记录在磁带上，但又不能录制在音频轨上，所以音频磁带不能使用这种时间码。VITC 通常用于专业录像编辑和为画面配音的工作中。由于 VITC 是按每个视频帧记录的，所以它必须在记录视频信号的同时记录，而不能在录制完视频后再将它添加进去。VITC 不能记录在音频声轨中，所以它决不仅仅作为音频同步录音机使用，而 LTC 只能用于音频录音。

当 VTR 以慢速过带或暂停时 VITC 仍然可以被读出，因而它比 LTC 更多地用于视频节目的音频后期制作环境。不过，为了得到最佳的速度匹配，很多同步器和设备都可以在 LTC 与 VITC 间自动切换。例如，当 VTR 暂停或逐帧搜索时，更多的时候是使用 VITC；当 VTR 为快速进带时，同步器则自动切换到 LTC。

3）MIDI 时间码（MTC）

在 MIDI 系统中，利用 MTC 可将各个乐器和设备（包括磁带录音机、音序器等）锁定在一起。由指定的主机向被锁定的从机提供基准时间码。所用的时间码与 SMPTE 有所不同。SMPTE 时间码在同步期间作为保持不变的绝对定时参数，称为标准定时参数。在计算机音乐制作中则以节拍为绝对时基参数，这是为了防止 MIDI 时钟和乐曲位置以时间为参数，而不适应节拍同步，于是产生出 MIDI 时间码即 MTC。MTC 时间码是将 SMPTE 时间码变换为代表 MIDI 信息的时间码，并通过 MIDI 系统的链路分配将时间基码字和指令进入能够理解和执行 MTC 指令的设备和乐器。SMPTE-MTC 转换器可设计成一种内置式或独立设备，或者将各种功能集成为一个同步器或专用的 MIDI 接口/同步器系统。

4）Bi-Phase/Tach 码

电影录音机、电影编辑台和电影摄影机使用 Bi-Phase/Tach 码电子脉冲流。Digidesign 公司的 SYNC I/O（或 USD）同步器，也可以使用这种格式去同步 Pro Tools 数字音频工作站。与时间码不同，Bi-Phase /Tach 中实际上并不包括绝对位置信息。它仅仅提供磁带的运行速度（与脉冲的频率有关）和方向，以及磁带的相对位置。由于 SYNC I/O 可以“计算”脉冲流的速度和方向，因而可以用 Bi-Phase/Tach 信号源从起始“地址点”去推断位置信息。Bi-Phase 和 Tach 格式不同的是在一对信号上使用了称为按方向比例编码的脉冲积分的 Bi-Phase 信息，而 Tach 码采用的是在一个信号上与在另一个的方向上的信号按一定比例编码的编码信息。

3. SMPTE 时间码的帧率格式

现存以下六种不同的 SMPTE 时间码格式：

（1）30 f/s Frame 格式：这是最初的为单色视频（即美国黑白电视标准）颁布的 SMPTE 格式，通常只在音频制作中使用，现在只有 SONY 的 1630 格式的 CD 母版制作系统还在使用。这种格式通常是以 30 Non-Drop Frame（非失落帧）格式出现。

（2）30 f/s Drop Frame（失落帧）格式：该格式是为 NTSC 广播转录电影原始节目声音准备的。

（3）29.97 Non-Drop Frame（非失落帧）格式：它是 NTSC 彩色视频使用的格式标准（主要用于美国、南美、日本和部分中东国家）。其运行格式率为 29.97f/s。

（4）29.97 Drop Frame（失落帧）格式：当彩色电视（NTSC 制）引入到美国时，要求对黑白电视（单色电视）的帧率进行修改，以保证在相同的频谱范围内容纳下彩色信息。每秒 30 帧的黑白电视帧率的最初选择是为了能锁定到在美国的 60Hz 的电源频率上。后来因为振荡器稳定度提高，已不再需要与电源频率保持同步了，所以把 30 f/s 改为 29.9f/s 的帧率。NTSC 彩色视频实际的帧率是 29.97f/s，而 29.97f/s Non-Drop 运行 1h 的帧数（108000）略比实际回放 1h 显示的帧数要多。所以使用 29.97Non-Drop 时间码时，要计算节目的实际长度就产生了困难。一个时间跨度为 1h（如：1:00:00:00~2:00:00:00）的 29.97Non-Drop 时间码节目，实际显示长度是 60 分零 3 秒 18 帧。

而在广播制作中使用 29.97 时间码就要容易些。SMPTE 委员会建立的 29.97Drop Frame 时间码，准确地说同 29.97Non-Drop（非失落帧）时间码的速度是相同的，但是，除每 10min 之外，通过在每分钟开始处，有意“丢失”两帧时间码显示的方法为所消耗时间提速进行补偿。为此理由，对于 1:01:00:00 这个时间码地址它将被跳过，所以在失落帧格式中，这种时间码地址是不存的。要说明的是，即使时间码地址在这种失落帧格式中已被丢失，但并不会引起视频帧丢失。

在某一节目的结束失落帧时间码的精确时间跨度为 1h（如 1:00:00:00~2:00:00:00），则实际流逝时间就是准确的 1h。为方便精确安排播出节目时间表而计算节目的真实时间长度，采用失落帧时间码的编码方式，能让节目编制人员直接读取时间码表上的数值，而不需要自己再行计算真实时间了。

（5）25 f/s 帧格式：这种格式仅用于 25f/s 帧率的欧洲 PAL 视频标准（主要用于欧洲、中国和澳洲等）。由于它在欧洲的大部分国家使用，所以它又称为 EBU 格式。

（6）24 f/s 帧格式：这种格式仅为电影制作专用。当一个时间码帧等于一个电影画格，而又以 24f/s 帧率作电影拍摄和放映时，常常采用这种时间码格式。

在工作时，究竟选用哪种帧率为时间码标准，完全取决于你要与之同步的电视帧率标准。如果数字音频工作站只是单独使用而不与录像机同步，在数字音频工作站中的音频文件选用任何时间码格式标准都是可以的。

8.2.4　记录时间码

按照应用场合的不同需求，可以在录制节目的同时，也可以在录制节目之后，将时间码记录在音频或视频磁带上。通常若是把时间码用作锁定磁带机的速度，那么时间码就要跟作为标准速度的同步基准信号锁定在一起，否则磁带的时间信息与用时间码测算的时间信息之间将会产生长时间的累积误差。作为时间码发生器的同步参考信号通常由视频复合同步信号提供，在数字录音机上提供这样的视频同步输入插座也是这一目的。

时间码发生器可以以多种方式工作，或是作为独立的设备，或是作为同步器或编辑器的一部分，或已经集成在工作站中。在一个大的节目制作播控中心，时间码可以由中央设备提供，并分配到各节点的跳线板上以供各设备方便取用。当时间码是由设备内部产生时，时间码通常就像音频信号一样出现在 XLR 插座上。在 MIDI 系统中，通用的是 MIDI 时间码（MTC），这是一种通过 MIDI 接口传送的 SMPTE/EBU 时间码版本，并且已经有一些集音频和 MIDI 音序器为一体的桌面工作站采用 MTC 作为同步源。大多数时间码发生器允许用户去设置起始时间及帧率格式。

时间码信号常被记录在多轨录音机的最外沿声轨（通常是第 24 轨）上，而在数字录音机上常提供有独立的时间码轨或提示轨。时间码信号以比音频基准电平低 10dB 的标准进行记录。由于时间码具有极易听闻的中频特点，在声轨与声轨之间或电缆之间的串音，就成了比较重要的问题。专业 DAT 机常常能够独立记录时间码，时间码被转换成可以记录在子码区上运行的时间码形式。重放时，任何帧率的时间码都能被分离出来，而无须顾及在记录时所用的是哪种格式，只要那种格式在缩混时好用就行。在录像机上，通常既要用专业的时间码轨（在专业的机器上）或占用音频轨来记录 LTC 时间码，又要在画面的场同步间隔上记录 VITC 时间码。在外景电影电视拍摄工作中，常用相互独立的设备进行录音录像工作，因此就需要将一个共同的时间码记录在录音带和录像带上，这可通过将同一时间码同时送给该两台设备来实现。但是更常见到的情况是每种机器内部都带有时间码发生器，那么在每天开始拍摄时，就有必要校准一下各自设备上的时钟，让它们每天的起始时间是完全一致的。高稳定度的晶体控制振荡器确保了设备间时钟的同步，可以在一天内保持很高的精度，这样就可以不必去管两台（甚至更多台）机器谁在什么时候走，谁走得更快一些。因为每一帧的画面都有一个唯一的日期时间地址，它保证了后期制作的精确同步。

当在磁带上记录时间码时，时间码在节目开始之前至少要空出 30s 或更多一些的长度，以确保计算机或其他机器有足够的时间来跟踪锁定。如果节目是分散在几盘不同的带子上，时间码发生器就必须重新设置归零或在这些盘的带子上没有其他残留的时间码存在，以此避免后期制作过程中发生混淆，相应地，要在不同的磁带盘上分别标上不同的盘号。

对于数字音频工作站而言，时间码不总是作为信号被记录下来，但是常常可利用合适的时钟速率与音频采样频率转换作为重放数字音频文件时的参考。原始的时间码起始时间和声音文件的帧率已经存在文件头里，供以后作为参考用。

8.2.5　与电影原始素材实现同步的方法

在数字音频工作站上做后期制作时，常常要与视频画面同步工作。不过很可能有些视频素材是从胶片转录过来的。电影转录到视频常常采用 3:2 的称为 Pull Down（下拉）的技术。在转录期间音频速度也一起被下拉。通常在制作声音时可以不去调整音频的速度。

一般的做法如图 8-1 所示，在电影转电视母带时，转录一本数字视频母带，为了用于画面编辑，还同时转录一本 3/4 英寸的模拟视频磁带。同时，一个通过使速度变慢了 0.1% 的或通过“下拉”手段的音频母带也被转录出来，目的是补偿从电影到 NTSC 或 PAL 视频引起的速度变化。

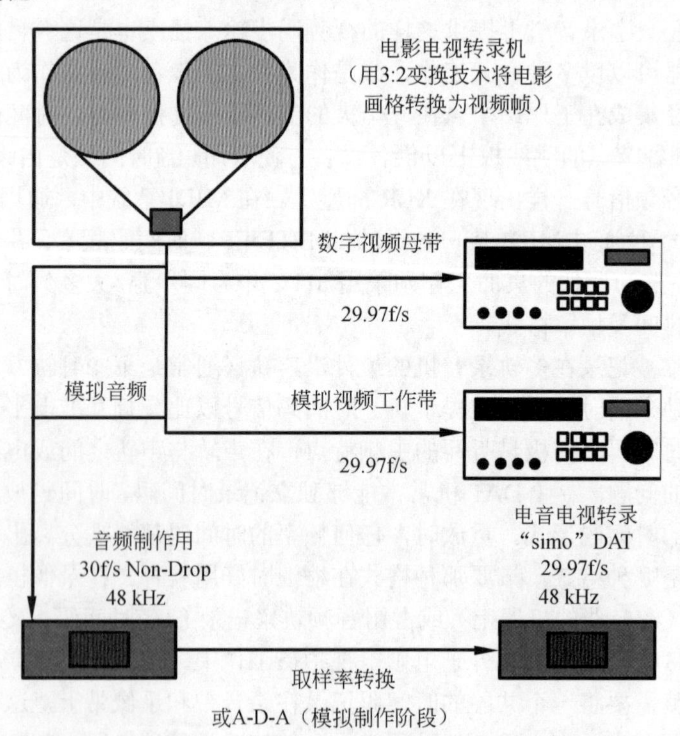

图 8-1　电影视频后期制作转录工序

1．参考声轨

在视频编辑过程中，通过视频编辑产生的音频（参考声轨）素材的质量是较粗糙的，需要通过录音师去美化和改善，因此，需要录音师将原来的声音素材重新录音合成。

2．3:2 Pull Down（下拉）

1000s 长度的电影是由 24000 张电影画格构成的。如果要把 1000s 的电影转录为 NTSC 彩色视频，就应当有 29970.02997 视频帧来“匹配”这 24000 张电影画格。

如果采用 30f/s 的黑白 NTSC 视频标准来代替 29.97f/s 转换电影画格为视频帧，其处理过程会大大地简化。这时不存在任何小数帧，24000 张电影画格转变成 30000 个视频帧（60000 视频场）。在胶转磁的过程中，每个奇数电影画格被转换为 2 个视频场，而每个偶数电影画格被转换为 3 个视频场，如图 8-2 所示，这就称为 3:2 Pull Down（下拉）。另外，电影速度也被下拉到 29.976 f/s，以适应比 NTSC 黑白视频更慢的 NTSC 彩色视频（29.97 f/s 与 30f/s 比较而言）。

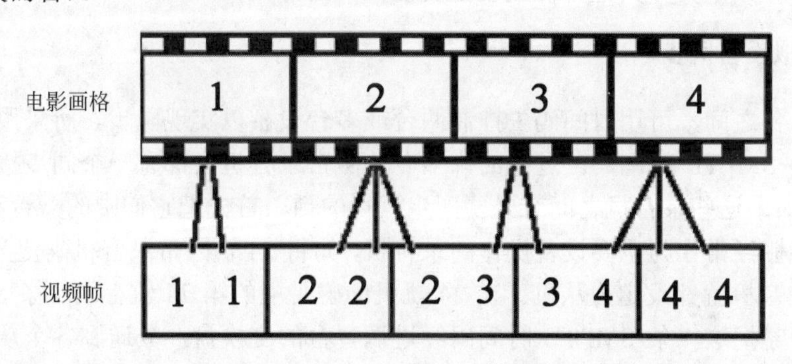

图 8-2　在胶转磁的过程中，电影画格是这样转变成视频场的

需要注意下述两点：

（1）电影速度不同于 NTSC 视频速度。新的胶转磁母带在音频后期制作期间将始终运行在 29.97 f/s 速度下。由于原来的音频速度（30 f/s）太快，因此与视频同步时会产生失步，所以要对该音频速度做一些调整。

当从电影转录到 NTSC 视频时，将音频放置到视频上应该首先搞清楚两个重要术语：电影速度（Film Speed）和视频速度（Video Speed）。

①电影速度（Film Speed）：电影速度涉及到与原始电影素材同步录音与回放的问题。这种音频经常来自 Nagra（拉格纳）开盘录音机、现场 DAT 录音机，而且在通常情况下已打上了 30 Non-Drop 时间码条纹。当音频被转录到 29.97 NTSC 制式时，开盘带必须下拉 0.1%的速度。当音频被转录到 PAL 制式时，开盘带必须下拉 4.16667%的速度。

②视频速度（Video Speed）：视频速度涉及到按 29.97f/s NTSC 彩色视频标准速度运行的音频有关问题。由于该视频速度比电影速度慢 0.1%，所以，在音频仍然按电影速度运行并与视频同步时将引起失步。通常当按视频速度工作时，Digidesign 和 Avid 公司提供了几种支持电影速度（24f/s）的选件。

（2）关于 Pull Up（上拉）和 Pull Down（下拉）。Pull Up 和 Pull Down 是通过精细地

再校准音频采样频率时钟（速度或音调）来补偿速度的变化的。当采用 NTSC 制视频时，数字音频工作站能够提供用来下拉或上拉音频速度的手段。目前，数字音频工作站并不提供 NTSC/PAL 互转，而要求 4%的拉动手段。

Pull Down 时允许系统按视频速度（-0.1%）回放电影原始素材；Pull Up 时允许系统按电影速度（+0.1%）回放视频素材。

为了后期制作的需要，有很多方法把要编辑或处理的音频输入到数字音频工作站。在输入音频时，应仔细考虑所使用的源音频和最终作为输出用的目标声音格式。例如，可以选择直接下拉要使用的音频源，像 DAT 那样采用 D-A-D（数字-模拟-数字）处理；或使用采样频率转换插件，将音频以适当的采样频率录入数字音频工作站中；或者也可以选择在音频制作阶段按原采样频率或速度制作并合成，在交货时再将母带做上拉或下拉处理。

8.2.6 与其他音视频设备实现同步的方法

下面简单介绍两类与其他音视频设备实现同步的方式。

1. 全模拟设备同步

在模拟设备之间，可用时间码去控制两台或多台设备以实现同步。所采用的同步码类型常用的就是 SMPTE 时间码。过去的许多专业磁带录音机大都有一个同步接口附件（属于选购件）。如果这些录音机之间有必要同步运行的话，首先把它们中的一台设定为主机，一般是把录音棚经常作为主要设备操作的录音机，如将 24 轨磁带录音机确定为主机，那么其他的 2 轨录音机就都设定为从机。在 24 轨机的磁带上的第 24 轨上录一条 SMPTE 时间码信号，运行时把这一条 SMPTE 时间码经过调音台的交换盘，分送到各个从机同步器上标有“SMPTE IN”的输入插座上，再把从机同步开关置于“External Clock Mode”位置。启动主机后大约 5s，各个从机即可进入与主机联锁同步运行状态。这个方法同样适用于模拟磁带录音机与专业模拟磁带录像机的同步方式。专业磁带录像机已经配有 SMPTE 同步接口，用这个接口直接与外置同步器连接上即可。

2. 模拟设备与数字设备同步

（1）假如数字设备（譬如一台简易音频工作站）没有字时钟接口，也没有数字信号接口，这时只需把这台音频工作站当作模拟设备来对待。已知音频工作站内有一类插件称为“SMPTE Generator”（SMPTE 时间码发生器），这个发生器是用来产生时间码的，此时可以专门安排一条声轨在它的插入（Insert）母线上插入这个发生器，再安排一个模拟信号输出端口来传送这个时间码信号。将这个信号输入交换盘，余下的步骤与模拟设备同步操作方法完全相同。

实际上，这类同步问题不止上面介绍的一种方法，因为不同设备提供有各种不同的同步接口，不同的问题要区别对待。

（2）同步要求同（1）。假如音频工作站上有一张带 MIDI OUT（输出）的声卡或有一张计算机 MIDI 专用插卡存在，则可以从声卡上或 MIDI 专用卡上的 MIDI 输出接口，连接一条 MIDI 电缆到一台专用 MIDI 同步器（见图 8-3）的 MIDI IN 输入插座，再从 MIDI 同步器的 SMPTE OUT 输出插座连接一条信号电缆去每台磁带录音机或磁带录像机的 SMPTE IN 输入端口。最后在计算机音频工作站专用软件的同步选项，选中 MTC OUT 输出（每种软件设置不同）。当音频工作站启动时，就有 MTC 时间码从计算机源源不断地输送到 MIDI 同步器，MIDI 同步器将 MTC 时间码转换为各个磁带录音机可以接受的 SMPTE 时间码。

图 8-3　一种带 MTC 与 SMPTE 互转的 MIDI 接口

8.3　数字音频设备连接与同步

8.3.1　概　述

在如今的音频制作领域，音频与视频、电影电视和电子音乐媒体正在迅速地融合到一起，与之相应的，设备之间的连接也日趋复杂化。特别是现代数字技术的发展，从以前的模拟设备与模拟设备连接，发展到模拟设备与数字设备连接，甚至是数字设备与数字设备相连接。从录音系统看，从一个简单的调音台和多轨录音机的连接到一个包括数字音频工作站、数字调音台、合成器、音序器、效果处理器和多轨录音机等多种设备完整的录音室系统的连接。在这样一个庞大的系统中，保证这些设备间的正常“同步”便是它们精密地协同工作的重要条件。如果数字音频设备之间不同步，就可能使相应接收设备的信号产生跳变或失真，其可闻效果就是“咔嗒”声、“滋滋”声或“噗噗”声。在现代数字音频设备的连接中，各个单独的数字设备，如果可能最好都应通过字时钟（Word Clock）来相互协调工作。

字时钟的重要性在于它能够同步任何数字音频系统。它与 MIDI 或 SPP（乐曲位置指针）没有关系，但是因为许多音序器系统软件，如 Digital Performer 和 Logic Audio 支持 MIDI 和音频，所以字时钟也在这里出现。如果把这样的系统与另外的录音机或音/视频系统同步，并希望音频轨与 MIDI 轨和视频轨间始终保持紧密同步，就需要字时钟。

每一个数字化设备，从一个简单 DAT 录音机到专业的 Pro Tools HD 系统，一般都配备有一个字时钟输入、输出接口。当前许多音频系统也能够很好地支持 SMPTE 或 MTC，但是如果音频硬件配备有字时钟输入端口，系统就能得到更稳定的同步，并且还能极大地减轻音频数字时钟对计算机 CPU 的额外负担。否则，计算机需要连续计算并改变数字音频的采样频率，以保持与其他设备的同步，这部分工作对 CPU 是个很沉重的负担，其直接后果是降低音频的质量。

一些专用同步器能够产生稳定的字时钟信号，与来自主机的时间码一道协同工作，以构成稳定的字时钟同步系统。实际上它可以担任整个系统同步的主角，无论对保持整个系统紧密而稳定的同步，或使系统性能免于恶化，都具有明显的不可替代的作用。

8.3.2　数字音频设备中常见的数字音频接口

一些录音棚的录放音设备和周边设备大都配备有标准化的数字音频输入和输出连接器或接口，它们能够从各种各样的设备中来回传输数字音频，而无需从模拟域中转换。一些产品也有专门的、适用于数字音频同步信号的标准连接器。

1. ADAT 光纤接口

ALESIS ADAT 输入模块化多轨数字录音机，允许用户同时记录和传输 8 条数字声轨。ADAT 光纤接口协议，通常称为“ADAT 光导管”，它开发了 8 声道 16kHz、20kHz 和 44.1 kHz 或 48 kHz 采样频率和 24bit 数字音频流，允许多声道数据在 ADAT 数字录音机和其他数字音频设备之间，在一条光纤电缆上传输数据。ADAT 光导格式已被许多音响制造商采用，因为它是一个设备之间传输多声道数字音频数据的紧凑方式。

ADAT 光导管使用相同类型的光纤电缆和符合 S/PDIF 双通道光纤数字音频协议的 TOSLINK 型连接器。TOSLINK 连接器是由东芝公司开发的光纤连接系统使用的 JIS F05 连接器（如图 8-4 所示）。这个标准的通用名称是“EIAJ 数字光纤接口”。

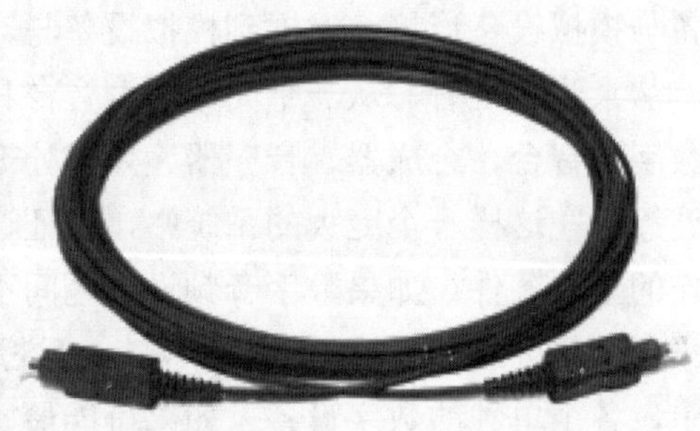

图 8-4　ADAT 数字光纤接口与连接电缆

2. S/MUX 数字接口

“样本多路复用”或 S/MUX 是利用低带宽技术传输高带宽的数字音频，如 ADAT 光导。通过拼接两个或两个以上的数字音频声道，成为单条或多条高带宽声道。通过使用 S/MUX 的技术，可以将最初设计为 8 声道 44.1 kHz 或 48 kHz 的音频流，在同一光导连接器中改变为 88.2 kHz 或 96 kHz 的 4 声道数字音频流。

3. AES/EBU 和 S/PDIF 数字接口

AES/EBU 音频（正式的名称为 AES3）由音频工程学会和欧洲广播联盟开发，是一个双声道格式，可以运载高达 192 kHz 的音频信号。AES/EBU 音频采用的是一种 3 针 XLR 卡侬连接器，它与最专业的传声器使用相同的连接器。一根传声器电缆运载两个声道的音频数据。

S/PDIF（索尼/飞利浦数字接口）是由索尼和飞利浦共同开发的传输立体声数字音频协议。它本质上是一个消费类版本的 AES/EBU，AES/EBU 的单根电缆运载两个声道的立体声音频信号。数字音频磁带（DAT）机是首先按照该议定书配备的设备，它不但在如 DVD 播放器等消费类音频产品，而且还在半专业和专业音响产品中受到欢迎。

最常见的连接器安装的是 S/PDIF RCA 同轴连接器，如图 8-5 所示。虽然 S/PDIF 与模拟设备使用了外观相似的 RCA 同轴连接器，但与模拟 RCA 连接器的消费类音频产品的电缆是不一样的。

图 8-5　S/PDIF RCA 型数字接口

4．TDIF 数字接口

TDIF（TASCAM 数字接口）通过一根电缆并使用一个 25 针 D-sub 连接器，传输和接收多达 8 声道的数字音频。这是 TASCAM 推出的 DA-88 模块化数字多轨录音机，以及后来被其他公司所采用的格式。

8.3.3　数字时钟与字时钟同步原理

数字时钟信号用于与在数字设备之间流动的数字音频信号之间的同步，以避免数据发生错误。模拟音频信号通过电缆作为连续的电子波形传输，而不是把信号分割成为离散的阶梯状数字信号传输，并且电子通过导线以光速传播。所以，出于实用的目的，当音频信号按某路线在模拟设备之间传送时，信号会瞬间到达。因此，当按指定路线在模拟音频设备之间传送信号时不必实现传输设备间的同步。

可是传输数字音频就是一件非比寻常的事情了。计算机和其他数字设备间的信号传输是一步一步操作的，速度非常之快但又不是瞬间完成，而数字信号之间天性并不合拍。真实的、未经压缩的数字音频信号按一个固定的速率（采样频率）播放，但数字时钟并不完美，它的频率可能漂移，几乎总是发生一些被称为时基抖晃的错误。因此，当两个设备之间没有同步跟踪信号联系时，每个设备都只跟踪自己的时钟，当采样开始和结束时，信号不大可能精确地一致。这样的结果必将导致录音设备的信号产生噗噗声或毛刺声。为了避免这些问题出现，在多个数字设备之间实时传输数字音频时，所有的数字设备必须只跟踪一个主时钟。也就是说，当主时钟发送一个信号时，主时钟设备会告诉其他从机：每个“人”从开始时刻就要跟着我同步前进！即使主时钟的时序是不完善的信号，所有从设备也将准确跟踪这个定时误差并将保持与主机同步运转。

在数字音频系统中普遍使用以下三种基本的时钟系统：

（1）在自同步系统中，时钟信号嵌入在音频流里。样本以实时方式流动，用时钟标志每个样本的起始时间。接收设备从数字音频中提取嵌入的时钟信号。自时钟在如下的每个数字音频协议中应用，如 ADAT、S/PDIF、AES/EBU 等。

（2）专业环境中的多种数字设备常采用分布式时钟系统，因为时钟信号并不包含在音频流中，即同步信号和音频信号是分开的，所以这类时钟信号比自同步系统干净。通常把这类分布式时钟系统中的时钟信号称为字时钟（Word Clock）。字时钟有时也称为采样时钟，是一种时钟信号，字时钟不是 SMPTE 和 MTC 一类的同步时钟。所谓“字”，在本文这种情况下，是代表固定大小的数字比特组。1 个“字”通常由若干个字节组成，每个字节一般是 8 位。字时钟发生器产生数字脉冲去控制每个数字设备内部振荡器的频率，以避免采样频率漂移。字时钟没有携带位置信息和方式时间码，也没有携带音频信息，它仅仅决定音频信号样本应该存在的速率或采样频率。

（3）为了定时 IEEE 1394（相线）接口和 USB 接口所传送的信号不使用嵌入式时钟，相反地，它们使用了称为“重建时钟”的方法，在这处理过程中，音频流被划分为按时序传送的数据包。接收设备的缓冲信号重组样本流，然后按设备的采样频率在适当时间从缓冲区发送音频信号。当数字音频信号从相线接口或 USB 接口进入，到达计算机并再返回来的时候，均可确保时间准确。（请注意，计算机复制音频文件不是实时传输，所以音频同步没有问题。）

当使用数字设备时，虽然所有设备都被置于 48kHz 统一的采样频率，但是各个数字音频设备的采样频率也会有细微的不同。为了解决这个问题，可以用一台公共的字时钟发生器或一台主设备的字时钟输出端口分别连接到这两台设备上，来代替每台设备自己的时钟振荡器，则可以实现两台甚至多台数字设备的采样频率保持完全一致。

数字音频录音设备的采样数据是按照固定的采样频率来流动的，字时钟就是通过精确地控制采样频率来控制数字系统中数据流动速度同步的。假设时钟周期内数字设备要发送或是接收一个声音采样数据，如设备的采样频率是 48kHz，则每秒钟内时钟就要精确发送 48000 个脉冲。这个时钟的可靠性与这些脉冲间隔的均匀性，确定了转换过程的准确性。字时钟就是通过这种方式来控制数字音频系统中的“磁带速度”的。实际上，在通常的数字磁带录音系统中，字时钟还用来控制磁带实际物理转速（此处的物理转速即指磁带的真正传动速度，而非数据流的传输速度），也就是磁带的速度需要调整到与字时钟同步。

在全部使用数字设备联机的情况下，利用字时钟实现连续同步是非常方便的，此时不再需要直接控制磁带的物理转速，而只需要将各个设备的字时钟端口连接起来，并把从机设备的字时钟选择开关置于“External（外部）”位置。只要主机字时钟速率发生变化，从机就会以完全相同的速率跟随变化，也就是说，它们都具有了完全相同的“磁带速度”。

8.3.4 数字音频系统中同步时钟的连接与设置

利用字时钟让多个数字音频设备同步，无论使用的是 BNC 插座的还是其他数字信号输出产生的字时钟，必须要指定一台设备为主字时钟设备，简称为主机，而与主机同步的其他所有的数字设备就称为从设备，简称为从机。有许多数字设备，它们无论作为主机还是从机表现都同样出色，不过有些设备要么作为主机要么作为从机，只能是其中之一。整个系统内只允许有一台同步主机，其他设备均作为从机处理。

并不是所有设备内的字时钟发生器性能都是均匀的，同步设备质量较低的时钟源很可能会降低同步性能。通常，必须先确定哪个设备有最佳的时钟，就指定该设备为主字时钟源。这要通过认真倾听和做 A/B 测试才能确定。一旦确定了作为主时钟的设备，还需要通过串联或并联分布或其中的某些组合而同步其余数字设备。当然，如果数字设备链中只包含了一台主机和一台从机，那么这两台设备间的同步就相对简单些，只需要主机的字时钟输出用 BNC 字时钟电缆连接到从机的字时钟输入即可。

与多个从设备连接时，工作就变得更复杂一点。假如是串联分布，就需要被连接的数字设备有一个 BNC 字时钟输入和一个 BNC 字时钟输出。并联分布时要使用 BNC T 形接头连接到每个从属设备的 BNC 字时钟输入。这就允许字时钟信号从主机发送到一台从机的 T 形接头的一端，然后通过 T 形头的另一端再发送到另一台从机的 T 形接头。不过，这种通过 T 形接头并联连接的方法，并不推荐使用。注意，一台从属设备的 BNC 字时钟的输出（Word Out）不能用在并联的字时钟分配链中。如果链中的最后一台从机没有一个字时钟终结开关，这就需要添加一个 BNC 终结器插头到最后一台从机的 T 形连接器的最后一个空闲端口。这将有助于字时钟的同步稳定和字时钟信号保持清洁。如果字时钟失去了准确性，就再没有任何用处了，理想的情况是每个数字设备从机都应处于接收系统的第一代字时钟信号的位置。

对于主机来讲，应把“Sync Source”选择开关置于“内部”；对于从机来讲，无疑地应将选择开关置于“外部”。在数字设备的前面板或后面板上有一个标注为“Clock Source”的选择开关。在音频硬件设备上，这个选择开关有可能是硬件面板上的一个按钮，或是一个隐含起来的组合键。对于像 DAT 一类的录音机，它可以在数字输入/输出口打开或是关闭时自动进行同步信号源切换选择。如果使用数字音频软件来支持以软件为基础的连续同步功能，就应在软件中将这个功能屏蔽掉，而只使用硬件设备上的字时钟功能。实际上在有些情况下，这些以软件为基础的连续同步功能，会对以硬件为基础的同步产生不良影响，从而出现问题，甚至导致整个同步过程失败。

一个同步数字设备系统的最优选择是配备高品质专用字时钟发生器。许多工程师认为，使用专用的字时钟发生器可以更有效地实现串联或并联的字时钟分配，能增强数字音频设备的性能。图 8-6 为字时钟发生器同时供应数台数字设备的字时钟同步信号连接示意图。

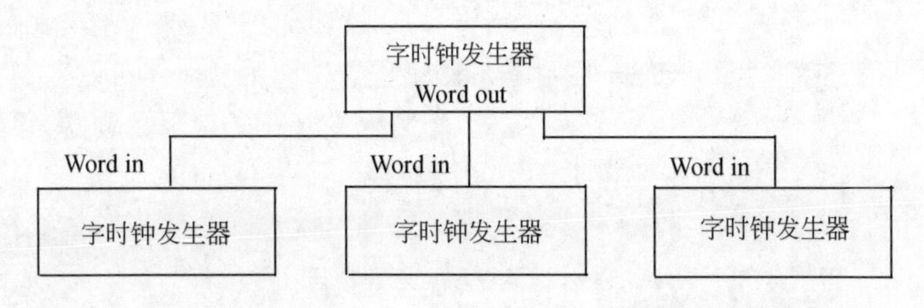

图 8-6　一台字时钟发生器同时供应数台数字设备的字时钟同步信号

许多专门字时钟发生器，通常配备有一个 BNC 字时钟输入插座和多个 BNC 字时钟输出插座，有时还配备有 TDIF、S/PDIF 和 ADAT 等数字信号输出，使它们与尽可能多种类型的数字设备兼容，如图 8-7 所示。很多工程师都觉得使用专用的字时钟发生器产生的数字音频信号具有更高的质量，因为所有的数字设备全部接收到的是同一来源、相同时间的数字脉冲。

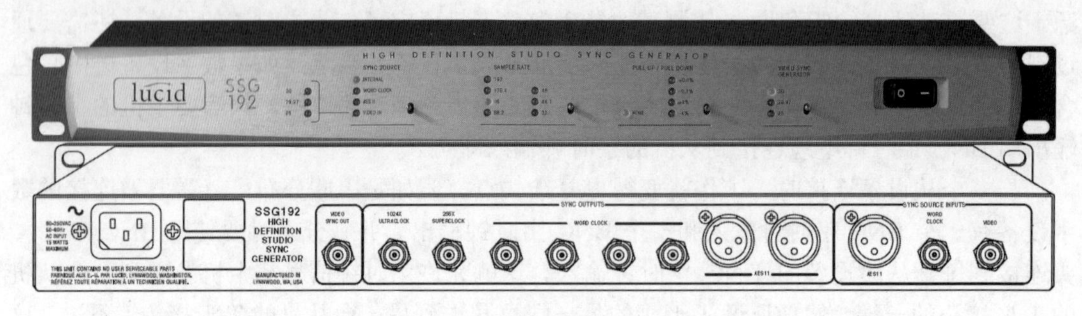

图 8-7　一种多格式数字同步信号发生器

当字时钟实现了数字设备间的相互同步后，它们就会按照相同的速率来工作。每当主机设定了一个采样频率时，从机设备也会按照这个采样频率来进行播放和录音。如果两台设备在播放同一个数字音频文件，那么它们的播放速率将会极为精确地一致。

图 8-8 所示的 BNC 型插座主要用于分布式时钟系统的字时钟连接器。在这个系统中，字时钟由专用的 BNC 型连接器上的屏蔽同轴电缆传送。

图 8-8　Word Clock BNC 字时钟连接器

第三部分　MIDI 音频

第 9 章　MIDI 原理

9.1　什么是 MIDI

9.1.1　电子乐器之间通信的语言

1982 年以前，在世界各个厂商制造的各个电子乐器之间，进行相互控制与协调方面曾经遇见过很多难题，其实质是电子乐器之间数字信号的传输统一标准问题。1982 年一批有共识的电子乐器制造商共同制定了音乐乐器数字接口标准规范，即 Music Instrument Digital Interface Specification，随后于 1983 年列为国际标准。它是电子乐器世界的一次革命性的变革。MIDI（Musical Instrument Digital Interface，乐器数字接口，中文译音为“米迪”）的出现和广泛应用，给作曲家、音乐表演，特别是音、视频节目的制作等方面带来一整套全新观念和全新方法，在此基础上又开发了大量的新设备和新系统。

现在，一个乐器可以对另一个乐器说，请用大约 60%的力度演奏中音 C，再用小一点的力度演奏 E4。另一个乐器“听”到后便会按照这个要求，依次演奏这些音符。只要它可以听懂所使用的语言，这个就是目前所有电子乐器共用的，称为“MIDI”的语言，它具有本文所描述的全部特征。

虽然，电子乐器之间可以对话，但它们之间仍是相互独立的系统。它们之间只有通过各自的“翻译系统”才能听懂彼此之间的“会话”。也就是说，“翻译系统”将操作解释给 MIDI。因此，MIDI 就成为从一个乐器到另一个乐器的操作数据语言。

虽然 MIDI 对某些初学者来说是一个较新的概念，但它已经成为当今电子乐器家族的专用代码。这就是今天电子乐器最重要的共同特征之一。

9.1.2　MIDI 端口

MIDI 标准规范由一组公共的硬件设置要求开始。每个有 MIDI 能力的乐器，装备有一对传送器和接收器，而像信号处理器这样的特定周边装置，其特设的 MIDI 接口只可能有一个接收器或一个传送器。按照 MIDI 规范规定 MIDI 数据流为单向异步数据比特流（Bit Stream），接口按 31.25 kBaoud[①] 非同步（音序）传输率操作。每字节有一位开始比特、8 个数据比特和一位停止比特，所以 MIDI 字节包含 10 bit 而不是常用的 8bit，总持续时间（脉冲周期）为每字节 320 μs。MIDI 用串行格式传送数据，速度相当快。在 MIDI 电缆中同一

---

① Bound－波特，发报速率单位，也称调制速率。如果数据不压缩，波特率等于每秒钟传输数据的位数。

时间只能传送 1b（比特），技术上称为串行通信。MIDI 每秒传送 31 250bit，或者说 3125B。一个 MIDI 音符开（Note On）信息包含 3B，不到 1ms 就传送完毕。即使一个 20 音的和弦也只在 20 ms 之内先后发声，人类的听觉几乎不能感觉到这样微小的时间差异。

本来，该 MIDI 规范对将来可能在某些方面的应用已经有了足够的预见性，不过已经证明它仍然存在一些问题，主要问题之一是会产生较多的与时间相关的复杂数据流的情况。一些制造商本来想在他们的乐器上把规范的串行接口改为类似于并行接口以提高设备的传输速率，但是他们看见 MIDI 规范已经取得了压倒性的优势，也就放弃了所有其他互连格式的研制与发布。

作为 MIDI 通信讲，它们应有自己的“嘴”和“耳朵”。许多 MIDI 设备的后面板带有 3 个 MIDI 端口：MIDI IN（MIDI 输入）、MIDI OUT（MIDI 输出）和 MIDI THRU（MIDI 直通）。实际的 MIDI 通信路径是从一个乐器的 MIDI 输出插座到另一个乐器的 MIDI 输入插座，它们之间由一条 MIDI 电缆连接起来，如图 9-1 所示。

图 9-1　MIDI 插座及 MIDI 电缆

那么这些电子乐器为什么需要安装这样三类 MIDI 插座呢？MIDI 输入是用来“听”MIDI 信息的，它即是 MIDI 数据的入口。MIDI 输出是用来“说”的，是用来传送来自电子乐器“讲话”的，因此它是 MIDI 数据的出口。图 9-2 是 MIDI 输入到 MIDI 输出之间简单的接线图。

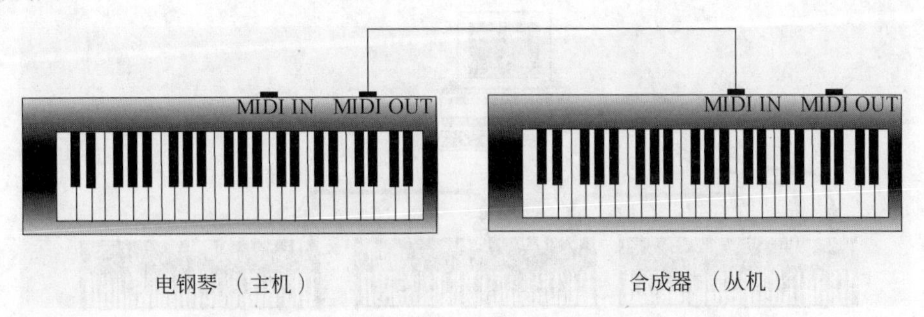

图 9-2　MIDI 输入到 MIDI 输出之间简单的接线图

不难理解 MIDI 输入端口和 MIDI 输出端口的作用，然而，难于理解的是 MIDI THRU（直通）端口的作用。MIDI 直通类似于 MIDI 输出的作用，它对一个乐器“讲话”，但它没有本乐器的信息提供，而只能将它从前一个乐器的 MIDI 输入端口所“听”见的信息转送给下一个乐器。所以它只相当于并联到上一个乐器 MIDI 输出口的一个端口，而不是本乐器 MIDI 输出的并联端口，也可把它理解为本乐器 MIDI 输入端口的一个并联端口（但不是简单的并联关系，不能将它作为本乐器的 MIDI 输入端口使用）。

连接设备的时候，主键盘的 Out 将连接到希望接收信息设备上的 In 口。MIDI 设备可以做链形连接，使主键盘（或计算机等）发送的信息传送到链接的各个设备。链形连接的时候主键盘的OUT连接到下一个设备的IN，然后从它的THRU端口连接第三个设备的In，再从它的THRU口连接第四个设备的IN……，如此等等。

再强调一下，MIDI IN、MIDI OUT和MIDI THRU插口经由MIDI电缆连接乐器，MIDI IN插口接受MIDI信息，MIDI OUT插口将乐器键盘的操作信息传送到其他乐器键盘或计算机中。MIDI THRU插座直接为按“菊花圈”式连接的乐器和装置提供了同时将接收到的数据复制再进入下一个MIDI IN插座的能力。在乐器中相当于特别的MIDI码的任何操作（如按下键盘、节目按钮改变）会被正常地传送，该操作码传送到MIDI OUT，而不会到MIDI THRU端口。最近，一些乐器安装了一个将MIDI THRU口的功能转换为MIDI OUT口的开关。

9.1.3 MIDI装置与计算机连接

当一个乐器和其他音乐装置的乐器网络经与计算机的 MIDI 接口连接后，就能实现MIDI 的主要潜能。接口的主要功能是把 MIDI 装置和计算机之间以指定比率的时钟速度匹配起来。如果在计算机上安装了 MIDI 软件，则可将音乐创作、乐谱打印、节目编曲等由MIDI来控制完成。接口可能像一个MIDI IN和一个MIDI OUT插口经由上面提到的菊花圈式的数据分配连接方法。图9-3为一个简单的MIDI乐器计算机演奏系统。

在图9-3中，MIDI数据从主键盘乐器的MIDI输出插座输出，通过MIDI接口接入计算机分配后进入中间那台从键盘乐器的 MIDI 输入插座，它又继续从中间乐器的 MIDI 直通插座传输到右边那台从键盘乐器的 MIDI 输入插座。换句话说，可以用主键盘乐器的演奏数据控制两台从键盘乐器的演奏。图9-3也说明了利用 MIDI 直通端口的3台电子乐器间是如何连接的，以及数据在它们之间是如何流动的。

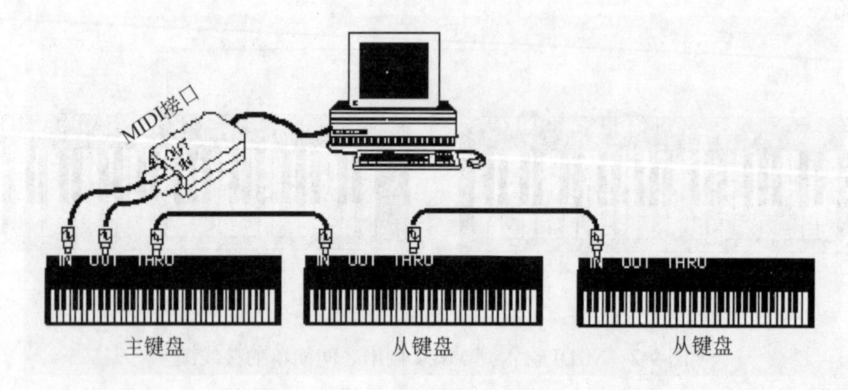

图9-3 简单的计算机与MIDI乐器连接

如果连接了两个以上的乐器，这种乐器组合就叫做“MIDI”系统。显而易见，如果没有MIDI直通插座就组合不成MIDI系统。可以这样讲，MIDI直通插座的功能扩展了MIDI的通信能力。

9.1.4 直通盒连接方式

从上述讨论中，可能会以为只能建立一个经由乐器的MIDI直通插座而将很多乐器“串联”起来的异常庞大的 MIDI 系统。然而，在这种 MIDI 通信系统中，系统中已经包含若干已被复杂化了的“语言”，以及由于经过多级 MIDI 直通插座，而破坏了 MIDI 数据通信能力，使得 MIDI 语言的“可懂度”逐级急剧降低，使被连接乐器所接收的数据出现错误。

为避免出现错误，应将所有从机尽可能地紧靠主机。这不是说把它们的物理位置紧靠在一起，而是要用一种能将若干从机和主机“并联”在一起的 MIDI 直通设备将它们连接起来，具体连接方式如图 9-4 所示。

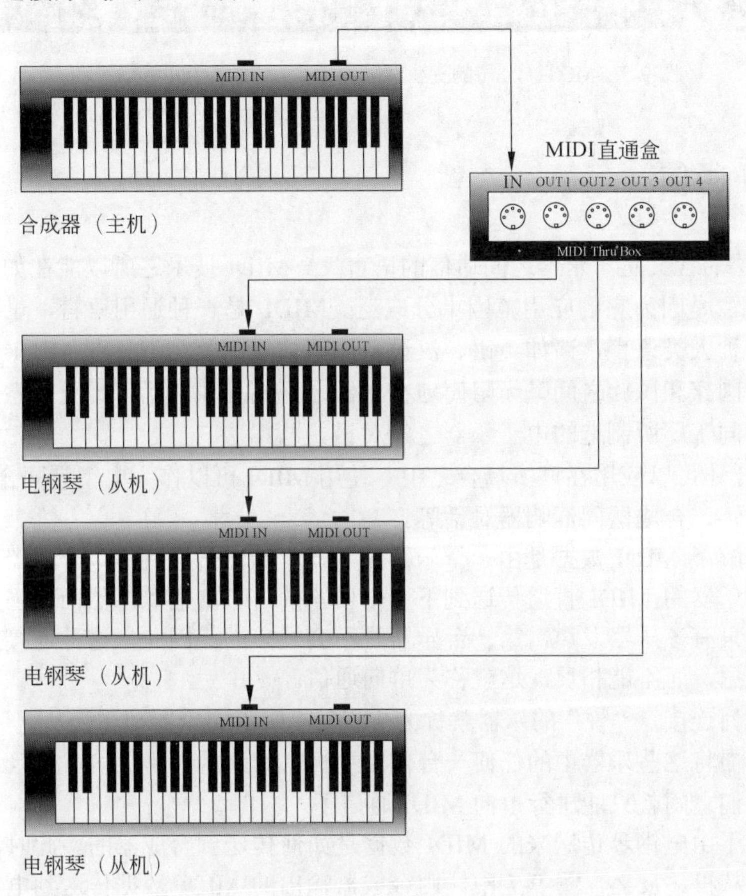

图 9-4　MIDI 直通盒与 MIDI 键盘连接示意图

过多的直通连接会使数据劣化，通过 MIDI 设备的直通口连接 4 或 5 台以上设备并不好。数字信号多次直通连接后，累加的延迟容易使挂在链路后端的设备发生错码或其他意外情况。

现在，已有一种叫做“MIDI 直通盒”的器件，能将来自主机的各种 MIDI 数据，同时不失真地传送到若干台从机中去，使每台从机所接收的是未被劣化的 MIDI 数据。目前，世界上已有很多种类的“MIDI 直通盒”可以达到上述目的。

应记住：即使很简单的电子乐器，只要连接的乐器足够多，就一定要使用“MIDI 直通盒”。图 9-4 为用该设备的接线示意图。

为了使网络具有更佳的综合性和灵活性，近几年来，很多 MIDI 接口已经做得越来越精细了。现在的接口提供了较多的 MIDI IN 和 MIDI OUT 端口，将数据码指定到专门的工作路径的电缆上，这种组合设备可以同时操作几个输入设备，为了将视频与多轨音频设备一起使用，它还可产生/转换时间同步码。一些接口还能够把 MIDI 数据选择过滤/再映射。

图 9-5 是一台 MOTU 公司出品的 Timepiece AV 的 MIDI 接口，它提供了 8 个 MIDI IN 和 8 个 MIDI OUT 端口，以及时间码和其他端口。

图 9-5　MOTU 公司的提供 Timepiece AV 的 MIDI 接口

9.1.5　MIDI 通信

MIDI 更深层的含义是“乐器之间通信的语言”。MIDI 技术之所以能在如此短的时间内得到迅猛发展，是因为它的应用范围十分广泛。MIDI 是一种通用语言，虽然目前在世界上存在着上千种人类语言，诸如英语、汉语、法语、日语等，但只有 MIDI 这样一种语言能够提供不同国家和民族之间毫无阻碍地在乐器之间相互“对话”。更有意思的是，它甚至可以用在不同工厂所制造的电子乐器之间对话。

此外，MIDI 还可以应用在许多场合之中。使用 MIDI 可以作为电钢琴同合成器对话，电钢琴同鼓机对话，合成器同混响器对话等。

已经初步了解了 MIDI 数据是由一个乐器的 MIDI 输出传送到另一个乐器的 MIDI 输入，或经由一个乐器的 MIDI 直通传送到下一个乐器的 MIDI 输入。然而，当弹奏第二台乐器的琴键时，只有该乐器发声，第一台乐器是不会发声的。因此，这种连接方式只能进行单方向传送数据，而不能相反，这就称为单向通信。

不论乐器如何连接，“说”的乐器就称为主机，“听”的乐器则称为从机（或子机）。可视其需要或习惯将这些乐器中的任何一台作为主机，其余的作为从机。一旦这些乐器连接好了以后，它们之间就只能进行单向 MIDI 通信了。

图 9-6 说明了由电钢琴传送来的 MIDI 数据是如何传送到合成器的。此时，电钢琴为主机，合成器为从机。反之，图 9-7 中，由合成器输出的 MIDI 数据传送到电钢琴，合成器现在为主机，电钢琴则为从机。

此外，并不是一台主机只能带一台从机。一个 MIDI 通道可带的从机数量可以扩充为 2 台、3 台，最多可扩充到 16 台。

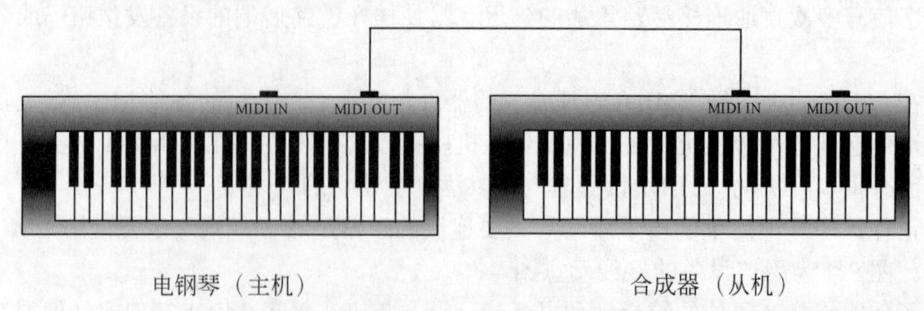

图 9-6　MIDI 乐器之间是互为主从关系之一

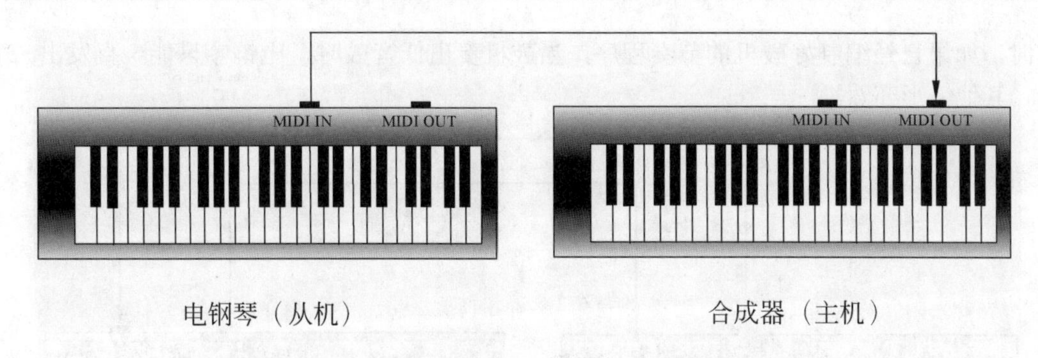

图 9-7　MIDI 乐器之间是互为主从关系之二

如果乐器是以单向方式连接的，主机和从机的关系就会非常清楚，即使连接了非常庞大的 MIDI 系统，使用起来也不会有任何困难。

9.1.6　使用 MIDI 的优越性

1．两台乐器同时演奏

本小节涉及到 MIDI 在音乐创作处理和表达方面所起的作用。首先将讨论两台乐器如何通过 MIDI 同时演奏的问题。

假如，已将电钢琴的 MIDI 输出端连接到合成器的 MIDI 端。当调节合成器为弦乐音色时，正在演奏的电钢琴将使合成器完全一致地以弦乐音色演奏钢琴的音型。其效果如同管弦乐队中的一位钢琴家同一位小提琴家在合奏一样。

另一种有用的组合是以一种电钢琴音色和弦乐组合成单簧管的音色效果。当然，只要读者感兴趣，用类似的组合方法，还可组成千变万化的奇妙音色来。总之，将两种乐器演奏同一声部，可以使一首曲子的表现力更加丰富多彩。

两台乐器同时演奏是 MIDI 最基本的使用方法之一。它可以扩大对乐曲的表现力，并提供了异常丰富的音色。不言而喻，如果再用 MIDI 直通插座连接更多台合成器，就能产生出更加惊人的效果。

2．允许两台设备都可以同时接收和发送数据

按照 MIDI 1.0 规范，MIDI 通信是单方向的，MIDI 电缆中的信息只向一个方向流动。如果希望两台设备之间能够相互对话（传送系统专用信息时经常用到），就需要把各自的 OUT 接到对方的 IN，如图 9-8 所示。现在许多现代数字通信接口，如 USB 等具有双向通信的能力。

3．不同种类的乐器组合

不同种类的乐器可以通过 MIDI 交换声音。一个很显然的问题是如何让乐器之间相互对话？先将电钢琴连接到鼓机上，钢琴是主机，鼓机是从机。先选择鼓机的音色，使它演奏电钢琴上的 C1 键时，能听到鼓机上的大鼓声；演奏 G1 键时，能够使鼓机上的“通通”鼓之一发声。反之，如果将鼓机作为主机来带动作为从机的电钢琴时的情形又是怎样呢？

这时，如果已经编制好鼓机的节奏程序，当鼓机奏出低音鼓时，电钢琴只能一直发出 C1 音，其他情形亦然。

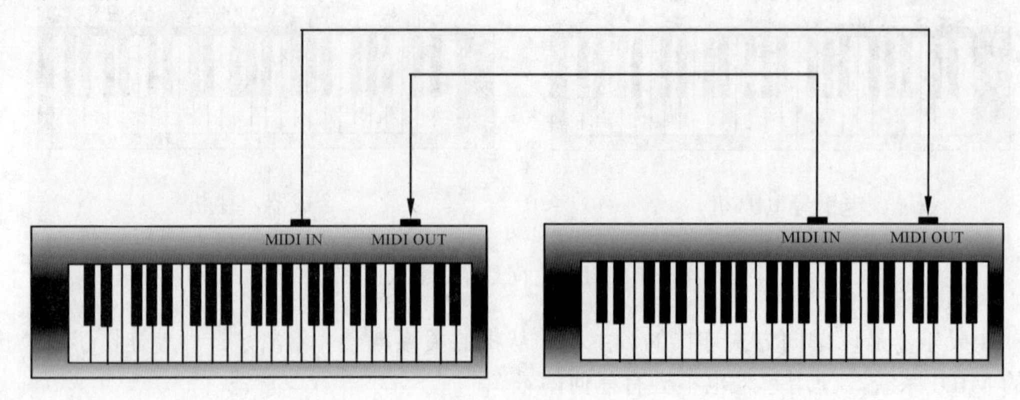

图 9-8 传送系统专用信息时的连接方式

还可举出许多与此相似进行可逆操作的例子。至于谁为主机，谁为从机均可视其需要，由用户随意设定。但是应该再次强调，只要 MIDI 电缆一旦连接好了，系统内的主机与从机的主从关系也就确定了。

9.1.7 音序器（Sequencer）系统

MIDI 作曲系统核心部分是一个称为音序器的软件。这个软件既可以装到个人计算机里，也可固化在一个专门的硬件里。音序器实际上是一个音乐字处理器（Word Processor），应用它可以记录、播放和编辑各种不同 MIDI 乐器演奏出的乐曲。音序器并不真正地记录声音，它只记录和播放 MIDI 信息，这些信息是从 MIDI 乐器发出来的计算机可以识别和执行的信息，就像印在纸上的乐谱一样，它本身不能直接产生音乐，MIDI 本身也不能产生音乐，但是它包含如何产生音乐所需的所有指令，如用什么乐器、奏什么音符、奏得多快、奏的力度多强等。

音序器可以是硬件，也可以是软件，它的作用过程完全与专业录音棚里多轨录音机一样，可以把许多独立的声音发声数据记录在音序器里，其区别仅仅是音序器只记录演奏时的 MIDI 数据，而不记录声音；它可以一轨一轨地进行录制，也可以一轨一轨地进行修改。当演奏者弹键盘音乐时，音序器记录下从键盘来的 MIDI 数据。一旦把所需要的数据存储下来以后，可以马上播放刚作好的曲子。演奏者可以一个声部一个声部地演奏，如果他觉得这一声部的曲子不错，可以把别的声部加上去，新加上去的声部播放时完全与第一轨道同步。

作为单独设备的音序器，音轨数相对少一些，大概 8～16 轨，而作为计算机软件的音序器几乎多达 50000 个音符，64～200 轨以上。

音序器与磁带不同，它只受到硬件 RAM 存储容量的限制，所以作曲、配器时根本用不着担心“磁带”容量不够的问题。MIDI 技术的一大优点就是它送到和存储在计算机里的数据量相当小。一个包含 1min 立体声的数字音频文件需要约 10MB 的存储空间，然而，

1min 的 MIDI 音乐文件是很小很小的。这也意味着，在乐器与计算机之间要传输的数据是很小的，也就是说即使最低档的计算机也能运行和记录大量的 MIDI 文件。

通过使用 MIDI 音序器可以大大地降低作曲和配器成本，根本用不着庞大的乐队来演奏。音乐编导在家里就可把曲子创作好，配上器，再也用不着大乐队在录音棚里一个声部一个声部地录制了。只需要用录音棚里的计算机或键盘，把存储在键盘里的 MIDI 音序器的各个声部的全部信息输入到录音机上即可。

MIDI 程序的设计目标就是要将所要演奏的音乐或音乐曲目，按进行的节奏、速度、技术措施等要求，转换成 MIDI 控制语言，以便在这些 MIDI 指令的控制下，各种音源在适当的时间点上，以指定的音色、时值、强度等，演奏出需要的音响。

MIDI 技术的产生与应用，大大降低了乐曲的创作成本，节省了大量乐队演奏员的各项开支，缩短了在录音棚的工作时间，提高了工作效率。一整台电视文艺晚会的作曲、配器、录音，只需要一位音乐编导和一位录音师即可将器乐作（编）曲、配器、演奏、录音工作全部完成。

前面已经谈到，利用 MIDI 系统可以将两台以上的乐器组合起来，同时发出一个声部的声音，这主要是靠操作主机键盘完成的。这种演奏方式，对乐曲的表现能力毕竟有限。因此，可以采用由 MIDI 语言支持的一种能同时记忆几个乐器的各个声部的强力“音序器装置”，通常称为“编曲机”。这种装置本身并不能产生声音（也有例外，如“可编曲鼓机”等），但它可以同时控制数台合成器、电钢琴、鼓机和音源。例如，一台合成器演奏旋律，一台合成器演奏和弦，一台音源演奏贝司，还有一台鼓机演奏爵士鼓，这样便构成了一支完整的流行乐队。几个声部的各种演奏 MIDI 数据都存储在这个编曲装置中，当再一次启动该编曲装置时，整个系统就开始按已编程序自动操作，从而完成对一首乐曲的演奏。图 9-9 即为这类音序器系统。

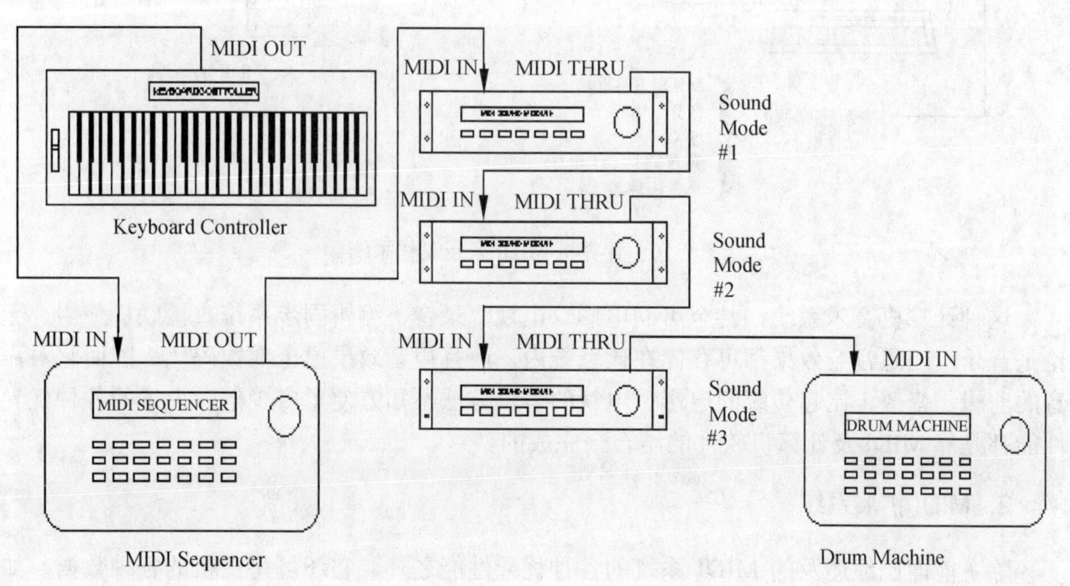

图 9-9　MIDI 音序器系统接线图

1. 计算机音乐制作系统

在 MIDI 出现之前，看起来计算机无论如何也不会同音乐联系起来。因为在计算机同音乐乐器之间没有任何共同语言能够使它们相互沟通。感谢 MIDI 的问世，现在已经有了一种产品，能够将计算机语言翻译成为 MIDI 语言，反之也能将乐器的 MIDI 语言翻译成为计算机语言。

所有的计算机都使用了软件，这些软件一些存储在磁盘上，另一些固化在 ROM 中，它告诉计算机应该如何工作。现在有一种声音编辑软件，可教计算机如何改变合成器或音源的声音。

图 9-10 是当今普遍采用的音序器软件计算机音乐系统的一个例子。这种集音乐作曲、编辑，甚至音频录音于一体的计算机，具有任意编辑、作曲、修改、自动配和弦、录音、合成及存储等功能，几乎无所不包。它还能对各种乐器声音实现高质量的采样、修改和剪接。计算机的显示系统，可以显示出类似乐曲总谱的编曲表格，以及三维声音图形、多轨录音数据等。目前，这种计算机音乐系统还可通过互联网，同异地的计算机音乐系统联机使用。一个经计算机编辑好的声音、乐曲文件，只要通过互联网就可传至异地的另一台计算机音乐系统，达到资源共享的目的。

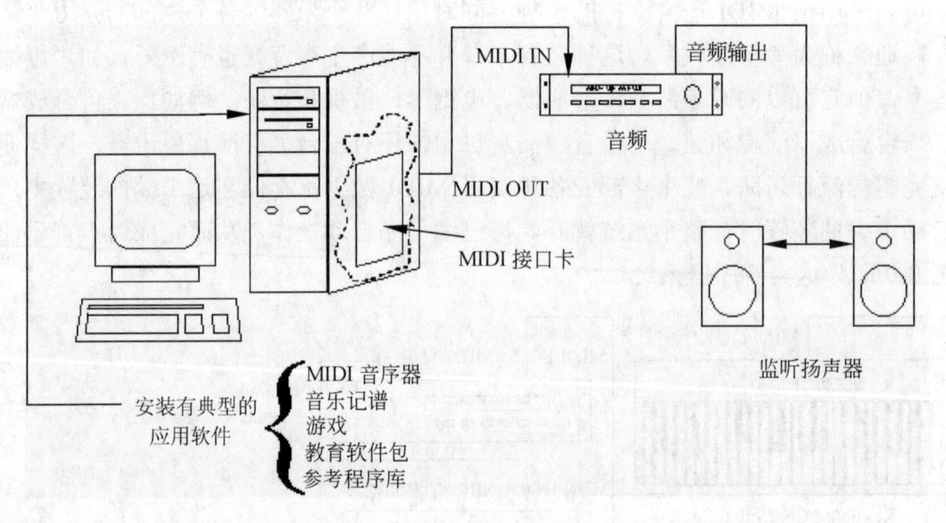

图 9-10 计算机 MIDI 音乐制作系统

这种计算机音乐系统，甚至可同电影、电视、录音、编辑同步系统直接联机使用。无论是音乐，还是音响效果都可存储在该系统内，而且声音效果已全部数码化，因而它对声音的剪辑、修改，比起传统的电影、电视的剪辑方法不知方便了多少倍。上述的各种优异性能都是靠 MIDI 及计算机软件的结合来完成的。

2. MIDI 扩展系统

除了前面已经述及的 MIDI 系统的各种优异性能之外，它还可将主机的各种数据，如琴键音符的接通、断开、延迟、滑音、颤音、延音等音符数据，通过 MIDI 电缆传送到从机。

可以这样讲，MIDI 是万能的，无论是混音台、录音机、混响器、计算机、剧场灯光及其他效果装置，还是普通的电吉他、电二胡，只要它们配备有 MIDI 接口，都具有前述的各种功能。

9.2　MIDI 传输和接收的信息种类

9.2.1　MIDI 的通道信息和系统信息

MIDI 信息有两种类型的字节，一个状态字节和一个或多个数据字节组成的一个单一 MIDI 事件。在所传输的信息流中，首先是传送状态字节，它可以让 MIDI 设备判断所发送或接收的数据类型。状态字节后紧跟的是数据字节，它是附加在状态字节上的一些数据。

MIDI 规范中定义了两类 MIDI 信息——通道信息（Channel Message）和系统信息（System Message）。通道信息是和特定的传输信息的通道联系在一起的，在它的状态字节中总是包含了要传输信息的通道号，也就是说，要传送或接收信息必须预先指定通道号。通道信息可以进一步地分为声音信息（Voice Message）、控制信息（Controller Message）和方式信息（Mode Message）3 类。声音信息主要是传输音乐数据，它组成了 MIDI 数据流中的绝大部分，如音符；控制信息允许通过其他方法影响声音数据的表现，如弯音控制；方式信息的工作方式有些特殊，只有当接收设备对声音信息作出响应时才会用到方式信息，该信息就是用来改变主机或从机的工作方式的，用来通知 MIDI 设备如何响应它的 16 个通道上的每个音符。

系统信息包括系统共用（System Common）、系统实时（System Real-Time）和系统专用（System Exclusive）三大类。系统信息跟通道信息没有必然联系。

1．MIDI 通道

MIDI 定义一条电缆同时可以传送 16 个通道，这些通道用数字分别标记为 0～15。只要两个 MIDI 设备进行数据交换，就需要将传输和接收数据的通道号进行预先的约定。这些数据的交换仅用一根五芯电缆（实际仅使用了其中的两芯及其屏蔽层）传送。这些数据足可在同一时间使合成器同时演奏 16 个声部。如果需要更多通道，就要使用更复杂的电缆设置。当计算机配备了 8 个端口的接口时，同时传送的通道数就可以达到 16×8＝128。一些合成器可以同时接收 32 通道，这时就需要 2 个 MIDI 输入端口（或者其他形式的接口，如 USB 等）。

MIDI 通道如同电视广播传送节目一样，很多电视台在同一时间传送各自的电视节目，电视天线也在同一时间接收到所有的电视信号，如图 9-11 所示。虽然，所有电视台在用不同的电视频道传输不同的电视信号，用户只需选择想看的某个频道即可。

同上述例子类似，MIDI 主机就像电视台，MIDI 从机就像电视机。不同的是，电视广播是经由空间传播的，而 MIDI 数据是经由 MIDI 电缆传送的。

在 MIDI 主机上可以分配传输通道，就像电视台根据规定选择播送频道一样。由 MIDI 从机来分配接收通道，就像调节电视机选择欲接收的某个电视频道一样。

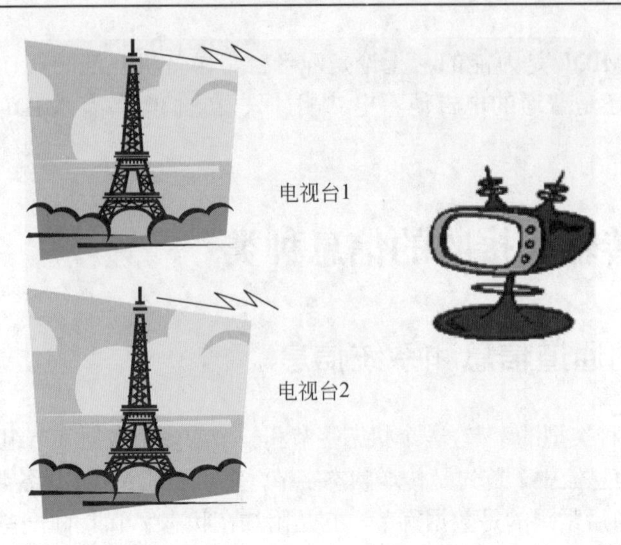

图 9-11 MIDI 接收和传送与电视台与电视机的相互关系一样

如果 MIDI 乐器按照图 9-12 所示的形式配置，假如合成器 1 设定接收通道为 1，合成器 2 接收通道为 2，那么只有合成器（主机）能够经过 MIDI 电缆将数据传送到通道 1 上的合成器 1，也就是说合成器 1 只能接收通道 1 的数据。

如果主机数据经由 MIDI 通道 1 传送，则只有合成器 1 才能响应。如果主机数据经由 MIDI 通道 2 传送，则只有合成器 2 才能响应。合成器 1 不可能在不同的通道上均能得到正确的响应。因此，要想使系统正常工作，必须仔细地选择并分配 MIDI 通道。

利用 MIDI 通道的可选择性，可以将 16 个乐器，经过音序器（或音序器软件）来同时演奏 16 个声部。

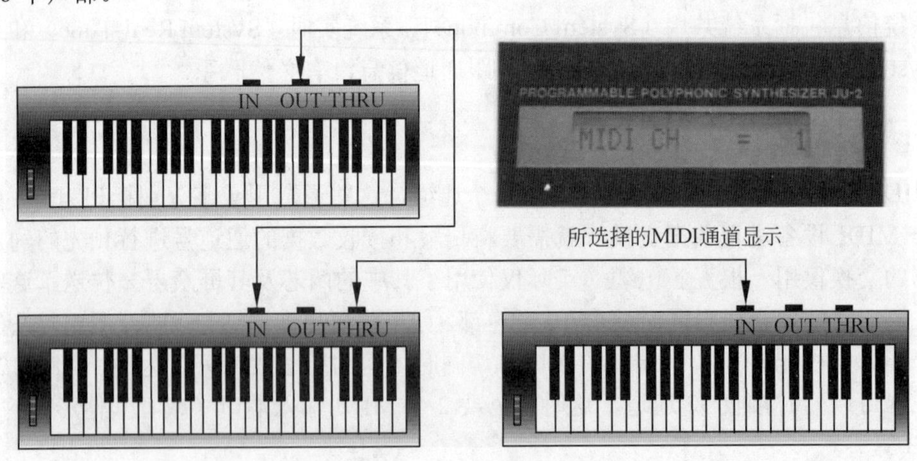

图 9-12 MIDI 乐器的连接和通道选择

2. 通道信息（Channel Messages）

MIDI 包含十分丰富的信息。有的信息可以用来传输主机到从机的各种操作细节，如弹奏琴键时的力度、快慢，释放琴键的快慢，各种控制器（包括脚踏控制板）数据，以及与乐曲有关的其他数据，如音符时值、速率等。

这些信息通过被选中的 MIDI 通道传送到系统所指定的乐器中，并且也只对所指定通道中的乐器起作用。

通道信息包括音符的接通或断开、延音踏板的接通或断开等。还可对通道信息进一步划分为“声音信息”、“控制信息”和“方式信息”3 种。

1）声音信息

（1）音符数据（Note Information）：它是最基本的声音信息，如当琴键被按下或释放时的各种数据。

（2）节目改变（Program Change）（如图 9-13 所示）：它用来引起从机发声的声音音色改变。电钢琴和采样机的存储器中都装满了许多声音，利用这个节目音色改变信息，音乐家可以选择要使用的声音。利用该信息也可以切换 MIDI 效果器，如混响器、延时器的节目存储器等。

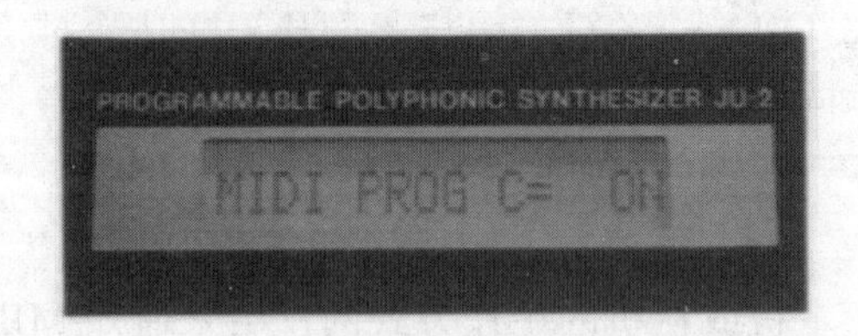

图 9-13　“节目改变”(Program Change ON）激活显示

（3）控制器旋钮或脚踏板控制器改变（Control Change）（如图 10-14）：合成器上所设置的各种控制器旋钮或脚踏控制板的变化都能产生出细微的、连续变化的 MIDI 数据，如滑音、震音、颤音及延音等数据。当然这些效果器并不是每种乐器都设有，但是只要从机上设有与主机相同种类的效果控制器，那么从机就会响应与主机相同种类的效果控制器的变化数据。几乎每种乐器使用手册上都附有“MIDI 执行表”。该表中通常会列出该乐器能够传输或不能传输、接收或不接收的 MIDI 数据种类，用户一查就会明白。

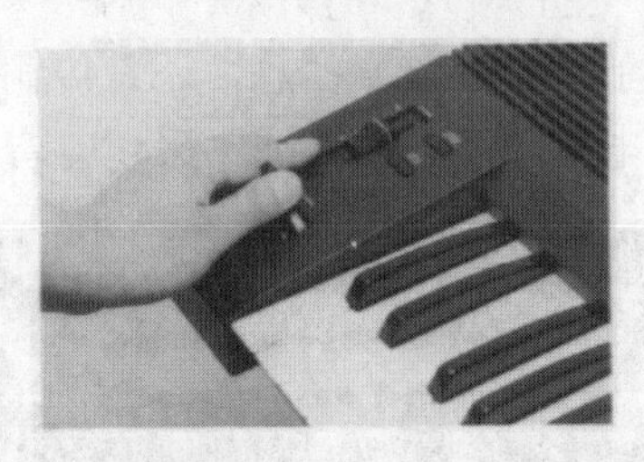

图 9-14　合成器上的滑音轮

（4）触键后（After Touch）：该信息不仅仅是控制音量，在按键以后，合成器或采样器的颤音、声音明亮度、电平值等均可成为“触键后”的 MIDI 效果数据。这些数据均可经由 MIDI 端口传输到从机。从机能够准确接收并判定、执行这些数据。应该明白的是，并不是所有 MIDI 设备都支持这个信息，而且即使是支持这个信息的设备，也不见得各个设备反映出来的效果都一样。

最常见的触键后信息就是通道压力（Channel Pressure）信息。它是根据演奏者按下的所有按键的平均灵敏度来计算压力灵敏度的，但是，它不能让演奏者对各个不同的按键实现单独的控制，所以它没有按键压力信息有用。

按键压力（Key Pressure），又有人称为“力度”信息：只有装备了不同按键有不同压力传感器的 MIDI 设备，才具备发送该信息的功能。这个功能给演奏者更加自如的乐曲表现力。但是，目前由于制造成本比较昂贵，很多 MIDI 设备并无此项功能，使按键压力信息对许多人并没多大用处。

（5）滑音轮（Pitch Bender）数据：如果主机安装有滑音轮，使用者操纵滑音轮的各种手法，能够转变成为滑音数据，并通过 MIDI 接口传输到从机。从机将首先判断 MIDI 数据中是否存在着上滑音或下滑音信息，以及滑音跨度的大小，然后执行它。

（6）音符开（Note On）：这是最基本的 MIDI 信息。只要 MIDI 设备上有键被按下，一个音符开的状态字节就会传送出去，随后就是音调和速率的数据字节，它们分别代表的是音符的音调和音量的高低和大小的变化。

（7）音符关闭（Note Off）：音符关闭与音符开正好是一对信息。当按键松开时，它就会发送到 MIDI 设备。同样，音符关闭信息的后面也要跟随音调和速率数据字节。一个音符关闭速率信息确定了音符键的释放速率。

2）方式信息

方式信息是用来改变主机或从机的工作方式的，用来通知 MIDI 设备如何响应它的 16 个通道上的每个音符。MIDI 共有 4 种“方式信息”。

如果主机与从机以同样的方式演奏的话，就只需要一个通道，但还有另一种方式使从机接收数据，这种方式称为“全开”（Omni On）方式。它能使从机同时响应全部 16 个 MIDI 通道信息。某些合成器或电钢琴在任何时候都是置为方式 1（Omni On Poly）。

全开方式是对一台主机和从机最简单的调整方式。但是，当使用音序器时，由于方式不能分离出各个通道信息，因而音序器不能分别演奏不同声部。此时，必须选择从机为“全关”（Omni Off）方式，以使从机只能接收被选择通道内的信息，如图 9-15 所示。除上述两种方式外，在 MIDI 中还有“复音”（Poly）和“单音”（Mono）两种方式。它们解决了 MIDI 通道是传输复音（多于一个音符）信息，还是传输单音（只有一个音符）信息的问题。一般来说，键盘乐器如电钢琴和合成器通常采用复音方式。

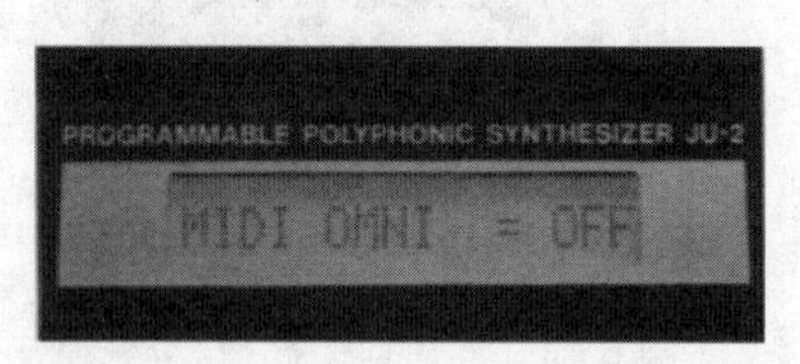

图 9-15 “全关”（OMNI OFF）显示

单音方式主要用来对具有 MIDI 接口的电吉他进行控制。这种方式可以单独传输每根吉他弦的演奏信息，因而对于该电吉他来说需要 6 个通道。如果将电吉他作为主机，在每个通道上都分配一台合成器，共需 6 台合成器才能分别响应 6 根弦上的信息（当然也可用全开方式，则只需一台合成器即可响应）。

综上所述，共有 4 种方式可供组合选择。如表 9-7，方式 1 为“全开复音”方式（OMNI ON POLY），即所有通道都能接收复音信息；方式 2 为“全开单音”（OMNI ON MONO）

方式，即所有通道都可接收信息，但每个通道只能接收一个单音信息；方式 3 为“全关复音”（OMNI OFF POLY）方式，即只在所选择通道中接收复音信息，一般用于音序器；方式 4 为“全关单音”（OMNI OFF MONO），即只能在所选择通道中接收信息，且在该通道中只能接收到一个音符数据，一般用于具有 MIDI 功能的电吉他。

3．控制器信息

控制器信息与声音信息十分相似，但是工作起来又有些不同。控制器信息与声音信息的状态字节很相似，但是它使用了两个数据字节。第一个数据字节代表控制器号，第二个数据字节与声音信息的数据字节相似，它描述控制器所控制的实际值。

一旦使用者操控了控制器，如调制轮、脚踏板等，就会有控制信息产生。这些控制器信息对声音和乐器起着实时的控制作用。常用控制信息如下：

调制：大多数 MIDI 设备都能响应调制信息，使声音产生颤音效果。

音量：主要用来控制 MIDI 设备输出声音的音量。

声像：用来控制 MIDI 设备所输出声音在左右声道上的音量，从而反映人耳所能感受到声音在平面立体声中的声像位置。

延音踏板：犹如钢琴上的延音踏板一样，使声音的延续时间在原有基础上再延长。

实际的控制信息种类很多，大约有 127 种，每种控制信息有一个规定的代号，具体代号请参看表 9-4。表 9-4 中还有一些号码尚未定义，使用者可以任意将这些号码定义为想要的控制器。

4．系统信息

系统信息包括系统共用（System Common）、系统实时（System Real-Time）和系统专用（System Exclusive）信息三大类。主机上的系统共用信息可以传输到任何 MIDI 通道，或被主机所指定的通道。系统实时信息主要用于多个 MIDI 设备间的同步。它使音序器和鼓机、合成器或电钢琴之间保持同步运行，以使各个乐器能够精确地同时开始和停止各种操作，并能直接避免 MIDI 系统出现故障。系统专用信息则是传送对某一特定设备有用的信息。这种信息具有识别乐器的“标志号”（ID Number）的能力。由于有了这种专用信息，在合成器之间才能传输声音，或能经过一种合成器程序器（如 PG-1000 或 PG-300）来改变合成器的参数。

一般情况下，并不需要使用系统共用信息。它只是作为 MIDI 设备间附加的通信方式来使用。系统共用信息有以下几种：

（1）MTC Quarter Frama 信息是 MIDI 时间码中的一部分，通常用于 MIDI 设备与其他设备（如音频与视频磁带机）间的同步。

（2）Song Select Message（曲目选择信息）用于将内存中的曲目或音序后的 MIDI 声轨在音序软件或外置音序器中进行播放。

（3）Song Position Pointer（曲目位置指针）用于在 MIDI 音序软件中从某个指定位置播放曲子。虽然它是系统共用信息的一种，但由于它必须通过 MIDI 时钟才能跟踪音符位置，所以它还要求 MIDI 设备或音序软件必须能识别需要的系统实时信息。

9.2.2 实际的 MIDI 执行表

虽然 MIDI 接口广泛地适用于多种乐器间的通信，但并不意味着所有乐器都能知道或需要知道全部 MIDI 语言的内容。由一台合成器通过电缆连接到另一台 MIDI 效果器，但它可能并不能产生并执行人们想要的那种效果。举例来讲，当一个带滑音轮的合成器同电钢琴连接时，电钢琴就不会随着合成器的滑音轮参数的变化而改变自己的音调。这是因为电钢琴本身就不会配备有滑音轮。因而光连接 MIDI 电缆还不够，为了数据能成功地在两台乐器之间通信，乐器之间还应互相懂得双方共有的数据段。

如图 9-16，当用合成器作为主机演奏钢琴时，它们只能在 a 的范围内才能通信。由于合成器有颤音轮和滑音轮功能，而电钢琴并没有（也不需要）上述功能，因而电钢琴既不接收又不能执行这些功能，它只接收并执行在 a 范围内它们共有的那些功能。反过来，如电钢琴的持续音踏板功能，某些合成器也许并不能执行，这要视该合成器的配置而定。总而言之，在多台乐器的 MIDI 系统，需要分别验证各台乐器可以传送和接收的 MIDI 信息。这就需要查证每台乐器用户手册中专门附录的“MIDI 执行表”（MIDI Implementation Chart），表中规定了该台乐器可以传输和接收的 MIDI 信息种类。再一次强调，乐器不同、生产厂家不同，其 MIDI 数据种类就不会完全相同。

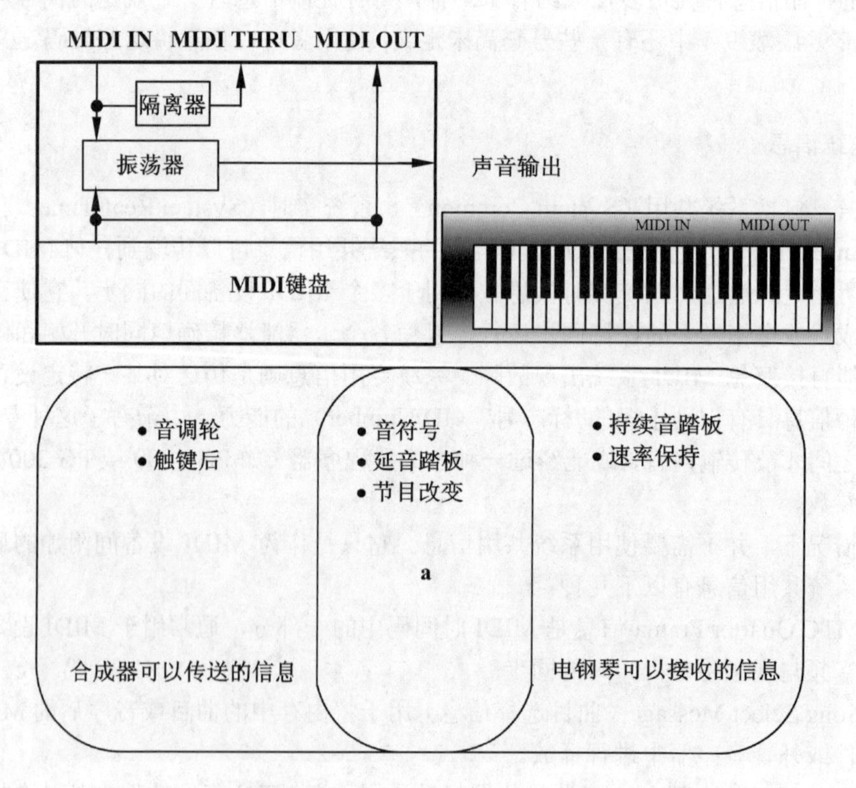

图 9-16 MIDI 键盘乐器内部方框图和检验乐器间相互通信示意图

如何阅读“MIDI 执行表”？以 KORG M1 型电子合成器为例（见表 9-1），这个附表的最左边一栏列出了 MIDI 的各类功能信息名称；横列有传输栏和接收栏，它们分别表示能否传输或接收所列的功能数据，用“O”表示能执行传输或接收某项信息，用“×”表示不能执行传输或接收某项信息。做主机用的设备只需查看传输栏，做从机用的设备只需查看接收栏。将主机的传输栏与从机的接收栏两相对照，即可比较出它们之间共有的数据段。它们之间究竟最终能否起传输或接收作用，还需要取决于其他附加条件，这些附加条件也会在注释栏内表示出来。

（1）基本通道（Basic Channel）：表示基本通道的共有两项，即“电源开”（Power On）和“可以调整”（Can Be Set）。前者表示应先开电源，然后才能对执行 MIDI 参数的通道进行调整，即该乐器不能记住上次已经使用并将再次使用的这个通道。换句话说，乐器对再次选用的通道不能记忆下来。每关一次电源，这个已被选定的通道随即消失，当重开电源以后需要重新调整这个通道数据。很多早期的合成器就是如此设计的。近年来制造的电子乐器，大都可以记忆下先前已指定的通道，只要不再修改，它就会一直保存下来，直到再次修改。有些合成器还会告诉“memory works even after the power is turned off”，意思是说，即使关掉电源，存储器仍在工作。这就是说已经在存储器中的内容不会因电源关掉而丢失。

另一项即“Can Be Set”（可以调整），它表示可以调整为任意 MIDI 通道，一般为 1～16 通道。

（2）方式（Mode）：有 3 个栏目，即“常态”（Defaults）、“信息”（Message）和“修改”（Altered）。“常态”是说明该方式是在电源接通后就会有效的“方式”；“信息”是说明乐器可以接收外来的“方式”信息，当乐器接收了“方式”信息后，仍然可以人为地改变“方式”信息；“修改”是说明乐器只能接收在注释栏内所指定的“方式”信息。

（3）音符数量（Note Number）：它表明了乐器可以接收或传输各种信息的音符数量范围。它告诉人们，通常只用来传输与音符数量一样多的键数据，多于该范围的键数据就不会被接收或传输。这个信息往往容易被使用者忽略，应该引起大家的注意。

（4）速率（Velocity）：该参数又设有“接通音符”（Note On）速率和“断开音符”（Note off）速率两个分栏。每个分栏都标明了可用来接收或传输的两种速率范围。要注意的是，它并不是表示乐器接通或断开音符的能力，它只是表示各自接通或断开音符速率的快慢程度而已。如果栏目内有“×”，并不意味着乐器是否认可将音符接通或断开，而只是不执行琴键按下时，或琴键释放时的快慢信息。

（5）触键后（After Touch）：指的是乐器可否接收或传输触键后的数据。它与“通道触键后”（每个 MIDI 通道一个值）和“复音触键后”（与每个音符）有关，但通常的“触键后”是指“通道触键后”。

（6）音调轮（Pitch Bend）：指的是乐器是否可以接收或传输音调轮参数。

（7）控制器参数变化（Control Change）：指的是乐器是否可以传输或接收控制器变化数据，如延音板、音量脚踏板等的变化数据。当连接了两台不同类型合成器或一台合成器同一台电钢琴相连接时，这些控制器数据是特别重要的。它可以接收的控制器数据用编号表示，在注释栏中有相应的控制器名称。

（8）声音节目改变（Program Change）：指的是乐器是否可以接收或传输声音节目改变数据，以及它使用的声音节目编号。也就是说，如果一台合成器能接收声音节目改变信息，那么它就可以用另一台合成器来演奏，并改变这台合成器的声音节目。

这是一个非常重要，很有用处的功能信息。有了它，可以只用一台合成器来演奏用 MIDI 电缆连接起来的数台合成器的声音节目。不言而喻，被演奏的合成器必须都能够接收声音节目改变信息指令。

（9）系统专用（System Exclusive）：指的是哪些种类的信息可以通过系统专用信息来传输或接收。

（10）系统共用（System Common）：这一部分是以音序器为基础建立的 MIDI 系统，它指示出乐器是否已获知 MIDI 曲子的位置指针（MIDI Song Position Pointer）。它可以决定乐曲从哪个小节开始演奏和决定选择演奏哪首曲子等。

（11）系统实时（System Real-Time）：实时信息指的是乐器的 MIDI 接口的同步能力。如果乐器捕捉到时钟（Clock）信号信息即可同其他乐器同步演奏；如果捕捉到传动器命令信息，乐器就能知道在什么时候开始，什么时候停止演奏。

（12）辅助信息（AUX Messages）：用来显示乐器是否能够接收帮助乐器避免出现任何有关 MIDI 方面的问题的信息。

这是一种例外的使用规则。例如，如果乐器的功能根据特定的参数设定而改变，这种改变将在这一栏上表示出来。

综上所述，当用 MIDI 电缆连接好两台或更多台乐器时，只需要查找出与它们各自的执行表中相关的栏目内容。只有两台乐器在同一项目中，接收与传输项都打上“O”的，这两台乐器之间才可以相互接收和传送该项目的功能信息。反之，无论主机或从机在某一项目中有打“×”的存在，主机和从机之间在这一项目上就不能实现通信。

世界上各种 MIDI 乐器的用户手册上都具有大体统一格式的“MIDI 执行表”，如表 9-1 所示。

表 9-1　M1 合成器 MIDI Implementation Chart

Function（功能）		Transmitted（传输）	Recognized（接收）	Remarks（注释）
Basic Channel	Default（常态）	1～16	1～16	Memorized（可记忆）
	Change（改变）	1～16	1～16	
Mode	Default（常态）	×	3	
	Messages（信息）		×	
	Altered（修改）	********		
Note Number:	Sound range（声音范围）	24～108 ********	0～127 24～108	Seq. Data is 0 to 127 in transmission（音序器数据在传输时为 0～127）
Veloecity	Note on（音符接通）	O 9n，V=10～127	O 9n，V=1～127	Seq. Data is 2 to 127 in transmission（音序器数据在传输时为 2～127）
	Note off（音符断开）	×	×	
After Touch	Keys（键）	×	×	A
	Channels（通道）	O	O	
Pitch Bend（音调轮）		O	O	*1

续表

Function（功能）	Transmitted（传输）	Recognized（接收）	Remarks（注释）
Control Change 1	O	O	Pitch MG（音调轮） *1
2	O	O	VDF Modulation *1
6	O	O	MSB 数据输入 *2
7	O	O	Volume（音量） *1
38	O	O	Data Entry（LSB 数据输入）
64	O	O	Sustain（延音） *1
96	O	O	数据增量 *2
97	O	O	数据减量 *2
100	×	O	LSB of RPC 总调谐 *2
101	×	O	MSB of RPC for master tune *2
0～101	O	O	仅适用于音序器数据传输和接收时）
Program Change Actual No.（节目改变实际编号）	O 0～99 ********	O 0～127 0～99	B
System：Clock（时钟）	O	O	*3
Real time：Command（指令）	O	O	*3
System：Song Pos.（曲子位置）	O	O	*3
Common：Song sel.（曲子选择）	O 0～19	O 0～19	
：Tune（调性）	×	×	*3
System Exclusive（系统专用）	O　O	O	*2，*4
AUX：Local ON/OFF（本机）	×	O	
Message：All note off（关断全部音符）	×	O 123～127	
Active sensing（激活检测）	O	O	
Reset（重置）	×	×	

注释：

*1 如果在 Global（综合）模式 Contro（控制器）设置为 ENA，传输和接收有效。

*2 如果在 Global（综合）模式 Exclusive（专用信息）设置为 ENA，传输和接收有效。

*3 当 Clock 在 Internal（内部）模式时，它能传输但不能接收；当 Clock 在 External（外部）模式时，它能接收但不能传输。

*4 清除并编辑节目数据。与通用的专用信息（设备 ID 号）兼容。

Mode 1：Omni On，Poly；Mode 2：Omni On，Mono；O：代表“可以”

Mode 3：Omni Off，Poly；Mode 4：Omni Off，Mono；X：代表“不可以”

A：如果在 Global（综合）模式 After Touch（触键后）设置为 ENA，则传输和接收有效。

B：如果在 Global（综合）模式 PROG/COMBI（节目/组合）设置为 ENA，则传输和接收有效。

9.3　如何避免 MIDI 系统发生问题

MIDI 能够以许多不同的方式增强乐曲的表现能力。然而，由于 MIDI 系统内有大量数据要进行交换，也就必然地存在出现问题的可能。出现问题的原因很多，但主要还是由MIDI电缆连接错误而引起的（如图9-17所示）。本节只讨论在实际工作中可能遇见的问题，以及解决问题的方法。

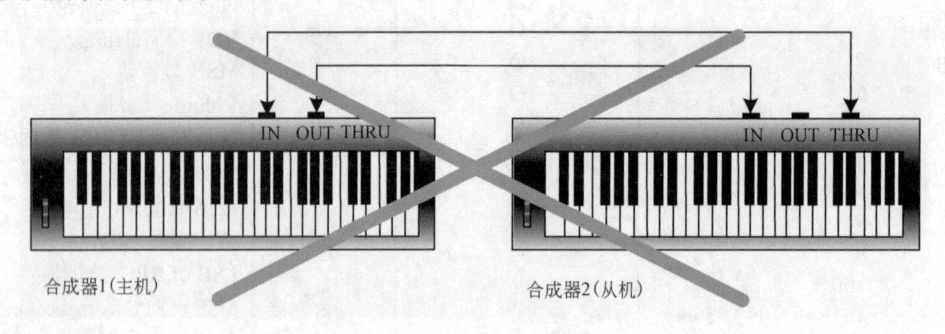

图9-17 MIDI乐器的错误连接示意图

（1）如何连接MIDI电缆？显而易见，如果不恰当地连接电缆，就不可能成功地完成数据通信。在工作之前，首先应检查MIDI电缆是否从主机的MIDI输出（MIDI OUT）连接到从机的MIDI输入（MIDI IN），或从从机的MIDI直通（MIDI THRU）连接到另一台从机的MIDI输入（MIDI IN）。

（2）拔电缆须知：无论何时只要打算改变电缆的连接，都应该在拔出电缆之前先关掉相关乐器的电源。如果正在演奏主机时拔掉MIDI电缆，从机的声音就不会停止，而是发出长音。某些品种的乐器，当正在演奏时，是不能改变MIDI通道数的。要想改变MIDI通道数，就必须停止演奏。

（3）开电源顺序：为了系统初始化的需要，通常是先开从机，后开母机，以使从机能最快地得到主机的指令信息。不过，实际上先开母机也不会造成乐器损坏。

（4）音调轮参数和触键后效果：先前已经讲过，MIDI可以传输滑音轮参数和触键后效果参数。可是，实际上它只输出了音调电平变化数据，以及将按键压力转变成电压变化数据。

（5）MIDI与鼓机：可以用鼓机与音序器，或与供MIDI键盘用的采样器声源保持同步。当将合成器作为从机时，只要从MIDI中传输声音节目改变信息，就可以改变合成器的声音。然而，鼓机则不同于合成器，只要演奏合成器上不同的键即可奏出鼓机上不同的打击乐的声音。在MIDI系统内使用音序器，可将鼓机的MIDI通道设置为目前还未使用的通道（在标准的MIDI文件中，通常是将鼓轨设置为通道10）。这就是说不要与其他乐器共用一个通道，以使鼓机不会接收到它不需要的音符导通信息。

（6）本机控制（Local Control）：某些合成器存在着与MIDI有关的参数“本机控制”。只有当“本机控制”被接通（Local On）时，用合成器自身的键盘才能演奏它本身的声音。如果断开“本机控制”关掉（Local Off），乐器只能传送MIDI信息，而不能演奏它自己的声音。可见，要想用一台合成器演奏另一台合成器的声音，而自己又不发声，就应将后者的“本机控制”关掉。

由键盘产生的各种声音信息，通常是进入合成器的声音发生部分以产生需要的声音。如果“本机控制”被关断，即使已经正确地连接了MIDI电缆，再弹奏本机键盘时本机也不会发声。但此时仍有各种操作数据产生，并有 MIDI 数据输出。

当使用音序器时，一般是将它的“本机控制”设置为 Local Off。

（7）由于 MIDI 数据只能串行传送，所以即使是几个同时发生的事件，MIDI 的同时事件信息也只能作为连续指令串来传送。举例来说，一个 3 音符和弦，也只会按 3 个单独的音符和力度信息来成对传送。因为 31.25 kBaud 传输速度是能给人以同时发生的正常感觉。然而，如复音乐器（能同时演奏超过 1 个音符的乐器）厂家已经为其增加了可同时发声的数量和更多的 MIDI 数据，如果系统中不断地增加乐器和声源组件的数量，那么连续发声数据绝对值会变得很大，受到网络接口处理速度的限制，这就可能出现系统故障和数据错误，其声音表现为类似琶音一样的一串“粘连”在一起的声音效果。

有 4 种方法可以关掉“粘住”的音符。当合成器只接收到“音符开”而没有收到关掉这些音符的命令时，它就讨厌地响个不停。如果发音组件中的音色包络已经把音量衰减下去，就不容易发生音符“粘住”的效果。一般都是带有包络保持特色的音色会造成这个问题的发生。引起问题的原因可能在音序器，也可能在合成器的软件系统，更有可能是 MIDI 连接出现问题（当连接出现问题时，MIDI 能够自动检测到“音符关”的命令，但不是全部合成器有这样的功能）和要传送的同时事件太多。幸好 MIDI 定义了关掉全部音符的命令。音序器软件经常配备有一个“救急”按钮，单击它就可以把关闭全部音符命令发送到全部 16 条通道。但是有的合成器不能识别这条命令，因此按“救急”按钮的同时，经常还需要给 16 个通道的每一个音符发送音符关闭命令，16×128＝2048，幸亏机器不知道累。如果“救急”按钮不管用，可以试着在发生问题的那一通道编入一个节目改变（Program Change）指令。许多合成器在转换到新音色时会关闭正在发音的音符，如果关闭不了，可以用下述办法关闭 32 复音数以下或音色多层次布局的合成器正在发音的音符：用手和胳膊尽可能多的同时按下琴键，放手的时候也许奏效。最有效的办法是关掉电源然后再打开，一定管用。不过，如果出问题的不是合成器而是采样器，这样做就显得很麻烦，因为要重新载入 64MB 或更多的样本会花去不少时间。

9.4 MIDI 规范

9.4.1 概 述

MIDI（Musical Instrument Digital Interface)代表音乐乐器数字接口的意思。它是一种电子音乐设备之间以及电子音乐设备与计算机之间的统一交流规范协议。也可以把它理解为一种标准、或是一种技术，但不要把它看作是某个硬件设备。MIDI 系统史无前例地发展已经成为了音乐技术发展的一个主要催化剂。1982 年是 MIDI 规范协议制定和颁布的第一年，从这一年开始，乐器制造商对 MIDI 乐器设计、乐器之间共同连接，以及通信信息格式代码都是按照他们共同制定的音乐乐器数字接口标准规范协议实施的。1983 年，国际 MIDI 协会正式地公布了 MIDI 1.0 规范，同年，Roland、Yamaha、Korg、Kawai 和 Sequencial Circuits 等公司就展出了满足 MIDI 1.0 规范的 MIDI 功能乐器。稍后几年，虽然又添加了一些分类码到 MIDI 1.0 规范（国际 MIDI 协会，1989 年）中，而且 MIDI 的应用已经远远地超过了当初的原意，但是基本议定书的内容仍未改变。

MIDI 规范的最初目的是连接或控制不同产品共有功能的乐器接口，如音符事件、音调轮、脚踏板数据等。把一个音符、音色路径的变化信息或脚踏板作用到一个乐器上，即使它们不是同一个厂家制造的，仍然能够把上述信息通过 MIDI 电缆线传输到另一个乐器上，并会产生相同的效果。乐器通过 MIDI 接口与计算机相互连接并可以使用，这样就允许音乐程序员编写 MIDI 音序，以及编写和调用音色库成为可能。

MIDI 仅仅是一个通信标准，它是由电子乐器制造商们建立起来的，用以确定计算机音乐程序、合成器和其他电子音响设备间相互交换信息与控制信号的方法。

MIDI 系统实际就是一个作曲、配器、电子模拟的演奏系统。从一个 MIDI 设备转送到另一个 MIDI 设备上去的数据就是 MIDI 信息。MIDI 数据不是数字的音频波形，而是音乐代码或称电子乐谱。

MIDI 文件是一种描述性的“音乐语言”，它将所要演奏的乐曲信息以字节为单位进行数字化的描述。譬如在某一时刻，使用什么乐器，以什么音符开始，以什么音调结束，加什么伴奏等。

9.4.2　MIDI 数据信息的格式

多数 MIDI 信息由多位字节组成，开始部分为一组状态字节，接着是一或二组甚至三组数据字节。有一类 MIDI 信息，甚至可以包含无限组的字节数。常规的 1 B 为 8 b（由“0”或“1”构成）。8 B 分成两个 4b，即一个高位（MSB）和一个低位（LSB）。而 MIDI 数据的每个字节还各有一位开始比特和停止比特，这样每 1 B 就有 10 b 长，而不是常规的 8 b。这一段的叙述读者一定要牢记！

MIDI 信息可分成通道信息和系统信息两大类，这两大类又可分为下列 6 小类信息：

（1）通道声音信息（Channel Voice Messages）：为音符演奏数据和声音节目数据的总称，它只对所指定通道的乐器起作用。

（2）控制信息（Control Message）：控制乐器的 16 个声音（音色、音色路径）、播放音符、传送控制器数据等。

（3）通道方式（Channel Mode）信息：定义乐器响应声音的信息，在乐器的“基本”通道范围内传送。

（4）系统共用（System Common）信息：系统中全部联网乐器和装置的共用信息。

（5）系统实时（System Real-Time）信息：系统中全部联网乐器和装置。只含有状态字节并为全部同步设备使用。本质上是一个定时时钟信号。

（6）系统专用（System Exclusive）信息：最初是专门用来作为制造商，如编辑/库管理这样的专用代码，现在已经被扩大去传送、接收和执行诸如 MIDI 时间码（Time Code）、MIDI 样本堆栈标准（Sample Dump Standard）和 MIDI 机器控制（Machine Control）等任务。

9.4.3　通道声音与控制信息

1．通道声音信息

几乎所有的 MIDI 装置都装备有接收 1～16 个可供选择的 MIDI 通道号的 MIDI 信息。一个装置的特有声音（或音色路径、节目号和音色等）将会响应在通道上专门传送给它的调谐信息，而不理会其他非传送给该通道的所有其他通道信息，这类似于一台电视机只可以看见已被调谐到的一个电视台的信号，而拒绝其他电视台的信号一样。

Omni 模式是个例外。在 Omni 模式中，当一个乐器已经设定为接收信息状态，它将允许并响应所有的通道信息进入而不管通道号是什么。

列在表 9-2 中的通道声音信息为大多数共有的 MIDI 信息。它们传递了一个音符是否在打开或关闭状态下调谐的信息，还传递了音色路径是如何改变的，有多少按键力度发生（称为触键后，After Touch）等信息。例如，MIDI 音符打开（Note On）声音信息共有 3B，其中包含 4 类信息。第一字节为状态字节（说明这一信息是什么性质的）和通道号 1～16；第二字节是音符编号 0～127；第三字节表示力度或触键后压力变化，其值从 0～127 变化。

表 9-2 为以二进制的形式表示 MIDI 通道声音信息（Channel Voice Message）代码。

表 9-2　MIDI 1.0 通道声音信息二进制代码择要（MIDI 制造商协会于 1995 修正）

状态字节	第一组数据字节	第二组数据字节	信　息	图　例	含　义
1000nnnn	0kkkkkkk	0vvvvvvv	音符关闭 Note Off	n＝通道编号 k＝键音符音高编号 0～127（60＝中央 C） v=力度 0～127	该信息是在一个音结束时发出的，如键盘的某个键被释放开后
1001nnnn	0kkkkkkk	0vvvvvvv	音符打开 Note On	n＝通道编号 k＝音符编号 0～127（60＝中央 C） v＝力度 0～127	该信息是在一个音开始时发出的，如键盘的某个键被按下时
1010nnnn	0kkkkkkk	0ppppppp	复音演奏键力度 Poly Key Pressure	n＝通道编号 k=音符编号 0～127(60=中央 C) p=触键后压力变化 0～127	该信息是在先前被按下的琴键的压力变化时发出的
1011nnnn	0ccccccc	0vvvvvvv	控制器变化 Controller Change	n＝通道编号 c＝控制器编号 v＝控制值 0～127	该信息是在某个控制器的控制值发生变化时发出的，如踏板等变化。有些控制器为了一些特殊的用途需要保留（可参见表 9-6 通道方式信息中的说明）
1100nnnn	0ppppppp	（无）	节目改变 Program Change	n=通道编号 p=新的节目号 0～127	该信息是在要求改变音色编号时发出的
1101nnnn	0ppppppp	（无）	通道压力 Channel Pressure	n=通道编号 p=压力 0～127	该信息是在通道压力发生变化时发出的，当有些对压力敏感的键盘不支持上面提到的复音键触后时，可以通过发送这个信息来发送当前所有被按下键中压力最大的单个键的压力信息

续表

状态字节	第一组数据字节	第二组数据字节	信　息	图　例	含　义
1110nnnn	0lllllll	0fffffff	音调轮 Pitch Bend	n=通道号 c=粗调 14 位的低 7 位 f=微调（c+f =14bit 分辨率）14 位的高 7 位	发送该信息说明音调轮有变化。音调轮是由一个 14 位二进制数来描述的，其中，音调轮没有变化时的值为 2000H（十六进制数），其变化的灵敏度与传递介质有关

注：nnnn=0～15 代表 MIDI 通道号 1～16

表 9-3 的信息表示了在 5#MIDI 通道上的一个音符（中央 C），音量非常大（最大值为 127 的速率或力度）的一个例子，信息以二进制表示。

表 9-3　状态字节和数据字节表示方法

状态字节	第一组数据字节	第二组数据字节
10010100	00111100	01111111

状态字节即命令字，表明其后所跟随的数据种类。它的低 4 位用来表示 MIDI 信息属于的 MIDI 通道，这 4 位共可表示 16 条通道数，而高 4 位中的其余 3 位表示 MIDI 信息 8 种类型。

状态字节始终由“1”打头，比如 1 xxx xxxx，这一位叫做“set”（置“1”）位；而数据字节永远由“0”开始，比如 0xxx xxxx，这一位叫做“reset”（复“0”）位。状态字节的最前面 4 位比特告诉 MIDI，下列信息（1001）后是一个“音符开”指令；最后 4 位比特（0100）告诉 MIDI，是什么编号的 MIDI 通道响应（0000= MIDI 通道号为 1#，1111= MIDI 通道号为 16#）。

注意，通道编号与二进制换算值应按某个值进行偏调，因为通道 1 是设置为二进制“0”的，而通道 16 设定为二进制的“15”。第一个数据字节告诉 MIDI 演奏什么音符（十进位的 60=中央 C），第二组数据字节告诉 MIDI 用多大的声音演奏音符，这个例子是以最大速度为 127 来传送的。音符将发声，直到这个相同的音符编号关掉，信息传送才停止。

为了比较有效地利用有限带宽，MIDI 制造商采用了一个叫做“运行状态”（Running Status）的技术。这种技术是考虑到一串 MIDI 信息通常都是同一种类型的时候，例如，当同时演奏 10 个音符时，设备要连续响应 10 次音符开和音符关信息，就会耽搁不少的时间。运用“运行状态”技术，状态字节就不会这样交替改变，直到有一个不同于上述字节的状态字节到来。运行状态使一个状态字节以及它后面所跟随的数据字节，保持数量不受限制的作用。MIDI“运行状态”规定，当状态字节前后信息的状态完全一致的时候，该状态字节后面的信息可以省略。如此算来，一个“音符开”信息和一个“音符关”信息是不同的两个状态，总共需要 6B；如果是两个音符开（第二个音符开设定力度为 0，实际就是音符关）状态相同，5B 就够了。在发送一大片连续的快速音符时，“运行状态”可以有效降低 MIDI 信息的传送密度。

举例来说，在同一条 MIDI 通道上同时演奏 3 个音符，在运行状态下只需 6 个紧跟音符开（Note On）状态字节的数据字节传送：

状态【音符开（Note On），通道 1】键 1-速率 1，键 2-速率 2，键 3-速率 3。

通过使用“运行状态”可以把过多的数据量减到最少，也可以利用先前已经使用了的音符开命令而将速度值置 0 的方式把指定键号（这里是指 MIDI 键盘上的琴键编号，下同）的音符关闭，同样起着音符关命令的作用，这样达到了节省数据量的目的。例如，状态【音符开（Note On），通道 1】键 1-速率 1，键 2-速率 2，键 3-速率 3，键 1-速率 0，键 2-速率 0，键 3-速率 0。

键速率是描述在键被按下时的速率，许多乐器传输并响应键速率，某些乐器甚至还能响应键释放时的速率。大部分乐器只提供动态范围控制，而其他能力是通过速率去改变音色或做声像定位的。以击键速率为基础，新近的乐器常常还利用它在两种不同的声音之间做淡入淡出效果或直接打开的效果。

虽然几乎所有通道声音信息都是分配单数据字节为单参数，如键号或速率（因为数据字节开始为“0”，这样，1B 只有 7b 可用，所以 2^7=128 值）。音调弯曲（Pitch Bend）是个例外。如果音调弯曲只使用 128 这个值，假如弯曲范围太大，这个步幅就可能被感觉到。由于这个范围的设定是在乐器上而不是通过 MIDI 来设置的，所以，第一个数据字节的 7 个非零比特与第二个数据字节的 7 个非零比特联合组建为 14b 大小的数据，所以音调弯曲数据范围为 16384。

2．控制信息

控制信息是真正能表达 MIDI 演奏能力的地方。控制信息是由控制器状态变化字节（1011 nnnn），接着由选择控制器号（0～127）的第一数据字节，再接着由确定控制器的控制值（Controller Value）的第二数据字节组成。因为这些信息变化值时常造成数据流密集的结果，所以“运行状态”对减少数据密度起着决定性的作用。许多 MIDI 音序器也具有减少控制器变化数据密度的能力。

MIDI 控制器分为连续式控制器和开关式控制器两大类。实际上连续控制器并不是连续的，MIDI 通道信息设置了 128 个连续控制器（Continuous Controller，经常简写为控制器）信息，主要用来表示旋钮、推子、踏板等连续控制器的运动状况，每一个控制器值的范围是 0～127。例如，合成器的调制轮或调制杆总是 1＃控制器，轮或杆的位置转到一端为 0，另一端为 127。但是其间的数值并不是平滑变化的，而是台阶式的变化。比如，数值可以是 56 或 57，但不可能是 56.329 或 57.1。如果用控制器控制一些比较敏感的声音参数，有可能听得到台阶式的不平滑效果。

大体上，控制器号 0～63 产生的是连续类型的数据，如音量、调制轮等控制器，控制器 64～121 为预留的开关类型控制器，如延音踏板。要注意的是，早前对开关值的约定，例如，任何数据值超过 0 =“ON”，或只认为 0 =“OFF”和 127 =“ON”，而不管其他中间值，按照惯例，现在已经被 0～63 =“ON”和 64～127 =“OFF”规定代替了。如果观察

表 9-4 中的控制器号的表格，会注意到一些特定的编号已经指定给特定功能的控制器使用了。

表 9-4 控制器改变与方式改变表（状态字节为 176～191）（由 MIDI 制造商协会于 1995/1999/2002 修订）

控制器号（数据字节 1）			控制功能	数据字节 2	
十进制	二进制	十六进制		值	使用方式
0	00000000	00	音色库选择	0～127	MSB
1	00000001	01	调制轮或电平	0～127	MSB
2	00000010	02	吹气控制器	0～127	MSB
3	00000011	03	未定义	0～127	MSB
4	00000100	04	脚踏控制器	0～127	MSB
5	00000101	05	连滑音时间	0～127	MSB
6	00000110	06	MSB 高位数据记入	0～127	MSB
7	00000111	07	通道总音量	0～127	MSB
8	00001000	08	平衡	0～127	MSB
9	00001001	09	未定义	0～127	MSB
10	00001010	0A	声像控制	0～127	MSB
11	00001011	0B	表情控制器	0～127	MSB
12	00001100	0C	效果控制器 1	0～127	MSB
13	00001101	0D	效果控制器 2	0～127	MSB
14	00001110	0E	未定义	0～127	MSB
15	00001111	0F	未定义	0～127	MSB
16	00010000	10	普通用途控制器 1	0～127	MSB
17	00010001	11	普通用途控制器 2	0～127	MSB
18	00010010	12	普通用途控制器 3	0～127	MSB
19	00010011	13	普通用途控制器 4	0～127	MSB
20	00010100	14	未定义	0～127	MSB
21	00010101	15	未定义	0～127	MSB
22	00010110	16	未定义	0～127	MSB
23	00010111	17	未定义	0～127	MSB
24	00011000	18	未定义	0～127	MSB
25	00011001	19	未定义	0～127	MSB
26	00011010	1A	未定义	0～127	MSB
27	00011011	1B	未定义	0～127	MSB
28	00011100	1C	未定义	0～127	MSB
29	00011101	1D	未定义	0～127	MSB
30	00011110	1E	未定义	0～127	MSB
31	00011111	1F	未定义	0～127	MSB
32	00100000	20	与控制器 0 成对使用（音色库选择，微调）	0～127	LSB
33	00100001	21	与控制器 1 成对使用（调制轮或音量，微调）	0～127	LSB
34	00100010	22	与控制器 2 成对使用（吹气控制器，微调）	0～127	LSB
35	00100011	23	与控制器 3 成对使用（未定义）	0～127	LSB

续表

控制器号（数据字节 1）			控制功能	数据字节 2	
十进制	二进制	十六进制		值	使用方式
36	00100100	24	与控制器 4 成对使用（脚踏控制器，微调）	0～127	LSB
37	00100101	25	与控制器 5 成对使用（滑音时间，微调）	0～127	LSB
38	00100110	26	与控制器 6 成对使用（数据输入，微调）	0～127	LSB
39	00100111	27	与控制器 7 成对使用（通道总音量控制器，微调）	0～127	LSB
40	00101000	28	与控制器 8 成对使用（平衡，微调）	0～127	LSB
41	00101001	29	与控制器 9 成对使用（未定义，微调）	0～127	LSB
42	00101010	2A	与控制器 10 成对使用（声像控制，微调）	0～127	LSB
43	00101011	2B	与控制器 11 成对使用（表情控制器，微调）	0～127	LSB
44	00101100	2C	与控制器 12 成对使用（效果控制 1，微调）	0～127	LSB
45	00101101	2D	与控制器 13 成对使用（效果控制 2，微调）	0～127	LSB
46	00101110	2E	与控制器 14 成对使用（未定义）	0～127	LSB
47	00101111	2F	与控制器 15 成对使用（未定义）	0～127	LSB
48	00110000	30	与控制器 16 成对使用（普通用途控制器 1）	0～127	LSB
49	00110001	31	与控制器 17 成对使用（普通用途控制器 2）	0～127	LSB
50	00110010	32	与控制器 18 成对使用（普通用途控制器 3）	0～127	LSB
51	00110011	33	与控制器 19 成对使用（普通用途控制器 4）	0～127	LSB
52	00110100	34	与控制器 20 成对使用（未定义）	0～127	LSB
53	00110101	35	与控制器 21 成对使用（未定义）	0～127	LSB
54	00110110	36	与控制器 22 成对使用（未定义）	0～127	LSB
55	00110111	37	与控制器 23 成对使用（未定义）	0～127	LSB
56	00111000	38	与控制器 24 成对使用（未定义）	0～127	LSB
57	00111001	39	与控制器 25 成对使用（未定义）	0～127	LSB
58	00111010	3A	与控制器 26 成对使用（未定义）	0～127	LSB
59	00111011	3B	与控制器 27 成对使用（未定义）	0～127	LSB
60	00111100	3C	与控制器 28 成对使用（未定义）	0～127	LSB
61	00111101	3D	与控制器 29 成对使用（未定义）	0～127	LSB
62	00111110	3E	与控制器 30 成对使用（未定义）	0～127	LSB
63	00111111	3F	与控制器 31 成对使用（未定义）	0～127	LSB
64	01000000	40	持续音抑止踏板 开/关（延音）	<63 关，>64 开	
65	01000001	41	滑音踏板 开/关	<63 关，>64 开	
66	01000010	42	持续音踏板 开/关	<63 关，>64 开	
67	01000011	43	钢琴（柔音）踏板 开/关	<63 关，>64 开	
68	01000100	44	连奏脚踏开关	<63 正常 >64 连奏	
69	01000101	45	保持音踏板 2	<63 关，>64 开	

续表

控制器号（数据字节1）			控制功能	数据字节2	
十进制	二进制	十六进制		值	使用方式
70	01000110	46	声音控制器1（默认：声音变调）	0~127	LSB
71	01000111	47	声音控制器2（默认：音色/和声）	0~127	LSB
72	01001000	48	声音控制器3（默认：释放时间）	0~127	LSB
73	01001001	49	声音控制器4（默认：起始时间）	0~127	LSB
74	01001010	4A	声音控制器5（默认：亮度）	0~127	LSB
75	01001011	4B	声音控制器6（默认：衰减时间 参看 MMA RP-021）	0~127	LSB
76	01001100	4C	声音控制器7（默认：颤音率 参看 MMA RP-021）	0~127	LSB
77	01001101	4D	声音控制器8（默认：颤音深度 参看 MMA RP-021）	0~127	LSB
78	01001110	4E	声音控制器9（默认：颤音延迟 参看 MMA RP-021）	0~127	LSB
79	01001111	4F	声音控制器10（默认：未定义 参看 MMA RP-021）	0~127	LSB
80	01010000	50	普通用途控制器5	0~127	LSB
81	01010001	51	普通用途控制器6	0~127	LSB
82	01010010	52	普通用途控制器7	0~127	LSB
83	01010011	53	普通用途控制器8	0~127	LSB
84	01010100	54	延音踏板控制	0~127	LSB
85	01010101	55	未定义		
86	01010110	56	未定义		
87	01010111	57	未定义		
88	01011000	58	未定义		
89	01011001	59	未定义		
90	01011010	5A	未定义		
91	01011011	5B	混响效果1深度（默认：混响传送电平1 参看 MMA RP-023）（formerly External 效果 深度）	0~127	LSB
92	01011100	5C	效果 2 深度（formerly Tremolo 深度）	0~127	LSB
93	01011101	5D	合唱效果3深度（默认：合唱传送电平 -参看 MMA RP-023）（formerly Chorus 深度）	0~127	LSB
94	01011110	5E	效果4深度（formerly Celeste[Detune]深度）	0~127	LSB
95	01011111	5F	效果 5 移相深度（formerly Phaser 深度）	0~127	LSB
96	01100000	60	数据增加（数据记入+1）（参看 MMA RP-018）	N/A	
97	01100001	61	数据减少（数据记入-1）（参看 MMA RP-018）	N/A	
98	01100010	62	未登记参数编号，微调（NRPN） - LSB	0~127	LSB
99	01100011	63	未登记参数编号，粗调（NRPN） - MSB	0~127	MSB
100	01100100	64	已登记参数编号，微调（RPN） - LSB*	0~127	LSB
101	01100101	65	已登记参数编号，粗调（RPN） - MSB*	0~127	MSB
102	01100110	66	未定义		
103	01100111	67	未定义		
104	01101000	68	未定义		
105	01101001	69	未定义		
106	01101010	6A	未定义		
107	01101011	6B	未定义		

续表

控制器号（数据字节 1）			控制功能	数据字节 2	
十进制	二进制	十六进制		值	使用方式
108	01101100	6C	未定义		
109	01101101	6D	未定义		
110	01101110	6E	未定义		
111	01101111	6F	未定义		
112	01110000	70	未定义		
113	01110001	71	未定义		
114	01110010	72	未定义		
115	01110011	73	未定义		
116	01110100	74	未定义		
117	01110101	75	未定义		
118	01110110	76	未定义		
119	01110111	77	未定义		
注意：控制器 120～127#是为通道方式信息保留的，起着控制声音参数、通道操作模式的效果					
120	01111000	78	全部声音关闭（静音）	0	
121	01111001	79	重置全部控制器（参看 MMA RP-015）	0	
122	01111010	7A	Local Control（本机控制）开/关	0 关 127 开	
123	01111011	7B	All Notes（全部音符）关	0	
124	01111100	7C	Omni 全模式关（+全部音符关闭）	0	
125	01111101	7D	Omni 全模式开（+全部音符关闭）	0	
126	01111110	7E	Poly 模式开/关（+全部音符关闭）	**	
127	01111111	7F	Mono 模式开（+单声关闭 +全部音符关闭）	0	

**：等于通道号，如果通道号等于所接收的声音号即为零。

MIDI 规范建议在编辑节目时尽量使用这些“默认”设定，大多数制造商已经至少把调制轮、音量、声像和延音踏板设定为默认使用，而能对上述指定编号作出响应，一个乐器的实际响应是通过乐器的程序设计决定的，而它又是常常可以被改变的。举例来说，虽然乐器的延音踏板的默认设定是延长音色的发音时长，但是可以重新编制程序来更换或同时使用同一个控制器以突升一个八度音。当编制合成器/取样器音色路径程序时，单控制器的组合功能常常是改变声音多个参数的一个强有力的工具。

很少有人知道（也很少使用），预留的 32～63#控制器，代表了 0～31#控制器的另外 LSB（低位取样比特）的 7bit，举例来说，39#控制器可以当作 7#控制器的微调来使用（总音量）；同样地，33#控制器起着 1#控制器（调制轮）LSB 的作用。

一些控制器的作用是预先定义的，而另一些控制器是预留给一些特别用途的，如 64#控制器分配给延音踏板。实际上有一些（如 64、65、66 等号码）控制器定义成开关式，如

64#踏板控制器踩下去时发送 127 值，抬起来发送 0 值，并不存在中间的数值。00#控制器～31#控制器可以与 32#～63#控制器结对使用，表示为 MSB 和 LSB，它们共同构成 14bit，共计 16 384 个控制值。是否使用 14bit 数值应由设备制造厂商决定，这里并没有一定之规。弯音音域由接收合成器决定，弯音是一个很特别的 MIDI 信息，虽然它被定义为 14bit，但是许多合成器省略了 LSB 数据的低端数值，而只用 MSB 的高端 7bit（0～127）数值。因为许多弯音硬件只提供 7bit 数值，音序器也经常把声音的弯音定在-63 到+64 的范围。弯音是一个双极信息，中心为 0，相应的硬件控制器常常带有回零的弹簧。有一条 MIDI 信息（有一个登记参数号 RPN）可以给接收弯音设备定义弯音音域，但这个信息并不是所有合成器都响应。

122～127#控制器是为通道方式信息保留的，这将在下一个组件（表 9-6）中讨论。分配控制器编号的 MIDI 1.0 规范的完整表格在表 9-2 中。

已登记参数（RPN）和未登记参数（NRPN）这两个术语，典型的应用是用来编辑声音、修正数据和传送参数数据给合成器的。所谓已登记参数是那些已经被 MIDI 制造业者协会（MMA)和日本 MIDI 标准委员会(JMSC)分配了一些特定功能，并已登记在案的控制器固定参数。举例来说，为一个合成器分配去控制音调弯曲灵敏度和主调谐的称为已登记参数号（RPN）。未登记参数（NRPN）是没有被官方分配特定功能的，而且可能被不同制造业者作为不同功能分配。

用登记参数号去设定或改变登记参数值：

（1）用 100（64H）#和 101（65H）#控制器去选择想要的登记参数号来传送两个控制器改变信息，具体细节说明如表 9-5 所示。

表 9-5 已登记参数编号

参数编号			参数功能	数据输入值
十进制	101#控制器值（MSB）	100#控制器值（LSB）		
0	00H = 0	00H = 0	音调轮灵敏度	MSB = +/– 半度音 LSB =+/–分音
1	00H = 0	01H = 1	通道微调（预微调-参看 MMA RP-022）	分辨率 100/8192 分音 00H 00H = -100 分音 40H 00H = A 440Hz 7FH 7FH = +100 分音
2	00H = 0	02H = 2	通道粗调（预粗调-参看 MMA RP-022）	只使用 MSB 分辨率 100 分音 00H =–6400 分音 40H = A 440Hz 7FH = +6300 分音
3	00H = 0	03H = 3	调整节目改变	被调整的节目编号
4	00H = 0	04H = 4	调谐音色库选择	被调整的音色库编号
5	00H = 0	05H = 5	调制深度范围(参看 MMA General MIDI Level 2 规范)	在 GM 2 中该规范未定义。对于其他系统由厂商定义

（2）传送控制器改变（Control Change）信息到“数据记入 MSB（Data Entry MSB）控制器”（6#控制器）设置被选择的已登记参数（Registered Parameter）为特殊值。如果被选择的登记参数需要对 LSB 设置，那么就传送其他控制器改变信息到“数据记入 LSB 控制器”（38#Data Entry LSB 控制器）。

（3）要调节被选中的已登记参数的当前值，可用 96#控制器或 97#控制器来增加或减少数据。

9.4.4　通道方式信息

通道方式信息用来控制乐器的所有声音通道的全部功能。按照 MIDI 1.0 规范设计的乐器一次只能在一个方式之下操作。通道方式信息使用了 122～127#控制器，并且在一个预先设定的乐器基本通道上传送。乐器可编程的参数设置包括了基本通道设置。举例来说，在 Kurzweil K2600 装置中，通过单击 MIDI→RECEIVE→Basi 控制器 Hannel 来设定它的基本通道。这就意味着，可以把具有相同模式编号的乐器调整到不同的基本通道，这有利于只需要关注它们的特定基本通道上的通道方式信息的传送。

通道方式有四种类型，即 Omni（全模式），Mono/Poly（单音/复音），All Notes Off（全部音符关闭）和 Local Control（本机控制）。如果将 Omni 设置为 ON，即通知所有乐器声音去响应所有被接收到的通道声音信息，而不管它们是什么传送通道。这与电视机同时显示全部电视频道类似。

Mono/Poly 模式具有将单音或多个声音变成复音的能力。在 Mono 模式中新的音符开（Note On）信息，能够结束前一个音符发声，并开始新的音符演奏。如果想使用带滑音的音色路径，可以设定合成器为 Mono 方式（在音符之间滑动或在音符之间的滑奏法）。

All Notes Off 对音序程序是有用的，在程序中信息可能离开音符而被“悬挂”起来，或发声不确定，因为它不能听到 Note Off 指令。当音符全关闭信息被接收到时，所有设备的振荡器都被关闭。

设计 Local Control（本机控制）的目的是想把合成器/采样器产生声音的能力与自身的键盘功能隔离。当使用者只想要从计算机送出的音符数据引起另外的乐器发声，而避免两个音源音符同时发声时这个控制器就非常有用。当这个开关关闭时，所有某指定通道的 MIDI 设备都只对 MIDI 协议的数据信息有反应，而忽略演奏数据等信息。通常这是在乐器自身上设置而不通过 MIDI 的最好方式。本地控制打开时，设备恢复正常。

一个通道方式信息的表示：1011 nnnn，0 控制器 c，0vvvvvvv。这里，n=基本通道，c=122～127 控制器，v=为开/关操作方式。通道方式信息如表 9-6。

表 9-6　通道方式信息

状态字节	第一组数据字节	第二组数据字节	说　明
1011nnnn	01111010 （122#控制器）	00000000（0）＝OFF 01111111（127）＝ON	本机控制（Local Control）
1011nnnn	01111011 （123#控制器）	00000000（0）	全部音符关（All Notes OFF）
1011nnnn	01111100 （124#控制器）	00000000（0）	全开模式关 Omni Mode OFF（不是音符全关）

续表

状态字节	第一组数据字节	第二组数据字节	说　明
1011nnnn	01111101（125#控制器）	00000000（0）	全开模式开 Omni Mode ON（不是音符全开）
1011nnnn	01111110（126#控制器）	0mmmmmmm m＝通道号*	单音模式开 Mono Mode ON（复音模式关闭，并不是全部音符关闭）
1011nnnn	01111111（127#控制器）	00000000（0）	复音模式关 Poly Mode OFF（单音模式关闭，并不是全部音符关闭）

一个特殊情况是，当 n=0 时，通知乐器分配一个音符到它的每一个声音，从基本的通道（Basic Channel）开始直到 16 通道为止。

Omni-Mono/Poly 有 4 种模式，其组合后产生的结果如表 9-7 所示。

表 9-7　Omni-Mono/Poly 的 4 种方式组合

方式 Mode	全开 Omni	复音/单音 Poly/Mono	结　果
1	ON	Poly	从所有通道接收信息，并分配到全部声音（Voice）
2	ON	Mono	从所有通道接收信息并控制一个单声声音
3	OFF	Poly	只指定通道接收信息，但分配到全部声音
4	OFF	Mono	只接收指定通道的信息，但需要指定单音的专门分配号

9.4.5　系统共用信息和系统实时信息

系统共用信息（System Common Message）不包括通道编号，它是系统中全部装置的地址，如表 9-8 所示。主要只分配乐器本身自设的音序器或鼓机的一些系统公共信息，它们有预先记录好的 MIDI 音序。乐曲位置指针（Song Position Pointer）是一个内部 14 位寄存器，它存储了从乐曲开始计数时的 MIDI 的节拍数（记住！在 MIDI 协议中，一拍相当于 6 个 MIDI 时钟单位）。

其他系统共用信息还有选择乐曲播放，以及为模拟合成器调节其振荡器的“调谐请求”。该信息是为老式电子合成器而预留的。因为老式合成器使用时常常发生音调不准的情况，需要此信息对其振荡频率进行微调。而今天的合成器已经不再需要它了。由于节拍数可能很大，对于 14bit 的信息，乐曲位置指针使用了两个数据字节（LSB 和 MSB）。

表 9-8　系统共用信息

状态字节	数据字节 1	数据字节 2	说　明
11110000	0iiiiiii 0ddddddd … … 0ddddddd 11110111		系统专用。（0iiiiiii）通常是一个 7bit 的厂商 ID 代码。这个信息是为了不使所有 MIDI 设备都响应而设计的，而当某个设备发现(iiiiiii)与其自身代码相同时，它将接收其余的数据位(ddddddd)，否则，后面的数据位将被忽略。系统专用信息是用来发送传递如修补参数(Patch Parameter)和其他一些大量的数据信息的（注意：实时信息只可能与系统专用信息相交叉）。这个信息也可以作为万能专用信息（Universal Exclusive Messages）扩展

续表

状态字节	数据字节1	数据字节2	说　明
11110001			未定义（预留）
11110010	0lllllll	0mmmmmmm	曲子位置指针。这是一个内部保存有MIDI 拍数（1拍=6个 MIDI 时钟）的14b寄存器。L为LSB，m为MSB
11110011	0sssssss		曲子选择。表明是播放音序还是曲子（S＝曲号）
11110100			未定义（预留）
11110101			未定义（预留）
11110110			调谐请求。收到调谐请求后，所有的模拟合成器将调谐它们的振荡器频率
11110111			结束系统专用信息。本信息是用来结束系统专用的数据传递的。这个信息只含有一个状态位，不包括数据位

系统实时信息（System Real-Time Messages）包括一个定时时钟，每四分音符传送24个“时钟”（注意，这取决于乐曲拍速的设定，所以是相对时间）。乐器内部音序器的定时时钟也能控制LFO和其他修补参数的速率。

实时信息也能在音序器上传送一个“开始播放”和“停止播放”信息。它每300ms传送一个可选择的“活性感”信息的状态字节。为了对较大容量的文件留有余量，目前一些乐器已经取消了这个功能，但是Yamaha DX7仍然可以传送在音序器软件中记录的活性感信息。实时信息的末尾是将系统重置，它将返回到接收装置刚启动时的状态。实时系统信息由11111000（248）开始但没有数据字节，具体细节说明如表9-9所示。

表9-9　系统实时信息

状态字节	说　明
11111000	定时时钟。当需要同步时，每四分音符传送24个时钟（见本文）
11111001	未定义（预留）
11111010	开始播放。开始播放当前的音序（该信息将跟踪定时时钟）
11111011	继续播放。从音序器停止点播放
11111100	停止播放。停止播放当前的音序
11111101	未定义（预留）
11111110	活性感探测。使用这个信息是可选择的。当最初开始传送的时候，接收器将会每 300 ms（最大）再次要求接收一个活性感探测信息，否则它将认为连接已经被中断。在终止点，接收器将关闭全部声音并返回到正常操作（非活性感探测）
11111111	系统复位信息。在电源重新开启时重新设定系统的所有接收器。应该谨慎使用，宁可采用人工控制。尤其不应该在电源打开时传送该信息。复位信息将系统内所有接收器都恢复到电源打开的初始状态

9.4.6　系统专用信息

系统专用信息是为了不使所有不同厂家的MIDI设备都响应而设计的。系统专用信息是用来发送传递如修补参数（Patch Parameter）和其他一些大量的数据信息的。系统专用（或简化为SysEx）信息以几乎永无止境的方式扩张MIDI的功能性。起初，这个代码类主要用于编辑/库管理功能。大量的修补程序可以通过SysEx代码转储到计算机上，当需要时再传送到乐器。某些乐器，像Yamaha TX816由于没有自己的内部修补程序，所以只有依赖于 SysEx 的“修补程序堆栈”以改变它们原来的程序设计。一旦大量的修补程序集到达计算机时，编辑/库管理中的“编辑器”部分可以先修改程序，然后再把它们传送回乐器。不过，现在已经可以在乐器上直接地操纵修补程序了。

系统专用信息代码表和 MIDI 设备生产商 ID 代码表请分别参看表 9-10 和表 9-11。

表 9-10　系统专用信息代码表

状态字节	数据字节 1	数据字节 2	说　明
11110000	0iiiiiii	0ddddddd	当某个设备发现 MIDI 设备生产商 ID 代码(iiiiiii)与其自身代码相同时，它将响应数据字节 2(ddddddd)的信息。否则，后面的数据位将被忽略

表 9-11　MIDI 设备生产商 ID 代码表

序号	十六进制代码	MIDI 设备生产商	序号	十六进制代码	MIDI 设备生产商
01	01	Sequential	19	13	Mimetics
02	02	IDP	20	14	Failight
03	03	Octave-Plateau	21	15	JL Copper
04	04	Moog	22	16	Lowery
05	05	Passport Designs	23	17	Limn
06	06	Lexicon	24	18	Emu Systems
07	07	Kurzweil	25	19	Harmony Systems
08	08	Fender	26	1A	ART
09	09	Data Stream Inc.	27	1B	Baldwin
10	0A	AKG Acoustics	28	1C	Eventide
11	0B	Voyce Music	29	1D	Inventionics
12	0C	General Electro Music	30	1E	Key Concepts
13	0D	ADA Signal Processing	31	1F	Clarity
14	0E	Garfild Electronics	32	20	Bon Tempi
15	0F	Ensoniq	33	21	SIEL
16	10	Oberheim	34	22	Synthaxe
17	11	Apple Computer	35	23	IRCAM
18	12	Simmons Group Centre	36	24	Hohner
37	25	Crumar	49	41	Roland
38	26	Solton	50	42	Korg
39	27	Jellinghaus MS	51	43	Yamaha
40	28	CTM	52	44	Casio
41	29	PRG	53	45	Moridaira
42	2A	JEN	54	46	Kamiya Studio
43	2B	SSL Limied	55	47	Akai
44	2C（无 2D）	Audio Vertrieb-Peter Struven Gmbh	56	48	JVC
45	2E	SoundTracs Ltd	57	49	Meisosha
46	2F	Elka	58	4A	Hoshino Gakki
47	30（无 31～39）	Dynacord	59	4B	Fujitus Electronics
48	40	Kawai			

系统专用信息代码（状态字节）由 11110000（十进制为 240 或十六进制为 F0）开始设定，接着是制造商的 ID 号（数据字节 1），然后是 0～127 任意范围的另一个数据字节的未指定编号。当尾部为 11110111（十进制为 247 或十六进制为 F7）时，它代表 SysEx 信息结束。在 SysEx 信息传送期间其他代码都不会被传输（系统实时信息除外）。

正常情况下，在制造商 ID 号之后，每个制造商还将会有它自己的每种乐器型号子码，因此，Yamaha DX7 将不会理睬 Yamaha SY77 的修补程序堆栈信息。此外，在联机乐器里可能有多个相同的乐器，大多数乐器都有一个相同的 SysEx ID 号，而这些乐器不一定都会响应不是为它编写的修补程序堆栈的指令。

Roland Jupiter 与 Yamaha DX7 的内在结构是不同的，所以传送 DX7 修补程序给 Jupiter 是无用的。因此，乐器制造商应该在 MIDI 制造商协会登记，而且会发给他们“专用”的编号，或发给他们识别其乐器的 SysEx ID 码，这些 SysEx 信息可以是由他们自己指定的。例如，颁发给 Sequential Circuits 公司的为 ID 1#。

当某个设备发现制造商的 ID 号与其自身代码相同时，它将接收数据位数据，否则，后面的数据位将被忽略。

9.4.7　系统专用代码的扩充

在过去的 20 多年里，一些公司已经在原有 MIDI 规范基础上定义了一些附加的性能控制信息，而且创建了一些相伴的规范，它们包括：MIDI Machine Control（MIDI 机器控制）、MIDI Show Control（MIDI 表演控制）、MIDI Time Code（MIDI 时间码）、General MIDI（通用 MIDI）、Downloadable Sounds（可下载声音）、Scalable Polyphony MIDI（可调整复音 MIDI）。

MIDI 机器控制和 MIDI 表演控制是两个有趣的扩充，因为它们把对演播室录音设备（磁带录音机等）和剧场控制设备（如灯光、烟雾机等）寻址代替了音乐乐器的寻址。

（1）MIDI Time Code（MIDI 时间码，MTC）。要使两种 MIDI 装置同步，最早的 MIDI 规范定义了时钟信息，以及播放停止、开始、继续，乐曲位置指针等信息，这样便能使两台音序器能够同步运行。每个四分音符发送 24 个时钟信息，因此它是随歌曲速度而变化的。时钟信息是很简单的单字节标记，并不包含时间、位置等信息。更复杂的同步信息要使用 MTC，这是 SMPTE 同步码在 MIDI 中的表现方法，它能够提供乐曲演奏的时间信息，但是不包含速度信息。如果两个用 MTC 同步的音序器工作在不同的速度，尽管有很好的同步，它们的音乐还是会逐渐岔开。在前面已经提到，MIDI 时钟是系统部分的实时时间码类，是一个依赖于音乐中的时间或速度的相对计时装置。而真正需要发展的是用电影、音频设备、录像机等与 MIDI 的同步，因为这是绝对计时的需要。电影业已经有它自己形式的时间码，称为 SMPTE（电影和电视工程师协会）。在 MIDI 1.0 规范采用之后不久，一个称为 MTC 的新类型时间码在 MIDI 和 SMPTE 之间起着桥梁作用。外部装置会将 MTC 转换成 SMPTE，反之亦然。音序器可能为电影配乐而要求与录像机同步。通过转换从录像带取得的时间码（任何一个来自其副音频轨道的线性时间码或嵌入视频画面中的垂直时间码），在许多情况下将 MIDI 同步器，例如将 MOTU 的 MIDI Timepiece 设备调整到 MIDI Timecode，然后使音序器与视频磁带同步。这个 MTC 属于万能实时系统专用（Universal Real

Time System Exclusive）代码类型。

（2）MIDI 取样堆栈标准（MIDI Sample Dump Standard）。这是需要从乐器到计算机编辑而移动样本形成的代码类型（为演奏存储在乐器上的音频文件），如在软件上采用一个循环程序去增加循环点，然后再把它返送回乐器。为完成这项工作，第一个这样的计算机程序是来自 Digidesign 公司的 Sound Designer 产品。在它被开发的时候，由于数字取样乐器的存储器容量非常有限，因此典型使用的样本长度是非常短的。常常在写入的时候采用 31.25 kBaud 这样已经较慢的速率类型，要是传送一个较长的立体声样本，写入的速度往往会很慢很耗时。相反地，采样器通常可以安装在一个软盘以及所有种类的硬盘和可移动媒体中，并且能经由 SCSI 或其他高速方法直接地与计算机连接，构成了更普通的非 MIDI 传输方式。

（3）MIDI 机器控制（MIDI Machine Control，MMC）。MMC 和它的同类 MIDI 表演控制是为控制所连接的磁带录音机的传动功能的特殊系统专用（SysEx）代码。它已经成功地应用于 MIDI 音序器与数字音频录音机和编辑录像机之间的同步，如 ADAT 或 Tascam D-78 数字录音机。

MIDI 表演控制（MIDI Show Control，MSC）同样地使同步照明和其他剧场装置，甚至烟火喷射与 MIDI 乐曲同步运行成为可能！

9.5 标准 MIDI 文件格式

9.5.1 概　述

由于不同类型的 MIDI 音序软件的蓬勃发展，为了保存可传输的 MIDI 音序文件格式和用其他应用程序能够打开它们并能被使用，一个共同的 MIDI 音序软件文件类型标准在 1988 年诞生了。举例来说今天，一个作曲家可能通过一个乐谱程序保存所制作的标准 MIDI 文件，并用 MIDI 音序程序打开它。这将可以了解文件的各种不同的 MIDI 参数，如通道名称、速度改变等，直接在计算机声卡上播放音序。标准 MIDI 文件已经变成音乐节目制作、网页制作等应用的最普遍的项目之一。

MIDI 文件的目的是在相同或不同的计算机上不同程序之间提供一套相互交换 MIDI 数据的方法。其主要设计目标之一是应用紧凑表示法，使它适应以磁盘为基础的文件格式。当 MIDI 信息被存储在磁盘上时，通常保存在一个标准的 MIDI 文件格式中，为了播放 MIDI 事件的需要，还以正确的顺序为事件打上时间图章，所以它与本机的 MIDI 协议稍有不同。今天最通常由 MIDI 文件来播送 MIDI 音乐，它是流行的个人计算机游戏和只读光盘娱乐音乐的主要来源，而且数不胜数的用于娱乐的 MIDI 文件可以在互联网上得到。差不多每台个人计算机现在都装备有播放标准 MIDI 文件的播放器。

MIDI 文件中并不包含数字音频样本，而仅仅是一系列指令，这些指令控制来自不同乐器上的音符音序合成为乐曲。一些 MIDI 文件还包含各种附加指令来为各种合成设置进行编程。MIDI 文件是一种描述性的“音乐语言”，它将所要演奏的乐曲信息用二进制字节进行描述。譬如在某一时刻，使用什么乐器，以什么音符开始，以什么音调结束，加以什么伴奏等。

标准 MIDI 文件有自己的文件格式，它使用扩展名为“*.MID”的文件来存储 MIDI 数据，这是一种二进制文件，而不是文本文件。它是 MIDI 协会规范的音乐文件标准，是目前常用的格式。很多乐曲音序软件所生成的文件格式各不相同，它们都有自己专有的存储文件格式，但同时又都会支持这种标准的 MIDI 文件格式，所以使用标准的 MIDI 文件记录音乐是最容易进行数据交换的。

标准的 MIDI 文件当作 SMF 格式保存时，有如下 3 个主要 MIDI 文件类型可供选择。然而，不是所有的音序器程序都能响应下述每种类型，因为这些程序并不都知道所保存的节目的程序性能。

0 类：这个文件由一个轨迹组成，所有与乐器相关的数据，如音符和其他事件都包含在同一个逻辑轨迹上。由于文件中的 MIDI 事件通常都带有曾经使用过的通道标记，所以这个格式文件可以通过编辑命令再分成 16 轨运行。

1 类：音序可以按多个分离的轨迹保存，各自可以对轨迹单独命名。不同的乐器被逻辑地分开，从而使对声音的操作和重组更加容易。即使超过了一个轨迹也可被指定给相同的 MIDI 通道。各轨迹的标记名称也被保留着。该类文件甚至支持多个 MIDI 输出通道（如 64 通道）。

2 类：与 1 类文件（分离轨迹）相同，但是每个轨迹可能有它自己的速度参数存在。该格式支持多轨迹和多个音序。

总体来讲，标准 MIDI 文件包含了一个或多个每个事件都带有时间信息的 MIDI 流。还支持歌曲、音序和轨道结构，拍速和时间图章信息。轨道名称和其他描述信息都可以与 MIDI 数据一起保存。这种格式支持多个轨道和多个音序，因此，可以将一个文件轻而易举地转移到另一个音序中。

本节将对标准 MIDI 文件规范做概要介绍。

9.5.2　音序、轨道、块和元事件：文件块结构

1. 可变长度量的约定

在轨道块中的一些数字（如时间差 Δt）常用可变长度量的形式来表示，也叫做动态字节表示法。可变长度形式是 MIDI 文件中对于大于 8 位数据常常采用的一种存储方式。这些可变长度量可用若干不定数量字节，而不是固定字节数表示，这样可以根据需要利用多位数表示较大的数值，不会因为在较小的数值情况下，以添零的方式浪费掉一些字节。其中，每字节只用 7 个比特表示有效数值，剩下的 1 个最高位作为数据长度的识别标志。除最后字节以外的所有字节，最高位设为 1，最后一个字节最高位设为 0。言下之意，当标志位为 0 时，表示已是最后一个数据字节了；若为 1，则表示后面还有一个数据字节存在。不言而喻，当数字在 0～127 之间时，就只需要用一个字节表示即可。

这就允许一个数值被一次一个字节地读取，如果发现最高有效位是 0，则表示这就是这个数值的最后一个字节了。可变长度量表示数值的例子如表 9-12 所示。

表 9-12 可变长度量表示数值的例子

十六进制数值	十六进制可变长度量表示法
00000000	00
00000040	40
0000007F	7F
00000080	81 00
00002000	C0 00
00003FFF	FF 7F
00004000	81 80 00
00100000	C0 80 00
001FFFFF	FF FF 7F
00200000	81 80 80 00
08000000	C0 80 80 00
0FFFFFFF	FF FF FF 7F

该表示法允许的最大数值是 0FFFFFFF，这是可变长度量表示 32 位的最大数值。理论上，存在这么大的数值是可能的，但在标准 MIDI 文件中，这么大的数值并不会出现。

2. 头块

MIDI 音序文件基本上由两部分组成，即头块（Header Chunk）和轨道块（Track Chunk）。每个块有 4B 共计 32b 长度。头块位于每个 MIDI 文件的开始部位，头块提供了与整个 MIDI 文件相关的最小量信息。头块之后紧接着的是一个或几个轨道块。每条轨道包含一个头块和许多 MIDI 命令。轨道块可以使某种声音、某种乐谱、某种乐器或者所需要的其他事件都被分配到一条轨道。轨道块包含了多达 16 条 MIDI 通道连续的 MIDI 数据音序流信息。使用几个轨道块，即可实现多重轨道、多个 MIDI 输出、音序式样[1]、音序和曲子演奏的理念。

每个 MIDI 文件的开头即文件头的基本格式如下：

<文件头>=<头块类型><长度><格式><n 个轨道块><时间格式类型>

它们的十六进制代码为:4d 54 68 64 00 00 00 06 ff ff nn nn dd dd。其中，<头块类型>固定为 4 个 ASCII 码字符，“4d 54 68 64”即代表“MThd”，表明这是一个头块，它位于整个 MIDI 文件的开头部位；<长度>为文件头块数据长度（除它本身和文件标志头占用的字节以外），“00 00 00 06”表示文件头的字节数，即其后的头数据 ff ff nn nn dd dd 参数的字节长度，它始终是 6 个字节，即由 32bit 表示的 6 位数(第一位为高位字节)。这 6 个字节分别代表<格式><轨道块数量>和<时间格式类型>。在这 6 个字节中，ff ff 是文件的格式，有 3 种格式（0、1 或 2）类型；nn nn 是 MIDI 文件中的轨道数；dd dd 是每四分音符 Δt 时间段中的拍数。

头数据的第一个参数字组，<格式>表示指定文件存放的格式。正如 9.4.1 小节里指出，它仅仅能指定下述 3 种格式类型之一，它们之间的主要区别在于，头块后面跟随的轨道块的数量和播放轨道块的方式不同。

① 式样（Pattern）：由一小节或几小节组成的短序列样本。

0 类文件格式包含单条多通道轨（所有数据存储在一条轨道上），只由一个文件头块后面紧跟一个轨道块构成。这是最简单的一种类型。

1 类文件格式包含一条或多条音序轨（或 MIDI 输出）（所有数据存储在多条轨道上），由一个头块紧跟多个轨道块构成。这是最常见的一种类型。虽然这些轨道块是分开保存的，但这些轨道块的数据必须同步播放。

2 类文件格式包含一个或多个独立音序的单轨节目式样。但它是由多个独立的轨道块构成的，这些轨道块并不需要同时播放。

头数据的第二个字组是<n 个轨道块>，n 表示文件中轨道块的数目，应等于实际的轨道数加 1（这个 1 就是总体轨道数）。对于格式 0 来说 n 始终等于 1。如表 9-13 所示：

表 9-13　头块后 4 个字节表示的意义

ff ff	指定 MIDI 文件格式	00 00	单音轨
		00 01	多音轨，且同步。这是最常见的
		00 02	多音轨，但不同步
nn nn	文件中轨道块的个数	实际音轨数加上一个总体音轨	
dd dd	指定 MIDI 事件的时间格式类型	一般为 120(00 78)，即一个四分音符的时钟周期（tick）数，tick 是 MIDI 中的最小时间单位	

头数据的第三个字组是<时间格式类型>，dd dd 主要用来指定 Δt 的计数方法。它有两种时间格式类型，一种是随时间计数法（最高位设置为 0 时），另一种是制式时间码计数法（最高位设置为 1 时）。如表 9-14 所示，如果<时间格式类型>的第 15 位为 0（随时间计数法），则 14～0bit 表示 Δt 按四分音符的时钟周期（Tick）的计数法。例如，如果时间格式是 96，那么文件中两个事件之间按八分音符的时间间隔就会是 48。如果<时间格式类型>的第 15 位为 1（制式时间码计数法），那么文件中的 Δt 相当于毫秒计数，在一定程度上与 SMPTE 和 MIDI 时间码一致。则它的第一字节从 14～8bit 含有下述四个格式值之一即-24、-25、-29 或-30，代表每秒的帧数，它们分别对应于 SMPTE 和 MIDI 时间码的相应格式（-29 相当于-30 drop frome）。第二字节（7～0 bit 保存为正数）表示帧的分辨率，典型值为 4（MIDI 时间码分辨率）8、10、80（比特分辨率）或 100。这是系统允许的时间码为基础的轨道精度规范，而且也允许指定以 25 帧/秒和每帧 40 个单位的分辨率的以毫秒为基础的轨道。例如，在一个文件中的事件用 30 帧时间码的比特分辨率保存，那么<时间格式类型>字组按十六进制表示为 E250。

表 9-14　两种<时间格式类型>计数法

时间格式	类型 1	0	每四分音符的时钟周期（tick）					
	类型 2	1	负的 SMPTE 格式			每帧的时钟周期（tick）		
dd dd 的位		15	14	…	8	7	…	0

3．轨道块

标准的 MIDI 文件总是从一个头块开始，紧随其后的是一个或多个轨道块，基本格式如下：

头块（MThd）<头数据长度> <头数据>、轨道块（Mtrk）<轨道数据长度> <轨道数据>、轨道块（Mtrk）<轨道数据长度> <轨道数据>……

“轨道块”是曲子数据实际被存储的地方。它只是 Δt 值之后的一串 MIDI 事件（和非 MIDI 事件）流。完整的轨道块句法结构如下：

<轨道块>=<轨道块类型><长度><轨道块事件>

其中，<轨道块类型>为 4 个 ASCII 码字符：MTrk；轨道块<长度>由 4 个字节表示，代表了数据部分的总字节数；<轨道块事件>=<Δt><事件>=<轨道块数据>，这是实际记录数据的地方。

每条轨道包含一个头，并且可以包含所希望的许多 MIDI 命令。轨道块与文件头块极其相似，例如：

4D 54 72 6B xx xx xx xx

与头块一致，前 4B（4D 54 72 6B）是 ASCII 码，它代表 MTrk，紧跟 MTrk 的 4 个字节（xx xx xx xx）给出了以字节为单位的轨道块的长度（不包括轨道头）。

4．时间差 Δt

所谓 Δt 即时间差，指的是前一个事件到后一个事件之间可变的时间间隔，它的单位是“时钟周期”（Tick，MIDI 的最小时间单位)，Δt 均应放置在每个 MIDI 事件之前。Δt 是执行 MIDI 事件的节拍数，每个四分音符的节拍数前面已经在文件的头块中定义了。Δt 是按照可变长度量的形式存储数据的。根据 MIDI 规范，整个 Δt 的长度最多 4 个字节。它代表了将要处理事件之前要计数的时间总量。它在音乐中，即表示拍数。通常音乐开始演奏时，总是将计数时间值设置为 0。

另外，如果一个轨道的第一个事件在轨道的最开始处发生，或两个事件同时发生，那么 Δt 就为 0。Δt 始终是存在着的，不可省略（对于最后两个字节的任何其他值当 Δt 为 0 时就不需要保存，而大多数 Δt 都不为 0）。在拍（或秒，适用于用 SMPTE 时间格式来记录的轨道）的某个部分的 Δt 在头块中指定。

在连续的轨道块数据流中，每个 MIDI 事件前都必须有一个 Δt 参数加以分隔，即“Δt+状态字节+数据字节”的句法形式。

例如，一个编号为 0x3C（中央 C）的音符，它的时值为四分音符，选用通道 1，先开通音符，然后经过 Δt（78）后断开音符，那么相应的 MIDI 事件为：

00	90 3C 40	78	80 3C 40
Δt（四分音符时值）	通道 1，接通 3C 音符	Δt	关闭 3C 音符

5．事件

本小节所指<事件>=<MIDI 事件>|<系统专用事件>|<元事件>。

1） <MIDI 事件>是指任何 MIDI 通道信息。这些事件与附加在一个合成器上的 MIDI 端口发送和接收到的真实数据相同。文件中第一个事件必须指定其状态，在运行状态中使用时，在第一个字节后的状态字节可以省去。Δt 不是一个事件，但它是整个文件格式的一个部分。每个 MIDI 事件（除了正在运行的事件外）带有一个最高有效位总是 1 的命令字节（该值≧128）。每个命令都有不同的参数和长度，但是跟随的命令数据最高有效位为 0（比 128 小）。

2）<系统专用事件>（SysEx Event）用来指定 MIDI 系统专用信息，或者“转义”作为指定任何要传输的任意字节。<系统专用事件>有以下两种格式：

F0<长度>即<F0 后被传输字节的长度>

F7<长度>即<被传输的全部字节>

在以上两种格式中，<长度>都是按可变长度量保存的。它等于 F0 或 F7 以后被传输的字节总数，而不包括 F0 或 F7 自身,但是要包括它们随后的所有字节,还包括信息尾部打算传输的 F7。第一种带 F0 码的格式，用于语法上完整的系统专用信息，或第一个数据包为 Q 序列的，即 F0 为应该被传输的信息。第二种句法格式，为系统专用信息句法内不以 F0 开头的数据包的其余部分，当然，F7 也不是系统专用信息的一部分。在<长度>被存储为一个可变长度量的情况下，它可能也不可能将 7bit 为设置为“Start（开始）”位，无疑地，这在 MIDI 运行状态下是不允许的。

按照句法要求的系统专用信息必须始终以 F7 结尾，所以应当知道，如果没有提前看见 MIDI 文件中的下一个事件，只要在结尾处出现 F7，说明已经到达整个系统专用信息的尾部了。这一个原理在下面的段落中被再三地重复和举例。

相当多的系统专用信息只使用 F0 格式。举例来说，如果要传输的信息为 F0 43 12 00 07 F7，那么在 MIDI 文件中会被保存为 F0 05 43 12 00 07 F7。如上所述，所有信息都要求其末端以 F7 作为结尾，以便让 MIDI 文件阅读器知道它已经读到了全部信息。

一个特殊的情形是当一个单一系统专用信息被分离时，由于在不同的时间开始分开传送，如当把一个 Casio CZ 补丁程序，或 FB-01 的“系统专用模式”传送时，除了第一个包以外的每个系统专用事件包都应采用 F7 格式。除了最后一个包必须以 F7 结束以外，其他包均不能以 F7 结尾。此外，还不能在多包专用系统信息的数据包之间任意传送 MIDI 事件。

例如，假设首先传送字节 F0 43 12 00，接着有 200 个时间单位延迟，接着是字节 43 12 00 43 12 00，接着又是 100 个时间单位的延迟，再接着是字节 43 12 00 F7，这在 MIDI 文件中的编写如下：

F0 03 43 12 00　　（以 F0 开始，此系统专用信息为 F0 格式）
81 48　　（Δt 为 200 个时间单位）
F7 06 43 12 00 43 12 00　　（从第 2 个包起必须以 F7 开始）
64　　（Δt 为 100 个时间单位）
F7 04 43 12 00 F7　　（以 F7 开始，F7 结尾）

F7 事件也可以当作“转义”使用，去传送所有的任何字节，包括实时字节、曲子指针或 MIDI 时间码，而在标准的 MIDI 文件格式中，这些通常是不允许的。如果没有传输系统专用信息，在这种情况下就不需要或不适当把 F7 作为 F7 事件的结尾使用。

当用系统专用事件（Sysex Event）时，不允许有运行状态字节出现。

3）元事件（Meta-Event）主要用来描述如轨道名称、歌词、拍号、版权通告、提示点等非 MIDI 信息，其最高有效位可以是 1，它并不作为 MIDI 信息发送，但它仍是 MIDI 文件十分有用的组成部分。用下述语法指定这个格式。

FF <类型> <长度> <数据字节>

所有的元事件都是以 FF 开头的，然后有一个事件类型字节(总是不超过 128)，接着按可变长度量存储数据的长度，最后就是数据自己。如果最后没有数据存在，其<长度>就是 0。再者，并不是每个节目都必须支持每种元事件。元事件是按照下述格式定义的。

① FF 00 02 ssss（音序号，Sequence Number）：这个可选择事件必须出现在轨道的开头和在任何非零的 Δt 之前，并且要在传送任何 MIDI 事件之前来指明音序号。在这个轨道中的音序号与在 1987 年夏天 MMA 会议上讨论的新 Cue 信息序号相符合。在 MIDI 文件格式 2

中，它用来识别各自的“式样”，以便使用 Cue 提示信息的“歌曲”作为参看式样。如果省略了 ID 号，歌曲在文件中的排列的序列位置当作默认值使用。在格式 0 或 1 的 MIDI 文件中，如果只含有一个音序，那么这个编号应该放在第一（或唯一的）轨中。如果需要传送几个多轨道的音序，必须按格式 1 文件编组，而且各自应有不同的音序号。

01 到 0F 元事件类型是作为各种不同类型的文本事件的使用而预留的，符合规格的每个文本事件仅仅是使用目的不同而已。下面为一些文本事件的标准 MIDI 文件格式。

② FF 01 长度 文本（文本事件，Text Event）：可用任何数量的文字来描述任何事情。从轨道名称到对管弦乐配器的描述，以及使用者想要放置的任何其他文本信息都可以放置在这条轨道的开始部位。文本事件也可出现在轨道中的其他时间位置，可以是歌词，或是对提示点的描述。这个事件中的文本应该使用能最大限度交换使用的 ASCII 印刷字符。采用高比特的其他字符编码，也可以在支持扩展字符集的同一台计算机上的不同程序之间作为文件互换。在一台不支持非 ASCII 字符的计算机上的程序应该不理会这样的字符。

③ FF 02 长度 文本（版权通告，Copyright Notice）：包含可印刷的 ASCII 文本的版权通告。通告应该含有版权符号©、版权年份和版权所有者。如果几段音乐是在同一个 MIDI 文件中，所有的版权通告内容应该放在一起，并把它们放在文件的开头。这个事件应该是第一条轨道块中时间 0 上的第一个事件。

④ FF 03 长度 文本（音序或轨道名，Sequence/Track Name）：如果在格式 0 的轨道中，或格式 1 文件中的第一轨，为音序名；否则，为轨道名。

⑤ FF 04 长度 文本（乐器名，Instrument Name）：对该轨道中使用乐器类型的描述。可以使用带 MIDI 前缀的元事件去指定哪个 MIDI 通道适用于所描述的，或者该通道可以在该事件自己中作为文本指定。

⑥ FF 05 长度 文本（歌词，Lyric）：歌曲的歌词。通常，每个音节是一个单独的从事件的某一拍开始的歌词事件。

⑦ FF 06 长度 文本（标记，Marker）：通常放在格式 0 的轨道中，或在格式 1 文件第一个轨中。例如，为一个提示性的文字或某一个声部的名字，或在某一点标以“第一句”等注释性内容均可。

⑧ FF 07 长度 文本（提示点，Cue Point）：对电影或视频或戏剧音乐乐谱中一个点上的某一个事件的描述，如“汽车撞进房屋”、“打开窗帘”、“她打他耳光”等。

⑨ FF 2F 00（轨道结束标记，End of Track）：为不可选择事件。为轨道指定一个精确的终点，因而它有一个精确的长度。

⑩ FF 51 03 tttttt（按每 MIDI 四分音符多少微秒来设定速度）：这个事件显示速度的变化。表示“每四分音符微秒”的另一种方法是用“每个 MIDI 时钟为 1/24μs”代替。表示速度的方法可用每拍所占用时间去代替单位时间的拍数。用一个时基同步协议，如 SMPTE 时间码或 MIDI 时间码，实现绝对精确的长时间同步。由这一速度的分辨率提供的准确性按一分钟 120 拍，4min 长的片段直至结束，允许的误差在 500μs 之内。

⑪ FF 54 05 hr mn se fr ff（SMPTE Offset 偏移量，0.06 版 SMPTE 格式规范）：如果存在这个事件，在轨道的开始部分，它指明轨道块中的 SMPTE 时间假定的启动时间。也就是说，它应该在任何非零 Δt 之前和在传输任何 MIDI 事件之前出现。正如它在 MIDI 时间码内一样，时间段必须用 SMPTE 格式编码。在格式 1 文件中，SMPTE 的偏移量必须保

存为速度映像图，而且在其他任何一个轨中都没意义。ff 代表包括小数帧的扫描场，精度为 1%帧，甚至在 SMPTE 基础轨中它能指定基于 Δt 的不同小数帧。

⑫ FF 58 04 nn dd cc bb（拍号，Time Signature）：拍号由 4 个数表示。nn 和 dd 分别代表拍号的分子和分母，其形式为 nn/2^dd，其中分母表示为 2 的 dd 次方，如 2 代表四分音符，3 代表八分音符，等等。cc 代表节拍器滴答声的 MIDI 时钟的数目。bb 代表 MIDI 四分音符（24 个 MIDI 时钟）的时值等于多少个 32 分音符。

例如对于一个 6/8 拍的完整事件，节拍器的滴答声每 3 个八分音符点一下，每四分音符 24 个时钟，每小节 72 个时钟，即为 FF 58 04 06 03 24 08（十六进制）。其中，“06 03”代表 6/8 拍（即 03 表示 8 是 2 的 3 次方），“24”表示每个四分附点音符为 32 个 MIDI 时钟（十六进制的 24 即十进制的 32），“08”代表每个 MIDI 四分音符等于 8 个 32 分音符。

⑬ FF 59 02 sf mi（调号，Key Signature）：sf 指明乐曲曲调中升号、降号的数目。例如，A 大调在五线谱上注明了 3 个升号，那么 sf=03。又如，F 大调在五线谱上注明一个降号，那么 sf=81。也即是升号写成 0x，降号写成 8x。

sf = -7：降 7 个半音；

sf = -1：降半音；

sf = 0：C 调；

sf = 1：1 个升号；

sf = 7：7 个升号。

mi 指出曲调是大调还是小调。

mi = 0：大调；

mi = 1：小调。

⑭ FF 7F 长度　ID 号　数据（特殊音序器元事件，Sequencer-Specific Meta-Event）：为特殊音序器的特别需求而可能采用的事件类型。“长度”用可变长度量来表示“ID 号+数据”的长度；第一个字节或数据字节为工厂 ID 号。然而，它只是一种互换格式，要是该规范适当地发展，这个事件类型应作为首选。这种类型的事件可以推荐作为音序器唯一的文件格式使用。

9.5.3　MIDI 文件例子

作为例子，把一个 MIDI 文件摘录说明如下。首先，表示的是把所有信息混合在一起的 0 格式文件；而 1 格式文件表示与所有数据一起分散进入 4 条轨道：速度和拍号为一轨，音符占用 3 轨。每个四分音符用作 96 个节拍的分辨率。4/4 拍和拍速为 120。

下面是一些 MIDI 流内容代表的例子。

例 1：0 FF 58 04 04 02 24 08

Δt（10）[①]	事件代码（16）	其他字节（10）	说　明
0	FF 58 04	04 02 24 08	

① 括号内的数字代表该项的进位制，下同。

其中，“0 FF 58 04”代表拍号：以下4B“04 02 24 08”：“04 02”代表4/4拍，“24”表示每个四分音符为32个MIDI时钟（十六进制的24即是十进制的32），“08”代表每个MIDI四分音符等于8个32分音符。

例2：

Δt(10)	事件代码（16）	其他数据（10）	说　明
0	FF 51 03	500 000	按每四分音符5 000 000μs设定速度
0	C0　5		通道1，节目号5（即音色号，下同）
0	C0　5		通道1，节目号5
0	C1　46		通道2，节目号46
0	C2　70		通道3，节目号70
0		92 48 96	音符开，通道3，弹奏C2，力度：强
0		92 60 96	音符开，通道3，弹奏C3，力度：强
96		91 67 64	音符开，通道2，弹奏G3，力度：中强
96		90 76 32	音符开，通道1，弹奏E4，力度：弱
192		82 48 64	音符关，通道3，弹奏C2，力度：标准
0		82 60 64	音符关，通道3，弹奏C3，力度：标准
0		81 67 64	音符关，通道2，弹奏G3，力度：标准
0		80 76 64	音符关，通道1，弹奏E4，力度：标准
0	FF 2F 00		轨道尾

例3：完整的0格式MIDI文件按十六进制表示的内容如下

首先是头块类型：

4D 54 68 64	头块
00 00 00 06	块长度
00 00	格式0
00 01	1轨
00 60	每四分音符96个时钟

接着是轨道块，数据头后跟随着事件（注意运行状态所在的位置）。

	4D 54 72 6B	轨道块
	00 00 00 3B	块长度59
Δt	事件代码（16）	说　明
00	FF 58 04 04 02 18 08	拍号
00	FF 51 03 07 A1 20	速度
00	C0 05	
00	C1 2E	
00	C2 46	
00	92 30 60	
00	3C 60	运行状态
60	91 43 40	
60	90 4C 20	

81 40	82 30 40	两位 Δt
00	3C 40	运行状态
00	81 43 40	
00	80 4C 40	
00	FF 2F 00	轨道尾部

用格式 1 表示稍有不同，它的头块是：

4D 54 68 64	头块
00 00 00 06	块长度
00 01	格式 1
00 04	4 轨
00 60	每四分音符 96 个时钟

适用于拍号/拍速轨的轨道块。数据头后跟随着事件

	4D 54 72 6B	轨道块
	00 00 00 14	块长 20
Δt	事件代码（16）	说　明
00	FF 58 04 04 02 18 08	设定拍号 4/4
00	FF 51 03 07 A1 20	设定拍速
83 00	FF 2F 00	轨道尾部

适用于第一条音乐轨的轨道块和适用于音符开/关状态的 MIDI 协议例子

	4D 54 72 6B	轨道块
	00 00 00 10	块长 16
Δt	事件代码（16）	说　明
00	C0 05	
81 40	90 4C 20	
81 40	4C 00	运行状态：音符开，值＝0
00	FF 2F 00	轨道尾部

适用于第二条音乐轨的轨道块：

	4D 54 72 6B	轨道块
	00 00 00 0F	块长 15
Δt	事件代码（16）	说　明
00	C1 2E	
60	91 43 40	
82 20	43 00	运行状态
00	FF 2F 00	轨道尾部

适用于第三条音乐轨的轨道块：

	4D 54 72 6B	轨道块
	00 00 00 15	块长 21
Δt	事件代码（16）	说　明
00	C2 46	

00	92 30 60	
00	3C 60	运行状态
83 00	30 00	两位 Δt，运行状态
00	3C 00	运行状态
00	FF 2F 00	轨道尾

9.6 其他类型 MIDI 文件格式

RMF（Rich Music Format，扩展名为 rmf）：这是由 Beatnik 公司设计出来的一个混合类型的音乐格式，通过交互式设定将 MIDI 指令和音频样本（包括.wav、.au、.aiff、.mp3 格式）封装在一起。RMF 编码的目的是对数据进行加密，并将 MIDI 数据流和乐器声音一起编码存放，它就像是所有音乐文件的容器。RMF 也包含对有关版权的详细文件说明的支持。RMF 文件可以包含多个由不同艺术家创作的存储为 MIDI 类型或音频取样类型的作品，每个都关联着相关的版权信息。RMF 文件使用 Beatnik 公司发布的编辑器来创建，通过 Beatnik plug-in 进行播放。

RMF 文件由 MIDI 与音频一起合成，虽然压缩比较高但对音质影响不大。输出的时候 RMF 文件仅包含 MIDI 指令和节目中用到的音频样本，这样就保证了文件尺寸能保持到最小。

XMF（eXtensible Music Format，可扩充的音乐格式）：是一个由 MIDI 制造商协会牵头，世界众多的相关厂商参与讨论，由 MMA 发布并管理的与音乐相关的系列文件格式。从某种意义上讲，XMF 格式是沿用多年的标准 MIDI 文件格式的升级版本。

XMF 工作小组自建立之初即订立了自己的工作目标。为把所有媒体资源（包括链接到外部的媒体资源）聚集在一起从而进入一个单一文件；力图创建一个开放式的标准文件格式，实现在计算机播放器或乐器上播放以 MIDI 音符为基础的音频块（或与块相关的曲组），并可以在跨越所有操作系统平台上的音频播放器中播放；而且要具有互动性，能满足贸易保护制度，可简单灵活地改变其数据和在互联网上传播，并保持它的音频样本质量不变。

在 XMF 格式的同一个文件里，可以包含 SMF（标准 MIDI 文件）、GM（和 GM2）、DLS 乐器文件、WAV 等其他数字音频文件。也就是说，MIDI 文件可以和软采样音源音色、音频录音文件块等包括在一个文件之中了。XMF 文件的回放仍然要依靠一定的硬件，但是 XMF 和压缩音频格式 MP3 不同，它可以拆分、编辑、再创作，显然具有更加灵活的交互性。

XMF 1.0：2001 年 MMA 发表了 XMF Meta File Format 1.0。在这个规范中规定采用 General MIDI 乐器与标准的 MIDI 文件和由常规的 DLS Files 定义了的 0 类型（Type0）和 1 类型（Type1）的 XMF 文件。

设计 Meta-File Format（XMF 元文件格式，RP- 030）的目的是保持文件尽可能小，以便在从如移动电话般小巧的移动设备到笔记本计算机和台式计算机，再到大功率的网站服务器系统范围都能适用。它没有最大文件大小的限制，因此，如果需要的话它可以用作存储非常大的资源集合。支持国际音乐数据商贸，可以利用国际资源进行元数据传输，锁定用户使用的语言和播放的国家，所以在 XMF 的专辑、唱片套上的说明文字都可能根据听音人的语言而改变。

XMF 分为两个部分，所有的 XMF 文件都可使用 XMF Meta-File Format（XMF 元文件格式），以及为各种目的而使用 XMF Meta-File Format 的 XMF File Types 系列。XMF File Types 系列有以下几种类型。

- XMF Type 0 和 XMF Type 1 文件（RP-031）已经包含标准 MIDI 文件，可以使用 General MIDI（由使用者计算机提供）和自定义 DLS 乐器（在 XMF File 中提供）。在 XMF 文件中 MIDI 文件和 DLS 文件是绑定在一起而不是单独传输的，否则它们可能会丢失。Type 0 和 Type 1 在其他性能方面是相同的，不同的是 Type 0 的 MIDI 数据可被流式传输。
- XMF Type 2（RP-042）文件也称为 Mobile XMF Files（移动 XMF 文件）。它是专为移动电话开发的，它支持 SP-MIDI 格式的 SMF 文件，以及 Mobile DLS（移动 DLS）内容。它采用了新版本的 2 Meta File Format（2 元文件格式）规范和支持 MIME Type。
- XMF Type 3（RP-045）文件也称为 Audio Clips for Mobile XMF Files（适用于移动 XMF 文件的音频剪辑）。XMF Type 3 允许把数字音频剪辑片段放置在 MIDI 时间轴（而不仅是 MIDI 乐器）上，从而使 XMF 格式的音乐版本非常丰富。音频剪辑可以使用各种编解码器（如果注册用 MMA/AMEI），并且这些文件可以包含 ID3 的元数据（如 MP3）。此外，如果已经包括了 Mobile Phone Control（移动电话控制）消息，XMF Type 3 的内容可以使用 MIDI 去控制 LED、机震，以及其他非音频输出设备。
- XMF Type 4 称为 Interactive XMF（iXMF，交互式 XMF）文件。Interactive XMF 是世界上第一个有关交互式音频内容的开放格式。

9.7 MIDI 的综合应用

9.7.1 MIDI 控制器

由于 MIDI 乐器现在既可买到键盘形式的也可买到固定安装组件类型的，大多数的录音棚和个人工作室差不多都采用一个键盘合成器控制音源阵列的方式。可是许多合成器键盘被限制为只能演奏 61 个音符，而且缺乏像弹钢琴一样的感觉。为了消除这个弊端，出现了 88 键木制配重键盘控制器，除了自己不能产生声音外，它可产生 MIDI 码，即可作为一个 MIDI 输入装置使用。而分配控制器/SysEx 代码的这些原理是由可编程的 PC 到键盘的接口控制的。

MIDI 键盘的替代控制器是在最近几年才开发的。Yamaha 和 Casio 公司已经上市销售了风控萨克斯管和竖笛。在这两个乐器中，由风压产生一个 Note On 指令，并使压力转换成控制器数据来连续控制振幅。这些控制器需要插入一个微处理器把各种不同指位组合转换成音符编号。MIDI 吉他、小提琴和鼓在音乐世界中已经很普及了。MIDI 鼓板、踏板和许多其他的装置已经在市场上作为控制器销售了。一些 MIDI 身体控制器和利于演奏员演奏的用新型缝填皮革弹力套可编码技术的鼓板问世，这些技术已经远离了传统的对一个乐器的全部要求。几种无线电探测装置，如 Kroonde Gamma 允许作曲家在舞台上使用实时物理性的探测器，将探测到的信号转换成为 MIDI 事件而触发产生音符。作曲家 Sylvia Pengalli

甚至已经构建了探知脑波并转换成 MIDI 数据的设备。

人们有追踪声学乐器或者人声的愿望，这便出现了把音调转换为 MIDI 的转换器，例如非常令人满意的 IVL 音调转换器便是其中的一例。现在许多 MIDI 软件包也包含有把音调转换成 MIDI 的插件程序。米勒・普科特是音频/MIDI 交互程序 MAX/MSP（Cycling'74）的主要开发人员，为了追踪弦乐、吹奏乐器或打击乐器，他写了两个扩展名为“小提琴和巨响”的补丁。只需将有线传声器或无线传声器中的任何一个连接到该转换器传声器的输入端口，然后从转换器即可输出 MIDI 音符编号信息和其他程序参数，如音量和音调弯曲轮等数据。目前这种装置还存在着一些缺陷，如转换器可能无法对乐器的基音、强劲的声音或复杂的乐器泛音实现追踪。除此之外，它们对变化很快的乐音追踪也是很难完美实现的。尽管可以为这些转换器编写一些补丁软件来弥补它们的先天缺陷，但是毕竟这些转换器还是在乐器演奏者和计算机之间的交互性能方面开辟了一个新时代。

后来，现场实况转播或录像视频数据也能为交互式的创作转换为 MIDI。为了使艺术家与乐器、演奏者与听众、科技与感知之间建立互动关系，人们提出了很多种不同的方案，并编写了不少的程序，也为此研制出不少与之配合的硬件。Cycling'74 公司在几年前就在市场上销售了一个叫 MAX/MSP Jitter 的程序，这个程序大大地扩展了音乐、声音、视频和 MIDI 之间的交互应用能力。使用者为了完成自己特定的任务，甚至可以为该交互程序编写补丁。

在早期，作曲家例如汤姆・洛佩兹安装了一台摄像机。他编写了一个检查摄像机图像像素变化的程序，例如将某人从大厅的一边走到另一边所产生的像素变化生成 MIDI 代码。Cycling '74 推出了一个 MAX/MSP 的 Jitter 的程序，它大大地扩充了视频、MIDI 和音频之间互动的潜力。

MAX/MSP Jitter 是一个强大的新媒体图形化交互编程软件，支持声音、视频、物理设备与操作者之间交互等形式。如在一块台面上摆设一些小物件，并将这些物件连在一起，MAX/MSP 能利用这些小物件的变化，创造出独一无二的声音以及令人震惊和炫目的视觉效果。

9.7.2 MIDI 音序器

1. 音序及音序器

所谓音序就是对 MIDI 数据按一定的意义并合理组织进行排序的一种操作。运用 MIDI 来记录乐曲的装置或软件通常称为 MIDI 音序器。它能根据演奏的东西来记录、编辑、存储和播放所有与音符相关的事件。

2. MIDI 事件

MIDI 事件（MIDI Event）是在 MIDI 技术标准规范中定义的最基本的音乐单元。按照技术标准的规定，将声音的基本单元定义为一个声音元素从产生到被感知再到终止的全过程中所有可以被定性并被量化记录的信息集合。

MIDI 事件作为一个扩展了的音乐单元，其中包含了明确的可以在不同程度上量化分析的信息：① 传统西方乐理中对一个基本音乐单元定义的音高、拍速、力度、音色等声学元素的指标描述，比如以每分钟 96 拍的速度用钢琴弹出一个响度值为 72 的小字二组的 C

音；② 包括诸如 Note On、Note Off、Aftertouch、Pan 和 Pitch Bend 等乐器（以键盘类乐器为主）可定义演奏控制的信息（新的 MIDI 标准对于其他乐器的演奏特点有相应扩展），比如在整个音乐的第 15s 的时间起用小提琴演奏一个 C3 音，持续到第 19s，其间声音强度由 64 渐增到 96，声像定位从左声道过渡到右声道等；③ 此外还包括一些诸如通道、端口、SysEx 代码之类的数字化乐器专用信息。

一系列这样的经常详细的定性和量化的音乐信息和控制命令，按照一定的规范组成一张以各种参数为横轴，时间流程为纵轴的二维列表，可以通过音序器软件将一只 MIDI 音乐以这样的表格形式显示出来，称为 MIDI 事件表，这个表就是人们听到的音乐的符号化记录。一个 MIDI 文件就是通过这个表中的信息，使数字音源将这些控制信息进行音频信息的还原，并控制内部或外部的 MIDI 合成设备（或者软件），推动音源、调音台、功放、音箱等后续设备，就能将声音重新声学化，还原得到其所记录的音乐本身。

可以说，一个完整的音乐通过完善的事件描述，作为一种特定的编码和通用标准，可以很好地被数字化记录、存储和传输。正因为它只是一堆控制命令的集合，而不包括声音数据本身，所以它的体积很小，不可能有失真现象发生，而且基本能满足常规器乐演奏和记录的需要。

3. MIDI 音序软件

连接 MIDI 乐器和计算机，过去一直采用的最通用类型软件，是一种非常多样性的 MIDI 音序程序。音序器是从压控模拟合成器转移来的术语，它是在过去计算机技术还不发达时制作音乐的产物，现在人们都在使用音序器软件，其实就是通常的音乐制作软件。它里面的音序器模块可以将压控音符设定为 8 或 16 档的步幅。如果微处理器能力有限，被定序的音符数量受到限制，通常能够录制并回放几百个音符。现行的音序软件允许记录和回放音符、音色变化和控制器信息，即使受到限制的 SysEx 代码，也能分配成百上千计的事件到程序寄存器。

音序器通常遵循多轨录音机的思路来组织它们的信息。记录和编辑在单独的轨迹或轨道上的信息可以分配在一条或几条 MIDI 通道上。在新的音符被记录的同时，先前已被记录的轨迹也可以被回放。目前的软件可提供多达 200 条轨迹的信息。音符事件是按小节、拍和比拍还小的单位（每拍又再细分为 480 的分辨率）进行分配的。不像音频磁带，音序器性能可以按比记录慢和快的速度回放，而不会改变音调。不精确的实时演奏可以通过选择最靠近的音符值来量化。可以以一种精确的间断方式，通过分步记录的方法键入音符，即通常从一个计算机键盘选择一个节奏值，然后在一个 MIDI 键盘上演奏音调或和弦，并再继续演奏下一个音符。但是这种方便使得乐曲没有了生动性，不过通常分步记录伴奏的特点带来的方便，对需要复杂节奏精度的严肃作曲家可能是个很棒的服务。

可以以各式各样的方式编辑音序器轨迹。举例来说，可以选择一个轨迹的记录范围，将它变调，缩短它的节奏时间，而且在拍速平滑增加的同时让声音渐强。由于 MIDI 的数字结构特点，可以使某些看似复杂的音乐操作变成相当简单的事情，许多合成技术，如颠倒、反向、节奏变慢或变快，常常作为正常的编辑功能早已被包括在音序器之内。

大多数音序器可以对节拍器的节拍声实现编辑，作曲家可以指定一个小节的拍速到另一小节的拍速平滑渐快或渐慢过渡。音序器软件通过计算可把提供给作曲家的全部节拍器的音乐时值（小节、拍并再细分为若干分之一拍）和实际时间（分、秒、百分之一秒）按特定的顺序变化。

最后一类叫做数字音频工作站（DAW），它具有记录、编辑 MIDI 和数字音频的能力。这包括了当前的一些程序，如 MOTU 的 Digital Performer、Digidesign 的 Pro Tools、Steinberg 的 Cubase、Nuendo 和 Apple 的 Logic。

9.8 MIDI 的传送

许多不同的 MIDI 信息能够被传送。传送的速率决定能携带多少 MIDI 数据以及能多快地被接收到。

9.8.1 MIDI-DIN

1983 年，当 MIDI 传送端口作为标准开发时，MIDI DIN（或“5 足 MIDI”）就被认为是最适合的硬件插座。它比今天可得的其他通常的传送口的传送速度还是相对地较慢，但是这种连接器仍然在大多数 MIDI 设备中广泛使用。

MIDI 硬件标准要求：

（1）图 9-18 中所示的光隔离器为 PC-900，也可采用 HP 6N138 或其他牌号的光隔离器。

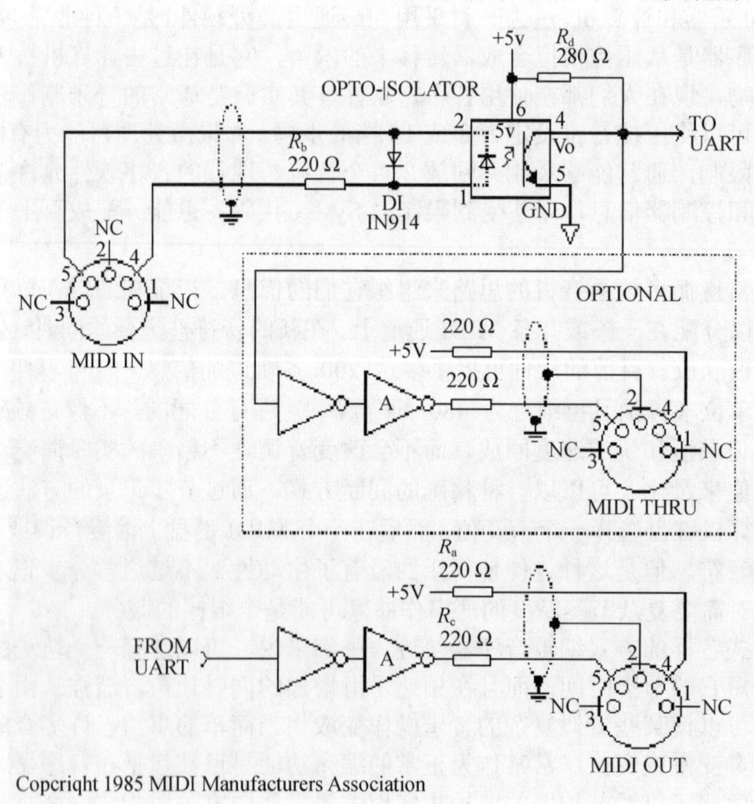

图 9-18 MIDI 接口电路图

（2）门电路“A”为集成电路或晶体管，电阻器精度为 5%。

（3）最大的电缆长度为 15m，每个插头均为 5 芯 DIN（即 SWITCHCRAFT 05GM5M）。

（4）双股扭绞屏蔽电缆，屏蔽层连接在 2 脚另一端与地相连。

9.8.2 串口、并口与游戏端口

在 USB 和 FireWire（俗称“火线接口”）接口出现之前，个人计算机通常装备有串行、并行和游戏操纵杆接口，（如有可能）全部都可以用作连接 MIDI 乐器的装备（经过特别的适配器）。虽然不总是比 MIDI-DIN 传输速度快，但是，毕竟这些连接器可以很方便地和廉价地直接通过计算机来获得。不幸的是，许多游戏操纵杆 MIDI 适配器并不符合 MMA 所定义的 MIDI 电子标准。高速串行接口（如早期的 Macintosh 计算机上可以得到）支持通信速度比 MIDI-DIN 快大约 20 倍，这样就使它可能让一些公司开发，而且能在市场上销售，将多个 MIDI-DIN 连接到计算机的“多端口”MIDI 接口成为可能。在这种方式下，在有计算机地址的同时也可以有不同装备有 MIDI 装置是可能的。

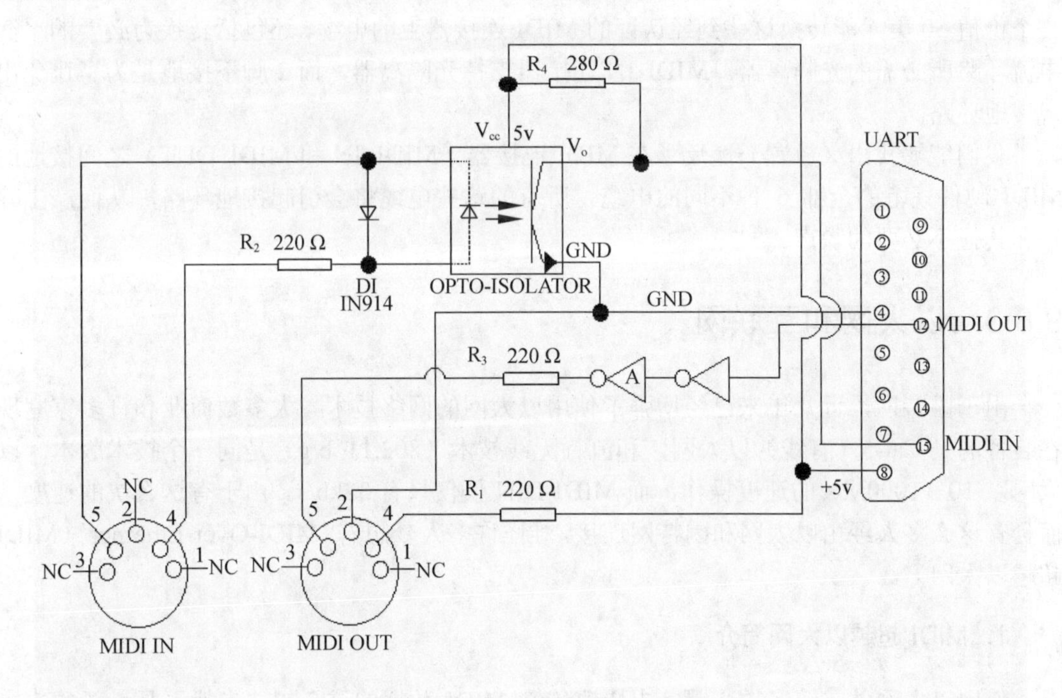

图 9-19 MIDI 游戏接口简明电路

对 MIDI 游戏适配器的要求（见图 9-19）：

（1）最好选用 6 N137 光隔离器。6 N138 也会工作，但是速度较慢。

（2）电阻精度为 5%。

（3）反相器 A 可以是集成电路或晶体管。

（4）MIDI IN 2 脚不应该接地，这一点非常重要。如果接地了，会产生一个引起噪声的接地回路；而 MIDI OUT 端口的 2 脚应该接地，这样 MIDI 电缆的屏蔽在需要的一端接地。

如果接地构成了环路将会引起讨厌的哼声、嗡嗡声和其他噪声，尤其当连接用计算机操作处理或照明仪器时，由于从电缆的一端到另一端存在不同的潜布电压从而引起噪声。预防办法是采用平衡的音频线并且永远将不同设备的机壳地用物理方法连接在一起。MIDI乐器设计者是充分了解接地环路会引起弊病的。事实上，正如 MIDI 规范文件中对电路规范的说明中所写到，MIDI的主要设计目标正是为了避免MIDI电缆出现任何接地环路现象。通过一个光隔离器并且只在 MIDI 输出端接地使其保持平衡的电流回路。MIDI IN 连接器不与接收器的机壳接地，这样就不会形成接地环路，也就不会产生哼声或由 MIDI 装备所引起的其他噪音。

个人计算机的设计者不是一般的音频工程师，也许他们对接地环路引起音频噪声这样一个事实闻所未闻，奇怪的是进入 PC 中的粉红噪声和硬盘发出的尖叫声，他们都能全部听到，而在 PC 音频中接地环路的主要噪声源是来自 PC 声卡的 MIDI 接口这个事实他们却知之甚少。

PC 声卡的串行 MIDI 信号是从它的游戏操纵杆或游戏端口 UART 的两个插脚输出的。一个价值 50 美元能转换这些到经认证的 MIDI 连接器上的电缆，还包括转换为必要的平衡电流环路所必需的光隔离器。MIDI IN 连接器支持光隔离器，而 2 脚不接地是为了避免出现接地环路。

我们能够找出（放置）违反了在 MIDI 连接器（MIDI IN 和 MIDI OUT）之间接地的 MIDI 硬件规范的全部 6 种不同的电缆。所有的这些电缆将会引起接地环路，从而产生哼声和其他不必要的噪声。

9.8.3 以太网和互联网

由于因特网，近几年来已经增强了使用以太网的网络技术。大多数商业和许多家庭现在装备的是 Cat-5（有线）以太网，和流行无线技术（802.11 b/g）是同一个技术版本。以太网以 10～1000M/s 的速度操作，而 MIDI-DIN 仅仅只有 32kb/s。由于有这么快的速度，而且有这么多人经由以太网和因特网连接，难怪许多人梦想着“MIDI-Over-Ethernet”（MIDI超越以太网）。

1. MIDI 超越以太网简介

使用以太网并在较多的装置之中快速传输 MIDI 数据的这个想法当然不是最新的。快速地在互联网上检索“MIDI+以太网”将会出现很多的解决方法，虽然它们大部分把重心集中在特定的市场区域（像是表演控制类），甚至是特定用户（如大学），但是推广业绩仍然不理想。究其原因，显然，对于以太网/MIDI 产品，主要还是具有震撼性的商业广告投入不足，而不是由于缺乏这样的技术或其他因素。

2. 以太网和 MIDI 业

在 2000 年，MMA 的 Transport Layer（传送层）工作小组为传送 MIDI 数据，保证传送符合 MIDI 工业标准和它的客户的需要（不是 MIDI-DIN），开始了“MIDI 超越以太网”的课题研究。通过研究员和软件开发者 Jim Wright（属于 IBM 沃森实验室）带领，该小组鉴定出在 MIDI-DIN 和信号个别传送之间在预期的性能方面存在着不同，而且注意到在以太网上的 MIDI（在 MIDI 超越以太网方面）除了在某些领域可以提供改进外，也提供了对 MIDI-DIN 有重大意义的讨论。对于 Jim Wright 的工作，MMA 没有得出特定的结论，但是认为这个讨论很重要，因此 MMA 同意并允许 Jim Wright 出版这方面的研讨文章，以帮助后来的开发者知道议题的内容，并能得到他们自己的结论。

在 MIDI 业中没有对“MIDI 超越以太网”技术的市场需要，也不存在改进的价值。因此现在 MMA 没有努力为“MIDI 超越以太网”制定一个标准。不过，存在着为制定“MIDI 超越以太网”的 MIDI 规范的其他标准制定组织，而且 MMA 还认为那些人已经知道了全部潜在的标准。上面提到的，还存在许多“MIDI 超越以太网”的其他解决方法，但是因为我们感觉到他们的标准化对于 MMA 的公众讨论不是适当的主题，所以就再没有考虑过这个议题。

9.8.4　IETF RTP-MIDI

IETF RTP-MIDI 的解决方案已经参考了 MMA 会员的意见进行了广泛修正，而且也参考了 Apple 公司自己的“MIDI 超越以太网”的解决方案。虽然解决方案还没有被 MMA 以任何方式正式采用或支持，但是这个技术已经经过 MMA 会员仔细研讨，这样，该技术可能会在将来的 MIDI 硬件和/或软件产品中以某种形式出现。

9.8.5　USB 和 FireWire 接口

现在所有的计算机已经装备有 USB/FireWire 接口，并且它们常常用作将 MIDI 装置连接到计算机的端口。MMA 已经为在 IEEE-1394（FireWire）上传送 MIDI 而核准了一个标准。可是 MMA 并没有为在 USB 上传送 MIDI 而核准任何特定的标准，因此存在着若干在 USB 上传送 MIDI 的不同专利方法，如 USB Implementors Forum（USB-IF）开发产品的一个规范。

9.9　关于 GM（通用 MIDI）

9.9.1　GM 标准

早期的 MIDI 设备除了能接收 MIDI 信息之外再没有任何统一的标准了，尤其是在音色（乐器）排列的方式上更是“随心所欲”。也就是说，演奏者在一台琴上制作完成的音乐拿到另一台不同型号的琴上播放时，有可能音色听起来变得面目全非。小提琴可能会变成小号，长笛可能会变成吉他，钢琴可能会变成大鼓……这对于节目之间的交流，尤其对多媒体的发展极为不利。

1990 年著名的日本 Roland 公司制定出了 GS 标准。GS 标准是在 Roland 的早期产品 MT-32 和 CM-32/64 等合成器的基础之上发展起来的。它规定了 MIDI 设备的最大同时发音数不得少于 24 个，128 种乐器音色有统一的排列方式，鼓、镲等打击乐器作为一组单独排列乐器等。在这几项规定中，最重要的就是 128 种音色的统一排列方式。有了这种排列方式，只要是在支持 GS 标准的设备上制作的音乐，在任何一台支持同样标准的设备上都能正常播放。

GS 标准的制定本来是一件大好事，它使得全世界的电子乐器有了一个统一标准。可是，也许是由于这个标准过于复杂，更可能是由于众多的 MIDI 设备制造商不愿意形成 Roland 独霸世界标准的局面，总之，最后世界各国的 MIDI 设备制造商并没有全盘接受这个标准，而是将之稍作改变，炮制出了一个个新标准，其中 GM 就是最为知名的一种标准。

1991 年 9 月，MIDI 制造业者协会（MMA）和日本 MIDI 标准委员会（JMSC）创建了 MIDI 技术的新时代，开始采用“General MIDI System Level 1”，即“通用 MIDI 标准系统第一级”规范，也就是“GM”。GM 规范有效克服了最初 MIDI 规范的一些局限。例如，最初的节目改变（Program Change）信息只是一个个数字编号，与它代表的究竟是什么声音毫无关联。另外，如果不同的乐器厂商都是按照自己的要求对乐器编号，那么一个牌号的 MIDI 乐器没法与另一个牌号的 MIDI 乐器共同工作，这样在实际演奏和编制 MIDI 程序时会非常不便。为此，一些大的 MIDI 设备制造厂商才有共同制定一套 MIDI 标准的强烈要求。今后无论各家如何开发自己的产品，其基本设计必须参照这套 MIDI 标准规范执行。

实际上，还有更多的数字代表了不同的含义，用以表现音乐的各种色彩。可以想象，这是一件数据量极大的事情。如果把许多乐器排列，按基本发声规律等全部列出，并用相应的数字来编号，就可以得到几张基本的乐器表格。如果 MIDI 乐器和计算机都采用这套表格，那么计算机和 MIDI 乐器就可以“沟通”了。GM 标准是一项工业标准，它规定的是一些最基本的规则，而且各大厂商各有一套对乐器、音色、音量的表达方法，造成规格不一，所以 GM 标准还预留了很大的余地，允许厂商把自己的开发成果放入不同的 MIDI 设备表格中。在这个文件中的任意一个 GM 乐器或计算机声卡中已经包含了特定乐器或声音效果的路径。这些表格通常称为“MIDI Map”（MIDI 映射表），它们不仅是用户需要的，每一台 MIDI 设备内部也会需要相应的映射表来做解码工作，如此才能让设备正确工作。GM 乐器排列映射表和 GM 打击乐键盘排列映射表分别如表 9-15 和表 9-16 所示。

在 GS 标准基础上，GM 标准主要规定了音色排列、同时发音数和鼓组的键位，而把 GS 标准中重要的音色编辑和音色选择部分去掉了。GM 的音色排列方式基本上沿袭了 GS 标准，只是在名称上进行了无关痛痒的修改，如把 GS 的 Piano 1 改名为 Acoustic Grand Piano 等。

虽然 GM 标准不如 GS 那样功能强大，但是它毕竟是世界上第一种通用的 MIDI 乐器排列标准，而且正因为它将 Roland GS 标准做了简化，也使得更多的 MIDI 设备厂商乐于制造符合此标准的 MIDI 设备。所以 GM 标准刚一制定，就得到了 MIDI 厂商，尤其是多媒体设备厂商的热烈响应。此后，各大 MIDI 厂商的设备纷纷打上了“GM”的标识，MIDI 设备之间实现了比以往更深层次的交流，为多媒体时代的真正到来做好了准备。对于现在的 MIDI 设备，GM 标准是最基本的了。

在电子乐器方面唯一可与 Roland 相匹敌的 Yamaha 公司也不甘示弱，于 1994 年推出了自己的标准——XG。与 GM、GS 相比，XG 提供了更为强劲的功能和一流的扩充能力，并且完全兼容以上两大标准。凭借 Yamaha 公司在制造计算机声卡方面的优势，使得 XG

标准在 PC 上有着广阔的用户群。

Roland 公司创建了一种称为 GS 的 GM Level 1 的超集。GM 文件将会利用 GS 乐器或声卡放声，但是 GS 文件可以使用的强大附加声音库，以更明确方式取得作曲家认可。如果需在 GM 乐器中播放，GS 文件将会“默认”到 GM 的音色路径。Roland Sound Canvas 和 Sound Brush 著名声卡就是采用的 GS 组件。

2003 年，MMA 公布了对 GM 有重要意义的延伸标准，称为 GM 2 级（简称 GM 2），它增加了更多的控制器、乐器库控制等。

现在又增加了许多新的标准，如 GM Lite、XMF（Extensible Music File，可扩展的音乐文件）、SP-MIDI（Scalable Polyphony MIDI Spec，可升级的复音 MIDI 规范）等。当前还有两种允许 MIDI 携带采样波形的格式标准，一种是 MIDI 协会开发的 DLS（Downloadable Sounds Specification，可下载的声音规范），另一种是创新科技公司开发的 SoundFonts。

表 9-15　GM 乐器排列映射表

节目号	乐 器 名	节目号	乐 器 名
	1～8 PIANO（钢琴组）		9～16（色彩类打击乐组）
1	Acoustic Grand（声学大钢琴）	9	Celesta（钢片琴）
2	Bright Acoustic（明亮的钢琴）	10	Glockenspiel（钟琴）
3	Electric Grand（电钢琴）	11	Music Box（八音盒）
4	Honky-Tonk（酒吧钢琴）	12	Vibraphone（颤音琴）
5	Electric Piano 1（柔和电钢琴）	13	Marimba（马林巴琴）
6	Electric Piano 2（合唱效果电钢琴）	14	Xylophone（木琴）
7	Harpsichord（羽管键琴）	15	Tubular Bells（管钟）
8	Clav（击弦古钢琴）	16	Dulcimer（大扬琴）
	17～24 ORGAN（风琴组）		25～32 GUITAR（吉他组）
17	Drawbar Organ（击杆风琴）	25	Acoustic Guitar（nylon 尼龙弦吉他）
18	Percussive Organ（打击式风琴）	26	Acoustic Guitar（steel 钢丝弦吉他）
19	Rock Organ（摇滚风琴）	27	Electric Guitar（jazz 爵士电吉他）
20	Church Organ（教堂风琴）	28	Electric Guitar（clean 清音电吉他）
21	Reed Organ（簧管风琴）	29	Electric Guitar（muted 闷音电吉他）
22	A 控制器 Oridan（手风琴）	30	Overdriven Guitar（过驱动电吉他）
23	Harmonica（口琴）	31	Distortion Guitar（失真效果电吉他）
24	Tango A 控制器 Ordian（探戈手风琴）	32	Guitar Harmonics（吉他和音）
	33～40 BASS（贝司）		41～48 STRINGS（弦乐）
33	Acoustic Bass（声学贝司）	41	Violin（小提琴）
34	Electric Bass（指弹贝司）	42	Viola（中提琴）
35	Electric Bass（拨片贝司）	43	Cello（大提琴）
36	Fretless Bass（无品贝司）	44	Contrabass（低音大提琴）
37	Slap Bass 1（打弦贝司）	45	Tremolo Strings（弦乐群颤音）
38	Slap Bass 2（打弦贝司）	46	Pizzicato Strings（弦乐群拨弦）
39	Synth Bass 19（电子合成贝司）	47	Orchestral Strings（竖琴）
40	Synth Bass 2（电子合成贝司）	48	Timpani（定音鼓）

续表

节目号	乐 器 名	节目号	乐 器 名
	49～56 ENSEMBLE（弦乐）		57～64 BRASS（铜管乐组）
49	String Ensemble 1（弦乐合奏）	57	Trumpet（小号）
50	String Ensemble 2（弦乐合奏）	58	Trombone（长号）
51	SynthStrings 1（合成弦乐合奏）	59	Tuba（大号）
52	SynthStrings 2（合成弦乐合奏）	60	Muted Trumpet（加弱音器小号）
53	Choir Aahs（人声合唱“啊”）	61	French Horn（圆号）
54	Voice Oohs（人声合唱“ou”）	62	Brass Section（铜管乐合奏）
55	Synth Voice（合唱人声）	63	SynthBrass 1（合成铜管乐）
56	Orchestra Hit（管弦乐敲击齐奏）	64	SynthBrass 2（合成铜管乐）
	65～72 REED（簧片乐组）		73～80 PIPE（管乐组）
65	Soprano Sax（高音萨克斯）	73	Piccolo（短笛）
66	Alto Sax（次中音萨克斯）	74	Flute（长笛）
67	Tenor Sax（中音萨克斯）	75	Recorder
68	Baritone Sax（低音萨克斯）	76	Pan Flute
69	Oboe（双簧管）	77	Blown Bottle
70	English Horn（英国管）	78	Shakuhachi
71	Bassoon（巴松、大管）	79	Whistle
72	Clarinet（单簧管）	80	Ocarina
	81～88 SYNTH LEAD		89～96 SYNTH PAD
81	Lead 1（square）	89	Pad 1（new age）
82	Lead 2（sawtooth）	90	Pad 2（warm）
83	Lead 3（calliope）	91	Pad 3（polysynth）
84	Lead 4（chiff）	92	Pad 4（choir）
85	Lead 5（charang）	93	Pad 5（bowed）
86	Lead 6（voice）	94	Pad 6（metallic）
87	Lead 7（fifths）	95	Pad 7（halo）
88	Lead 8（bass+lead）	96	Pad 8（sweep）
	97～104 SYNTH （合成器效果）		105～112 ETHNIC（民族乐器）
97	FX 1（rain）	105	Sitar
98	FX 2（soundtrack）	106	Banjo
99	FX 3（crystal）	107	Shamisen
100	FX 4（atmosphere）	108	Koto
101	FX 5（brightness）	109	Kalimba
102	FX 6（goblins）	110	Bagpipe
103	FX 7（echoes）	111	Fiddle
104	FX 8（sci-fi）	112	Shanai
	113～120 PERCUSSIVE（打击乐器）		121～128 SOUND （声音效果）
113	Tinkle Bell	121	Guitar Fret Noise
114	Agogo	122	Breath Noise
115	Steel Drums	123	Seashore
116	Woodblock	124	Bird Tweet
117	Taiko Drum	125	Telephone Ring
118	Melodic Tom	126	Helicopter
119	Synth Drum	127	Applause
120	Reverse Cymbal	128	Gunshot

表 9-16　GM 打击乐键盘排列映射表（分配鼓声的音符编号。MIDI 通道 10 作为打击乐使用）

键 位	乐 器 名	键 位	乐 器 名
35	Acoustic Bass Drum（低音大鼓）	59	Ride Cymbal 2
36	Bass Drum 1（低音鼓）	60	Hi Bongo
37	Side Stick（鼓边）	61	Low Bongo
38	Acoustic Snare（响弦鼓、小军鼓）	62	Mute Hi Conga
39	Hand Clap（拍掌声）	63	Open Hi Conga
40	Electric Snare（电子响弦鼓）	64	Low Conga
41	Low Floor Tom（低音通鼓）	65	High Timbale
42	Closed Hi-Hat（闭立镲）	66	Low Timbale
43	High Floor Tom（高音通鼓）	67	High Agogo
44	Pedal Hi-Hat（踏板立镲）	68	Low Agogo
45	Low Tom（低音通鼓）	69	Cabasa
46	Open Hi-Hat（开立镲）	70	Maracas
47	Low-Mid Tom（低中音通鼓）	71	Short Whistle
48	Hi-Mid Tom（高中音通鼓）	72	Long Whistle
49	Crash Cymbal 1（高架闪镲）	73	Short Guiro
50	High Tom（高音通鼓）	74	Long Guiro
51	Ride Cymbal 1（侧面铙钹）	75	Claves
52	Chinese Cymbal（中国铙钹）	76	Hi Wood Block
53	Ride Bell	77	Low Wood Block
54	Tambourine	78	Mute Cuica
55	Splash Cymbal	79	Open Cuica
56	Cowbell	80	Mute Triangle
57	Crash Cymbal 2	81	Open Triangle
58	Vibraslap		

9.9.2　GM 最小声音模块规范

（1）发声（Voices）：为旋律和打击乐的声音全动态任意分配发声，同时可得到最小量为 24 个或为旋律加上 8 个打击乐的 16 个动态分派声音。

（2）通道（Channels）：GM 模式支持全部 16 个 MIDI 通道。每个通道可以播放不同数量（物理的）的声音。每个通道可以播放不同的乐器（音色）。键盘控制的打击乐永远在 10 通道。

（3）乐器（Instruments）：同时演奏各种不同乐器不同音色的最小量为 16 个。符合 GM1 乐器音色映射和 47 种打击乐器的声音均符合 GM1 打击乐键位映射最少 128 个预置乐器的设置（MIDI 节目号）。

中央 Middle C（C3）=MIDI 键 60#。全部声音包括打击乐，都支持键速率（velocity）。

（4）附加通道信息（Additional Channel Messages）：通道压力（Channel Pressure）包括触键后（After touch）；音调轮（Pitch Bend）。其他的 GM 规范中可支持的连续控制器的通道信息如表 9-17 所示。

（5）开电源后的默认设定（Power-Up Defaults）：音调轮＝0（Pitch Bend Amount）；

音调轮灵敏度=+/-2 半音（Pitch Bend Sensitivity）；音量（Volume）= 90；其他全部控制器设置为 0。

表 9-17 GM 标准支持的连续控制器

控制器号	说明
1	调制（Modulation）
7	主音量（Main Volume）
10	声像（Pan）
11	表情（Expression）
64	持续（Sustain）
121	重置全部控制器（Reset All Contollers）
123	全部音符关（All Notes Off）
登记参数号	
0	音调弯曲灵敏度（Pitch Bend Sensitivity）
1	精调（Fine Tuning）
2	粗调（Coarse Tuning）

9.9.3 GM 2 简介

GM 2 在 2003 年 9 月升级到 1.1 版。在音乐业中 GM 1 通过在装置制造商和供应商之间的兼容性提供一个平台迈出了一大步，不过，许多制造商感觉 GM 1 总还需要添加一些另外的功能。GM 2 是 1999 年的 GM 1 的扩展组，它为声音编辑和音乐性能增加了可用声音数量和可控制的总量。所有的 GM 2 装置与 GM 1 完全兼容。

为了支持这些新的 GM 2 功能，MIDI 规范已经扩展出许多新的信息。已经被增强的 MIDI 规范部分，包括了 MIDI 调谐、控制器、登记参数号和通用系统专用信息。特别重要的是新的通用系统专用信息，它包括了控制器目的地设定、以调为基础的乐器控制器、整体参量控制和总体精细/粗调谐等。

对 GM 2 要求概述如下：

- 音符数：32 个音符同时发声；
- MIDI 通道数：16 条；
- 同时旋律乐器个数：16（全部通道）；
- 同时打击乐器组：2（10/11 通道）；
- 支持控制器改变信息。

9.9.4 GM Lite 简介

2001 年发表的 General MIDI Lite，即简化了的 General MIDI 装置规范，专为那些没有能力支持 General MIDI 1 全部默认设定特色的器件而设立，它是假定在一些可移动的应用程序中，为了简化而使某些性能减少而制定的。

GM Lite 规范定义了一种固定式复音 MIDI 器件，以满足当前与未来市场的特殊需要。可升级的复音 MIDI（SP-MIDI）规范，通过定义灵活的复音 MIDI 器件和内容来支持 GM

Lite。GM Lite规范强烈建议播放器的开发者，在他们的播放器操作通道优先权方面，以及鼓通道和其他系统消息适应方面，应尽可能多地保持自己的灵活性。这将会让他们的产品与歌曲数据，相当容易兼容于可调整复音的MIDI规范。

GM Lite器件规范有意为没有能力支持General MIDI 1.0定义的完整特色的装置及厂商，假定某些可移动的应用软件可以（甚至必需）接受某些性能的减少。精简的GM Lite仅仅为一些手提式装置提供标准化性能的应用程序，其他级别的性能可能在未来才能标准化。

对GM Lite要求概述如下：

- 音符数：16个音符同时发声；
- MIDI通道：16条；
- 同时旋律乐器：超过15个；
- 同时打击乐器组：1（通道10）；
- 支持控制器改变信息。

9.10 DLS Level 1（1997）简介

9.10.1 概　述

当波表（WT）合成器的结构逐渐普及时，人们自然就需要为成比例增长的音乐乐器定义一个格式标准。虽然General MIDI（GM）规范预先设定了128种乐器，但它在深度和广度两方面都缺乏一个在宽范围上应用的平台，来表达始终真实的演奏过程。另外，在具体的MIDI制作过程方面，人们还有一个对音乐乐器的需要，即允许作曲家自己去精确定义每个音乐乐器的声音在各式各样的播放装置中的标准。

其中最突出的问题是，当利用MIDI创作乐曲时，作曲家受到以下两方面的限制：

（1）General MIDI仅提供了非常有限的128种乐器设置。

（2）甚至在预先定义的GM设置里面，各类乐器的音色也没有足够的一致性。同一个乐器号，在一张声卡上可能听起来像一架钢琴，而在另外一张声卡上则像风琴一样。这个不一致使作曲家感到无奈甚至荒谬。

而其他媒体则不会出现类似的问题。一位图形或音频制作者完全可以信赖在多种硬件解决方面所得到的一致结果。然而唯独MIDI没有这样的标准，正因为如此，在有序解决通常的播放过程问题方面，许多乐器声音内容提供者已经选择了数字音频（它可以传送精确的数字录音特色）格式。

还有人提出设想，能否将不满意的波表合成器的声音替换掉，或者干脆把厂家预置在ROM芯片里的声音或128种基本的GM声音置换掉，然后可以批量下载采样格式的声音到存储器芯片。

不幸的是，数字音频是一个非常顽固的媒质，在递送交互式音乐解决方案方面是没有多少办法可用的。另外，存储它需求的媒体容量要比MIDI大得多。

9.10.2　解决方法

Downloadable Sounds Level 1（以下简称 DLS 1）体系结构，使作曲家通过所记录的声音波形与发音信息的组合能够完全地定义一个乐器。一个这样设计的乐器按照自己支持的标准，下载到任何硬件设备中，然后像任何一台标准的 MIDI 合成器一样进行演奏。

DSL 1 与 MIDI 绑定在一起具有以下优势：

- 一种通常的演奏体验，不像 GM；
- 乐器和音效的无限制声音调色板，不同于 GM；
- 真实的声音互动性，不像数字声音；
- MIDI 压缩存储，不像数字声音压缩。

通过可下载的声音（Downloadable Sound）以及采用了具有工业宽度的标准，在个人计算机上作为交互式音乐解决方案的 MIDI 品质会更加出众。为了达到这一目标，波表解决方案厂商协会已经为可下载乐器的工业标准作出推荐。也许它就是一个基本规范标准。它还定义了与多数成品声卡和芯片组一起应用的综合属性。同样地，人们把 Level 1 规范，与 Level 2 规范进行比较，显然，Level 2 具有更丰富的参数设置，其优秀的表现能力是当今大部分常规 MIDI 乐器产品所不可企及的。

9.10.3　解决目标

DLS 1 规范至少要达到以下几个目标：

（1）规范必须为所有的或大多数现有硬件解决方案和计算机平台支持可下载乐器的工作提供极大的方便。

（2）规范必须能足够精确地保证完成通常的演奏过程。MIDI 音序器和可下载乐器的特定组合，保证从一个平台到另一个平台的声音应该极其一致。

（3）规范必须是可扩展的，使它能与时俱进。虽然 Level 1 规范必须与现有的硬件合作，但 Level 2 规范应该具有更好的预见性，甚至在描述下一代波表硬件的设计阶段也能帮助定义当前的解决方案。

（4）规范必须可扩展为自然地支持数字音频流和实时声音下载。即使现在不能支持这些特征，但设计不能预先排除在未来对它们的支持。

（5）规范一定是公开的和非专有的。

第一条的目标是最重要的。一个不能立刻实现的规范注定是要失败的。基本级别的合成结构由几个关键部分组成：被取样声源应带有循环点；一个低频振荡器即可控制振音和颤音；两个简单的包络振荡器定义音量和音调包络；标准演奏手法以响应 MIDI 事件，如音调弯曲和调制轮等。

1997 年冬天，NAMM 展示了可能是 MIDI 历史上最重要的事件之一，即 MMA 对 Downloadable Sounds（DLS）Level 1 的推荐意见获得一致批准。

最初，DLS 的主要应用目标是光盘和因特网娱乐应用程序，DLS 为游戏开发者和作曲家提供了一种在声卡的 ROM（只读存储器）中加入他们自己定制的声音，并保存为 GM

格式声音组的方法。与 DLS 兼容的器件将会自动地从读写卡、磁盘或光盘中下载这些定制的声音进入系统 RAM 中，然后允许 MIDI 音乐自由地与新的乐器声、对白或特殊效果一起扩展使用，这样，DLS 便提供了一个采用无限声音调色板的万能交互播放过程。目前，兼容 DLS 的声卡及其芯片组早已研制成功并已成功投放市场。

9.10.4　设计概述

由声音样本定义的乐器比一个简单的波形文件还大。除了真实的样本数据和被关联的循环信息之外，乐器必须指出每个样本应该在什么环境之下使用，以及应该如何调制或发声，而且也可以不加修饰地直接演奏样本。

一个普通的样本——播放合成结构可以明显划分为 3 个子系统，即控制逻辑、数字音频引擎和发声模块与连接，如图 9-20 所示。

1．控制逻辑

DLS Level 1 规范的控制逻辑实施起来是相对简单的。控制逻辑有一个特别的通道接收库选择和节目改变指令用于选择乐器，并且在同一通道接受演奏音符的“MIDI 音符接通/关”事件。在事件中选择的乐器数要注意小于 MIDI 通道数，而且要选择适合的乐器。理所当然，控制逻辑还接收一个 MIDI 音符事件，而且决定哪一个乐器应该演奏这个音符，并且决定在哪个乐器里面使用哪一个样本和发声组合。

控制逻辑采用乐器选择（包括库选择和节目变化）和音符的组合，去选择发声模块和数字音频引擎的特殊构造来演奏音符。

选择样本和使用的声音是不简单的。几乎所有的组织样本的合成发声方法，都是将一个音符跨越键盘上的几个键的范围放置的。除此之外，在一个键上使用可以用来表现音符不同的力度范围的多重样本，而且多重样本也能够立即被分层演奏，产生比较丰富的声音。

分层、分裂、块和片断是普遍用于合成器的专门术语，但 Level 1 规范中没有速率开关和分层。

2．数字音频引擎

对于数字音频引擎，控制逻辑必须选择一个特定的样本来演奏。样本间接地经过一个片段而被存取。片段定义了键的范围和通过控制逻辑去选择样本的发声速率范围。它也为样本和被预先设定的调谐的全部振幅，决定一个被预先设定的数值。调谐时的样本，连同控制参量，如循环点、采样频率等一起定义了数字化声音的实际块。

数字音频引擎当然是合成器里最重要的一个部件。它是一个演奏引擎，在 Level 1 规范中由数字振荡器、DAC 和数控放大器组成。当演奏音符时，它能响应音调改变，允许实时表演，如振音和音调弯曲等手法。振荡器支持只有一个短样本的循环。数字振荡器播放一个被取样的声音波形，在波形里面管理循环点，如果需要的话，它能使声音不断地循环播放。

数控放大器调整乐器的音量。这是用来控制音符的振幅形状或包络的。它也作为其他即时表演的类型，如颤音等。

由于定义了播放时声音的形态，所以振荡器和放大器的音调和音量控制是很重要的，而且允许它们以实时方式作出动态响应，给予采样乐器比简单的数字音频播放更多的表现能力。对这些参数的实时控制来自产生变更音调和音量的发声段模块，该模块产生一个能使数字音频引擎响应的恒定的改变音调和音量的数据流。

数字声音路径表示声音轮流从振荡器到 D/A 转换器（DAC）再到放大器这样的路径流程。这个路径是可以选择的，包括增加某些模块，如滤波器和效果装置模块等。

3. 发声模块与连接

发声模块是一组提供对音调的附加控制和当发声模块被演奏时作为音频样本的音量控制的装置。发声模块含有产生振音和颤音的低频振荡器（LFO）、定义样本总音量和音调整形的包络发生器，以及一些 MIDI 实时控制器，如音调弯曲调制轮，提供了对音乐的实时表演能力。通常这些模块能以不同的方式连接，从而提供不同的结果。举例来说，LFO 可以产生一个为调整样本振音的音调或为调整样本颤音音量的正弦波，该模块既可以接收也可以发送控制信号；一个包络发生器可以使用键力度参数来影响包络的起始时间。

发声模块能以不同的方式配置，而且这一个组态是影响乐器发声的一个重要部分。事实上，对于早期预设定路径的乐器，在一个模拟合成器中的硬件模块是连同电缆一起被分配路径的，该路径信号是从模块作用到模块的。

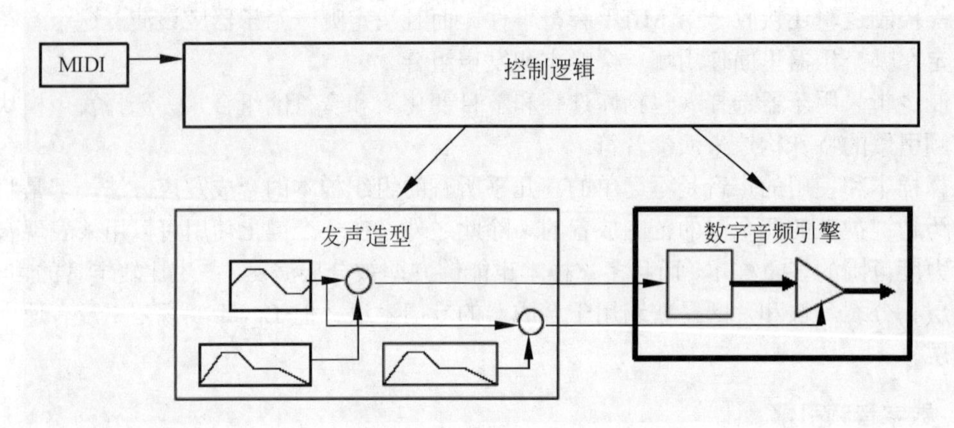

图 9-20 DLS Level 1 装置方框图

9.10.5 DLS 软件

DLS 文件格式通常跟随标准的 Microsoft RIFF Layout（微软公司 RIFF 规划）程序，并利用块和子块合并为标准的 WAVE 文件。

DLS 文件格式用来存储数字声音数据，并创建一个或多个“乐器”的发音参量。一个乐器包含指向“片断”（Region）的 WAVE（波形）文件（样本），它也内含在 DLS 文件中。每个片断描述一个 MIDI 音符并触发对应的声音速率（力度）范围参量，而且还包含发音信息，如声音包络和循环点。这些参量可以指定每个个别的片断或整个乐器的发音信息。

利用 DLS 方法灵活的文件结构，一个个单个样本可以在不同的乐器里适用于不同的片断。举例来说，一个给定的样本可以适合乐器“1”的片断“1 b”，同时也可作为乐器“2”的片断“2b”，如图 9-21 所示。

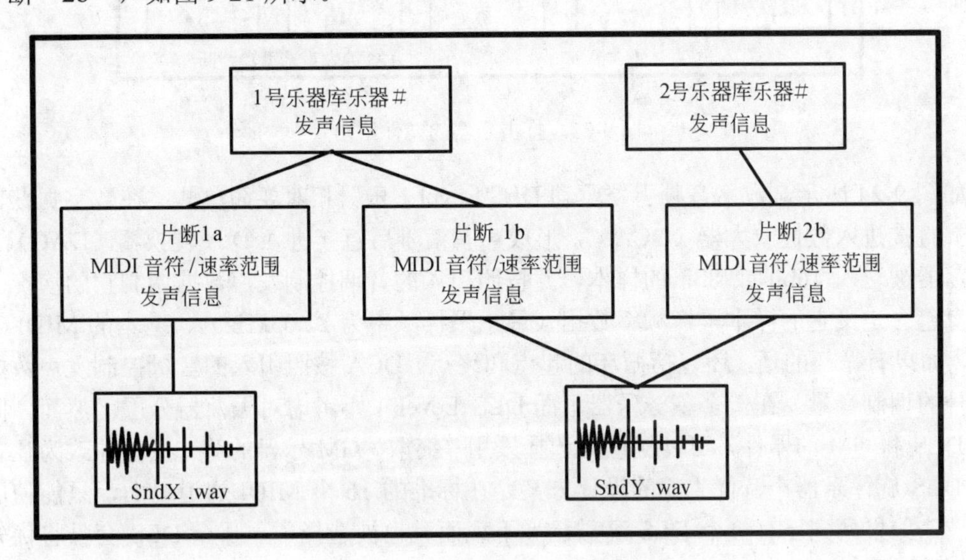

图 9-21　灵活的 DLS 文件结构

DLS Level 1 有两种基本类型的乐器：旋律乐器和套鼓。旋律乐器，如图 9-22 所示，可以允许除通道 10 以外的任意 MIDI 通道访问，并且含有多达 16 个以上的片断，所有片断均可利用单独设置的发音数据。

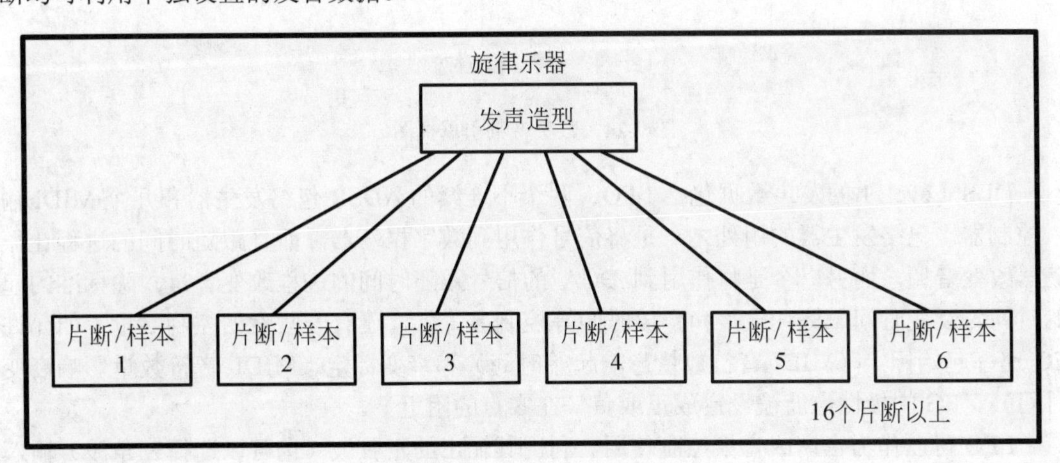

图 9-22　旋律乐器的文件结构

另外，还设有一个单独的 DLS Level 1 Drum Kit（套鼓），它只能通过 MIDI 10＃通道来访问。如图 9-23 所示，它含有 128 个片断，每个鼓一个音符（它能映射到一个单一琴键或相邻范围的琴键上），每个片断有自己的发音数据和单独的样本指向。

在旋律乐器和套鼓中，如果必要，多个片断可以指向同一个样本。

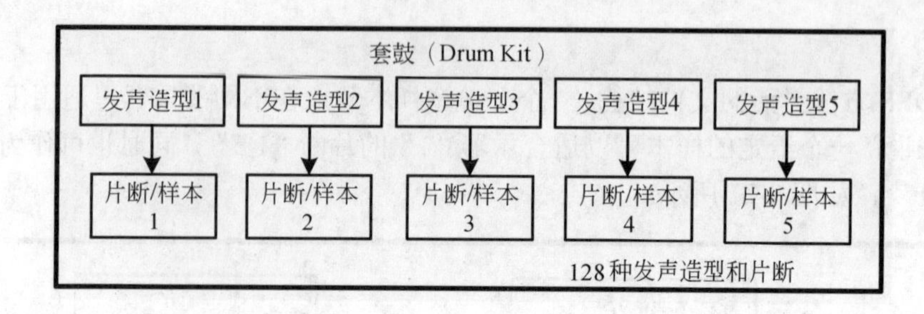

图 9-23　打击乐器的文件结构

如图 9-24 所示，数字音频引擎驱动 DLS Level 1 乐器相对要简单些。在数字振荡器后信号就直接进入数控放大器（DCA），形成声音信号后直接进入 D/A 转换器（DAC）。数字振荡器被送入 16bit 或 8bit 的样本，并按照引入的音调控制发声数据调制它的演奏。样本本身包含定义它的样本采样频率数据（最小采样频率为 22.05kHz）、基本的 MIDI 音符号码，如果有循环的话，还包括循环的起点和终点。DCA 按照引入的音量控制发声数据产生信号的调制音量。在一个单一乐器里面 DLS Level 1 不考虑对振荡器分层。然而，同时支持 DLS 和 GM 的器件，可以随意地选择采用“窃取”GM 乐器的第二层，并改为让它分配到 DLS 旋律乐器声音优先权的设计方案。在标准的 16 个 MIDI 通道里面，只能使用一个套鼓，如果事先已有一个 DLS 套鼓已被下载而且也被选择了，那么 DLS 套鼓将优先于 GM 套鼓使用。

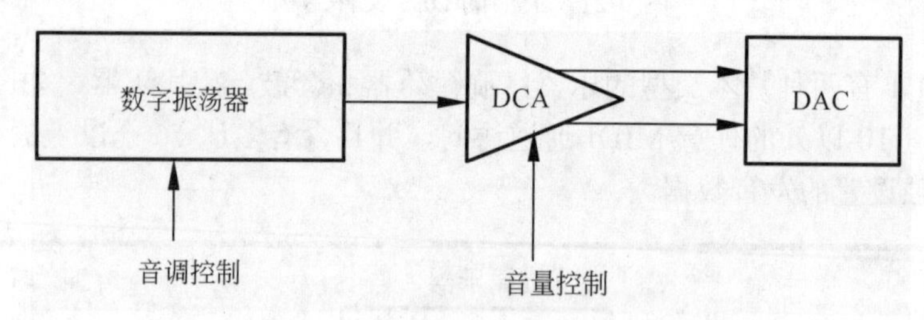

图 9-24　数字音频引擎框图

DLS Level 1 的发声数据包括 LFO、两个不连续的 ADSR 包络发生器和几个 MIDI 输入控制器。包络发生器的用处之一是将信号作用到数字振荡器，而且跟随时间的进程让振荡器改变音调，而另一个是将作用到 DCA 的信号跟随时间的进程改变音量。除标准的起始时间、衰变时间、持续电平和释放时间等控制参量外，还有一些附加控制参量，如允许 EG 速率起始标定（MIDI 音符数量影响起始时间）和衰变标定（MIDI 音符数量影响衰变时间）。EG 的极性也能被设定成正或负（在零点的附近）。

LFO 可以作为音调或音量控制使用。利用其输出的正弦波（也可以选择三角波）输入频敏控制运算放大器的音量控制端，而且 LFO 的频率可在 0.1～10Hz 之间调节，以达到控制音量的目的。音量控制反应时间可在 10ms～10 秒之间调节。

MIDI 控制器输入包括键号、键速率、音调弯音、连续的控制器信息音量（控制器 7#）、表情控制（控制器 11#）、声像（控制器 10#）、调制轮（控制器 1#）、持续音踏板（控制器 64#），以及 RPNs 0、1 和 2（音调弯曲、微调和粗调），如数据字节入口 MSB/ LSB 设定（控制器 6#和 38#）。除此之外，它还支持 Reset All Controllers（重置全部控制器）

和 All Notes Off（关掉全部音符）等通道方式信息。对于 DLS Level 1 设备，在它的电源刚打开时控制器的默认设定如下：

Volume（音量）= 100；Expression（表情控制）= 127；Pan（声像）= 64；Modulation Wheel（调制轮）= 0；Pitch Bend（音调轮）= 0；Sustain Pedal（持续音踏板）= 0。

DLS 兼容器件一旦收到下列 DLS System On（DLS 系统打开）的专用信息立刻进入特别的 DLS 模式：

F0h 7Eh <device ID> 0Ah 01h F7h

一旦在这个特别的 DLS 模式，器件将会把一个被下载的声音放进任何指定的乐器库的位置之内，这样就避免了与其他操作模式（如 GM、GS 或 XG）的冲突，即要求把确定的声音载入指定位置。DLS Level 1 器件必须支持 MIDI Program Change 信息，以及可随意选择 Bank Select（库选择）信息。不过，它们只能提供一个最小量的单一旋律乐器库给被下载的声音来存储。在此情况下，驱动程序的设计者有“实际”的选择项引入 Bank Select（库选择）MSB/LSB 信息（控制器 0#和 32#），以便它们能指向器件真实可得到的存储器空间地址。

下述 DLS System Off 系统专用信息，用来恢复 DLS 兼容器件回到它们的默认操作模式下：

F0h 7Eh <device ID> 0Ah 02h F7h

与 GM System On 和 GM System Off 信息不同，在 DLS System On 和 DLS System Off 信息中，假若要设置<device ID> = 7Fh，则该指令将作为一个要求所有兼容器件“播放”的命令使用。

9.10.6　DLS 硬件

对与 DLS 兼容的其他器件最小的硬件需求如下：

对于 GM 格式，必须至少同时支持 24 个声音；器件必须要有足够的 RAM，至少能存储 256KB 的样本数据（512KB 可以组织 16bit 样本）；器件必须能同时操作至少 128 个 DLS 乐器、128 组发声数据和 128 个片断或样本；输出的最小采样频率为 22.05kHz；必须能够同时支持 DLS 和 GM 的器件，MIDI 通道可以在两个模式之间共享。

MMA 不久将会利用一个独立的测试实验室，为与 DLS 兼容的器件实现认证处理。为 Level 2 考虑的功能主要包括多重发声，增加滤波器和混响效果，支持较高的采样频率、轮流调音和不同的循环类型（可能还包括使用数据压缩），改良（和可动态选择）声音的优先权，增强包络控制和 LFO 波形，以及为存储器和复音扩大了最小的需求。同时，Level 2 可能取消旋律乐器与套鼓之间的区别，使所有的乐器都支持 128 个片断。

附录A　部分西洋乐器的基频范围

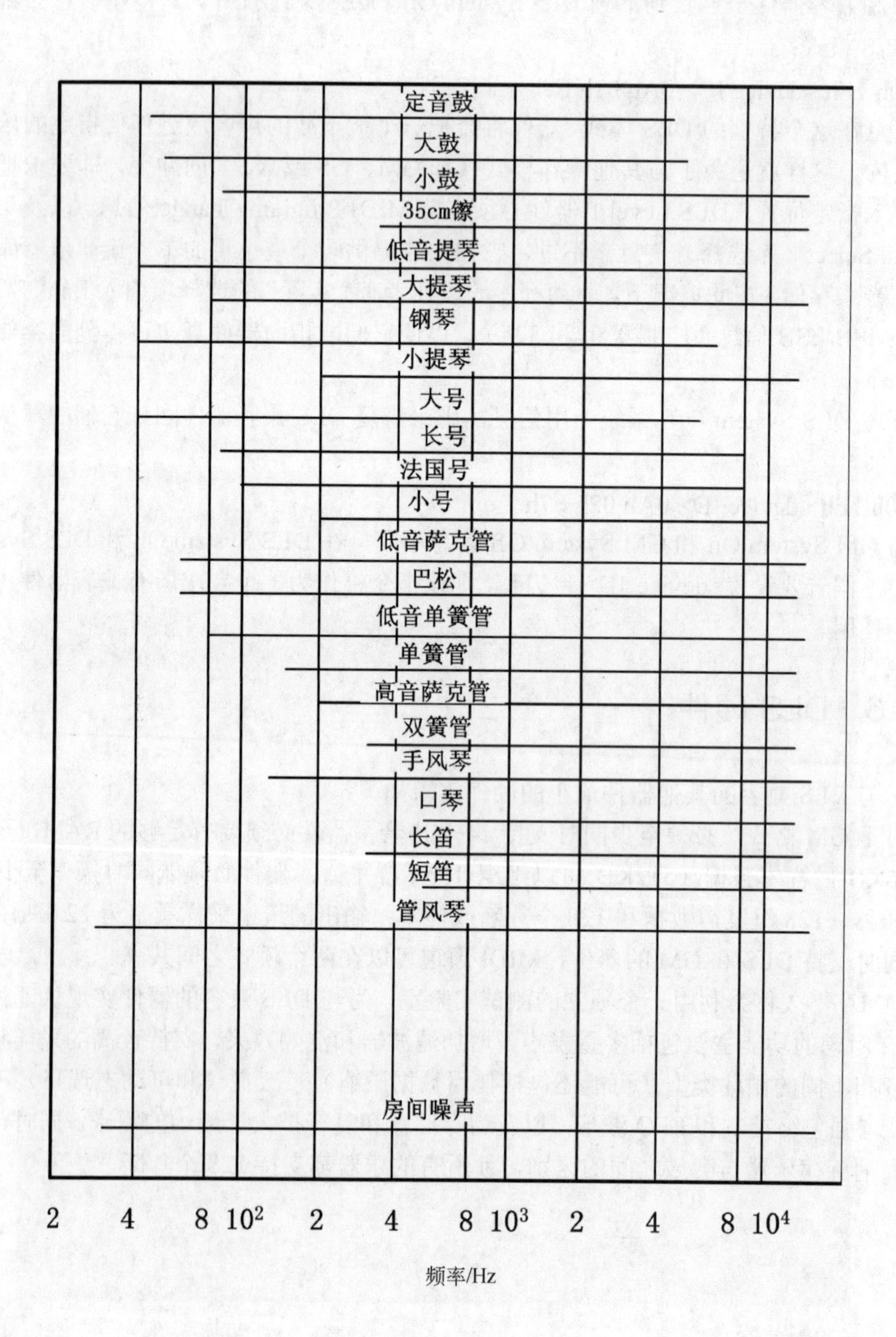

附录 B 部分乐器的指向性图形

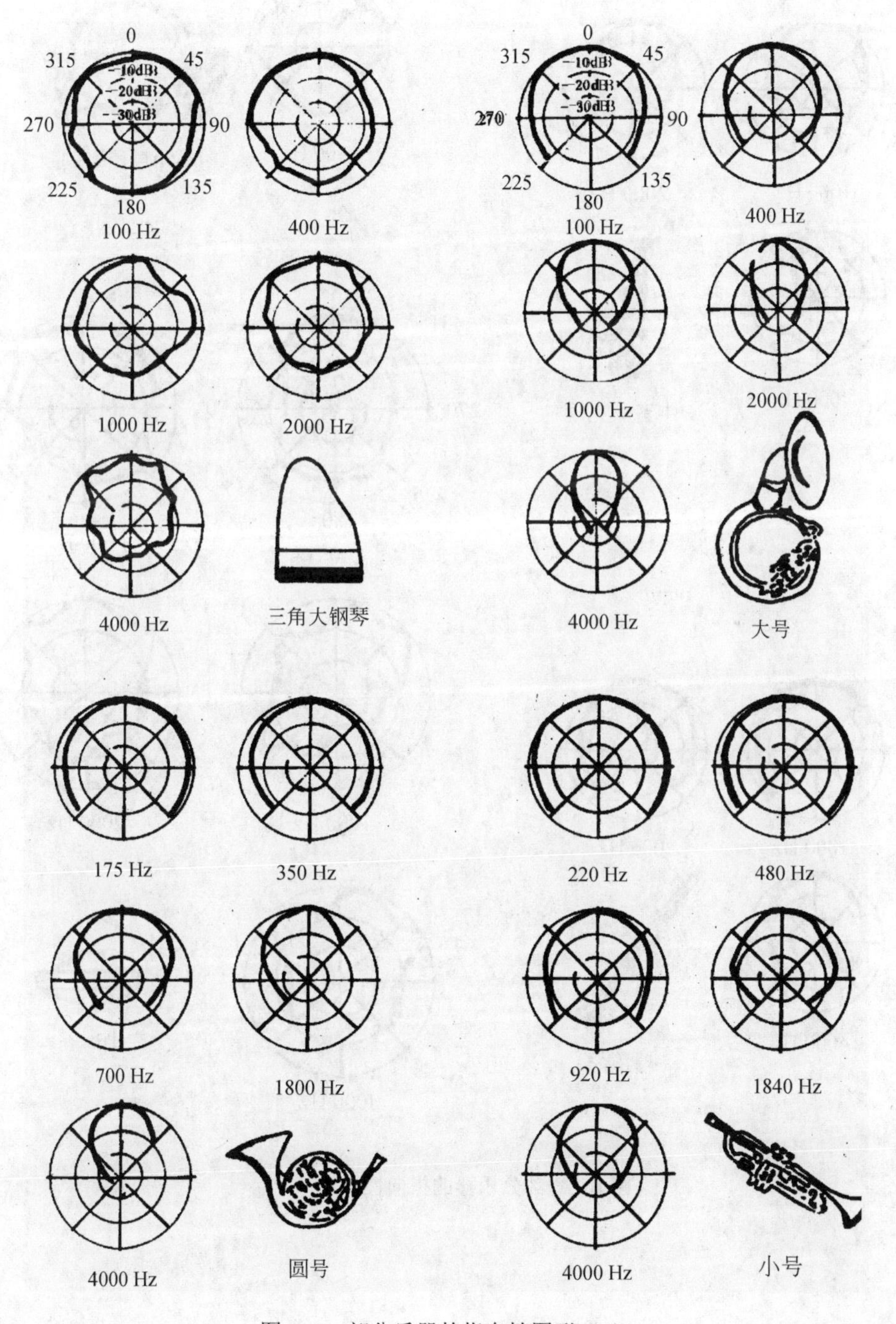

图 B-1 部分乐器的指向性图形（1）

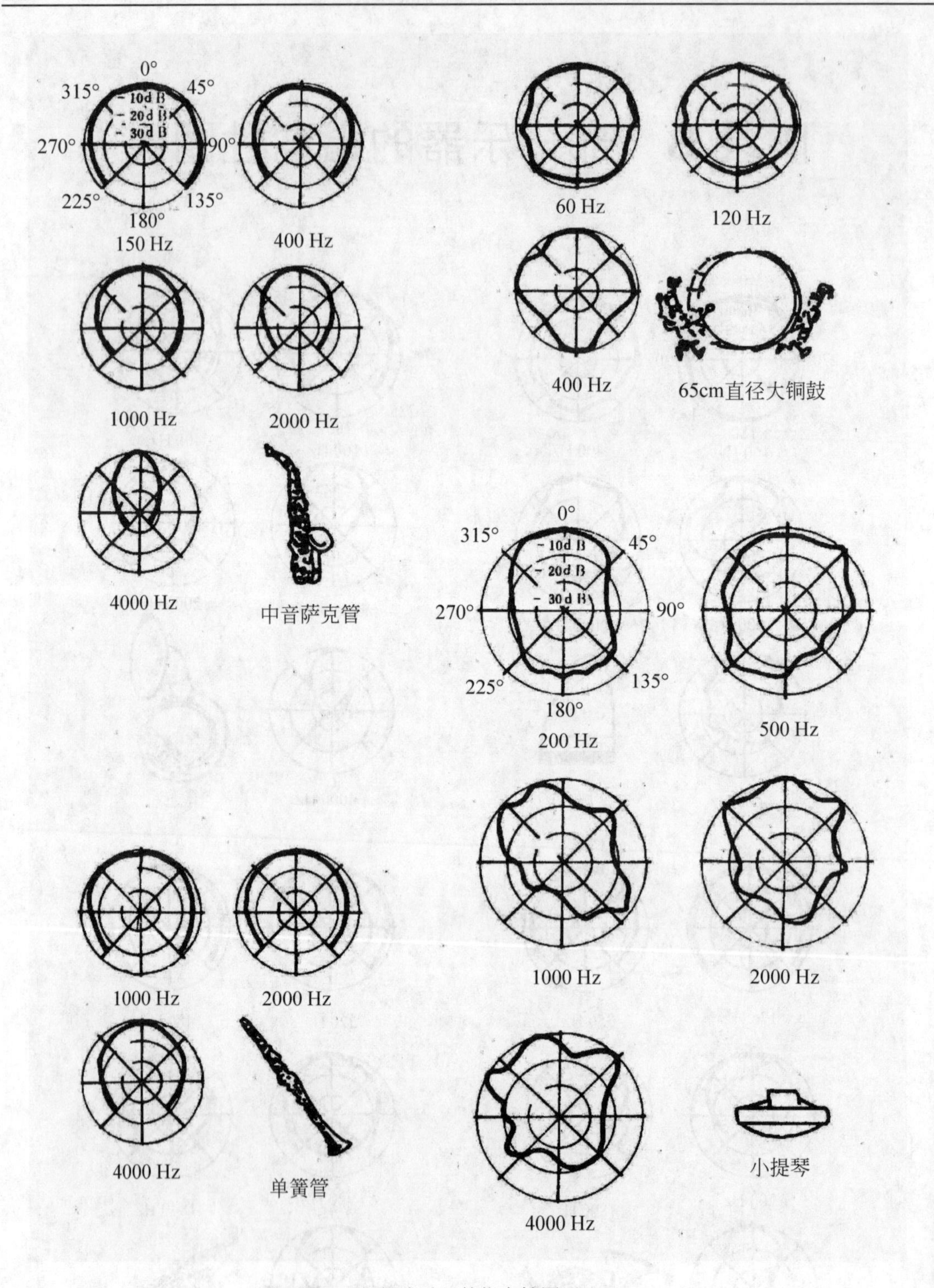

图 B-2 部分乐器的指向性图形（2）

附录 C　常见专业录音用传声器的主要电声参数

附录 C　常见专业录音用传声器的主要电声参数

国别	生产厂	型　号	换能器类别	频率响应/Hz	指向性	灵敏度/mV/P	阻抗/Ω	备　　注
美国	Shure	KSM141	电容	20~20000	可变（心形、全向）	12	150	钢琴、吉他、打击乐
		PG48	动圈	70~15000	心形	2.2	600	人声
		PG57	动圈	50~15000	心形	1.8	200	电吉他音箱、铜管
		PG81	驻极体	40~18000	心形	4.00	600	鼓组、木吉他、钢琴
		PG56	动圈	50~15000	心形	1.30	200	小军鼓、康茄鼓
		SM58	动圈	50~15000	心形	2.00	159	人声
澳大利亚	Rode	NTK	电容	20~20000	心形	12	200	电子管传声器
		NTV	电容	20~20000	心形	15	200	电子管传声器
美国	Electro-Voice	RE50	动圈	80~13000	全向	2.00	150	
		RE1000	电容	70~18000	超心形	11	250	专供乐器使用
		RE200	电容	50~18000	心形	10		
		RE27N/D	动圈	45~20000	心形	3.1	150	
		635	动圈	83~13000	全向	2.00	150	-55dB
		RE20	动圈	45~18000	全向	1.5	50、150、250	负载可变
德国	Sennheiser	MD441	动圈	30~20000	超心形	1.8	200	人声、钢琴传声器
		MD421	动圈	30~17000	心形	2.00	200	人声传声器
		MD431	动圈	30~20000	超心形	2.00	200	人声传声器
		MKH418-S	电容	40~20000	（见“备注”）		25	M: 心形/全向 S: 8 字形
德国	Sennheiser	MKH435	电容	40～20000	心形	2.00	200	
		MKH415	电容	40～20000	超指向	2.00	10	
		E602	动圈	20～16000	心形	1.00	250	贝司、大鼓及低音乐器

续表 1

国别	生产厂	型 号	换能器类别	频率响应/Hz	指向性	灵敏度/mV/P	阻抗/Ω	备 注
德国	Neumann	KM184	电容	20～20000	可变	12/15/10	50	
		U87	电容	20～20000	可变	20/28/22	200	
		U89	电容	20～20000	可变	8	150	
		KMS81i	电容	20～20000	超指向	18	150	
		M147	电容	20～20000	可变	20	50	电子管放大器
		UMS69i	电容	20～20000	可变	13	150	立体声传声器
德国	Beyer	M130	铝带动圈	40～18000	8 字形	1.0	200	钢琴和弦乐
		M160	双铝带式	40～18000	超心形	1.0	200	大、中、小提琴、人声
		M260	铝带动圈	40～18000	超心形	1.2	200	钢琴、女声、长笛单簧管
		TG-X 5	动圈	40～12000	超心形	1.5	200	打击乐器
		TG-X 40	动圈	35～16000	超心形	2.0	290	人声伴奏、弦乐和采样用
		M01	动圈	50～15000	强心形	1.3	600	歌声及乐器录音
奥地利	AKG	C411	振动拾音	10～18000		1mV/ms-2	200	吉他、小提琴、杨琴等
		C416	电容	20～20000	超心形	7		钢琴、电吉他、电贝司
		C417	电容	20～20000	全向	10	200	人声
		C418	电容	50～20000	超心形	4	200	鼓及打击乐
		D409	动圈	50～17000	超心形	1	600	钢琴、鼓及打击乐
		C419	电容	20～20000	超心形	7	200	管乐、鼓及打击乐
		C420	电容	20～20000	心形	7	200	人声（头戴式）
		C444	电容	20～20000	心形	40	200	人声（头戴式）
		C430	电容	20～20000	心形	7	200	钹
		DB1	振动拾音	5～5000		2.5mv/ms-2	200	大提琴
		C414	电容	20～20000	可变	12.5	180	
		C12	电容	30～20000	可变	10	200	
		Solidtube	电容	20～20000	心形	20	200	电子管传声器
		C4000B	电容	20～20000	可变	25	200	

附录 D　Neumann D-01 数字传声器简介

德国 Neumann 公司新近开发了一款具有划时代意义的新型传声器，它包括一个数字传声器 D-01、一个数字接收机 DMI-2 和一套控制软件 RCS，如图 D-1。其振膜极头仍属电容传声器中的双振膜梯度压强换能器。在传声器的振膜右边安装了一个使振膜接收到的信号转换为数字信号的 A/D 转换器，它将传声器振膜信号直接转换为 28bit 数字信号，其动态范围超过 130dB（A 计权）。被转换后的数字信号通过构建在传声器内的 FPGA（Field Programmable Gate Array，字段可编程门阵列）进行处理。这样一来，传声器的指向性、预衰减、低切开关、预放大器及各种开关函数都能实现数字化并进行遥控操作，因而淘汰了过去所需要的外置预放大器和 A/D 转换器。为了自识别的需要，传声器能传送该传声器的有关信息（如制造商的名字、传声器型号、序列号和软件级别等）到所连接的接收机中。另外，为同步传输控制回路所需的信号分量也包含在这个数据协议之中。传声器的输出数字信号符合 AES 42-2001 数据格式。该数字传声器由遥控软件控制，它可以作为录音系统的一部分，也可以安装在计算机上运行。全部重要参数都在显示器上显示出来，并能随时随地改变这些参数。在录音时，录音工程师可以对传声器的全部状态和参数进行全面地控制，在必要的情况下，能迅速而方便地改变这些设置值。所显示的参数包括传声器指向性类型、预衰减量、低切开关位置、预放大器增益，以及传声器状态的各种指示器、指令指示器、哑音和反相功能等。

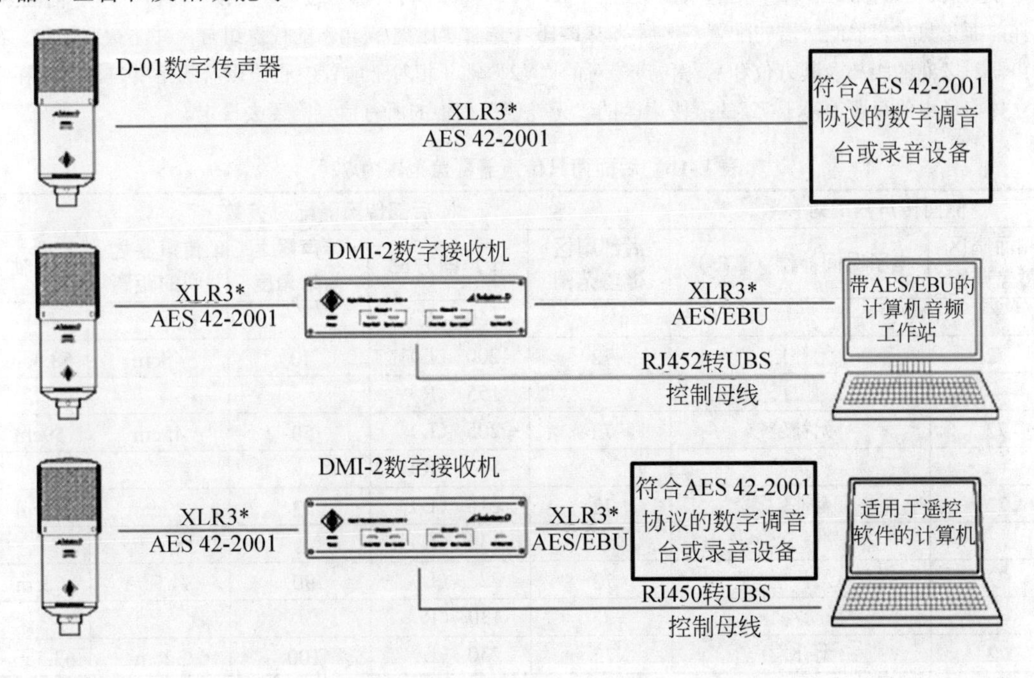

图 D-1　D-01、DM1-2 和 RCS 遥控软件系统框图

附录 E　多通道传声器阵列速查表

表 E-1a　前面三只传声器覆盖范围为 72°+72°

前面三只传声器组　　72°＋72°				
传声器方位	传声器之间的距离（左或右传声器与中间传声器的距离）	X 轴	Y1 轴（左右传声器之间的距离）	传声器位置时间补偿（MPT°）
90°（R）	35cm	+30.5cm	17cm	
270°（L）		−30.5cm		−15.6°
80°（R）	37cm	+31cm	20.5cm	
280°（L）		−31cm		−6°
72°（R）	39cm	+31.5cm	23cm	
288°（L）		−31.5cm		没有补偿
60°（R）	42.5cm	+33cm	26.5cm	
300°（L）		−33cm		+9°
50°（R）	45cm	+34cm	29.5cm	
310°（R）		−34cm		+15.5°
40°（R）	48.5cm	+36.5cm	31.5cm	
320°（L）		−36.5cm		+20.9°

注：表中（前面三只传声器组覆盖范围为 72°+ 72°）的“传声器方位”、“X”轴和“Y1”轴坐标，选择前面三只传声器组所需的配置，然后从表 E-1b 中选择“距离/夹角”的任意组合，并注意后部左、右传声器对之间的距离及其方位和后背传声器对的“Y2”轴（相对于前置中心传声器的距离）。包含在完整立体声场中的每段都等于 72°的五段扇区的“无补偿”列中的所有信息需要去设定。

表 E-1b　后面两只传声器覆盖范围为 72°

侧面传声器配对参数		后部传声器配对参数				
侧面扇区覆盖范围	电子时间补偿（ET°）	后部扇区覆盖范围	传声器方位	传声器之间的角度	传声器之间的距离	Y2 轴
			160°（R）			
72°	无补偿	72°	200°（L）	40°	48cm	58.5cm
			155°（R）			
72°	无补偿	72°	205°（L）	50°	45cm	59cm
			144°（R）			
72°	无补偿	72°	216°（L）	72°	39cm	60cm
			135°（R）			
72°	无补偿	72°	225°（L）	90°	34.5cm	62cm
			130°（R）			
72°	无补偿	72°	230°（L）	100°	32cm	63.5cm

表 E-2a　前面三只传声器覆盖范围为 60°+60°

前面三只传声器组　60°＋60°				
传声器方位	传声器之间的距离（左或右传声器与中间传声器的距离）	X 轴	Y1 轴（左右传声器之间的距离）	传声器位置时间补偿（MPT°）
90°（R）	46cm	+42.5cm	17cm	
270°（L）		−42.5cm		-23°
80°（R）	48cm	+43.5cm	20.5cm	
280°（L）		−43.5m		-15°
72°（R）	50.2cm	+44.5cm	23cm	
288°（L）		−44.5cm		-7°
60°（R）	53cm	+46cm	26.5cm	
300°（L）		−46cm		没有补偿
50°（R）	56cm	+47.5cm	29.5cm	
310°（R）		−47.5cm		+7°
40°（R）	59cm	+50cm	31.5cm	
320°（L）		−50cm		+12°

注：表中（前面三只传声器组覆盖范围为 60°+60°）的“传声器方位”、“X”轴和“Y1”轴坐标，选择前面三只传声器组所需的配置，然后从表 E-2b 中选择“距离/夹角”的任意组合，并注意后部左、右传声器对之间的距离及其方位和后背传声器对的“Y2”轴（相对于前置中心传声器的距离）。包含在完整立体声场中的五段扇区（前左、右扇区为 60°，两个侧面扇区为 97.5°和后面扇区为 45°）的“无补偿”列中的所有信息需要去设定。

表 E-2b　后面两只传声器覆盖范围为 45°

侧面传声器配对参数		后部传声器配对参数				
侧面扇区覆盖范围	电子时间补偿（ET°）	后部扇区覆盖范围	传声器方位	传声器之间的角度	传声器之间的距离	Y2 轴
			148°（R）			
97.5°	无补偿	45°	212°（L）	64°	73cm	46.5cm
			138°（R）			
97.5°	无补偿	45°	222°（L）	84°	67.5cm	48cm
			128°（R）			
97.5°	无补偿	45°	232°（L）	104°	62cm	49.5cm
			118°（R）			
97.5°	无补偿	45°	242°（L）	124°	58cm	51cm
			130°（R）			
98°	无需补偿	44°	230°（L）	144°	54cm	53cm

表 E-3a　前面三只传声器覆盖范围为 50°+50°

前面三只传声器组　50°＋50°				
传声器方位	左、右传声器与中间传声器的距离	X 轴	Y1 轴	传声器位置时间补偿（MPT°）
90°（R）	61cm	+58.5cm	17cm	
270°（L）		−58.5cm		-28.5°
80°（R）	62cm	+58cm	21cm	

续表

前面三只传声器组 50°＋50°				
传声器方位	左、右传声器与中间传声器的距离	X 轴	Y1 轴	传声器位置时间补偿(MPT°)
280°（L）		−58cm		-20°
72°（R）	63.9cm	+59cm	24cm	
288°（L）		−59cm		-13°
60°（R）	66.5cm	+61cm	27cm	
300°（L）		−61cm		-6°
50°（R）	69.5cm	+63cm	29.5cm	
310°（R）		−63cm		没有补偿
40°（R）	72.5cm	+65cm	32cm	
320°（L）		−65cm		+6°

注：表中（前面三只传声器组覆盖范围为50°+50°）的“传声器方位”、“X”轴和“Y1”轴坐标，选择前面三只传声器组所需的配置，然后从表E-3b中选择“距离/夹角”的任意组合，并注意后部左、右传声器对之间的距离及其方位和后背传声器对的“Y2”轴（相对于前置中心传声器的距离）。包含在完整立体声场中的五段扇区（前左、右扇区为50°，两个侧面扇区为114°和后面扇区为32°）的“无补偿”列中的所有信息需要去设定。

表 E-3b　后面两只传声器覆盖范围为 32°

侧面传声器配对参数		后部传声器配对参数				
侧面扇区覆盖范围	电子时间补偿（ET°）	后部扇区覆盖范围	传声器方位	传声器之间的角度	传声器之间的距离	Y2 轴
114°	无补偿	32°	140°（R） 220°（L）	80°	103cm	44cm

表 E-4a　前面三只传声器覆盖范围为 90°+90°

前面三只传声器组 90°＋90°				
传声器方位	左、右传声器与中间传声器的距离	X 轴	Y1 轴	传声器位置时间补偿（MPT°）
90°（R）	24.5cm	+17.3cm	17.3cm	
270°（L）		−17.3cm		没有补偿
80°（R）	27cm	+17.5cm	20.5cm	
280°（L）		−17.5cm		+9.2°
72°（R）	29.5cm	+18cm	23.5cm	
288°（L）		−18cm		+18°
60°（R）	32.5cm	+19cm	26.5cm	
300°（L）		−19cm		+24.5°
50°（R）	35.5cm	+20cm	29.cm	
310°（R）		−20cm		+30°
40°（R）	38.5cm	+22cm	31.5cm	
320°（L）		−22cm		+35.5°

注：表中（前面三只传声器组覆盖范围为90°+90°）的“传声器方位”、“X”轴和“Y1”轴坐标，选择前面三只传声器组所需的配置，然后从表E-4b中选择“距离/夹角”的任意组合，并注意后部左、右

传声器对之间的距离及其方位和后部传声器对的“Y2”轴（与中置传声器的距离），以及相应的ET°（电子时间补偿）。请注意负的ET° 方法，即必须将后面一对传声器信号比前面三只传声器信号延迟。这是需要设定的全部信息。

表 E-4b 后面两只传声器覆盖范围为 40°～90°

侧面传声器配对参数		后部传声器配对参数				
侧面扇区覆盖范围	电子时间补偿(ET°)	后部扇区覆盖范围	传声器方位	传声器之间的角度	传声器之间的距离	Y2 轴
			140°（R）			
45°	-0.98ms	90°	220°（L）	80°	27cm	103cm
			140°（R）			
50°	-0.9ms	80°	222°（L）	80°	32cm	94cm
			135°（R）			
55°	-0.94ms	70°	225°（L）	90°	36cm	90cm
			135°（R）			
60°	-1.05ms	60°	225°（L）	90°	45cm	86.5cm
			130°（R）			
65°	-1.23ms	50°	230°（L）	100°	55cm	87.5cm
			120°（R）			
70°	-0.15ms	40°	240°（L）	120°	68cm	98cm

表 E-5a 前面三只传声器覆盖范围为 80°+80°

前面三只传声器组 80°＋80°				
传声器方位	传声器之间的距离（左或右传声器与中间传声器的距离）	X 轴	Y1 轴（左右传声器之间的距离）	传声器位置时间补偿（MPT°）
90°（R）	29.5cm	+24cm	17.5cm	
270°（L）		-24cm		-9°
80°（R）	32cm	+24.5cm	20.5cm	
280°（L）		-24.5cm		没有补偿
72°（R）	34.5cm	+25cm	23.5cm	
288°（L）		-25cm		+8°
60°（R）	37.5cm	+26.5cm	26.5cm	
300°（L）		-26.5cm		+15°
50°（R）	40cm	+27.5cm	29.5cm	
310°（R）		-27.5cm		+22°
40°（R）	43cm	+29.5cm	31.5cm	
320°（L）		-29.5cm		+27°

注：表中（前面三只传声器组覆盖范围为80°+80°）的“传声器方位”、“X”轴和“Y1”轴坐标，选择前面三只传声器组所需的配置，然后从下表E-5b中选择“距离/夹角”的任意组合，并注意后部左、右传声器对之间的距离及其方位和后部传声器对的“Y2”轴（与中置传声器的距离），以及相应的ET°（电子时间补偿）。请注意负的ET° 方法，即必须将后面一对传声器信号比前面三只传声器信号延迟。这是需要设定的全部信息。

表 E-5b 后面两只传声器覆盖范围为 40°～90°

侧面传声器配对参数		后部传声器配对参数				
侧面扇区覆盖范围	电子时间补偿（ET°）	后部扇区覆盖范围	传声器方位	传声器之间的角度	传声器之间的距离	Y2 轴
			140°（R）			
55°	−0.75ms	90°	220°（L）	80°	27cm	85.3cm
			140°（R）			
60°	−0.07ms	80°	222°（L）	80°	32cm	80cm
			135°（R）			
65°	−0.07ms	70°	225°（L）	90°	36cm	76.5cm
			135°（R）			
70°	−0.6ms	60°	225°（L）	90°	45cm	71cm
			130°（R）			
75°	−0.7ms	50°	230°（L）	100°	55cm	71cm
			120°（R）			
80°	−0.076ms	40°	240°（L）	120°	68cm	76cm

表 E-6a 前面三只传声器覆盖范围为 72°+72°

前面三只传声器组 72°＋72°				
传声器方位	传声器之间的距离（左或右传声器与中间传声器的距离）	X 轴	Y1 轴（左右传声器之间的距离）	传声器位置时间补偿（MPT°）
90°（R）	35cm	+30.5cm	17cm	
270°（L）		−30.5cm		-15.6°
80°（R）	37cm	+31cm	20.5cm	
280°（L）		−31cm		-6°
72°（R）	39cm	+31.5cm	23cm	
288°（L）		−31.5cm		没有补偿
60°（R）	42.5cm	+33cm	26.5cm	
300°（L）		−33cm		+9°
50°（R）	45cm	+34cm	29.5cm	
310°（R）		−34cm		+15.5°
40°（R）	48.5cm	+36.5cm	31.5cm	
320°（L）		−36.5cm		+20.9°

注：表中（前面三只传声器组覆盖范围为 72°+72°）的“传声器方位”、“X”轴和“Y1”轴坐标，选择前面三只传声器组所需的配置，然后从表 E-6b 中选择“距离/夹角”的任意组合，并注意后部左、右传声器对之间的距离及其方位和后部传声器对的“Y2”轴（与中置传声器的距离），以及相应的 ET°（电子时间补偿）。请注意正的 ET° 方法，即必须将前面三只传声器组信号比后部传声器信号延迟。这是需要设定的全部信息。

表 E-6b 后面两只传声器覆盖范围为 40°～90°

侧面传声器配对参数		后部传声器配对参数				
侧面扇区覆盖范围	电子时间补偿（ET°）	后部扇区覆盖范围	传声器方位	传声器之间的角度	传声器之间的距离	Y2 轴
			140°（R）			
63°	+0.2ms	90°	220°（L）	80°	27cm	67.5cm
			140°（R）			
68°	+0.07ms	80°	222°（L）	80°	32cm	63.5cm
			135°（R）			

续表

侧面传声器配对参数		后部传声器配对参数				
侧面扇区覆盖范围	电子时间补偿（ET°）	后部扇区覆盖范围	传声器方位	传声器之间的角度	传声器之间的距离	Y2 轴
72°	无补偿	70°	225°（L）	90°	39cm	60cm
			135°（R）			
78°	-0.19ms	60°	225°（L）	90°	45cm	60.1cm
			130°（R）			
83°	-0.36ms	50°	230°（L）	100°	55cm	61.1cm
			120°（R）			
88°	-0.43ms	40°	240°（L）	120°	68cm	62cm

表 E-7a　前面三只传声器覆盖范围为 60°+60°

前面三只传声器组　60°＋60°				
传声器方位	传声器之间的距离（左或右传声器与中间传声器的距离）	X 轴	Y1 轴（左右传声器之间的距离）	传声器位置时间补偿（MPT°）
90°（R）	46cm	+42.5cm	17cm	
270°（L）		−42.5cm		−23°
80°（R）	48cm	+43.5cm	20.5cm	
280°（L）		−43.5cm		−15°
72°（R）	50.2cm	+44.5cm	23cm	
288°（L）		−44.5cm		−7°
60°（R）	53cm	+46cm	26.5cm	
300°（L）		-46cm		没有补偿
50°（R）	56cm	+47.5cm	29.5cm	
310°（R）		−47.5cm		+7°
40°（R）	59cm	+50cm	31.5cm	
320°（L）		−50cm		+12°

注：表中（前面三只传声器组覆盖范围为 60°+60°）的“传声器方位”、“X”轴和“Y1”轴坐标，选择前面三只传声器组所需的配置，然后从表 E-7b 中选择“距离/夹角”的任意组合，并注意后部左、右传声器对之间的距离及其方位和后部传声器对的“Y2”轴（与中置传声器的距离），以及相应的 ET°（电子时间补偿）。请注意正的 ET° 方法，即必须将前面三只传声器组信号比后部传声器信号延迟。这是需要设定的全部信息。

表 E-7b　后面两只传声器覆盖范围为 40°～90°

侧面传声器配对参数		后部传声器配对参数				
侧面扇区覆盖范围	电子时间补偿（ET°）	后部扇区覆盖范围	传声器方位	传声器之间的角度	传声器之间的距离	Y2 轴
			140°（R）			
75°	+0.69ms	90°	220°（L）	80°	27cm	57cm
			140°（R）			
80°	+0.56ms	80°	222°（L）	80°	32cm	53cm
			135°（R）			
85°	+0.42ms	70°	225°（L）	90°	36cm	51cm
			135°（R）			
90°	+0.28ms	60°	225°（L）	90°	45cm	49cm
			130°（R）			
95°	+0.1ms	50°	230°（L）	100°	55cm	49cm

续表

侧面传声器配对参数		后部传声器配对参数				
侧面扇区覆盖范围	电子时间补偿（ET°）	后部扇区覆盖范围	传声器方位	传声器之间的角度	传声器之间的距离	Y2 轴
			120°（R）			
100°	-0.1ms	40°	240°（L）	120°	68cm	52cm

表 E-8a　前面三只传声器覆盖范围为 50°+50°

前面三只传声器组　50°＋50°				
传声器方位	传声器之间的距离（左或右传声器与中间传声器的距离）	X 轴	Y1 轴（左右传声器之间的距离）	传声器位置时间补偿（MPT°）
90°（R）	61cm	+58.5cm	17cm	
270°（L）		−58.5cm		−28.5°
80°（R）	62cm	+58cm	21cm	
280°（L）		−58cm		−20°
72°（R）	63.9cm	+59cm	24cm	
288°（L）		−59cm		−13°
60°（R）	66.5cm	+61cm	27cm	
300°（L）		−61cm		−6°
50°（R）	69.5cm	+63cm	29.5cm	
310°（R）		−63cm		没有补偿
40°（R）	72.5cm	+65cm	32cm	
320°（L）		−65cm		+6°

注：表中（前面三只传声器组覆盖范围为 50°+50°）的“传声器方位”、“X”轴和“Y1”轴坐标，选择前面三只传声器组所需的配置，然后从表 E-8b 中选择“距离/夹角”的任意组合，并注意后部左、右传声器对之间的距离及其方位和后部传声器对的“Y2”轴（与中置传声器的距离），以及相应的 ET°（电子时间补偿）。请注意正的 ET° 方法，即必须将前面三只传声器组信号比后部传声器信号延迟。这是需要设定的全部信息。

表 E-8b　后面两只传声器覆盖范围为 32°～80°

侧面传声器配对参数		后部传声器配对参数				
侧面扇区覆盖范围	电子时间补偿（ET°）	后部扇区覆盖范围	传声器方位	传声器之间的角度	传声器之间的距离	Y2 轴
			140°（R）			
90°	无补偿	80°	220°（L）	80°	32cm	
			140°（R）			
95°	无补偿	70°	222°（L）	90°	36cm	
			135°（R）			
100°	无补偿	60°	225°（L）	90°	45cm	
			135°（R）			
105°	+0.5ms	50°	225°（L）	100°	55cm	42.5cm
			130°（R）			
110°	+0.28ms	40°	230°（L）	120°	68cm	45.5cm
			120°（R）			
114°	无补偿	32°	240°（L）	120°	103cm	52.5cm

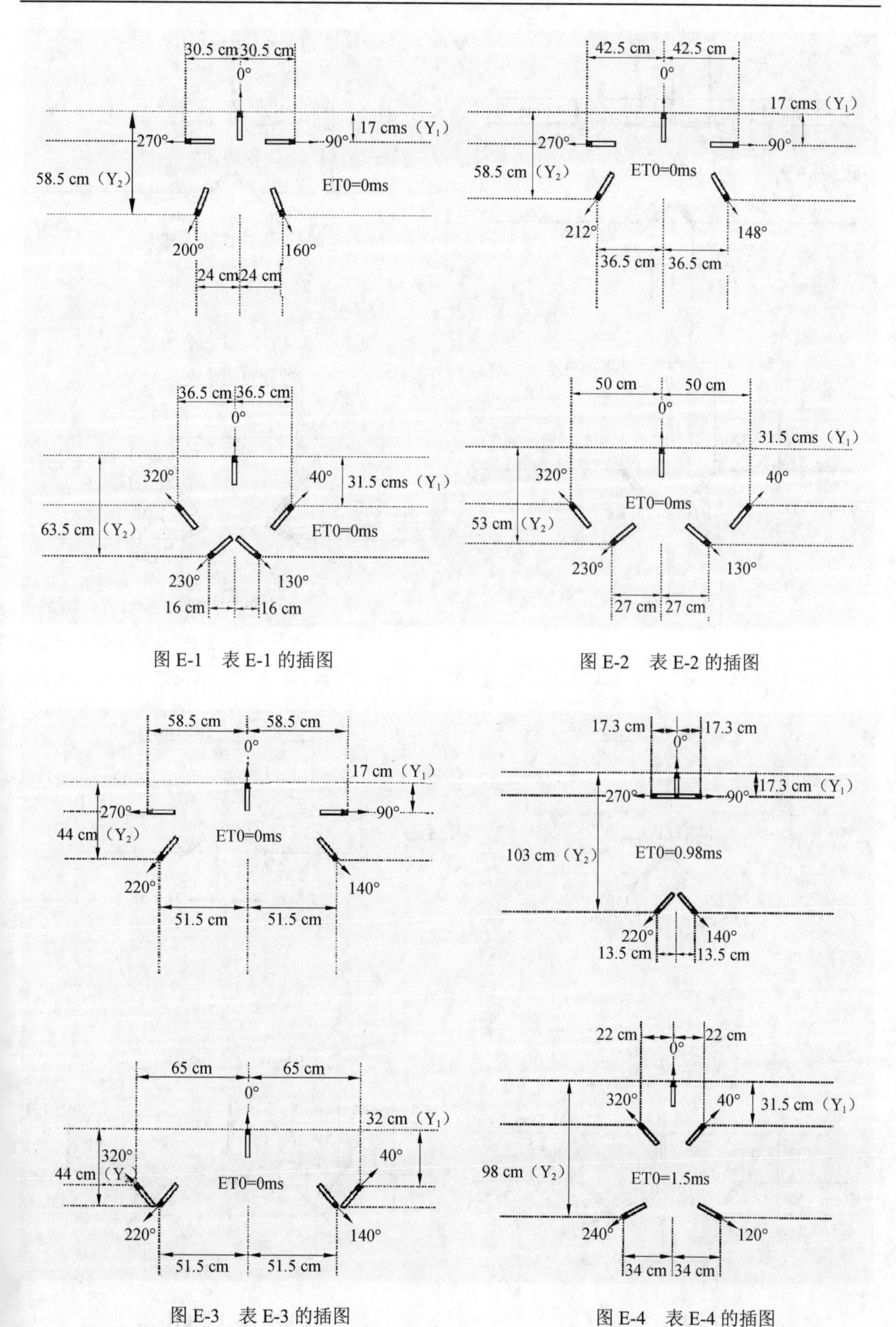

图 E-1　表 E-1 的插图

图 E-2　表 E-2 的插图

图 E-3　表 E-3 的插图

图 E-4　表 E-4 的插图

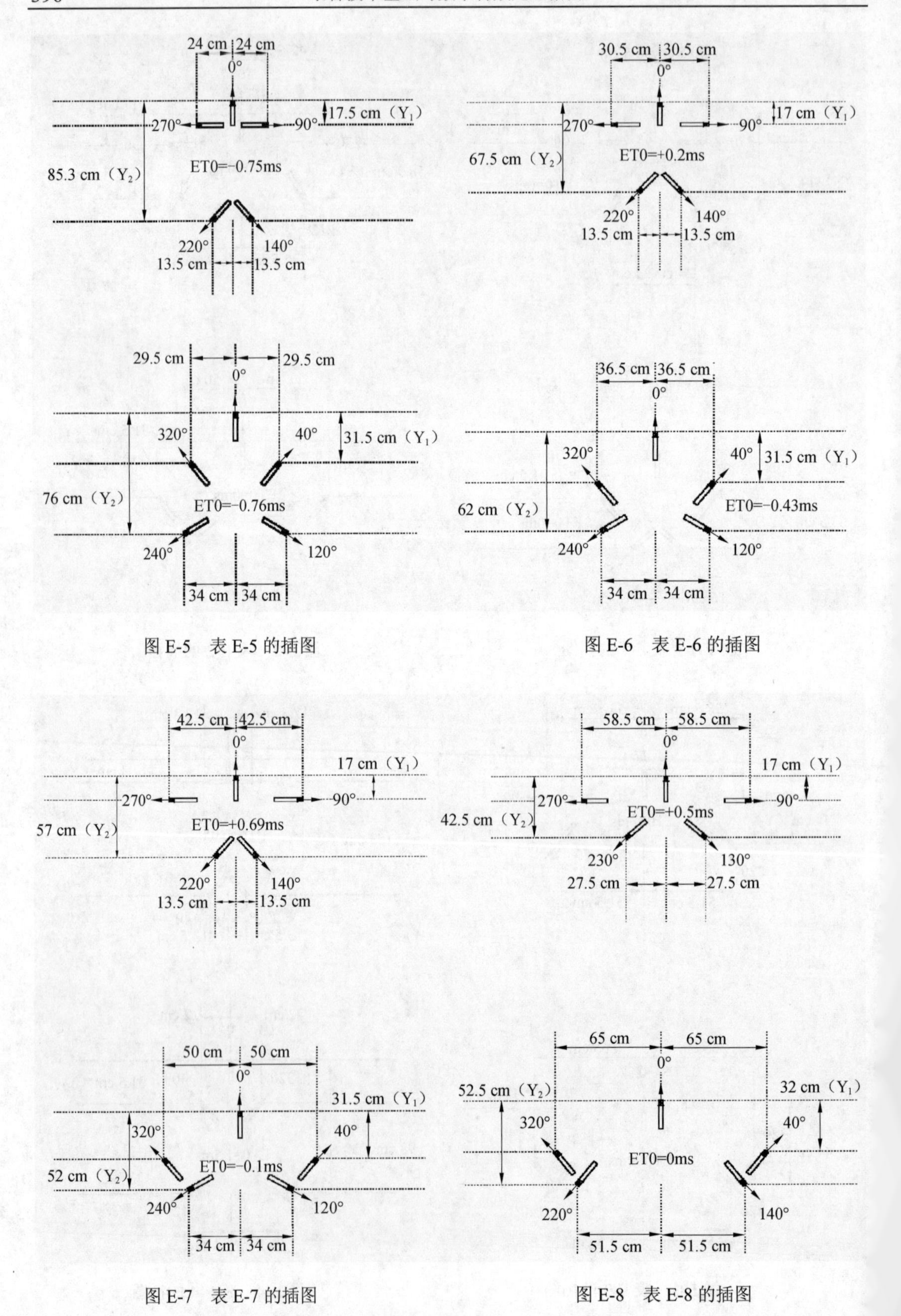

图 E-5　表 E-5 的插图

图 E-6　表 E-6 的插图

图 E-7　表 E-7 的插图

图 E-8　表 E-8 的插图

附录 F　BEHRINGER MX9000 调音台原理图

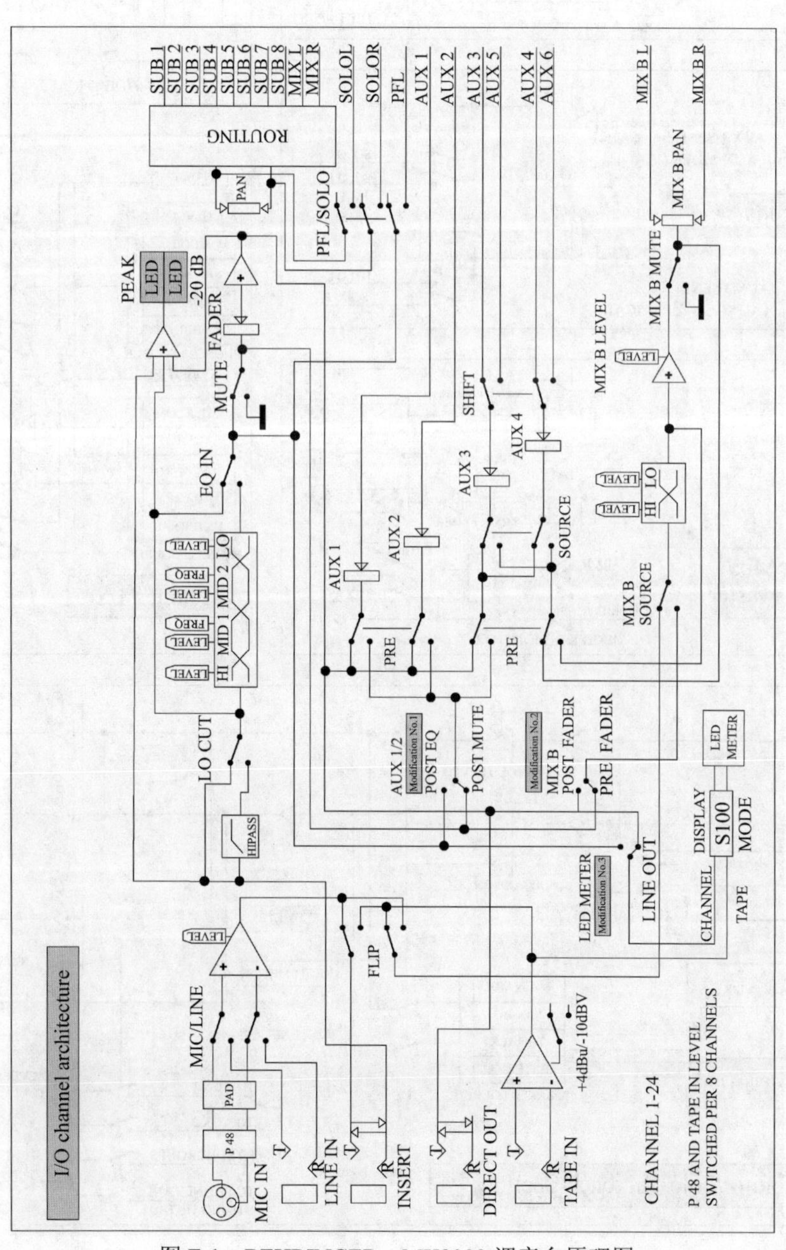

图 F-1　BEHRINGER　MX9000 调音台原理图

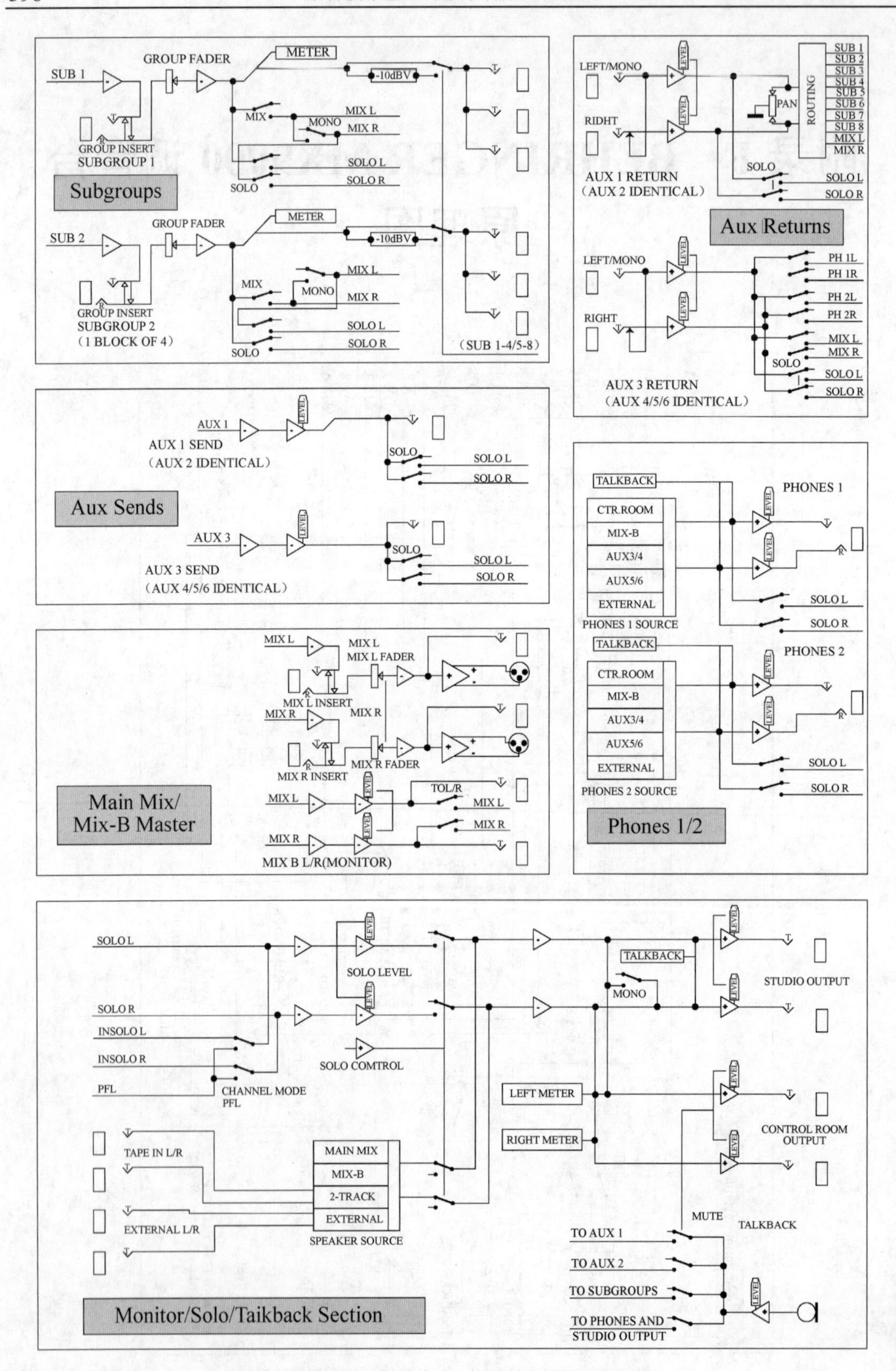

图 F-2　BEHRINGER　MX9000 调音台原理图（续）

附录 G　录音室 MIDI 系统接线图

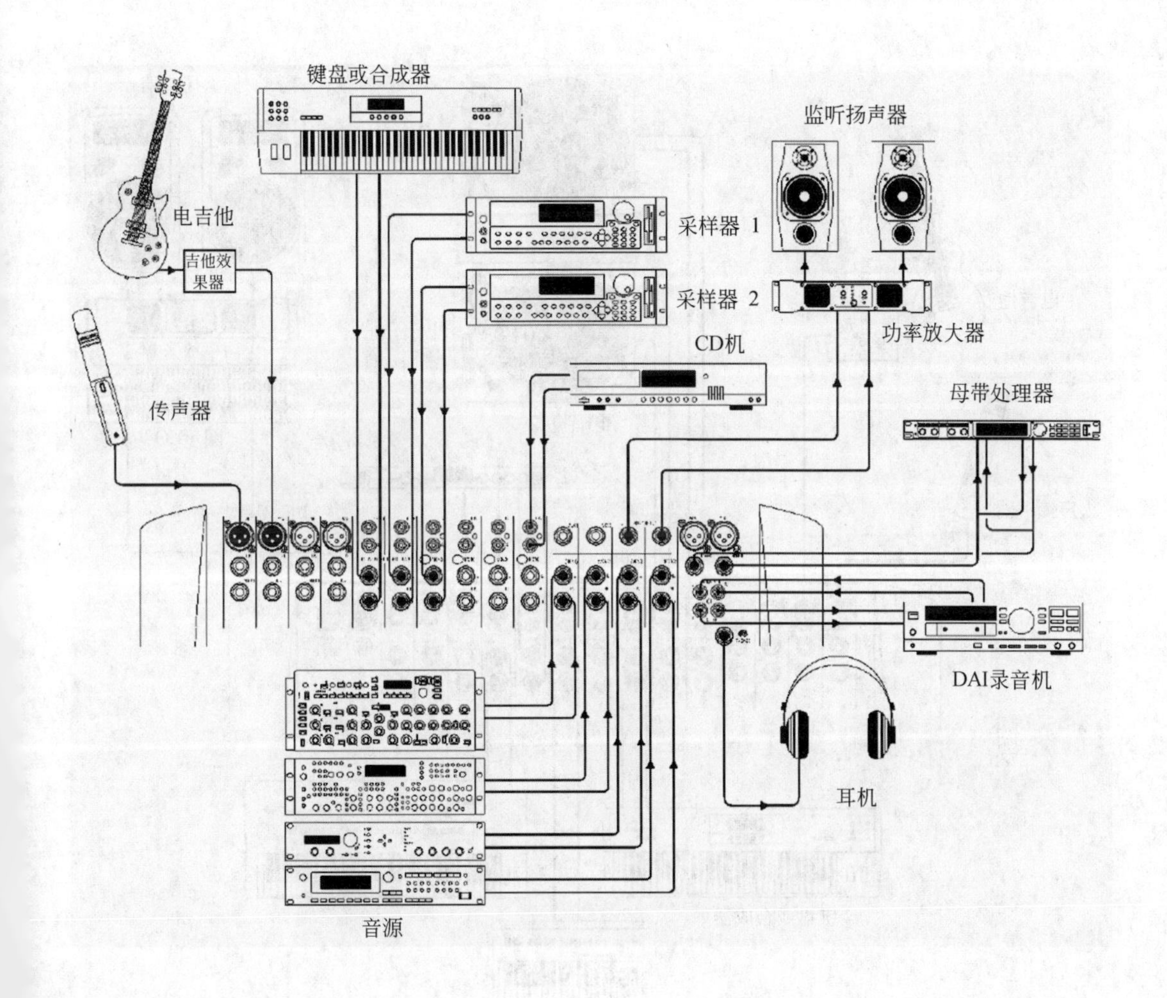

附录 H　歌舞厅、夜总会扩声系统接线图

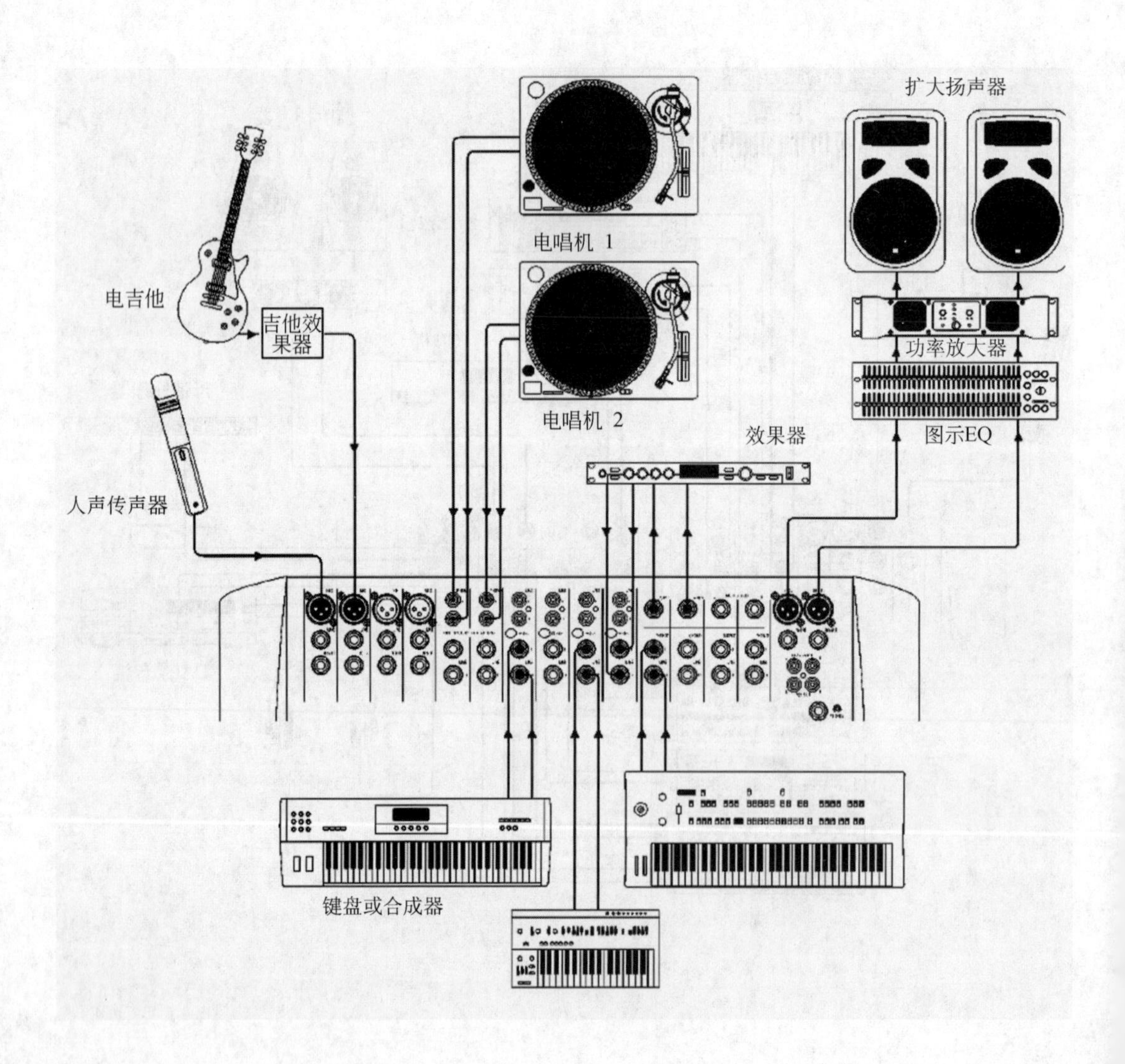

附录 I　各种材料和声学结构吸声系数表

附录 I　各种材料和声学结构吸声系数表

材料/结构	厚度/cm	密度/(kg/m³)	对各频率的吸音系数					
			125	250	500	1000	2000	4000
混凝土或水泥地面			0.01	0.01	0.02	0.02	0.02	0.03
实铺木地板			0.04	0.04	0.03	0.03	0.03	0.02
木阁栅地板			0.15	0.11	0.10	0.07	0.06	0.07
玻璃窗户			0.35	0.25	0.18	0.12	0.07	0.04
砖墙，粗糙（未抹水泥）			0.36	0.44	0.31	0.29	0.39	0.25
砖墙、未抹灰			0.024	0.025	0.032	0.041	0.049	0.07
砖墙、抹灰（未漆）			0.02	0.02	0.02	0.03	0.03	0.04
砖墙，水泥拉毛			0.04	0.04	0.05	0.06	0.07	0.05
弓形圆柱面			0.41	0.40	0.33	0.25	0.22	0.20
木架板条，毛面抹灰			0.025	0.045	0.036	0.087	0.042	0.058
木架板条，光面抹灰			0.024	0.027	0.030	0.037	0.036	0.033
普通木板，贴墙装			0.05	0.06	0.06	0.1	0.1	0.1
薄木板，距墙 10～15cm	0.5		0.25	0.15	0.08	0.07	0.04	0.04
三夹板，距墙 5cm 龙骨间距 50×45cm	0.3		0.21	0.73	0.21	0.10	0.08	0.12
三夹板，距墙 10cm 龙骨间距 50×45cm	0.3		0.59	0.38	0.18	0.05	0.04	0.08
五夹板，距墙 5cm 龙骨间距 50×45cm 三遍漆	0.5		0.11	0.26	0.15	0.04	0.05	0.10
五夹板，距墙 9cm 龙骨间距 50×45cm 三遍漆	0.5		0.02	0.02	0.10	0.10	0.10	0.10

续表 1

材料/结构	厚度/cm	密度/(kg/m³)	对各频率的吸音系数					
五夹板，距墙 20cm 龙骨间距 50cm×45cm 三遍漆	0.5		0.60	0.13	0.10	0.04	0.06	0.17
皮面门			0.10	0.11	0.11	0.09	0.09	0.11
木门			0.16	0.15	0.10	0.10	0.10	0.10
卡普隆纤维	6	33	0.12	0.26	0.58	0.91	0.96	0.98
超细玻璃棉	2	20	0.05	0.10	0.30	0.65	0.65	0.65
超细玻璃棉	3	20	0.07	0.18	0.38	0.89	0.81	0.98
超细玻璃棉	5	20	0.15	0.35	0.85	0.85	0.86	0.86
超细玻璃棉	9	20	0.32	0.40	0.51	0.60	0.65	0.60
超细玻璃棉	10	20	0.25	0.60	0.85	0.87	0.87	0.85
超细玻璃棉	15	20	0.50	0.80	0.85	0.85	0.86	0.80
玻璃丝	5	100	0.15	0.38	0.81	0.83	0.79	0.74
玻璃丝	5	150	0.12	0.30	0.72	0.99	0.87	0.83
玻璃丝	5	200	0.10	0.28	0.74	0.87	0.90	0.83
矿渣棉	8	150	0.30	0.64	0.73	0.78	0.93	0.94
矿渣棉	4	300	0.32	0.40	0.53	0.55	0.61	0.66
矿渣棉	8	300	0.35	0.43	0.55	0.67	0.78	0.92
玻璃、矿渣棉空气层厚 30cm	2.5		0.75	0.80	0.75	0.75	0.80	0.90
玻璃、矿渣棉空气层厚 30cm	5.0		0.80	0.85	0.90	0.85	0.80	0.85
玻璃、矿渣棉空气层厚 0cm	2.5		0.10	0.20	0.35	0.55	0.60	0.65

续表 2

材料/结构	厚度/cm	密度/(kg/m³)	对各频率的吸音系数					
玻璃、矿渣棉空气层厚 10cm	2.5		0.30	0.70	0.90	0.85	0.80	0.85
玻璃、矿渣棉空气层厚 0cm	5.0		0.20	0.60	0.90	0.90	0.85	0.90
矿棉吸声板	1.7	150	0.09	0.18	0.50	0.71	0.76	0.81
水泥膨胀珍珠岩板	8	300	0.34	0.47	0.40	0.37	0.48	0.55
尿醛泡沫塑料	5	14	0.11	0.30	0.52	0.86	0.91	0.96
尿醛泡沫塑料	10	12	0.47	0.70	0.87	0.86	0.96	0.97
尿醛泡沫塑料离墙 10cm	5	12	0.59	0.84	0.90	0.76	0.97	0.98
聚氨酯吸声泡沫塑料	2.5	18	0.12	0.21	0.48	0.70	0.77	0.76
聚氨酯吸声泡沫塑料	5	18	0.16	0.28	0.78	0.69	0.81	0.84
棉挂帘，1/8 面积折叠		500 g/m²	0.03	0.12	0.15	0.27	0.37	0.42
棉挂帘，1/4 面积折叠		500 g/m²	0.04	0.23	0.40	0.57	0.53	0.40
棉挂帘，1/2 面积折叠		500 g/m²	0.07	0.37	0.49	0.81	0.65	0.54
丝绒，展开		310 g/m²	0.03	0.04	0.11	0.17	0.24	0.35
丝绒，1/2 面积折叠		430 g/m²	0.07	0.31	0.49	0.75	0.70	0.60
丝绒，1/2 面积折叠		475 g/m²	0.07	0.32	0.49	0.76	0.71	0.60
丝绒，贴墙		611 g/m²	0.05	0.12	0.35	0.45	0.38	0.36
丝绒，距墙 1cm		611 g/m²	0.06	0.26	0.43	0.50	0.40	0.35
丝绒，距墙 2cm		611 g/m²	0.08	0.28	0.44	0.51	0.29	0.36
丝绒，1/2 面积折叠		611 g/m²	0.14	0.35	0.55	0.72	0.70	0.65
地毯，铺在混凝土上	厚		0.02	0.06	0.15	0.25	0.30	0.35

续表 3

材料/结构	厚度/cm	密度/(kg/m³)	对各频率的吸音系数					
地毯，铺在毡上	厚		0.08	0.24	0.57	0.69	0.71	0.73
地毯，铺在地板上			0.11	0.13	0.28	0.45	0.29	0.29
地毯铺在泡沫或橡胶垫上			0.01	0.05	0.20	0.40	0.60	0.65
穿孔三合板，孔径φ0.5cm，孔间距 4cm，离墙 10cm			0.04	0.54	0.29	0.09	0.11	0.19
穿孔三合板，孔径φ0.8cm，孔间距 2.5cm，离墙 10cm			0.11	0.35	0.30	0.23	0.23	0.19
钙塑板，孔径φ0.7cm，孔间距 2.5cm，离墙 5cm			0.08	0.18	0.39	0.19	0.13	0.11
微孔聚胺脂泡沫塑料	4	30	0.10	0.14	0.26	0.50	0.82	0.77
粗孔聚胺脂泡沫塑料	4	40	0.06	0.10	0.20	0.59	0.88	0.85
氨基甲酸泡沫塑料	2.5	25	0.05	0.07	0.26	0.81	0.69	0.81
尿醛米波罗	3	20	0.10	0.17	0.45	0.67	0.65	0.85
软质氨基甲酸乙脂泡沫塑料流阻 <20dyn/cm	2		0.10	0.20	0.35	0.55	0.60	0.65
软质氨基甲酸乙脂泡沫塑料流阻 >20dyn/cm	2		0.10	0.30	0.70	0.90	0.80	0.80
软质氨基甲酸乙脂泡沫塑料	3-5		0.02	0.05	0.10	0.15	0.25	0.55
玻璃棉吸气板，空气层 9～15cm			0.30	0.75	0.65	0.60	0.55	0.65
玻璃棉吸气板，空气层 30cm			0.80	0.65	0.60	0.55	0.60	0.65
矿棉吸气板,贴墙	1.2		0.07	0.26	0.47	0.42	0.36	0.28
矿棉吸气板,空气层 5cm	1.2		0.44	0.57	0.44	0.35	0.36	0.39
矿棉吸气板,空气层 10cm	1.2		0.55	0.53	0.38	0.33	0.40	0.37
珍珠岩吸气板	1.8	340	0.10	0.21	0.32	0.37	0.47	------
软纤维板，贴墙	1.3		0.08	0.10	0.10	0.12	0.30	0.33
软纤维板，空气层 30cm	1.3		0.35	0.30	0.45	0.65	0.75	0.85
软纤维板，空气层 30cm	0.9		0.40	0.30	0.40	0.40	0.35	0.40

续表 4

材料/结构	厚度/cm	密度/(kg/m^3)	对各频率的吸音系数					
软纤维板，贴墙	2.5		0.12	0.19	0.35	0.48	0.72	0.55
石棉毛框(穿空板内填4cm厚石棉纤维，挤压成型)			0.28	0.4.3	0.57	0.57	0.36	0.17
麻布蒙在2×4的框上(内填4cm棉花)			0.80	0.81	0.73	0.58	0.46	0.45
成型罩式天花板(前后板)3cm厚,间距40cm			0.70	0.69	0.66	0.80	0.84	0.83
观众，站立			0.33	0.41	0.44	0.46	0.46	0.46
观众，在木板椅上			0.57	0.61	0.75	0.86	0.91	0.86
观众，在皮革椅上			0.60	0.74	0.88	0.96	0.93	0.85
空木椅			0.02	0.02	0.03	0.035	0.05	0.06
空皮软椅			0.44	0.64	0.60	0.62	0.58	0.50
空蒙布软椅			0.49	0.66	0.80	0.88	0.82	0.70
空舞台			0.30	0.35	0.40	0.45	0.50	0.50
空听众席（含1m走道）			0.54	0.66	0.75	0.85	0.83	0.75
通风口			0.16	0.20	0.30	0.35	0.29	0.21
若以单个吸声体的吸声量计/m^2								
观众			0.13	0.33	0.44	0.42	0.46	0.37
人在木椅上			0.15～0.22	0.33～0.36	0.37～0.42	0.40～0.45	0.42～0.50	0.45～0.51
人在皮椅上			0.23	0.34	0.37	0.33	0.34	0.31
人造革椅			0.21	0.18	0.30	0.28	0.15	0.10
木椅、软垫椅			0.02～0.09	0.02～0.13	0.03～0.15	0.04～0.11	0.04～0.11	0.04～0.07

参考文献

【1】Bob Katz（鲍勃•卡特兹），《Level Practices in Digital Audio》2000 年 9 月号 AES 杂志，钟金虎译，2003

【2】centrmus，《扩展器和噪声门》2003

【3】F•爱尔顿•埃佛莱斯特.家庭播音室声学技术[M]. 北京：电子工业出版社，孟昭晨译，1984

【4】HMS and HMS III 2，《人工头与便携式人工头测量系统》HEADStation 发表，2003

【5】Norbert Pawera，《传声器的原理和使用技巧》（新时代出版社）黄布华　胡荣泉译，1984

【6】Wilf Smarties, 《EURODUSK USER`S MANUAL》2003

【7】管善群. 电声技术基础[M]. 北京：人民邮电出版社，1982

【8】黄政协著，《录音机原理》（香港出版），1988

【9】李鸿宾著，《对摇滚音乐的调音》

【10】林达悃著，《录音声学》（中国电影出版社），1995

【11】王季卿. 建筑厅堂音质设计[M]. 天津：天津科学技术出版社，2001

【12】怡生网编译《如何使用噪声门来触发输入信号》

【13】沈壕. 扩声技术[M]. 北京：人民邮电出版社），1982

【14】沈壕，等.高保真放声技术[M]. 北京：国防工业出版社，1988

【15】马大猷，沈壕，声学手册[M]. 北京：科学出版社，2004 年修订版

【16】扬素行. 模拟电子技术基础[M]. 北京：高等教育出版社，1985

【17】约翰•厄格尔，《录音》（中国电影出版社），罗德寿译，1982

【18】甄钊编著，《调音台》（北京电影学院讲义），2001

【19】甄钊编著，《声处理设备原理及应用》（北京电影学院讲义），1997

【20】钟金虎. C 型杜比降噪系统[J]. 电声技术，1986，（3）

【21】冈瑟.锡尔,《基于音响心理学原理的多声道录音》

【22】林焘　王嘉理 著《语音学教程》（五南图书出版公司），1992

【23】吴宗济. 汉语普通话单音节语图册[M]. 北京：中国社会科学出版社，1986

【24】Rane Corporation、Rick Jeffs 等著，《Dynamics Processors》钟金虎编译，2005

【25】《960L. Digital Effects System Owner’s Manual》，（Lexicon Inc.出版）钟金虎编译，2000

【26】钟金虎编译，《Nuendo4 Plug-in Reference》，（Steinberg Media Technologies 出版），2008

【27】《WizooVerb W5 Manual》，（Wizoo Sound Design GmbH 出版）

【28】佚名著，《数字音频接口和数字音频格式》

【29】黄峥著，《浅谈数字音频格式》

【30】David Brenan 著，《用 DSP 来处理信号的特点》

【31】张文波，鲁国雄著，《数字音频设备的“传令兵”字时钟》

【32】鲁勇著，《数字录音设备同步简析》（慧聪广电商务网）

【33】PreSonus Audio Electronics, Incbianzhu 编著，《Digital Audio Connections and Synchronization》

【34】彭妙颜，周锡韬编著，《数字声频设备与系统工程》（国防工业出版社）2006

【35】Ken C. Pohlmann 著，《Principles of Digital Audio》

【36】佚名编著，《SMPTE/EBU 时间码》

【37】韩宪柱.数字音频技术及应用[M]. 北京：中国广播电视出版社，2003

【38】胡泽. 数字音频工作站[M]. 北京：中国广播电视出版社，2003

【39】M.R Michel Poulin 编著，《Digital Television Fundamentals》

【40】AVID 编著，《Pro Tools Reference Guide_v10》

【42】《Symbian Series60 上实现混音的办法》，http://blog.csdn.net/tangl_99/archive/2005/11/24/536020.aspx

【43】Michael Miller 编著《The History of Surround Sound》2004，http://www.quepublishing.com/articles/article.aspx?p=337317